石油教材出版基金资助项目

高等院校特色规划教材

矩阵理论及其应用

（富媒体）

梁景伟　编著

石 油 工 业 出 版 社

内容提要

本书为研究生课程“矩阵理论”的教材，内容主要包含线性代数基础及 Matlab 实现、线性空间与线性变换、欧氏空间与酉空间、矩阵分析理论及其应用四个部分. 其主要内容有特征值估计，非负矩阵的性质，正定矩阵的性质，仿射变换、射影变换与透视变换及其应用，线性变换的特征值与特征向量，线性变换在差分方程中的应用，正交变换与对称变换的性质与应用，矩阵的奇异值分解及其应用，离散傅里叶变换，向量范数与矩阵范数，矩阵幂级数与矩阵函数，齐次和非齐次连续线性系统的求解与稳定性分析，Google 搜索引擎 PageRank 的原理与算法.

本书可作为理工科专业研究生或数学专业高年级本科生教材，也可供数学工作者和科技人员参考.

图书在版编目(CIP)数据

矩阵理论及其应用：富媒体 / 梁景伟编著. —北京：石油工业出版社，2019.12（2024.3 重印）
高等院校特色规划教材
ISBN 978-7-5183-3764-4

Ⅰ. ①矩… Ⅱ. ①梁… Ⅲ. ①矩阵论—高等学校—教材 Ⅳ. ①O151.21

中国版本图书馆 CIP 数据核字(2019)第 266816 号

出版发行：石油工业出版社
（北京市朝阳区安华里二区 1 号楼 100011）
网 址：www.petropub.com
编辑部：(010)64523579 图书营销中心：(010)64523633
经 销：全国新华书店
排 版：北京密东文创科技有限公司
印 刷：北京中石油彩色印刷有限责任公司

2019 年 12 月第 1 版 2024 年 3 月第 2 次印刷
787 毫米×1092 毫米 开本：1/16 印张：16
字数：408 千字

定价：39.90 元

前言

PREFACE

毋庸置疑,矩阵理论是数学各学科的重要理论基础,不仅如此,随着科学与技术的发展,矩阵理论已日益成为自然科学、工程技术乃至经济学、社会学等领域中重要的理论基础与计算方法.特别是随着计算机的发展,矩阵理论在人工智能、大数据及云计算等领域也日益显现出其强大的生命力.为了适应现代科学与技术发展的需求,高等院校有义务培养适应这种需求的现代人才,因而很多高等院校将矩阵理论课程作为培养研究生的一门学位课,然而国内外出版的现行教材大多以经典理论为内容,不能适用于现代科学技术发展的需求,同时也不能适用于现代社会对人才的需求.国内外很多高校都开设矩阵理论课程,但是笔者通过调研发现国内外很多高校所使用的教材过于理论化,纯数学味道过于浓厚,对于工科研究生很不适用.笔者根据多年教授矩阵理论的教学经验以及多年的教学实践,对矩阵理论经典教材进行了精心整理与扩充,编写了本教材.矩阵理论涉及的内容很多,而作为一本研究生教材,如何选择安排其内容是至关重要的,根据笔者多年的教学实践以及国内外同行的教学经验,笔者对编写该教材提出如下理念:一是强化现代矩阵理论的思想与方法,即扩充现代科学与技术所需求的思想与方法;二是加强矩阵理论的实际应用,即通过一些实例与案例体现应用的方法与手段;三是加强矩阵理论的数值计算,即借助计算机软件编写应用程序为解决实际问题提供计算方法与手段.

为了贯彻如上编写教材的理念,本教材共分四章:

第1章主要对大学本科线性代数的重要内容进行了总结和补充深化,其中主要包括行列式、矩阵计算、多项式、实内积空间、方阵的特征值与特征向量、二次型等内容.该章内容重点强调线性代数中各种问题的计算方法以及Matlab实现,并在此基础上补充了计算机图形学中的一些内容,其中包括仿射变换、射影变换、透视变换及其应用等内容.

第 2 章主要讲述了线性空间与线性变换，其中包括线性空间的性质、线性映射与线性变换的性质及矩阵表示，并在此基础上补充了线性变换在差分方程中的应用等内容.

第 3 章主要讲述了欧氏空间与酉空间，其中包括欧式空间与酉空间的定义及性质、正交变换、对称变换、奇异值分解、酉变换、共轭变换与 Hermite 变换等内容，并在此基础上补充了离散傅里叶变换等内容.

第 4 章主要讲述了矩阵分析理论及其应用，其中包括向量范数、矩阵范数、矩阵序列与矩阵级数、函数矩阵的微分和积分等内容，并在此基础上补充了齐次和非齐次连续线性系统、Google 搜索引擎 PageRank 的原理与算法等内容.

为了配合具体内容的教学，各章均配备了适量的习题.

梁景伟编写了本教材全部内容。研究生赵春霖承担了书稿的整理工作，同时提供了很多修改建议与意见，中国石油大学(北京)远程教育学院录播室安国东同志承担了富媒体的全部录制工作，另外在成书的过程中也得到了中国石油大学(北京)理学院很多老师的鼓励与支持，在此一并表示感谢.

本教材肯定会存在很多错误和不妥之处，恳请读者批评指正.

梁景伟

2019 年 8 月

目 录

CONTENTS

第 1 章　线性代数基础及 Matlab 实现

线性代数既是矩阵理论的先导内容，又是其重要基础，为此本章将线性代数内容给出简要概述，即便如此，本章内容也并非是对线性代数内容的简单重复，而是在内容上补充了与矩阵理论、数值分析等内容的相关基础知识，通过一些实例，进一步解释线性代数的理论与应用，特别是借助 Matlab 软件给出实际计算结果或可视化结果，其目的在于使读者不仅能够掌握线性代数的理论，而且更重要的是能够掌握将该理论加以实现的思想与方法，从而为深入学习和理解矩阵理论奠定坚实基础.

1.1　行列式及 Matlab 实现

定义 1.1.1　行列式(determinant)

$$D=\begin{vmatrix} a_{11} & a_{12} & \cdots & a_{1n} \\ a_{21} & a_{22} & \cdots & a_{2n} \\ \vdots & \vdots & & \vdots \\ a_{n1} & a_{n2} & \cdots & a_{nn} \end{vmatrix}=\sum_{\sigma\in S_n}(-1)^{t(\sigma)}\prod_{i=1}^{n}a_{i\sigma(i)}\,, \tag{1.1.1}$$

其中 S_n 为 $\{1,2,\cdots,n\}$ 所有排列组成的集合，σ 为 S_n 中的一个排列，$t(\sigma)$ 为 σ 的逆序数.

尽管行列式的定义比较抽象，但它是研究线性方程组的重要基础，而且有如下性质：

(1)行列式与它的转置行列式相等；

(2)互换行列式的两行(列)，行列式变号(推论：如果行列式有两行(列)完全相同，则此行列式为零)；

(3)行列式的某一行(列)中所有的元素都乘以同一常数 k，等于用常数 k 乘此行列式(推论：行列式的某一行(列)中所有元素的公因子可以提到行列式符号的外面)；

(4)行列式中如果有两行(列)元素成比例，则该行列式为零；

(5)若行列式的某一行(列)的元素都是两数之和，则该行列式可以拆成两个行列式之和；

(6)把行列式的某一行(列)的各元素乘以同一倍数然后加到另一行(列)对应的元素上去，行列式的值不变.

通常情况下，利用行列式的定义计算行列式的值只适用于低阶次的行列式，针对二阶和三阶行列式可以利用对角线法则给出显式计算公式，即

$$\begin{vmatrix} a_{11} & a_{12} \\ a_{21} & a_{22} \end{vmatrix}=a_{11}a_{22}-a_{12}a_{21}\,,$$

$$\begin{vmatrix} a_{11} & a_{12} & a_{13} \\ a_{21} & a_{22} & a_{23} \\ a_{31} & a_{32} & a_{33} \end{vmatrix} = a_{11}a_{22}a_{33} + a_{12}a_{23}a_{31} + a_{13}a_{21}a_{32} - a_{11}a_{23}a_{32} - a_{12}a_{21}a_{33} - a_{13}a_{22}a_{31}.$$

由于 n 阶行列式中乘法的运算量为 $(n-1)n!$（根据斯特林近似公式，当 n 比较大时，有 $(n-1)n! \approx (n-1)\sqrt{2\pi n}\left(\frac{n}{\mathrm{e}}\right)^n$），因此随着 n 的增长，其运算量超快增长，为此需要利用行列式的一些性质将其简化进行计算. 需要注意的是，上（下）三角形行列式的值等于其对角元素的乘积. 由此给出行列式的理论计算，即利用行列式的性质将行列式 D 化成上（下）三角形行列式，从而给出如下计算公式：

$$D = \begin{vmatrix} a_{11} & a_{12} & \cdots & a_{1n} \\ a_{21} & a_{22} & \cdots & a_{2n} \\ \vdots & \vdots & & \vdots \\ a_{n1} & a_{n2} & \cdots & a_{nn} \end{vmatrix} = \begin{vmatrix} a_{11}^* & a_{12}^* & \cdots & a_{1n}^* \\ 0 & a_{22}^* & \cdots & a_{2n}^* \\ \vdots & \vdots & & \vdots \\ 0 & 0 & \cdots & a_{nn}^* \end{vmatrix} = \begin{vmatrix} a_{11}^* & 0 & \cdots & 0 \\ a_{21}^* & a_{22}^* & \cdots & 0 \\ \vdots & \vdots & & \vdots \\ a_{n1}^* & a_{n2}^* & \cdots & a_{nn}^* \end{vmatrix} = \prod_{i=1}^{n} a_{ii}^*.$$

高阶行列式与低阶行列式之间的关系是通过 Laplace 展开定理所建立的，该定理也可以称作降阶或升阶定理，该定理表述如下.

定理 1.1.1 Laplace 展开定理：给定 n 阶行列式

$$D = \begin{vmatrix} a_{11} & a_{12} & \cdots & a_{1n} \\ a_{21} & a_{22} & \cdots & a_{2n} \\ \vdots & \vdots & & \vdots \\ a_{n1} & a_{n2} & \cdots & a_{nn} \end{vmatrix},$$

则有

$$\sum_{k=1}^{n} a_{ik}A_{jk} = \begin{cases} D, i=j, \\ 0, i \neq j, \end{cases} \text{（按行展开）；} \sum_{k=1}^{n} a_{ki}A_{kj} = \begin{cases} D, i=j, \\ 0, i \neq j, \end{cases} \text{（按列展开）.}$$

其中，A_{jk} 是 a_{jk} 对应的代数余子式，A_{kj} 是 a_{kj} 对应的代数余子式.

行列式在解析几何中有着重要的应用.

例 1.1.1 平面三角形的有向面积为

$$S = \frac{1}{2}\begin{vmatrix} 1 & x_i & y_i \\ 1 & x_j & y_j \\ 1 & x_k & y_k \end{vmatrix},$$

其中 (x_i, y_i)，(x_j, y_j)，(x_k, y_k) 为三角形三个顶点 A, B, C 坐标；如果这三个点按逆时针排序，则 S 为正面积；如果这三个点按顺时针排序，则 S 为负面积. 其计算的 Matlab 程序参见程序 1.1.1.

证明：由空间解析几何向量叉乘的定义可得

$$\overrightarrow{AB} \times \overrightarrow{AC} = \begin{vmatrix} \boldsymbol{i} & \boldsymbol{j} & \boldsymbol{k} \\ x_j - x_i & y_j - y_i & 0 \\ x_k - x_i & y_k - y_i & 0 \end{vmatrix} = \begin{vmatrix} x_j - x_i & y_j - y_i \\ x_k - x_i & y_k - y_i \end{vmatrix}\boldsymbol{k},$$

三角形三个顶点 A、B、C 所围成的有向面积为

$$S=\frac{1}{2}(\overrightarrow{AB},\overrightarrow{AC},\boldsymbol{k})=\frac{1}{2}(\overrightarrow{AB}\times\overrightarrow{AC})\cdot\boldsymbol{k}=\frac{1}{2}\begin{vmatrix}x_j-x_i & y_j-y_i\\ x_k-x_i & y_k-y_i\end{vmatrix}=\frac{1}{2}\begin{vmatrix}1 & x_i & y_i\\ 1 & x_j & y_j\\ 1 & x_k & y_k\end{vmatrix}.$$

程序 1.1.1　计算平面三角形的有向面积.

```
function s=triAera(x,y)
%x是由三个点的横坐标组成的行向量;
%y是由三个点的纵坐标组成的行向量;
%x=[1  -1  2];y=[2  -3  -5];
xl=length(x);yl=length(y);
if xl~=3||yl~=3
    disp('The input data is wrong! ')
    return;
end
tri=[1 x(1) y(1);1 x(2) y(2);1 x(3) y(3)];
s=1./2*det(tri);

TRI=delaunay(x,y);
triplot(TRI,x,y,'red')
text(mean(x),mean(y),num2str(s));
text(x(1),y(1),num2str(1));text(x(2), y(2),num2str(2));text(x(3), y(3),num2str(3));
axis off
End
```

程序1.1.1

利用有向面积可以判定平面上一个点相对一条有向线段的位置关系,即可以判定该点在有向线段的左侧、右侧及在该线段所在的直线上. 同时还可以判定两条不共线线段的相对位置关系,即两条不共线的线段是否相交. 具体问题描述参见习题 1.2、习题 1.4.

例 1.1.2　三维空间四面体所围成的有向体积为

$$V=\frac{1}{6}\begin{vmatrix}1 & x_i & y_i & z_i\\ 1 & x_j & y_j & z_j\\ 1 & x_k & y_k & z_k\\ 1 & x_l & y_l & z_l\end{vmatrix},$$

其中 (x_i,y_i,z_i),(x_j,y_j,z_j),(x_k,y_k,z_k),(x_l,y_l,z_l) 为四面体四个顶点 A,B,C,D 坐标,如果三个向量 $\overrightarrow{AB},\overrightarrow{AC},\overrightarrow{AD}$ 按右手螺旋排序,则 V 为正体积;如果三个向量 $\overrightarrow{AB},\overrightarrow{AC},\overrightarrow{AD}$ 按左手螺旋排序,则 V 为负体积. 其计算的 Matlab 程序参见程序 1.1.2.

证明:由空间解析几何可知,三个向量 $\overrightarrow{AB},\overrightarrow{AC},\overrightarrow{AD}$ 的混合积的 $\frac{1}{6}$ 为空间四面体所围成的有向体积,即

$$V=\frac{1}{6}(\overrightarrow{AB},\overrightarrow{AC},\overrightarrow{AD})=\frac{1}{6}(\overrightarrow{AB}\times\overrightarrow{AC})\cdot\overrightarrow{AD}$$

$$=\frac{1}{6}\begin{vmatrix} x_j-x_i & y_j-y_i & z_j-z_i \\ x_k-x_i & y_k-y_i & z_k-z_i \\ x_l-x_i & y_l-y_i & z_l-z_i \end{vmatrix}=\frac{1}{6}\begin{vmatrix} 1 & x_i & y_i & z_i \\ 1 & x_j & y_j & z_j \\ 1 & x_k & y_k & z_k \\ 1 & x_l & y_l & z_l \end{vmatrix}.$$

程序 1.1.2 计算三维空间四面体的有向体积.

```
function v=trivolume(x,y,z)
%x是由四个点的x坐标组成的行向量;
%y是由四个点的y坐标组成的行向量;
%z是由四个点的z坐标组成的行向量;
%x=[1  2  3  4];y=[2  -1  1  2];z=[0  2  4  1]
xl=length(x);yl=length(y);zl=length(z);
if xl~=4||yl~=4||zl~=4
    disp('The input data is wrong!  ')
        return;
end
vol=[1 x(1) y(1) z(1);1 x(2) y(2) z(2);1 x(3) y(3) z(3);1 x(4) y(4) z(4)];
v=1./6*det(vol);
tri = delaunay(x,y);
trimesh(tri,x,y,z);
text(mean(x),mean(y),mean(z),num2str(v));
text(x(1),y(1),z(1),num2str(1));text(x(2), y(2), z(2),num2str(2));
text(x(3),y(3), z(3),num2str(3));text(x(4), y(4), z(4),num2str(4));
axis off
end
```

程序1.1.2

Laplace 展开定理的一个重要的作用是可以将一个 n 元一次线性方程组

$$\begin{cases} a_{11}x_1+a_{12}x_2+\cdots+a_{1n}x_n=b_1, \\ a_{21}x_1+a_{22}x_2+\cdots+a_{2n}x_n=b_2, \\ \cdots\cdots \\ a_{n1}x_1+a_{n2}x_2+\cdots+a_{nn}x_n=b_n \end{cases} \tag{1.1.2}$$

转化成 n 个一元一次方程组,即

$$\begin{cases} Dx_1=D_1, \\ Dx_2=D_2, \\ \cdots\cdots \\ Dx_n=D_n, \end{cases} \tag{1.1.3}$$

其中

$$D_j=\begin{vmatrix} a_{11} & \cdots & a_{1j-1} & b_1 & a_{1j+1} & \cdots & a_{1n} \\ a_{21} & \cdots & a_{2j-1} & b_2 & a_{2j+1} & \cdots & a_{2n} \\ \vdots & & \vdots & \vdots & \vdots & & \vdots \\ a_{n1} & \cdots & a_{nj-1} & b_n & a_{nj+1} & \cdots & a_{nn} \end{vmatrix}, j=1,2,\cdots,n.$$

其证明过程是将原方程组分别乘以 $A_{1j},A_{2j},\cdots,A_{nj}$，可得

$$\begin{cases} a_{11}A_{1j}x_1+a_{12}A_{1j}x_2+\cdots+a_{1n}A_{1j}x_n=b_1A_{1j}, \\ a_{21}A_{2j}x_1+a_{22}A_{2j}x_2+\cdots+a_{2n}A_{2j}x_n=b_2A_{2j}, \\ \cdots\cdots \\ a_{n1}A_{nj}x_1+a_{n2}A_{nj}x_2+\cdots+a_{nn}A_{nj}x_n=b_nA_{nj}. \end{cases}$$

然后将 n 个方程相加可得

$$\sum_{k=1}^{n}a_{k1}A_{kj}x_1+\cdots+\sum_{k=1}^{n}a_{kj}A_{kj}x_j+\cdots+\sum_{k=1}^{n}a_{kn}A_{kj}x_n=\sum_{k=1}^{n}b_kA_{kj},\quad j=1,2,\cdots,n.$$

由 Laplace 按列展开定理可以得到方程组(1.1.3)，即

$$Dx_j=D_j,\quad j=1,2,\cdots,n.$$

由此可以得到克莱姆法则，即如下定理.

定理 1.1.2　克莱姆法则：当方程组(1.1.2)系数行列式 $D\neq 0$ 时，该方程组具有唯一解

$$x_j=\frac{D_j}{D},\quad j=1,2,\cdots,n. \tag{1.1.4}$$

克拉姆法则一个重要的应用是解决了多项式插值的基本问题，即过平面上的 $n+1$ 个不同观测点 $(x_0,y_0),(x_1,y_1),\cdots,(x_n,y_n)$ 的次数不超过 n 的多项式存在且唯一. 其证明过程可假设过这些观测点的多项式为

$$y=f(x)=a_0+a_1x+\cdots+a_nx^n, \tag{1.1.5}$$

于是有

$$\begin{cases} a_0+a_1x_0+\cdots+a_nx_0^n=y_0, \\ a_0+a_1x_1+\cdots+a_nx_1^n=y_1, \\ \cdots\cdots \\ a_0+a_1x_n+\cdots+a_nx_n^n=y_n, \end{cases} \tag{1.1.6}$$

系数行列式

$$D=\begin{vmatrix} 1 & x_0 & \cdots & x_0^n \\ 1 & x_1 & \cdots & x_1^n \\ \vdots & \vdots & & \vdots \\ 1 & x_n & \cdots & x_n^n \end{vmatrix}=\prod_{0\leqslant i<j\leqslant n}(x_i-x_j)\text{(范得蒙行列式)}, \tag{1.1.7}$$

由于观测点两两不同,即 $x_i \neq x_j, i \neq j$, 因此 $D \neq 0$, 由克拉姆法则可知线性方程组(1.1.6)的解存在且唯一,即多项式(1.1.5)存在且唯一.

尽管以上多项式插值结果从理论角度看似是完美的,但是在实际计算中需要求解一个大型线性方程组,因此该方法通常运算量比较大,特别是当 n 比较大的时候还会出现数值不稳定现象. 为了避免求解线性方程组,构造插值多项式可以给出一个显式方法,即拉格朗日法.

构造 $n+1$ 个拉格朗日插值多项式:

$$L_{n,k}(x) = \prod_{\substack{j=0 \\ j \neq k}}^{n} \frac{x - x_j}{x_k - x_j}, \quad k = 0, 1, \cdots, n. \tag{1.1.8}$$

该多项式具有如下性质:

(1) $$L_{n,k}(x_j) = \delta_{k,j} = \begin{cases} 1, & j = k, \\ 0, & j \neq k, \end{cases} \tag{1.1.9}$$

该性质说明多项式 $L_{n,k}(x)$ 在插值点 $x_j (j \neq k)$ 的值为 0,而在插值点 x_k 的值为 1.

(2) $$f(x) = \sum_{k=0}^{n} y_k L_{n,k}(x), \tag{1.1.10}$$

该性质说明过 $n+1$ 个不同观测点 $(x_0, y_0), (x_1, y_1), \cdots, (x_n, y_n)$ 的插值多项式恰好是式(1.1.8)中 $n+1$ 个拉格朗日插值多项式的线性组合,且其插值系数恰好是观测点的值,即式(1.1.10),为此在数值分析中将 $L_{n,k}(x)$ 称为拉格朗日插值基函数, $f(x)$ 为拉格朗日插值多项式. 另外拉格朗日插值基函数还易于 Matlab 实现.

例 1.1.3 给定平面上 6 个点 (1,1),(2,−4),(−1,2),(3,−3),(−4,7),(6,9),求通过这些点的 5 次多项式并作图.

解答:利用程序 1.1.3 可求出插值多项式,具体结果参见图 1.1.1.

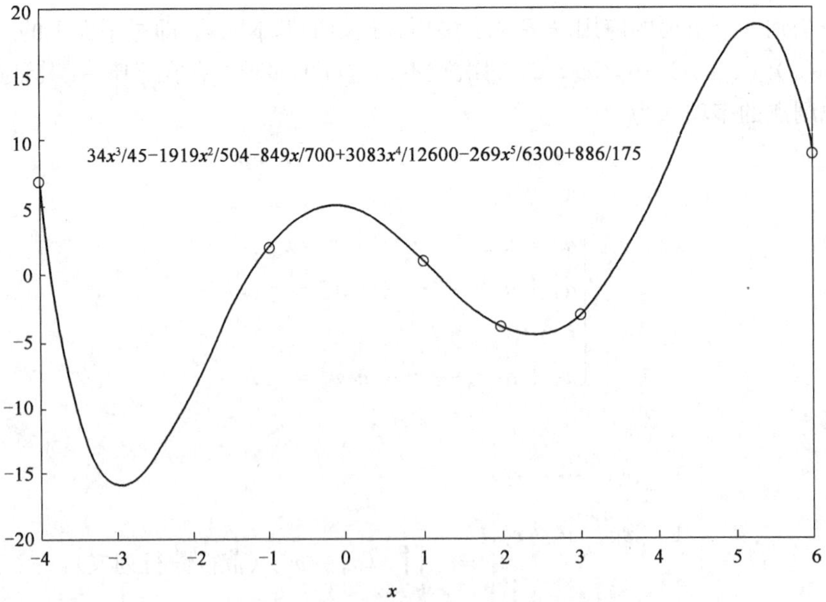

图 1.1.1 拉格朗日插值多项式示意图

程序 1.1.3　拉格朗日插值.

```
function [p,y]=lagrange(x1,y1,x)
%其中 x1,y1 为插值节点和节点上的函数值(行向量或列向量皆可),输出为插值点 x 的函数值
if max(size(x1))~=max(size(y1))||max(size(x1))<2
    disp('The input data is wrong! ')
    yy=[];
    return;
end
syms X
n=length(x1);
for i=1:n
t=x1;
t(i)=[];
L(i)=prod((X-t)./(x1(i)-t));% L 向量用来存放插值基函数
end
u=sum(L.*y1);
p=simplify(u); % p 是简化后的 Lagrange 插值函数(字符串)
x0=min(x1):(max(x1)-min(x1))/100:max(x1);
pp=sym2poly(p);
y0=polyval(pp,x0);
plot(x0,y0);
title('拉格朗日插值');
text((min(x1)+max(x1))/2,max(y1),char(p),'HorizontalAlignment','center');
hold on;
plot(x1,y1,'ro');
y=polyval(pp,x);%求 x 处的函数值
xlabel('插值点 x');
ylabel('插值多项式的值 y');
hold off;
```

程序1.1.3(图1.1.1)

在实际应用中,会遇到很多特殊的行列式,例如范德蒙行列式(1.1.7),本节不加证明地给出以下特殊行列式的结果.

例 1.1.4　给定 n 阶希尔伯特矩阵

$$\boldsymbol{H}=[H_{ij}],\quad H_{ij}=\frac{1}{i+j-1},\quad i,j=1,2,\cdots,n,$$

则其行列式为

$$\det(\boldsymbol{H})=\frac{c_n^4}{c_{2n}}=\frac{1}{n!}\prod_{i=1}^{2n-1}\binom{i}{[i/2]}^{-1}\approx a_n n^{-1/4}(2\pi)^n 4^{-n^2},\tag{1.1.11}$$

其中

$$c_n=\prod_{i=1}^{n-1}i^{n-i}=\prod_{i=1}^{n-1}i!,\ \lim_{n\to\infty}a_n=0.6450.$$

式(1.1.11)说明希尔伯特矩阵所对应的行列式随着 n 的增加超快趋于零.

例 1.1.5 给定一个 n 阶循环矩阵

$$C=\begin{bmatrix} c_0 & c_{n-1} & \cdots & c_2 & c_1 \\ c_1 & c_0 & c_{n-1} & \cdots & c_2 \\ \vdots & \vdots & \vdots & & \vdots \\ c_{n-2} & c_{n-3} & \cdots & c_{n-2} & c_{n-1} \\ c_{n-1} & c_{n-2} & \cdots & c_1 & c_n \end{bmatrix},$$

则其行列式为

$$\det(C)=\prod_{j=0}^{n-1}(c_0+c_1\omega_j+c_2\omega_j^2+\cdots+c_{n-1}\omega_j^{n-1}),$$

式中, ω_j 为 $x^n=1$ 的第 j 个根, $\omega_j=\exp\left(\frac{2\pi \mathrm{i}}{n}j\right)$, $j=0,1,\cdots,n-1$, i 是虚数单位, $\mathrm{i}=\sqrt{-1}$。

1.2 矩阵的计算、应用以及 Matlab 实现

定义 1.2.1 由 $m\times n$ 个数 a_{ij}, $i=1,2,\cdots,m$, $j=1,2,\cdots,n$ 组成的如下数表:

$$A=\begin{bmatrix} a_{11} & a_{12} & \cdots & a_{1n} \\ a_{21} & a_{22} & \cdots & a_{2n} \\ \vdots & \vdots & & \vdots \\ a_{m1} & a_{m2} & \cdots & a_{mn} \end{bmatrix}=[a_{ij}]_{m\times n}=[a_{ij}],$$

称为 m 行 n 列的矩阵,若 a_{ij} 是实数,则称 A 为实矩阵;若 a_{ij} 是复数,则称 A 为复矩阵;若 $m=n$, 则称 A 为 n 阶方阵.

针对以上定义通常有几种常用的特殊类型的矩阵,它们分别是零矩阵(A=zeros(m,n)),全一矩阵(A=ones(m,n)),行矩阵与列矩阵(行向量与列向量),针对方阵有单位矩阵(A=eye(n))和对角矩阵(A=diag([d_1,d_2,$\cdots$,d_n])). 矩阵概念的一个重要来源是在图论中所引出的邻接矩阵. 在图论中,邻接矩阵是用于表示一个有限图的方阵,该矩阵的元素表示图中任意两个顶点是否相邻. 对一个具有顶点集合 $V=\{v_1,v_2,\cdots,v_n\}$ 的简单无向图 $G=\{V,E\}$, 其邻接矩阵 A 是一个 $n\times n$ 的矩阵,如果从顶点 i 到顶点 j 存在连接边,那么元素 A_{ij} 为 1,否则为 0,矩阵 A 的对角元素 $A_{ii}=0$, 因为在简单图中不存在顶点到自身的连接边. 显然该矩阵是对称的,即 $A_{ij}=A_{ji}$. 简单图 G 所对应的度矩阵 D 是一个对角矩阵,即 $d_{ij}=\deg(v_i)\delta_{ij}$, 其中 $\deg(v_i)$ 为顶点 v_i 的度,即与顶点 v_i 连接的边数. 由此可以定义简单图 G 的 Laplace 矩阵 $L=D-A$,其中 D 是 G 所对应的度矩阵,A 是 G 所对应的邻接矩阵. 可以证明 L 的秩不超过 $n-1$, 即 $\mathrm{rank}(L)\leqslant n-1$,因为 $\det(L)$ 的列和为零,所以 $\det(L)=0$,从而说明 L 不为零的最高阶子式不超过 $n-1$ 阶.

例 1.2.1　给定如图 1.2.1 所示的一个简单无向图，计算其邻接矩阵及 Laplace 矩阵.

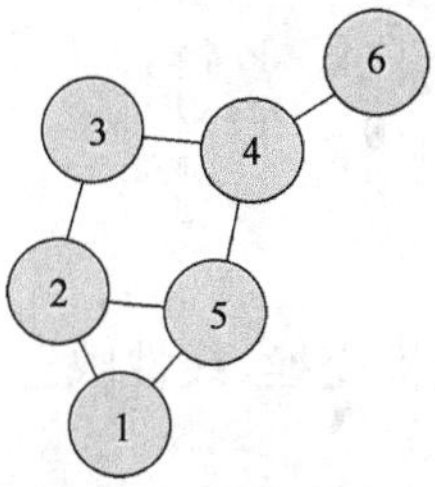

图 1.2.1　一个由 6 个顶点合的简单无向图

视频1.2.1

解答:图 1.2.1 中 6 个顶点组合的简单无向图的邻接矩阵与 Laplace 矩阵分别为

$$
\boldsymbol{A}=\begin{pmatrix}0&1&0&0&1&0\\1&0&1&0&1&0\\0&1&0&1&0&0\\0&0&1&0&1&1\\1&1&0&1&0&0\\0&0&0&1&0&0\end{pmatrix},\quad \boldsymbol{L}=\boldsymbol{D}-\boldsymbol{A}=\begin{pmatrix}2&-1&0&0&-1&0\\-1&3&-1&0&-1&0\\0&-1&2&-1&0&0\\0&0&-1&3&-1&-1\\-1&-1&0&-1&3&0\\0&0&0&-1&0&1\end{pmatrix}.
$$

在概率论中，通常涉及随机矩阵的概念，该矩阵也可称为概率矩阵、转移矩阵或 Markov 矩阵. 随机矩阵通常是一个用于描述 Markov 链转移关系的方阵，它的每个元素都是一个表示概率的非负实数(即该实数介于 0、1 之间). 随机矩阵可分成三类：如果其行和为 1，则称其为右(行)随机矩阵；如果其列和为 1，则称其为左(列)随机矩阵；如果其行和与列和都为 1，则称其为双随机矩阵. 这三类矩阵在概率论、统计、金融数学、线性代数、计算机科学以及群体遗传学中有着广泛的应用. 下面给出一个猫和老鼠之间状态随机转移矩阵的例子.

例 1.2.2　假设有一排 5 个相邻的盒子，第 1 个盒子中装有 1 只猫，第 5 个盒子装有 1 只老鼠，从一个状态到下一个状态猫和老鼠只能随机地跳入其相邻的盒子. 例如，如果猫在第 1 个盒子，老鼠在第 5 个盒子，则在下一个状态猫在第 2 个盒子，老鼠在第 4 个盒子的概率为 1. 如果猫在第 2 个盒子，老鼠在第 4 个盒子，则在下一个状态猫在第 1 个盒子，老鼠在第 5 个盒子的概率为 1/4. 如果猫和老鼠跳到同一个盒子里面，意味着老鼠被猫吃掉，此时状态转移结束.

Markov 表示该游戏有以下 5 个状态，这些状态是由猫和老鼠的位置组合所刻画的. 需要注意的是尽管可列出的状态有 25 种，但是很多状态都是不可能的，因为老鼠的指标永远不会低于猫的指标，且两者指标的和永远是偶数. 此外，有 3 种可能的状态导致老鼠的死亡，它们被组合成一个状态，由此可得到以下 5 个状态：

状态 1:(1,3)；状态 2:(1,5)；状态 3:(2,4)；

状态 4:(3,5)；状态 5(游戏结束):(2,2)、(3,3)、(4,4).

使用随机矩阵 $\boldsymbol{P}$ 表示系统的转移概率，因为有 5 种状态，所以随机状态转移矩阵 $\boldsymbol{P}$ 是 5×5 的矩阵，其元素可以由状态之间的转换关系确定，例如 $P_{12}=0$ 表示由状态 1 到状态 2 是不可能的，$P_{13}=P_{15}=1/2$ 表示由状态 1 到状态 3 和状态 5 的概率分别是 1/2，其他元素可以类似地确定. 为此随机矩阵 $\boldsymbol{P}$ 可以表示为

$$
\boldsymbol{P}=\begin{bmatrix} 0 & 0 & 1/2 & 0 & 1/2 \\ 0 & 0 & 1 & 0 & 0 \\ 1/4 & 1/4 & 0 & 1/4 & 1/4 \\ 0 & 0 & 1/2 & 0 & 1/2 \\ 0 & 0 & 0 & 0 & 1 \end{bmatrix},
$$

显然 $\boldsymbol{P}$ 的行和为 1,因此它是一个右(行)随机矩阵.

矩阵的另一个来源是它可以表示线性映射或线性变换,线性映射与矩阵的对应关系可以表示成如下形式

$$
\begin{cases} y_1 = a_{11}x_1 + a_{12}x_2 + \cdots + a_{1n}x_n \\ y_2 = a_{21}x_1 + a_{22}x_2 + \cdots + a_{2n}x_n \\ \cdots\cdots \\ y_m = a_{m1}x_1 + a_{m2}x_2 + \cdots + a_{mn}x_n \end{cases} \Leftrightarrow \boldsymbol{A} = \begin{bmatrix} a_{11} & a_{12} & \cdots & a_{1n} \\ a_{21} & a_{22} & \cdots & a_{2n} \\ \vdots & \vdots & & \vdots \\ a_{m1} & a_{m2} & \cdots & a_{mn} \end{bmatrix} = [a_{ij}]_{m\times n},
$$

或
$$
y_i = \sum_{j=1}^{n} a_{ij}x_j, i = 1,2,\cdots,m \Leftrightarrow \boldsymbol{A} = [a_{ij}]_{m\times n}, \tag{1.2.1}
$$

即一个线性映射与系数矩阵具有一一对应的关系,如果 $m = n$,则线性映射也称为线性变换,此时一个线性变换与一个方阵具有一一对应的关系. 为此矩阵 $\boldsymbol{A}$ 可以看成一个信号转换器(图 1.2.2),线性映射也可以看成一个线性转换过程(图 1.2.3).

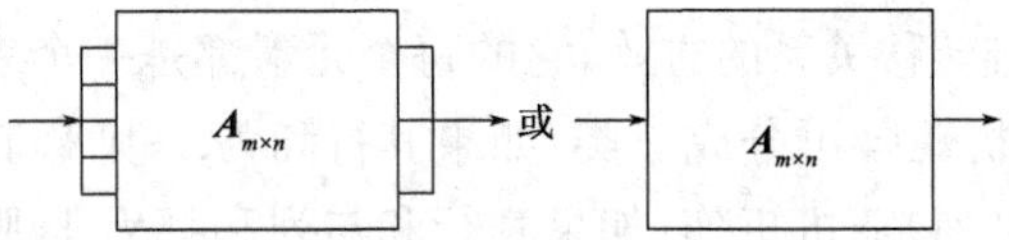

图 1.2.2 矩阵表示的转换器

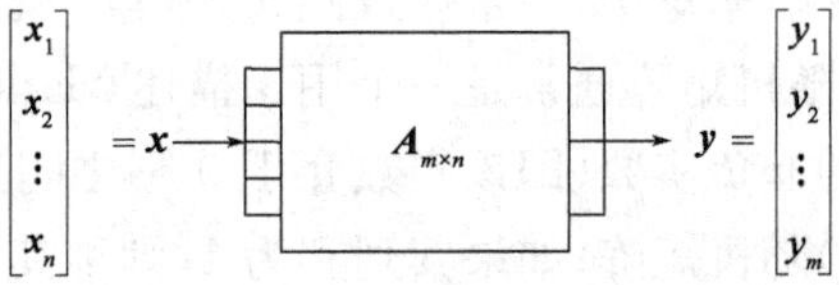

图 1.2.3 线性变换表示的转换过程

任何一个线性映射都对应一个转置线性映射,式(1.2.1)所对应的转置线性映射定义为

$$
\begin{cases} x_1 = a_{11}y_1 + a_{21}y_2 + \cdots + a_{m1}y_m \\ x_2 = a_{12}y_1 + a_{22}y_2 + \cdots + a_{m2}y_m \\ \cdots\cdots \\ x_n = a_{1n}y_1 + a_{2n}y_2 + \cdots + a_{mn}y_m \end{cases} \Leftrightarrow \boldsymbol{A}^{\mathrm{T}} = \begin{bmatrix} a_{11} & a_{21} & \cdots & a_{m1} \\ a_{12} & a_{22} & \cdots & a_{m2} \\ \vdots & \vdots & & \vdots \\ a_{1n} & a_{2n} & \cdots & a_{mn} \end{bmatrix} = [a_{ji}]_{n\times m}.
$$

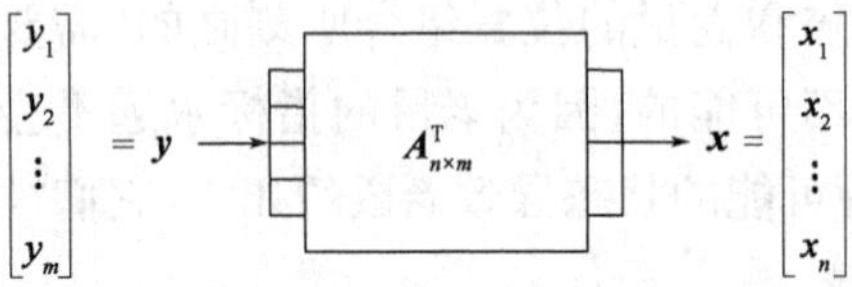

图 1.2.4 转置线性映射的转换过程

该转置线性映射对应的矩阵 $\boldsymbol{A}^{\mathrm{T}}$ 称为 $\boldsymbol{A}$ 的转置矩阵,转置线性映射的转换过程见图 1.2.4. 对于 n 阶实方阵 $\boldsymbol{A}$,如果 $\boldsymbol{A}^{\mathrm{T}}=\boldsymbol{A}$,则称 $\boldsymbol{A}$ 为实对称矩阵.

线性映射运算与矩阵运算之间也有相应的对应关系,为此引入矩阵的代数运算. 对于线性映射的加法运算可以对应矩阵的加法运算,其运算过程可以表示成如下形式

$$
\begin{cases} y_i = \sum\limits_{j=1}^{n} a_{ij}x_j, i = 1,2,\cdots,m \Leftrightarrow \boldsymbol{A} = [a_{ij}]_{m\times n}, \\ z_i = \sum\limits_{j=1}^{n} b_{ij}x_j, i = 1,2,\cdots,m \Leftrightarrow \boldsymbol{B} = [b_{ij}]_{m\times n}, \end{cases}
$$

由此可得两个线性映射的和为

$$h_i = y_i + z_i = \sum_{j=1}^{n} a_{ij} x_j + \sum_{j=1}^{n} b_{ij} x_j = \sum_{j=1}^{n} (a_{ij} + b_{ij}) x_j, i = 1,2,\cdots,m \Leftrightarrow \boldsymbol{C} = [a_{ij} + b_{ij}]_{m\times n}, \tag{1.2.2}$$

于是定义两个矩阵的和为 $\boldsymbol{A}+\boldsymbol{B}=[a_{ij}+b_{ij}]_{m\times n}=\boldsymbol{C}$，即两个线性映射"并联叠加"对应于两个矩阵(转换器)的"并联"，而"并联"过程相当于两个矩阵(转换器)对应元素求和所得到的矩阵(转换器)(图 1.2.5).

对于一个线性映射

$$y_i = \sum_{j=1}^{n} a_{ij} x_j, i = 1,2,\cdots,m \Leftrightarrow \boldsymbol{A} = [a_{ij}]_{m\times n},$$

与一个常数 λ(放大器)的乘积的线性映射为

$$h_i = \lambda y_i = \lambda \sum_{j=1}^{n} a_{ij} x_j = \sum_{j=1}^{n} (\lambda a_{ij}) x_j, i = 1,2,\cdots,m \Leftrightarrow [\lambda a_{ij}]_{m\times n}, \tag{1.2.3}$$

于是可定义矩阵的数乘运算为 $\lambda\boldsymbol{A} = \boldsymbol{A}\lambda = [\lambda a_{ij}]_{m\times n}$，即线性映射的数乘运算对应于一个矩阵(转换器)与一个放大器的"串联"，而"串联"过程相当于放大器 λ 对一个矩阵(转换器)所有元素放大 λ 倍所得到的矩阵(转换器)(图 1.2.6).

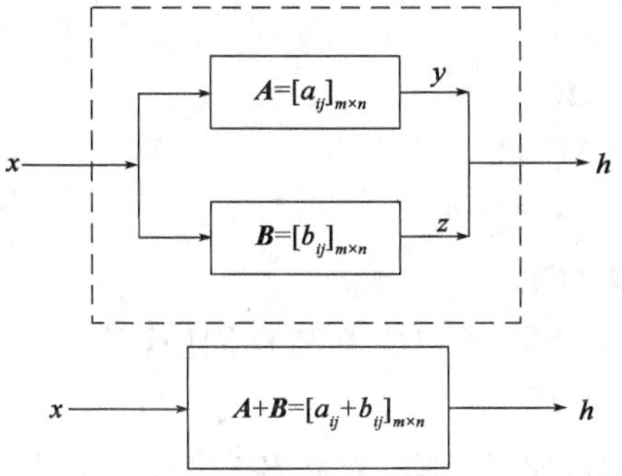

图 1.2.5　两个线性变换之和即两个转换器"并联"与两个矩阵之和等价

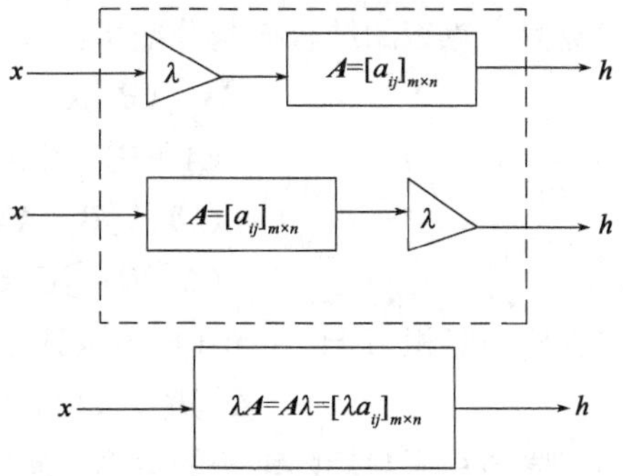

图 1.2.6　一个线性转换器与一个放大器的"串联"与一个矩阵的数乘运算等价

给定两个线性映射

$$\begin{cases} y_i = \sum_{k=1}^{s} a_{ik} x_k, i = 1,2,\cdots,m \Leftrightarrow \boldsymbol{A} = [a_{ik}]_{m\times s}, \\ x_k = \sum_{j=1}^{n} b_{kj} z_j, k = 1,2,\cdots,s \Leftrightarrow \boldsymbol{B} = [b_{kj}]_{s\times n}, \end{cases}$$

将第二个线性映射代入第一个线性映射可得

$$y_i = \sum_{k=1}^{s} a_{ik} \sum_{j=1}^{n} b_{kj} z_j = \sum_{k=1}^{s} \sum_{j=1}^{n} a_{ik} b_{kj} z_j = \sum_{j=1}^{n} \sum_{k=1}^{s} a_{ik} b_{kj} z_j, \tag{1.2.4}$$

令 $c_{ij} = \sum_{k=1}^{s} a_{ik} b_{kj}, i = 1,2,\cdots,m; j = 1,2,\cdots,n$，则可构造矩阵 $\boldsymbol{C} = [c_{ij}]_{m\times n}$，此时对应的线性映射为

$$y_i=\sum_{j=1}^{n}c_{ij}z_j, i=1,2,\cdots,m \quad \Leftrightarrow \quad \boldsymbol{C}=[c_{ij}]_{m\times n}, \tag{1.2.5}$$

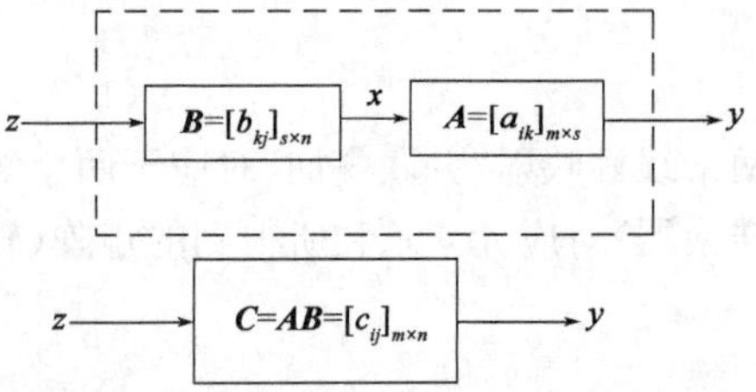

图 1.2.7 两线性转换器的"串联"与两个矩阵相乘运算等价

于是定义两个矩阵 $\boldsymbol{A}$ 与 $\boldsymbol{B}$ 的乘积为 $\boldsymbol{C}=\boldsymbol{AB}=[c_{ij}]_{m\times n}$. 即两个线性映射变量代入对应于两个矩阵(转换器)的"串联",而"串联"过程相当于两个矩阵(转换器)乘积所得到的矩阵(转换器)(图 1.2.7).

在数据处理中经常会运用一种特殊的矩阵乘积运算,即 Hadmard 积,其定义为矩阵 $\boldsymbol{A}=[a_{ij}]_{m\times n}$ 和 $\boldsymbol{B}=[b_{ij}]_{m\times n}$ 的对应元素乘积,即

$$\boldsymbol{A}\circ\boldsymbol{B}=[a_{ij}]_{m\times n}\circ[b_{ij}]_{m\times n}=[a_{ij}b_{ij}]_{m\times n}.$$

另外,还有另一种特殊的矩阵乘积运算,即克罗内克积(Kronecker 积),其定义为给定矩阵 $\boldsymbol{A}=[a_{ij}]_{m\times n}$ 和 $\boldsymbol{B}=[b_{ij}]_{p\times q}$,则 $\boldsymbol{A}$ 与 $\boldsymbol{B}$ 的克罗内克积为如下 $mp\times nq$ 的矩阵,即

$$\boldsymbol{A}\otimes\boldsymbol{B}=\begin{bmatrix} a_{11}B & \cdots & a_{1n}B \\ \vdots & & \vdots \\ a_{m1}B & \cdots & a_{mn}B \end{bmatrix}.$$

克罗内克积与矩阵运算间有如下运算性质.

(1)克罗内克积的结合律与分配律:

$$\boldsymbol{A}\otimes(\boldsymbol{B}+\boldsymbol{C})=\boldsymbol{A}\otimes\boldsymbol{B}+\boldsymbol{A}\otimes\boldsymbol{C},$$
$$(\boldsymbol{A}+\boldsymbol{B})\otimes\boldsymbol{C}=\boldsymbol{A}\otimes\boldsymbol{C}+\boldsymbol{B}\otimes\boldsymbol{C},$$
$$(k\boldsymbol{A})\otimes\boldsymbol{B}=\boldsymbol{A}\otimes(k\boldsymbol{B})=k(\boldsymbol{A}\otimes\boldsymbol{B}),$$
$$(\boldsymbol{A}\otimes\boldsymbol{B})\otimes\boldsymbol{C}=\boldsymbol{A}\otimes(\boldsymbol{B}\otimes\boldsymbol{C}).$$

(2)克罗内克积与 Hadmard 积的运算性质:如果矩阵 $\boldsymbol{A}$ 和 $\boldsymbol{C}$,$\boldsymbol{B}$ 和 $\boldsymbol{D}$ 同型,则

$$(\boldsymbol{A}\otimes\boldsymbol{B})\circ(\boldsymbol{C}\otimes\boldsymbol{D})=(\boldsymbol{A}\circ\boldsymbol{C})\otimes(\boldsymbol{B}\circ\boldsymbol{D}).$$

(3)克罗内克积与矩阵乘法的运算性质(混合积):如果矩阵 $\boldsymbol{AC}$ 和 $\boldsymbol{BD}$ 是有意义的,则

$$(\boldsymbol{A}\otimes\boldsymbol{B})(\boldsymbol{C}\otimes\boldsymbol{D})=(\boldsymbol{AC})\otimes(\boldsymbol{BD}).$$

(4)克罗内克积与矩阵逆的运算性质:如果矩阵 $\boldsymbol{A}$ 和 $\boldsymbol{B}$ 可逆,则矩阵 $\boldsymbol{A}\otimes\boldsymbol{B}$ 可逆,且有

$$(\boldsymbol{A}\otimes\boldsymbol{B})^{-1}=\boldsymbol{A}^{-1}\otimes\boldsymbol{B}^{-1}.$$

(5)克罗内克积与矩阵转置和共轭转置的运算性质:

$$(\boldsymbol{A}\otimes\boldsymbol{B})^{\mathrm{T}}=\boldsymbol{A}^{\mathrm{T}}\otimes\boldsymbol{B}^{\mathrm{T}},(\boldsymbol{A}\otimes\boldsymbol{B})^{*}=\boldsymbol{A}^{*}\otimes\boldsymbol{B}^{*}.$$

(6)克罗内克积与行列式的运算性质:如果 $\boldsymbol{A}$ 是 $n\times n$ 的矩阵,$\boldsymbol{B}$ 是 $m\times m$ 的矩阵,则

$$\det(\boldsymbol{A}\otimes\boldsymbol{B})=\det{}^m(\boldsymbol{A})\det{}^n(\boldsymbol{B}).$$

(7)对于矩阵方程 $\boldsymbol{AXB}=\boldsymbol{C}$,其中 $\boldsymbol{A}$,$\boldsymbol{B}$,$\boldsymbol{C}$ 是给定的矩阵,$\boldsymbol{X}$ 是未知的矩阵. 借助克罗内克积可以将该方程改写成

$$(\boldsymbol{B}^{\mathrm{T}}\otimes\boldsymbol{A})\mathrm{vec}(\boldsymbol{X})=\mathrm{vec}(\boldsymbol{AXB})=\mathrm{vec}(\boldsymbol{C}).$$

其中 vec($\boldsymbol{X}$)表示由矩阵 $\boldsymbol{X}$ 的第一列、第二列到最后一列堆栈组成的列向量. 由克罗内克积的性质可知,若 $\boldsymbol{A}$ 与 $\boldsymbol{B}$ 都是方阵,则方程 $\boldsymbol{AXB}=\boldsymbol{C}$ 有唯一解当且仅当 $\boldsymbol{A}$ 与 $\boldsymbol{B}$ 是非奇异的.

需要注意的是,一般情况下克罗内克积不满足交换律,即 $\boldsymbol{A}\otimes\boldsymbol{B}\neq\boldsymbol{B}\otimes\boldsymbol{A}$,但是存在置换矩

阵 $\boldsymbol{P}$ 和 $\boldsymbol{Q}$，使得 $\boldsymbol{A}\otimes\boldsymbol{B}=\boldsymbol{P}(\boldsymbol{B}\otimes\boldsymbol{A})\boldsymbol{Q}$.

矩阵的一个重要的数字特征是矩阵的秩，其定义为不为零子式的最高阶数，一个矩阵 $\boldsymbol{A}$ 的秩用 $\operatorname{rank}(\boldsymbol{A})$ 来表示.

关于矩阵的秩有如下性质：

(1)如果 $\boldsymbol{A}$ 是一个 $m\times n$ 的矩阵，则 $0\leqslant\operatorname{rank}(\boldsymbol{A})\leqslant\min(m,n)$，$\operatorname{rank}(\boldsymbol{A}^{\mathrm{T}})=\operatorname{rank}(\boldsymbol{A})$；

(2)如果 $\boldsymbol{A}$ 和 $\boldsymbol{B}$ 是两个等价的 $m\times n$ 的矩阵，则 $\operatorname{rank}(\boldsymbol{A})=\operatorname{rank}(\boldsymbol{B})$；

(3)如果 $\boldsymbol{A}$ 和 $\boldsymbol{B}$ 是 $m\times n$ 的矩阵，则 $\operatorname{rank}(\boldsymbol{A}+\boldsymbol{B})\leqslant\operatorname{rank}(\boldsymbol{A})+\operatorname{rank}(\boldsymbol{B})$；

(4)如果 $\boldsymbol{A}$ 是一个 $m\times n$ 的矩阵且 $k\neq 0$，则 $\operatorname{rank}(k\boldsymbol{A})=\operatorname{rank}(\boldsymbol{A})$；

(5)如果 $\boldsymbol{A}$ 是 $m\times s$ 的矩阵，$\boldsymbol{B}$ 是 $s\times n$ 的矩阵，则

$$\operatorname{rank}(\boldsymbol{AB})\leqslant\min(\operatorname{rank}(\boldsymbol{A}),\operatorname{rank}(\boldsymbol{B}))；$$

(6)如果 $\boldsymbol{A}$ 是一个 $m\times n$ 的矩阵，$\operatorname{rank}(\boldsymbol{A})=\operatorname{rank}(\boldsymbol{A}^{\mathrm{T}}\boldsymbol{A})=\operatorname{rank}(\boldsymbol{A}\boldsymbol{A}^{\mathrm{T}})$；

(7)如果 $\boldsymbol{A}$ 是 $m\times s$ 的矩阵，$\boldsymbol{B}$ 是 $s\times n$ 的矩阵，$\boldsymbol{AB}=\boldsymbol{0}_{m\times n}$，则

$$\operatorname{rank}(\boldsymbol{A})+\operatorname{rank}(\boldsymbol{B})\leqslant s；$$

(8)如果 $\boldsymbol{A}$ 是 $m\times s$ 的矩阵，$\boldsymbol{B}$ 是 $s\times n$ 的矩阵，则

$$\operatorname{rank}(\boldsymbol{A})+\operatorname{rank}(\boldsymbol{B})-s\leqslant\operatorname{rank}(\boldsymbol{AB})；$$

(9)如果 $\boldsymbol{A}$ 是 $m\times s$ 的矩阵，$\boldsymbol{B}$ 是 $s\times n$ 的矩阵，则

$$\operatorname{rank}(\boldsymbol{A}\otimes\boldsymbol{B})=\operatorname{rank}(\boldsymbol{A})\operatorname{rank}(\boldsymbol{B}).$$

针对方阵还可以引入幂的运算及矩阵多项式运算，即给定一个 n 阶方阵 $\boldsymbol{A}$，$\boldsymbol{A}^k$ 表示由 k 个 $\boldsymbol{A}$ 相乘所得到的 n 阶方阵，并称为 $\boldsymbol{A}$ 的 k 次幂，特别地，当 $k=0$ 时，规定 $\boldsymbol{A}^0=\boldsymbol{E}$，其中 $\boldsymbol{E}$ 为 n 阶单位矩阵. 若给定一个 m 次多项式 $f(\lambda)=a_m\lambda^m+a_{m-1}\lambda^{m-1}+\cdots+a_1\lambda+a_0$，定义 $\boldsymbol{A}$ 所对应的矩阵多项式为 $f(\boldsymbol{A})=a_m\boldsymbol{A}^m+a_{m-1}\boldsymbol{A}^{m-1}+\cdots+a_1\boldsymbol{A}+a_0\boldsymbol{E}$. 在实际应用中，经常涉及非负矩阵的幂运算，例 1.2.3 给出了该运算的定义和应用.

例 1.2.3 给定一个 n 阶方阵 $\boldsymbol{A}=[a_{ij}]$，如果所有的 $a_{ij}\geqslant 0$，则称 $\boldsymbol{A}$ 是非负矩阵，在此基础上 $\boldsymbol{A}^k,k\geqslant 0$ 也是非负矩阵；如果所有的 $a_{ij}>0$，则称 $\boldsymbol{A}$ 是正矩阵，在此基础上 $\boldsymbol{A}^k,k>0$ 也是正矩阵. 对一个具有顶点集合 $V=\{v_1,v_2,\cdots,v_n\}$ 的简单无向图 $G=\{V,E\}$，显然其邻接矩阵 $\boldsymbol{A}$ 是一个 $n\times n$ 的非负矩阵，且 $\boldsymbol{A}^m,m\geqslant 1$ 中的元素 $a_{ij}^{(m)}$ 恰好是由点 i 到点 j 长度为 m 的路径条数.

证明：由邻接矩阵的定义可知 $m=1$ 时原假设成立. 假设 $m=s$ 时，原假设成立. 当 $m=s+1$ 时，令 $\boldsymbol{A}=[a_{ij}]$，$\boldsymbol{A}^s=[a_{ij}^{(s)}]$，$\boldsymbol{A}^{s+1}=\boldsymbol{A}\cdot\boldsymbol{A}^s=[a_{ij}^{(s+1)}]$，则有 $a_{ij}^{(s+1)}=\sum\limits_{k=1}^{n}a_{ik}a_{kj}^{(s)}$，其中 a_{ik} 表示由点 i 到点 k 长度为 1 的路径条数，$a_{kj}^{(s)}$ 表示由点 k 到点 j 长度为 s 的路径条数，由此可知 $a_{ik}a_{kj}^{(s)}$ 表示点 i 经过 1 步到达点 k 后再经过 s 步到达点 j 的路径条数，即 $a_{ij}^{(s+1)}=\sum\limits_{k=1}^{n}a_{ik}a_{kj}^{(s)}$ 表示点 i 经过 $s+1$ 步到达点 j 的路径条数，由数学归纳法，原假设得证.

在引入矩阵的代数运算之后，则线性映射(1.2.1)可以表示成矩阵形式 $\boldsymbol{y}=\boldsymbol{Ax}$，同时线性方程组也可以写成矩阵形式 $\boldsymbol{Ax}=\boldsymbol{b}$，其中

$$\boldsymbol{A}=\begin{bmatrix} a_{11} & a_{12} & \cdots & a_{1n} \\ a_{21} & a_{22} & \cdots & a_{2n} \\ \vdots & \vdots & & \vdots \\ a_{m1} & a_{m2} & \cdots & a_{mn} \end{bmatrix}=[a_{ij}]_{m\times n}=[a_{ij}],\quad \boldsymbol{x}=\begin{bmatrix} x_1 \\ x_2 \\ \vdots \\ x_n \end{bmatrix},\quad \boldsymbol{y}=\begin{bmatrix} y_1 \\ y_2 \\ \vdots \\ y_m \end{bmatrix},\quad \boldsymbol{b}=\begin{bmatrix} b_1 \\ b_2 \\ \vdots \\ b_m \end{bmatrix}.$$

众所周知,矩阵的代数运算满足很多性质,但是需要注意的是矩阵乘法运算通常不满足交换律和消去律. 然而对一些特殊的矩阵乘法满足交换律,例如由 Laplace 展开定理可知一个方阵和其伴随矩阵是可交换的,即满足交换律. 为此给出 Laplace 展开定理的矩阵形式.

定理 1.2.1 Laplace 展开定理的矩阵形式:给定 n 阶方阵

$$\boldsymbol{A}=\begin{bmatrix} a_{11} & a_{12} & \cdots & a_{1n} \\ a_{21} & a_{22} & \cdots & a_{2n} \\ \vdots & \vdots & & \vdots \\ a_{n1} & a_{n2} & \cdots & a_{nn} \end{bmatrix},$$

其对应的 n 阶行列式记为

$$D=\det(\boldsymbol{A})=|\boldsymbol{A}|=\begin{vmatrix} a_{11} & a_{12} & \cdots & a_{1n} \\ a_{21} & a_{22} & \cdots & a_{2n} \\ \vdots & \vdots & & \vdots \\ a_{n1} & a_{n2} & \cdots & a_{nn} \end{vmatrix},$$

$\boldsymbol{A}$ 的伴随矩阵(adjoint matrix)定义为

$$\boldsymbol{A}^*=\begin{bmatrix} A_{11} & A_{21} & \cdots & A_{n1} \\ A_{12} & A_{22} & \cdots & A_{n2} \\ \vdots & \vdots & & \vdots \\ A_{1n} & A_{2n} & \cdots & A_{nn} \end{bmatrix},$$

则有

$$\boldsymbol{A}\boldsymbol{A}^*=\boldsymbol{A}^*\boldsymbol{A}=|\boldsymbol{A}|\boldsymbol{E}=\det(\boldsymbol{A})\boldsymbol{E}, \tag{1.2.6}$$

其中 A_{ij} 是 a_{ij} 的代数余子式,$\boldsymbol{E}$ 是 n 阶单位矩阵(注:$\boldsymbol{A}^*$ 中元素的排列方式与 $\boldsymbol{A}$ 中元素的排列方式相差一个转置).

例 1.2.4 证明 n 阶 Laplace 矩阵 $\boldsymbol{L}=[l_{ij}]_{n\times n}$ 的所有代数余子式都相等.

证明:由 Laplace 矩阵的性质可知 $\operatorname{rank}(\boldsymbol{L})\leqslant n-1$,为此可分两种情况证明以上结论.

第一种情况 $\operatorname{rank}(\boldsymbol{L})\leqslant n-2$,此时 $\boldsymbol{L}$ 的所有代数余子式都为零(因为 $\boldsymbol{L}$ 所有元素对应的余子式都是 $n-1$ 阶子式),显然此时所有代数余子式都相等.

第二种情况 $\operatorname{rank}(\boldsymbol{L})=n-1$,则 $\boldsymbol{L}$ 中至少存在一个代数余子式不为零. 因为 $\boldsymbol{L}$ 的行和为零,所以 $\boldsymbol{L}\boldsymbol{1}_n=\boldsymbol{0}$,其中 $\boldsymbol{1}_n$ 是 n 行 1 列的全 1 列向量,又由于 $\operatorname{rank}(\boldsymbol{L})=n-1$,所以齐次方程组 $\boldsymbol{L}\boldsymbol{x}=\boldsymbol{0}$ 的通解为 $\boldsymbol{x}=k\boldsymbol{1}_n$,其中 k 是一个任意实数. 由 Laplace 展开定理可知 $\boldsymbol{L}\boldsymbol{L}^*=\boldsymbol{L}^*\boldsymbol{L}=|\boldsymbol{L}|\boldsymbol{E}=\boldsymbol{0}_{n\times n}$,该式说明 $\boldsymbol{L}^*$ 的每一列是齐次方程组 $\boldsymbol{L}\boldsymbol{x}=\boldsymbol{0}$ 的解,即 $\boldsymbol{L}^*$ 每一列的列元素都相等,由 $\boldsymbol{L}^{\mathrm{T}}=\boldsymbol{L}$ 可得 $(\boldsymbol{L}^*)^{\mathrm{T}}=\boldsymbol{L}^*$,于是 $\boldsymbol{L}^*$ 每一行的行元素都相等,由此可得 $\boldsymbol{L}^*$ 的每一个元素都相等.

例 1.2.5 两个上(下)三角形方阵的乘积仍然是上(下)三角形方阵.

证明：假设 $\boldsymbol{A},\boldsymbol{B}$ 是两个下三角形 n 阶方阵，即 $a_{ij}=0,i<j,b_{ij}=0,i<j$，令 $\boldsymbol{C}=\boldsymbol{AB}$，则

$$c_{ij}=\sum_{k=1}^{n}a_{ik}b_{kj}=\sum_{k=1}^{i}a_{ik}b_{kj}+\sum_{k=i+1}^{n}a_{ik}b_{kj},$$

因为 $k>i$ 有 $a_{ik}=0$，所以 $\sum\limits_{k=i+1}^{n}a_{ik}b_{kj}=0$，当 $i<j$ 时，在 $\sum\limits_{k=1}^{i}a_{ik}b_{kj}$ 中，因为 $k<j$ 有 $b_{kj}=0$，所以 $\sum\limits_{k=1}^{i}a_{ik}b_{kj}=0$，即当 $i<j$ 时，$c_{ij}=0$，此结果说明 $\boldsymbol{C}$ 是一个下三角方阵. 如果 $\boldsymbol{A},\boldsymbol{B}$ 是两个上三角形方阵，那么 $\boldsymbol{C}^{\mathrm{T}}=\boldsymbol{B}^{\mathrm{T}}\boldsymbol{A}^{\mathrm{T}}$，显然 $\boldsymbol{B}^{\mathrm{T}}$ 和 $\boldsymbol{A}^{\mathrm{T}}$ 是两个下三角形方阵，由以上结论可知 $\boldsymbol{C}^{\mathrm{T}}$ 也是下三角形方阵，即 $\boldsymbol{C}$ 是上三角形方阵.

矩阵乘法满足交换律的还有例 1.2.6.

例 1.2.6　两个循环矩阵的和、乘积与 Hadmard 积仍然是循环矩阵，且以上 3 种运算满足交换律；循环矩阵的数乘运算仍然是循环矩阵.

证明：显然循环矩阵的数乘运算仍然是循环矩阵.

对于给定的一个 n 阶循环矩阵 $\boldsymbol{C}$，可以写成一个矩阵多项式的形式，即

$$\boldsymbol{C}=\begin{bmatrix} c_0 & c_{n-1} & \cdots & c_2 & c_1 \\ c_1 & c_0 & c_{n-1} & & c_2 \\ \vdots & c_1 & c_0 & \ddots & \vdots \\ c_{n-2} & & \ddots & \ddots & c_{n-1} \\ c_{n-1} & c_{n-2} & \cdots & c_1 & c_0 \end{bmatrix}=c_0\boldsymbol{E}+c_1\boldsymbol{P}+c_2\boldsymbol{P}^2+\cdots+c_{n-1}\boldsymbol{P}^{n-1},$$

同时，给定另外一个 n 阶循环矩阵 $\boldsymbol{D}$，可以写成一个矩阵多项式的形式，即

$$\boldsymbol{D}=\begin{bmatrix} d_0 & d_{n-1} & \cdots & d_2 & d_1 \\ d_1 & d_0 & d_{n-1} & & d_2 \\ \vdots & d_1 & d_0 & \ddots & \vdots \\ d_{n-2} & & \ddots & \ddots & d_{n-1} \\ d_{n-1} & d_{n-2} & \cdots & d_1 & d_0 \end{bmatrix}=d_0\boldsymbol{E}+d_1\boldsymbol{P}+d_2\boldsymbol{P}^2+\cdots+d_{n-1}\boldsymbol{P}^{n-1},$$

其中

$$\boldsymbol{P}=\begin{bmatrix} 0 & 0 & \cdots & 0 & 1 \\ 1 & 0 & 0 & & 0 \\ \vdots & 1 & 0 & \ddots & \vdots \\ 0 & & \ddots & \ddots & 0 \\ 0 & 0 & \cdots & 1 & 0 \end{bmatrix},$$

容易证明 $\boldsymbol{P}^n=\boldsymbol{E}$. 于是

$$\boldsymbol{C}+\boldsymbol{D}=(c_0+d_0)\boldsymbol{E}+(c_1+d_1)\boldsymbol{P}+(c_2+d_2)\boldsymbol{P}^2+\cdots+(c_{n-1}+d_{n-1})\boldsymbol{P}^{n-1},$$

显然 $\boldsymbol{C}+\boldsymbol{D}$ 仍然是一个循环矩阵. 另外

$$\begin{aligned}\boldsymbol{CD}&=e_0\boldsymbol{E}+e_1\boldsymbol{P}+\cdots+e_{n-1}\boldsymbol{P}^{n-1}+e_n\boldsymbol{P}^n+e_{n+1}\boldsymbol{P}^{n+1}+\cdots+e_{2n-2}\boldsymbol{P}^{2n-2}\\&=e_0\boldsymbol{E}+e_1\boldsymbol{P}+\cdots+e_{n-1}\boldsymbol{P}^{n-1}+e_n\boldsymbol{E}+e_{n+1}\boldsymbol{P}+\cdots+e_{2n-2}\boldsymbol{P}^{n-2}\\&=(e_0+e_n)\boldsymbol{E}+(e_1+e_{n+1})\boldsymbol{P}+\cdots+(e_{n-2}+e_{2n-2})\boldsymbol{P}^{n-2}+e_{n-1}\boldsymbol{P}^{n-1},\end{aligned}$$

其中 $e_i = \sum_{j+k=i} c_j d_k, i = 0,1,\cdots,2n-1$. 由此可以证明 $\boldsymbol{CD}$ 仍然是循环矩阵,另外也可证明

$$\boldsymbol{DC} = (e_0 + e_n)\boldsymbol{E} + (e_1 + e_{n+1})\boldsymbol{P} + \cdots + (e_{n-1} + e_{2n-1})\boldsymbol{P}^{n-1}, \text{ 即 } \boldsymbol{DC} = \boldsymbol{CD}.$$

由 $\boldsymbol{C} \circ \boldsymbol{D} = c_0 d_0 \boldsymbol{E} + c_1 d_1 \boldsymbol{P} + c_2 d_2 \boldsymbol{P}^2 + \cdots + c_{n-1} d_{n-1} \boldsymbol{P}^{n-1} = \boldsymbol{D} \circ \boldsymbol{C}$, 说明 $\boldsymbol{C} \circ \boldsymbol{D}$ 是循环矩阵,且满足交换律.

程序 1.2.1 计算循环矩阵的乘积与 Hadmard 积.

```
function [error,herror,product,hproduct,C,D,E,HE]=Circulantmatrixproduct(c,d)
%c=[1  4  3  2];d=[0  -3  2  -1];
cn=length(c);
dn=length(d);
if cn~=dn
    disp('The input data length must be equal! ')
    e=[];
    return;
end
m=conv(c,d);
en=(length(m)-1)/2;
product=[m(1:en)+m(en+2:end) m(en+1)];
hproduct=c. * d;
C=toeplitz([c(1) fliplr(c(2:end))], c);%C 是由 c 构成的循环矩阵
D=toeplitz([d(1) fliplr(d(2:end))], d);%D 是由 d 构成的循环矩阵
E=toeplitz([product(1) fliplr(product(2:end))], product);%E 是由 product 构成的循环矩阵
HE= toeplitz([hproduct(1) fliplr(hproduct(2:end))], hproduct);%HE 是由 hproduct 构成
%的循环矩阵
error=E-C * D;%验证乘积结果的正确性,如果 error 是零矩阵则结果是正确的,否则错误.
herror=HE-C. * D; %验证 Hadmard 积结果的正确性,如果 Herror 是零矩阵则结果是正确的,
%否则错误.
```

程序1.2.1

由 Laplace 展开定理的矩阵形式还可以引出方阵逆矩阵的概念,同时还可以给出判定方阵可逆的充分必要条件.

定义 1.2.2 对于 n 阶方阵 $\boldsymbol{A}$,如果存在一个 n 阶方阵 $\boldsymbol{B}$ 使得

$$\boldsymbol{AB}=\boldsymbol{BA}=\boldsymbol{E} \tag{1.2.7}$$

则称 $\boldsymbol{A}$ 是可逆的,并将 $\boldsymbol{B}$ 称为 $\boldsymbol{A}$ 的逆矩阵(inverse matrix).

定理 1.2.2 $\boldsymbol{A}$ 可逆的充分必要条件为 $\boldsymbol{A}$ 非奇异,即 $|\boldsymbol{A}| \neq 0$. 若逆矩阵存在,则逆矩阵是唯一的,为此可将其记成 $\boldsymbol{A}^{-1}$,且

$$\boldsymbol{A}^{-1}=\frac{1}{|\boldsymbol{A}|}\boldsymbol{A}^*, \tag{1.2.8}$$

其中 $\boldsymbol{A}^*$ 是 $\boldsymbol{A}$ 的伴随矩阵.

对应于线性映射 $\boldsymbol{y}=\boldsymbol{Ax}$,当 $\boldsymbol{A}$ 可逆时,其存在逆变换为 $\boldsymbol{x}=\boldsymbol{A}^{-1}\boldsymbol{y}$,其变换过程如图 1.2.8 与图 1.2.9 所示.

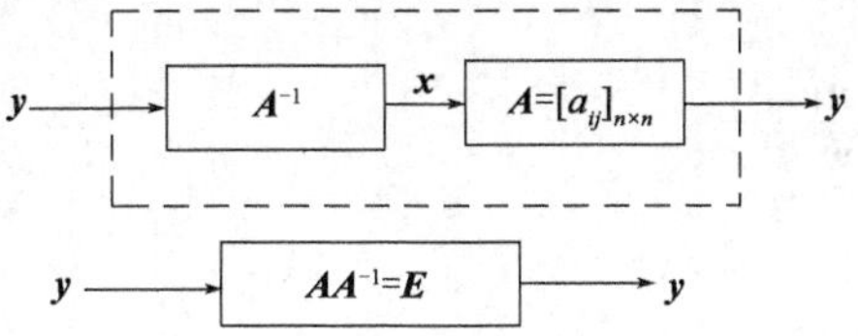

图 1.2.8　一个线性转换器与其逆转换器的“串联”与恒等变换等价

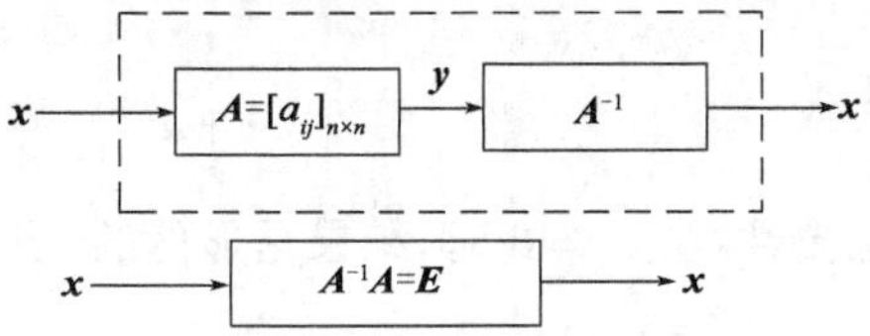

图 1.2.9　一个线性转换器的逆转换器与其自身的“串联”与恒等变换等价

在引入方阵的逆之后，可以利用其判定如下线性方程组

$$\begin{cases} a_{11}x_1+a_{12}x_2+\cdots+a_{1n}x_n=b_1, \\ a_{21}x_1+a_{22}x_2+\cdots+a_{2n}x_n=b_2, \\ \cdots\cdots \\ a_{n1}x_1+a_{n2}x_2+\cdots+a_{nn}x_n=b_n, \end{cases} \quad \Leftrightarrow \quad \boldsymbol{Ax}=\boldsymbol{b}, \tag{1.2.9}$$

其中

$$\boldsymbol{A}=\begin{bmatrix} a_{11} & a_{12} & \cdots & a_{1n} \\ a_{21} & a_{22} & \cdots & a_{2n} \\ \vdots & \vdots & & \vdots \\ a_{n1} & a_{n2} & \cdots & a_{nn} \end{bmatrix}, \quad \boldsymbol{x}=\begin{bmatrix} x_1 \\ x_2 \\ \vdots \\ x_n \end{bmatrix}, \quad \boldsymbol{b}=\begin{bmatrix} b_1 \\ b_2 \\ \vdots \\ b_n \end{bmatrix}$$

是否有唯一解，同时也可以给出求解的理论方法，即方程组 $\boldsymbol{Ax}=\boldsymbol{b}$ 有唯一解的充分必要条件为 $\boldsymbol{A}$ 可逆，且在 $\boldsymbol{A}$ 可逆的情况下，其唯一解的形式为 $\boldsymbol{x}=\boldsymbol{A}^{-1}\boldsymbol{b}=\frac{1}{|\boldsymbol{A}|}\boldsymbol{A}^*\boldsymbol{b}$. 需要注意的是，该方程组的解也可以由克莱姆法则表示，即当系数行列式 $D=|\boldsymbol{A}|\neq 0$ 时，方程组的解可以表示成 $x_j=\frac{D_j}{D}, j=1,2,\cdots,n$, 由解的唯一性可知 $\frac{1}{D}[D_1,D_2,\cdots,D_n]^{\mathrm{T}}=\frac{1}{|\boldsymbol{A}|}\boldsymbol{A}^*\boldsymbol{b}$.

在统计学、数值优化以及物理学中，经常用到 Sherman—Morrison 公式求一个方阵的逆.

定理 1.2.3　Sherman—Morrison 公式：假定 $\boldsymbol{A}\in\mathbf{R}^{n\times n}$ 是一个可逆方阵，$\boldsymbol{u},\boldsymbol{v}\in\mathbf{R}^n$ 是 n 维列向量，则 $\boldsymbol{A}+\boldsymbol{uv}^{\mathrm{T}}$ 可逆的充分必要条件是 $1+\boldsymbol{v}^{\mathrm{T}}\boldsymbol{A}^{-1}u\neq 0$，且当 $\boldsymbol{A}+\boldsymbol{uv}^{\mathrm{T}}$ 可逆时，它的逆可以表示为

$$(\boldsymbol{A}+\boldsymbol{uv}^{\mathrm{T}})^{-1}=\boldsymbol{A}^{-1}-\frac{\boldsymbol{A}^{-1}\boldsymbol{uv}^{\mathrm{T}}\boldsymbol{A}^{-1}}{1+\boldsymbol{v}^{\mathrm{T}}\boldsymbol{A}^{-1}\boldsymbol{u}}. \tag{1.2.10}$$

取 $\boldsymbol{A}=\boldsymbol{E}$，可得该公式的特殊形式：$\boldsymbol{u},\boldsymbol{v}\in\mathbf{R}^n$ 是 n 维列向量，$\boldsymbol{E}+\boldsymbol{uv}^{\mathrm{T}}$ 可逆的充分必要条件是 $1+\boldsymbol{v}^{\mathrm{T}}\boldsymbol{u}\neq 0$. 且当 $\boldsymbol{E}+\boldsymbol{uv}^{\mathrm{T}}$ 可逆时，则它的逆可以表示为

$$(\boldsymbol{E}+\boldsymbol{uv}^{\mathrm{T}})^{-1}=\boldsymbol{E}-\frac{\boldsymbol{uv}^{\mathrm{T}}}{1+\boldsymbol{v}^{\mathrm{T}}\boldsymbol{u}}. \tag{1.2.11}$$

证明：充分性：当 $1+\boldsymbol{v}^{\mathrm{T}}\boldsymbol{A}^{-1}\boldsymbol{u}\neq 0$ 时

$$\begin{aligned}(\boldsymbol{A}+\boldsymbol{uv}^{\mathrm{T}})\left(\boldsymbol{A}^{-1}-\frac{\boldsymbol{A}^{-1}\boldsymbol{uv}^{\mathrm{T}}\boldsymbol{A}^{-1}}{1+\boldsymbol{v}^{\mathrm{T}}\boldsymbol{A}^{-1}\boldsymbol{u}}\right)&=\boldsymbol{E}+\boldsymbol{uv}^{\mathrm{T}}\boldsymbol{A}^{-1}-\frac{\boldsymbol{uv}^{\mathrm{T}}\boldsymbol{A}^{-1}+\boldsymbol{uv}^{\mathrm{T}}\boldsymbol{A}^{-1}\boldsymbol{uv}^{\mathrm{T}}\boldsymbol{A}^{-1}}{1+\boldsymbol{v}^{\mathrm{T}}\boldsymbol{A}^{-1}\boldsymbol{u}} \\ &=\boldsymbol{E}+\boldsymbol{uv}^{\mathrm{T}}\boldsymbol{A}^{-1}-\frac{\boldsymbol{u}(1+\boldsymbol{v}^{\mathrm{T}}\boldsymbol{A}^{-1}\boldsymbol{u})\boldsymbol{v}^{\mathrm{T}}\boldsymbol{A}^{-1}}{1+\boldsymbol{v}^{\mathrm{T}}\boldsymbol{A}^{-1}\boldsymbol{u}}=\boldsymbol{E}+\boldsymbol{uv}^{\mathrm{T}}\boldsymbol{A}^{-1}-\boldsymbol{uv}^{\mathrm{T}}\boldsymbol{A}^{-1}=\boldsymbol{E},\end{aligned}$$

故

$$(\boldsymbol{A}+\boldsymbol{u}\boldsymbol{v}^{\mathrm{T}})^{-1}=\boldsymbol{A}^{-1}-\frac{\boldsymbol{A}^{-1}\boldsymbol{u}\boldsymbol{v}^{\mathrm{T}}\boldsymbol{A}^{-1}}{1+\boldsymbol{v}^{\mathrm{T}}\boldsymbol{A}^{-1}\boldsymbol{u}}.$$

必要性:当 $\boldsymbol{u}=\boldsymbol{0}$ 时,结果是显然的;当 $\boldsymbol{u}\neq\boldsymbol{0}$ 时

$$(\boldsymbol{A}+\boldsymbol{u}\boldsymbol{v}^{\mathrm{T}})\boldsymbol{A}^{-1}\boldsymbol{u}=\boldsymbol{u}+\boldsymbol{u}\boldsymbol{v}^{\mathrm{T}}\boldsymbol{A}^{-1}\boldsymbol{u}=(1+\boldsymbol{v}^{\mathrm{T}}\boldsymbol{A}^{-1}\boldsymbol{u})\boldsymbol{u},$$

由于 $\boldsymbol{A}+\boldsymbol{u}\boldsymbol{v}^{\mathrm{T}}$ 是可逆的, $\boldsymbol{A}^{-1}$ 是可逆的,所以 $(\boldsymbol{A}+\boldsymbol{u}\boldsymbol{v}^{\mathrm{T}})\boldsymbol{A}^{-1}$ 是可逆的,又由于 $\boldsymbol{u}\neq\boldsymbol{0}$, 所以

$$(\boldsymbol{A}+\boldsymbol{u}\boldsymbol{v}^{\mathrm{T}})\boldsymbol{A}^{-1}\boldsymbol{u}=(1+\boldsymbol{v}^{\mathrm{T}}\boldsymbol{A}^{-1}\boldsymbol{u})\boldsymbol{u}\neq\boldsymbol{0},$$

故

$$1+\boldsymbol{v}^{\mathrm{T}}\boldsymbol{A}^{-1}\boldsymbol{u}\neq 0.$$

方阵除了具有秩的数字特征之外,还具有两个重要的数字特征,分别是方阵的迹和方阵所对应的行列式. 假设有 n 阶方阵 $\boldsymbol{A}=[a_{ij}]_{n\times n}$, 方阵的迹定义为所有对角元素的和,记为 $\mathrm{trace}(\boldsymbol{A})=\sum\limits_{i=1}^{n}a_{ii}$, 方阵所对应的行列式记为 $|\boldsymbol{A}|$ 或 $\det(\boldsymbol{A})$.

关于方阵的迹有如下性质:

(1)如果 $\boldsymbol{A}$ 是 n 阶方阵,则有 $\mathrm{trace}(\boldsymbol{A}^{\mathrm{T}})=\mathrm{trace}(\boldsymbol{A})$;

(2)如果 $\boldsymbol{A}$ 是 n 阶方阵,则有 $\mathrm{trace}(k\boldsymbol{A})=k\cdot\mathrm{trace}(\boldsymbol{A})$;

(3)如果 $\boldsymbol{A}$ 和 $\boldsymbol{B}$ 都是 n 阶方阵,则有 $\mathrm{trace}(\boldsymbol{A}+\boldsymbol{B})=\mathrm{trace}(\boldsymbol{A})+\mathrm{trace}(\boldsymbol{B})$;

(4)如果 $\boldsymbol{A}$ 是 n 阶方阵,且存在一个可逆矩阵 $\boldsymbol{P}$, 使得 $\boldsymbol{P}^{-1}\boldsymbol{A}\boldsymbol{P}=\boldsymbol{B}$, 则有

$$\mathrm{trace}(\boldsymbol{A})=\mathrm{trace}(\boldsymbol{B});$$

(5)如果 $\boldsymbol{A}$ 是 $m\times n$ 的矩阵, $\boldsymbol{B}$ 是 $n\times m$ 的矩阵,则有 $\mathrm{trace}(\boldsymbol{A}\boldsymbol{B})=\mathrm{trace}(\boldsymbol{B}\boldsymbol{A})$, 特别地,若 $\boldsymbol{B}=\boldsymbol{A}^{\mathrm{T}}$, 则有 $\mathrm{trace}(\boldsymbol{A}\boldsymbol{A}^{\mathrm{T}})=\mathrm{trace}(\boldsymbol{A}^{\mathrm{T}}\boldsymbol{A})=\sum\limits_{i=1}^{m}\sum\limits_{j=1}^{n}a_{ij}^{2}$, 其中 $\boldsymbol{A}=[a_{ij}]$;

(6)如果 $\boldsymbol{A}=[a_{ij}]$ 和 $\boldsymbol{B}=[b_{ij}]$ 都是 $m\times n$ 的矩阵,则有

$$\mathrm{trace}(\boldsymbol{A}^{\mathrm{T}}\boldsymbol{B})=\mathrm{trace}(\boldsymbol{B}\boldsymbol{A}^{\mathrm{T}})=\sum_{i=1}^{m}\sum_{j=1}^{n}a_{ij}b_{ij};$$

(7)如果 $\boldsymbol{A}$ 是 $n\times n$ 的矩阵, $\boldsymbol{B}$ 是 $m\times m$ 的矩阵,则有 $\mathrm{trace}(\boldsymbol{A}\otimes\boldsymbol{B})=\mathrm{trace}(\boldsymbol{B}\otimes\boldsymbol{A})$.

关于方阵的行列式有如下性质:

如果 $\boldsymbol{A}$ 和 $\boldsymbol{B}$ 都是 n 阶方阵,则有

(1) $\det(\boldsymbol{A}^{\mathrm{T}})=\det(\boldsymbol{A})$;

(2) $\det(k\boldsymbol{A})=k^{n}\det(\boldsymbol{A})$;

(3) $\det(\boldsymbol{A}\boldsymbol{B})=\det(\boldsymbol{B}\boldsymbol{A})=\det(\boldsymbol{A})\det(\boldsymbol{B})$.

除了以上 3 个方阵行列式的基本性质之外,还有以下几个重要的常用定理.

定理 1.2.4 若 $\det(\lambda\boldsymbol{E}_n+\boldsymbol{A})=\lambda^{n}+a_1\lambda^{n-1}+\cdots+a_{n-1}\lambda+a_n$, 则有 $a_i, i=1,2,\cdots,n$ 是 $\boldsymbol{A}$ 所有的 i 阶主子式之和,即 $a_i=\sum\limits_{\tau\in T_i}\det(\boldsymbol{A}_{\tau\tau})$. 特别地, $a_1=\mathrm{trace}(\boldsymbol{A})$, $a_n=\det(\boldsymbol{A})$. 其中 T_i 是 $\{1,2,\cdots,n\}$ 中任意 i 个不同元素所组成子集的集合, $\boldsymbol{A}_{\tau\tau}$ 为 $\boldsymbol{A}$ 中行指标取为 τ, 列指标也取为 τ 的 i 阶主子阵.

证明：

$$\det(\lambda\boldsymbol{E}_n+\boldsymbol{A})=\begin{vmatrix}\lambda+a_{11} & a_{12} & \cdots & a_{1n}\\ a_{21} & \lambda+a_{22} & \cdots & a_{2n}\\ \vdots & \vdots & & \vdots\\ a_{n1} & a_{n2} & \cdots & \lambda+a_{nn}\end{vmatrix}.$$

如果 S_i 是 $\{1,2,\cdots,n\}$ 中任意 $n-i$ 个不同元素所组成子集的集合，T_i 是 $\{1,2,\cdots,n\}$ 中任意 i 个不同元素所组成子集的集合，任取 $\sigma\in S_i$，记 $\tau=\{1,2,\cdots,n\}/\sigma$，则 $\tau\in T_i$，令 $\boldsymbol{A}_{\sigma\sigma}$ 为 $\boldsymbol{A}$ 中行指标取为 σ，列指标也取为 σ 中的 $n-i$ 阶主子阵. 在 $\det(\lambda\boldsymbol{E}_n+\boldsymbol{A})$ 中任取 $n-i$ 阶子式，其展开式包含 λ^{n-i} 的只有 $n-i$ 阶主子式，为此在 $\det(\lambda\boldsymbol{E}_n+\boldsymbol{A})$ 中任意选取 $n-i$ 阶主子式，并将其记成 $\det(\lambda\boldsymbol{E}_{\sigma\sigma}+\boldsymbol{A}_{\sigma\sigma})$，其展开式的首项为 λ^{n-i}，且其系数为 1，在 $\det(\lambda\boldsymbol{E}_n+\boldsymbol{A})$ 的展开式中与 $\det(\lambda\boldsymbol{E}_{\sigma\sigma}+\boldsymbol{A}_{\sigma\sigma})$ 相乘的 i 阶余子式为其对应的 i 阶主余子式 $\det(\lambda\boldsymbol{E}_{\tau\tau}+\boldsymbol{A}_{\tau\tau})$［即在 $\det(\lambda\boldsymbol{E}_n+\boldsymbol{A})$ 中去掉 $\det(\lambda\boldsymbol{E}_{\sigma\sigma}+\boldsymbol{A}_{\sigma\sigma})$ 所在行与列的元素剩下的 i 阶主子式］，于是在 $\det(\lambda\boldsymbol{E}_{\sigma\sigma}+\boldsymbol{A}_{\sigma\sigma})\cdot\det(\lambda\boldsymbol{E}_{\tau\tau}+\boldsymbol{A}_{\tau\tau})$ 中 λ^{n-i} 的系数为 $\det(\boldsymbol{A}_{\tau\tau})$，为此 $\det(\lambda\boldsymbol{E}_n+\boldsymbol{A})$ 展开式中 λ^{n-i} 的系数为 $\sum\limits_{\tau\in T_i}\det(\boldsymbol{A}_{\tau\tau})$，即 λ^{n-i} 的系数 $a_i(i=1,2,\cdots,n)$ 为 $\boldsymbol{A}$ 所有的 i 阶主子式之和.

定理 1.2.5　如果 $\boldsymbol{A}$ 是 $m\times n$ 的矩阵，$\boldsymbol{B}$ 是 $n\times m$ 的矩阵，则有

$$\det(\lambda\boldsymbol{E}_n+\boldsymbol{B}\boldsymbol{A})=\lambda^{n-m}\det(\lambda\boldsymbol{E}_m+\boldsymbol{A}\boldsymbol{B}),\tag{1.2.12}$$

在上式中将 $\boldsymbol{B}$ 替换成 $-\boldsymbol{B}$，该结果还可以表示成

$$\det(\lambda\boldsymbol{E}_n-\boldsymbol{B}\boldsymbol{A})=\lambda^{n-m}\det(\lambda\boldsymbol{E}_m-\boldsymbol{A}\boldsymbol{B}),\tag{1.2.13}$$

特别当 $\boldsymbol{B}=\boldsymbol{A}^{\mathrm{T}}$ 或 $\boldsymbol{B}=-\boldsymbol{A}^{\mathrm{T}}$ 时，有

$$\det(\lambda\boldsymbol{E}_n+\boldsymbol{A}^{\mathrm{T}}\boldsymbol{A})=\lambda^{n-m}\det(\lambda\boldsymbol{E}_m+\boldsymbol{A}\boldsymbol{A}^{\mathrm{T}}),\tag{1.2.14}$$

$$\det(\lambda\boldsymbol{E}_n-\boldsymbol{A}^{\mathrm{T}}\boldsymbol{A})=\lambda^{n-m}\det(\lambda\boldsymbol{E}_m-\boldsymbol{A}\boldsymbol{A}^{\mathrm{T}}).\tag{1.2.15}$$

证明：由分块矩阵乘法得

$$\begin{bmatrix}\boldsymbol{E}_m & \boldsymbol{A}\\ \boldsymbol{O} & \lambda\boldsymbol{E}_n\end{bmatrix}\begin{bmatrix}\lambda\boldsymbol{E}_m & -\boldsymbol{A}\\ \boldsymbol{B} & \boldsymbol{E}_n\end{bmatrix}=\begin{bmatrix}\lambda\boldsymbol{E}_m+\boldsymbol{A}\boldsymbol{B} & \boldsymbol{O}\\ \lambda\boldsymbol{B} & \lambda\boldsymbol{E}_n\end{bmatrix}$$

$$\begin{bmatrix}\lambda\boldsymbol{E}_m & -\boldsymbol{A}\\ \boldsymbol{B} & \boldsymbol{E}_n\end{bmatrix}\begin{bmatrix}\boldsymbol{E}_m & \boldsymbol{A}\\ \boldsymbol{O} & \lambda\boldsymbol{E}_n\end{bmatrix}=\begin{bmatrix}\lambda\boldsymbol{E}_m & \boldsymbol{O}\\ \boldsymbol{B} & \lambda\boldsymbol{E}_n+\boldsymbol{B}\boldsymbol{A}\end{bmatrix},$$

上两式左右取行列式，可得

$$\lambda^n\det\begin{bmatrix}\lambda\boldsymbol{E}_m & -\boldsymbol{A}\\ \boldsymbol{B} & \boldsymbol{E}_n\end{bmatrix}=\lambda^n\det(\lambda\boldsymbol{E}_m+\boldsymbol{A}\boldsymbol{B}),\lambda^n\det\begin{bmatrix}\lambda\boldsymbol{E}_m & -\boldsymbol{A}\\ \boldsymbol{B} & \boldsymbol{E}_n\end{bmatrix}=\lambda^m\det(\lambda\boldsymbol{E}_n+\boldsymbol{B}\boldsymbol{A}),$$

于是有 $\lambda^n\det(\lambda\boldsymbol{E}_m+\boldsymbol{A}\boldsymbol{B})=\lambda^m\det(\lambda\boldsymbol{E}_n+\boldsymbol{B}\boldsymbol{A})$，即

$$\det(\lambda\boldsymbol{E}_n+\boldsymbol{B}\boldsymbol{A})=\lambda^{n-m}\det(\lambda\boldsymbol{E}_m+\boldsymbol{A}\boldsymbol{B}),$$

其余结果的证明是显而易见的.

事实上，矩阵乘法所对应行列式的性质还可以进一步推广，其结果可以用柯西—比内公式表示.

定理 1.2.6　柯西—比内公式：假设 $\boldsymbol{A}$ 是一个 $m\times n$ 矩阵，而 $\boldsymbol{B}$ 是一个 $n\times m$ 矩阵，其中 $m\leqslant n$. 如果 S 是 $\{1,2,\cdots,n\}$ 中任意 m 个不同元素所组成子集的集合，任取 $D\in S$，记 $\boldsymbol{A}_D$ 为

$\boldsymbol{A}$ 中列指标位于 D 中的 $m\times m$ 子矩阵.类似地,记 $\boldsymbol{B}_D$ 为 $\boldsymbol{B}$ 中行指标位于 D 中的 $m\times m$ 子矩阵,则有 $\det(\boldsymbol{AB})=\sum\limits_{D\in S}\det(\boldsymbol{A}_D)\det(\boldsymbol{B}_D)$,特别地,当 $\boldsymbol{B}=\boldsymbol{A}^{\mathrm{T}}$ 时,则有 $\det(\boldsymbol{AA}^{\mathrm{T}})=\sum\limits_{D\in S}\det^2(\boldsymbol{A}_D)$.

证明:首先由定理 1.2.5 可知如果 $\boldsymbol{A}$ 是 $m\times n$ 的矩阵,$\boldsymbol{B}$ 是 $n\times m$ 的矩阵,则有

$$\det(\lambda\boldsymbol{E}_n+\boldsymbol{BA})=\lambda^{n-m}\det(\lambda\boldsymbol{E}_m+\boldsymbol{AB}).$$

其次由定理 1.2.4 可知对上式左项中 λ^{n-m} 的系数为 $\boldsymbol{BA}$ 所有的 m 阶主子式之和 $\sum\limits_{D\in S}\det(\boldsymbol{BA})_{DD}$,右项中 λ^{n-m} 的系数为常数 $\det(\boldsymbol{AB})$. 记 S 是 $\{1,2,\cdots,n\}$ 中任意 m 个不同元素所组成子集的集合,故有 $\det(\boldsymbol{AB})=\sum\limits_{D\in S}\det(\boldsymbol{BA})_{DD}$,其中 $(\boldsymbol{BA})_{DD}$ 为 $\boldsymbol{BA}$ 中行指标取为 $\boldsymbol{D}$、列指标也取为 D 中的 m 阶主子阵,又由矩阵乘法可知,$(\boldsymbol{BA})_{DD}=\boldsymbol{B}_D\boldsymbol{A}_D$,其中 $\boldsymbol{A}_D$ 是 $\boldsymbol{A}$ 中行指标位于 D 中的 $m\times m$ 子矩阵,$\boldsymbol{B}_D$ 是 $\boldsymbol{B}$ 中列指标位于 $\boldsymbol{D}$ 中的 $m\times m$ 子矩阵,再由行列式性质知 $\det(\boldsymbol{BA})_{DD}=\det(\boldsymbol{A}_D)\det(\boldsymbol{B}_D)$.

故综上可得 $\det(\boldsymbol{AB})=\sum\limits_{D\in S}\det(\boldsymbol{A}_D)\det(\boldsymbol{B}_D)$.

下面给出一些特殊方阵性质的实例.

例 1.2.7 证明下(上)三角形矩阵可逆的充分必要条件是其对角元素均不为零;可逆的下(上)三角形矩阵的逆矩阵仍然是下(上)三角形矩阵,且逆矩阵的对角元素是原矩阵对角元素的倒数.

证明:假定 $\boldsymbol{A}$ 是一个 n 阶下三角形矩阵,$\boldsymbol{A}$ 的元素 a_{ij} 满足 $a_{ij}=0,i<j$,则 $\boldsymbol{A}$ 的行列式 $|\boldsymbol{A}|=\prod\limits_{i=1}^{n}a_{ii}$,由于 $\boldsymbol{A}$ 可逆,所以 $|\boldsymbol{A}|\neq 0$,即 $a_{ii}\neq 0,i=1,2,\cdots,n$,反之若 $\boldsymbol{A}$ 的对角元素均不为零,则有 $\boldsymbol{A}$ 的行列式 $|\boldsymbol{A}|\neq 0$,因此 $\boldsymbol{A}$ 可逆;假设 $\boldsymbol{B}$ 是 $\boldsymbol{A}$ 的逆矩阵,则有 $\boldsymbol{AB}=\boldsymbol{BA}=\boldsymbol{E}$,假设 δ_{ij} 是 $\boldsymbol{AB}$ 即单位矩阵的元素,a_{ij} 和 b_{ij} 分别是 $\boldsymbol{A}$ 和 $\boldsymbol{B}$ 的元素,则有 $\delta_{ij}=\sum\limits_{k=1}^{n}a_{ik}b_{kj}$,下面对行标 i 进行数学归纳.

当 $i=1$ 时,

$$\delta_{1j}=\sum_{k=1}^{n}a_{1k}b_{kj}=\sum_{k=1}^{1}a_{1k}b_{kj}+\sum_{k=2}^{n}a_{1k}b_{kj}=a_{11}b_{1j},$$

若 $j=1$,则由 $1=\delta_{11}=a_{11}b_{11}$,得 $b_{11}=1/a_{11}$;若 $j>1$,则由 $0=\delta_{1j}=a_{11}b_{1j}$,得 $b_{1j}=0$,即

$$b_{1j}=\begin{cases}1/a_{11}, & j=1,\\ 0, & j>1.\end{cases}$$

假设 $i=m$ 时归纳假设成立,即

$$b_{mj}=\begin{cases}1/a_{mm}, & j=m,\\ 0, & j>m,\end{cases}$$

则在 $i=m+1$ 时,若 $j\geqslant m+1$,有

$$\delta_{m+1j}=\sum_{k=1}^{n}a_{m+1k}b_{kj}=\sum_{k=1}^{m+1}a_{m+1k}b_{kj}+\sum_{k=m+2}^{n}a_{m+1k}b_{kj}=\sum_{k=1}^{m}a_{m+1k}b_{kj}+a_{m+1m+1}b_{m+1j}=a_{m+1m+1}b_{m+1j}.$$

显然若 $j=m+1$，则由 $1=\delta_{m+1m+1}=a_{m+1m+1}b_{m+1m+1}$，得 $b_{m+1m+1}=1/a_{m+1m+1}$；若 $j>m+1$，则由 $0=\delta_{1m+1}=a_{m+1}b_{1m+1}$，得 $b_{m+1j}=0$.

由于

$$b_{m+1j}=\begin{cases}1/a_{m+1m+1}, & j=m+1,\\ 0, & j>m+1,\end{cases}$$

可得 $j=m+1$ 时归纳假设成立，由数学归纳法可得矩阵 $\boldsymbol{B}$ 是一个下三角形矩阵且 $\boldsymbol{B}$ 的对角元素是 $\boldsymbol{A}$ 的对角元素的倒数.

在数值分析当中经常会涉及两类矩阵，即严格对角占优矩阵与不可约对角占优矩阵，这两类矩阵都具有非奇性质.

定义 1.2.3　给定一个 n 阶方阵 $\boldsymbol{A}=[a_{ij}]$，如果存在着一个置换矩阵 $\boldsymbol{P}$ 使得

$$\boldsymbol{P}^{\mathrm{T}}\boldsymbol{AP}=\begin{bmatrix}\boldsymbol{A}_{11} & \boldsymbol{A}_{12}\\ \boldsymbol{0} & \boldsymbol{A}_{22}\end{bmatrix}, \tag{1.2.16}$$

其中 $\boldsymbol{A}_{11}$ 和 $\boldsymbol{A}_{22}$ 是方阵，则称 $\boldsymbol{A}$ 是可约矩阵，否则称 $\boldsymbol{A}$ 为不可约矩阵.

若 $|a_{ii}|\geqslant\sum_{j\neq i}|a_{ij}|$，$i=1,2,\cdots,n$，则称 $\boldsymbol{A}$ 为弱对角占优矩阵；若 $|a_{ii}|>\sum_{j\neq i}|a_{ij}|$，$i=1,2,\cdots,n$，则称 $\boldsymbol{A}$ 为严格对角占优矩阵；如果不可约矩阵 $\boldsymbol{A}$ 是弱对角占优的，且至少有一行不等式是严格成立的，则称 $\boldsymbol{A}$ 为不可约对角占优矩阵.

定理 1.2.7　给定一个 n 阶方阵 $\boldsymbol{A}=[a_{ij}]$，如果 $\boldsymbol{A}$ 为严格对角占优矩阵或不可约对角占优矩阵，则 $\boldsymbol{A}$ 是非奇异的，即 $\det(\boldsymbol{A})\neq 0$.

证明：先证明第一个结论，假设 $\boldsymbol{A}$ 是奇异的，即 $\det(\boldsymbol{A})=0$，则存在着非零向量 $\boldsymbol{x}$ 使得 $\boldsymbol{Ax}=\boldsymbol{0}$，在 $\boldsymbol{x}$ 中假设 x_i 是其按模最大分量，即 $|x_i|\geqslant|x_j|$，$j=1,2,\cdots,n$，在 $\boldsymbol{Ax}=\boldsymbol{0}$ 中对应的第 i 个方程为 $\sum_{j=1}^{n}a_{ij}x_j=0$，即 $a_{ii}x_i=-\sum_{j\neq i}a_{ij}x_j$，由此可得

$$|a_{ii}||x_i|=\left|\sum_{j\neq i}a_{ij}x_j\right|\leqslant\sum_{j\neq i}|a_{ij}x_j|=\sum_{j\neq i}|a_{ij}||x_j|,$$

从而有

$$|a_{ii}|\leqslant\sum_{j\neq i}|a_{ij}|\frac{|x_j|}{|x_i|}\leqslant\sum_{j\neq i}|a_{ij}|,$$

显然该式与 $\boldsymbol{A}$ 严格对角占优相矛盾，故 $\boldsymbol{A}$ 是非奇异矩阵.

再证明第二个结论，同样假设 $\boldsymbol{A}$ 是奇异的，即 $\det(\boldsymbol{A})=0$，则存在着非零向量 $\boldsymbol{x}$ 使得 $\boldsymbol{Ax}=\boldsymbol{0}$，在 $\boldsymbol{x}$ 中假设 x_i 是其按模最大分量，即 $|x_i|\geqslant|x_j|$，$j=1,2,\cdots,n$，在 $\boldsymbol{Ax}=\boldsymbol{0}$ 中对应的第 i 个方程为 $\sum_{j=1}^{n}a_{ij}x_j=0$，即 $a_{ii}x_i=\sum_{j\neq i}a_{ij}x_j$，由此可得

$$|a_{ii}||x_i|\leqslant\sum_{j\neq i}|a_{ij}||x_j|,$$

再由对角占优性可得

$$\sum_{j\neq i}|a_{ij}||x_i|\leqslant|a_{ii}||x_i|,$$

从而有

$$\sum_{j\neq i}|a_{ij}||x_i|\leqslant\sum_{j\neq i}|a_{ij}||x_j|,$$

即

$$\sum_{j\neq i}|a_{ij}|(|x_i|-|x_j|)\leqslant 0.$$

令 $I=\{j,|x_j|=|x_i|\}$,$J=\{j,|x_j|<|x_i|\}$,显然 $I\cup J=\{1,2,\cdots,n\}$,$I\cap J=\varnothing$,若 $J=\varnothing$,则有 $I=\{1,2,\cdots,n\}$,即对所有的 i,通过 $\boldsymbol{Ax}=\boldsymbol{0}$ 可以得到 $|a_{ii}|\leqslant\sum_{i\neq j}|a_{ij}|$,$i=1,2,\cdots,n$,这与不可约对角占优矩阵要求至少有一行严格对角占优是矛盾的,因此 $J\neq\varnothing$,即当 $i\in I$、$j\in J$ 时,有 $\sum_{j\neq i}|a_{ij}|(|x_i|-|x_j|)\leqslant 0$,由此可以得到 $a_{ij}=0,i\in I,j\in J$,这与 $\boldsymbol{A}$ 不可约是矛盾的.

例 1.2.8 证明 n 阶不可约 Laplace 矩阵 $\boldsymbol{L}$ 的秩为 $n-1$,即 $\text{rank}(\boldsymbol{L})=n-1$.

证明:首先证明 n 阶不可约 Laplace 矩阵 $\boldsymbol{L}$ 存在一个 $n-1$ 阶不可约主子式.因为 n 阶不可约 *Laplace* 矩阵 $\boldsymbol{L}$ 必然是强连通的,即对任意两个节点之间都有一条相互方向的路径相连接,由此可得 $\boldsymbol{L}$ 所对应的有向连通图 G 中必然存在一条双向回路,它至少包含每个节点一次,为此可以去掉其中一个节点,使得剩余的 $n-1$ 个节点仍然存在一条双向回路,即在 $\boldsymbol{L}$ 中必然存在一个 $n-1$ 阶子阵 $\boldsymbol{L}_{n-1}$ 所对应的图是强连通的,即 $\boldsymbol{L}_{n-1}$ 是不可约的.

然后证明 $\boldsymbol{L}_{n-1}$ 是弱对角占优且至少有一行不等式严格成立.由前一段证明可知,必然存在一个置换矩阵 $\boldsymbol{P}$,使得

$$\boldsymbol{P}^{\mathrm{T}}\boldsymbol{LP}=\begin{bmatrix}\boldsymbol{L}_{n-1} & \boldsymbol{b}\\ \boldsymbol{b}^{\mathrm{T}} & \boldsymbol{l}_{nn}\end{bmatrix},$$

其中 $\boldsymbol{L}_{n-1}=[l_{ij}]_{n-1\times n-1}$ 是 $n-1$ 阶顺序主子阵,$\boldsymbol{b}=[l_{1n},l_{2n},\cdots,l_{n-1,n}]^{\mathrm{T}}$ 是 $n-1$ 行 1 列的矩阵,$\boldsymbol{l}_{nn}$ 是一个 1×1 的矩阵,由于 $\boldsymbol{L}$ 是不可约矩阵,为此 $\boldsymbol{b}\neq\boldsymbol{0}$.又由于 $\boldsymbol{L}$ 的列和均为零,所以 $\boldsymbol{L1}_n=\boldsymbol{0}_n$,其中 $\boldsymbol{1}_n=[1,1,\cdots,1]^{\mathrm{T}}$,$\boldsymbol{0}_n=[0,0,\cdots,0]^{\mathrm{T}}$,即

$$\begin{bmatrix}\boldsymbol{L}_{n-1} & \boldsymbol{b}\\ \boldsymbol{b}^{\mathrm{T}} & \boldsymbol{l}_{nn}\end{bmatrix}\begin{bmatrix}\boldsymbol{1}_{n-1}\\ 1\end{bmatrix}=\begin{bmatrix}\boldsymbol{0}_{n-1}\\ 0\end{bmatrix},$$

从而有 $\boldsymbol{L}_{n-1}\boldsymbol{1}_{n-1}=-\boldsymbol{b}$,即

$$\sum_{j=1}^{n-1}l_{ij}=-l_{in},\quad i=1,2,\cdots,n-1,\quad l_{ii}=-\sum_{j=1,\ j\neq i}^{n-1}l_{ij}-l_{in},\quad i=1,2,\cdots,n-1,$$

由于 $l_{ii}>0,l_{ij}\leqslant 0,i\neq j$,因此将前式两边取绝对值有

$$|l_{ii}|=\sum_{j=1,j\neq i}^{n-1}|l_{ij}|+|l_{in}|,\quad i=1,2,\cdots,n-1,$$

由此可得 $|l_{ii}|\geqslant\sum_{j=1,j\neq i}^{n-1}|l_{ij}|,i=1,2,\cdots,n-1$,又由于 $b\neq 0$,所以在 $l_{in},i=1,2,\cdots,n-1$ 中至少有一个不为零,因此在 $|l_{ii}|\geqslant\sum_{j=1,j\neq i}^{n-1}|l_{ij}|,i=1,2,\cdots,n-1$ 中至少有一个不等式严格成立.

又由于 $\boldsymbol{L}_{n-1}$ 是不可约的,所以 $\boldsymbol{L}_{n-1}$ 是不可约对角占优矩阵,$|\boldsymbol{L}_{n-1}|\neq 0$.由此可得 $\text{rank}(\boldsymbol{L})\geqslant n-1$,再由 Laplace 矩阵的性质可得 $\text{rank}(\boldsymbol{L})\leqslant n-1$,故 $\text{rank}(\boldsymbol{L})=n-1$.

例 1.2.9　平面三角形网格重心参数化.

给定平面上一个单位正方形，在单位正方形内部随机选取 n 个点并将其记为 $V_{\text{inner}}=\{\boldsymbol{x}_i=(x_i,y_i)\},i=1,2,\cdots,n$, 在整体边界上均匀选取 N 个点，并将其按逆时针排序，将这些点用 $V_{\text{bound}}=\{\boldsymbol{x}_i=(x_i,y_i)\},i=n+1,n+2,\cdots,n+N$, 将点集 $V=V_{\text{inner}}\cup V_{\text{bound}}$ 进行 delaunay 三角剖分，得到一个初始的三角形剖分，参见图 1.2.10(a)(调用程序 1.2.2U = polytri(15)).

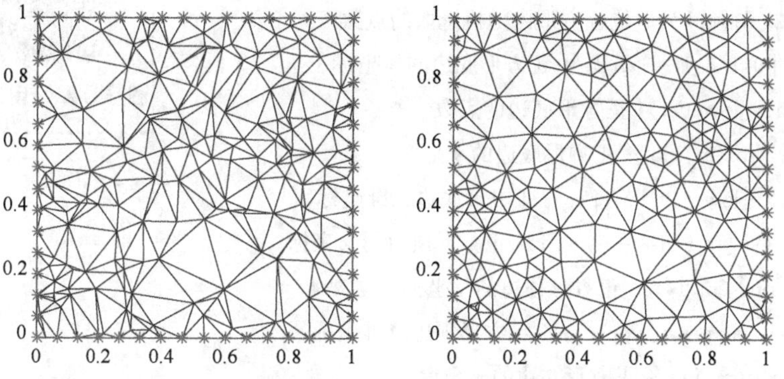

(a)随机生成的delaunay三角形剖分图　(b)参数化后得到的三角形剖分图

图 1.2.10　平面三角形网格重心参数化

为了将初始三角形剖分进一步正规化而采用重心法，首先要求边界点固定，即令 $\boldsymbol{u}_i=\boldsymbol{x}_i$, $i=n+1,n+2,\cdots,n+N$, 而内部结点 $\boldsymbol{u}_i,i=1,2,\cdots,n$ 的坐标选取其相邻节点的重心坐标，即

$$\boldsymbol{u}_i=\sum_{j=1}^{n+N}\lambda_{ij}\boldsymbol{u}_j=\sum_{j=1}^{n}\lambda_{ij}\boldsymbol{u}_j+\sum_{j=n+1}^{n+N}\lambda_{ij}\boldsymbol{u}_j,\quad i=1,2,\cdots,n,$$

$$\boldsymbol{u}_i-\sum_{j=1}^{n}\lambda_{ij}\boldsymbol{u}_j=\sum_{j=n+1}^{n+N}\lambda_{ij}\boldsymbol{x}_j,\quad i=1,2,\cdots,n, \tag{1.2.17}$$

其中如果第 i 个节点与第 j 个节点相连接，则 $\lambda_{ij}=\dfrac{1}{d_i}$, 否则 $\lambda_{ij}=0$, d_i 表示与第 i 个节点相连接的邻点个数. 方程组(1.2.17) 所对应的系数矩阵 $\boldsymbol{A}$ 的元素满足

$$a_{ij}=\begin{cases}-\lambda_{ij}, & i\neq j,\\ 1, & i=j.\end{cases}$$

此时可以证明 $\boldsymbol{A}$ 是不可约对角占优的，由于

$$\sum_{j=1,j\neq i}^{n}|a_{ij}|=\sum_{j=1,j\neq i}^{n}|\lambda_{ij}|\leqslant\sum_{j=1,j\neq i}^{n+N}|\lambda_{ij}|=1=|a_{ii}|,i=1,2,\cdots,n,$$

所以 $\boldsymbol{A}$ 是弱对角占优的，而且其中至少有一个不等式严格成立. 另外再证明 $\boldsymbol{A}$ 是不可约的. 采用反证法，若 $\boldsymbol{A}$ 是可约矩阵，则存在着置换矩阵 $\boldsymbol{P}$ 使得 $\boldsymbol{P}^{\mathrm{T}}\boldsymbol{A}\boldsymbol{P}=\begin{bmatrix}\boldsymbol{A}_{11} & \boldsymbol{A}_{12}\\ \boldsymbol{0} & \boldsymbol{A}_{22}\end{bmatrix}$, 又因为 $\boldsymbol{A}$ 是对称矩阵，所以 $\boldsymbol{A}_{12}=\boldsymbol{0}$, 即 $\boldsymbol{P}^{\mathrm{T}}\boldsymbol{A}\boldsymbol{P}=\begin{bmatrix}\boldsymbol{A}_{11} & \boldsymbol{0}\\ \boldsymbol{0} & \boldsymbol{A}_{22}\end{bmatrix}$, 此式说明有两组内部节点是互不连通的，这与三角剖分节点集单连通是矛盾的，故 $\boldsymbol{A}$ 必然是不可约矩阵.

综上可得 $\boldsymbol{A}$ 是不可约对角占优矩阵，由定理 1.2.6 知 $\boldsymbol{A}$ 是非奇异的，故方程组(1.2.17) 有唯一解. 其重心参数化结果参见图 1.2.10(b)(调用函数 U = polytri(15)).

程序 1.2.2 平面三角形网格重心参数化.

程序1.2.2(图1.2.10)

```
function U = polytri(n)
%n为单位正方形上每条边选取的点数,U为重心参数化后点的坐标
N = (n-2)^2;%N为单位正方形内随机选取的点数
x_lower = [0:1/n:1-1/n]';% 正方形底边的 x 坐标
m = length(x_lower);% 正方形底边的点数
y_lower = zeros(m,1);% 正方形底边的 y 坐标
u_lower = [x_lower,y_lower];% 正方形底边二维坐标
x_upper = 1-[0:1/n:1-1/n]';% 正方形顶边的 x 坐标
y_upper = ones(m,1);% 正方形顶边的 y 坐标
u_upper = [x_upper,y_upper];% 正方形顶边二维坐标
x_left = zeros(m,1);% 正方形左边的 x 坐标
y_left = 1-[0:1/n:1-1/n]';% 正方形左边的 y 坐标
u_left = [x_left,y_left];% 正方形左边二维坐标
x_right = ones(m,1);% 正方形右边的 x 坐标
y_right = [0:1/n:1-1/n]';% 正方形右边的 y 坐标
u_right = [x_right,y_right];% 正方形右边二维坐标
Ubound = [u_lower;u_right;u_upper;u_left];% 生成正方形边界节点并按照逆时针排序
% 生成正方形随机三角剖分
X = rand(N,2); % 单位正方形内部随机生成 N 个点
XXX = [X;Ubound];
dt = delaunayTriangulation(XXX);% 固定边界点与随机内部点的 delaunay 三角形剖分
T = dt.ConnectivityList;% 三角形剖分的拓扑结构
subplot(1,2,1);
triplot(dt)%delaunay 三角形剖分图
hold on
plot(Ubound(:,1),Ubound(:,2),'r*')
axis equal
axis([0 1 0 1])
title('随机生成的 delaunay 三角形剖分图')
D = zeros(size(XXX,1),size(XXX,1));
for i = 1:size(T,1)% 计算邻接矩阵 D
        D(T(i,1),T(i,2)) = 1;
        D(T(i,2),T(i,3)) = 1;
        D(T(i,3),T(i,1)) = 1;
```

```
end
L = diag(sum(D)) - D;% 构造 Laplace 矩阵 L
L = L(1:N,:);
A11 = L(:,1:N);
A12 = L(:,N+1:end);
b =- A12 * Ubound;
Uinner = A11\b;% 求解重心参数化的内部点坐标
U = [Uinner;Ubound];
Umod = delaunayTriangulation(U);
subplot(1,2,2);
triplot(Umod)
title('参数化后得到的三角形剖分图')
hold on
plot(Ubound(:,1),Ubound(:,2),'r*')
axis equal
axis([0 1 0 1])
hold off
```

当矩阵为行矩阵或列矩阵时，其代数运算称为向量代数运算，这些计算具有特殊的应用背景，在物理学中，向量代数与力学密切相关，在几何学中，向量代数与空间结构密切相关，在代数学中，向量代数与多项式运算密切相关.

1.3　向量空间与多项式

定义 1.3.1　给定 $\boldsymbol{F}^n = \{\boldsymbol{x} = [x_1, x_2, \cdots, x_n]^{\mathrm{T}} \mid x_i \in \boldsymbol{F}, i = 1,2,\cdots,n\}$，假设 $\phi \neq V \subseteq \boldsymbol{F}^n$，如果对于 $\forall \boldsymbol{x},\boldsymbol{y},\boldsymbol{z} \in V$ 以及 $\forall k,l \in \boldsymbol{F}$，$V$ 对向量的加法与数乘运算封闭，即 $\boldsymbol{x}+\boldsymbol{y}\in V$，$k\boldsymbol{x}\in V$，则称 V 为数域 $\boldsymbol{F}$ 上的向量空间. 如果 $\boldsymbol{F}=\mathbf{R}$，则称 V 为实向量空间，如果 $\boldsymbol{F}=\mathbf{C}$，则称 V 为复向量空间.

对于向量空间满足如下 8 条性质：

(1)$\boldsymbol{x}+\boldsymbol{y}=\boldsymbol{y}+\boldsymbol{x}$(加法交换律)；

(2)$(\boldsymbol{x}+\boldsymbol{y})+\boldsymbol{z}=\boldsymbol{x}+(\boldsymbol{y}+\boldsymbol{z})$(加法结合律)；

(3)在零向量 $\mathbf{0}\in V$，且 $\mathbf{0}+\boldsymbol{x}=\boldsymbol{x}$(零律)；

(4)对于 $\forall \boldsymbol{x} \in V$，存在唯一的向量 $\boldsymbol{y} \in V$，使得 $\boldsymbol{x}+\boldsymbol{y}=\mathbf{0}$，并记 $\boldsymbol{y}=-\boldsymbol{x}$(负元律)；

(5)$k(\boldsymbol{x}+\boldsymbol{y})=k\boldsymbol{x}+k\boldsymbol{y}$(数乘分配律)；

(6)$(k+l)\boldsymbol{x}=k\boldsymbol{x}+l\boldsymbol{x}$(向量分配律)；

(7)$k(l\boldsymbol{x})=(kl)\boldsymbol{x}$(数乘结合律)；

(8)$1 \cdot \boldsymbol{x}=\boldsymbol{x}$(壹律).

定义 1.3.2 假设V为数域$\boldsymbol{F}$上的向量空间,给定一组向量$\boldsymbol{\alpha}_1,\boldsymbol{\alpha}_2,\cdots,\boldsymbol{\alpha}_m \in V$,如果存在一组不全为零的数$k_1,k_2,\cdots,k_m \in \boldsymbol{F}$使得$k_1\boldsymbol{\alpha}_1+k_2\boldsymbol{\alpha}_2+\cdots+k_m\boldsymbol{\alpha}_m=\boldsymbol{0}$,则称$\boldsymbol{\alpha}_1,\boldsymbol{\alpha}_2,\cdots,\boldsymbol{\alpha}_m \in V$为线性相关,否则称为线性无关.

线性相关性和线性无关性还可以给出如下的解释,即向量组$\boldsymbol{\alpha}_1,\boldsymbol{\alpha}_2,\cdots,\boldsymbol{\alpha}_m \in V$线性相关的充分必要条件是,其中至少有一个向量可以由其余向量线性表示.

在物理学中,向量组$\boldsymbol{\alpha}_1,\boldsymbol{\alpha}_2,\cdots,\boldsymbol{\alpha}_m \in V$可以看成空间$V$中的一组力系,线性无关意味着其中任何一个力都不可能分解成剩余力系线性叠加,即该组力系线性独立;线性相关意味着必然存在某一个力可以分解成剩余力系线性叠加,即该组力系线性依赖.在线性相关向量组$\boldsymbol{\alpha}_1,\boldsymbol{\alpha}_2,\cdots,\boldsymbol{\alpha}_m\in V$中,通常需要从中提取极大线性无关组,极大线性无关组定义为,给定向量组$\boldsymbol{\alpha}_1,\boldsymbol{\alpha}_2,\cdots,\boldsymbol{\alpha}_m \in V$,如果在其中存在一组线性无关的的向量$\boldsymbol{\alpha}_{i_1},\boldsymbol{\alpha}_{i_2},\cdots,\boldsymbol{\alpha}_{i_r} \in V$与$\boldsymbol{\alpha}_1,\boldsymbol{\alpha}_2,\cdots,\boldsymbol{\alpha}_m \in V$等价(相互线性表示),则称$\boldsymbol{\alpha}_{i_1},\boldsymbol{\alpha}_{i_2},\cdots,\boldsymbol{\alpha}_{i_r} \in V$为$\boldsymbol{\alpha}_1,\boldsymbol{\alpha}_2,\cdots,\boldsymbol{\alpha}_m \in V$的一个极大线性无关组.

在物理学中,极大线性无关组也可以看成极大线性独立力系,它是从一组线性相关力系中挑选出的最大线性独立力系.由于极大线性无关组所包含的向量个数是刻画向量组的一个重要数字特征,为此将极大线性无关组所包含的向量个数称为向量组$\boldsymbol{\alpha}_1,\boldsymbol{\alpha}_2,\cdots,\boldsymbol{\alpha}_m \in V$的秩,记为$\mathrm{rank}\{\boldsymbol{\alpha}_1,\boldsymbol{\alpha}_2,\cdots,\boldsymbol{\alpha}_m\}$.在物理学中,一组力系的秩可以看成最大线性独立力系中力的个数.

在几何学中,极大线性无关组还可以刻画空间的维数,其定义为:假设V为数域$\boldsymbol{F}$上的向量空间,V中任意极大线性无关组所包含的向量个数称为V的维数,记为$\dim V$,此极大线性无关组称为V的一组基.众所周知,向量组的秩与矩阵的秩具有密切的关系,如果给定一个矩阵$\boldsymbol{A} \in \boldsymbol{F}^{m\times n}$,$\boldsymbol{A}$对应的行向量记为$\boldsymbol{a}_1,\boldsymbol{a}_2,\cdots,\boldsymbol{a}_m$,对应的列向量记为$\boldsymbol{b}_1,\boldsymbol{b}_2,\cdots,\boldsymbol{b}_n$,则有$\mathrm{rank}(\boldsymbol{A})=\mathrm{rank}(\boldsymbol{a}_1,\boldsymbol{a}_2,\cdots,\boldsymbol{a}_m)=\mathrm{rank}(\boldsymbol{b}_1,\boldsymbol{b}_2,\cdots,\boldsymbol{b}_n)$.

在引入向量空间的维数之后,还需进一步阐述向量空间的构造方法.

定义 1.3.3 假设V为数域$\boldsymbol{F}$上的向量空间,$\varnothing \neq W \subset V$对加法和数乘封闭,其中$\varnothing$是空集,则$W$也构成一个向量空间,为此将其称为$V$的子空间.

构造V的子空间有很多方法,首先V具有两个平凡子空间,即V本身和零子空间$\{\boldsymbol{0}\}$,其次可以借助向量组张成子空间,即如果$\boldsymbol{\alpha}_1,\boldsymbol{\alpha}_2,\cdots,\boldsymbol{\alpha}_m\in V$,通过构造

$$W=\mathrm{span}\{\boldsymbol{\alpha}_1,\boldsymbol{\alpha}_2,\cdots,\boldsymbol{\alpha}_m\}=\left\{\sum_{i=1}^{m} k_i\boldsymbol{\alpha}_i \mid k_i\in \boldsymbol{F}\right\}, \tag{1.3.1}$$

则W是V的一个子空间,并将该子空间称为由$\boldsymbol{\alpha}_1,\boldsymbol{\alpha}_2,\cdots,\boldsymbol{\alpha}_m\in V$所张成的子空间,且有

$$\dim W=\mathrm{rank}\{\boldsymbol{\alpha}_1,\boldsymbol{\alpha}_2,\cdots,\boldsymbol{\alpha}_m\}. \tag{1.3.2}$$

另外还可以通过矩阵构造两个特殊的子空间,即矩阵的值空间(列空间)与零空间,给定$\boldsymbol{A}\in \boldsymbol{F}^{m\times n}$,可以验证$R(\boldsymbol{A})=\{\boldsymbol{y}=\boldsymbol{A}\boldsymbol{x} \mid \boldsymbol{x}\in \boldsymbol{F}^n\}\subseteq \boldsymbol{F}^m$是$\boldsymbol{F}^m$的一个子空间,为此将其称为$\boldsymbol{A}\in \boldsymbol{F}^{m\times n}$的值空间;也可以验证$N(\boldsymbol{A})=\{\boldsymbol{x}\in \boldsymbol{F}^n \mid \boldsymbol{A}\boldsymbol{x}=\boldsymbol{0}\}\subseteq \boldsymbol{F}^n$是$\boldsymbol{F}^n$的一个子空间,为此将其称为$\boldsymbol{A}\in \boldsymbol{F}^{m\times n}$的零空间.

在确定一般线性方程组 $\boldsymbol{Ax}=\boldsymbol{b}$，其中 $\boldsymbol{A}\in\boldsymbol{F}^{m\times n}$，$\boldsymbol{b}\in\boldsymbol{F}^{m}$ 是否有解时，可以借助系数矩阵的秩与增广矩阵的秩加以判定，即 $\boldsymbol{Ax}=\boldsymbol{b}$ 有解的充分必要条件为 $\mathrm{rank}(\boldsymbol{A})=\mathrm{rank}(\boldsymbol{A},\boldsymbol{b})$.

在线性方程组 $\boldsymbol{Ax}=\boldsymbol{b}$ 有解的情况下，其求解的过程主要分成两个步骤：

第一步要求出方程组 $\boldsymbol{Ax}=\boldsymbol{b}$ 的一个特解 $\boldsymbol{\xi}^*$；

第二步需要求解相应齐次方程组 $\boldsymbol{Ax}=\boldsymbol{0}$ 的通解，而表示 $\boldsymbol{Ax}=\boldsymbol{0}$ 的通解需要借助基础解系的概念.

所谓基础解系是满足 $\boldsymbol{Ax}=\boldsymbol{0}$ 的一组线性无关的解向量，且 $\boldsymbol{Ax}=\boldsymbol{0}$ 的任意一个解都可以由其线性表示，由齐次线性方程组理论可知，若 $\mathrm{rank}(\boldsymbol{A})=r$，则 $\boldsymbol{Ax}=\boldsymbol{0}$ 的任意一组基础解系所包含的向量个数为 $n-r$，为此可以假设 $\boldsymbol{Ax}=\boldsymbol{0}$ 的基础解系为 $\boldsymbol{\xi}_1,\boldsymbol{\xi}_2,\cdots,\boldsymbol{\xi}_{n-r}$，此时齐次方程组通解为 $\boldsymbol{x}=k_1\boldsymbol{\xi}_1+k_2\boldsymbol{\xi}_2+\cdots+k_{n-r}\boldsymbol{\xi}_{n-r}$，其中 $k_1,k_2,\cdots,k_{n-r}$ 为数域 $\boldsymbol{F}$ 上的任意常数，且非齐次方程组 $\boldsymbol{Ax}=\boldsymbol{b}$ 在有解情况下的通解为 $\boldsymbol{x}=\boldsymbol{\xi}^*+k_1\boldsymbol{\xi}_1+k_2\boldsymbol{\xi}_2+\cdots+k_{n-r}\boldsymbol{\xi}_{n-r}$.

在代数学中，多项式运算的结构与向量运算结构有着密切联系，另外，多项式理论也是线性代数以及其他学科的重要基础.

定义 1.3.4　给定数域 $\boldsymbol{F}$ 上的一个 $n+1$ 维向量 $[a_n,a_{n-1},\cdots,a_1,a_0]$，数域 $\boldsymbol{F}$ 上关于 x 的 n 次多项式定义为 $f(x)=a_nx^n+a_{n-1}x^{n-1}+\cdots+a_1x+a_0$.（规定多项式与向量的对应关系是将其系数按次数从高到低的顺序排列，不出现的次数项系数取零.）

与多项式相关的运算包括加减法、数乘、乘法(卷积)、带余除法(反卷积)、求导、求根等运算.

假设

$$f(x)=a_nx^n+a_{n-1}x^{n-1}+\cdots+a_1x+a_0,$$
$$g(x)=b_mx^m+b_{m-1}x^{m-1}+\cdots+b_1x+b_0,$$

将其表示为两个向量 $\boldsymbol{f}=[a_n,a_{n-1},\cdots,a_1,a_0]$，$\boldsymbol{g}=[b_m,b_{m-1},\cdots,b_1,b_0]$，其中 $m\leqslant n$.

1.3.1　多项式的加法与减法运算

在进行加减法时，需要合并同次项，为此，需要将 $g(x)$ 补零，即

$$g(x)=0x^n+\cdots+0x^{m+1}+b_mx^m+b_{m-1}x^{m-1}+\cdots+b_1x+b_0,$$

于是

$$\begin{aligned}f(x)\pm g(x)=&(a_n\pm 0)x^n+\cdots+(a_{m+1}\pm 0)x^{m+1}+(a_m\pm b_m)x^m\\&+(a_{m-1}\pm b_{m-1})x^{m-1}+\cdots+(a_1\pm b_1)x+(a_0\pm b_0),\end{aligned}\qquad(1.3.3)$$

两个多项式的和与差又可以看成两个向量 $[a_n,a_{n-1},\cdots,a_1,a_0]$，$[0,\cdots,0,b_m,b_{m-1},\cdots,b_1,b_0]$ 的和与差 $[a_n,\cdots,a_{m+1},a_m\pm b_m,a_{m-1}\pm b_{m-1},\cdots,a_1\pm b_1,a_0\pm b_0]$.

1.3.2　多项式数乘运算

一个常数与一个多项式的乘积为

$$kf(x)=ka_nx^n+ka_{n-1}x^{n-1}+\cdots+ka_1x+ka_0,\qquad(1.3.4)$$

以上运算对应常数 k 与向量 $[a_n, a_{n-1}, \cdots, a_1, a_0]$ 的数乘运算结果 $[ka_n, ka_{n-1}, \cdots, ka_1, ka_0]$.

1.3.3 多项式乘法运算

$$h(x) = f(x)g(x) = c_{m+n}x^{m+n} + \cdots + c_j x^j + \cdots + c_1 x + c_0, \tag{1.3.5}$$

其中

$$c_j = \sum_{i+k=j} a_i b_k, j = 0, 1, \cdots, m+n. \tag{1.3.6}$$

多项式的乘法可以表示两个向量 $[a_n, a_{n-1}, \cdots, a_1, a_0]$, $[b_m, b_{m-1}, \cdots, b_1, b_0]$ 的卷积,即

$$[a_n, a_{n-1}, \cdots, a_1, a_0] * [b_m, b_{m-1}, \cdots, b_1, b_0] = [c_{m+n}, \cdots, c_j, \cdots, c_1, c_0], \tag{1.3.7}$$

其中

$$c_j = \sum_{i+k=j} a_i b_k, j = 0, 1, \cdots, m+n.$$

1.3.4 多项式的带余除法

$$f(x) = g(x)q(x) + r(x), \partial r(x) < \partial g(x) \text{ 或 } r(x) = 0, \tag{1.3.8}$$

其中 $\boldsymbol{q}(\boldsymbol{x})$称为商式,其对应的向量表示成 $\boldsymbol{q} = [q_{n-m}, q_{n-m-1}, \cdots, q_1, q_0]$, $r(x)$ 称为余式,其对应的向量表示成 $\boldsymbol{r} = [r_{m-1}, r_{m-2}, \cdots, r_1, r_0]$, ∂表示多项式的次数,可以证明两者都是唯一的.

求解 $\boldsymbol{q}$ 与 $\boldsymbol{r}$ 的过程称为反卷积运算.

1.3.5 多项式的导数

$$f'(x) = na_n x^{n-1} + (n-1)a_{n-1}x^{n-2} + \cdots + a_1, \tag{1.3.9}$$

其对应的向量表示成

$$d\boldsymbol{f} = [na_n, (n-1)a_{n-1}, \cdots, a_1].$$

1.3.6 多项式求根

对多项式求根,首先需要解决多项式根的存在性问题以及根的个数问题.在复数域内,代数学基本定理回答了这个问题(该定理证明从略).

定理 1.3.1 (代数学基本定理)任何复系数一元 $n \geqslant 1$ 次多项式方程 $a_n x^n + a_{n-1}x^{n-1} + \cdots + a_1 x + a_0 = 0$ 在复数域上至少有一个根.

由此可得,任何复系数一元 $n \geqslant 1$ 次多项式方程 $a_n x^n + a_{n-1}x^{n-1} + \cdots + a_1 x + a_0 = 0$ 在复数域上必有 n 个根(几重根算几个),即多项式 $f(x) = a_n x^n + a_{n-1}x^{n-1} + \cdots + a_1 x + a_0$ 有如下因式分解:

$$f(x) = a_n x^n + a_{n-1}x^{n-1} + \cdots + a_1 x + a_0 = a_n(x - x_1)(x - x_2)\cdots(x - x_n). \tag{1.3.10}$$

对于多项式因式分解问题,尽管通过人工方式可以对一些比较低阶的多项式或特殊的多

项式进行因式分解，特别是对于二次多项式可以给出解析因式分解，但是对于一般的多项式进行因式分解通常是很困难的，为此需要借助数值方法求解.

1.4　实内积空间

定义 1.4.1　$\forall \boldsymbol{x},\boldsymbol{y}\in \mathbf{R}^n$，将 $(\boldsymbol{x},\boldsymbol{y})=\boldsymbol{y}^{\mathrm{T}}\boldsymbol{x}=\sum_{i=1}^{n}x_i y_i$ 称为 $\mathbf{R}^n$ 上的内积，$[\mathbf{R}^n,(\cdot,\cdot)]$ 称为实内积空间.

内积满足如下性质：

(1)正性：$\forall \boldsymbol{x}\in \mathbf{R}^n,(\boldsymbol{x},\boldsymbol{x})\geqslant 0$，且 $(\boldsymbol{x},\boldsymbol{x})=0$ 的充要条件为 $\boldsymbol{x}=\mathbf{0}$；

(2)对称性：$\forall \boldsymbol{x},\boldsymbol{y}\in \mathbf{R}^n,(\boldsymbol{x},\boldsymbol{y})=(\boldsymbol{y},\boldsymbol{x})$；

(3)齐性：$\forall \boldsymbol{x}\in \mathbf{R}^n,\forall k\in \mathbf{R},(k\boldsymbol{x},\boldsymbol{y})=k(\boldsymbol{x},\boldsymbol{y})$；

(4)可加性：$\forall \boldsymbol{x},\boldsymbol{y},\boldsymbol{z}\in \mathbf{R}^n,(\boldsymbol{x}+\boldsymbol{y},\boldsymbol{z})=(\boldsymbol{x},\boldsymbol{z})+(\boldsymbol{y},\boldsymbol{z})$.

由此可得如下性质，即双线性：

(5) $\left(\sum_{i=1}^{m}k_i\boldsymbol{\alpha}_i,\sum_{j=1}^{n}l_j\boldsymbol{\beta}_j\right)=\sum_{i=1}^{m}\sum_{j=1}^{n}k_i l_j(\boldsymbol{\alpha}_i,\boldsymbol{\beta}_j)$.

(6)Cauchy—Schwarz 不等式：

$$\forall \boldsymbol{x},\boldsymbol{y}\in \mathbf{R}^n,\quad |(\boldsymbol{x},\boldsymbol{y})|\leqslant \|\boldsymbol{x}\|\ \|\boldsymbol{y}\|, \tag{1.4.1}$$

且等号成立的充分必要条件为 $\boldsymbol{x},\boldsymbol{y}$ 线性相关.

在实内积空间中，通过引入的内积可以诱导向量长度与夹角的概念. $\forall \boldsymbol{x}\in \mathbf{R}^n$，$\|\boldsymbol{x}\|=\sqrt{(\boldsymbol{x},\boldsymbol{x})}$ 称为向量 $\boldsymbol{x}\in \mathbf{R}^n$ 的长度. $\forall \boldsymbol{x},\boldsymbol{y}\in \mathbf{R}^n,\boldsymbol{x}\neq \mathbf{0},\boldsymbol{y}\neq \mathbf{0},\theta(\boldsymbol{x},\boldsymbol{y})=\arccos\dfrac{(\boldsymbol{x},\boldsymbol{y})}{\|\boldsymbol{x}\|\ \|\boldsymbol{y}\|}$ 称为非零向量 $\boldsymbol{x},\boldsymbol{y}$ 的夹角. 特别当 $(\boldsymbol{x},\boldsymbol{y})=0$ 时，有 $\theta(\boldsymbol{x},\boldsymbol{y})=\dfrac{\pi}{2}$，为此称 $\boldsymbol{x},\boldsymbol{y}$ 为正交或垂直. 事实上，因为对于 $\forall \boldsymbol{x}=[x_1,x_2,x_3]^{\mathrm{T}}\in \mathbf{R}^3$，则有 $\|\boldsymbol{x}\|=\sqrt{(\boldsymbol{x},\boldsymbol{x})}=\left(\sum_{i=1}^{3}x_i^2\right)^{1/2}$，另外对于 $\forall \boldsymbol{x},\boldsymbol{y}\in \mathbf{R}^3,\boldsymbol{x}\neq \mathbf{0},\boldsymbol{y}\neq \mathbf{0},\boldsymbol{x}=[x_1,x_2,x_3]^{\mathrm{T}},\boldsymbol{y}=[y_1,y_2,y_3]^{\mathrm{T}}$，则有

$$\theta(\boldsymbol{x},\boldsymbol{y})=\arccos\frac{\sum_{i=1}^{3}x_i y_i}{\left(\sum_{i=1}^{3}x_i^2\right)^{1/2}\left(\sum_{i=1}^{3}y_i^2\right)^{1/2}},$$

因此实内积空间中的长度与夹角的概念是空间解析几何中长度与夹角概念的推广. 在引入正交或垂直概念后，还可以将空间解析几何中的勾股定理推广到实内积空间.

定理 1.4.1(勾股定理)　对于 $\forall \boldsymbol{x},\boldsymbol{y}\in \mathbf{R}^n$，若 $(\boldsymbol{x},\boldsymbol{y})=0$，则 $\|\boldsymbol{x}+\boldsymbol{y}\|^2=\|\boldsymbol{x}\|^2+\|\boldsymbol{y}\|^2$.

证明：

$$\|\boldsymbol{x}+\boldsymbol{y}\|^2=(\boldsymbol{x}+\boldsymbol{y},\boldsymbol{x}+\boldsymbol{y})=(\boldsymbol{x},\boldsymbol{x})+(\boldsymbol{x},\boldsymbol{y})+(\boldsymbol{y},\boldsymbol{x})+(\boldsymbol{y},\boldsymbol{y})=\|\boldsymbol{x}\|^2+\|\boldsymbol{y}\|^2.$$

在实内积空间引入长度和夹角概念之后对向量组还可以定义标准正交向量组与标准正交基的概念:如果 $\boldsymbol{\alpha}_1,\boldsymbol{\alpha}_2,\cdots,\boldsymbol{\alpha}_m\in\mathbf{R}^n$ 满足

$$(\boldsymbol{\alpha}_i,\boldsymbol{\alpha}_j)=\delta_{ij}=\begin{cases}1,i=j,\\0,i\neq j,\end{cases}\tag{1.4.2}$$

则称 $\boldsymbol{\alpha}_1,\boldsymbol{\alpha}_2,\cdots,\boldsymbol{\alpha}_m\in\mathbf{R}^n$ 为标准正交向量组. 如果 $\boldsymbol{\alpha}_1,\boldsymbol{\alpha}_2,\cdots,\boldsymbol{\alpha}_n\in\mathbf{R}^n$ 是 $\mathbf{R}^n$ 的一组基,且又是标准正交向量组,则称其为 $\mathbf{R}^n$ 的一组标准正交基. 同时 $\boldsymbol{\alpha}_1,\boldsymbol{\alpha}_2,\cdots,\boldsymbol{\alpha}_n\in\mathbf{R}^n$ 是 $\mathbf{R}^n$ 的一组标准正交基的充要条件为 $\boldsymbol{U}=(\boldsymbol{\alpha}_1,\boldsymbol{\alpha}_2,\cdots,\boldsymbol{\alpha}_n)$是一正交矩阵,即满足 $\boldsymbol{U}\boldsymbol{U}^{\mathrm{T}}=\boldsymbol{U}^{\mathrm{T}}\boldsymbol{U}=\boldsymbol{E}$. 正交矩阵的另外一个充分必要条件是 $\boldsymbol{U}^{\mathrm{T}}=\boldsymbol{U}^{-1}$. 此外,正交矩阵的行列式 $\det(\boldsymbol{U})=\pm 1$,由此可将正交矩阵分为两类,即 $\det(\boldsymbol{U})=1$ 时称为第一类正交矩阵,$\det(\boldsymbol{U})=-1$ 时称为第二类正交矩阵. 下面给出两个常用正交矩阵的实例.

例 1.4.1 证明平面逆时针旋转 θ 角所对应的矩阵 $\boldsymbol{R}_\theta=\begin{bmatrix}\cos\theta & -\sin\theta\\ \sin\theta & \cos\theta\end{bmatrix}$有如下性质:

(1) $\boldsymbol{R}_\alpha\boldsymbol{R}_\beta=\boldsymbol{R}_{\alpha+\beta}$;(2) $\boldsymbol{R}_\theta^n=\boldsymbol{R}_{n\theta}$;(3) $\boldsymbol{R}_\theta^{-1}=\boldsymbol{R}_{-\theta}$;(4) $\det(\boldsymbol{R}_\theta)=1$[(3)和(4)说明平面旋转矩阵是第一类正交矩阵].

证明:

(1)

$$\begin{aligned}\boldsymbol{R}_\alpha\boldsymbol{R}_\beta&=\begin{bmatrix}\cos\alpha & -\sin\alpha\\ \sin\alpha & \cos\alpha\end{bmatrix}\begin{bmatrix}\cos\beta & -\sin\beta\\ \sin\beta & \cos\beta\end{bmatrix}\\&=\begin{bmatrix}\cos\alpha\cos\beta-\sin\alpha\sin\beta & -\cos\alpha\sin\beta-\sin\alpha\cos\beta\\ \sin\alpha\cos\beta+\cos\alpha\sin\beta & -\sin\alpha\sin\beta+\cos\alpha\cos\beta\end{bmatrix}\\&=\begin{bmatrix}\cos(\alpha+\beta) & -\sin(\alpha+\beta)\\ \sin(\alpha+\beta) & \cos(\alpha+\beta)\end{bmatrix}=\boldsymbol{R}_{\alpha+\beta}.\end{aligned}$$

(2)由(1)可知 $\boldsymbol{R}_\theta^2=\boldsymbol{R}_{2\theta}$,再由数学归纳法可证 $\boldsymbol{R}_\theta^n=\boldsymbol{R}_{n\theta}$.

(3)由于

$$\begin{bmatrix}\cos\theta & -\sin\theta\\ \sin\theta & \cos\theta\end{bmatrix}\begin{bmatrix}\cos(-\theta) & -\sin(-\theta)\\ \sin(-\theta) & \cos(-\theta)\end{bmatrix}=\begin{bmatrix}\cos\theta & -\sin\theta\\ \sin\theta & \cos\theta\end{bmatrix}\begin{bmatrix}\cos\theta & \sin\theta\\ -\sin\theta & \cos\theta\end{bmatrix}=\begin{bmatrix}1 & 0\\ 0 & 1\end{bmatrix},$$

所以 $\boldsymbol{R}_\theta^{-1}=\boldsymbol{R}_{-\theta}$.

(4) $\det(\boldsymbol{R}_\theta)=\begin{vmatrix}\cos\theta & -\sin\theta\\ \sin\theta & \cos\theta\end{vmatrix}=\cos^2\theta+\sin^2\theta=1.$

例 1.4.2 (Rodrigues 公式)给定一个 $\mathbf{R}^3$ 中单位向量 $\boldsymbol{k}=[k_x,k_y,k_z]^{\mathrm{T}}$ 作为一个旋转轴,任意给定一个向量 $\boldsymbol{v}\in\mathbf{R}^3$,将 $\boldsymbol{v}$ 按右手螺旋法则绕 $\boldsymbol{k}$ 旋转 θ 角所得的向量记为 $\boldsymbol{v}_\theta$,则 $\boldsymbol{v}_\theta$ 与 $\boldsymbol{v}$ 的关系为

$$\boldsymbol{v}_\theta=\boldsymbol{v}+\boldsymbol{k}\times\boldsymbol{v}\sin\theta+\boldsymbol{k}\times(\boldsymbol{k}\times\boldsymbol{v})(1-\cos\theta).\tag{1.4.3}$$

该过程还可以表示成正交矩阵变换形式，即 $\boldsymbol{v}_\theta=\boldsymbol{R}\boldsymbol{v}$，其中 $\boldsymbol{R}$ 是一个正交矩阵，且有

$$\boldsymbol{R}=\boldsymbol{E}+\boldsymbol{K}\sin\theta+\boldsymbol{K}^2(1-\cos\theta),\boldsymbol{K}=\begin{bmatrix}0 & -k_z & k_y\\ k_z & 0 & -k_x\\ -k_y & k_x & 0\end{bmatrix}. \tag{1.4.4}$$

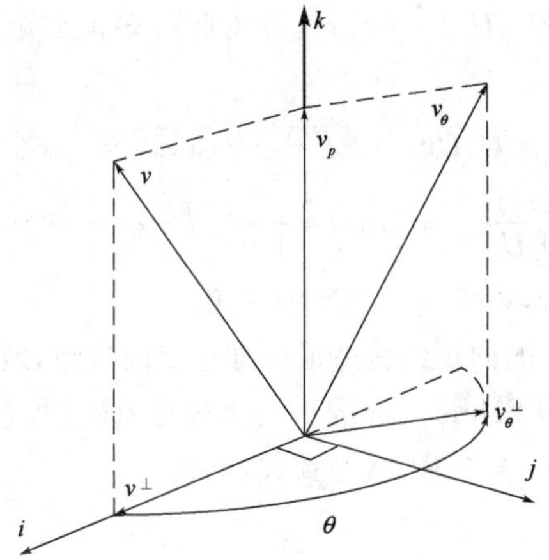

图 1.4.1　向量 $\boldsymbol{v}$ 绕 $\boldsymbol{k}$ 旋转 θ 角示意图

视频1.4.1

证明：由图 1.4.1 可以看出，$\boldsymbol{v}$ 可以分解成平行于 $\boldsymbol{k}$ 与垂直于 $\boldsymbol{k}$ 的两个分量 $\boldsymbol{v}_p$ 与 $\boldsymbol{v}^\perp$，即 $\boldsymbol{v}=\boldsymbol{v}_p+\boldsymbol{v}^\perp$. 将 $\boldsymbol{v}$ 与 $\boldsymbol{k}$ 点乘可得 $|\boldsymbol{v}_p|=\boldsymbol{k}\cdot\boldsymbol{v}$，$\boldsymbol{v}_p=(\boldsymbol{k}\cdot\boldsymbol{v})\boldsymbol{k}$，于是

$$\boldsymbol{v}^\perp=\boldsymbol{v}-\boldsymbol{v}_p=\boldsymbol{v}-(\boldsymbol{k}\cdot\boldsymbol{v})\boldsymbol{k},$$

借助叉积与点积的关系公式 $\boldsymbol{a}\times(\boldsymbol{b}\times\boldsymbol{c})=(\boldsymbol{a}\cdot\boldsymbol{c})\boldsymbol{b}-(\boldsymbol{a}\cdot\boldsymbol{b})\boldsymbol{c}$ 可得 $\boldsymbol{v}^\perp=-\boldsymbol{k}\times(\boldsymbol{k}\times\boldsymbol{v})$.

由于 $|\boldsymbol{v}_\theta^\perp|=|\boldsymbol{v}^\perp|$，$\boldsymbol{k}\times\boldsymbol{v}^\perp=\boldsymbol{k}\times(\boldsymbol{v}-\boldsymbol{v}_p)=\boldsymbol{k}\times\boldsymbol{v}-\boldsymbol{k}\times\boldsymbol{v}_p=\boldsymbol{k}\times\boldsymbol{v}$，所以

$$\begin{aligned}\boldsymbol{v}_\theta^\perp&=|\boldsymbol{v}^\perp|\boldsymbol{i}\cos\theta+|\boldsymbol{v}^\perp|\boldsymbol{j}\sin\theta=|\boldsymbol{v}^\perp|\boldsymbol{i}\cos\theta+|\boldsymbol{v}^\perp|\boldsymbol{k}\times\boldsymbol{i}\sin\theta\\&=\boldsymbol{v}^\perp\cos\theta+\boldsymbol{k}\times\boldsymbol{v}^\perp\sin\theta=\boldsymbol{v}^\perp\cos\theta+\boldsymbol{k}\times\boldsymbol{v}\sin\theta,\end{aligned}$$

其中 $\boldsymbol{i}$ 是 $\boldsymbol{v}^\perp$ 方向的单位向量，$\boldsymbol{j}=\boldsymbol{k}\times\boldsymbol{i}$，将其代入 $\boldsymbol{v}_\theta=\boldsymbol{v}_p+\boldsymbol{v}_\theta^\perp$，则有

$$\begin{aligned}\boldsymbol{v}_\theta&=\boldsymbol{v}_p+\boldsymbol{v}^\perp\cos\theta+\boldsymbol{k}\times\boldsymbol{v}\sin\theta=(\boldsymbol{v}-\boldsymbol{v}^\perp)+\boldsymbol{v}^\perp\cos\theta+\boldsymbol{k}\times\boldsymbol{v}\sin\theta\\&=\boldsymbol{v}-\boldsymbol{v}^\perp(1-\cos\theta)+\boldsymbol{k}\times\boldsymbol{v}\sin\theta=\boldsymbol{v}+\boldsymbol{k}\times\boldsymbol{v}\sin\theta+\boldsymbol{k}\times(\boldsymbol{k}\times\boldsymbol{v})(1-\cos\theta).\end{aligned}\tag{1.4.5}$$

为了将式(1.4.5)表达成矩阵形式，需要将 $\boldsymbol{k}\times\boldsymbol{v}$ 写成矩阵形式

$$\begin{bmatrix}(\boldsymbol{k}\times\boldsymbol{v})_x\\(\boldsymbol{k}\times\boldsymbol{v})_y\\(\boldsymbol{k}\times\boldsymbol{v})_z\end{bmatrix}=\begin{bmatrix}k_yv_z-k_zv_y\\k_zv_x-k_xv_z\\k_xv_y-k_yv_x\end{bmatrix}=\begin{bmatrix}0 & -k_z & k_y\\ k_z & 0 & -k_x\\ -k_y & k_x & 0\end{bmatrix}\begin{bmatrix}v_x\\v_y\\v_z\end{bmatrix},$$

令

$$\boldsymbol{K}=\begin{bmatrix}0 & -k_z & k_y\\ k_z & 0 & -k_x\\ -k_y & k_x & 0\end{bmatrix},$$

则有 $\boldsymbol{K}\boldsymbol{v}=\boldsymbol{k}\times\boldsymbol{v}$,同理 $\boldsymbol{k}\times(\boldsymbol{k}\times\boldsymbol{v})=\boldsymbol{K}(\boldsymbol{k}\times\boldsymbol{v})=\boldsymbol{K}(\boldsymbol{K}\boldsymbol{v})=\boldsymbol{K}^2\boldsymbol{v}$,于是式(1.4.5)可以表达出矩阵形式 $\boldsymbol{v}_\theta=\boldsymbol{v}+\sin\theta\boldsymbol{K}\boldsymbol{v}+(1-\cos\theta)\boldsymbol{K}^2\boldsymbol{v}=[\boldsymbol{E}+\sin\theta\boldsymbol{K}+(1-\cos\theta)\boldsymbol{K}^2]\boldsymbol{v}$,再令

$$\boldsymbol{R}(\theta)=\boldsymbol{E}+\sin\theta\boldsymbol{K}+(1-\cos\theta)\boldsymbol{K}^2,$$

则有 $\boldsymbol{v}_\theta=\boldsymbol{R}(\theta)\boldsymbol{v}$. 可以证明 $\boldsymbol{R}(\theta)$ 是一个第一类正交矩阵(证明留做习题),即 $\boldsymbol{R}(\theta)$ 是将 $\boldsymbol{v}$ 按右手螺旋法则绕 $\boldsymbol{k}$ 旋转 θ 角的变换矩阵.

此外正交矩阵具有内积不变性,即 $(\boldsymbol{U}_x,\boldsymbol{U}_y)=(\boldsymbol{x},\boldsymbol{y})$,并由此可知正交矩阵具有保长保角性,因为

$$\|\boldsymbol{U}_x\|=\sqrt{(\boldsymbol{U}_x,\boldsymbol{U}_x)}=\sqrt{\boldsymbol{x}^{\mathrm{T}}\boldsymbol{U}^{\mathrm{T}}\boldsymbol{U}\boldsymbol{x}}=\sqrt{\boldsymbol{x}^{\mathrm{T}}\boldsymbol{x}}=\sqrt{(\boldsymbol{x},\boldsymbol{x})}=\|\boldsymbol{x}\|,$$

$$\theta(\boldsymbol{U}_x,\boldsymbol{U}_y)=\arccos\frac{(\boldsymbol{U}_x,\boldsymbol{U}_y)}{\|\boldsymbol{U}_x\|\,\|\boldsymbol{U}_y\|}=\arccos\frac{(\boldsymbol{x},\boldsymbol{y})}{\|\boldsymbol{x}\|\,\|\boldsymbol{y}\|}=\theta(\boldsymbol{x},\boldsymbol{y}),$$

其中 $\theta(\boldsymbol{U}_x,\boldsymbol{U}_y)$ 表示 $\boldsymbol{U}_x$ 与 $\boldsymbol{U}_y$ 的夹角,$\theta(\boldsymbol{x},\boldsymbol{y})$ 表示 $\boldsymbol{x}$ 与 $\boldsymbol{y}$ 的夹角.

在欧氏空间中,通常需要将线性无关的向量组构造成标准正交向量组,或者将欧氏空间中的一组基构造成标准正交基,该过程称为 Schmite 标准正交化过程,该过程包含两个步骤,即正交化过程和标准化过程. 假设 $\boldsymbol{\alpha}_1,\boldsymbol{\alpha}_2,\cdots,\boldsymbol{\alpha}_n\in\mathbf{R}^m$ 线性无关,则有

正交化过程:

$$\begin{cases}\boldsymbol{\beta}_1=\boldsymbol{\alpha}_1\\ \boldsymbol{\beta}_2=\boldsymbol{\alpha}_2-\dfrac{(\boldsymbol{\alpha}_2,\boldsymbol{\beta}_1)}{(\boldsymbol{\beta}_1,\boldsymbol{\beta}_1)}\boldsymbol{\beta}_1\\ \cdots\cdots\\ \boldsymbol{\beta}_n=\boldsymbol{\alpha}_n-\dfrac{(\boldsymbol{\alpha}_n,\boldsymbol{\beta}_1)}{(\boldsymbol{\beta}_1,\boldsymbol{\beta}_1)}\boldsymbol{\beta}_1-\cdots-\dfrac{(\boldsymbol{\alpha}_n,\boldsymbol{\beta}_{n-1})}{(\boldsymbol{\beta}_{n-1},\boldsymbol{\beta}_{n-1})}\boldsymbol{\beta}_{n-1}.\end{cases}\tag{1.4.6}$$

标准化过程:

$$\boldsymbol{\gamma}_i=\frac{1}{\|\boldsymbol{\beta}_i\|}\boldsymbol{\beta}_i,i=1,2,\cdots,n.\tag{1.4.7}$$

将上述过程写成矩阵形式:

$$(\boldsymbol{\alpha}_1,\boldsymbol{\alpha}_2,\cdots,\boldsymbol{\alpha}_n)=(\boldsymbol{\gamma}_1,\boldsymbol{\gamma}_2,\cdots,\boldsymbol{\gamma}_n)\begin{bmatrix}\|\boldsymbol{\beta}_1\| & \dfrac{(\boldsymbol{\alpha}_2,\boldsymbol{\beta}_1)}{\|\boldsymbol{\beta}_1\|} & \cdots & \dfrac{(\boldsymbol{\alpha}_n,\boldsymbol{\beta}_1)}{\|\boldsymbol{\beta}_1\|}\\ 0 & \|\boldsymbol{\beta}_2\| & \cdots & \dfrac{(\boldsymbol{\alpha}_n,\boldsymbol{\beta}_2)}{\|\boldsymbol{\beta}_2\|}\\ \vdots & \vdots & & \vdots\\ 0 & 0 & \cdots & \dfrac{(\boldsymbol{\alpha}_n,\boldsymbol{\beta}_{n-1})}{\|\boldsymbol{\beta}_n\|}\\ 0 & 0 & \cdots & \|\boldsymbol{\beta}_n\|\end{bmatrix}.\tag{1.4.8}$$

以上结果说明:对于 $\boldsymbol{A}\in\mathbf{R}^{m\times n}$,存在 $\boldsymbol{Q}\in\mathbf{R}^{m\times n}$ 满足 $\boldsymbol{Q}^{\mathrm{T}}\boldsymbol{Q}=\boldsymbol{E}_n$ 和上三角矩阵 $\boldsymbol{R}\in\mathbf{R}^{n\times n}$,使得 $\boldsymbol{A}=\boldsymbol{Q}\boldsymbol{R}$(此矩阵分解称为 QR 分解). 特别,当 $\boldsymbol{A}\in\mathbf{R}^{n\times n}$,存在正交矩阵 $\boldsymbol{Q}\in\mathbf{R}^{n\times n}$ 和上三角矩阵 $\boldsymbol{R}\in\mathbf{R}^{n\times n}$,使得 $\boldsymbol{A}=\boldsymbol{Q}\boldsymbol{R}$.

QR 分解的一个重要应用是可以求解线性方程组的最小二乘问题,即线性拟合问题. 所谓线性方程组的最小二乘问题叙述如下:

已知 $\boldsymbol{A}\in\mathbf{R}^{m\times n}$，$m\geqslant n$ 且为列满秩 $\mathrm{rank}(\boldsymbol{A})=n$，$\boldsymbol{b}\in\mathbf{R}^{m}$，方程组 $\boldsymbol{Ax}=\boldsymbol{b}$ 的最小二乘问题为：求解 $\boldsymbol{x}^*\in\mathbf{R}^n$ 使得 $\|\boldsymbol{b}-\boldsymbol{Ax}^*\|=\min\{\|\boldsymbol{b}-\boldsymbol{Ax}\|,\boldsymbol{x}\in\mathbf{R}^n\}$.

可以证明方程组 $\boldsymbol{Ax}=\boldsymbol{b}$ 的最小二乘问题的解与其法方程 $\boldsymbol{A}^{\mathrm{T}}\boldsymbol{Ax}=\boldsymbol{A}^{\mathrm{T}}\boldsymbol{b}$ 同解（证明留做习题）；又由于 $\mathrm{rank}(\boldsymbol{A}^{\mathrm{T}}\boldsymbol{A})=\mathrm{rank}\boldsymbol{A}=n$，所以 $\boldsymbol{A}^{\mathrm{T}}\boldsymbol{A}$ 可逆，于是 $\boldsymbol{x}^*=(\boldsymbol{A}^{\mathrm{T}}\boldsymbol{A})^{-1}\boldsymbol{A}^{\mathrm{T}}\boldsymbol{b}$ 即为方程组 $\boldsymbol{Ax}=\boldsymbol{b}$的最小二乘解问题的解. 其求解过程为：$\boldsymbol{A}=\boldsymbol{QR}$，则由 $\mathrm{rank}\boldsymbol{A}=n$，可得 $\mathrm{rank}\boldsymbol{R}=n$，即 $\boldsymbol{R}$ 可逆，代入 $\boldsymbol{A}^{\mathrm{T}}\boldsymbol{Ax}=\boldsymbol{A}^{\mathrm{T}}\boldsymbol{b}$ 可得 $\boldsymbol{R}^{\mathrm{T}}\boldsymbol{Q}^{\mathrm{T}}\boldsymbol{QRx}=\boldsymbol{R}^{\mathrm{T}}\boldsymbol{Q}^{\mathrm{T}}\boldsymbol{b}$，由于 $\boldsymbol{Q}^{\mathrm{T}}\boldsymbol{Q}=\boldsymbol{E}_n$，则有 $\boldsymbol{R}^{\mathrm{T}}\boldsymbol{Rx}=\boldsymbol{R}^{\mathrm{T}}\boldsymbol{Q}^{\mathrm{T}}\boldsymbol{b}$，两边乘 $(\boldsymbol{R}^{\mathrm{T}})^{-1}$ 可得 $\boldsymbol{Rx}=\boldsymbol{Q}^{\mathrm{T}}\boldsymbol{b}$. 此方法可以用于处理多项式拟合问题.

例 1.4.3　借助 QR 分解用二次多项式 $y=a_2x^2+a_1x+a_0$ 拟合如下的点 $(2,-1)$，$(3,2)$，$(0,-3)$，$(1,5)$，$(-1,4)$，$(-2,2)$，$(-3,-2)$.

解：$y_i=a_2x_i^2+a_1x_i+a_0$，$i=1,2,\cdots,7$ 的拟合方程为

$$\begin{bmatrix} x_1^2 & x_1 & 1 \\ x_2^2 & x_2 & 1 \\ \vdots & \vdots & \vdots \\ x_7^2 & x_7 & 1 \end{bmatrix}\begin{bmatrix} a_2 \\ a_1 \\ a_0 \end{bmatrix}=\begin{bmatrix} y_1 \\ y_2 \\ \vdots \\ y_7 \end{bmatrix}.$$

将点 $(-3,2)$，$(-2,-2)$，$(-1,-3)$，$(0,-4)$，$(1,-2)$，$(2,2)$，$(3,7)$ 代入后的方程记作 $\boldsymbol{Ax}=\boldsymbol{b}$，其中

$$\boldsymbol{A}=\begin{bmatrix} 9 & -3 & 1 \\ 4 & -2 & 1 \\ 1 & -1 & 1 \\ 0 & 0 & 1 \\ 1 & 1 & 1 \\ 4 & 2 & 1 \\ 9 & 3 & 1 \end{bmatrix},\ \boldsymbol{x}=\begin{bmatrix} a_2 \\ a_1 \\ a_0 \end{bmatrix},\ \boldsymbol{b}=\begin{bmatrix} 2 \\ -2 \\ -3 \\ -4 \\ -2 \\ 2 \\ 7 \end{bmatrix}.$$

对 $\boldsymbol{A}$ 进行 QR 分解，即 $\boldsymbol{A}=\boldsymbol{QR}$，则有 $\boldsymbol{Rx}^*=\boldsymbol{Q}^{\mathrm{T}}\boldsymbol{b}$，$\boldsymbol{x}^*=\boldsymbol{R}^{-1}\boldsymbol{Q}^{\mathrm{T}}\boldsymbol{b}$，其中 $\boldsymbol{x}^*$ 为方程最小二乘拟合的解，借助程序 1.4.1 可得 $a_2=0.9048$，$a_1=0.8571$，$a_0=-3.6190$，由此得到二次拟合多项式 $y=0.9048x^2+0.8571x-3.6190$，其拟合结果参见图 1.4.2.

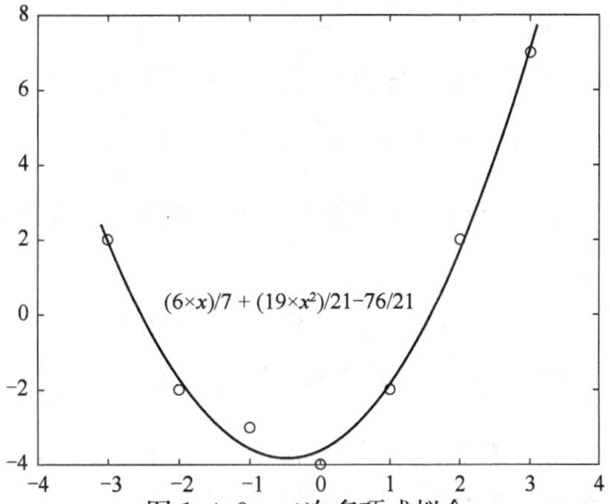

图 1.4.2　二次多项式拟合

程序 1.4.1 二次多项式拟合.

```
x=[-3 -2 -1 0 1 2 3]';y=[2 -2 -3 -4 -2 2 7]';
H=ones(7,3);
H(:,1)=x.^2;
H(:,2)=x;
[Q,R]=qr(H,0);
a=R\(Q'*y);
xx=-3.1:0.1:3.1;
yy=polyval(a,xx);
aa=poly2sym(a);
plot(xx,yy,x,y,'ro')
title('二次拟合多项式');
text((min(x)+max(x))/2,(min(y)+max(y))/2,char(aa),'HorizontalAlignment','center');
```

程序1.4.1(图1.4.2)

1.5 方阵的特征值与特征向量

定义 1.5.1 设 $\boldsymbol{A}$ 是 n 阶方阵,如果数 λ 和 n 维非零列向量 $\boldsymbol{x}$ 使关系式 $\boldsymbol{Ax}=\lambda\boldsymbol{x}$ 成立,则数 λ 称为矩阵 $\boldsymbol{A}$ 的特征值,非零向量 $\boldsymbol{x}$ 称为 $\boldsymbol{A}$ 对应于特征值 λ 的特征向量.

由上述定义可知 $\boldsymbol{A}$ 的特征值 λ 可使齐次方程组 $(\lambda\boldsymbol{E}-\boldsymbol{A})\boldsymbol{x}=\boldsymbol{0}$ 有非零解,因此 λ 要满足 $\det(\lambda\boldsymbol{E}-\boldsymbol{A})=0$,而 $\det(\lambda\boldsymbol{E}-\boldsymbol{A})$ 的展开式是关于 λ 首项系数为 1 的 n 次多项式,该多项式称为 $\boldsymbol{A}$ 的特征多项式,并将其表示为 $f_{\boldsymbol{A}}(\lambda)=\det(\lambda\boldsymbol{E}-\boldsymbol{A})=\lambda^n+a_1\lambda^{n-1}+\cdots+a_n$,于是求 $\boldsymbol{A}$ 的特征值问题等价于求特征多项式根的问题. 由代数学基本定理及其推论(参见定理 1.3.1)可知特征多项式 $f_{\boldsymbol{A}}(\lambda)$ 在复数域里面必有 n 个根(几重根算几个),换句话说 $\boldsymbol{A}$ 在复数域中必有 n 个特征值(几重根算几个),即有

$$f_{\boldsymbol{A}}(\lambda)=\det(\lambda\boldsymbol{E}-\boldsymbol{A})=\lambda^n+a_1\lambda^{n-1}+\cdots+a_n=(\lambda-\lambda_1)(\lambda-\lambda_2)\cdots(\lambda-\lambda_n).$$

由定理 1.2.4 可得到特征多项式的系数与特征值之间的关系,即有如下定理.

定理 1.5.1 设 $\boldsymbol{A}$ 是 n 阶方阵,其特征多项式为

$$\det(\lambda\boldsymbol{E}_n-\boldsymbol{A})=\lambda^n+a_1\lambda^{n-1}+\cdots+a_{n-1}\lambda+a_n\ , \tag{1.5.1}$$

若其特征值为 $\lambda_1,\lambda_2,\cdots,\lambda_n$,则特征多项式的系数与特征值满足如下关系

$$a_i=(-1)^i\sum_{\sigma\in T_i}\lambda_{\sigma(1)}\lambda_{\sigma(2)}\cdots\lambda_{\sigma(i)}\ , \tag{1.5.2}$$

其中 T_i 是 $\{1,2,\cdots,n\}$ 中任意 i 个不同元素所组成子集的集合. 特别地,$a_1=-\mathrm{trace}(\boldsymbol{A})$,$a_n=(-1)^n\det(\boldsymbol{A})$.

证明: $f_{\boldsymbol{A}}(\lambda)=\det(\lambda\boldsymbol{E}-\boldsymbol{A})=\det(\lambda\boldsymbol{E}+(-\boldsymbol{A}))=\lambda^n+a_1\lambda^{n-1}+\cdots+a_n$,由定理 1.2.4 可知 $a_i,i=1,2,\cdots,n$ 是 $-\boldsymbol{A}$ 所有的 i 阶主子式之和,即 $a_i=(-1)^i\sum\limits_{\tau\in T_i}\det(\boldsymbol{A}_{\tau\tau})$. 另外,

$$f_{\boldsymbol{A}}(\lambda)=(\lambda-\lambda_1)(\lambda-\lambda_2)\cdots(\lambda-\lambda_n)=\det(\lambda\boldsymbol{E}-\boldsymbol{\Lambda})=\det(\lambda\boldsymbol{E}+(-\boldsymbol{\Lambda}))=\lambda^n+b_1\lambda^{n-1}+\cdots+b_n,$$

其中 $\boldsymbol{\Lambda}$ 是由 $\lambda_1,\lambda_2,\cdots,\lambda_n$ 组成的对角矩阵. 同样由定理 1.2.4 可知 $b_i,i=1,2,\cdots,n$ 是 $-\boldsymbol{\Lambda}$ 所

有的 $\boldsymbol{i}$ 阶主子式之和，即 $b_i=(-1)^i\sum_{\sigma\in T_i}\lambda_{\sigma(1)}\lambda_{\sigma(2)}\cdots\lambda_{\sigma(i)}$. 再由 $a_i=b_i$，可得

$$a_i=(-1)^i\sum_{\tau\in T_i}\det(\boldsymbol{A}_{\tau\tau})=(-1)^i\sum_{\sigma\in T_i}\lambda_{\sigma(1)}\lambda_{\sigma(2)}\cdots\lambda_{\sigma(i)},$$

特别地，$a_1=-\operatorname{trace}(\boldsymbol{A})$，$a_n=(-1)^n\det(\boldsymbol{A})$.

由定理 1.5.1 可以直接得到方阵 $\boldsymbol{A}$ 的主子式与特征值之间的关系.

定理 1.5.2　设 $\boldsymbol{A}$ 是 n 阶方阵，若其特征值为 $\lambda_1,\lambda_2,\cdots,\lambda_n$，则有如下关系

$$\sum_{\tau\in T_i}\det(\boldsymbol{A}_{\tau\tau})=\sum_{\sigma\in T_i}\lambda_{\sigma(1)}\lambda_{\sigma(2)}\cdots\lambda_{\sigma(i)},\tag{1.5.3}$$

特别地，$\operatorname{trace}(\boldsymbol{A})=\sum_{i=1}^{n}\lambda_i$，$\det(\boldsymbol{A})=\prod_{i=1}^{n}\lambda_i$.

在得到 $\boldsymbol{A}$ 的第 i 个特征值 λ_i 之后，求解齐次线性方程组的非零解，即求解 $(\lambda_i\boldsymbol{E}-\boldsymbol{A})\boldsymbol{x}=\boldsymbol{0}$，$i=1,2,\cdots,n$，可以得到 λ_i 对应的特征向量 $\boldsymbol{x}_i$，将其结果表示成矩阵形式为 $\boldsymbol{AP}=\boldsymbol{P\Lambda}$，其中 $\boldsymbol{P}=[\boldsymbol{x}_1,\boldsymbol{x}_2,\cdots,\boldsymbol{x}_n]$，$\boldsymbol{\Lambda}$ 是由 $\lambda_1,\lambda_2,\cdots,\lambda_n$ 组成的对角矩阵. 若 $\boldsymbol{P}$ 可逆，即 $\boldsymbol{A}$ 有 n 个线性无关的特征向量，则有 $\boldsymbol{P}^{-1}\boldsymbol{AP}=\boldsymbol{\Lambda}$，此时称 $\boldsymbol{A}$ 可对角化. 由 $\boldsymbol{P}^{-1}\boldsymbol{AP}=\boldsymbol{\Lambda}$ 可以引出两个方阵相似的概念，即已知 $\boldsymbol{A}$ 和 $\boldsymbol{B}$ 是 n 阶方阵，如果存在 n 阶可逆矩阵 $\boldsymbol{P}$，使得 $\boldsymbol{P}^{-1}\boldsymbol{AP}=\boldsymbol{B}$，则称 $\boldsymbol{A}$ 与 $\boldsymbol{B}$ 相似，记作 $\boldsymbol{A}\sim\boldsymbol{B}$，易知矩阵的相似性具有自反性、对称性和传递性. $\boldsymbol{A}$ 与 $\boldsymbol{B}$ 相似还有一个重要的性质为 $\boldsymbol{A}$ 和 $\boldsymbol{B}$ 具有相同的特征多项式，因而具有相同的特征值，从而有相同的迹和相同的行列式. 由此也可以引出 $\boldsymbol{A}$ 可对角化的充分必要条件为 $\boldsymbol{A}$ 有 n 个线性无关的特征向量. 另外 $\boldsymbol{A}$ 可对角化还有一个常用的充分条件，即若 $\boldsymbol{A}$ 有 n 个两两不同的特征值，则 $\boldsymbol{A}$ 可对角化. 由上述结论可知 $\boldsymbol{A}$ 可对角化是有条件的，为此也提出如下的问题：对于一般的 n 阶方阵，通过相似变换所化成的最简单形式是什么，该问题可由如下定理给予回答(该定理证明从略).

定理 1.5.3　(Jordan 标准型)任意给定一个矩阵 $\boldsymbol{A}\in\mathbf{C}^{n\times n}$，存在可逆矩阵 $\boldsymbol{P}\in\mathbf{C}^{n\times n}$，使得 $\boldsymbol{A}\in\mathbf{C}^{n\times n}$ 相似于一个 Jordan 标准型，即 $\boldsymbol{P}^{-1}\boldsymbol{AP}=\boldsymbol{J}$，其中 $\boldsymbol{J}=\operatorname{diag}(\boldsymbol{J}_1,\boldsymbol{J}_2,\cdots,\boldsymbol{J}_s)$，

$$\boldsymbol{J}_i=\begin{bmatrix}\lambda_i & 1 & 0 & \cdots & 0\\ 0 & \lambda_i & 1 & \cdots & 0\\ 0 & 0 & \lambda_i & \cdots & \vdots\\ \vdots & \vdots & \vdots & & 1\\ 0 & 0 & 0 & \cdots & \lambda_i\end{bmatrix}_{n_i\times n_i}\tag{1.5.4}$$

为第 i 个 Jordan 块，且 $\sum_{i=1}^{s}n_i=n$.

毋庸置疑，任意一个 n 阶方阵 $\boldsymbol{A}$ 都对应一个特征多项式

$$f_{\boldsymbol{A}}(\lambda)=\det(\lambda\boldsymbol{E}-\boldsymbol{A})=\lambda^n+a_1\lambda^{n-1}+\cdots+a_n,$$

显然特征多项式的首项系数为 1. 由此也可以提出一个反问题，即如果给定一个首项系数为 1 的 n 次多项式 $f(\lambda)=\lambda^n+a_1\lambda^{n-1}+\cdots+a_n$，借助此多项式的系数 $a_1,a_2,\cdots,a_n$ 可以构造一个新的矩阵

$$C=\begin{bmatrix}0 & 1 & 0 & \cdots & 0\\ 0 & 0 & 1 & \cdots & 0\\ \vdots & \vdots & \vdots & & \vdots\\ 0 & 0 & 0 & \cdots & 1\\ -a_n & -a_{n-1} & -a_{n-2} & \cdots & -a_1\end{bmatrix},$$

并将 C 称为多项式 $f(\lambda)$ 的友矩阵. 下面的定理将证明友矩阵 C 的特征多项式就是 $f(\lambda)$.

定理 1.5.4 多项式 $f(\lambda)=\lambda^n+a_1\lambda^{n-1}+\cdots+a_n$ 的友矩阵 C 所对应的特征多项式即为该多项式.

证明: 借助数学归纳法. 显然当 $n=1$ 时该结论成立. 假设 $n-1$ 时成立,则有

$$f_C(\lambda)=\det(\lambda E-C)=\begin{bmatrix}\lambda & -1 & 0 & \cdots & 0\\ 0 & \lambda & -1 & \cdots & 0\\ \vdots & \vdots & \vdots & & \vdots\\ 0 & 0 & 0 & \cdots & -1\\ a_n & a_{n-1} & a_{n-2} & \cdots & \lambda+a_1\end{bmatrix}=\lambda\begin{vmatrix}\lambda & -1 & \cdots & 0\\ \vdots & \vdots & & \vdots\\ 0 & 0 & \cdots & -1\\ a_{n-1} & a_{n-2} & \cdots & \lambda+a_1\end{vmatrix}$$

$$+(-1)^{n+1}a_n\begin{vmatrix}-1 & 0 & \cdots & 0\\ \lambda & -1 & \cdots & 0\\ \vdots & \vdots & & \vdots\\ 0 & 0 & \cdots & -1\end{vmatrix}=\lambda\begin{vmatrix}\lambda & -1 & \cdots & 0\\ \vdots & \vdots & & \vdots\\ 0 & 0 & \cdots & -1\\ a_{n-1} & a_{n-2} & \cdots & \lambda+a_1\end{vmatrix}+a_n$$

$$=\lambda(\lambda^{n-1}+a_1\lambda^{n-2}+\cdots+a_{n-2}\lambda+a_{n-1})+a_n=\lambda^n+a_1\lambda^{n-1}+\cdots+a_{n-1}\lambda+a_n,$$

即 n 时成立,得证.

定理 1.5.5 假设 C 是多项式 $f(\lambda)=\lambda^n+a_1\lambda^{n-1}+\cdots+a_n$ 的友矩阵, λ_i 是 C 的特征值,则 $\boldsymbol{\xi}_i=[1,\lambda_i,\cdots,\lambda_i^{n-1}]^{\mathrm T}$ 是 C 对应于 λ_i 的特征向量.

证明:

$$\begin{bmatrix}0 & 1 & 0 & \cdots & 0\\ 0 & 0 & 1 & \cdots & 0\\ \vdots & \vdots & \vdots & & \vdots\\ 0 & 0 & 0 & \cdots & 1\\ -a_n & -a_{n-1} & -a_{n-2} & \cdots & -a_1\end{bmatrix}\begin{bmatrix}1\\ \lambda_i\\ \vdots\\ \lambda_i^{n-2}\\ \lambda_i^{n-1}\end{bmatrix}=\begin{bmatrix}\lambda_i\\ \lambda_i^2\\ \vdots\\ \lambda_i^{n-1}\\ -a_n-a_{n-1}\lambda_i-\cdots-a_1\lambda_i^{n-1}\end{bmatrix}=\begin{bmatrix}\lambda_i\\ \lambda_i^2\\ \vdots\\ \lambda_i^{n-1}\\ \lambda_i^n\end{bmatrix}=\lambda_i\begin{bmatrix}1\\ \lambda_i\\ \vdots\\ \lambda_i^{n-2}\\ \lambda_i^{n-1}\end{bmatrix}.$$

定理 1.5.6 给定一个 n 阶方阵 A,其对应的特征多项式为

$$f_A(\lambda)=\det(\lambda E-A)=\lambda^n+a_1\lambda^{n-1}+\cdots+a_n. \tag{1.5.5}$$

假设 C 是特征多项式 $f_A(\lambda)$ 对应的友矩阵,且 A 的特征值 $\lambda_1,\lambda_2,\cdots,\lambda_n$ 两两不同,则有 $V^{-1}CV=\mathrm{diag}(\lambda_1,\lambda_2,\cdots,\lambda_n)$,其中 V 为范德蒙矩阵,即

$$V=\begin{bmatrix}1 & 1 & \cdots & 1\\ \lambda_1 & \lambda_2 & \cdots & \lambda_n\\ \vdots & \vdots & & \vdots\\ \lambda_1^{n-1} & \lambda_2^{n-1} & \cdots & \lambda_n^{n-1}\end{bmatrix}, \tag{1.5.6}$$

且 C 与 A 相似.

证明：由定理 1.5.5 可得 $CV=V\mathrm{diag}(\lambda_1,\lambda_2,\cdots,\lambda_n)$，又因 $\lambda_1,\lambda_2,\cdots,\lambda_n$ 两两不同，故 V 所对应的范德蒙行列式 $\det(V)=\prod\limits_{1\leqslant i<j\leqslant n}(\lambda_j-\lambda_i)\neq 0$，因此范德蒙矩阵 V 可逆，从而有 $V^{-1}CV=V^{-1}V\mathrm{diag}(\lambda_1,\lambda_2,\cdots,\lambda_n)=\mathrm{diag}(\lambda_1,\lambda_2,\cdots,\lambda_n)$，即 C 与对角矩阵相似. 再由 A 的 n 个特征值 $\lambda_1,\lambda_2,\cdots,\lambda_n$ 两两不同，因此 A 可对角化，即存在可逆矩阵 $W\in\mathbf{R}^{n\times n}$，使得 $W^{-1}AW=\mathrm{diag}(\lambda_1,\lambda_2,\cdots,\lambda_n)$，由相似的传递性可知 C 与 A 相似.

对于实方阵的特征值，具有以下两个重要性质：(1)实方阵的特征值要么是实根要么呈共轭对出现；(2)实方阵与其转置的特征多项式相同，因而也有相同的特征值，即当 A 是实方阵时，有 $f_A(\lambda)=\det(\lambda E-A)=f_{A^{\mathrm{T}}}(\lambda)=\det(\lambda E-A^{\mathrm{T}})$. 对于实对称矩阵，线性代数给出了如下重要定理.

定理 1.5.7　若 A 是一个实对称矩阵，即 $A\in\mathbf{R}^{n\times n}$ 且满足 $A^{\mathrm{T}}=A$，则 A 的所有特征值都是实数，且存在正交矩阵 $U\in\mathbf{R}^{n\times n}$，使得 A 正交相似于一个对角矩阵 D，即 $A=UDU^{\mathrm{T}}$，其中 D 是由 A 的特征值组成的对角矩阵.

对于一些其他的特殊矩阵，也可以得到特征值的一些特殊性质.

例 1.5.1　正交矩阵的特征值位于复单位圆上，即若 $U\in\mathbf{R}^{n\times n}$，满足 $U^{\mathrm{T}}U=E$，则 $|\lambda(U)|=1$.

证明：假设 $\lambda(U)$ 是 U 的一个特征值，则必然存在一个非零向量 x，使得 $Ux=\lambda(U)x$，将其两边进行共轭转置，可得 $\bar{x}^{\mathrm{T}}U^{\mathrm{T}}=\bar{\lambda}(U)\bar{x}^{\mathrm{T}}$，从而有 $\bar{x}^{\mathrm{T}}U^{\mathrm{T}}Ux=|\lambda(U)|^2\bar{x}^{\mathrm{T}}x$，即 $(1-|\lambda(U)|^2)\bar{x}^{\mathrm{T}}x=0$，再由 $x\neq\mathbf{0}$ 可知 $\bar{x}^{\mathrm{T}}x\neq 0$，因而 $|\lambda(U)|^2=1$，即 $|\lambda(U)|=1$.

例 1.5.2　反对称矩阵的特征值为零或者纯虚数，即若 $S\in\mathbf{R}^{n\times n}$，满足 $S^{\mathrm{T}}=-S$，则 $\lambda(S)$ 为零或者纯虚数.

证明：假设 $\lambda(S)$ 是 S 的一个特征值，则必然存在一个非零向量 x，使得 $Sx=\lambda(S)x$，在前式左边同乘 $\bar{x}^{\mathrm{T}}$，有 $\bar{x}^{\mathrm{T}}Sx=\lambda(S)\bar{x}^{\mathrm{T}}x$，再将 $Sx=\lambda(S)x$ 两边进行共轭转置，可得 $\bar{x}^{\mathrm{T}}S^{\mathrm{T}}=\bar{\lambda}(S)\bar{x}^{\mathrm{T}}$，在前式右边同乘 x，可得 $\bar{x}^{\mathrm{T}}S^{\mathrm{T}}x=\bar{\lambda}(S)\bar{x}^{\mathrm{T}}x$，将其与 $\bar{x}^{\mathrm{T}}Sx=\lambda(S)\bar{x}^{\mathrm{T}}x$ 相加，可得 $[\bar{\lambda}(S)+\lambda(S)]\bar{x}^{\mathrm{T}}x=\bar{x}^{\mathrm{T}}(S^{\mathrm{T}}+S)x=0$，再由 $x\neq\mathbf{0}$ 可知 $\bar{x}^{\mathrm{T}}x\neq 0$，因而 $\bar{\lambda}(S)+\lambda(S)=0$，即 $\lambda(S)$ 为零或者纯虚数.

在实际应用中，准确地求出方阵所有的特征值通常是很困难的，但是对某些问题只需要估计特征值的特定范围就能满足需要，Gershgorin 圆盘定理对方阵特征值的界限给出了一个估计.

定理 1.5.8（Gershgorin 圆盘定理）　若 A 是一个 n 阶复方阵，令 $R_i=\sum\limits_{j\neq i}|a_{ij}|$，$i=1,2,\cdots,n$ 是 A 第 i 行非对角元素模的和，$D(a_{ii},R_i)\subseteq\mathbf{C}$ 是以 a_{ii} 为中心，R_i 为半径的封闭圆盘，称为 Gershgorin 圆盘，则 A 的每个特征值至少位于一个 Gershgorin 圆盘 $D(a_{ii},R_i)$ 内部，即 $\lambda(A)\in\bigcup\limits_{i=1}^{n}D(a_{ii},R_i)$，其中 $\lambda(A)$ 是 A 的特征值.

证明：假设 λ 是 A 的任意一个特征值，x 是对应 λ 的一个特征向量，即 $Ax=\lambda x$，$x\neq\mathbf{0}$，将 x 用分量的形式表示为 $x=[x_1,x_2,\cdots,x_n]^{\mathrm{T}}$，令 x_m 是 x 的按模最大分量，即 $|x_m|=\max\limits_{1\leqslant i\leqslant n}|x_i|$，由于 $x\neq\mathbf{0}$，因此 $|x_m|>0$，取方程组 $Ax=\lambda x$，$x\neq\mathbf{0}$ 的第 m 个方程为 $\sum\limits_{j=1}^{n}a_{mj}x_j=\lambda x_m$，即 $\sum\limits_{j\neq m}a_{mj}x_j=(\lambda-a_{mm})x_m$，两边同时除以 x_m，则有 $\sum\limits_{j\neq m}a_{mj}\dfrac{x_j}{x_m}=\lambda-a_{mm}$，再对其两边取模，则有

$$|\lambda-a_{mm}|=\left|\sum_{j\neq m}a_{mj}\frac{x_j}{x_m}\right|\leqslant\sum_{j\neq m}|a_{mj}|\left|\frac{x_j}{x_m}\right|\leqslant\sum_{j\neq m}|a_{mj}|=R_m,$$

即 $\boldsymbol{A}$ 的特征值 λ 至少位于一个 Gershgorin 圆盘 $D(a_{ii},R_i)$ 内部.

该定理还可以进一步细化成如下定理.

定理 1.5.9 已知 $\boldsymbol{A}$ 是一个 n 阶复方阵,令 $R_i=\sum_{j\neq i}|a_{ij}|$,$i=1,2,\cdots,n$ 是 $\boldsymbol{A}$ 第 i 行非对角元素模的和,$D(a_{ii},R_i)\subseteq\mathbf{C}$ 是以 a_{ii} 为中心,R_i 为半径的封闭圆盘,若 $D(a_{ii},R_i)$,$i=1,2,\cdots,n$ 中有 k 个圆盘的并集与其余 $n-k$ 个圆盘的并集互不相交,不妨假设前 k 个圆盘的并集与后 $n-k$ 个圆盘的并集互不相交,即

$$\left[\bigcup_{i=1}^{k}D(a_{ii},R_i)\right]\cap\left[\bigcup_{i=k+1}^{n}D(a_{ii},R_i)\right]=\varnothing,\tag{1.5.7}$$

则在 $\bigcup_{i=1}^{k}D(a_{ii},R_i)$ 中恰有 k 个特征值,在 $\bigcup_{i=k+1}^{n}D(a_{ii},R_i)$ 中恰有 $n-k$ 个特征值.

证明:令 $\boldsymbol{D}$ 是一个 n 阶对角矩阵,且其对角元素等于 $\boldsymbol{A}$ 的对角元素,再令

$$\boldsymbol{B}(t)=(1-t)\boldsymbol{D}+t\boldsymbol{A},0\leqslant t\leqslant 1,\tag{1.5.8}$$

显然 $t=0$ 时成立. 由于 $\boldsymbol{B}(t)$ 的对角元素等于 $\boldsymbol{A}$ 的对角元素,所以 $\boldsymbol{B}(t)$ 的 Gershgorin 圆盘的圆心是相同的,且其 Gershgorin 圆盘半径是 $\boldsymbol{A}$ 的 Gershgorin 圆盘半径的 t 倍. 因此 $\forall t\in[0,1]$,$\boldsymbol{B}(t)$ 前 k 个圆盘的并集与后 $n-k$ 个圆盘的并集互不相交. 由于圆盘是闭的,所以 $\boldsymbol{A}$ 前 k 个圆盘并集与后 $n-k$ 个圆盘并集的距离 $d>0$. 易知 $\boldsymbol{B}(t)$ 前 k 个圆盘的并集与后 $n-k$ 个圆盘的并集间的距离是关于 t 的减函数,且其最小值为 d. 由于 $\boldsymbol{B}(t)$ 的特征值关于 t 是连续的,对 $\boldsymbol{B}(t)$ 在前 k 个圆盘中的任一特征值 $\lambda(t)$,其与后 $n-k$ 个圆盘的并集间的距离 $d(t)$ 关于 t 是连续的. 显然 $d(0)\geqslant d$,假设 $\lambda(1)$ 落在后 $n-k$ 个圆盘中,则有 $d(1)\geqslant 0$,故存在 $0<t_0<1$,使得 $0<d(t_0)<d$. 此时 $\lambda(t_0)$ 落在所有 n 个 Gershgorin 圆盘外,矛盾. 因此 $\lambda(1)$ 落在前 k 个圆盘中,定理得证.

为了验证 Gerschgorin 圆盘定理 1.5.8 和定理 1.5.9,可以通过以下 Matlab 程序加以验证.

程序 1.5.1 Gerschgorin 圆盘定理.

```
function Gerschgorin_circle(A)
[m,n]=size(A);
if m~=n
    disp('矩阵必须是方的');
    return;
end
eigA=eig(A);
plot(real(eigA),imag(eigA),'r*','linewidth',1);
hold on;
D=diag(diag(A));
R=A-D;
r=sum(abs(R'));
theta=0:2*pi/100:2*pi;
```

程序1.5.1(图1.5.1)

```
for i=1:n
    Circlex=real(D(i,i))+r(i) * cos(theta);
    Circley=imag(D(i,i))+r(i) * sin(theta);
    plot(Circlex,Circley,'b','linewidth',1);
    axis equal
    hold on;
end
title('Gerschgorin 圆盘 ');
hold off;
```

例 1.5.3　给定矩阵

$$A=\begin{bmatrix} 15 & 1 & 1+i & 2 & -2 \\ 0 & 10 & 1 & -2 & 2i \\ 1 & 2 & 10i & 1 & 3 \\ 3i & 5-2i & 0 & -10 & i \\ 1-i & 5 & 0 & 3 & -10+10i \end{bmatrix},$$

借助程序 1.5.1 将 A 的特征值分布及 Gerschgorin 圆盘展现在图 1.5.1 中，由此可以看出 A 的任意特征值都位于 Gerschgorin 圆盘的并集中，由此还可以看出左边三个圆盘的并集与右边两个圆盘的并集是互不相交的，且在左边三个圆盘中有三个特征值，而在右边两个圆盘中有两个特征值.

例 1.5.4　给定矩阵

$$A=\begin{bmatrix} i & 2 & 1 \\ -2 & 2+i & -1 \\ -1 & 1 & -2i \end{bmatrix},$$

借助程序 1.5.2 在图 1.5.2 中观察 $\boldsymbol{B}(t)=(1-t)\boldsymbol{D}+t\boldsymbol{A}$，$0\leqslant t\leqslant 1$ 的特征值随 t 连续变化的过程，以及 Gerschgorin 圆盘的变化过程.

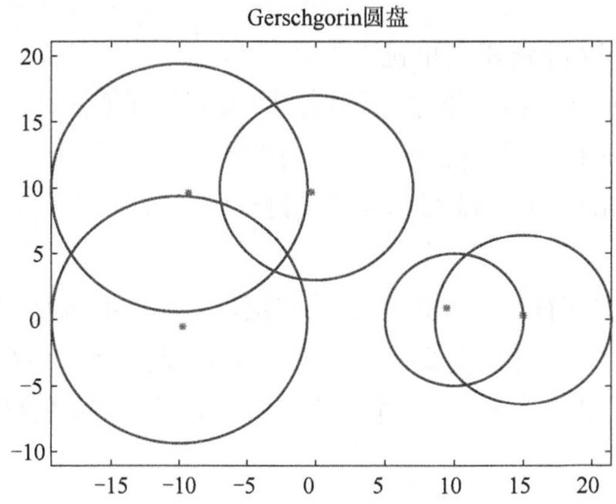

图 1.5.1　方阵的特征值分布及其 Gerschgorin 圆盘(软件截图)

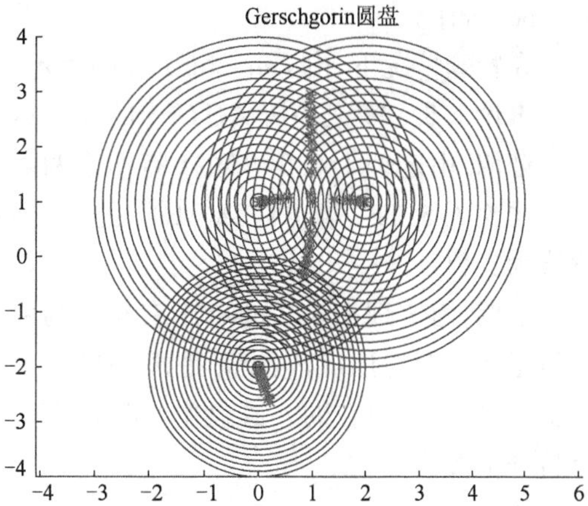

图 1.5.2　$\boldsymbol{B}(t)=(1-t)\boldsymbol{D}+t\boldsymbol{A}$，$0\leqslant t\leqslant 1$ 的特征值及 Gerschgorin 圆盘连续变化过程(软件截图)

程序 1.5.2 $\boldsymbol{B}(t)=(1-t)\boldsymbol{D}+t\boldsymbol{A}, 0\leqslant t\leqslant 1$ 的特征值及 Gerschgorin 圆盘连续变化过程.

程序1.5.2(图1.5.2)

```
function Gerschgorin_circle_move(A)
[m,n]=size(A);
if m~=n
    disp('矩阵必须是方的');
    return;
end
hold on;
D=diag(diag(A));
R=A-D;
r=sum(abs(R'));
theta=0:2*pi/100:2*pi;
for t=0:0.05:1
    B=t*R+D;
    rB=t*r;
    eigB=eig(B);
    plot(real(eigB),imag(eigB),'r*','linewidth',1);
    for i=1:n
        Circlex=real(B(i,i))+rB(i)*cos(theta);
        Circley=imag(B(i,i))+rB(i)*sin(theta);
        plot(Circlex,Circley,'b','linewidth',1);
        axis equal
        hold on;
    end
    pause(0.1);
end
title('Gerschgorin圆盘');
hold off;
```

在特殊情况下,由 Gerschgorin 圆盘定理还可以得到如下推论.

推论 1.5.10 若方阵 $\boldsymbol{A}\in\boldsymbol{C}^{n\times n}$ 的 n 个 Gerschgorin 圆盘两两互不相交,则 $\boldsymbol{A}$ 相似于对角阵.

证明:由定理 1.5.9 可知 $\boldsymbol{A}$ 有 n 个两两不同的特征值,故 $\boldsymbol{A}$ 相似于对角阵.

推论 1.5.11 若方阵 $\boldsymbol{A}\in\mathbf{R}^{n\times n}$ 的 n 个 Gerschgorin 圆盘两两互不相交,则 $\boldsymbol{A}$ 的 n 个特征值皆为实数.

证明:由定理 1.5.9 可知 $\boldsymbol{A}$ 有 n 个两两不同的特征值,又由于 $\boldsymbol{A}$ 是实矩阵,所以 $\boldsymbol{A}$ 的复特征值是呈共轭对出现,假设 λ 是 $\boldsymbol{A}$ 的任意一个特征值,因为实矩阵 Gerschgorin 圆盘的圆心在实轴上,所以 $\bar{\lambda}$ 也在同一圆盘中,又因为每一个圆盘中只有一个特征值,所以 $\bar{\lambda}=\lambda$,即 $\boldsymbol{A}$ 的所有特征值都为实数.

推论 1.5.12 若方阵 $\boldsymbol{A}\in\mathbf{R}^{n\times n}$ 满足

$$a_{ii} > \sum_{j=1,j\neq i}^{n} |a_{ij}|, i=1,2,\cdots,n, \tag{1.5.9}$$

则 $\boldsymbol{A}$ 的所有特征值都位于复平面的右半平面，即 $\boldsymbol{A}$ 是正稳定矩阵.

证明：因为 $\boldsymbol{A}$ 是对角占优矩阵，故 $\det(\boldsymbol{A})\neq 0$，所以 $\boldsymbol{A}$ 的任意特征值 λ 都不为零. 为此令 $\lambda=a+ib\neq 0$，由 Gerschgorin 圆盘可得存在某一个 k 使得

$$|\lambda-a_{kk}|=|a+ib-a_{kk}|\leqslant\sum_{j=1,j\neq k}^{n}|a_{kj}|<a_{kk},$$

$$(a-a_{kk})^2+b^2<a_{kk}^2,$$

$$0<a^2+b^2<2aa_{kk},$$

由 $a_{kk}>0$ 可知 $a=\mathrm{Re}(\lambda)>0$.

针对正矩阵和不可约非负矩阵，其特征值和特征向量也具有其特殊的性质，其基本性质由 Perron—Frobenius 定理 1.5.13 与定理 1.5.14 加以叙述(定理证明从略).

定理 1.5.13　若 $\boldsymbol{A}$ 是一个正矩阵，即 $\boldsymbol{A}\in\mathbf{R}^{n\times n}$ 且满足 $a_{ij}>0$，则有如下性质：

(1)有一个正实数 r，称作 Perron 根或 Perron—Frobenius 特征值，r 是 $\boldsymbol{A}$ 的特征值且其他所有的特征值 λ(可能是复的)的模严格小于 r，即 $|\lambda|<r$. 因此，谱半径 $\rho(\boldsymbol{A})=r$.

(2)Perron—Frobenius 特征值是单根：r 是 $\boldsymbol{A}$ 的特征多项式的单根. 因此，r 对应的特征向量空间是一维的.

(3)$\boldsymbol{A}$ 的特征值 r 存在一个所有元素为正的特征向量，即 $\boldsymbol{v}=(v_1,v_2,\cdots,v_n)$，$v_i>0$ 满足 $\boldsymbol{A}\boldsymbol{v}=r\boldsymbol{v}$.

定理 1.5.14　若 $\boldsymbol{A}$ 是一个不可约非负矩阵，即 $\boldsymbol{A}\in\mathbf{R}^{n\times n}$ 不可约且满足 $a_{ij}\geqslant 0$，则有如下性质：

(1)有一个正实数 r，称作 Perron 根或 Perron—Frobenius 特征值，r 是 $\boldsymbol{A}$ 的特征值且其他所有的特征值 λ(可能是复的)的模小于等于 r，即 $|\lambda|\leqslant r$. 因此，谱半径 $\rho(\boldsymbol{A})=r$.

(2)Perron—Frobenius 特征值是单根：r 是 $\boldsymbol{A}$ 的特征多项式的单根. 因此，r 对应的特征向量空间是一维的.

(3)$\boldsymbol{A}$ 的特征值 r 存在一个所有元素为正的特征向量，即 $\boldsymbol{v}=(v_1,v_2,\cdots,v_n)$，$v_i>0$ 满足 $\boldsymbol{A}\boldsymbol{v}=r\boldsymbol{v}$.

定理 1.5.15　对任意矩阵 $\boldsymbol{A},\boldsymbol{B}\in\mathbf{R}^{n\times n}$，若 $\mathbf{0}\leqslant\boldsymbol{A}\leqslant\boldsymbol{B}$，则有 $\rho(\boldsymbol{A})\leqslant\rho(\boldsymbol{B})$.

证明：首先假设 $\boldsymbol{B}$ 是一个正矩阵，根据 Perron—Frobenius 定理可知，存在一个正向量 $\boldsymbol{x}>\mathbf{0}$，使得 $\boldsymbol{B}\boldsymbol{x}=\rho(\boldsymbol{B})\boldsymbol{x}$. 令 $\boldsymbol{X}$ 是由 $\boldsymbol{x}$ 的元素组成的对角矩阵，即

$$\boldsymbol{X}=\mathrm{diag}(\boldsymbol{x})=\mathrm{diag}(x_1,x_2,\cdots,x_n)$$

再令 $\boldsymbol{C}=\boldsymbol{X}^{-1}\boldsymbol{A}\boldsymbol{X}$，则 $\boldsymbol{C}$ 与 $\boldsymbol{A}$ 有相同的特征值，且有 $c_{ii}=a_{ii}(i=1,2,\cdots,n)$. 根据 Gershgorin 圆盘定理可知，对于 $\boldsymbol{A}$ 的特征值 $\rho(\boldsymbol{A})$，必然存在 i 使得

$$|\rho(\boldsymbol{A})-a_{ii}|\leqslant\sum_{j=1,j\neq i}^{n}|c_{ij}|,$$

由 $\boldsymbol{C}$ 的定义可知

$$|\rho(\boldsymbol{A})-a_{ii}|\leqslant\left[\sum_{j=1}^{n}a_{ij}x_j-a_{ii}x_i\right]\Big/x_i\leqslant\left[\sum_{j=1}^{n}b_{ij}x_j-a_{ii}x_i\right]\Big/x_i,$$

再由 $\boldsymbol{B}\boldsymbol{x}=\rho(\boldsymbol{B})\boldsymbol{x}$ 可得 $\sum\limits_{j=1}^{n}b_{ij}x_j=\rho(\boldsymbol{B})x_i$，从而有

$$\rho(\boldsymbol{A})-a_{ii}\leqslant[\rho(\boldsymbol{B})x_i-a_{ii}x_i]/x_i,$$

即 $\rho(\boldsymbol{A})\leqslant\rho(\boldsymbol{B})$.

如果 $\boldsymbol{B}$ 不是正矩阵,令 $b_{ij}^{(s)}=b_{ij}+\dfrac{1}{s}$,$s>0$ 则 $\boldsymbol{B}_s=[b_{ij}^{(s)}]$为正矩阵,且有 $\boldsymbol{0}\leqslant\boldsymbol{A}\leqslant\boldsymbol{B}_s$,由前一部分证明可知 $\rho(\boldsymbol{A})\leqslant\rho(\boldsymbol{B}_s)$,再令 $s\to\infty$,则有 $\boldsymbol{B}_s\to\boldsymbol{B}$,从而有 $\rho(\boldsymbol{B}_s)\to\rho(\boldsymbol{B})$,因而有 $\rho(\boldsymbol{A})\leqslant\rho(\boldsymbol{B})$.

针对 M 矩阵,其特征值和特征向量也具有其特殊的性质.

定义 1.5.2 已知 $\boldsymbol{A}$ 是一个 $n\times n$ 的 Z 矩阵,即 $\boldsymbol{A}=[a_{ij}]$,其中 a_{ij} 为实数且 $a_{ij}\leqslant0$,$i\neq j$. 若 $\boldsymbol{A}$ 可以表示为 $\boldsymbol{A}=s\boldsymbol{E}-\boldsymbol{B}$,其中 $\boldsymbol{B}=[b_{ij}]$,$b_{ij}\geqslant0$,$s\geqslant\rho(\boldsymbol{B})$,$\rho(\boldsymbol{B})$ 是 $\boldsymbol{B}$ 的谱半径,则称 $\boldsymbol{A}$ 为 M 矩阵.

若 $\boldsymbol{A}$ 是一个非奇异的 M 矩阵,根据 Perron－Frobenius 定理必有 $s>\rho(\boldsymbol{B})$,而且 $\boldsymbol{A}$ 的对角元素满足 $a_{ii}>0$,$i=1,2,\cdots,n$. 除此之外,非奇异的 M 矩阵在主子式正性、逆正性、稳定性以及对角占优性等方面具有很多等价条件,可将其结果叙述成如下定理.

定理 1.5.16 若 $\boldsymbol{A}$ 是一个 $n\times n$ 的 Z 矩阵,则下列每一个条件都与 $\boldsymbol{A}$ 是一个非奇异 M 矩阵等价.

(1)$\boldsymbol{A}$ 具有逆正性,即 $\boldsymbol{A}$ 的逆存在且是非负矩阵($\boldsymbol{A}^{-1}\geqslant\boldsymbol{0}$);

(2)$\boldsymbol{A}$ 是正稳定的,即 $\boldsymbol{A}$ 所有特征值实部大于零;

(3)$\boldsymbol{A}$ 的所有主子阵都是 M 矩阵.

证明:(1)必要性:$\boldsymbol{A}^{-1}=(s\boldsymbol{E}-\boldsymbol{B})^{-1}=\dfrac{1}{s}\left(\boldsymbol{E}-\dfrac{1}{s}\boldsymbol{B}\right)^{-1}$,由于 $s>\rho(\boldsymbol{B})$,因此 $\rho\left(\dfrac{1}{s}\boldsymbol{B}\right)<1$,于是有 $\boldsymbol{A}^{-1}=\dfrac{1}{s}\left(\boldsymbol{E}-\dfrac{1}{s}\boldsymbol{B}\right)^{-1}=\dfrac{1}{s}\sum\limits_{k=0}^{\infty}\dfrac{1}{s^k}\boldsymbol{B}^k$,再由于 $\boldsymbol{B}\geqslant\boldsymbol{0}$,因此 $\boldsymbol{B}^k\geqslant\boldsymbol{0}$,从而有 $\boldsymbol{A}^{-1}\geqslant\boldsymbol{0}$.

充分性:令 $s=\max\limits_{1\leqslant i\leqslant n}|a_{ii}|$,由于 $\boldsymbol{A}$ 是一个 Z 矩阵,因此 $\boldsymbol{B}=s\boldsymbol{E}-\boldsymbol{A}\geqslant\boldsymbol{0}$,故 $\boldsymbol{A}^{-1}=(s\boldsymbol{E}-\boldsymbol{B})^{-1}\geqslant\boldsymbol{0}$. 对于任意一个 $n\times n$ 的实矩阵 $\boldsymbol{P}$,令 $\mathrm{abs}(\boldsymbol{P})=[|p_{ij}|]$,并将该矩阵称为 $\boldsymbol{P}$ 的绝对值矩阵,需要注意的是,对于绝对值矩阵有 $\mathrm{abs}(\boldsymbol{PQ})\leqslant\mathrm{abs}(\boldsymbol{P})\mathrm{abs}(\boldsymbol{Q})$,假设 $\boldsymbol{x}$ 是 $\boldsymbol{B}$ 的特征值 λ 所对应的特征向量,即 $\lambda\boldsymbol{x}=\boldsymbol{B}\boldsymbol{x}$,于是有

$$|\lambda|\mathrm{abs}(\boldsymbol{x})=\mathrm{abs}(\lambda\boldsymbol{x})=\mathrm{abs}(\boldsymbol{B}\boldsymbol{x})\leqslant\mathrm{abs}(\boldsymbol{B})\mathrm{abs}(\boldsymbol{x})=\boldsymbol{B}\mathrm{abs}(\boldsymbol{x}),$$

由此可得

$$(s\boldsymbol{E}-\boldsymbol{B})\mathrm{abs}(\boldsymbol{x})\leqslant(s-|\lambda|)\mathrm{abs}(\boldsymbol{x}),$$

由于 $\boldsymbol{A}^{-1}=(s\boldsymbol{E}-\boldsymbol{B})^{-1}\geqslant\boldsymbol{0}$,将上式两端同乘 $\boldsymbol{A}^{-1}$,可得

$$\boldsymbol{0}\leqslant\mathrm{abs}(\boldsymbol{x})\leqslant(s-|\lambda|)(s\boldsymbol{E}-\boldsymbol{B})^{-1}\mathrm{abs}(\boldsymbol{x})$$

因此 $s-|\lambda|\geqslant0$,即 $s\geqslant\rho(\boldsymbol{B})$,又由于 $\boldsymbol{A}$ 可逆,所以 $s>\rho(\boldsymbol{B})$,即 $\boldsymbol{A}$ 是非奇异 M 矩阵.

(2)必要性:若 $\boldsymbol{A}$ 是非奇异 M 矩阵,则有 $\boldsymbol{A}=s\boldsymbol{E}-\boldsymbol{B}$,其中 $s>\rho(\boldsymbol{B})$. 可知若 $\lambda_{\boldsymbol{B}}\in\sigma(\boldsymbol{B})$,则 $\lambda_{\boldsymbol{A}}=s-\lambda_{\boldsymbol{B}}\in\sigma(\boldsymbol{A})$. 设 $\lambda_{\boldsymbol{B}}=\alpha+\mathrm{i}\beta$,则有 $s>\rho(\boldsymbol{B})\geqslant|\lambda_{\boldsymbol{B}}|=\left|\sqrt{\alpha^2+\beta^2}\right|\geqslant|\alpha|\geqslant\alpha$,故 $\mathrm{Re}(\lambda_{\boldsymbol{A}})=s-\alpha>0$.

充分性:假设 $\boldsymbol{A}$ 是任意一个 $a_{ij}\leqslant0$,$i\neq j$ 且所有 $\lambda_{\boldsymbol{A}}\in\sigma(\boldsymbol{A})$都满足 $\mathrm{Re}(\lambda_{\boldsymbol{A}})>0$ 的矩阵,则必

然存在一个实数 γ,使得圆心在 γ,半径为 γ 的圆包含 $\sigma(\boldsymbol{A})$,参见图1.5.3,令 s 是任意满足 $s>\max\{2\gamma,\max\limits_{i}|a_{ii}|\}$ 的实数,令 $\boldsymbol{B}=s\boldsymbol{E}-\boldsymbol{A}$,显然 $\boldsymbol{B}\geqslant\boldsymbol{0}$ 且 s 与所有的 $\lambda_{\boldsymbol{A}}\in\sigma(\boldsymbol{A})$ 之间的距离 $|r-\lambda_{\boldsymbol{A}}|$ 都小于 s.

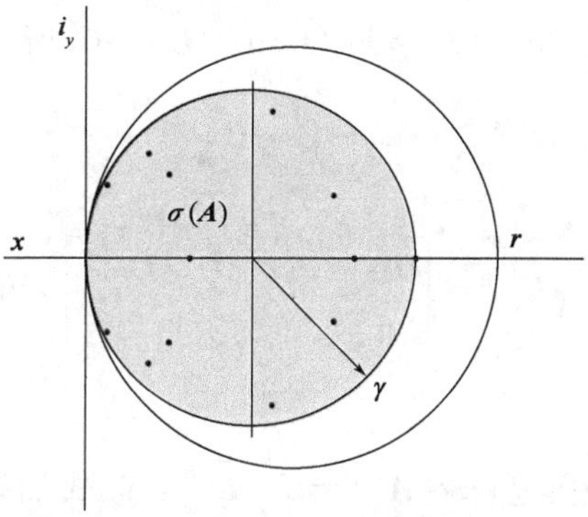

图1.5.3　矩阵 $\boldsymbol{A}$ 的谱分布

视频1.5.1

$\boldsymbol{B}$ 的所有特征值满足 $\lambda_{\boldsymbol{B}}=s-\lambda_{\boldsymbol{A}}$,且有 $|\lambda_{\boldsymbol{B}}|=|s-\lambda_{\boldsymbol{A}}|<s$,所以 $\rho(\boldsymbol{B})<s$. 因此 $\boldsymbol{A}$ 是非奇异 M 矩阵.

(3)必要性:不妨设 $\widetilde{\boldsymbol{A}}_{k\times k}$ 是 $\boldsymbol{A}$ 的 $i_1,\cdots,i_k$ 行和 $i_1,\cdots,i_k$ 列组成的主子矩阵,由 $\boldsymbol{A}=s\boldsymbol{E}-\boldsymbol{B}$,其中 $s>\rho(\boldsymbol{B})$,$\boldsymbol{B}\geqslant\boldsymbol{0}$,可知存在置换矩阵 $\boldsymbol{P}$,使得 $\widetilde{\boldsymbol{A}}=\boldsymbol{P}^{\mathrm{T}}\boldsymbol{A}\boldsymbol{P}=\begin{bmatrix}\widetilde{\boldsymbol{A}}_{k\times k} & \boldsymbol{X}\\ \boldsymbol{Y} & \boldsymbol{Z}\end{bmatrix}$,由此可得 $\widetilde{\boldsymbol{A}}=s\widetilde{\boldsymbol{E}}-\widetilde{\boldsymbol{B}}$. 其中 $\widetilde{\boldsymbol{B}}=\boldsymbol{P}^{\mathrm{T}}\boldsymbol{B}\boldsymbol{P}=\begin{bmatrix}\widetilde{\boldsymbol{B}}_{k\times k} & \boldsymbol{X}\\ \boldsymbol{Y} & \boldsymbol{Z}\end{bmatrix}$,$\widetilde{\boldsymbol{B}}_{k\times k}=s\widetilde{\boldsymbol{E}}_k-\widetilde{\boldsymbol{A}}_{k\times k}$,故 $\boldsymbol{B}=\boldsymbol{P}\begin{bmatrix}\widetilde{\boldsymbol{B}}_{k\times k} & \boldsymbol{X}\\ \boldsymbol{Y} & \boldsymbol{Z}\end{bmatrix}\boldsymbol{P}^{\mathrm{T}}$,令 $\boldsymbol{C}=\boldsymbol{P}\begin{bmatrix}\widetilde{\boldsymbol{B}}_{k\times k} & \boldsymbol{0}\\ \boldsymbol{0} & \boldsymbol{0}\end{bmatrix}\boldsymbol{P}^{\mathrm{T}}$,则有 $\boldsymbol{0}\leqslant\boldsymbol{C}\leqslant\boldsymbol{B}$,由于 $\rho(\widetilde{\boldsymbol{B}}_{k\times k})=\rho(\boldsymbol{C})\leqslant\rho(\boldsymbol{B})<s$,因此 $\widetilde{\boldsymbol{A}}_{k\times k}=s\widetilde{\boldsymbol{E}}_k-\widetilde{\boldsymbol{B}}_{k\times k}$ 是非奇异 M 矩阵.

充分性:由于 $\boldsymbol{A}$ 的所有主子阵都是 M 矩阵,因此 $\boldsymbol{A}$ 本身也是 M 矩阵.

定理1.5.17　若 $\boldsymbol{A}$ 是一个 $n\times n$ 的 Z 矩阵,则下列每一个条件都是等价的:

(1)$\boldsymbol{A}$ 是一个非奇异 M 矩阵;

(2)$\boldsymbol{A}$ 的所有顺序主子式是正的;

(3)$\boldsymbol{A}$ 可以进行 $\boldsymbol{LU}$ 分解,且 $\boldsymbol{L}$ 和 $\boldsymbol{U}$ 是非奇异 M 矩阵;

(4)存在一个向量 $\boldsymbol{x}>\boldsymbol{0}$ 使得 $\boldsymbol{A}\boldsymbol{x}>\boldsymbol{0}$;

(5)$a_{ii}>0(i=1,2,\cdots,n)$,且存在对角元素为正的对角矩阵 $\boldsymbol{D}$ 使得 $\boldsymbol{AD}$ 是对角占优矩阵;

(6)对向量 $\boldsymbol{x}$,若 $\boldsymbol{A}\boldsymbol{x}\geqslant\boldsymbol{0}$,则有 $\boldsymbol{x}\geqslant\boldsymbol{0}$.

证明:(1)→(2),因为 $\boldsymbol{A}$ 是非奇异的 M 矩阵,所以 $\boldsymbol{A}$ 的所有特征值实部都大于零,又由于实矩阵的复特征值是呈共轭对出现的,因此可知 $\det(\boldsymbol{A})=\prod\limits_{i=1}^{n}\lambda_i>0$. 因为 M 矩阵的主子阵都是 M 矩阵,所以 $\boldsymbol{A}$ 的每个主子式都是正的.

(2)→(3):使用数学归纳法,考虑 $\boldsymbol{A}_{n\times n}$ 的尺寸 n. 当 $n=1$ 时,结果是显然的. 假设当 $n=k$ 时结论成立,当 $n=k+1$ 时,则有

$$A_{(k+1)\times(k+1)}=\begin{bmatrix}\widetilde{A} & c\\ d^{\mathrm{T}} & \alpha\end{bmatrix}=\begin{bmatrix}\widetilde{L}\widetilde{U} & c\\ d^{\mathrm{T}} & \alpha\end{bmatrix}=\begin{bmatrix}\widetilde{L} & 0\\ d^{\mathrm{T}}\widetilde{U}^{-1} & 1\end{bmatrix}\begin{bmatrix}\widetilde{U} & \widetilde{L}^{-1}c\\ 0 & \sigma\end{bmatrix}=LU,$$

其中 $\widetilde{L}$ 和 $\widetilde{U}$ 是 M 矩阵. 因为 $\det(\widetilde{U})>0$, 且 $\det(A)=\sigma\det(\widetilde{L})\det(\widetilde{U})>0$, 所以 $\sigma>0$. 又因为 $d^{\mathrm{T}}\leqslant 0, c\leqslant 0, \widetilde{L}^{-1}\geqslant 0, \widetilde{U}^{-1}\geqslant 0$, 所以

$$L^{-1}=\begin{bmatrix}\widetilde{L}^{-1} & 0\\ -d^{\mathrm{T}}\widetilde{U}^{-1}\widetilde{L}^{-1} & 1\end{bmatrix}\geqslant 0,\quad U^{-1}=\begin{bmatrix}\widetilde{U}^{-1} & -\sigma^{-1}\widetilde{U}^{-1}\widetilde{L}^{-1}c\\ 0 & \sigma^{-1}\end{bmatrix}\geqslant 0,$$

即 L 和 U 是非奇异 M 矩阵.

(3)→(4): $A=LU$, 其中 L 和 U 是 M 矩阵意味着 $A^{-1}=U^{-1}L^{-1}\geqslant 0$. 故如果 $x=A^{-1}1_n$, 其中 $1_n=(1,1,\cdots,1)^{\mathrm{T}}$, 则 $x>0$(否则 A^{-1} 有一个零行, A 是奇异的), 且 $Ax=1_n>0$.

(4)→(5): 若存在 $x>0$ 使得 $Ax>0$, 假设 $a_{ii}\leqslant 0(i=1,2,\cdots,n)$, 因为 A 是 Z 矩阵, 可得 $Ax\leqslant 0$, 矛盾, 故 $a_{ii}>0(i=1,2,\cdots,n)$.

令 $D=\mathrm{diag}(x_1,x_2,\cdots,x_n)$, $B=AD$, 则 B 是一个 Z 矩阵, 且 $B1_n=AD1_n=Ax>0$, 故 $B=AD$ 的每一行和都是正的, 即

$$0<\sum_{j}b_{ij}=\sum_{j\neq i}b_{ij}+b_{ii}, i=1,2,\cdots,n,$$

可得

$$b_{ii}>\sum_{j\neq i}-b_{ij}=\sum_{j\neq i}|b_{ij}|, i=1,2,\cdots,n,$$

即 $B=AD$ 是对角占优的.

(5)→(6): 假设对某个对角元素为正的对角矩阵 D, AD 是对角占优矩阵, 且 $a_{ii}>0(i=1,2,\cdots,n)$. 设 $F=\mathrm{diag}(a_{11},a_{22},\cdots,a_{nn})$, $-N$ 为包含 A 的非对角元素的矩阵, 即 $A=F-N$, 故 $AD=FD-ND$ 是 AD 的 Jocobi 劈分, 迭代矩阵为 $H=D^{-1}F^{-1}ND$, 由于对角占优矩阵的 Jocobi 迭代是收敛的(即 $\rho(H)<1$), 可得

$$A=FD(E-H)D^{-1}$$

$$A^{-1}=D(E-H)^{-1}D^{-1}F^{-1}\geqslant 0,$$

故若 $Ax\geqslant 0$, 则有 $x\geqslant 0$.

(6)→(1): 令 $r\geqslant\max|a_{ii}|$, 则有 $B=rE-A\geqslant 0$, 首先说明由条件若 $Ax\geqslant 0$, 则有 $x\geqslant 0$ 可知存在 A^{-1}. 对任意 $x\in N(A)$, 有

$$(rE-B)x=0\Rightarrow rx=Bx\Rightarrow r|x|\leqslant|B||x|\Rightarrow A(-|x|)\geqslant 0\Rightarrow -|x|\geqslant 0\Rightarrow x=0,$$

故 $N(A)=\{0\}$, 且由 $A[A^{-1}]_{*i}=e_i\geqslant 0$(其中$[\quad]_{*i}$表示矩阵的第 i 列)可得$[A^{-1}]_{*i}\geqslant 0$, 因此 $A^{-1}\geqslant 0$, 可得 A 是一个 M 矩阵.

1.6　二　次　型

在二维或三维欧氏空间中,实对称矩阵的特征值与特征向量是刻画二次曲线或空间二次曲面特征的重要数字特征.对于 n 维欧氏空间中,二次超曲面是用二次型来表示的.为此需要给出 n 维欧氏空间中实二次型的定义.

定义 1.6.1　设含有 n 个变量 $x_1,x_2,\cdots,x_n$ 的二次齐次实函数为

$$f(x_1,x_2,\cdots,x_n)=\sum_{i=1}^{n}\sum_{j=1}^{n}a_{ij}x_ix_j, \tag{1.6.1}$$

其中 $a_{ij}=a_{ji}\in\mathbf{R}$.将其写成矩阵形式,则有

$$f(\boldsymbol{x})=\boldsymbol{x}^{\mathrm{T}}\boldsymbol{A}\boldsymbol{x}, \tag{1.6.2}$$

其中 $\boldsymbol{A}=[a_{ij}]$,$\boldsymbol{A}^{\mathrm{T}}=\boldsymbol{A}$,$\boldsymbol{x}=[x_1,x_2,\cdots,x_n]^{\mathrm{T}}$.将 $f(\boldsymbol{x})=\boldsymbol{x}^{\mathrm{T}}\boldsymbol{A}\boldsymbol{x}$ 称为实二次型,若 $\boldsymbol{A}$ 的秩为 r,则称二次型 $f(\boldsymbol{x})=\boldsymbol{x}^{\mathrm{T}}\boldsymbol{A}\boldsymbol{x}$ 的秩为 r.当二次型只含有平方项时,即 $a_{ij}=0,i\neq j$ 或 $\boldsymbol{A}$ 是对角矩阵时,该二次型称为标准型,此时将大于零的对角元素的个数称为正惯性指标,小于零的对角元素的个数称为负惯性指标,正惯性指标与负惯性指标的差称为符号差.

对于实二次型 $f(\boldsymbol{x})=\boldsymbol{x}^{\mathrm{T}}\boldsymbol{A}\boldsymbol{x}$,将给定的一个可逆的线性变换 $\boldsymbol{x}=\boldsymbol{C}\boldsymbol{y}$ 代入到该二次型中,可以得到关于 $\boldsymbol{y}$ 的实二次型 $g(\boldsymbol{y})=f(\boldsymbol{C}\boldsymbol{y})=\boldsymbol{y}^{\mathrm{T}}\boldsymbol{C}^{\mathrm{T}}\boldsymbol{A}\boldsymbol{C}\boldsymbol{y}$,将该二次型所对应的矩阵记成 $\boldsymbol{B}=\boldsymbol{C}^{\mathrm{T}}\boldsymbol{A}\boldsymbol{C}$,由 $\boldsymbol{A}$ 是实对称矩阵可知 $\boldsymbol{B}$ 也是实对称矩阵,此时将 $\boldsymbol{A}$ 与 $\boldsymbol{B}$ 的关系称为合同关系,同时也将二次型 $f(\boldsymbol{x})$ 与 $g(\boldsymbol{y})$ 称为合同关系.在线性代数中,给出了一个重要的结论,该结论说明任何一个实二次型 $f(\boldsymbol{x})=\boldsymbol{x}^{\mathrm{T}}\boldsymbol{A}\boldsymbol{x}$,必然存在一个可逆变换 $\boldsymbol{x}=\boldsymbol{C}\boldsymbol{y}$ 将其化成标准二次型,即对于任意一个实对称方阵 $\boldsymbol{A}$,总存在一个可逆矩阵 $\boldsymbol{C}$,使得 $\boldsymbol{B}=\boldsymbol{C}^{\mathrm{T}}\boldsymbol{A}\boldsymbol{C}$ 为对角矩阵.另外线性代数还给出了一个重要定理,即惯性定理,该定理说明若有两个不同的可逆变换 $\boldsymbol{x}=\boldsymbol{C}\boldsymbol{y}$,$\boldsymbol{x}=\boldsymbol{D}\boldsymbol{y}$,都将实二次型 $f(\boldsymbol{x})=\boldsymbol{x}^{\mathrm{T}}\boldsymbol{A}\boldsymbol{x}$ 变成标准型 $g(\boldsymbol{y})=\sum_{i=1}^{n}\lambda_iy_i^2$,$h(\boldsymbol{y})=\sum_{i=1}^{n}\mu_iy_i^2$,则两者的秩、正惯性指标、负惯性指标及符号差保持不变.

由于实对称矩阵 $\boldsymbol{A}$ 正交相似于一个对角阵,即存在一个正交矩阵 $\boldsymbol{U}$ 使得 $\boldsymbol{U}^{\mathrm{T}}\boldsymbol{A}\boldsymbol{U}=\boldsymbol{\Lambda}$,其中 $\boldsymbol{\Lambda}=\mathrm{diag}(\lambda_1,\lambda_2,\cdots,\lambda_n)$ 是由 $\boldsymbol{A}$ 的特征值组成的对角矩阵,因此实二次型 $f(\boldsymbol{x})=\boldsymbol{x}^{\mathrm{T}}\boldsymbol{A}\boldsymbol{x}$ 也可以通过正交变换将其化成标准型,即存在一个正交变换 $\boldsymbol{x}=\boldsymbol{U}\boldsymbol{y}$,使得实二次型 $f(\boldsymbol{x})=\boldsymbol{x}^{\mathrm{T}}\boldsymbol{A}\boldsymbol{x}$ 变成标准型 $g(\boldsymbol{y})=\sum_{i=1}^{n}\lambda_iy_i^2$,之所以使用正交变换,是因为正交变换具有保长保角性,从而可以保证二次函数方程 $\boldsymbol{x}^{\mathrm{T}}\boldsymbol{A}\boldsymbol{x}+2\boldsymbol{b}^{\mathrm{T}}\boldsymbol{x}=1$ 通过正交变换后保持几何形状不变.在实际应用中,通常需要对二次型进行分类.如果对于任意 $\boldsymbol{0}\neq\boldsymbol{x}\in\mathbf{R}^n$,都有 $f(\boldsymbol{x})=\boldsymbol{x}^{\mathrm{T}}\boldsymbol{A}\boldsymbol{x}>0$,则称其为正定二次型;如果对于任意 $\boldsymbol{x}\in\mathbf{R}^n$,都有 $f(\boldsymbol{x})=\boldsymbol{x}^{\mathrm{T}}\boldsymbol{A}\boldsymbol{x}\geqslant0$,则称其为半正定二次型;如果对于任意 $\boldsymbol{0}\neq\boldsymbol{x}\in\mathbf{R}^n$,都有 $f(\boldsymbol{x})=\boldsymbol{x}^{\mathrm{T}}\boldsymbol{A}\boldsymbol{x}<0$,则称其为负定二次型;如果对于任意 $\boldsymbol{x}\in\mathbf{R}^n$,都有 $f(x)=\boldsymbol{x}^{\mathrm{T}}\boldsymbol{A}\boldsymbol{x}\leqslant0$,则称其为半负定二次型.对于正定(半正定)二次型有如下等价的判定条件.

(1) $f(\boldsymbol{x})=\boldsymbol{x}^{\mathrm{T}}\boldsymbol{A}\boldsymbol{x}$ 为正定(半正定)的充分必要条件为 $\boldsymbol{A}$ 是正定(半正定)矩阵,即 $\boldsymbol{A}$ 的所有特征值都大于(不小于)零.

(2) $f(\boldsymbol{x})=\boldsymbol{x}^{\mathrm{T}}\boldsymbol{A}\boldsymbol{x}$ 为正定(半正定)的充分必要条件为 $\boldsymbol{A}$ 的所有顺序主子式都大于(不小于)零.

(3) $f(\boldsymbol{x})=\boldsymbol{x}^{\mathrm{T}}\boldsymbol{A}\boldsymbol{x}$ 为正定(半正定)的充分必要条件为存在实可逆矩阵(实方阵) $\boldsymbol{C}$,使得 $\boldsymbol{A}=\boldsymbol{C}^{\mathrm{T}}\boldsymbol{C}$.

例 1.6.1 证明 n 阶 Laplace 矩阵 $\boldsymbol{L}$ 是半正定矩阵.

证明:首先引入 Laplace 矩阵所对应的关联矩阵的概念,由于 Laplace 矩阵 $\boldsymbol{L}$ 对应于一个 n 个顶点、m 条边的无向图,因此定义关联矩阵为一个 $m\times n$ 的矩阵 $\boldsymbol{M}$,其中行对应的是边,列对应的是顶点,假设第 k 条边所其对应的顶点为 i 和 j 且 $i>j$,则 $\boldsymbol{M}$ 的第 k 行的元素按照如下方式确定:

$$M_{kp}=\begin{cases}1, & p=i,\\ -1, & p=j,\\ 0, & \text{其他},\end{cases}$$

则 $(\boldsymbol{M}^{\mathrm{T}}\boldsymbol{M})_{ij}=\sum_{k=1}^{m}M_{ik}M_{jk}$. 若 $i=j$, $(\boldsymbol{M}^{\mathrm{T}}\boldsymbol{M})_{ii}=\sum_{k=1}^{m}(M_{ik})^2$,第 k 条边与顶点 i 相连时 $(M_{ik})^2=1$,否则 $(M_{ik})^2=0$, $(\boldsymbol{M}^{\mathrm{T}}\boldsymbol{M})_{ii}$ 即与顶点 i 相连的边数;若 $i\neq j$,此时可以分两种情况,第二种情况为 i 与 j 不共享任何一条边,因此对任意 k, M_{ik} 和 M_{jk} 至少有一个为零,即 $M_{ik}M_{jk}=0$,从而 $(\boldsymbol{M}^{\mathrm{T}}\boldsymbol{M})_{ij}=\sum_{k=1}^{m}M_{ik}M_{jk}=0$,第二种情况为 i 与 j 共享一条边时,不妨假设为第 k_0 条边,则 $(\boldsymbol{M}^{\mathrm{T}}\boldsymbol{M})_{ij}=\sum_{k=1}^{m}M_{ik}M_{jk}=M_{ik_0}M_{jk_0}$,此时 M_{ik} 和 M_{jk} 互为正负 1,即 $M_{ik}M_{jk}=-1$,从而 $(\boldsymbol{M}^{\mathrm{T}}\boldsymbol{M})_{ij}=-1$. 显然该结果与Laplace矩阵的定义相一致,即 $\boldsymbol{L}=\boldsymbol{M}^{\mathrm{T}}\boldsymbol{M}$. 假设 λ 是 $\boldsymbol{L}$ 的一个特征值, $\boldsymbol{v}$ 是对应于 λ 的单位特征向量,则有 $\boldsymbol{L}\boldsymbol{v}=\lambda\boldsymbol{v}$,由此可得 $\lambda\boldsymbol{v}^{\mathrm{T}}\boldsymbol{v}=\lambda=\boldsymbol{v}^{\mathrm{T}}\boldsymbol{L}\boldsymbol{v}$,将 $\boldsymbol{L}=\boldsymbol{M}^{\mathrm{T}}\boldsymbol{M}$ 代入,则有 $\lambda=(\boldsymbol{M}\boldsymbol{v})^{\mathrm{T}}\boldsymbol{M}\boldsymbol{v}\geqslant 0$,因此 n 阶 Laplace 矩阵 $\boldsymbol{L}$ 是半正定矩阵.

借助二次型理论,可以对三维欧氏空间的二次方程进行曲面分类. 在三维欧氏空间中使用卡氏坐标,令 $\boldsymbol{x}=[x_1,x_2,x_3]^{\mathrm{T}}$,假定 $\boldsymbol{A}$ 是一个 3 阶实对称矩阵, $\boldsymbol{b}=[b_1,b_2,b_3]^{\mathrm{T}}$,则二次方程 $\boldsymbol{x}^{\mathrm{T}}\boldsymbol{A}\boldsymbol{x}+2\boldsymbol{b}^{\mathrm{T}}\boldsymbol{x}=1$ 解的性质依赖于 $\boldsymbol{A}$ 的特征值. 由于 $\boldsymbol{A}$ 是一个实对称矩阵,所以存在一个正交矩阵 $\boldsymbol{U}$,使得 $\boldsymbol{U}^{\mathrm{T}}\boldsymbol{A}\boldsymbol{U}=\mathrm{diag}(\lambda_1,\lambda_2,\lambda_3)$. 令 $\boldsymbol{x}=\boldsymbol{U}\boldsymbol{y}$, $\boldsymbol{b}=\boldsymbol{U}\boldsymbol{c}$,其中 $\boldsymbol{y}=[y_1,y_2,y_3]^{\mathrm{T}}$, $\boldsymbol{c}=[c_1,c_2,c_3]^{\mathrm{T}}$,则原二次方程 $\boldsymbol{x}^{\mathrm{T}}\boldsymbol{A}\boldsymbol{x}+2\boldsymbol{b}^{\mathrm{T}}\boldsymbol{x}=1$ 可以写成 $\boldsymbol{y}^{\mathrm{T}}\boldsymbol{U}^{\mathrm{T}}\boldsymbol{A}\boldsymbol{U}\boldsymbol{y}+2\boldsymbol{b}^{\mathrm{T}}\boldsymbol{U}\boldsymbol{y}=1$,即 $\boldsymbol{y}^{\mathrm{T}}\mathrm{diag}(\lambda_1,\lambda_2,\lambda_3)\boldsymbol{y}+2\boldsymbol{c}^{\mathrm{T}}\boldsymbol{y}=1$,将其写成分量形式为

$$\lambda_1y_1^2+\lambda_2y_2^2+\lambda_3y_3^2+2c_1y_1+2c_2y_2+2c_3y_3=1. \tag{1.6.3}$$

由于 $\boldsymbol{x}=\boldsymbol{U}\boldsymbol{y}$ 是正交变换,因此 $\lambda_1y_1^2+\lambda_2y_2^2+\lambda_3y_3^2+2c_1y_1+2c_2y_2+2c_3y_3=1$ 所表示的二次曲面与 $\boldsymbol{x}^{\mathrm{T}}\boldsymbol{A}\boldsymbol{x}+2\boldsymbol{b}^{\mathrm{T}}\boldsymbol{x}=1$ 所表示的二次曲面形状相同. 如果 $\boldsymbol{A}$ 的所有特征值都不等于零,则该方程对应的曲面为椭圆型曲面或双曲型曲面,因此又将该方程称为椭圆型方程或双曲型方程. 如果 $\boldsymbol{A}$ 的所有特征值都大于零,则该方程对应的曲面为一个椭球面;如果 $\boldsymbol{A}$ 的所有特征值都小于零,则该方程对应的曲面为一个椭球面或虚椭球面;如果 $\boldsymbol{A}$ 的特征值有些大于零有些小于零,则该方程对应的曲面为一个双曲面. 如果 $\boldsymbol{A}$ 的某个特征值 $\lambda_i=0$,且 $c_i\neq 0$,则该方程对应的曲面为抛物型曲面,因此又将该方程称为抛物型方程;如果 $\boldsymbol{A}$ 的某个特征值 $\lambda_i=0$,且 $c_i=0$,

则该方程对应的曲面形态需由其他特征值及其他一次项系数进一步刻画.

例 1.6.2　给定方程 $\boldsymbol{x}^{\mathrm{T}}\boldsymbol{A}\boldsymbol{x}+2\boldsymbol{b}^{\mathrm{T}}\boldsymbol{x}=1$,其中

$$\boldsymbol{A}=\begin{bmatrix}0&0&1\\0&1&0\\1&0&0\end{bmatrix},\quad \boldsymbol{U}=\begin{bmatrix}\frac{\sqrt{2}}{2}&\frac{\sqrt{2}}{2}&0\\0&0&-1\\-\frac{\sqrt{2}}{2}&\frac{\sqrt{2}}{2}&0\end{bmatrix},\quad \boldsymbol{U}^{\mathrm{T}}\boldsymbol{A}\boldsymbol{U}=\begin{bmatrix}-1&0&0\\0&1&0\\0&0&1\end{bmatrix},\quad \boldsymbol{b}=\begin{bmatrix}0\\1\\0\end{bmatrix},\quad \boldsymbol{c}=\begin{bmatrix}0\\0\\-1\end{bmatrix},$$

则原方程可以化成 $-\frac{1}{2}y_1^2+\frac{1}{2}y_2^2+\frac{1}{2}(y_3-1)^2=1$,其对应的参数方程为

$$y_1=\sqrt{2}\sinh(v),\quad y_2=\sqrt{2}\cosh(v)\cos\theta,\quad y_3=\sqrt{2}\cosh(v)\sin\theta+1,\quad \theta\in[0,2\pi),v\in[-2,2].$$

借助程序 1.6.1 所绘制的图形可以看出该方程所对应的图形为一个单页双曲面,参见图 1.6.1.

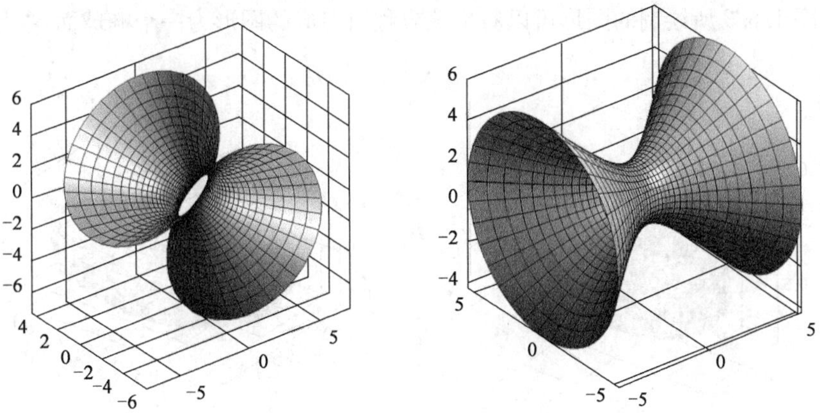

(a)原方程对应的二次曲面　　(b)正交变换后的二次曲面

图 1.6.1　例 1.6.2 中二次方程所对应的二次曲面

程序 1.6.1　绘制本例原方程及变换后的方程所对应的二次曲面.

程序1.6.1(图1.6.1)

```
funx = @(v,theta) sqrt(2). * sinh(v);
funy = @(v,theta) sqrt(2). * cosh(v). * cos(theta);
funz = @(v,theta) sqrt(2). * cosh(v). * sin(theta)+1;
subplot(1,2,2);
fsurf(funx,funy,funz,[-2 2 0 2 * pi]);
title('正交变换后的二次曲面');
axis equal;
camlight;
X1=@(v,theta)sqrt(2)/2. * sqrt(2). * sinh(v)+sqrt(2)/2. * sqrt(2). * cosh(v). * cos(theta);
X2 = @(v,theta)-sqrt(2). * cosh(v). * sin(theta)-1;
X3 = @(v,theta)-sqrt(2)/2. * sqrt(2). * sinh(v)+sqrt(2)/2. * sqrt(2). * cosh(v). * cos(theta);
subplot(1,2,1);
fsurf(X1,X2,X3, [-2 2 0 2 * pi]);
```

```
title('原方程对应的二次曲面');
axis equal;
camlight;
```

例 1.6.3 给定方程 $\boldsymbol{x}^{\mathrm{T}}\boldsymbol{A}\boldsymbol{x}+2\boldsymbol{b}^{\mathrm{T}}\boldsymbol{x}=1$,其中

$$\boldsymbol{A}=\begin{bmatrix}2&0&0\\0&3&2\\0&2&3\end{bmatrix},\quad \boldsymbol{U}=\begin{bmatrix}0&1&0\\-\frac{\sqrt{2}}{2}&0&\frac{\sqrt{2}}{2}\\\frac{\sqrt{2}}{2}&0&\frac{\sqrt{2}}{2}\end{bmatrix},\quad \boldsymbol{U}^{\mathrm{T}}\boldsymbol{A}\boldsymbol{U}=\begin{bmatrix}1&0&0\\0&2&0\\0&0&5\end{bmatrix},\quad \boldsymbol{b}=\begin{bmatrix}1\\0\\0\end{bmatrix},\quad \boldsymbol{c}=\begin{bmatrix}0\\1\\0\end{bmatrix},$$

则原方程可以化成$\frac{2}{3}y_1^2+\frac{4}{3}(y_2+\frac{1}{2})^2+\frac{10}{3}y_3^2=1$,其对应的参数方程为

$$y_1=\sqrt{\frac{3}{2}}\sin\theta\cos\varphi,\quad y_2=\sqrt{\frac{3}{4}}\sin\theta\sin\varphi-\frac{1}{2},\quad y_2=\sqrt{\frac{3}{10}}\cos\theta,\quad \theta\in[0,\pi],\quad \varphi\in[0,2\pi).$$

借助程序 1.6.2 所绘制的图形可以看出该方程所对应的图形为一个椭球面,参见图 1.6.2.

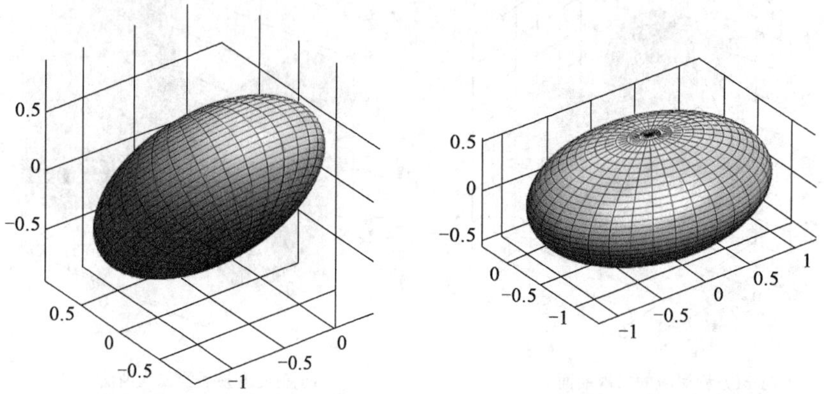

(a)原方程对应的二次曲面　　(b)正交变换后的二次曲面

图 1.6.2　例 1.6.3 中二次方程所对应的二次曲面

程序 1.6.2 绘制本例原方程及变换后的方程所对应的二次曲面.

```
funx = @(theta,phi) sqrt(3/2). * sin(theta). * cos(phi);
funy = @(theta,phi) sqrt(3/4). * sin(theta). * sin(phi)-1/2;
funz = @(theta,phi) sqrt(3/10). * cos(theta);
subplot(1,2,2);
fsurf(funx,funy,funz,[0 pi 0 2 * pi]);
title('正交变换后的二次曲面');
axis equal;
camlight;
X1 = @(theta,phi)sqrt(3/4). * sin(theta). * sin(phi)-1/2;
X2 = @(theta,phi)-sqrt(2)/2. * sqrt(3/2). * sin(theta). * cos(phi)+sqrt(2)/2. * sqrt(3/10). * 
cos(theta);
X3 = @(theta,phi)sqrt(2)/2. * sqrt(3/2). * sin(theta). * cos(phi)+sqrt(2)/2. * sqrt(3/10). * cos
```

程序1.6.2(图1.6.2)

```
(theta);
subplot(1,2,1);
fsurf(X1,X2,X3,[0 pi 0 2*pi]);
title('原方程对应的二次曲面');
axis equal;
camlight;
```

例 1.6.4　给定方程 $\boldsymbol{x}^{\mathrm{T}}\boldsymbol{A}\boldsymbol{x}+2\boldsymbol{b}^{\mathrm{T}}\boldsymbol{x}=1$，其中

$$\boldsymbol{A}=\begin{bmatrix}2&0&0\\0&1&1\\0&1&1\end{bmatrix},\boldsymbol{U}=\begin{bmatrix}0&0&1\\-\dfrac{\sqrt{2}}{2}&\dfrac{\sqrt{2}}{2}&0\\\dfrac{\sqrt{2}}{2}&\dfrac{\sqrt{2}}{2}&0\end{bmatrix},\boldsymbol{U}^{\mathrm{T}}\boldsymbol{A}\boldsymbol{U}=\begin{bmatrix}0&0&0\\0&2&0\\0&0&2\end{bmatrix},\boldsymbol{b}=\frac{\sqrt{2}}{2}\begin{bmatrix}0\\-1\\1\end{bmatrix},\boldsymbol{c}=\begin{bmatrix}1\\0\\0\end{bmatrix},$$

则原方程可以化成 $2y_2^2+2y_3^2+2y_1=1$，其对应的参数方程为

$$y_1=\frac{1-2r^2}{2},y_2=r\cos\theta,y_3=r\sin\theta,r\in[0,2],\theta\in[0,2\pi).$$

借助程序 1.6.3 所绘制的图形可以看出该方程所对应的图形为一个旋转抛物面，参见图 1.6.3.

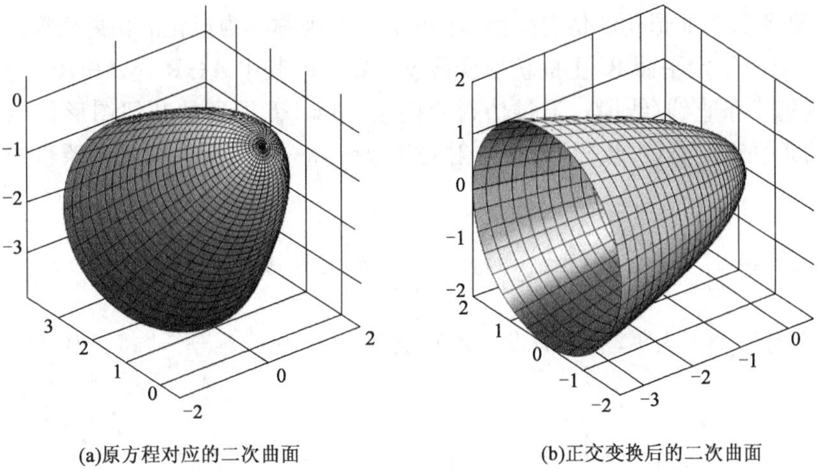

图 1.6.3　例 1.6.4 中二次方程所对应的二次曲面

程序 1.6.3　绘制本例原方程及变换后的方程所对应的二次曲面.

```
funx = @(r,theta) (1-2*r.^2)/2;
funy = @(r,theta) r.*cos(theta);
funz = @(r,theta) r.*sin(theta);
subplot(1,2,2);
fsurf(funx,funy,funz,[0 2 0 2*pi]);
title('正交变换后的二次曲面');
axis equal;
camlight;
```

程序1.6.3(图1.6.3)

```
X1 = @(r,theta)r. * sin(theta);
X2 = @(r,theta)-sqrt(2)/2. * (1-2 * r.^2)/2+sqrt(2)/2. * r. * cos(theta);
X3 = @(r,theta)sqrt(2)/2. * (1-2 * r.^2)/2+sqrt(2)/2. * r. * cos(theta);
subplot(1,2,1);
fsurf(X1,X2,X3,[0 pi 0 2 * pi]);
title('原方程对应的二次曲面');
axis equal;
camlight;
```

1.7 仿射变换及其应用

在计算机图形学中,对图形或者一些其他对象的处理经常使用仿射变换.不同的仿射变换具有不同的几何含义,同时也可以展示图形或对象的一些特征.仿射变换主要包括平面仿射变换及空间仿射变换.

定义 1.7.1 若 $\boldsymbol{A}\in\mathbf{R}^{2\times2}$,$\boldsymbol{b}\in\mathbf{R}^2$,则变换 $\boldsymbol{y}=\boldsymbol{A}\boldsymbol{x}+\boldsymbol{b}$ 称为平面仿射变换,其中 $\boldsymbol{x},\boldsymbol{y}\in\mathbf{R}^2$,即

$$\begin{bmatrix}y_1\\y_2\end{bmatrix}=\begin{bmatrix}a_{11}&a_{12}\\a_{21}&a_{22}\end{bmatrix}\begin{bmatrix}x_1\\x_2\end{bmatrix}+\begin{bmatrix}b_1\\b_2\end{bmatrix},\tag{1.7.1}$$

若 $\det\boldsymbol{A}\neq0$,则称其为非退化的仿射变换;若 $\det\boldsymbol{A}=0$,则称其为退化的仿射变换.

定理 1.7.1 给定平面 $\mathbf{R}^2$ 上的仿射变换 $\boldsymbol{y}=\boldsymbol{A}\boldsymbol{x}+\boldsymbol{b}$,其中 $\boldsymbol{A}\in\mathbf{R}^{2\times2}$,$\boldsymbol{b}\in\mathbf{R}^2$,若 $\det\boldsymbol{A}\neq0$,则在 $\mathbf{R}^2$ 中的任意一条直线(线段),通过仿射变换 $\boldsymbol{y}=\boldsymbol{A}\boldsymbol{x}+\boldsymbol{b}$ 得到的几何图形仍然是一条直线(线段),且两条平行的直线(线段)通过仿射变换 $\boldsymbol{y}=\boldsymbol{A}\boldsymbol{x}+\boldsymbol{b}$ 后所得到的两条直线(线段)仍然是平行的.

证明:假设 $\boldsymbol{A}=\begin{bmatrix}a_{11}&a_{12}\\a_{21}&a_{22}\end{bmatrix}$,$\boldsymbol{x}=\begin{bmatrix}x_1\\x_2\end{bmatrix}$,$\boldsymbol{y}=\begin{bmatrix}y_1\\y_2\end{bmatrix}$,给定 $\mathbf{R}^2$ 中一条直线(线段)$ax_1+bx_2+c=0$,同时 a,b 至少有一个不为零,不妨假设 $a\neq0$,于是 $x_1=-\frac{b}{a}x_2-\frac{c}{a}$,将其代入仿射变换 $\boldsymbol{y}=\boldsymbol{A}\boldsymbol{x}+\boldsymbol{b}$,可得

$$\begin{bmatrix}y_1\\y_2\end{bmatrix}=\begin{bmatrix}a_{11}&a_{12}\\a_{21}&a_{22}\end{bmatrix}\begin{bmatrix}x_1\\x_2\end{bmatrix}+\begin{bmatrix}b_1\\b_2\end{bmatrix}=\begin{bmatrix}a_{11}&a_{12}\\a_{21}&a_{22}\end{bmatrix}\begin{bmatrix}-\frac{b}{a}x_2-\frac{c}{a}\\x_2\end{bmatrix}+\begin{bmatrix}b_1\\b_2\end{bmatrix}$$

$$=\begin{bmatrix}a_{11}&a_{12}\\a_{21}&a_{22}\end{bmatrix}\begin{bmatrix}-\frac{b}{a}\\1\end{bmatrix}x_2-\frac{c}{a}\begin{bmatrix}a_{11}&a_{12}\\a_{21}&a_{22}\end{bmatrix}\begin{bmatrix}1\\0\end{bmatrix}+\begin{bmatrix}b_1\\b_2\end{bmatrix}=\begin{bmatrix}\left(-\frac{b}{a}a_{11}+a_{12}\right)x_2-\frac{c}{a}a_{11}+b_1\\\left(-\frac{b}{a}a_{21}+a_{22}\right)x_2-\frac{c}{a}a_{21}+b_2\end{bmatrix}.$$

于是得到如下直线参数方程

$$\begin{cases}y_1=\left(-\frac{b}{a}a_{11}+a_{12}\right)x_2-\frac{c}{a}a_{11}+b_1,\\y_2=\left(-\frac{b}{a}a_{21}+a_{22}\right)x_2-\frac{c}{a}a_{21}+b_2,\end{cases}\tag{1.7.2}$$

其中 x_2 可以看成任意的参数(或原线段两个端点的坐标). 另外此直线(线段)不可能退化成一个点,因为 $\left(-\frac{b}{a}a_{11}+a_{12}\right)$、$\left(-\frac{b}{a}a_{21}+a_{22}\right)$ 不可能同时为零,否则与 $\boldsymbol{A}$ 非退化矛盾.

假设有另外一条与 $ax_1+bx_2+c=0$ 平行的直线 $ax_1+bx_2+d=0$,则同理经过该仿射变换后可得

$$\begin{cases} y_1=\left(-\frac{b}{a}a_{11}+a_{12}\right)x_2-\frac{d}{a}a_{11}+b_1, \\ y_2=\left(-\frac{b}{a}a_{21}+a_{22}\right)x_2-\frac{d}{a}a_{21}+b_2, \end{cases} \tag{1.7.3}$$

显然由此得到的直线(线段)与 $ax_1+bx_2+c=0$ 经过该仿射变换后得到的直线(线段)平行.

推论 1.7.2　给定平面 $\mathbf{R}^2$ 上的仿射变换 $\boldsymbol{y}=\boldsymbol{A}\boldsymbol{x}+\boldsymbol{b}$,其中 $\boldsymbol{A}\in\mathbf{R}^{2\times 2}$,$\boldsymbol{b}\in\mathbf{R}^2$,若 $\det\boldsymbol{A}\neq 0$,则在 $\mathbf{R}^2$ 中的平行四边形(三角形),通过仿射变换 $\boldsymbol{y}=\boldsymbol{A}\boldsymbol{x}+\boldsymbol{b}$ 得到的几何图形仍是一平行四边形(三角形).

推论 1.7.3　给定平面 $\mathbf{R}^2$ 上的仿射变换 $\boldsymbol{y}=\boldsymbol{A}\boldsymbol{x}+\boldsymbol{b}$,其中 $\boldsymbol{A}\in\mathbf{R}^{2\times 2}$,$\boldsymbol{b}\in\mathbf{R}^2$,且 $\det\boldsymbol{A}\neq 0$,若 Ω 是 $\mathbf{R}^2$ 中的一个有界封闭区域,其面积为 S,则 Ω 经过仿射变换 $\boldsymbol{y}=\boldsymbol{A}\boldsymbol{x}+\boldsymbol{b}$ 后所得到的区域 Ω' 仍然是一个有界封闭区域,且其面积 $S'=|\det\boldsymbol{A}|S$.

证明:已知 $S=\left|\iint_{\Omega}\mathrm{d}x_1\mathrm{d}x_2\right|$,$\Omega$ 经过仿射变换 $\boldsymbol{y}=\boldsymbol{A}\boldsymbol{x}+\boldsymbol{b}$ 后所得到的区域 Ω' 的面积

$$S'=\left|\iint_{\Omega'}\mathrm{d}y_1\mathrm{d}y_2\right|=\left|\iint_{\Omega}\det\frac{\partial(y_1,y_2)}{\partial(x_1,x_2)}\mathrm{d}x_1\mathrm{d}x_2\right|, \tag{1.7.4}$$

由于 $\frac{\partial(y_1,y_2)}{\partial(x_1,x_2)}=\boldsymbol{A}$,所以 $S'=\left|\iint_{\Omega}\det\boldsymbol{A}\mathrm{d}x_1\mathrm{d}x_2\right|=|\det\boldsymbol{A}|\left|\iint_{\Omega}\mathrm{d}x_1\mathrm{d}x_2\right|=|\det\boldsymbol{A}|S$.

在计算机图形学中,通过引入平面齐次坐标可以将仿射变换转换成在 $\mathbf{R}^3$ 上的线性变换,即将 $\mathbf{R}^2$ 中的每个点 (x_1,x_2) 对应 $\mathbf{R}^3$ 中的点 $(x_1,x_2,1)$,此时将 $[x_1,x_2,1]^{\mathrm{T}}$ 称为 (x_1,x_2) 的齐次坐标,并将其记为 $\boldsymbol{x}^*=[x_1,x_2,1]^{\mathrm{T}}$. 由此可以将仿射变换 $\boldsymbol{y}=\boldsymbol{A}\boldsymbol{x}+\boldsymbol{b}$ 转换成线性变换

$$\begin{bmatrix}\boldsymbol{y}\\1\end{bmatrix}=\begin{bmatrix}y_1\\y_2\\1\end{bmatrix}=\begin{bmatrix}a_{11}&a_{12}&b_1\\a_{21}&a_{22}&b_2\\0&0&1\end{bmatrix}\begin{bmatrix}x_1\\x_2\\1\end{bmatrix}=\begin{bmatrix}\boldsymbol{A}&\boldsymbol{b}\\\boldsymbol{0}&1\end{bmatrix}\begin{bmatrix}\boldsymbol{x}\\1\end{bmatrix},$$

即 $\boldsymbol{y}^*=\boldsymbol{A}^*\boldsymbol{x}^*$,其中 $\boldsymbol{A}^*=\begin{bmatrix}\boldsymbol{A}&\boldsymbol{b}\\\boldsymbol{0}&1\end{bmatrix}$,$\boldsymbol{y}^*=[y_1,y_2,1]^{\mathrm{T}}$.

事实上平面上非退化的仿射变换可以通过平面上的两个三角形的对应关系加以构造.

例 1.7.1　证明若平面上一个三角形的三个顶点 (x_i,y_i),(x_j,y_j),(x_k,y_k) 通过仿射变换 $\boldsymbol{y}=\boldsymbol{A}\boldsymbol{x}+\boldsymbol{b}$ 变换成平面上另一个三角形的三个顶点 (u_i,v_i),(u_j,v_j),(u_k,v_k),则

$$\boldsymbol{A}=\frac{1}{2S_{\triangle ijk}}\begin{bmatrix}u_i&u_j&u_k\\v_i&v_j&v_k\end{bmatrix}\begin{bmatrix}y_j-y_k&x_k-x_j\\y_k-y_i&x_i-x_k\\y_i-y_j&x_j-x_i\end{bmatrix},\boldsymbol{b}=\frac{1}{2S_{\triangle ijk}}\begin{bmatrix}u_i&u_j&u_k\\v_i&v_j&v_k\end{bmatrix}\begin{bmatrix}x_jy_k-x_ky_j\\x_ky_i-x_iy_k\\x_iy_j-x_jy_i\end{bmatrix},$$

其中 $S_{\triangle ijk}$ 是顶点 (x_i,y_i),(x_j,y_j),(x_k,y_k) 组成的三角形的有向面积(顶点逆时针排列为正,顺时针排列为负).

证明:借助齐次坐标,则有

$$\begin{bmatrix}u_i & u_j & u_k\\ v_i & v_j & v_k\\ 1 & 1 & 1\end{bmatrix}=\begin{bmatrix}a_{11} & a_{12} & b_1\\ a_{21} & a_{22} & b_2\\ 0 & 0 & 1\end{bmatrix}\begin{bmatrix}x_i & x_j & x_k\\ y_i & y_j & y_k\\ 1 & 1 & 1\end{bmatrix}. \tag{1.7.5}$$

由于(x_i,y_i),(x_j,y_j),(x_k,y_k)不共线,所以$\begin{bmatrix}x_i & x_j & x_k\\ y_i & y_j & y_k\\ 1 & 1 & 1\end{bmatrix}$可逆,因此

$$\begin{bmatrix}a_{11} & a_{12} & b_1\\ a_{21} & a_{22} & b_2\\ 0 & 0 & 1\end{bmatrix}=\begin{bmatrix}u_i & u_j & u_k\\ v_i & v_j & v_k\\ 1 & 1 & 1\end{bmatrix}\begin{bmatrix}x_i & x_j & x_k\\ y_i & y_j & y_k\\ 1 & 1 & 1\end{bmatrix}^{-1},$$

由逆矩阵与伴随矩阵的关系可知

$$\begin{bmatrix}x_i & x_j & x_k\\ y_i & y_j & y_k\\ 1 & 1 & 1\end{bmatrix}^{-1}=\frac{1}{2S_{\triangle ijk}}\begin{bmatrix}y_j-y_k & x_k-x_j & x_jy_k-x_ky_j\\ y_k-y_i & x_i-x_k & x_ky_i-x_iy_k\\ y_i-y_j & x_j-x_i & x_iy_j-x_jy_i\end{bmatrix}, \tag{1.7.6}$$

由此可得

$$\begin{bmatrix}a_{11} & a_{12} & b_1\\ a_{21} & a_{22} & b_2\\ 0 & 0 & 1\end{bmatrix}=\frac{1}{2S_{\triangle ijk}}\begin{bmatrix}u_i & u_j & u_k\\ v_i & v_j & v_k\\ 1 & 1 & 1\end{bmatrix}\begin{bmatrix}y_j-y_k & x_k-x_j & x_jy_k-x_ky_j\\ y_k-y_i & x_i-x_k & x_ky_i-x_iy_k\\ y_i-y_j & x_j-x_i & x_iy_j-x_jy_i\end{bmatrix}, \tag{1.7.7}$$

由矩阵分块乘法可得

$$\boldsymbol{A}=\frac{1}{2S_{\triangle ijk}}\begin{bmatrix}u_i & u_j & u_k\\ v_i & v_j & v_k\end{bmatrix}\begin{bmatrix}y_j-y_k & x_k-x_j\\ y_k-y_i & x_i-x_k\\ y_i-y_j & x_j-x_i\end{bmatrix},\boldsymbol{b}=\frac{1}{2S_{\triangle ijk}}\begin{bmatrix}u_i & u_j & u_k\\ v_i & v_j & v_k\end{bmatrix}\begin{bmatrix}x_jy_k-x_ky_j\\ x_ky_i-x_iy_k\\ x_iy_j-x_jy_i\end{bmatrix}.$$

例如给定平面上一个三角形的三个顶点(1,1),(4,2),(3,5)通过仿射变换 $\boldsymbol{y}^*=\boldsymbol{A}^*\boldsymbol{x}^*$ 变换成平面上另一个三角形的三个顶点(−3,2),(−1,−2),(−4,−5),此时可以构造一个动态仿射变换过程 $\boldsymbol{y}^*(t)=[(1-t)\boldsymbol{E}+t\boldsymbol{A}^*]\boldsymbol{x}^*$,$t\in[0,1]$,通过调用程序 1.7.1 可以展示图 1.7.1 的结果.

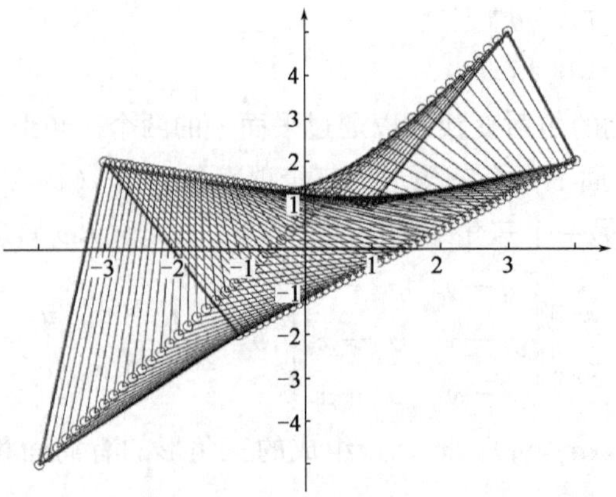

图 1.7.1　两个三角形之间的仿射变换动态过程

程序 1.7.1　两个三角形之间的仿射变换动态过程.

程序1.7.1(图1.7.1)

```
function affinetrans_move(X1,X2,X3,Y1,Y2,Y3)
% X1=[1;1];X2=[4;2];X3=[3;5];Y1=[-3;2];Y2=[-1;-2];Y3=[-4;-5];
M=[X1,X2,X3];
plot([M(1,:) M(1,1)],[M(2,:) M(2,1)],'r','linewidth',2);
hold on;
X=[M;1 1 1];
N=[Y1,Y2,Y3];
plot([N(1,:) N(1,1)],[N(2,:) N(2,1)],'r','linewidth',2);
hold on;
ax = gca;
ax.XAxisLocation = 'origin';
ax.YAxisLocation = 'origin';
ax.Box = 'off';
pos = get(gca,'Position');
x_Lim = get(gca,'Xlim');
y_Lim = get(gca,'Ylim');
if prod(y_Lim)>0
   position_x = [pos(1), pos(2)+pos(4)/2, pos(3), eps];
else
   position_x = [pos(1), pos(2)-y_Lim(1)/diff(y_Lim) * pos(4), pos(3), eps];
end
if prod(x_Lim)>0
   position_y = [pos(1)+pos(3)/2, pos(2), eps, pos(4)];
else
   position_y = [pos(1)-x_Lim(1)/diff(x_Lim) * pos(3), pos(2), eps, pos(4)];
end
annotation('arrow', [pos(1)-0.065 * pos(3), pos(1)+pos(3)+0.065 * pos(3)], ...
[position_x(2)-0.001,position_x(2)-0.001],'HeadLength',6,'HeadWidth',6);
annotation('arrow', [position_y(1)+0.001, position_y(1)+0.001],...
[pos(2)-0.065 * pos(4),pos(2)+pos(4)+0.065 * pos(4)],...
'HeadLength',6,'HeadWidth',6);
Y=[N;1 1 1];
A=Y/X;
E=eye(3);
for t=0:0.02:1
    B=(1-t) * E+t * A;
    Yt=B * X;
    plot([Yt(1,:) Yt(1,1)],[Yt(2,:) Yt(2,1)],'k','linewidth',0.5);
    hold on
    plot(Yt(1,1),Yt(2,1),'bo',Yt(1,2),Yt(2,2),'bo',Yt(1,3),Yt(2,3),'bo');
```

```
    pause(0.2);
    hold on;
end
hold off;
```

仿射变换 $\boldsymbol{y}=\boldsymbol{A}\boldsymbol{x}+\boldsymbol{b}$ 或 $\boldsymbol{y}^*=\boldsymbol{A}^*\boldsymbol{x}^*$ 具有深刻的几何含义，其中 $\boldsymbol{b}$ 体现了对平面中几何体或对象的平移作用,$\boldsymbol{A}$ 体现了对平面中几何体或对象的变形与变换作用.下面针对不同的矩阵 $\boldsymbol{A}^*$ 给出仿射变换的类型,同时借助程序 1.7.2 说明其几何含义.

(1)当 $\boldsymbol{A}^*=\begin{bmatrix}1&0&0\\0&1&0\\0&0&1\end{bmatrix}$ 时,仿射变换是恒等变换;

(2)当 $\boldsymbol{A}^*=\begin{bmatrix}1&0&h\\0&1&k\\0&0&1\end{bmatrix}$ 时,仿射变换是平移变换,在图 1.7.2(a)中给出了 $h=2,k=1$ 的平移变换结果;

(3)当 $\boldsymbol{A}^*=\begin{bmatrix}m&0&0\\0&n&0\\0&0&1\end{bmatrix}$ 时,仿射变换是尺度变换,在图 1.7.2(b)中给出了 $m=1.4,n=1.2$ 的尺度变换结果;

(4)当 $\boldsymbol{A}^*=\begin{bmatrix}\cos\varphi&-\sin\varphi&0\\\sin\varphi&\cos\varphi&0\\0&0&1\end{bmatrix}$ 时,仿射变换是旋转变换,在图 1.7.2(c)中给出了绕原点逆时针旋转 $\varphi=\frac{\pi}{4}$ 的旋转变换结果;

(5)当 $\boldsymbol{A}^*=\begin{bmatrix}1&\tan\varphi&0\\0&1&0\\0&0&1\end{bmatrix}$ 或 $\boldsymbol{A}^*=\begin{bmatrix}1&0&0\\\tan\phi&1&0\\0&0&1\end{bmatrix}$ 时,仿射变换是剪切变换,在图 1.7.2(d)和图 1.7.2(e)中分别给出了 $\varphi=\frac{\pi}{4}$ 的水平剪切变换结果和 $\phi=\frac{\pi}{4}$ 的垂直剪切变换结果;

(6)当 $\boldsymbol{A}^*=\begin{bmatrix}1-2w_1^2&-2w_1w_2&0\\-2w_1w_2&1-2w_2^2&0\\0&0&1\end{bmatrix}$,$w_1^2+w_2^2=1$ 时,仿射变换是反射变换,在图 1.7.2(f)、图 1.7.2(g)、图 1.7.2(h)和图 1.7.2(i)中分别给出了与 $\begin{bmatrix}w_1\\w_2\end{bmatrix}=\begin{bmatrix}0\\1\end{bmatrix}$ 垂直且过原点的直线为对称轴的反射变换结果、与 $\begin{bmatrix}w_1\\w_2\end{bmatrix}=\begin{bmatrix}1\\0\end{bmatrix}$ 垂直且过原点的直线为对称轴的反射变换结果、与 $\begin{bmatrix}w_1\\w_2\end{bmatrix}=\frac{\sqrt{2}}{2}\begin{bmatrix}1\\-1\end{bmatrix}$ 垂直且过原点的直线为对称轴的反射变换结果和与 $\begin{bmatrix}w_1\\w_2\end{bmatrix}=\frac{\sqrt{2}}{2}\begin{bmatrix}1\\1\end{bmatrix}$ 垂直且过原点的直线为对称轴的反射变换结果.

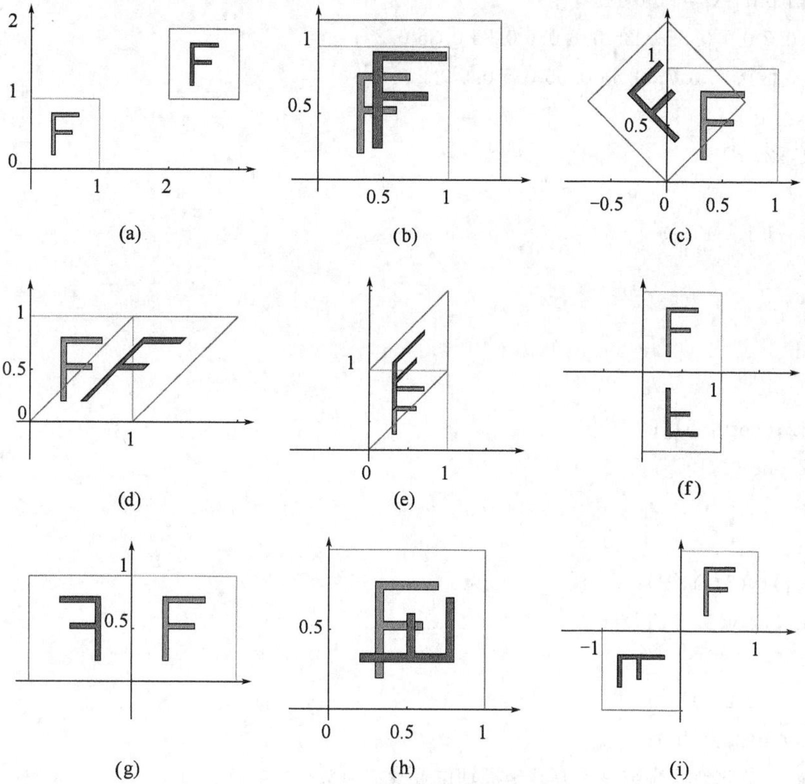

图 1.7.2　平面仿射变换示意图

程序 1.7.2　平面仿射变换.

程序1.7.2(图1.7.2)

```
function affinetrans_example
D=cell(1,9);%每一个元胞是一个仿射变换矩阵
D{1}=[1 0 2;0 1 1;0 0 1];
D{2}=[1.4 0 0;0 1.2 0;0 0 1];
D{3}=[cos(pi/4) -sin(pi/4) 0;sin(pi/4) cos(pi/4) 0;0 0 1];
D{4}=[1 tan(pi/4) 0;0  1 0;0 0 1];
D{5}=[1 0 0;tan(pi/4)  1 0;0 0 1];
D{6}=[0 -1 0;-1 0 0;0 0 1];
D{7}=[1 0 0;0  -1 0;0 0 1];
D{8}=[-1 0 0;0  1 0;0 0 1];
D{9}=[0 1 0;1  0 0;0 0 1];
for i=1:9
   subplot(3,3,i,'align');
   affinetrans(cell2mat(D(1,i)));
   title(char(96+i));%Ascll 码转换成字符做子图标题
end
end
function affinetrans(A)% 计算原图经过单个仿射变换 A 的子程序
```

```
x1=[0 1 1 0 0];x2=[0 0 1 1 0];
f1=[0.3 0.7 0.7 0.35 0.35 0.6 0.6 0.35 0.35 0.3];
f2=[0.8 0.8 0.75 0.75 0.55 0.55 0.5 0.5 0.2 0.2];
plot(x1,x2,'g')
% fill(x1,x2,'r')
hold on
% axis([-1 1 -1 1])
plot(f1,f2)
fill(f1,f2,'g')
axis equal
hold on
x=[x1;x2;ones(1,5)];
f=[f1;f2;ones(1,10)];
y=A*x;
g=A*f;
plot(y(1,:),y(2,:),'r');
% fill(y(1,:),y(2,:),'g')
hold on
plot(g(1,:),g(2,:));
fill(g(1,:),g(2,:),'r');
ax = gca;%自此到程序结尾为调整坐标轴位置及加箭头
ax.XAxisLocation = 'origin';
ax.YAxisLocation = 'origin';
ax.Box = 'off';
pos = get(gca,'Position');
x_Lim = get(gca,'Xlim');
y_Lim = get(gca,'Ylim');
if prod(y_Lim)>0
   position_x = [pos(1), pos(2)+pos(4)/2, pos(3), eps];
else
   position_x = [pos(1), pos(2)-y_Lim(1)/diff(y_Lim)*pos(4), pos(3), eps];
end
if prod(x_Lim)>0
   position_y = [pos(1)+pos(3)/2, pos(2), eps, pos(4)];
else
   position_y = [pos(1)-x_Lim(1)/diff(x_Lim)*pos(3), pos(2), eps, pos(4)];
end
annotation('arrow', [pos(1)-0.065*pos(3), pos(1)+pos(3)+0.065*pos(3)], ...
[position_x(2)-0.001,position_x(2)-0.001],'HeadLength',6,'HeadWidth',6);
annotation('arrow', [position_y(1)+0.001, position_y(1)+0.001],...
[pos(2)-0.065*pos(4),pos(2)+pos(4)+0.065*pos(4)],...
```

```
'HeadLength',6,'HeadWidth',6);
hold off;
```

需要说明的是：因为前面所介绍的仿射变换所对应的矩阵 $\boldsymbol{A}$ 或 $\boldsymbol{A}^*$ 的行列式 $\det\boldsymbol{A}=\det\boldsymbol{A}^*\neq 0$，所以变换后的图形是非退化的，即原图形面积不为零，变换后的图形面积也不为零. 这也是非退化仿射变换的几何特性. 但是若行列式 $\det\boldsymbol{A}=\det\boldsymbol{A}^*=0$，则变换后的图形是退化的，即原图形面积不为零，变换后的图形面积为零. 这也是退化仿射变换的几何特性. 例如当 $\boldsymbol{A}=\begin{bmatrix}1&0\\0&0\end{bmatrix}$时，图形垂直投影到 x 轴；当 $\boldsymbol{A}=\begin{bmatrix}0&0\\0&1\end{bmatrix}$时，图形垂直投影到 y 轴；当 $\boldsymbol{A}=\begin{bmatrix}0&1\\0&0\end{bmatrix}$时，图形顺时针旋转 90°后垂直投影到 x 轴；当 $\boldsymbol{A}=\begin{bmatrix}0&0\\1&0\end{bmatrix}$时，图形逆时针旋转 90°后垂直投影到 y 轴.

类似于二维情形，也可以在 $\mathbf{R}^3$ 中定义空间仿射变换.

定义 1.7.2　若 $\boldsymbol{A}\in\mathbf{R}^{3\times 3}$，$\boldsymbol{b}\in\mathbf{R}^3$，则变换 $\boldsymbol{y}=\boldsymbol{A}\boldsymbol{x}+\boldsymbol{b}$ 称为空间仿射变换，其中 $\boldsymbol{x},\boldsymbol{y}\in\mathbf{R}^3$，即

$$\begin{bmatrix}y_1\\y_2\\y_3\end{bmatrix}=\begin{bmatrix}a_{11}&a_{12}&a_{13}\\a_{21}&a_{22}&a_{23}\\a_{31}&a_{32}&a_{33}\end{bmatrix}\begin{bmatrix}x_1\\x_2\\x_3\end{bmatrix}+\begin{bmatrix}b_1\\b_2\\b_3\end{bmatrix},\tag{1.7.8}$$

若 $\det\boldsymbol{A}\neq 0$，则称其为非退化的仿射变换；若 $\det\boldsymbol{A}=0$，则称其为退化的仿射变换.

定理 1.7.4　给定空间 $\mathbf{R}^3$ 上的仿射变换 $\boldsymbol{y}=\boldsymbol{A}\boldsymbol{x}+\boldsymbol{b}$，其中 $\boldsymbol{A}\in\mathbf{R}^{3\times 3}$，$\boldsymbol{b}\in\mathbf{R}^3$，若 $\det\boldsymbol{A}\neq 0$，则在 $\mathbf{R}^3$ 中的任意一个平面(直线)，通过仿射变换 $\boldsymbol{y}=\boldsymbol{A}\boldsymbol{x}+\boldsymbol{b}$ 得到的几何图形仍然是一个平面(直线)，且两个平行的平面(直线)通过仿射变换 $\boldsymbol{y}=\boldsymbol{A}\boldsymbol{x}+\boldsymbol{b}$ 后所得到的两个平面(直线)仍然是平行的.

证明：给定 $\mathbf{R}^3$ 中的一个平面的参数方程

$$\begin{cases}x_1=k_{11}u+k_{12}v+p_1,\\x_2=k_{21}u+k_{22}v+p_2,\\x_3=k_{31}u+k_{32}v+p_3,\end{cases}$$

写成矩阵形式

$$\begin{bmatrix}x_1\\x_2\\x_3\end{bmatrix}=\begin{bmatrix}k_{11}&k_{12}\\k_{21}&k_{22}\\k_{33}&k_{32}\end{bmatrix}\begin{bmatrix}u\\v\end{bmatrix}+\begin{bmatrix}p_1\\p_2\\p_3\end{bmatrix},\tag{1.7.9}$$

将其代入 $\boldsymbol{y}=\boldsymbol{A}\boldsymbol{x}+\boldsymbol{b}$，则有

$$\begin{bmatrix}y_1\\y_2\\y_3\end{bmatrix}=\begin{bmatrix}a_{11}&a_{12}&a_{13}\\a_{21}&a_{22}&a_{23}\\a_{31}&a_{32}&a_{33}\end{bmatrix}\begin{bmatrix}k_{11}&k_{12}\\k_{21}&k_{22}\\k_{33}&k_{32}\end{bmatrix}\begin{bmatrix}u\\v\end{bmatrix}+\begin{bmatrix}a_{11}&a_{12}&a_{13}\\a_{21}&a_{22}&a_{23}\\a_{31}&a_{32}&a_{33}\end{bmatrix}\begin{bmatrix}p_1\\p_2\\p_3\end{bmatrix}+\begin{bmatrix}b_1\\b_2\\b_3\end{bmatrix},\tag{1.7.10}$$

此式说明 y_1,y_2,y_3 也是关于 u,v 的线性参数方程，因此由 y_1,y_2,y_3 所组成的参数方程为一个平面，如果再给一个与式(1.7.9)平行的平面参数方程，则其矩阵形式为

$$\begin{bmatrix}x_1\\x_2\\x_3\end{bmatrix}=\begin{bmatrix}k_{11}&k_{12}\\k_{21}&k_{22}\\k_{33}&k_{32}\end{bmatrix}\begin{bmatrix}u\\v\end{bmatrix}+\begin{bmatrix}q_1\\q_2\\q_3\end{bmatrix},\tag{1.7.11}$$

该平面经仿射变换 $\boldsymbol{y}=\boldsymbol{A}\boldsymbol{x}+\boldsymbol{b}$ 后的结果为

$$\begin{bmatrix}y_1\\y_2\\y_3\end{bmatrix}=\begin{bmatrix}a_{11}&a_{12}&a_{13}\\a_{21}&a_{22}&a_{23}\\a_{31}&a_{32}&a_{33}\end{bmatrix}\begin{bmatrix}k_{11}&k_{12}\\k_{21}&k_{22}\\k_{33}&k_{32}\end{bmatrix}\begin{bmatrix}u\\v\end{bmatrix}+\begin{bmatrix}a_{11}&a_{12}&a_{13}\\a_{21}&a_{22}&a_{23}\\a_{31}&a_{32}&a_{33}\end{bmatrix}\begin{bmatrix}q_1\\q_2\\q_3\end{bmatrix}+\begin{bmatrix}b_1\\b_2\\b_3\end{bmatrix},\tag{1.7.12}$$

显然式(1.7.12)所对应的平面与式(1.7.10)所对应的平面平行.

给定 $\mathbf{R}^3$ 中的一个直线的参数方程

$$\begin{cases}x_1=k_1t+p_1,\\x_2=k_2t+p_2,\\x_3=k_3t+p_3,\end{cases}$$

写成向量形式

$$\begin{bmatrix}x_1\\x_2\\x_3\end{bmatrix}=\begin{bmatrix}k_1\\k_2\\k_3\end{bmatrix}t+\begin{bmatrix}p_1\\p_2\\p_3\end{bmatrix},\tag{1.7.13}$$

将其代入 $\boldsymbol{y}=\boldsymbol{A}\boldsymbol{x}+\boldsymbol{b}$,则有

$$\begin{bmatrix}y_1\\y_2\\y_3\end{bmatrix}=\begin{bmatrix}a_{11}&a_{12}&a_{13}\\a_{21}&a_{22}&a_{23}\\a_{31}&a_{32}&a_{33}\end{bmatrix}\begin{bmatrix}k_1\\k_2\\k_3\end{bmatrix}t+\begin{bmatrix}a_{11}&a_{12}&a_{13}\\a_{21}&a_{22}&a_{23}\\a_{31}&a_{32}&a_{33}\end{bmatrix}\begin{bmatrix}p_1\\p_2\\p_3\end{bmatrix}+\begin{bmatrix}b_1\\b_2\\b_3\end{bmatrix},\tag{1.7.14}$$

此式说明 y_1,y_2,y_3 也是关于 t 的线性参数方程,因此由 y_1,y_2,y_3 所组成的参数方程为一个直线,如果再给一个与式(1.7.13)平行的平面参数方程,则其向量形式为

$$\begin{bmatrix}x_1\\x_2\\x_3\end{bmatrix}=\begin{bmatrix}k_1\\k_2\\k_3\end{bmatrix}t+\begin{bmatrix}q_1\\q_2\\q_3\end{bmatrix},\tag{1.7.15}$$

该平面经仿射变换 $\boldsymbol{y}=\boldsymbol{A}\boldsymbol{x}+\boldsymbol{b}$ 后的结果为

$$\begin{bmatrix}y_1\\y_2\\y_3\end{bmatrix}=\begin{bmatrix}a_{11}&a_{12}&a_{13}\\a_{21}&a_{22}&a_{23}\\a_{31}&a_{32}&a_{33}\end{bmatrix}\begin{bmatrix}k_1\\k_2\\k_3\end{bmatrix}t+\begin{bmatrix}a_{11}&a_{12}&a_{13}\\a_{21}&a_{22}&a_{23}\\a_{31}&a_{32}&a_{33}\end{bmatrix}\begin{bmatrix}q_1\\q_2\\q_3\end{bmatrix}+\begin{bmatrix}b_1\\b_2\\b_3\end{bmatrix},\tag{1.7.16}$$

显然式(1.7.16)所对应的直线与式(1.7.14)所对应的直线平行.

推论 1.7.5 给定空间 $\mathbf{R}^3$ 上的仿射变换 $\boldsymbol{y}=\boldsymbol{A}\boldsymbol{x}+\boldsymbol{b}$,其中 $\boldsymbol{A}\in\mathbf{R}^{3\times3}$,$\boldsymbol{b}\in\mathbf{R}^3$,若 $\det\boldsymbol{A}\neq0$,则在 $\mathbf{R}^3$ 中的平行六面体(四面体),通过仿射变换 $\boldsymbol{y}=\boldsymbol{A}\boldsymbol{x}+\boldsymbol{b}$ 得到的几何图形仍是一平行六面体(四面体).

推论 1.7.6 给定平面 $\mathbf{R}^3$ 上的仿射变换 $\boldsymbol{y}=\boldsymbol{A}\boldsymbol{x}+\boldsymbol{b}$,其中 $\boldsymbol{A}\in\mathbf{R}^{3\times3}$,$\boldsymbol{b}\in\mathbf{R}^3$,且 $\det\boldsymbol{A}\neq0$,若 Ω 是 $\mathbf{R}^3$ 中的一个有界封闭区域,其体积为 V,则 Ω 经过仿射变换 $\boldsymbol{y}=\boldsymbol{A}\boldsymbol{x}+\boldsymbol{b}$ 后所得到的区域 Ω' 仍然是一个有界封闭区域,且其体积 $V'=|\det\boldsymbol{A}|V$.

证明:已知 $V=\left|\iiint_{\Omega}\mathrm{d}x_1\mathrm{d}x_2\mathrm{d}x_3\right|$,$\Omega$ 经过仿射变换 $\boldsymbol{y}=\boldsymbol{A}\boldsymbol{x}+\boldsymbol{b}$ 后所得到的区域 Ω' 的体积

$$V'=\left|\iiint_{\Omega'}\mathrm{d}y_1\mathrm{d}y_2\mathrm{d}y_3\right|=\left|\iiint_{\Omega}\det\frac{\partial(y_1,y_2,y_3)}{\partial(x_1,x_2,x_3)}\mathrm{d}y_1\mathrm{d}y_2\mathrm{d}y_3\right|,\tag{1.7.17}$$

由于$\frac{\partial(y_1,y_2,y_3)}{\partial(x_1,x_2,x_3)}=\boldsymbol{A}$，所以

$$V'=\left|\iiint_\Omega \det\boldsymbol{A}\mathrm{d}x_1\mathrm{d}x_2\mathrm{d}x_3\right|=|\det\boldsymbol{A}|\left|\iiint_\Omega \mathrm{d}x_1\mathrm{d}x_2\mathrm{d}x_3\right|=|\det\boldsymbol{A}|V. \tag{1.7.18}$$

在描述计算机图形学中的三维动画时，通常需要使用三维仿射变换 $\boldsymbol{y}=\boldsymbol{A}\boldsymbol{x}+\boldsymbol{b}$，其中 $\boldsymbol{A}\in\mathbf{R}^{3\times3}$，$\boldsymbol{b}\in\mathbf{R}^3$，通过引入空间齐次坐标可以将三维仿射变换转换成在 $\mathbf{R}^4$ 上的线性变换，即将 $\mathbf{R}^3$ 中的每个点(x_1,x_2,x_3)对应 $\mathbf{R}^4$ 中的点$(x_1,x_2,x_3,1)$，此时将$[x_1,x_2,x_3,1]^{\mathrm{T}}$ 称为(x_1,x_2,x_3)的齐次坐标，并将其记为 $\boldsymbol{x}^*=[x_1,x_2,x_3,1]^{\mathrm{T}}$. 由此可以将仿射变换 $\boldsymbol{y}=\boldsymbol{A}\boldsymbol{x}+\boldsymbol{b}$ 转换成线性变换

$$\begin{bmatrix}\boldsymbol{y}\\1\end{bmatrix}=\begin{bmatrix}y_1\\y_2\\y_3\\1\end{bmatrix}=\begin{bmatrix}a_{11}&a_{12}&a_{13}&b_1\\a_{21}&a_{22}&a_{23}&b_2\\a_{31}&a_{32}&a_{33}&b_3\\0&0&0&1\end{bmatrix}\begin{bmatrix}x_1\\x_2\\x_3\\1\end{bmatrix}=\begin{bmatrix}\boldsymbol{A}&\boldsymbol{b}\\\boldsymbol{0}&1\end{bmatrix}\begin{bmatrix}\boldsymbol{x}\\1\end{bmatrix},$$

即 $\boldsymbol{y}^*=\boldsymbol{A}^*\boldsymbol{x}^*$，其中 $\boldsymbol{A}^*=\begin{bmatrix}\boldsymbol{A}&\boldsymbol{b}\\\boldsymbol{0}&1\end{bmatrix}$，$\boldsymbol{y}^*=[y_1,y_2,y_3,1]^{\mathrm{T}}$.

类似于二维情形，空间仿射变换 $\boldsymbol{y}=\boldsymbol{A}\boldsymbol{x}+\boldsymbol{b}$ 或 $\boldsymbol{y}^*=\boldsymbol{A}^*\boldsymbol{x}^*$ 也具有深刻的几何含义，其中 $\boldsymbol{b}$ 体现了对空间中几何体或对象的平移作用，$\boldsymbol{A}$ 体现了对空间中几何体或对象的变形与变换作用，其变形与变换同样包括恒等变换、尺度变换、旋转变换、剪切变换以及反射变换，同样以上变换都是非退化的仿射变换. 不同于平面仿射变换，在空间仿射变换中还存在着透视变换. 下面给出空间中围绕一个旋转轴旋转的仿射变换实例.

例 1.7.2　证明：若给定 $\mathbf{R}^3$ 中的一个基点 $\boldsymbol{b}=[b_1,b_2,b_3]^{\mathrm{T}}$ 与一个单位向量 $\boldsymbol{k}=[k_x,k_y,k_z]^{\mathrm{T}}$，令由 $\boldsymbol{b}$ 出发方向为 $\boldsymbol{k}$ 的向量作为旋转轴 M，将空间向量 $\boldsymbol{v}\in\mathbf{R}^3$ 按右手螺旋法则绕 M 旋转 θ 角的变换为一个仿射变换 $\boldsymbol{v}_\theta=\boldsymbol{R}\boldsymbol{v}+(\boldsymbol{E}-\boldsymbol{R})\boldsymbol{b}$，其中 $\boldsymbol{E}$ 为三阶单位矩阵，$\boldsymbol{R}=\boldsymbol{E}+\boldsymbol{K}\sin\theta+\boldsymbol{K}^2(1-\cos\theta)$，$\boldsymbol{K}=\begin{bmatrix}0&-k_z&k_y\\k_z&0&-k_x\\-k_y&k_x&0\end{bmatrix}$. 当 $\boldsymbol{b}=\boldsymbol{0}$ 时，$\boldsymbol{k}$ 分别取$[1,0,0]^{\mathrm{T}}$、$[0,1,0]^{\mathrm{T}}$、$[0,0,1]^{\mathrm{T}}$，则仿射变换 $\boldsymbol{v}_\theta=\boldsymbol{R}\boldsymbol{v}$ 是分别绕 x 轴、y 轴和 z 轴逆时针旋转 θ 角的变换.

证明：先将坐标轴平移到基点 $\boldsymbol{b}=[b_1,b_2,b_3]^{\mathrm{T}}$，则有 $\boldsymbol{v}^*=\boldsymbol{v}-\boldsymbol{b}$，则 $\boldsymbol{v}$ 绕由 $\boldsymbol{b}$ 出发的、方向为 $\boldsymbol{k}$ 的旋转轴 M 的旋转变换转变成 $\boldsymbol{v}^*$ 绕旋转轴 $\boldsymbol{k}$ 的旋转变换. 再由例 1.4.2 所给的 Rodrigues 公式可知以 $\mathbf{R}^3$ 中原点为基点，以单位向量 $\boldsymbol{k}=[k_x,k_y,k_z]^{\mathrm{T}}$ 为旋转轴按右手螺旋法则旋转 θ 角的变换为 $\boldsymbol{v}_\theta^*=\boldsymbol{R}\boldsymbol{v}^*$，其中

$$\boldsymbol{R}=\boldsymbol{E}+\boldsymbol{K}\sin\theta+\boldsymbol{K}^2(1-\cos\theta),\quad \boldsymbol{K}=\begin{bmatrix}0&-k_z&k_y\\k_z&0&-k_x\\-k_y&k_x&0\end{bmatrix},$$

再将该变换的结果平移到基点 $\boldsymbol{b}=[b_1,b_2,b_3]^{\mathrm{T}}$，即有 $\boldsymbol{v}_\theta=\boldsymbol{v}_\theta^*+\boldsymbol{b}$，从而

$$\boldsymbol{v}_\theta=\boldsymbol{v}_\theta^*+\boldsymbol{b}=\boldsymbol{R}\boldsymbol{v}^*+\boldsymbol{b}=\boldsymbol{R}(\boldsymbol{v}-\boldsymbol{b})+\boldsymbol{b}=\boldsymbol{R}\boldsymbol{v}+(\boldsymbol{E}-\boldsymbol{R})\boldsymbol{b}.$$

当 $\boldsymbol{b}=0,\boldsymbol{k}=[1,0,0]^{\mathrm{T}}$ 时，$\boldsymbol{K}=\begin{bmatrix}0&0&0\\0&0&-1\\0&1&0\end{bmatrix}$，$\mathbf{R}=\begin{bmatrix}1&0&0\\0&\cos\theta&-\sin\theta\\0&\sin\theta&\cos\theta\end{bmatrix}$，即此时仿射变换 $\boldsymbol{v}_\theta=\boldsymbol{R}\boldsymbol{v}$ 为绕 $\boldsymbol{x}$ 轴逆时针旋转 $\boldsymbol{\theta}$ 角的变换. 同理当 $\boldsymbol{b}=0,\boldsymbol{k}=[0,1,0]^{\mathrm{T}}$ 时，仿射变换 $\boldsymbol{v}_\theta=\boldsymbol{R}\boldsymbol{v}$ 为绕 y 轴逆时针旋转 θ 角的变换；当 $\boldsymbol{b}=0,\boldsymbol{k}=[0,0,1]^{\mathrm{T}}$ 时，仿射变换 $\boldsymbol{v}_\theta=\boldsymbol{R}\boldsymbol{v}$ 为绕 z 轴逆时针旋转 θ 角的变换.

例如给定 $\mathbf{R}^3$ 中的一个基点 $\boldsymbol{b}=[-1,2,3]^{\mathrm{T}}$ 与一个单位向量 $\boldsymbol{k}=\frac{1}{\sqrt{3}}[-1,1,1]^{\mathrm{T}}$，令由 $\boldsymbol{b}$ 出发方向为 $\boldsymbol{k}$ 的向量作为旋转轴 M，借助程序 1.7.3 将空间向量 $\boldsymbol{v}=[-1,3,3]^{\mathrm{T}}$ 按右手螺旋法则绕 M 旋转一周的仿射变换结果参见图 1.7.3.

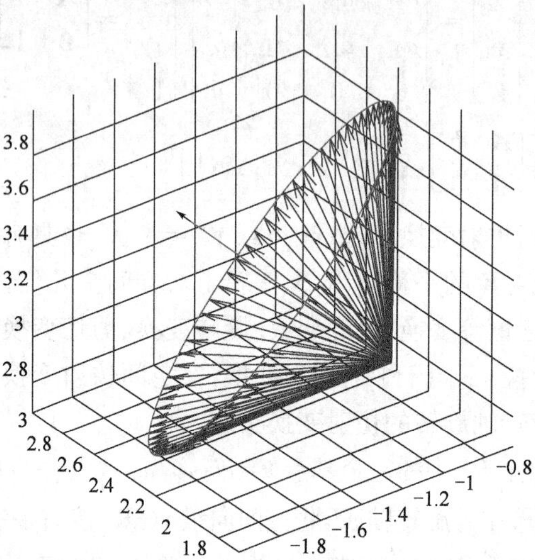

图 1.7.3　空间向量 $\boldsymbol{v}$ 绕旋转轴 M 一周示意图

程序 1.7.3　空间向量绕旋转轴旋转仿射变换.

程序1.7.3(图1.7.3)

```
function [V]=space_rotate(b,k,v)
if norm(k)==0
    disp('旋转轴不能为零向量')
    return;
end
k=k/norm(k);
K=[0 -k(3) k(2);k(3) 0 -k(1);-k(2) k(1) 0];
quiver3(b(1),b(2),b(3),k(1),k(2),k(3),'r','linewidth',2,'MaxHeadSize',0.5,'AutoScale','off');
axis equal;
hold on;
V=[];
for theta=0:2*pi/80:2*pi
    Rtheta=eye(3)+K*sin(theta)+K^2*(1-cos(theta));
```

```
    vtheta=Rtheta * v+(eye(3)-Rtheta) * b;
    V=[V vtheta];
    quiver3(b(1),b(2),b(3),vtheta(1)-b(1),vtheta(2)-b(2),vtheta(3)-b(3),...
'b','MaxHeadSize',0.3,'AutoScale','off');
    axis equal;
    pause(0.05)
    hold on;
end
plot3([V(1,:) V(1,1)],[V(2,:) V(2,1)],[V(3,:) V(3,1)],'r','linewidth',1);
hold off;
```

1.8　射影变换及其应用

1.8.1　射影空间的点与超平面

为了详细说明射影变换的概念，首先简要介绍射影空间的一些概念和定义. 考虑一个 $d+1$ 维去掉原点的线性空间，即 $\boldsymbol{R}^{d+1}\setminus\{\boldsymbol{0}\}$，对于该集合中的任意两个向量 $[x_1,\cdots,x_{d+1}]^{\mathrm{T}}$、$[x_1',\cdots,x_{d+1}']^{\mathrm{T}}$，如果存在着一个非零常数 $\alpha\neq 0$ 使得 $[x_1,\cdots,x_{d+1}]^{\mathrm{T}}=\alpha[x_1',\cdots,x_{d+1}']^{\mathrm{T}}$，则称这两个向量等价，记作 $[x_1,\cdots,x_{d+1}]^{\mathrm{T}}\simeq[x_1',\cdots,x_{d+1}']^{\mathrm{T}}$. 这意味着 $\boldsymbol{R}^{d+1}\setminus\{\boldsymbol{0}\}$ 中的两个等价的向量在不考虑非零尺度的情况下是相同的. 射影空间 $\boldsymbol{P}^d$ 定义为该等价关系的商空间，即 $\boldsymbol{R}^{d+1}\setminus\{\boldsymbol{0}\}$ 中所有的等价向量看成射影空间 $\boldsymbol{P}^d$ 中的一个点. 射影空间 $\boldsymbol{P}^d$ 也可以看成 $\boldsymbol{R}^{d+1}\setminus\{\boldsymbol{0}\}$ 中所有通过原点的直线组成的集合.

$\boldsymbol{P}^d$ 中的任意一个点都与 $\boldsymbol{R}^{d+1}\setminus\{\boldsymbol{0}\}$ 中的一组相互平行的向量的无穷集合相对应，并且该点可以由 $\boldsymbol{R}^{d+1}\setminus\{\boldsymbol{0}\}$ 单个向量唯一确定. 这样的向量称为 $\boldsymbol{P}^d$ 中点的齐次(射影)表示. 一个齐次向量所表示的点与只差一个非零尺度的齐次向量所表示的点是相同的. 通常选取适当的尺度使得齐次向量最右端位置的分量为 1，例如 $[x_1,\cdots,x_d,1]^{\mathrm{T}}$，该齐次向量通常用黑体表示，即 $\boldsymbol{x}=[x_1,\cdots,x_d,1]^{\mathrm{T}}$.

更习惯于使用点的欧氏坐标(这种坐标通常称为非齐次坐标). d 维欧氏空间 $\boldsymbol{R}^d\setminus\{\boldsymbol{0}\}$ 中点的坐标位于 $\boldsymbol{R}^{d+1}$ 中满足 $x_{d+1}=1$ 的超平面上. $\boldsymbol{R}^d\setminus\{\boldsymbol{0}\}$ 中的非齐次向量到 $\boldsymbol{P}^d$ 的映射由下式给定

$$[x_1,\cdots,x_d]^{\mathrm{T}}\rightarrow[x_1,\cdots,x_d,1]^{\mathrm{T}} \tag{1.8.1}$$

需要注意的是尽管 $\boldsymbol{R}^{d+1}$ 中的点 $[x_1,\cdots,x_d,0]^{\mathrm{T}}$ 在 $\boldsymbol{R}^d\setminus\{\boldsymbol{0}\}$ 中没有与之对应的欧氏坐标，但是可以把它看成特定方向上的一个无穷远点. 此时可以将 $[x_1,\cdots,x_d,0]^{\mathrm{T}}$ 看成 $[x_1,\cdots,x_d,\alpha]^{\mathrm{T}}$(它与 $[x_1/\alpha,\cdots,x_d/\alpha,1]^{\mathrm{T}}$ 是射影等价的). 当 $\alpha\rightarrow 0$ 时的极限情况，即 $[x_1,\cdots,x_d,0]^{\mathrm{T}}$ 对应于 $\boldsymbol{R}^d\setminus\{\boldsymbol{0}\}$ 中径向量 $[x_1/\alpha,\cdots,x_d/\alpha]^{\mathrm{T}}$ 方向上的无穷远点.

在 $\boldsymbol{P}^d$ 中也引入超平面的齐次坐标，$\boldsymbol{P}^d$ 中的任意超平面都可以表示成一个 $d+1$ 维向量 $\boldsymbol{a}=[a_1,\cdots,a_{d+1}]^{\mathrm{T}}$ 使得所有位于该超平面上的点 $\boldsymbol{x}$ 满足 $\boldsymbol{a}^{\mathrm{T}}\boldsymbol{x}=0$(其中 $\boldsymbol{a}^{\mathrm{T}}\boldsymbol{x}$ 表示标量积). 如果

把点 $\boldsymbol{x}$ 用齐次坐标表示为$[x_1,\cdots,x_d,1]^{\mathrm{T}}$,那么$\boldsymbol{a}^{\mathrm{T}}\boldsymbol{x}=0$ 可以表示成熟悉的超平面表达形式 $a_1x_1+\cdots+a_dx_d+a_{d+1}=0$.

由此可以得出超平面可以由 d 个不同向量$\boldsymbol{x}_1,\cdots,\boldsymbol{x}_d$ 所表示的点表示,超平面可以定义为正交于向量$\boldsymbol{x}_1,\cdots,\boldsymbol{x}_d$ 的向量$\boldsymbol{a}$. 该向量 $\boldsymbol{a}$ 可以通过奇异值分解来计算. 对偶地,d 个不同的超平面$\boldsymbol{a}_1,\cdots,\boldsymbol{a}_d$ 的交点是正交于它们的向量 $\boldsymbol{x}$.

在计算机视觉中有两种特别令人感兴趣的情况:

(1)射影平面 $\boldsymbol{P}^2$:用 $\boldsymbol{u}=[u,v,w]^{\mathrm{T}}$ 表示 $\boldsymbol{P}^2$中的点,用 $\boldsymbol{l}$ 表示 $\boldsymbol{P}^2$中的线(超平面),在 $\boldsymbol{P}^2$用叉积表示两点连接公式与两平面相交公式,即通过两个点 $\boldsymbol{x}$、$\boldsymbol{y}$ 的直线可以用$\boldsymbol{l}=\boldsymbol{x}\times\boldsymbol{y}$ 表示,两条直线 $\boldsymbol{l}$ 与 $\boldsymbol{m}$ 的交点可以用$\boldsymbol{x}=\boldsymbol{l}\times\boldsymbol{m}$ 表示(证明留给读者),参见图 1.8.1.

视频1.8.1

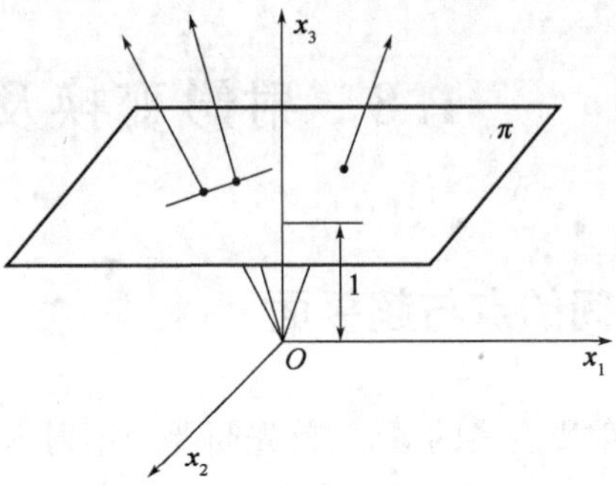

图 1.8.1 射影平面 $\boldsymbol{P}^2$示意图

图 1.8.1 通过图形展示直观地说明了如何将射影空间 $\boldsymbol{P}^2$理解成 $\boldsymbol{R}^3$ 中的线. 平面 π 满足 $x_3=1$. $\boldsymbol{R}^3$ 中的一条线对应于 $\boldsymbol{P}^2$中的一个点,通过原点 O 的$\boldsymbol{R}^3$ 中的一个平面对应 $\boldsymbol{P}^2$中的一条线.

(2)射影三维空间 $\boldsymbol{P}^3$:用 $\boldsymbol{X}=[X,Y,Z,W]^{\mathrm{T}}$ 表示 $\boldsymbol{P}^3$中的点. 在 $\boldsymbol{P}^3$中,超平面变成平面,其表示比 $\boldsymbol{P}^2$中的超平面的表示多一个分量,即该平面也可以用一个四维的向量表示,但是对于 $\boldsymbol{P}^3$中的三维直线,它在射影平面不能用四维的向量表示,即在 $\boldsymbol{P}^3$中,点和面可以用四维齐次向量表示,而对三维直线没有这种表示. 三维直线可以用在直线上的一对点表示,但是这种表示不是唯一的.

射影空间中点和超平面之间明显的对称性可以归结成对偶性:在 $\boldsymbol{P}^d$中任何关于点和超平面的正确定理,如果将其中的词汇"点""超平面""位于""通过"分别用"超平面""点""通过""位于"替代,所得到的定理同样是正确的.

1.8.2 射影变换

任意一个射影变换都是 $\boldsymbol{P}^d\to\boldsymbol{P}^d$的映射,它在嵌入空间 $\boldsymbol{R}^{d+1}$中是线性的. 换句话说,射影变换除了一个未知尺度之外可以写成如下形式

$$\boldsymbol{u}'\simeq\boldsymbol{H}\boldsymbol{u}, \tag{1.8.2}$$

其中 $\boldsymbol{H}$ 是一个$(d+1)\times(d+1)$的矩阵.该变换将任意共线的三个点映射到共线的三个点(为此也称其为共线变换).如果 $\boldsymbol{H}$ 是一个非奇异矩阵,那么不同的点映射到不同的点.在图 1.8.2 中给出了一个图像射影变换的例子.

超平面的射影变换与点的射影变换具有不同的形式.可以证明如果点 $\boldsymbol{u}$ 与超平面 $\boldsymbol{a}$ 是密切的,即 $\boldsymbol{a}^{\mathrm{T}}\boldsymbol{u}=0$,则经过射影变换后仍然是密切的,即$\boldsymbol{a}'^{\mathrm{T}}\boldsymbol{u}'=0$,该性质称为密切性,借助方程(1.8.1)可以得到 $\boldsymbol{a}'\simeq\boldsymbol{H}^{-\mathrm{T}}\boldsymbol{a}$,其中 $\boldsymbol{H}^{-\mathrm{T}}$ 表示 $\boldsymbol{H}$ 逆的转置(证明留给读者).

在计算机视觉中,有两个射影变换产生的简单的实例.首先,一个针孔相机对平面场景的射影可以用二维射影变换实现.这可以用于将一个平面场景的图像校正成为直对视觉的场景(图 1.8.2).其次,共享一个射影中心的两个针孔相机所拍摄的两个三维场景(平面或非平面)的相片也是一个二维射影变换.它可以将多个照片缝合成一幅全景图像.

视频1.8.2

图 1.8.2　将左图中的二维码通过射影变换得到右图的二维码

为了熟悉齐次坐标的概念,将详细地说明如何借助方程(1.8.1)通过 $\boldsymbol{H}$ 将一个二维非齐次点$[u,v]^{\mathrm{T}}$(例如图像上的一个点)映射到非齐次像点$[u',v']^{\mathrm{T}}$.将分量和尺度用显示的方式表示,则方程(1.8.1)可以表示成

$$\alpha\begin{bmatrix}u'\\v'\\1\end{bmatrix}=\begin{bmatrix}h_{11}&h_{12}&h_{13}\\h_{21}&h_{22}&h_{23}\\h_{31}&h_{32}&h_{33}\end{bmatrix}\begin{bmatrix}u\\v\\1\end{bmatrix}. \tag{1.8.3}$$

将 $\boldsymbol{u}'=[u',v',1]$的第三个分量表示为 1 是因为默认假设 $\boldsymbol{u}'$不是一个无穷远点,即 $\alpha\neq0$.为了计算$[u',v']^{\mathrm{T}}$,需要消去尺度 α,由此得出

$$u'=\frac{h_{11}u+h_{12}v+h_{13}}{h_{31}u+h_{32}v+h_{33}},\quad v'=\frac{h_{21}u+h_{22}v+h_{23}}{h_{31}u+h_{32}v+h_{33}}. \tag{1.8.4}$$

该结果适用于不习惯使用齐次坐标的人.需要注意的是与之相比,方程(1.8.2)更简单而且是线性的,同时也能够处理 $\boldsymbol{u}'$是无穷远点的情况,这些是齐次坐标实用的优点.

1.8.3　射影变换的分类

除了共线性与密切性之外,射影变换还有另外一个重要的不变性,即直线上的交比通过射影变换后也不变.射影变换的几个重要类型包括仿射变换、相似变换、等距变换(也称作欧几里得变换),其分类及性质参见表 1.8.1.

任意的射影变换都可以唯一地分解成 $\boldsymbol{H}=\boldsymbol{H}_P\boldsymbol{H}_A\boldsymbol{H}_S$,其中

$$\boldsymbol{H}_P=\begin{bmatrix}\boldsymbol{E} & \boldsymbol{0}\\ \boldsymbol{a}^{\mathrm{T}} & b\end{bmatrix},\boldsymbol{H}_A=\begin{bmatrix}\boldsymbol{K} & \boldsymbol{0}\\ \boldsymbol{0} & 1\end{bmatrix},\boldsymbol{H}_S=\begin{bmatrix}\boldsymbol{R} & -\boldsymbol{R}\boldsymbol{t}\\ \boldsymbol{0} & 1\end{bmatrix}, \tag{1.8.5}$$

且矩阵 $\boldsymbol{K}$ 是一个上三角形矩阵. 矩阵 $\boldsymbol{H}_S$ 表示一个欧几里得变换(旋转与平移),矩阵 $\boldsymbol{H}_A$ 表示一个纯仿射变换(尺度与剪切变换),矩阵 $\boldsymbol{H}_A\boldsymbol{H}_S$ 表示一个仿射变换,矩阵 $\boldsymbol{H}_P$ 表示一个纯射影变换.

表 1.8.1 计算机视觉中常用的射影变换分类

名称	对 $\boldsymbol{H}$ 的限制	二维图例	不变量
射影变换	$\det\boldsymbol{H}\neq 0$	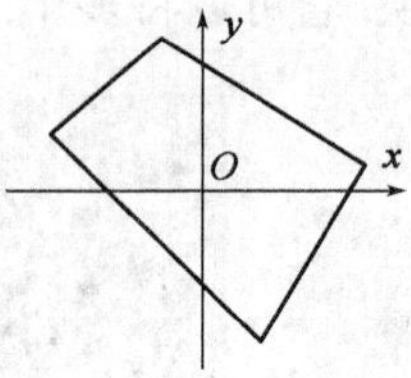	共线性 +密切性 +交比
仿射变换	$\boldsymbol{H}=\begin{bmatrix}\boldsymbol{A} & \boldsymbol{t}\\ \boldsymbol{0} & 1\end{bmatrix}$ $\det\boldsymbol{A}\neq 0$	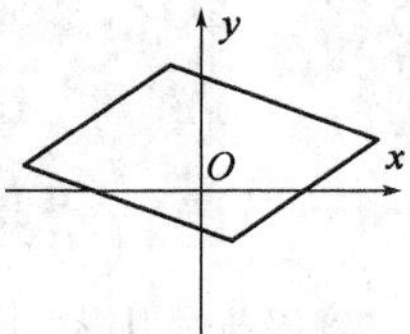	射影不变量 +平行性 +平行线段的长度比 +面积比 +向量重心的线性组合
相似变换	$\boldsymbol{H}=\begin{bmatrix}s\boldsymbol{R} & -\boldsymbol{R}\boldsymbol{t}\\ \boldsymbol{0} & 1\end{bmatrix}$ $\boldsymbol{R}^{\mathrm{T}}\boldsymbol{R}=\boldsymbol{E}$ $\det\boldsymbol{R}=1$ $s>0$	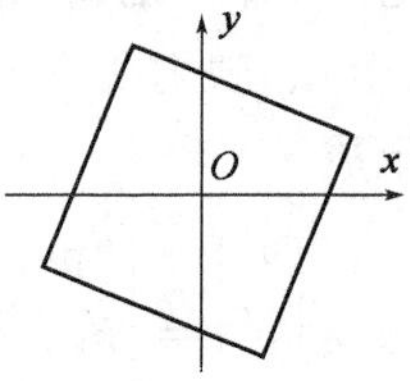	仿射不变量 +角度 +长度比
等距变换 (欧几里得变换)	$\boldsymbol{H}=\begin{bmatrix}\boldsymbol{R} & -\boldsymbol{R}\boldsymbol{t}\\ \boldsymbol{0} & 1\end{bmatrix}$ $\boldsymbol{R}^{\mathrm{T}}\boldsymbol{R}=\boldsymbol{E}$ $\det\boldsymbol{R}=1$	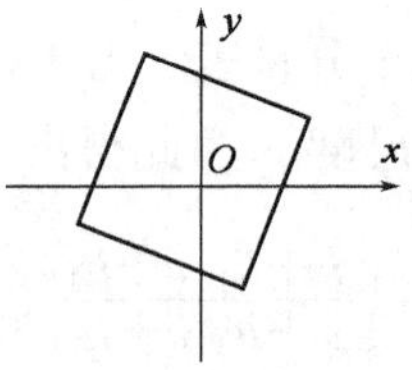	相似不变量 +长度 +面积(体积)
恒等变换	$\boldsymbol{H}=\boldsymbol{E}$	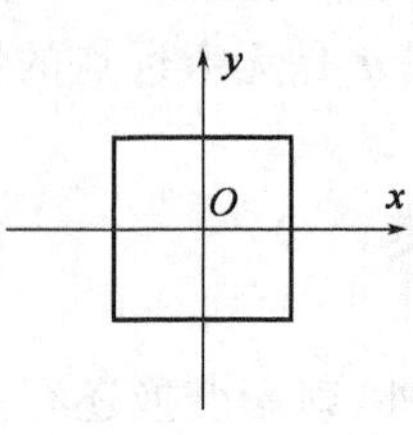	所有量都不变

在矩阵分解过程中，唯一的不平凡步骤是将一个矩阵 $\boldsymbol{A}$ 分解成一个上三角矩阵 $\boldsymbol{K}$ 与一个旋转矩阵 $\boldsymbol{R}$ 的乘积，其中 $\boldsymbol{R}$ 满足 $\boldsymbol{R}^{\mathrm{T}}\boldsymbol{R}=\boldsymbol{E}$ 且 $\det\boldsymbol{R}=1$. 该分解可以通过 RQ 分解实现(类似于 QR 分解).

1.8.4 射影变换的构造

在三维计算机视觉中通常的任务是通过点对应关系计算射影变换. 所谓对应关系，就是通过一组有序点对的对应关系 $\{(\boldsymbol{u}_i,\boldsymbol{u'}_i)\}_{i=1}^{m}$ 确定射影变换. 通常人们并不关心如何获得这些点的对应关系，这种对应关系有可能是通过人为方式或某种算法得到的.

为了求解 $\boldsymbol{H}$，需要针对 $\boldsymbol{H}$ 和尺度 α_i 求解齐次线性方程组

$$\alpha_i \boldsymbol{u'}_i=\boldsymbol{H}\boldsymbol{u}_i,\quad i=1,2,\cdots,m, \tag{1.8.6}$$

该方程组有 $m(d+1)$ 个方程，$m+(d+1)^2-1$ 个未知量，其中未知量包括 m 个 α_i、$\boldsymbol{H}$ 中的所有 $(d+1)^2$ 个元素，但是由于通过式(1.8.6)所得到的不同 $\boldsymbol{H}$ 仅相差一个整体尺度，为此可以将 $\boldsymbol{H}$ 中的某一个元素取成 1，由此只需要确定 $\boldsymbol{H}$ 中 $(d+1)^2-1$ 个未知量. 因此可以看出要想唯一地确定 $\boldsymbol{H}$(除了一个尺度之外)，需要 $m=d+2$ 个对应关系.

在某些情况下，即便 $m\geqslant d+2$，由对应关系所确定的 $\boldsymbol{H}$ 也有可能不是唯一的($\det\boldsymbol{H}=0$)，称为退化形式. 如果不存在 d 个齐次坐标点 $\boldsymbol{u}_i$ 位于一个超平面上且不存在 d 个齐次坐标点 $\boldsymbol{u'}_i$ 位于另一个超平面上，则该形式是非退化的，此时 $\det\boldsymbol{H}\neq 0$.

当对应关系 $m>d+2$ 时通常方程(1.8.6)是没有解的，这是因为在测量对应关系的过程存在噪声. 因此，求解线性方程组的简单任务变成了求解某一个参数模型的最优估计这一更加困难的任务，而求解参数模型的最优估计问题常用极大似然估计与线性估计的方法，在此仅介绍线性估计的方法.

1.8.5 线性估计

尽管以下结果在统计学意义上并不是最优的估计，但是使用线性代数中求解超定线性方程组的方法求解方程(1.8.6)可以给出一个比较好的初始估计. 该方法命名为最小化代数距离法，该方法也称为直接线性变换法或线性估计法. 尽管该方法不是一个非线性的方法，但是它经常可以给出令人满意的结果.

用齐次坐标表示点 $\boldsymbol{u}=[u,v,w]^{\mathrm{T}}$. 将方程(1.8.6)改写成求解合适的形式，为此使用如下两个技巧，使得公式依然保持矩阵形式.

首先，从方程 $\alpha\boldsymbol{u'}=\boldsymbol{H}\boldsymbol{u}$ 中消去 α，为此将方程(1.8.6)左乘一个矩阵 $\boldsymbol{G}(\boldsymbol{u'})$，其中 $\boldsymbol{G}(\boldsymbol{u'})$ 的行正交于 $\boldsymbol{u'}$. 因为 $\boldsymbol{G}(\boldsymbol{u'})\boldsymbol{u'}=\boldsymbol{0}$，这使得方程左端项为零，由此得 $\boldsymbol{G}(\boldsymbol{u'})\boldsymbol{H}\boldsymbol{u}=\boldsymbol{0}$.

在一般情况下可选择 $\boldsymbol{G}(\boldsymbol{u})=\boldsymbol{S}(\boldsymbol{u})$，其中

$$\boldsymbol{S}(\boldsymbol{u})=\boldsymbol{S}([u,v,w]^{\mathrm{T}})=\begin{bmatrix} 0 & -w & v \\ w & 0 & -u \\ -v & u & 0 \end{bmatrix} \tag{1.8.7}$$

称为叉乘矩阵,其性质为:对任意的 $\boldsymbol{u}$ 和 $\boldsymbol{u}'$,$\boldsymbol{S}(\boldsymbol{u})\boldsymbol{u}'=\boldsymbol{u}\times\boldsymbol{u}'$.

其次,对方程 $\boldsymbol{G}(\boldsymbol{u}')\boldsymbol{H}\boldsymbol{u}=\boldsymbol{0}$ 的未知量进行重新排列,使得乘积中未知量向量位于方程的最右端,然后借助恒等式 $\boldsymbol{ABc}=(\boldsymbol{c}^{\mathrm{T}}\otimes\boldsymbol{A})\boldsymbol{b}$(其中 $\boldsymbol{b}$ 是由矩阵 $\boldsymbol{B}$ 的第一列、第二列到最后一列堆栈组成的列向量,$\otimes$是矩阵的克罗内克积),可将方程 $\boldsymbol{G}(\boldsymbol{u}')\boldsymbol{H}\boldsymbol{u}=\boldsymbol{0}$ 改写成

$$\boldsymbol{G}(\boldsymbol{u}')\boldsymbol{H}\boldsymbol{u}=[\boldsymbol{u}^{\mathrm{T}}\otimes\boldsymbol{G}(\boldsymbol{u}')]\boldsymbol{h}=\boldsymbol{0},$$

其中 $\boldsymbol{h}$ 是 $\boldsymbol{H}$ 的 9 个元素排成的列向量$[h_{11},h_{21},\cdots,h_{23},h_{33}]$. 再由 $\boldsymbol{G}(\boldsymbol{u}')=\boldsymbol{S}(\boldsymbol{u}')$,以上方程的分量形式为

$$\begin{bmatrix} 0 & -uw' & uv' & 0 & -vw' & vv' & 0 & -ww' & wv' \\ uw' & 0 & -uu' & vw' & 0 & -vu' & ww' & 0 & -wu' \\ -uv' & uu' & 0 & -vv' & vu' & 0 & -wv' & wu' & 0 \end{bmatrix}\boldsymbol{h}=\begin{bmatrix}0\\0\\0\end{bmatrix},$$

针对 m 个对应关系可以得出

$$\begin{bmatrix} \boldsymbol{u}_1^{\mathrm{T}}\otimes\boldsymbol{G}(\boldsymbol{u}'_1) \\ \boldsymbol{u}_2^{\mathrm{T}}\otimes\boldsymbol{G}(\boldsymbol{u}'_2) \\ \vdots \\ \boldsymbol{u}_m^{\mathrm{T}}\otimes\boldsymbol{G}(\boldsymbol{u}'_m) \end{bmatrix}\boldsymbol{h}=\boldsymbol{0}, \tag{1.8.8}$$

将左边 $3m\times 9$ 的矩阵表示为 $\boldsymbol{W}$,则有 $\boldsymbol{Wh}=\boldsymbol{0}$. 由于方程组(1.8.8)是一个超定的方程组,因此在一般情况下方程组(1.8.8)是无解的. 为此可以借助奇异值分解(参见第三章)计算在 $\|\boldsymbol{h}\|=1$ 的约束条件下使得 $\|\boldsymbol{Wh}\|$ 最小的向量 $\boldsymbol{h}$,即有约束的最小二乘解.

更详细地讲,$\boldsymbol{h}$ 是奇异值分解 $\boldsymbol{W}=\boldsymbol{UDV}^{\mathrm{T}}$ 中矩阵 $\boldsymbol{V}$ 最小奇异值所对应的列向量. 换句话说,可以用 $\boldsymbol{W}^{\mathrm{T}}\boldsymbol{W}$ 最小特征值所对应的特征向量计算 $\boldsymbol{h}$;尽管这种计算方法从数值的角度其精度略低于奇异值分解,但是其优点在于 $\boldsymbol{W}^{\mathrm{T}}\boldsymbol{W}$ 仅仅是一个 9×9 的矩阵,而 $\boldsymbol{W}$ 是一个 $3m\times 9$ 的矩阵. 两种方法在实际应用中其效果都很好.

为了得到有意义的结果,向量 $\boldsymbol{u}_i$ 和 $\boldsymbol{u}'_i$ 的分量之间不能有太大的量级差异. 例如当 $\boldsymbol{u}_1=[500,500,1]^{\mathrm{T}}$ 时,其分量的量级通常相差太大. 这并不是一个数值精确性的问题;而是,相近的量级可以确保由最小化代数距离法得到的最优解足够接近最大似然估计的解. 相近的量级可以借助计算数学中预处理方法得到;在计算机视觉中将其称作正规化. 为此,用方程组 $\bar{\boldsymbol{u}}'_i\simeq\bar{\boldsymbol{H}}\bar{\boldsymbol{u}}_i$ 替代方程组(1.8.7),其中 $\bar{\boldsymbol{u}}_i=\boldsymbol{H}_{\mathrm{pre}}\boldsymbol{u}_i$,$\bar{\boldsymbol{u}}'_i=\boldsymbol{H}'_{\mathrm{pre}}\boldsymbol{u}'_i$. 射影变换 $\boldsymbol{H}$ 恢复成 $\boldsymbol{H}=\boldsymbol{H}'^{-1}_{\mathrm{pre}}\bar{\boldsymbol{H}}\boldsymbol{H}_{\mathrm{pre}}$. 选择预处理射影矩阵 $\boldsymbol{H}_{\mathrm{pre}}$ 与 $\boldsymbol{H}'_{\mathrm{pre}}$ 使得向量 $\bar{\boldsymbol{u}}_i$ 和 $\bar{\boldsymbol{u}}'_i$ 的分量之间具有相近的量级. 假设原始点具有 $[u,v,1]^{\mathrm{T}}$ 的形式,可以选择适当的各向异性尺度及平移变换矩阵

$$\bar{\boldsymbol{H}}=\begin{bmatrix} a & 0 & c \\ 0 & b & d \\ 0 & 0 & 1 \end{bmatrix},$$

其中,a,b,c,d 使得预处理点 $\bar{\boldsymbol{u}}=[\bar{u},\bar{v},1]^{\mathrm{T}}$ 的均值为零且方差为 1.

1.9 透视变换及其应用

在计算机图形学中经常涉及透视投影. 为了说明一般的透视原理,需要引入 Euler 角和

Tait-Bryan 角的概念. Euler 角是针对两个坐标框架而言的，如图 1.9.1 所示，xyz 为原始坐标框架的坐标轴，XYZ 为旋转后坐标框架的坐标轴，首先定义 xy 面与 XY 面的交线所形成的向量记为 $\boldsymbol{N}$，也可以定义成与 $\boldsymbol{z}$ 和 $\boldsymbol{Z}$ 垂直的向量，即 $\boldsymbol{N}=\boldsymbol{z}\times\boldsymbol{Z}$，借助 $\boldsymbol{N}$ 可以定义欧拉角 α,β,γ，其中 α 为 x 轴与 N 轴之间的夹角（此种定义称为 x 轴约定，α 也可以定义为 y 轴与 N 轴之间的夹角，此种定义称为 y 轴约定），β 为 z 轴与 Z 轴之间的夹角，γ 为 N 轴与 X 轴之间的夹角（x 轴约定）. 需要强调的是，Euler 角的定义必须是在两个坐标框架具有相同的左右手规则，即两者要么都是左手螺旋框架要么都是右手螺旋框架. Euler 角按旋转的坐标系分为内旋和外旋，按旋转轴分为经典 Euler 角和 Tait-Bryan 角.

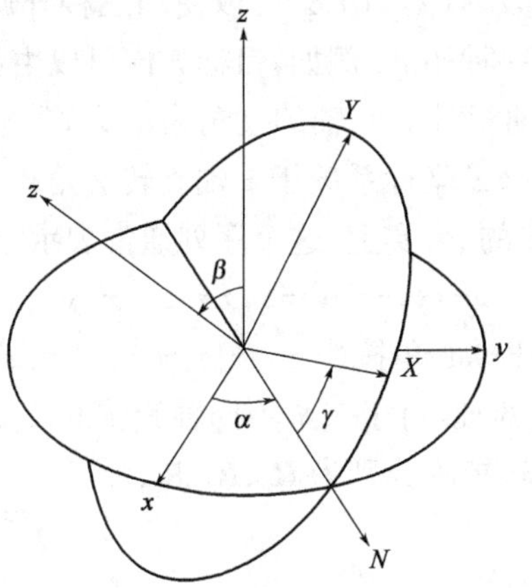

视频1.9.1

图 1.9.1　Euler 角示意图，旋转顺序为 $z-x'-z''$（内旋）

若原始坐标系统 xyz（假设是一个右手系）与坐标系统 XYZ（假设是一个右手系）有公共的原点，则其过渡关系为 $\{X,Y,Z\}=\{x,y,z\}\boldsymbol{R}$，其中

$$\boldsymbol{R}=\boldsymbol{R}_\gamma\boldsymbol{R}_\beta\boldsymbol{R}_\alpha=\begin{bmatrix}\cos\gamma & -\sin\gamma & 0\\ \sin\gamma & \cos\gamma & 0\\ 0 & 0 & 1\end{bmatrix}\begin{bmatrix}\cos\beta & 0 & -\sin\beta\\ 0 & 1 & 0\\ \sin\beta & 0 & \cos\beta\end{bmatrix}\begin{bmatrix}1 & 0 & 0\\ 0 & \cos\alpha & -\sin\alpha\\ 0 & \sin\alpha & \cos\alpha\end{bmatrix}. \tag{1.9.1}$$

对于空间中的任意点 $\boldsymbol{u}$，其在坐标系统 xyz 下的坐标为 $\boldsymbol{x}$，而在坐标系统 XYZ 下的坐标为 $\boldsymbol{y}$，则该点的坐标转换关系为 $\boldsymbol{x}=\boldsymbol{R}\boldsymbol{y}$ 或 $\boldsymbol{y}=\boldsymbol{R}^{-1}\boldsymbol{x}=\boldsymbol{R}^{\mathrm{T}}\boldsymbol{x}$.

若原始坐标系统 xyz（假设是一个右手系）与坐标系统 XYZ（假设是一个右手系）没有公共的原点，假设坐标系统 XYZ 的坐标原点是 O，在原始坐标系统 xyz 的坐标为 $\boldsymbol{t}$，则空间中的任意点 $\boldsymbol{u}$ 在坐标系统 xyz 下的坐标为 $\boldsymbol{x}$，而在坐标系统 XYZ 下的坐标为 $\boldsymbol{y}$，则该点的坐标转换关系为 $\boldsymbol{x}-\boldsymbol{t}=\boldsymbol{R}\boldsymbol{y}$ 或 $\boldsymbol{y}=\boldsymbol{R}^{-1}(\boldsymbol{x}-\boldsymbol{t})=\boldsymbol{R}^{\mathrm{T}}(\boldsymbol{x}-\boldsymbol{t})$.

内旋是针对附着在移动物体上的坐标系 XYZ 坐标轴的一种单元旋转. 因此，经过每一个单元旋转都会改变 XYZ 坐标轴的方向. 在此过程中，XYZ 坐标系进行旋转，而 xyz 坐标系固定. 从与 xyz 重合的 XYZ 出发，针对 XYZ，可以使用三种内旋的组合达到任何一个目标方向.

欧拉角可以通过内旋定义. 在进行三个由 Euler 角所表示的单元旋转之前，首先假设被旋转的框架 XYZ 与 xyz 完全重合. 依次的定向可以表示如下：

$x-y-z$(初始),$x'-y'-z'$(经过第一次旋转),$x''-y''-z''$(经过第二次旋转),$X-Y-Z$(最终经过第三次旋转).

对于上述所列的选择顺序,交线 N 可以简单地定义成经过第一次单元旋转之后 X 的方向.因此,N 可以简单地表示成 x'.而且,因为第三次单元是针对 Z 的,所以它没有改变 Z 的方向,因此 Z 与 z'' 是一致的.由此可以简化 Euler 角的定义为:α 表示围绕 z 轴的旋转,β 表示围绕 $x'=N$ 轴的旋转,γ 表示围绕 $z''=Z$ 轴的旋转,如图 1.9.1 所示.其旋转顺序为 $z-x'-z''$,对应的旋转矩阵分别为 $\boldsymbol{R}_\alpha$、$\boldsymbol{R}_\beta$、$\boldsymbol{R}_\gamma$.

外旋是针对固定的坐标轴 xyz 的一种单元旋转.在此过程中,XYZ 坐标系进行旋转,而 xyz 坐标系固定.从与 xyz 重合的 XYZ 出发,针对 XYZ,可以使用三种外旋的组合达到任何一个目标方向.Euler 角是这些单元旋转的一种拓展.例如,目标方向可以由如下方式达到:

XYZ 坐标系关于 z 轴旋转 α,此时 X 轴相对于 x 轴的夹角为 α.XYZ 坐标系关于 x 轴旋转 β 角,此时 Z 轴相对于 z 轴的夹角为 β.XYZ 坐标系关于 z 轴旋转 γ 角.

总的来说,三种单元旋转是关于 z,x,z 的.事实上,这个序列通常表示为 $z-x-z$.

经典 Euler 角按($z-x-z,x-y-x,y-z-y,z-y-z,x-z-x,y-x-y$)轴序列旋转,第一个旋转轴和最后一个旋转轴相同.Tait-Bryan 角按($x-y-z,y-z-x,z-x-y,x-z-y,z-y-x,y-x-z$)轴序列旋转,即三个不同的轴.对于三个不同轴旋转的 Tait-Bryan 角参见图 1.9.2,其旋转顺序为 $z-y'-x''$,对应的旋转矩阵分别为 $\boldsymbol{R}_\psi$、$\boldsymbol{R}_\theta$、$\boldsymbol{R}_\varphi$.

视频1.9.2

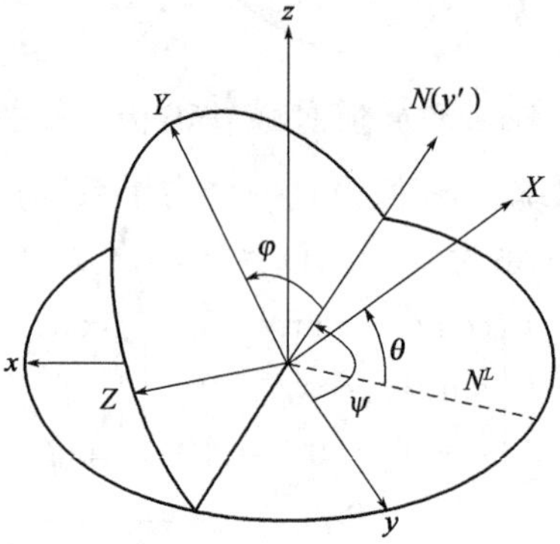

图 1.9.2 Tait-Bryan 角示意图,旋转顺序为 $z-y'-x''$(内旋)

Tait-Bryan 角的一个重要应用是描述飞机的运动姿态,参见图 1.9.3,该图使用飞机上的坐标轴 ENU(东北上),同时标记了飞机的 Tait-Bryan 角 $z-y'-x''$,其中包括航向角(heading)、仰角(elevation)与倾斜(bank).固定参考坐标系 $x-y-z$ 代表一个地面追踪站,需要注意的是在图中 Y 轴和 Z 轴没有显示,X 轴用绿色显示,该图所显示的坐标系不满足右手系法则,而满足左手系法则,为此通常取 Z 方向朝下以满足右手系法则,参见图 1.9.4,该图给出的坐标系为 XYZ,其中绕 Z 轴旋转的角度称为航向角(yaw),其角度范围为$[0,2\pi)$,绕 Y 轴旋转的角度称为俯仰角(pitch),其角度范围为 $\left[-\frac{\pi}{2},-\frac{\pi}{2}\right]$,绕 X 轴旋转的角度称为滚转角(roll),其角度范围为$[0,2\pi)$.

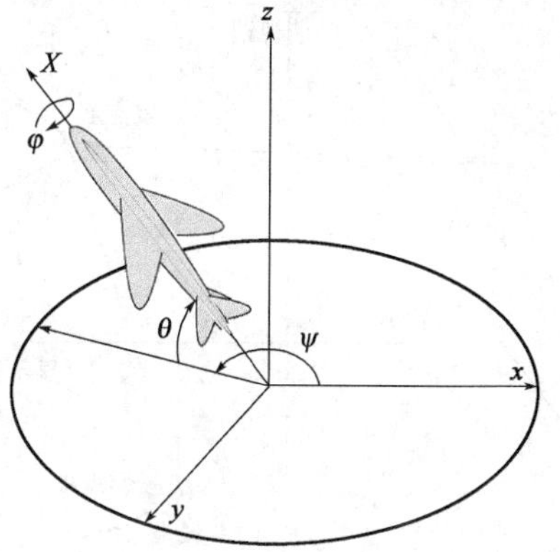

视频1.9.3

图 1.9.3　飞机的 Tait-Bryan 角，其中包括航向角 ψ，仰角 θ 与倾斜角 φ

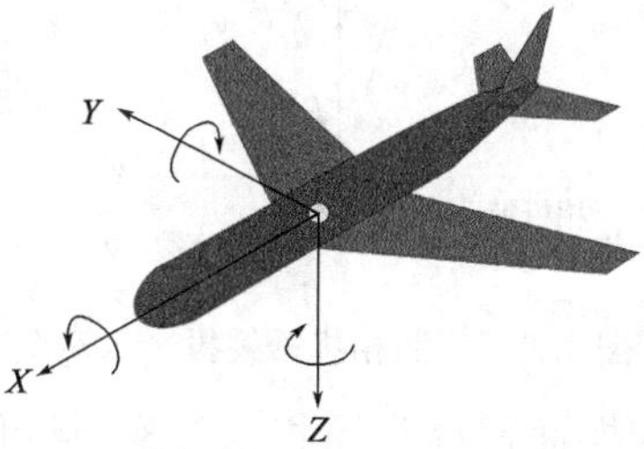

视频1.9.4

图 1.9.4　飞机的 Tait-Bryan 角，其中包括航向角，俯仰角与滚转角

在介绍完欧拉角的概念之后可以准确地描述一般的透视投影. 透视从直观上理解是指当人眼观察一个场景或一个物体时，离物体越远物体越小，反之离物体越近物体越大. 然而在数学上，需要给透视投影一个更明确的定义. 为了从概念上理解透视投影，可以把透视投影想象成通过照相机将物体投影到照相机 2D 的取景器上. 照相机的位置、方向以及视野控制了投影变换的行为.

为了描述照相机的透视变换原理，图 1.9.5 给出了照相机透视投影示意图，在该图中定义了以下变量.

$\boldsymbol{a}_{x,y,z}$：场景点 A 在大地坐标系下的坐标.

$\boldsymbol{c}_{x,y,z}$：照相机的针孔位置 C 在大地坐标系下的坐标.

$\boldsymbol{\theta}_{x,y,z}$：照相机在大地坐标系下的方位(用 Tait—Bryan 角表示).

$\boldsymbol{e}_{X,Y,Z}$：照相机显示面(取景器)在照相机坐标系的坐标. 相对于照相机针孔 C 的位置坐标，习惯上使用正 z 值(显示面在针孔之前)，尽管从物理的角度负 z 值更准确，但是图像会在水平方向和垂直方向都会颠倒.

透视投影结果 $\boldsymbol{b}_{u,v}$ 表示 $\boldsymbol{a}_{x,y,z}$ 在显示器坐标系 uvw 上的 2D 投影坐标.

当 $\boldsymbol{c}_{x,y,z}=[0,0,0]$ 且 $\boldsymbol{\theta}_{x,y,z}=[0,0,0]$ 时，3D 向量(1,2,0)投影到 2D 向量(1,2). 在一般情况下，为了计算 $\boldsymbol{b}_{u,v}$ 我们首先定义一个向量 $\boldsymbol{d}_{X,Y,Z}$，该向量表示场景点 A 在照相机坐标系 XYZ 上的位置坐标，其中照相机坐标系是将大地坐标系原点 O 平移到 C 然后旋转 $\boldsymbol{\theta}_{x,y,z}$ 角(Tait-Bryan 角)所得的坐标系. 将平移向量 $\boldsymbol{a}_{x,y,z}-\boldsymbol{c}_{x,y,z}$ 所对应的大地坐标进行 $-\boldsymbol{\theta}_{x,y,z}$ 角旋转后得

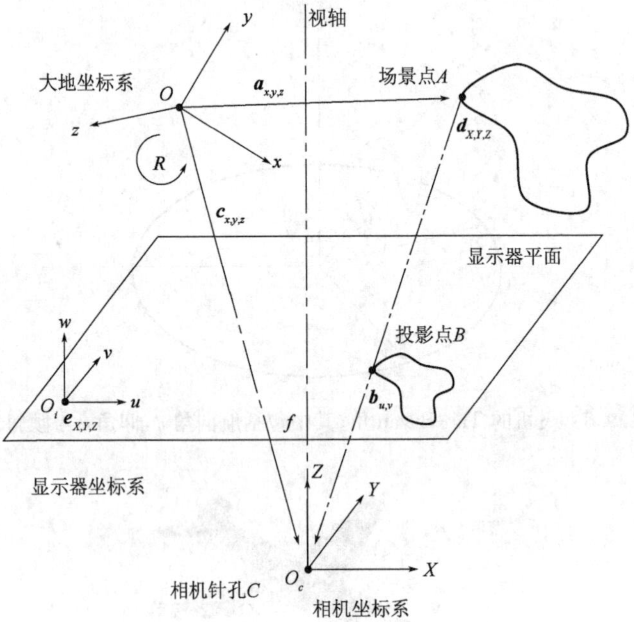

视频1.9.5

图 1.9.5　照相机透视投影示意图

到其在照相机坐标系下的坐标 $\boldsymbol{d}_{X,Y,Z}$. 该变换通常称为照相机变换,且可以表示如下形式,其中将旋转表示成关于 x,y,z 轴的旋转(需要说明的是所定义的所有坐标系都假设为右手系):

$$\begin{bmatrix} d_X \\ d_Y \\ d_Z \end{bmatrix} = \begin{bmatrix} 1 & 0 & 0 \\ 0 & \cos\theta_x & \sin\theta_x \\ 0 & -\sin\theta_x & \cos\theta_x \end{bmatrix} \begin{bmatrix} \cos\theta_y & 0 & \sin\theta_y \\ 0 & 1 & 0 \\ -\sin\theta_y & 0 & \cos\theta_y \end{bmatrix} \begin{bmatrix} \cos\theta_z & \sin\theta_z & 0 \\ -\sin\theta_z & \cos\theta_z & 0 \\ 0 & 0 & 1 \end{bmatrix} \left(\begin{bmatrix} a_x \\ a_y \\ a_z \end{bmatrix} - \begin{bmatrix} c_x \\ c_y \\ c_z \end{bmatrix} \right),$$

该式对应三个 Euler 角(更准确地说,Tait-Bryan 角)的旋转,使用 xyz 约定,可以解释为关于外轴(初始坐标轴)按 z、y、x 顺序(从左到右)的旋转或关于内轴(照相机坐标轴)按 x、y、z 顺序(从右到左)的旋转.

令 $\boldsymbol{a}$ 为 $\boldsymbol{a}_{x,y,z}$ 的齐次坐标,$\boldsymbol{d}_c$ 为 $\boldsymbol{d}_{X,Y,Z}$ 的齐次坐标,三个旋转矩阵乘积所对应的矩阵表示为 $\boldsymbol{R}$,即

$$\boldsymbol{R} = \begin{bmatrix} 1 & 0 & 0 \\ 0 & \cos\theta_x & \sin\theta_x \\ 0 & -\sin\theta_x & \cos\theta_x \end{bmatrix} \begin{bmatrix} \cos\theta_y & 0 & \sin\theta_y \\ 0 & 1 & 0 \\ -\sin\theta_y & 0 & \cos\theta_y \end{bmatrix} \begin{bmatrix} \cos\theta_z & \sin\theta_z & 0 \\ -\sin\theta_z & \cos\theta_z & 0 \\ 0 & 0 & 1 \end{bmatrix},$$

用 S,C 分别代替 sin,cos,用下标 x,y,z 分别代替 $\theta_x,\theta_y,\theta_z$,则有

$$\boldsymbol{R} = \begin{bmatrix} C_yC_z & C_yS_z & S_y \\ -S_xS_yC_z - C_xS_z & -S_xS_yS_z + C_xC_z & S_xC_y \\ -C_xS_yC_z + S_xS_z & -C_xS_yS_z - S_xC_z & C_xC_y \end{bmatrix}, \tag{1.9.2}$$

于是有

$$\boldsymbol{d}_c = \begin{bmatrix} \boldsymbol{d}_{X,Y,Z} \\ 1 \end{bmatrix} = \begin{bmatrix} \boldsymbol{R} & -\boldsymbol{R}\boldsymbol{c}_{x,y,z} \\ \boldsymbol{0} & 1 \end{bmatrix} \begin{bmatrix} \boldsymbol{a}_{x,y,z} \\ 1 \end{bmatrix} = \begin{bmatrix} \boldsymbol{R} & -\boldsymbol{R}\boldsymbol{c}_{x,y,z} \\ \boldsymbol{0} & 1 \end{bmatrix} \boldsymbol{a}, \tag{1.9.3}$$

该变换所对应的分量形式为

$$
\begin{aligned}
d_X &= C_yC_zx + C_yS_zy + S_yz, \\
d_Y &= -(S_xS_yC_z + C_xS_z)x + (-S_xS_yS_z + C_xC_z)y + S_xC_yz, \\
d_Z &= (-C_xS_yC_z + S_xS_z)x - (C_xS_yS_z + S_xC_z)y + C_xC_yz,
\end{aligned} \tag{1.9.4}
$$

其中 x 表示 $a_x - c_x$，y 表示 $a_y - c_y$，z 表示 $a_z - c_z$.

需要注意的是，如果相机不旋转，即 $\boldsymbol{\theta}_{x,y,z} = [0,0,0]$，则三个旋转矩阵简化成恒等矩阵，此时变换简化成一个平移变换：$\boldsymbol{d}_{X,Y,Z} = \boldsymbol{a}_{x,y,z} - \boldsymbol{c}_{x,y,z}$.

接下来使用如下公式将三维相机坐标系$(O_c;X,Y,Z)$上的点 $\boldsymbol{d}_{X,Y,Z}$ 投影到显示器坐标系$(O_i;u,v,w)$表示的像平面 π 上的点 $\boldsymbol{b}_{u,v}$：

$$b_u = \frac{e_Z}{d_Z}d_X - e_X,$$

$$b_v = \frac{e_Z}{d_Z}d_Y - e_Y,$$

其中 e_Z 是照相机的焦距，使用齐次坐标可以表示成

$$
\begin{bmatrix} b_u \\ b_v \\ 1 \end{bmatrix} = \begin{bmatrix} \frac{e_Z}{d_Z} & 0 & 0 & -e_X \\ 0 & \frac{e_Z}{d_Z} & 0 & -e_Y \\ 0 & 0 & \frac{1}{d_Z} & 0 \end{bmatrix} \begin{bmatrix} d_X \\ d_Y \\ d_Z \\ 1 \end{bmatrix} = \frac{1}{d_Z}\begin{bmatrix} e_Z & 0 & 0 & -e_Xd_Z \\ 0 & e_Z & 0 & -e_Yd_Z \\ 0 & 0 & 1 & 0 \end{bmatrix} \boldsymbol{d}_c, \tag{1.9.5}
$$

将两个变换组合到一起，可得一般的透视投影变换

$$
\begin{bmatrix} b_u \\ b_v \\ 1 \end{bmatrix} = \frac{1}{d_Z}\begin{bmatrix} e_Z & 0 & 0 & -e_Xd_Z \\ 0 & e_Z & 0 & -e_Yd_Z \\ 0 & 0 & 1 & 0 \end{bmatrix} \begin{bmatrix} \boldsymbol{R} & -\boldsymbol{R}\boldsymbol{c}_{x,y,z} \\ \boldsymbol{0} & 1 \end{bmatrix} \boldsymbol{a}.
$$

1.10 习　　题

习题 1.1　证明三维空间三角形的绝对面积为

$$
S = \frac{1}{2}\left(\begin{vmatrix} y_j - y_i & z_j - z_i \\ y_k - y_i & z_k - z_i \end{vmatrix}^2 + \begin{vmatrix} z_j - z_i & x_j - x_i \\ z_k - z_i & x_k - x_i \end{vmatrix}^2 + \begin{vmatrix} x_j - x_i & y_j - y_i \\ x_k - x_i & y_k - y_i \end{vmatrix}^2 \right)^{\frac{1}{2}},
$$

其中(x_i,y_i,z_i)，(x_j,y_j,z_j)，(x_k,y_k,z_k)为三维空间三角形三个顶点 A,B,C 坐标.

习题 1.2　给定一个平面上有向线段 l，其起点坐标为(x_1,y_1)，终点坐标为(x_2,y_2)，任意给定平面上的一个点的坐标(x,y)，判断该点与有向线段的相对位置.

习题 1.3　给定一个平面上有向线段 l，其起点坐标为(x_1,y_1)，终点坐标为(x_2,y_2)，绘制以 l 的中点为圆心、l 的半长为半径的左侧半圆和右侧半圆，并给出相应的 Matlab 程序.

习题 1.4　给定平面上不共线的两条线段，判断它们是否相交，如果相交求出其交点坐标并给出相应的 Matlab 程序.

习题 1.5 给定两个循环矩阵

$$\begin{bmatrix} 2 & -3 & 1 & -7 & 5 \\ 5 & 2 & -3 & 1 & -7 \\ -7 & 5 & 2 & -3 & 1 \\ 1 & -7 & 5 & 2 & -3 \\ -3 & 1 & -7 & 5 & 2 \end{bmatrix}, \begin{bmatrix} 3 & -9 & -1 & 6 & 5 \\ 5 & 3 & -9 & -1 & 6 \\ 6 & 5 & 3 & -9 & -1 \\ -1 & 6 & 5 & 3 & -9 \\ -9 & -1 & 6 & 5 & 3 \end{bmatrix},$$

用程序 1.2.1 计算两者的乘积及 Hadmard 积,并验证其结果的正确性.

习题 1.6 假定 $\boldsymbol{A}$ 是一个循环矩阵,证明对任何一个非负整数 k,$\boldsymbol{A}^k$ 是一个循环矩阵,对应的矩阵多项式 $f(\boldsymbol{A})=a_m\boldsymbol{A}^m+a_{m-1}\boldsymbol{A}^{m-1}+\cdots+a_1\boldsymbol{A}+a_0\boldsymbol{E}$ 也是一个循环矩阵.

习题 1.7 如果下(上)三角形矩阵的对角元素都为 1,则称其为单位下(上)三角形矩阵.证明单位下(上)三角形矩阵必然是可逆矩阵,且其逆矩阵也是单位下(上)三角形矩阵;两个单位下(上)三角形矩阵的乘积仍然是单位下(上)三角形.

习题 1.8 证明两个列(行、双)随机矩阵的乘积仍然是列(行、双)随机矩阵.

习题 1.9 给定一个 n 阶双随机矩阵 $\boldsymbol{P}=[p_{ij}]_{n\times n}$,证明 $\boldsymbol{M}=\boldsymbol{E}-\boldsymbol{P}$ 的所有代数余子式都相等,其中 $\boldsymbol{E}$ 是 n 阶单位矩阵.

习题 1.10 证明对于 $\forall \boldsymbol{x},\boldsymbol{y}\in\mathbf{R}^n$,$k\in\mathbf{R}$,满足:(1)齐性 $\|k\boldsymbol{x}\|=|k|\cdot\|\boldsymbol{x}\|$;(2)三角不等式 $\|\boldsymbol{x}+\boldsymbol{y}\|\leqslant\|\boldsymbol{x}\|+\|\boldsymbol{y}\|$;(3)平行四边形公式 $\|\boldsymbol{x}+\boldsymbol{y}\|^2+\|\boldsymbol{x}-\boldsymbol{y}\|^2=2\|\boldsymbol{x}\|^2+2\|\boldsymbol{y}\|^2$.

习题 1.11 试证如下结论:给定一个 $n\times n$ 的实矩阵 $\boldsymbol{U}$,若它在欧氏空间 $\mathbf{R}^n$ 中具有保长性,即 $\forall \boldsymbol{x}\in\mathbf{R}^n$,都有 $\|\boldsymbol{U}\boldsymbol{x}\|=\|\boldsymbol{x}\|$,则:

(1)对于 $\forall \boldsymbol{x},\boldsymbol{y}\in\mathbf{R}^n$,都有 $(\boldsymbol{U}\boldsymbol{x},\boldsymbol{U}\boldsymbol{y})=(\boldsymbol{x},\boldsymbol{y})$;

(2)对于 $\forall \boldsymbol{x},\boldsymbol{y}\in\mathbf{R}^n$,都有 $\theta(\boldsymbol{U}\boldsymbol{x},\boldsymbol{U}\boldsymbol{y})=\theta(\boldsymbol{x},\boldsymbol{y})$;

(3)$\boldsymbol{U}$ 必然是正交矩阵.

习题 1.12 证明如果 $\boldsymbol{U}\in\mathbf{R}^{3\times3}$ 是一个正交矩阵,且 $\det(\boldsymbol{U})=1$,那么 $\boldsymbol{U}$ 有一个特征值必然为 1;如果 $\boldsymbol{U}\in\mathbf{R}^{3\times3}$ 是一个正交矩阵,且 $\det(\boldsymbol{U})=-1$,那么 $\boldsymbol{U}$ 有一个特征值必然为 -1.

习题 1.13 给定一个 $\mathbf{R}^3$ 中单位向量 $\boldsymbol{k}=[k_x,k_y,k_z]^{\mathrm{T}}$ 作为一个旋转轴,任意给定一个向量 $\boldsymbol{v}\in\mathbf{R}^3$,将 $\boldsymbol{v}$ 按右手螺旋法则绕 $\boldsymbol{k}$ 旋转 θ 角所得的向量记为 $\boldsymbol{v}_\theta$,则 $\boldsymbol{v}_\theta$ 与 $\boldsymbol{v}$ 的关系可以表示成矩阵变换形式,即 $\boldsymbol{v}_\theta=\boldsymbol{R}(\theta)\boldsymbol{v}$,其中

$$\boldsymbol{R}(\theta)=\boldsymbol{E}+\boldsymbol{K}\sin\theta+\boldsymbol{K}^2(1-\cos\theta),\boldsymbol{K}=\begin{bmatrix} 0 & -k_z & k_y \\ k_z & 0 & -k_x \\ -k_y & k_x & 0 \end{bmatrix}.$$

证明:(1)$\boldsymbol{K}$ 是一个反对称矩阵,即 $\boldsymbol{K}^{\mathrm{T}}=-\boldsymbol{K}$;(2)$-\boldsymbol{K}^3=\boldsymbol{K}$;(3)$(-1)^{m-1}\boldsymbol{K}^{2m-1}=\boldsymbol{K},m\geqslant1$;(4)$\boldsymbol{R}(\theta)$是一个正交矩阵;(5)$\boldsymbol{K}$ 的特征值分别为 $0,\pm i$;(6)$\|\boldsymbol{K}\|_2=1$;(7)$\boldsymbol{R}(\theta)=\exp(\theta\boldsymbol{K})$;(8)$\boldsymbol{R}(\theta)\boldsymbol{R}(\phi)=\boldsymbol{R}(\phi)\boldsymbol{R}(\theta)=\boldsymbol{R}(\theta+\phi)$,$\boldsymbol{R}(0)=\boldsymbol{E}$;(9)$\det(\boldsymbol{R}(\theta))=1$(提示:应用定理 4.4.2).

习题 1.14 (Rodrigues 旋转公式的反问题)任意给定一个向量 $\boldsymbol{v}\in\mathbf{R}^3$ 和一个 $\boldsymbol{v}_\theta\in\mathbf{R}^3$,且 $\|\boldsymbol{v}\|=\|\boldsymbol{v}_\theta\|$,若 $\boldsymbol{R}$ 是围绕着旋转轴 $\boldsymbol{k}$ 按右手螺旋旋转 θ 角将 $\boldsymbol{v}$ 变换成 $\boldsymbol{v}_\theta$ 的矩阵变换,试求旋转角度 θ 及旋转轴 $\boldsymbol{k}$.

习题 1.15　已知 $\boldsymbol{A}\in\mathbf{R}^{m\times n}$，$m\geqslant n$ 且为列满秩 $\operatorname{rank}(\boldsymbol{A})=n$，$\boldsymbol{b}\in\mathbf{R}^{m}$，方程组 $\boldsymbol{Ax}=\boldsymbol{b}$ 的最小二乘问题为：求解 $\boldsymbol{x}^{*}\in\mathbf{R}^{n}$ 使得 $\|\boldsymbol{b}-\boldsymbol{Ax}^{*}\|=\min\{\|\boldsymbol{b}-\boldsymbol{Ax}\|,\boldsymbol{x}\in\mathbf{R}^{n}\}$. 证明方程组 $\boldsymbol{Ax}=\boldsymbol{b}$ 的最小二乘问题的解与其法方程 $\boldsymbol{A}^{\mathrm{T}}\boldsymbol{Ax}=\boldsymbol{A}^{\mathrm{T}}\boldsymbol{b}$ 同解.

习题 1.16　已知 $\boldsymbol{A}\in\mathbf{R}^{n\times n}$，若 $\boldsymbol{A}$ 是一个正矩阵或 $\boldsymbol{A}$ 是一个不可约非负矩阵，r 是 $\boldsymbol{A}$ 的 Perron-Frobenius 根，则有如下不等式成立：

$$\min_{i}\sum_{j=1}^{n}a_{ij}\leqslant r\leqslant\max_{i}\sum_{j=1}^{n}a_{ij}\ (r\ \text{介于}\ \boldsymbol{A}\ \text{的最小行和与最大行和之间}),$$

$$\min_{j}\sum_{i=1}^{n}a_{ij}\leqslant r\leqslant\max_{j}\sum_{i=1}^{n}a_{ij}\ (r\ \text{介于}\ \boldsymbol{A}\ \text{的最小列和与最大列和之间}).$$

习题 1.17　已知 $\boldsymbol{A}$ 是一个 $n\times n$ 的 Z 矩阵，且 $\boldsymbol{A}$ 可以表示为 $\boldsymbol{A}=s\boldsymbol{E}-\boldsymbol{B}$，其中 $\boldsymbol{B}=[b_{ij}]$，$b_{ij}\geqslant0$，$s\geqslant\rho(\boldsymbol{B})$，$\rho(\boldsymbol{B})$ 是 $\boldsymbol{B}$ 的谱半径，证明若 $\boldsymbol{A}$ 是一个非奇异的 M 矩阵则 $s>\rho(\boldsymbol{B})$.

习题 1.18　若 $\boldsymbol{A}$ 是一个 $n\times n$ 的 Z 矩阵，则下列每一个条件都与 $\boldsymbol{A}$ 是一个非奇异 M 矩阵等价：

(1)存在正对角矩阵 $\boldsymbol{D}$ 使得 $\boldsymbol{AD}+\boldsymbol{DA}^{\mathrm{T}}$ 正定；

(2)$\boldsymbol{A}$ 的对角元素都为正，且存在一个正对角矩阵 $\boldsymbol{D}$ 使得 $\boldsymbol{D}^{-1}\boldsymbol{AD}$ 是严格对角占优的.

习题 1.19　给定方程 $\boldsymbol{x}^{\mathrm{T}}\boldsymbol{Ax}+2\boldsymbol{b}^{\mathrm{T}}\boldsymbol{x}=1$，其中

$$\boldsymbol{A}=\begin{bmatrix}0&0&1\\0&1&0\\1&0&0\end{bmatrix},\quad \boldsymbol{b}=\begin{bmatrix}\sqrt{2}\\0\\-\sqrt{2}\end{bmatrix},$$

将该方程正交标准化并编写 Matlab 程序绘制原图形和标准化后的图形.

习题 1.20　给定方程 $\boldsymbol{x}^{\mathrm{T}}\boldsymbol{Ax}+2\boldsymbol{b}^{\mathrm{T}}\boldsymbol{x}=1$，其中

$$\boldsymbol{A}=\begin{bmatrix}2&0&0\\0&-1&-1\\0&-1&-1\end{bmatrix},\quad \boldsymbol{b}=\frac{\sqrt{2}}{2}\begin{bmatrix}0\\-1\\1\end{bmatrix},$$

将该方程正交标准化并编写 Matlab 程序绘制原图形和标准化后的图形.

习题 1.21　给定方程 $\boldsymbol{x}^{\mathrm{T}}\boldsymbol{Ax}+2\boldsymbol{b}^{\mathrm{T}}\boldsymbol{x}=1$，其中

$$\boldsymbol{A}=\begin{bmatrix}2&0&0\\0&-1&-1\\0&-1&-1\end{bmatrix},\quad \boldsymbol{b}=\begin{bmatrix}1\\0\\0\end{bmatrix},$$

将该方程正交标准化并编写 Matlab 程序绘制原图形和标准化后的图形.

习题 1.22　给定二次方程 $\boldsymbol{x}^{\mathrm{T}}\boldsymbol{Ax}+2\boldsymbol{b}^{\mathrm{T}}\boldsymbol{x}=1$，其中 $\boldsymbol{A}\in\mathbf{R}^{2\times2}$，$\boldsymbol{A}^{\mathrm{T}}=\boldsymbol{A}$，$\boldsymbol{b}\in\mathbf{R}^{2}$，根据 $\boldsymbol{A}$ 的特征值试将该二次方程所对应的二次曲线进行分类.

习题 1.23　借助程序 1.7.2 观察仿射变换 $\boldsymbol{y}=\boldsymbol{Ax}+\boldsymbol{b}$，其中 $\boldsymbol{b}=\boldsymbol{0}$，而 $\boldsymbol{A}$ 分别取 $\begin{bmatrix}1&0\\0&0\end{bmatrix}$，$\begin{bmatrix}0&0\\0&1\end{bmatrix}$，$\begin{bmatrix}0&1\\0&0\end{bmatrix}$，$\begin{bmatrix}0&0\\1&0\end{bmatrix}$，$\begin{bmatrix}1&1\\1&1\end{bmatrix}$，$\begin{bmatrix}1&1\\-1&-1\end{bmatrix}$，$\begin{bmatrix}-1&-1\\1&1\end{bmatrix}$，$\begin{bmatrix}-1&1\\-1&1\end{bmatrix}$，$\begin{bmatrix}1&-1\\1&-1\end{bmatrix}$ 时的仿射变换结果.

习题 1.24 借助程序 1.7.2 观察字母 F 经仿射变换 $\boldsymbol{y}=\boldsymbol{A}\boldsymbol{x}+\boldsymbol{b}$ 后的结果,其中

$$\boldsymbol{A}=\begin{bmatrix}0.2 & 0.3\\ -0.4 & -0.1\end{bmatrix},\boldsymbol{b}=\begin{bmatrix}0.6\\ -0.5\end{bmatrix}.$$

习题 1.25 借助程序 1.7.3 观察 $\boldsymbol{v}=\frac{1}{3}[1\quad 1\quad 1]^{\mathrm{T}}$ 分别绕 x 轴、y 轴和 z 轴逆时针旋转一周的结果.

习题 1.26 给定一个三阶正交矩阵

$$\boldsymbol{R}=\frac{1}{4}\begin{bmatrix}0 & 2\sqrt{2} & 2\sqrt{2}\\ -2 & -\sqrt{6} & \sqrt{6}\\ 2\sqrt{3} & -\sqrt{2} & \sqrt{2}\end{bmatrix},$$

试将 $\boldsymbol{R}$ 分解成如下三个旋转矩阵乘积形式

$$\boldsymbol{R}=\begin{bmatrix}1 & 0 & 0\\ 0 & \cos\theta_x & \sin\theta_x\\ 0 & -\sin\theta_x & \cos\theta_x\end{bmatrix}\begin{bmatrix}\cos\theta_y & 0 & \sin\theta_y\\ 0 & 1 & 0\\ -\sin\theta_y & 0 & \cos\theta_y\end{bmatrix}\begin{bmatrix}\cos\theta_z & \sin\theta_z & 0\\ -\sin\theta_z & \cos\theta_z & 0\\ 0 & 0 & 1\end{bmatrix},$$

同时求出 Tait-Bryan 角,$\theta_x,\theta_y,\theta_z$,其中 $\theta_x\in[0,2\pi)$,$\theta_y\in\left[-\frac{\pi}{2},\frac{\pi}{2}\right]$,$\theta_z\in[0,2\pi)$.

习题 1.27 证明在 $\boldsymbol{P}^2$ 中通过两个点 $\boldsymbol{x}$、$\boldsymbol{y}$ 的直线可以用 $\boldsymbol{l}=\boldsymbol{x}\times\boldsymbol{y}$ 表示,两条直线 $\boldsymbol{l}$ 与 $\boldsymbol{m}$ 的交点可以用 $\boldsymbol{x}=\boldsymbol{l}\times\boldsymbol{m}$ 表示.

习题 1.28 证明射影变换具有密切性:如果点 $\boldsymbol{u}$ 与超平面 $\boldsymbol{a}$ 是密切的,即 $\boldsymbol{a}^{\mathrm{T}}\boldsymbol{u}=0$,那么经过射影变换后仍然是密切的,即 $\boldsymbol{a}'^{\mathrm{T}}\boldsymbol{u}'=0$.

习题 1.29 假设 $\boldsymbol{a}=[a_1,a_2,a_3]^{\mathrm{T}}$ 和 $\boldsymbol{b}=[b_1,b_2,b_3]^{\mathrm{T}}$ 是 $\mathbf{R}^3$ 中的向量,证明 $\boldsymbol{a}\times\boldsymbol{b}$ 可以表示成一个反对称矩阵与一个向量的乘积形式,即

$$\boldsymbol{a}\times\boldsymbol{b}=[\boldsymbol{a}]_\times\boldsymbol{b}=\begin{bmatrix}0 & -a_3 & a_2\\ a_3 & 0 & -a_1\\ -a_2 & a_1 & 0\end{bmatrix}\begin{bmatrix}b_1\\ b_2\\ b_3\end{bmatrix},$$

$$\boldsymbol{a}\times\boldsymbol{b}=[\boldsymbol{b}]_\times^{\mathrm{T}}\boldsymbol{a}=\begin{bmatrix}0 & b_3 & -b_2\\ -b_3 & 0 & b_1\\ b_2 & -b_1 & 0\end{bmatrix}\begin{bmatrix}a_1\\ a_2\\ a_3\end{bmatrix},$$

其中

$$[\boldsymbol{a}]_\times=\begin{bmatrix}0 & -a_3 & a_2\\ a_3 & 0 & -a_1\\ -a_2 & a_1 & 0\end{bmatrix},[\boldsymbol{b}]_\times^{\mathrm{T}}=\begin{bmatrix}0 & b_3 & -b_2\\ -b_3 & 0 & b_1\\ b_2 & -b_1 & 0\end{bmatrix}.$$

习题 1.30 假设 $\boldsymbol{a}=[a_1,a_2,a_3]^{\mathrm{T}}$ 和 $\boldsymbol{b}=[b_1,b_2,b_3]^{\mathrm{T}}$ 是 $\mathbf{R}^3$ 中的向量,$\boldsymbol{c}=\boldsymbol{a}\times\boldsymbol{b}$,证明:(1)$[\boldsymbol{a}]_{\times,i}=\boldsymbol{a}\times\boldsymbol{e}_i$,$i=1,2,3$,其中$[\boldsymbol{a}]_{\times,i}$表示$[\boldsymbol{a}]_\times$的第 i 列,$\boldsymbol{e}_i$ 为第 i 个分量为 1、其他分量为 0 的三维单位向量;(2) $[\boldsymbol{a}]_\times=\sum_{i=1}^{3}(\boldsymbol{a}\times\boldsymbol{e}_i)\boldsymbol{e}_i^{\mathrm{T}}$;(3)$[\boldsymbol{c}]_\times=\boldsymbol{b}\boldsymbol{a}^{\mathrm{T}}-\boldsymbol{a}\boldsymbol{b}^{\mathrm{T}}$.

习题 1.31　证明广义 Sherman-Morrison 公式：假定 $\boldsymbol{A}\in\mathbf{R}^{n\times n}$ 是一个可逆方阵，$\boldsymbol{U}\in\mathbf{R}^{n\times k}$，$\boldsymbol{V}\in\mathbf{R}^{k\times n}$，$\boldsymbol{B}=\boldsymbol{A}+\boldsymbol{UV}$，若 $\boldsymbol{E}_k+\boldsymbol{VA}^{-1}\boldsymbol{U}$ 可逆，则 $\boldsymbol{B}$ 可逆，且

$$\boldsymbol{B}^{-1}=\boldsymbol{A}^{-1}-\boldsymbol{A}^{-1}\boldsymbol{U}(\boldsymbol{E}_k+\boldsymbol{VA}^{-1}\boldsymbol{U})^{-1}\boldsymbol{VA}^{-1}.$$

特别当 $\boldsymbol{A}=\boldsymbol{E}$ 时，可得该公式的特殊形式：$\boldsymbol{U}\in\mathbf{R}^{n\times k}$，$\boldsymbol{V}\in\mathbf{R}^{k\times n}$，$\boldsymbol{B}=\boldsymbol{E}+\boldsymbol{UV}$，若 $\boldsymbol{E}_k+\boldsymbol{VU}$ 可逆，则 $\boldsymbol{B}$ 可逆，且

$$\boldsymbol{B}^{-1}=\boldsymbol{E}-\boldsymbol{U}(\boldsymbol{E}_k+\boldsymbol{VU})^{-1}\boldsymbol{V}.$$

第 2 章　线性空间与线性变换

2.1　引　　言

在中学及大学所学的数学课程中，空间解析几何与线性代数是两门重要的基础课.而在这两门课程中有一个共同的概念就是向量的概念，其来源的背景主要是为了研究物理学中一些既有方向又有大小的物理量，例如在运动学中速度、加速度的概念，在动力学中力、力矩、动量的概念，除此之外，在物理学乃至其他学科也存在着大量的既有方向又有大小的量.为此，在空间解析几何中将这些物理量的量纲属性抛弃而抽象地定义一个数学量，即向量的概念，而将向量与向量之间的关系抽象成线性运算.线性运算包括两种运算，即加法运算和数乘运算.加法运算的定义体现了两个具有相同量纲的物理向量按照叠加原理所构成叠加关系，例如两个不同方向的力$\boldsymbol{F}_1$与$\boldsymbol{F}_2$的合成即以叠加原理构成新的合力 $\boldsymbol{F}$，如图 2.1.1(a)所示.数乘运算的定义体现了两个同方向且具有相同量纲的物理向量的强度关系，例如两个同方向的力$\boldsymbol{F}_1$与$\boldsymbol{F}_2$满足$\boldsymbol{F}_1=k\boldsymbol{F}_2$，其中 k 为常数，如图 2.1.1(b)所示；另外数乘运算的定义还可以体现两个同方向但具有不同量纲的物理向量的强度关系，其中最著名的就是牛顿第二定律，如图 2.1.1(c)所示 $\boldsymbol{F}=m\boldsymbol{a}$，其中 $\boldsymbol{F}$ 表示作用在质点上的力，m 表示质点的质量，$\boldsymbol{a}$ 表示质点由力 $\boldsymbol{F}$ 引起的加速度.在研究以物理为背景的向量的性质时，不能忘记这些向量所在的空间场所，即平面空间和三维立体空间.尽管在这两个空间中向量线性运算的几何形式非常直观，但是对于一些较复杂的计算问题相对变得比较困难，为此，需要引入坐标系.最一般的是分别在平面上和三维空间中引入仿射坐标系，从而使平面上的任何一个向量与一个二维实数对相对应，且平面上的线性运算分别对应于二维实数对的线性运算，同时也使三维立体空间中的任何一个向量与一个三维实数对相对应，且空间中的线性运算分别对应于三维实数对的线性运算.由于平面二维问题是立体三维问题的特殊情况，因此这里仅将立体三维问题的运算结构给予详述.

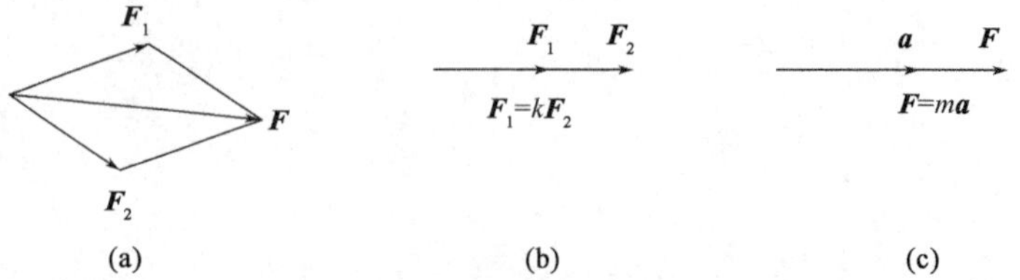

图 2.1.1　力的合成，力的强度关系与牛顿第二定律示意图

对于给定的一个三维立体空间 $\boldsymbol{S}$，首先在 $\boldsymbol{S}$ 上确定一个原点 o，任给三个从原点出发而又不在同一平面的三个向量 $\boldsymbol{\alpha}_1,\boldsymbol{\alpha}_2,\boldsymbol{\alpha}_3$(用代数语言称 $\boldsymbol{\alpha}_1,\boldsymbol{\alpha}_2,\boldsymbol{\alpha}_3$ 线性无关)作为三维立体空间 $\boldsymbol{S}$

上的仿射坐标系，于是对于任意向量 $\boldsymbol{\alpha}\in\boldsymbol{S}$，都有 $\boldsymbol{\alpha}=x_1\boldsymbol{\alpha}_1+x_2\boldsymbol{\alpha}_2+x_3\boldsymbol{\alpha}_3$，其中 x_1,x_2,x_3 是由 $\boldsymbol{\alpha}$ 唯一确定的三元实数组.

为了便于观察三维立体空间 $\boldsymbol{S}$ 与 $\mathbf{R}^3=\left\{\begin{bmatrix}x_1\\x_2\\x_3\end{bmatrix}\middle| x_1,x_2,x_3\in\mathbf{R}\right\}$的对应关系，将向量 $\boldsymbol{\alpha}$ 表示成

$$\boldsymbol{\alpha}=x_1\boldsymbol{\alpha}_1+x_2\boldsymbol{\alpha}_2+x_3\boldsymbol{\alpha}_3=\{\boldsymbol{\alpha}_1,\boldsymbol{\alpha}_2,\boldsymbol{\alpha}_3\}\begin{bmatrix}x_1\\x_2\\x_3\end{bmatrix}=\boldsymbol{B}_\alpha\boldsymbol{x},$$

其中 $\boldsymbol{B}_\alpha=\{\boldsymbol{\alpha}_1,\boldsymbol{\alpha}_2,\boldsymbol{\alpha}_3\}$称为 $\boldsymbol{S}$ 的仿射坐标系或称为 $\boldsymbol{S}$ 的基，$\boldsymbol{x}=\begin{bmatrix}x_1\\x_2\\x_3\end{bmatrix}\in\mathbf{R}^3$ 称为向量 $\boldsymbol{\alpha}$ 在基 $\boldsymbol{B}_\alpha$ 下对应的坐标(或称 $\mathbf{R}^3$ 中的元素). 于是，三维立体空间 $\boldsymbol{S}$ 上的向量与 $\mathbf{R}^3$ 中的元素建立了一一对应关系，用数学符号表示为

$$\boldsymbol{S}\xrightarrow{\boldsymbol{B}_\alpha}\mathbf{R}^3,$$
$$\boldsymbol{\alpha}\longrightarrow\boldsymbol{x}.$$

另外，在三维立体空间 $\boldsymbol{S}$ 上还可以对应 $\mathbf{R}^3$ 中向量的线性运算.

(1)加法运算：$\forall\,\boldsymbol{\alpha},\boldsymbol{\beta}\in\boldsymbol{S}$，有

$$\boldsymbol{\alpha}=x_1\boldsymbol{\alpha}_1+x_2\boldsymbol{\alpha}_2+x_3\boldsymbol{\alpha}_3=\boldsymbol{B}_\alpha\begin{bmatrix}x_1\\x_2\\x_3\end{bmatrix}=\boldsymbol{B}_\alpha\boldsymbol{x},\quad \boldsymbol{\beta}=y_1\boldsymbol{\alpha}_1+y_2\boldsymbol{\alpha}_2+y_3\boldsymbol{\alpha}_3=\boldsymbol{B}_\alpha\begin{bmatrix}y_1\\y_2\\y_3\end{bmatrix}=\boldsymbol{B}_\alpha\boldsymbol{y},$$

经计算得

$$\boldsymbol{\alpha}+\boldsymbol{\beta}=\boldsymbol{B}_\alpha(\boldsymbol{x}+\boldsymbol{y}),\boldsymbol{x}+\boldsymbol{y}=\begin{bmatrix}x_1+y_1\\x_2+y_2\\x_3+y_3\end{bmatrix}\in\mathbf{R}^3.$$

(2)数乘运算：$\forall\,\boldsymbol{\alpha}\in\boldsymbol{S}$，$\forall\,k\in\mathbf{R}$，有

$$\boldsymbol{\alpha}=x_1\boldsymbol{\alpha}_1+x_2\boldsymbol{\alpha}_2+x_3\boldsymbol{\alpha}_3=\boldsymbol{B}_\alpha\begin{bmatrix}x_1\\x_2\\x_3\end{bmatrix}=\boldsymbol{B}_\alpha\boldsymbol{x},$$

经计算得

$$k\boldsymbol{\alpha}=\boldsymbol{B}_\alpha k\boldsymbol{x},\qquad k\boldsymbol{x}=\begin{bmatrix}kx_1\\kx_2\\kx_3\end{bmatrix}\in\mathbf{R}^3,$$

于是，三维立体空间 $\boldsymbol{S}$ 上的向量与 $\mathbf{R}^3$ 中的元素不仅建立了一一对应关系，而且还建立了线性运算的对应关系，用数学符号表示为

$$S \xrightarrow{B_\alpha} \mathbf{R}^3,$$
$$\boldsymbol{\alpha} \longrightarrow \boldsymbol{x},$$
$$\boldsymbol{\beta} \longrightarrow \boldsymbol{y},$$
$$\boldsymbol{\alpha}+\boldsymbol{\beta} \longrightarrow \boldsymbol{x}+\boldsymbol{y},$$
$$k\boldsymbol{\alpha} \longrightarrow k\boldsymbol{x}.$$

从代数角度讲,三维立体空间 S 与 $\mathbf{R}^3$ 被称为是同构的,即从线性运算的角度,可把三维立体空间 S 与 $\mathbf{R}^3$ 完全等同看待.这里需要说明的是,这个过程实现了几何形式到代数运算的转化,即直观表现到抽象计算的转化.

尽管在三维立体空间上有关线性运算的性质是比较简单的,但是为了便于推广有必要将其罗列如下:

三维立体空间 S 对于上述定义的向量加法运算和数乘运算是封闭的,即 $\forall \boldsymbol{\alpha},\boldsymbol{\beta}\in S$, $\forall k\in\mathbf{R}$ 满足 $\boldsymbol{\alpha}+\boldsymbol{\beta}\in S, k\boldsymbol{\alpha}\in S$,且满足如下运算规律(将如下八条运算规律统称**线性律**):

(1)交换律:对于 $\forall \boldsymbol{\alpha},\boldsymbol{\beta}\in S$,都有 $\boldsymbol{\alpha}+\boldsymbol{\beta}=\boldsymbol{\beta}+\boldsymbol{\alpha}$;

(2)结合律:对于 $\forall \boldsymbol{\alpha},\boldsymbol{\beta},\boldsymbol{\gamma}\in S$, $(\boldsymbol{\alpha}+\boldsymbol{\beta})+\boldsymbol{\gamma}=\boldsymbol{\alpha}+(\boldsymbol{\beta}+\boldsymbol{\gamma})$;

(3)零律:存在零向量 $\mathbf{0}$ 使得 $\forall \boldsymbol{\alpha}\in S, \boldsymbol{\alpha}+\mathbf{0}=\boldsymbol{\alpha}$;

(4)负元对偶律:对于 $\forall \boldsymbol{\alpha}\in S$, $\exists \boldsymbol{\beta}\in S$,使得 $\boldsymbol{\alpha}+\boldsymbol{\beta}=\mathbf{0}$,称 $\boldsymbol{\beta}$ 为 $\boldsymbol{\alpha}$ 的负元,并记为 $-\boldsymbol{\alpha}$;

(5)向量和分配律:对于 $\forall k\in\mathbf{R}$, $\forall \boldsymbol{\alpha},\boldsymbol{\beta}\in S$,都有 $k(\boldsymbol{\alpha}+\boldsymbol{\beta})=k\boldsymbol{\alpha}+k\boldsymbol{\beta}$;

(6)数量和分配律:对于 $\forall k,l\in\mathbf{R}$, $\forall \boldsymbol{\alpha}\in S$,都有 $(k+l)\boldsymbol{\alpha}=k\boldsymbol{\alpha}+l\boldsymbol{\alpha}$;

(7)数乘结合律:对于 $\forall k,l\in\mathbf{R}$, $\forall \boldsymbol{\alpha}\in S$,都有 $k(l\boldsymbol{\alpha})=(kl)\boldsymbol{\alpha}$;

(8)壹律:对于 $\forall \boldsymbol{\alpha}\in S, 1\in\mathbf{R}$,都有 $1\boldsymbol{\alpha}=\boldsymbol{\alpha}$.

由于三维立体空间 S 具有如上的运算形式及运算规律,因此称其为三维立体向量空间.由于描述三维立体空间 S 本质的基包含向量个数为 3,且其坐标分量均属于实数域 $\mathbf{R}$,所以三维立体空间 S 又称为三维实向量空间.尽管 $\mathbf{R}^3$ 与 S 中的元素属性不同,但是由于 $\mathbf{R}^3$ 与 S 具有完全相同的运算结构,因此也称 $\mathbf{R}^3$ 为三维实向量空间.

从代数的角度,可将 $\mathbf{R}^3$ 中的实数域 $\mathbf{R}$ 进一步推广成复数域 $\mathbf{C}$,从而构造

$$\mathbf{C}^3=\left\{\begin{bmatrix}x_1\\x_2\\x_3\end{bmatrix}\middle| x_1,x_2,x_3\in\mathbf{C}\right\},$$

其内部的元素称为三维复向量,并定义线性运算如下:

$$\forall \boldsymbol{x},\boldsymbol{y}\in\mathbf{C}^3, k\in\mathbf{C}, \boldsymbol{x}=\begin{bmatrix}x_1\\x_2\\x_3\end{bmatrix}, \boldsymbol{y}=\begin{bmatrix}y_1\\y_2\\y_3\end{bmatrix}, \boldsymbol{x}+\boldsymbol{y}\triangleq\begin{bmatrix}x_1+y_1\\x_2+y_2\\x_3+y_3\end{bmatrix}, k\boldsymbol{x}\triangleq\begin{bmatrix}kx_1\\kx_2\\kx_3\end{bmatrix},$$

容易验证 $\mathbf{C}^3$ 对上述定义的加法与数乘运算是封闭的,且满足如上八条线性律.同时,还可验证

$\boldsymbol{e}_1=\begin{bmatrix}1\\0\\0\end{bmatrix}, \boldsymbol{e}_2=\begin{bmatrix}0\\1\\0\end{bmatrix}, \boldsymbol{e}_3=\begin{bmatrix}0\\0\\1\end{bmatrix}$ 是 $\mathbf{C}^3$ 的一组基,即 $\forall \boldsymbol{x}=\begin{bmatrix}x_1\\x_2\\x_3\end{bmatrix}\in\mathbf{C}^3$,都有

$$\boldsymbol{x}=x_1\boldsymbol{e}_1+x_2\boldsymbol{e}_2+x_3\boldsymbol{e}_3=\{\boldsymbol{e}_1,\boldsymbol{e}_2,\boldsymbol{e}_3\}\begin{bmatrix}x_1\\x_2\\x_3\end{bmatrix}=\boldsymbol{B}_e\boldsymbol{x},$$

且表示法是唯一的，于是可将 $\mathbf{C}^3$ 称为三维复向量空间. 比较三维空间 $\mathbf{R}^3$ 与 $\mathbf{C}^3$ 可知，两个空间具有相同的维数但具有不同的数域，因此在此后讨论空间问题时，必须认清它们所在的数域.

在线性代数中，为了研究 n 元线性方程所存在的空间场所以及表现形式，将三维向量空间推广到 n 维向量空间是必要的，为此分别构造集合 $\mathbf{R}^n$ 与 $\mathbf{C}^n$ 为

$$\mathbf{R}^n=\left\{\begin{bmatrix}x_1\\x_2\\\vdots\\x_n\end{bmatrix}\middle|\,x_1,x_2,\cdots,x_n\in\mathbf{R}\right\}\text{和}\mathbf{C}^n=\left\{\begin{bmatrix}x_1\\x_2\\\vdots\\x_n\end{bmatrix}\middle|\,x_1,x_2,\cdots,x_n\in\mathbf{C}\right\}.$$

需要说明的是，为了方便起见，在线性代数中经常将列向量写成用行向量的转置表示，即 $\begin{bmatrix}x_1\\x_2\\\vdots\\x_n\end{bmatrix}=[x_1,x_2,\cdots,x_n]^{\mathrm{T}}$. 类似 $\mathbf{R}^3$ 与 $\mathbf{C}^3$ 的运算结构，可分别在 $\mathbf{R}^n$ 与 $\mathbf{C}^n$ 中定义线性运算，由于构造空间 $\mathbf{R}^n$ 与 $\mathbf{C}^n$ 的形式完全类似，所以这里仅就 $\mathbf{R}^n$ 的构造方式给以详述，

$$\forall\,\boldsymbol{x},\boldsymbol{y}\in\mathbf{R}^n,\quad k\in\mathbf{R},\quad \boldsymbol{x}=\begin{bmatrix}x_1\\x_2\\\vdots\\x_n\end{bmatrix},\quad \boldsymbol{y}=\begin{bmatrix}y_1\\y_2\\\vdots\\y_n\end{bmatrix},\quad \boldsymbol{x}+\boldsymbol{y}\triangleq\begin{bmatrix}x_1+y_1\\x_2+y_2\\\vdots\\x_n+y_n\end{bmatrix},\quad k\boldsymbol{x}\triangleq\begin{bmatrix}kx_1\\kx_2\\\vdots\\kx_n\end{bmatrix}.$$

容易验证 $\mathbf{R}^n$ 对上述定义的加法与数乘运算是封闭的，且满足如上八条线性律，因而也构成一个向量空间，用类似于 $\mathbf{R}^n$ 的线性运算定义形式，$\mathbf{C}^n$ 也构成一个向量空间. 事实上对于任何数域 $\boldsymbol{F}$ 上构造的集合

$$\boldsymbol{F}^n=\left\{\begin{bmatrix}x_1\\x_2\\\vdots\\x_n\end{bmatrix}\middle|\,x_1,x_2,\cdots,x_n\in\boldsymbol{F}\right\}.$$

用类似于 $\mathbf{R}^n$ 的线性运算定义形式，$\boldsymbol{F}^n$ 同样也构成一个向量空间. 出于对向量空间一般性的考虑，以下讨论均对 $\boldsymbol{F}^n$ 进行.

描述向量空间本质的一个重要的指标就是它的维数，而向量空间的维数是由它的基（或坐标系）所包含的向量个数确定的，对于二维和三维实向量空间可通过几何直观的方法给出空间的基或坐标系，但是对于向量空间 $\boldsymbol{F}^n$ 本质的刻画就不能用几何直观的方法加以描述，而只能通过代数的方法进行描述，为此需要引入线性相关与线性无关的概念.

定义 2.1.1　设 $\boldsymbol{\alpha}_1,\boldsymbol{\alpha}_2,\cdots,\boldsymbol{\alpha}_s\in\boldsymbol{F}^n$，若存在一组不全为零的数 $k_1,k_2,\cdots,k_s\in\boldsymbol{F}$，使得

$$k_1\boldsymbol{\alpha}+k_2\boldsymbol{\alpha}_2+\cdots+k_s\boldsymbol{\alpha}_s=\mathbf{0},\tag{2.1.1}$$

即 $\boldsymbol{\alpha}_1,\boldsymbol{\alpha}_2,\cdots,\boldsymbol{\alpha}_s$ 的线性组合为零,则称向量组 $\boldsymbol{\alpha}_1,\boldsymbol{\alpha}_2,\cdots,\boldsymbol{\alpha}_s$ 是线性相关的,否则称其为线性无关的.

在 $\boldsymbol{F}^n$ 中,显然 $\boldsymbol{e}_1=[1,0,\cdots,0]^{\mathrm{T}},\boldsymbol{e}_2=[0,1,\cdots,0]^{\mathrm{T}},\cdots,\boldsymbol{e}_n=[0,0,\cdots,1]^{\mathrm{T}}$ 是线性无关的.尽管在 $\boldsymbol{F}^n$ 中包含 n 个向量的线性无关向量组有无穷多,但是在 $\boldsymbol{F}^n$ 中任何 $n+1$ 个向量组成的向量组都是线性相关的,换句话说,一个线性无关的向量组所包含的向量个数最多是 n 个,为此将 $\boldsymbol{F}^n$ 称为数域 $\boldsymbol{F}$ 上的 n 维向量空间(表示为 $\dim\boldsymbol{F}^n=n$),而将 $\mathbf{R}^n$ 与 $\mathbf{C}^n$ 分别称为 n 维实向量空间与 n 维复向量空间.

在 $\boldsymbol{F}^n$ 中任意两个向量之间的位置关系都是相对的,因此若要将 $\boldsymbol{F}^n$ 中所有向量的位置确定下来,需要引入仿射坐标系或基底,从而使每一个向量有一个固定位置坐标.

定义 2.1.2 设 $\boldsymbol{\alpha}_1,\boldsymbol{\alpha}_2,\cdots,\boldsymbol{\alpha}_s\in\boldsymbol{F}^n$,如果它满足:

(1) $\boldsymbol{\alpha}_1,\boldsymbol{\alpha}_2,\cdots,\boldsymbol{\alpha}_s$ 线性无关;

(2)对 $\boldsymbol{F}^n$ 中任何一个向量都能写成 $\boldsymbol{\alpha}_1,\boldsymbol{\alpha}_2,\cdots,\boldsymbol{\alpha}_s$ 的线性组合形式,即 $\forall\boldsymbol{\alpha}\in\boldsymbol{F}^n$,都存在 $k_1,k_2,\cdots,k_s\in\boldsymbol{F}$,使得 $\boldsymbol{\alpha}=k_1\boldsymbol{\alpha}_1+k_2\boldsymbol{\alpha}_2+\cdots+k_s\boldsymbol{\alpha}_s$,则称 $\boldsymbol{\alpha}_1,\boldsymbol{\alpha}_2,\cdots,\boldsymbol{\alpha}_s$ 为 $\boldsymbol{F}^n$ 的一组基或基底.

由于在 $\boldsymbol{F}^n$ 中存在 n 个向量的线性无关,而且在 $\boldsymbol{F}^n$ 中任何 $n+1$ 个向量组成的向量组都是线性相关的,所以 $\boldsymbol{F}^n$ 中任何一个向量都可以由 $\boldsymbol{F}^n$ 中 n 个线性无关的向量线性表示,即 $\boldsymbol{F}^n$ 中的任何一组由 n 个向量组成的线性无关的向量组都是它的基,因此 $s=n$. 当然从中也可以看出 $\boldsymbol{F}^n$ 所包含的基有无穷多个,但是 $\boldsymbol{F}^n$ 的任何一组基所包含的向量个数都等于它的维数 n.

由上面可以看出,向量空间 $\boldsymbol{F}^n$ 中的元素是带有属性的,即它的元素都是数域 $\boldsymbol{F}$ 上的 n 维向量,自然地,人们会提出下面的问题,即能否将其属性进一步抛弃,更抽象地在一个集合上构造与 $\boldsymbol{F}^n$ 相同的运算结构,这也就是下一节要讨论的问题.

2.2 线性空间

上一节引出了在一个抽象集合上构造类似向量空间 $\boldsymbol{F}^n$ 运算结构的问题,下面仿照向量空间 F^n 的运算规律构建一般的线性空间.

定义 2.2.1 假设 $V\neq\varnothing$ 是给定的一个非空集合,任取元素 $\boldsymbol{\alpha},\boldsymbol{\beta},\boldsymbol{\gamma}\in V$(也称为 V 中的向量),$\boldsymbol{F}$ 是给定的一个数域,任取常数 $k,l\in\boldsymbol{F}$,满足下列条件:

(1)在 V 中定义一个加法运算,即当 $\boldsymbol{\alpha},\boldsymbol{\beta}\in V$ 时,有唯一的和 $\boldsymbol{\alpha}+\boldsymbol{\beta}\in V$(或称 V 对所定义的加法运算封闭),且加法满足如下运算规律:

①交换律:对于 $\forall\boldsymbol{\alpha},\boldsymbol{\beta}\in V$,都有 $\boldsymbol{\alpha}+\boldsymbol{\beta}=\boldsymbol{\beta}+\boldsymbol{\alpha}$;

②结合律:对于 $\forall\boldsymbol{\alpha},\boldsymbol{\beta},\boldsymbol{\gamma}\in V$,都有 $(\boldsymbol{\alpha}+\boldsymbol{\beta})+\boldsymbol{\gamma}=\boldsymbol{\alpha}+(\boldsymbol{\beta}+\boldsymbol{\gamma})$;

③零律:存在零向量 $\mathbf{0}$ 使得 $\forall\boldsymbol{\alpha}\in V,\boldsymbol{\alpha}+\mathbf{0}=\boldsymbol{\alpha}$;

④负元对偶律:对于 $\forall\boldsymbol{\alpha}\in V$,存在 $\boldsymbol{\beta}\in V$,使得 $\boldsymbol{\alpha}+\boldsymbol{\beta}=\mathbf{0}$,称 $\boldsymbol{\beta}$ 为 $\boldsymbol{\alpha}$ 的负元,并记为 $-\boldsymbol{\alpha}$.

(2)在 V 中定义一个数乘运算,即当 $\boldsymbol{\alpha}\in V,k\in\boldsymbol{F}$ 时,有唯一的 $k\boldsymbol{\alpha}\in V$(或称 V 对所定义的数乘运算封闭),且数乘满足如下运算规律:

⑤向量和分配律:对于 $\forall k\in\boldsymbol{F},\forall\boldsymbol{\alpha},\boldsymbol{\beta}\in V$,都有 $k(\boldsymbol{\alpha}+\boldsymbol{\beta})=k\boldsymbol{\alpha}+k\boldsymbol{\beta}$;

⑥数量和分配律:对于 $\forall k,l\in\boldsymbol{F},\forall\boldsymbol{\alpha}\in V$,都有 $(k+l)\boldsymbol{\alpha}=k\boldsymbol{\alpha}+l\boldsymbol{\alpha}$;

⑦数乘结合律：对于 $\forall k,l\in \boldsymbol{F}$，$\forall \boldsymbol{\alpha}\in V$，都有 $k(l\boldsymbol{\alpha})=(kl)\boldsymbol{\alpha}$；

⑧壹律：对于 $\forall \boldsymbol{\alpha}\in V$，$1\in \boldsymbol{F}$，$1\boldsymbol{\alpha}=\boldsymbol{\alpha}$.

则称 V 是数域 $\boldsymbol{F}$ 上的线性空间或向量空间，通常用符号 $V(\boldsymbol{F})$ 表示，有时也简写成 V.

需要说明的是：

(1) V 中定义的加法与数乘运算统称线性运算；

(2) V 中的线性运算满足的八条运算规律统称线性律；

(3) 在 $V(\boldsymbol{F})$ 中，当 $\boldsymbol{F}=\mathbf{R}$ 时，称 $V(\mathbf{R})$ 为实线性空间，当 $\boldsymbol{F}=\mathbf{C}$ 时，称 $V(\mathbf{C})$ 为复线性空间；

(4) 线性空间 $V(\boldsymbol{F})$ 中的零元素与任何元素对应的负元素都是唯一的；

(5) 由于上述定义是一种原则性定义，因此需要给出满足上述原则的例证.

例 2.2.1　由上一节的结果可知，向量空间 $\mathbf{R}^n$ 与 $\mathbf{C}^n$ 分别是实数域与复数域上的线性空间.

例 2.2.2　设 $P_n[x]$ 为数域 $\boldsymbol{F}$ 上次数不超过 n 的多项式组成的集合，在引入多项式的加法和数乘运算后构成一个线性空间.

证明：任取 $f,g\in P_n[x]$，由多项式的加法可知

$$f(x)=a_0+a_1x+\cdots+a_mx^m+a_{m+1}x^{m+1}+\cdots+a_nx^n,m\leqslant n\quad (a_{m+1}=\cdots=a_n=0),$$

$$g(x)=b_0+b_1x+\cdots+b_cx^c+b_{c+1}x^{c+1}+\cdots+b_nx^n,c\leqslant n\quad (b_{c+1}=\cdots=b_n=0),$$

$$f(x)+g(x)=(a_0+b_0)+(a_1+b_1)x+\cdots+(a_n+b_n)x^n.$$

显然 $f+g\in P_n[x]$，即 $P_n[x]$ 对多项式加法封闭. 任取 $f\in P_n[x]$，$\lambda\in \boldsymbol{F}$，再由多项式的数乘可知

$$\lambda f(x)=\lambda a_0+\lambda a_1x+\cdots+\lambda a_mx^m\in P_n[x],$$

即 $P_n[x]$ 对多项式数乘封闭.

另外，容易验证这两种运算满足八条线性律，因此 $P_n[x]$ 是数域 $\boldsymbol{F}$ 上的线性空间.

例 2.2.3　设 $P[x]$ 为数域 $\boldsymbol{F}$ 上的所有多项式组成的集合，按照例 2.2.2 中运算的定义，也容易验证 $P[x]$ 是数域 $\boldsymbol{F}$ 上的线性空间.

例 2.2.4　设 $J(y)=\left\{y:\frac{\mathrm{d}^2y}{\mathrm{d}x^2}+2\frac{\mathrm{d}y}{\mathrm{d}x}-3y=0\right\}$ 的集合，即齐次常微分方程 $\frac{\mathrm{d}^2y}{\mathrm{d}x^2}+2\frac{\mathrm{d}y}{\mathrm{d}x}-3y=0$ 的解集，容易验证它对函数的加法与数乘运算是封闭的，且满足八条线性律，因此，它也是一个线性空间.

例 2.2.5　设 $C[-\pi,\pi]$ 是区间 $[-\pi,\pi]$ 上所有连续函数组成的集合，容易验证它对连续函数的加法与数乘运算是封闭的，且满足八条线性律，因此它也是一个线性空间.

例 2.2.6　设 $\boldsymbol{F}^{m\times n}$ 为数域 $\boldsymbol{F}$ 上所有 $m\times n$ 的矩阵组成的集合，容易验证它对矩阵的加法与数乘运算是封闭的，且满足八条线性律，因此，它也是一个线性空间. 特别，当数域 $\boldsymbol{F}$ 分别取 $\boldsymbol{F}=\boldsymbol{R}$ 或 $\boldsymbol{F}=\mathbf{C}$ 时，则 $\mathbf{R}^{m\times n}$ 与 $\mathbf{C}^{m\times n}$ 也是线性空间. 另外，当取 $m=n$ 时，$\mathbf{R}^{n\times n}$ 与 $\mathbf{C}^{n\times n}$ 也是线性空间.

通过以上给出的例子可以看出，具有线性空间结构的集合有无穷多，显然这些线性空间的元素属性各有不同，自然地人们会提出以下问题：如何从本质上区分这些线性空间，或者说是否能够用某种体现线性空间本质的量对各种线性空间加以区分呢？回答是肯定的.

正如与 2.1 节中刻画数域 $\boldsymbol{F}$ 上的向量空间 $\boldsymbol{F}^n$ 一样，也是通过线性空间中线性无关的向量

个数对不同线性空间加以区分,为此需要如下一些相应的概念.

定义 2.2.2 设$V(\boldsymbol{F})$是数域$\boldsymbol{F}$上的一个线性空间,对于$\forall \boldsymbol{\alpha}_1,\boldsymbol{\alpha}_2,\cdots,\boldsymbol{\alpha}_s\in V(\boldsymbol{F})$,$\forall k_1,k_2,\cdots,k_s\in \boldsymbol{F}$,称$\boldsymbol{\alpha}=k_1\boldsymbol{\alpha}_1+k_2\boldsymbol{\alpha}_2+\cdots+k_s\boldsymbol{\alpha}_s$为向量组$\boldsymbol{\alpha}_1,\boldsymbol{\alpha}_2,\cdots,\boldsymbol{\alpha}_s$的一个线性组合,或者称向量$\boldsymbol{\alpha}$可以由向量组$\boldsymbol{\alpha}_1,\boldsymbol{\alpha}_2,\cdots,\boldsymbol{\alpha}_s$线性表示.

定义 2.2.3 设$V(\boldsymbol{F})$是数域$\boldsymbol{F}$上的一个线性空间,$\boldsymbol{\alpha}_1,\boldsymbol{\alpha}_2,\cdots,\boldsymbol{\alpha}_s\in V(\boldsymbol{F})$,若存在数域$\boldsymbol{F}$上的一组不全为零数$k_1,k_2,\cdots,k_s\in \boldsymbol{F}$使得

$$k_1\boldsymbol{\alpha}_1+k_2\boldsymbol{\alpha}_2+\cdots+k_s\boldsymbol{\alpha}_s=\boldsymbol{0}, \tag{2.2.1}$$

则称$\boldsymbol{\alpha}_1,\boldsymbol{\alpha}_2,\cdots,\boldsymbol{\alpha}_s\in V(\boldsymbol{F})$是线性相关的,否则称为线性无关的.

下面可以通过如下的定理给线性相关与线性无关概念一种解释.

定理 2.2.1 设$V(\boldsymbol{F})$是数域$\boldsymbol{F}$上的一个线性空间,任一向量组$\boldsymbol{\alpha}_1,\boldsymbol{\alpha}_2,\cdots,\boldsymbol{\alpha}_s\in V(\boldsymbol{F})$线性相关的充分必要条件为$\boldsymbol{\alpha}_1,\boldsymbol{\alpha}_2,\cdots,\boldsymbol{\alpha}_s\in V(\boldsymbol{F})$中至少有一个向量可以由其余向量线性表示.

证明:先证充分性:设向量组$\boldsymbol{\alpha}_1,\boldsymbol{\alpha}_2,\cdots,\boldsymbol{\alpha}_s\in V(\boldsymbol{F})$中至少有一个向量可以由其余向量线性表示,不妨设为$\boldsymbol{\alpha}_1$可以由其余向量线性表示,即$\boldsymbol{\alpha}_1=k_2\boldsymbol{\alpha}_2+\cdots+k_s\boldsymbol{\alpha}_s$,于是有$\boldsymbol{\alpha}_1-k_2\boldsymbol{\alpha}_2-\cdots-k_s\boldsymbol{\alpha}_s=\boldsymbol{0}$,显然这组向量系数不全为零,因而$\boldsymbol{\alpha}_1,\boldsymbol{\alpha}_2,\cdots,\boldsymbol{\alpha}_s\in V(\boldsymbol{F})$是线性相关的.

再证必要性:向量组$\boldsymbol{\alpha}_1,\boldsymbol{\alpha}_2,\cdots,\boldsymbol{\alpha}_s\in V(\boldsymbol{F})$为线性相关,则存在一组不全为零的数$k_1,k_2,\cdots,k_s\in \boldsymbol{F}$使得$k_1\boldsymbol{\alpha}_1+k_2\boldsymbol{\alpha}_2+\cdots+k_s\boldsymbol{\alpha}_s=\boldsymbol{0}$,不妨设$k_1\neq 0$,则有

$$\boldsymbol{\alpha}_1=-\frac{k_2}{k_1}\boldsymbol{\alpha}_2-\cdots-\frac{k_s}{k_1}\boldsymbol{\alpha}_s,$$

即$\boldsymbol{\alpha}_1$可以由其余向量线性表示.

该定理说明了对于任何一个线性无关的向量组$\boldsymbol{\alpha}_1,\boldsymbol{\alpha}_2,\cdots,\boldsymbol{\alpha}_s\in V(\boldsymbol{F})$,其中任何一个向量都不能由其余向量线性表示,即这些向量都是独立的.

对于一个给定的向量组$\boldsymbol{\alpha}_1,\boldsymbol{\alpha}_2,\cdots,\boldsymbol{\alpha}_s\in V(\boldsymbol{F})$是否线性相关通常需要对其进行判定,当然通过定义验证它们的相关性是直接的方法,除此之外,还可用待定系数法进行判定,即假设系数$k_1,k_2,\cdots,k_s\in \boldsymbol{F}$是未知的,求解方程$k_1\boldsymbol{\alpha}_1+k_2\boldsymbol{\alpha}_2+\cdots+k_s\boldsymbol{\alpha}_s=\boldsymbol{0}$,若其有非零解,则这个向量组是线性相关的,若只有零解,则这个向量组是线性无关的.

例 2.2.7 判断下列向量的线性相关性:

$$\boldsymbol{\alpha}_1=[1,1,1,1]^{\mathrm{T}},\quad \boldsymbol{\alpha}_2=[1,1,1,0]^{\mathrm{T}},\quad \boldsymbol{\alpha}_3=[1,1,0,0]^{\mathrm{T}}.$$

解:令$k_1\boldsymbol{\alpha}_1+k_2\boldsymbol{\alpha}_2+k_3\boldsymbol{\alpha}_3=\boldsymbol{0}$,将$\boldsymbol{\alpha}_1,\boldsymbol{\alpha}_2,\boldsymbol{\alpha}_3$代入该方程,则可得到方程组

$$\begin{bmatrix}1&1&1\\1&1&1\\1&1&0\\1&0&0\end{bmatrix}\begin{bmatrix}k_1\\k_2\\k_3\end{bmatrix}=\begin{bmatrix}0\\0\\0\\0\end{bmatrix},$$

此方程组只有零解,因此$\boldsymbol{\alpha}_1,\boldsymbol{\alpha}_2,\boldsymbol{\alpha}_3$线性无关.

例 2.2.8 判断$x^2-3x+1,x^2-3,3x+4\in P_2[x]$的线性相关性.

解:令$k_1(x^2-3x+1)+k_2(x^2-3)+k_3(3x+4)\equiv 0$,则有

$$(k_1+k_2)x^2+(-3k_1+3k_3)x+(k_1-3k_2+4k_3)\equiv 0,$$

于是有
$$\begin{cases}k_1+k_2=0,\\-3k_1+3k_3=0,\\k_1-3k_2+4k_3=0,\end{cases}$$

此方程组有非零解，因此这个向量组(多项式组)是线性相关的.

例 2.2.9　证明 $e^{-3x}, e^x \in J(y)=\left\{y:\frac{d^2y}{dx^2}+2\frac{dy}{dx}-3y=0\right\}$是线性无关的.

证明：首先易证 e^{-3x}, e^x 满足常微分方程$\frac{d^2y}{dx^2}+2\frac{dy}{dx}-3y=0$，因此 $e^{-3x}, e^x \in J(y)$. 其次证明 e^{-3x}, e^x 线性无关，为此假设 $k_1e^{-3x}+k_2e^x\equiv 0$，由于前一等式为恒等式，所以可分别取 $x=0,1$，则有$\begin{cases}k_1+k_2=0,\\ k_1e^{-3}+k_2e=0,\end{cases}$此方程组只有零解，因而 e^{-3x}, e^x 是线性无关的.

例 2.2.10　证明对于任一正整数 n，函数组

$$\frac{1}{2},\cos x,\sin x,\cdots,\cos(nx),\sin(nx)\in C[-\pi,\pi]$$

是线性无关的.

证明：设 $\frac{a_0}{2}+\sum_{i=1}^{n}[a_i\cos(ix)+b_i\sin(ix)]\equiv 0$，下面直接引用高等数学中的结果，

$$\int_{-\pi}^{\pi}\sin(ix)\cos(kx)\mathrm{d}x=0;$$

$$\int_{-\pi}^{\pi}\sin(ix)\sin(kx)\mathrm{d}x=\begin{cases}0 & i\neq k,\\ \pi & i=k\neq 0,\\ 0 & i=k=0;\end{cases}$$

$$\int_{-\pi}^{\pi}\cos(ix)\cos(kx)\mathrm{d}x=\begin{cases}0 & i\neq k,\\ \pi & i=k\neq 0,\\ 2\pi & i=k=0.\end{cases}$$

用 $\sin(kx), k=1,2,\cdots,n$ 乘等式$\frac{a_0}{2}+\sum_{i=1}^{n}[a_i\cos(ix)+b_i\sin(ix)]\equiv 0$ 的两边并对两边求从$-\pi$到 π 的定积分，则有 $\pi b_k=0, k=1,2,\cdots,n$，即 $b_k=0, k=1,2,\cdots,n$；另外，用 $\cos(kx), k=1,2,\cdots,n$ 乘等式 $\frac{a_0}{2}+\sum_{i=1}^{n}[a_i\cos(ix)+b_i\sin(ix)]\equiv 0$ 的两边并对两边求从$-\pi$ 到 π 的定积分，则有 $\pi a_k=0, k=1,2,\cdots,n$，即 $a_k=0, k=1,2,\cdots,n$，将 $a_k=0, k=1,2,\cdots,n$ 和 $b_k=0, k=1,2,\cdots,n$ 代回原方程，可得 $a_0=0$，因此$\frac{1}{2},\cos x,\sin x,\cdots\cos(nx),\sin(nx)\in C[-\pi,\pi]$是线性无关的.

注：*在微积分中，存在傅里叶级数展开问题，即假定 $f(x)\in C[-T,T]$或有有限个第一类间断点，则其可以展开成如下傅里叶级数形式*

$$f(x)=\frac{a_0}{2}+\sum_{n=1}^{\infty}\left[a_n\cos\left(\frac{n\pi x}{T}\right)+b_n\sin\left(\frac{n\pi x}{T}\right)\right], \tag{2.2.2}$$

其中

$$a_n=\frac{1}{T}\int_{-T}^{T}f(t)\cos\left(\frac{n\pi t}{T}\right)\mathrm{d}t, n=0,1,\cdots,$$

$$b_n=\frac{1}{T}\int_{-T}^{T}f(t)\sin\left(\frac{n\pi t}{T}\right)\mathrm{d}t, n=1,2,\cdots. \tag{2.2.3}$$

程序 2.2.1 计算傅里叶级数系数.

```
function [Y,error]=FourierApproximation(f,n,T)
xx=linspace(-T,T,104);
fval=feval(f,xx);
a0=1/T*integral(f,-T,T);
sum=a0/2;
for i=1:n
a(i)=1/T*integral(@(t)f(t).*cos(i*pi/T.*t),-T,T);
b(i)=1/T*integral(@(t)f(t).*sin(i*pi/T.*t),-T,T);
sum=sum+a(i).*cos(i*pi/T.*xx)+b(i).*sin(i*pi/T.*xx);
end
Y=sum;
error=norm(fval-Y);
plot(xx,fval,xx,Y,'r');
title('Fourier 级数展开的逼近效果')
```

程序2.2.1
(图2.2.1)

例 2.2.11 在 Matlab 上运行程序 2.2.1,可以观察函数 $f(x)=x\tanh x$ 在区间[−5,5]上当 $n=1,3,5,7$ 时傅里叶级数展开的逼近结果,参见图 2.2.1.

```
f=@x.*tanh(x);[Y,error]=FourierApproximation(f,n,5);%n=1,3,5,7
```

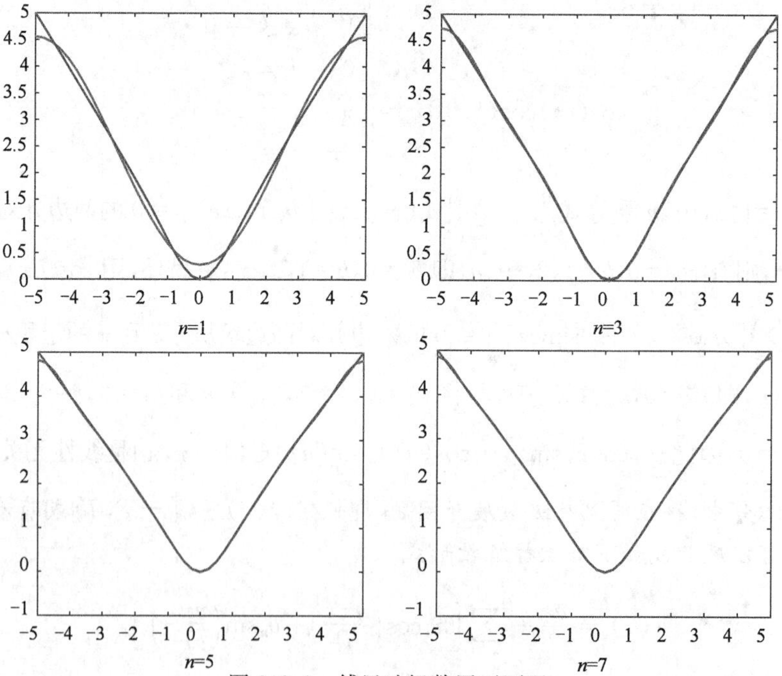

图 2.2.1 傅里叶级数展开逼近

定理 2.2.1 说明了线性无关的向量组中任何一个向量都是独立的,很自然地人们会问,在一个线性空间中彼此独立的向量个数最多有多少呢? 为此,给出如下的定义:

定义 2.2.2 若在线性空间 $V(\boldsymbol{F})$ 中,存在 n 个向量 $\boldsymbol{\alpha}_1,\boldsymbol{\alpha}_2,\cdots,\boldsymbol{\alpha}_n\in V(\boldsymbol{F})$ 是线性无关的,而对 $\forall\boldsymbol{\alpha}\in V(\boldsymbol{F})$,都使 $\boldsymbol{\alpha},\boldsymbol{\alpha}_1,\boldsymbol{\alpha}_2,\cdots,\boldsymbol{\alpha}_n\in V(\boldsymbol{F})$ 线性相关,则称 $V(\boldsymbol{F})$ 为有限维线性空间,且将 n

称为 $V(\boldsymbol{F})$ 的维数，记为 $\dim V(\boldsymbol{F})=n$，此时可将 $V(\boldsymbol{F})$ 写成 $V^n(\boldsymbol{F})$；若在线性空间 $V(\boldsymbol{F})$ 中，对任何一组线性无关的向量 $\boldsymbol{\alpha}_1,\boldsymbol{\alpha}_2,\cdots,\boldsymbol{\alpha}_n\in V(\boldsymbol{F})$，都存在某一个向量 $\boldsymbol{\alpha}\in V(\boldsymbol{F})$，使得 $\boldsymbol{\alpha},\boldsymbol{\alpha}_1,\boldsymbol{\alpha}_2,\cdots,\boldsymbol{\alpha}_n\in V(\boldsymbol{F})$ 仍然线性无关，则称 $V(\boldsymbol{F})$ 为无穷维线性空间，记为 $\dim V(\boldsymbol{F})=+\infty$，此时可将 $V(\boldsymbol{F})$ 写成 $V^\infty(\boldsymbol{F})$.

从上述定义可以看出，在有限维空间中线性空间的维数就是该线性空间包含线性无关的最大向量个数，对于无穷维的线性空间，由于由任意有限个线性无关的向量组所包含的向量个数都不是最大的，因此可以认为无限维线性空间中包含有无穷多个向量线性无关. 下面通过以上定义给出由例 2.2.1 至例 2.2.6 线性空间的维数.

对于例 2.2.1，由上一节，已经知道 $\mathbf{R}^n$ 与 $\mathbf{C}^n$ 是有限维线性空间，且 $\dim\mathbf{R}^n=n,\dim\mathbf{C}^n=n$；对于例 2.2.2，由于 $1,x,\cdots,x^n\in P_n[x]$ 是线性无关的，且 $\forall f(x)\in P_n[x]$，都有 $f(x)=a_0\cdot 1+a_1x+\cdots+a_nx^n$，即 $f(x),1,x,\cdots,x^n$ 是线性相关的，因此 $P_n[x]$ 是有限维线性空间，且 $\dim P_n[x]=n+1$；对于例 2.2.3，尽管对于任何的自然数 n，$1,x,\cdots,x^n\in P[x]$ 是线性无关的，但是总可以取 $x^{n+1}\in P[x]$，使得 $1,x,\cdots,x^n,x^{n+1}\in P[x]$ 仍然线性无关，因此 $P[x]$ 为无穷维线性空间；对于例 2.2.4，由于齐次常微分 $\dfrac{\mathrm{d}^2y}{\mathrm{d}x^2}+2\dfrac{\mathrm{d}y}{\mathrm{d}x}-3y=0$ 的通解为 $y=c_1\mathrm{e}^{-3x}+c_2\mathrm{e}^x$，其中 c_1,c_2 为任意常数，因此，在例 2.2.9 中的 $J(y)$ 可以表示成集合 $\{y:y=c_1\mathrm{e}^{-3x}+c_2\mathrm{e}^x\}$，另外由于 $\mathrm{e}^{-3x},\mathrm{e}^x$ 是线性无关的，由此说明 $y,\mathrm{e}^{-3x},\mathrm{e}^x\in J(y)$ 是线性相关的，因此 $J(y)$ 是有限维的线性空间，且 $\dim J(y)=2$；对于例 2.2.5，由例 2.2.10 可知对于任一正整数 n，都可在 $\dfrac{1}{2},\cos x,\sin x,\cdots,\cos(nx),\sin(nx)\in C[-\pi,\pi]$ 的基础上添加

$$\cos[(n+1)x],\sin[(n+1)x]\in C[-\pi,\pi],$$

使得 $\dfrac{1}{2},\cos x,\sin x,\cdots,\cos(nx),\sin(nx),\cos[(n+1)x],\sin[(n+1)x]\in C[-\pi,\pi]$，仍然线性无关，所以 $C[-\pi,\pi]$ 是无穷维线性空间；对于例 2.2.6，取

$$\boldsymbol{E}_{ij}\in\boldsymbol{F}^{m\times n},\quad i=1,2,\cdots m,\quad j=1,2,\cdots,n,$$

其中 $\boldsymbol{E}_{ij}$ 是在第 i 行第 j 列的元素为 1、而其他位置的元素均为 0 的 $m\times n$ 的矩阵，容易证明它们是线性无关的，另外 $\forall\boldsymbol{A}=[a_{ij}]\in\boldsymbol{F}^{m\times n}$，都有 $\boldsymbol{A}=\sum\limits_{i=1}^{m}\sum\limits_{j=1}^{n}a_{ij}\boldsymbol{E}_{ij}$，所以 $\boldsymbol{F}^{m\times n}$ 是有限维的线性空间，且 $\dim\boldsymbol{F}^{m\times n}=mn$.

需要说明的是，本书主要讨论有限维线性空间问题，因此在后面，除非特殊声明，所讨论的线性空间都是指有限维的线性空间.

2.3　线性空间的基及其元素在基下对应的坐标

正如与 2.1 节中刻画向量空间 $\boldsymbol{F}^n$ 一样，对于一般的线性空间，除了需要从整体上描述它的本质(线性空间的维数)之外，还需对其内部的元素或向量加以描述，由于不同的线性空间元素的属性各有不同，且任意两个元素之间的位置关系都是相对的，因此，为了能对线性空间作

一般性的讨论,需要将其中的元素位置确定并将其用数量化指标表示,而这一过程是通过引入线性空间的基(或仿射坐标系)加以实现.

定义 2.3.1 设 $V(\boldsymbol{F})$ 是数域 $\boldsymbol{F}$ 上的线性空间,任取 $\boldsymbol{\alpha}_1,\boldsymbol{\alpha}_2,\cdots,\boldsymbol{\alpha}_s\in V(\boldsymbol{F})$,如果满足:

(1)$\boldsymbol{\alpha}_1,\boldsymbol{\alpha}_2,\cdots,\boldsymbol{\alpha}_s\in V(\boldsymbol{F})$ 线性无关;

(2)对于 $\forall\boldsymbol{\alpha}\in V(\boldsymbol{F})$,都有 $\boldsymbol{\alpha}=k_1\boldsymbol{\alpha}_1+k_2\boldsymbol{\alpha}_2+\cdots+k_s\boldsymbol{\alpha}_s$,

则称 $\boldsymbol{\alpha}_1,\boldsymbol{\alpha}_2,\cdots,\boldsymbol{\alpha}_s\in V(\boldsymbol{F})$ 是线性空间 $V(\boldsymbol{F})$ 的一个基底或基,并称其中的每一个向量为基向量.

由有限维线性空间的维数定义与基的定义,不难得出如下结论.

定理 2.3.1 有限维线性空间 $V^n(\boldsymbol{F})$ 的任何一组基所包含的向量数等于该空间的维数 n.

由上述定理,可以将上一节中例 2.2.1 至例 2.2.6 中几个有限维线性空间给出它们的基.

在 2.1 节已经知道 $\boldsymbol{e}_1=[1,0,\cdots,0]^{\mathrm{T}},\boldsymbol{e}_2=[0,1,\cdots,0]^{\mathrm{T}},\cdots,\boldsymbol{e}_n=[0,0,\cdots,1]^{\mathrm{T}}$ 是 $\boldsymbol{F}^n$ 的一组基;对于例 2.2.2,$1,x,\cdots,x^n\in P_n[x]$ 是 $P_n[x]$ 的一组基;对于例 2.2.4,$e^{-3x},e^x\in J(y)$ 是 $J(y)$ 的一组基;对于例 2.2.6,$E_{ij}\in\boldsymbol{F}^{m\times n},i=1,2,\cdots m,j=1,2,\cdots,n$ 是 $\boldsymbol{F}^{m\times n}$ 的一组基.

这里还需指出,在有限维线性空间(维数大于零)中,它的基通常不是唯一的.

例 2.3.1 对于线性空间 $P_n[x]$,任给 $n+1$ 个两两不同的节点 $x_0,x_1,\cdots,x_n$,构造如下 $n+1$ 个多项式

$$L_{n,k}(x)=\frac{\prod_{\substack{j=0\\j\neq k}}^{n}(x-x_j)}{\prod_{\substack{j=0\\j\neq k}}^{n}(x_k-x_j)},\quad k=0,1,\cdots,n.\tag{2.3.1}$$

可以证明(证明过程作为习题)这组多项式也是 $P_n[x]$ 的一组基,在数值分析中,将其称为 Lagrange 基函数.

Lagrange 基函数满足如下性质:

(1)$L_{n,k}(x_j)=\delta_{kj}=\begin{cases}1,k=j,\\0,k\neq j;\end{cases}$

(2) $f(x)=\sum\limits_{k=0}^{n}y_kL_{n,k}(x)$ 为过点 $(x_0,y_0),(x_1,y_1),\cdots,(x_n,y_n)$ 的次数不超过 n 的多项式.

在线性空间中引入基或仿射坐标系后,就可以确定线性空间中向量的位置坐标.

定义 2.3.2 设 $\boldsymbol{\alpha}_1,\boldsymbol{\alpha}_2,\cdots,\boldsymbol{\alpha}_n\in V^n(\boldsymbol{F})$ 是线性空间 $V^n(\boldsymbol{F})$ 中的一组基,对于 $\forall\boldsymbol{\alpha}\in V^n(\boldsymbol{F})$,由于有 $\boldsymbol{\alpha}=k_1\boldsymbol{\alpha}_1+k_2\boldsymbol{\alpha}_2+\cdots+k_n\boldsymbol{\alpha}_n$,其中 $k_1,k_2,\cdots,k_n\in\boldsymbol{F}$,为此称 $[k_1,k_2,\cdots,k_n]^{\mathrm{T}}\in\boldsymbol{F}^n$ 为向量 $\boldsymbol{\alpha}$ 在基 $\boldsymbol{\alpha}_1,\boldsymbol{\alpha}_2,\cdots,\boldsymbol{\alpha}_n\in V^n(\boldsymbol{F})$ 下对应的坐标.

在上述定义中,任何一个向量所对应的坐标都是唯一确定的,这一结论可由下面的定理给予阐述.

定理 2.3.2 设 $\boldsymbol{\alpha}_1,\boldsymbol{\alpha}_2,\cdots,\boldsymbol{\alpha}_n\in V^n(\boldsymbol{F})$ 是线性空间 $V^n(\boldsymbol{F})$ 中的一组基,则对于 $\forall\boldsymbol{\alpha}\in V^n(\boldsymbol{F})$,有唯一的表示 $\boldsymbol{\alpha}=k_1\boldsymbol{\alpha}_1+k_2\boldsymbol{\alpha}_2+\cdots+k_n\boldsymbol{\alpha}_n$.

证明:假设对 $\forall\boldsymbol{\alpha}\in V^n(\boldsymbol{F})$ 有以下两种表示

$$\boldsymbol{\alpha}=k_1\boldsymbol{\alpha}_1+k_2\boldsymbol{\alpha}_2+\cdots+k_n\boldsymbol{\alpha}_n,$$

$$\boldsymbol{\alpha}=l_1\boldsymbol{\alpha}_1+l_2\boldsymbol{\alpha}_2+\cdots+l_n\boldsymbol{\alpha}_n.$$

将上两式相减，可得

$$(k_1-l_1)\boldsymbol{\alpha}_1+(k_2-l_2)\boldsymbol{\alpha}_2+\cdots+(k_n-l_n)\boldsymbol{\alpha}_n=\mathbf{0}.$$

由于 $\boldsymbol{\alpha}_1,\boldsymbol{\alpha}_2,\cdots,\boldsymbol{\alpha}_n\in V^n(\boldsymbol{F})$ 是线性无关的，因此 $k_1=l_1,k_2=l_2,\cdots,k_n=l_n$.

由坐标的唯一性，可以将任意向量 $\boldsymbol{\alpha}\in V^n(\boldsymbol{F})$ 用其坐标给出其确定位置，同时也可以看出它们的对应关系. 为此，通常用如下的形式表示

$$\boldsymbol{\alpha}=k_1\boldsymbol{\alpha}_1+k_2\boldsymbol{\alpha}_2+\cdots+k_n\boldsymbol{\alpha}_n=\{\boldsymbol{\alpha}_1,\boldsymbol{\alpha}_2,\cdots,\boldsymbol{\alpha}_n\}\begin{bmatrix}k_1\\k_2\\\vdots\\k_n\end{bmatrix}=\boldsymbol{B}_\alpha\cdot\boldsymbol{x},\tag{2.3.2}$$

其中 $\boldsymbol{B}_\alpha=\{\boldsymbol{\alpha}_1,\boldsymbol{\alpha}_2,\cdots,\boldsymbol{\alpha}_n\}$ 表示线性空间 $V^n(\boldsymbol{F})$ 的基，$\boldsymbol{x}=[k_1,k_2,\cdots,k_n]^{\mathrm{T}}\in\boldsymbol{F}^n$ 表示向量 $\boldsymbol{\alpha}\in V^n(\boldsymbol{F})$ 的坐标. 于是，$\boldsymbol{B}_\alpha$ 可以看成 $\boldsymbol{F}^n\to V^n(\boldsymbol{F})$ 的一个映射，即

$$\begin{aligned}\boldsymbol{B}_\alpha:\boldsymbol{F}^n&\to V^n(\boldsymbol{F}),\\ \boldsymbol{x}&\longmapsto\boldsymbol{\alpha}=\boldsymbol{B}_\alpha\cdot\boldsymbol{x}.\end{aligned}$$

由于 $\forall\boldsymbol{\alpha}\in V^n(\boldsymbol{F})$，都有 $\boldsymbol{\alpha}=k_1\boldsymbol{\alpha}_1+k_2\boldsymbol{\alpha}_2+\cdots+k_n\boldsymbol{\alpha}_n=\boldsymbol{B}_\alpha\cdot\boldsymbol{x}$，所以 $\boldsymbol{B}_\alpha$ 是一个满射，再者，又对于 $\forall\boldsymbol{x},\boldsymbol{y}\in\boldsymbol{F}^n$ 且 $\boldsymbol{x}\neq\boldsymbol{y}$，由坐标的唯一性可知，$\boldsymbol{x},\boldsymbol{y}$ 分别对应的向量 $\boldsymbol{\alpha}=\boldsymbol{B}_\alpha\cdot\boldsymbol{x},\boldsymbol{\beta}=\boldsymbol{B}_\alpha\cdot\boldsymbol{y}$ 也不同，即 $\boldsymbol{\alpha}\neq\boldsymbol{\beta}$，所以 $\boldsymbol{B}_\alpha$ 又是单射，于是 $\boldsymbol{B}_\alpha$ 是 $\boldsymbol{F}^n\to V^n(\boldsymbol{F})$ 的一一映射，另外 $\boldsymbol{B}_\alpha$ 还保持了 $\boldsymbol{F}^n\to V^n(\boldsymbol{F})$ 线性运算的对应关系，即

$$\boldsymbol{B}_\alpha:\boldsymbol{F}^n\to V^n(\boldsymbol{F}),$$

若

$$\boldsymbol{x}\longmapsto\boldsymbol{\alpha}=\boldsymbol{B}_\alpha\cdot\boldsymbol{x},$$
$$\boldsymbol{y}\longmapsto\boldsymbol{\beta}=\boldsymbol{B}_\alpha\cdot\boldsymbol{y},$$

则

$$\boldsymbol{x}+\boldsymbol{y}\longmapsto\boldsymbol{\alpha}+\boldsymbol{\beta}=\boldsymbol{B}_\alpha\cdot\boldsymbol{x}+\boldsymbol{B}_\alpha\cdot\boldsymbol{y}=\boldsymbol{B}_\alpha\cdot(\boldsymbol{x}+\boldsymbol{y}),$$
$$k\boldsymbol{x}\longmapsto k\boldsymbol{\alpha}=k\boldsymbol{B}_\alpha\cdot\boldsymbol{x}=\boldsymbol{B}_\alpha\cdot(k\boldsymbol{x}),\ \forall k\in\boldsymbol{F}.$$

这里将上述结论称为两个线性空间 $\boldsymbol{F}^n$ 与 $V^n(\boldsymbol{F})$ 同构. 由于 $\boldsymbol{B}_\alpha$ 是 $\boldsymbol{F}^n\to V^n(\boldsymbol{F})$ 的一一映射，所以存在它的逆映射 $\boldsymbol{B}_\alpha^{-1}:V^n(\boldsymbol{F})\to\boldsymbol{F}^n$，这一对应关系体现了将 $V^n(\boldsymbol{F})$ 中的向量转变到 $\boldsymbol{F}^n$ 中的数量化过程，即抛弃 $V^n(\boldsymbol{F})$ 中的元素属性，同时还将 $V^n(\boldsymbol{F})$ 中具有某种属性的向量之间的线性运算转变成 $\boldsymbol{F}^n$ 中纯粹数量之间的线性运算.

应当指出，在一个线性空间中的基不是唯一的，因而同一向量在不同的基下所对应的坐标通常也不是唯一的. 为此有必要阐明基的转换关系以及同一向量在不同基下的坐标转换关系.

2.4　基的转换关系与坐标转换关系

2.4.1　线性空间中基的转换关系

设 $\boldsymbol{\alpha}_1,\boldsymbol{\alpha}_2,\cdots,\boldsymbol{\alpha}_n\in V^n(\boldsymbol{F}),\boldsymbol{\beta}_1,\boldsymbol{\beta}_2,\cdots,\boldsymbol{\beta}_n\in V^n(\boldsymbol{F})$ 是线性空间 $V^n(\boldsymbol{F})$ 中的两组基，则 $\boldsymbol{\beta}_1,\boldsymbol{\beta}_2,\cdots,\boldsymbol{\beta}_n\in V^n(\boldsymbol{F})$ 中的每一个向量可以由第一组基 $\boldsymbol{\alpha}_1,\boldsymbol{\alpha}_2,\cdots,\boldsymbol{\alpha}_n\in V^n(\boldsymbol{F})$ 线性表示，即

$$\begin{cases}\boldsymbol{\beta}_1=a_{11}\boldsymbol{\alpha}_1+a_{21}\boldsymbol{\alpha}_2+\cdots+a_{n1}\boldsymbol{\alpha}_n,\\ \boldsymbol{\beta}_2=a_{12}\boldsymbol{\alpha}_1+a_{22}\boldsymbol{\alpha}_2+\cdots+a_{n2}\boldsymbol{\alpha}_n,\\ \cdots\cdots\\ \boldsymbol{\beta}_n=a_{1n}\boldsymbol{\alpha}_1+a_{2n}\boldsymbol{\alpha}_2+\cdots+a_{nn}\boldsymbol{\alpha}_n.\end{cases}\tag{2.4.1}$$

将其用如下形式表示

$$\{\boldsymbol{\beta}_1,\boldsymbol{\beta}_2,\cdots,\boldsymbol{\beta}_n\}=\{\boldsymbol{\alpha}_1,\boldsymbol{\alpha}_2,\cdots,\boldsymbol{\alpha}_n\}\begin{bmatrix}a_{11}&a_{12}&\cdots&a_{1n}\\a_{21}&a_{22}&\cdots&a_{2n}\\\vdots&\vdots&&\vdots\\a_{n1}&a_{n2}&\cdots&a_{nn}\end{bmatrix}.$$

引入如下符号:$\boldsymbol{A}=[a_{ij}]\in\boldsymbol{F}^{n\times n}$,$\boldsymbol{B}_\alpha=\{\boldsymbol{\alpha}_1,\boldsymbol{\alpha}_2,\cdots,\boldsymbol{\alpha}_n\}$以及$\boldsymbol{B}_\beta=\{\boldsymbol{\beta}_1,\boldsymbol{\beta}_2,\cdots,\boldsymbol{\beta}_n\}$,则有

$$\boldsymbol{B}_\beta=\boldsymbol{B}_\alpha\cdot\boldsymbol{A}.\tag{2.4.2}$$

这里将$\boldsymbol{A}=[a_{ij}]\in\boldsymbol{F}^{n\times n}$称为由基$\boldsymbol{B}_\alpha=\{\boldsymbol{\alpha}_1,\boldsymbol{\alpha}_2,\cdots,\boldsymbol{\alpha}_n\}$到基$\boldsymbol{B}_\beta=\{\boldsymbol{\beta}_1,\boldsymbol{\beta}_2,\cdots,\boldsymbol{\beta}_n\}$的过渡矩阵,称式(2.4.2)为由基 $\boldsymbol{B}_\alpha$ 到基$\boldsymbol{B}_\beta$ 的基变换公式.

同理,$\boldsymbol{\alpha}_1,\boldsymbol{\alpha}_2,\cdots,\boldsymbol{\alpha}_n\in V^n(\boldsymbol{F})$中的每一个向量可以由第二组基 $\boldsymbol{\beta}_1,\boldsymbol{\beta}_2,\cdots,\boldsymbol{\beta}_n\in V^n(\boldsymbol{F})$线性表示,即

$$\begin{cases}\boldsymbol{\alpha}_1=b_{11}\boldsymbol{\beta}_1+b_{21}\boldsymbol{\beta}_2+\cdots+b_{n1}\boldsymbol{\beta}_n,\\ \boldsymbol{\alpha}_2=b_{12}\boldsymbol{\beta}_1+b_{22}\boldsymbol{\beta}_2+\cdots+b_{n2}\boldsymbol{\beta}_n,\\ \cdots\cdots\\ \boldsymbol{\alpha}_n=b_{1n}\boldsymbol{\beta}_1+b_{2n}\boldsymbol{\beta}_2+\cdots+b_{nn}\boldsymbol{\beta}_n.\end{cases}\tag{2.4.3}$$

引入符号 $\boldsymbol{B}=[b_{ij}]\in\boldsymbol{F}^{n\times n}$,类似式(2.4.2)形式有

$$\boldsymbol{B}_\alpha=\boldsymbol{B}_\beta\cdot\boldsymbol{B},\tag{2.4.4}$$

同样,将 $\boldsymbol{B}=[b_{ij}]\in\boldsymbol{F}^{n\times n}$称为由基$\boldsymbol{B}_\beta=\{\boldsymbol{\beta}_1,\boldsymbol{\beta}_2,\cdots,\boldsymbol{\beta}_n\}$到基$\boldsymbol{B}_\alpha=\{\boldsymbol{\alpha}_1,\boldsymbol{\alpha}_2,\cdots,\boldsymbol{\alpha}_n\}$的过渡矩阵,称式(2.4.4)为由基 $\boldsymbol{B}_\beta$ 到基$\boldsymbol{B}_\alpha$ 的基变换公式.

这里需要说明两点,首先在式(2.4.2)和式(2.4.4)中对应的矩阵是唯一的,其次这两个过程具有互逆性,体现在两个过渡矩阵上也具有互逆性.该结论可归述为如下定理:

定理 2.4.1 式(2.4.2)和式(2.4.4)中对应的矩阵 $\boldsymbol{A}$ 和 $\boldsymbol{B}$ 是唯一确定的,且 $\boldsymbol{A}$ 和 $\boldsymbol{B}$ 互为逆矩阵,即 $\boldsymbol{AB}=\boldsymbol{BA}=\boldsymbol{E}$,其中 $\boldsymbol{E}$ 为 n 阶单位矩阵.

证明:首先,矩阵 $\boldsymbol{A}$ 和 $\boldsymbol{B}$ 的唯一确定性可由式(2.4.1)和式(2.4.3)中坐标的唯一性给以证明.其次分别将式(2.4.2)代入式(2.4.4)以及将式(2.4.4)代入式(2.4.2),可得

$$\boldsymbol{B}_\alpha=\boldsymbol{B}_\alpha\cdot(\boldsymbol{AB})\text{和 }\boldsymbol{B}_\beta=\boldsymbol{B}_\beta\cdot(\boldsymbol{BA}),$$

另外 $\boldsymbol{B}_\alpha=\boldsymbol{B}_\alpha\cdot\boldsymbol{E}$ 以及 $\boldsymbol{B}_\beta=\boldsymbol{B}_\beta\cdot\boldsymbol{E}$,由过渡矩阵的唯一性可得 $\boldsymbol{AB}=\boldsymbol{BA}=\boldsymbol{E}$.

例 2.4.1 已知$\{\boldsymbol{e}_1,\boldsymbol{e}_2,\cdots,\boldsymbol{e}_n\}$和$\{\boldsymbol{y}_1,\boldsymbol{y}_2,\cdots,\boldsymbol{y}_n\}$分别 $\mathbf{R}^n$ 中的两组基,其中

$$\boldsymbol{e}_1=[1,0,\cdots,0]^{\mathrm{T}},\boldsymbol{e}_2=[0,1,\cdots,0]^{\mathrm{T}},\cdots,\boldsymbol{e}_n=[0,0,\cdots,1]^{\mathrm{T}},$$
$$\boldsymbol{y}_1=[1,0,\cdots,0]^{\mathrm{T}},\boldsymbol{y}_2=[1,1,\cdots,0]^{\mathrm{T}},\cdots,\boldsymbol{y}_n=[1,1,\cdots,1]^{\mathrm{T}},$$

求:(1)$\{\boldsymbol{e}_1,\boldsymbol{e}_2,\cdots,\boldsymbol{e}_n\}$到$\{\boldsymbol{y}_1,\boldsymbol{y}_2,\cdots,\boldsymbol{y}_n\}$的过渡矩阵;

(2)$\{\boldsymbol{y}_1,\boldsymbol{y}_2,\cdots,\boldsymbol{y}_n\}$到$\{\boldsymbol{e}_1,\boldsymbol{e}_2,\cdots,\boldsymbol{e}_n\}$的过渡矩阵.

解:由于

$$\begin{cases} \boldsymbol{y}_1=\boldsymbol{e}_1, \\ \boldsymbol{y}_2=\boldsymbol{e}_1+\boldsymbol{e}_2, \\ \cdots\cdots \\ \boldsymbol{y}_n=\boldsymbol{e}_1+\boldsymbol{e}_2+\cdots+\boldsymbol{e}_n, \end{cases}$$

即

$$\{\boldsymbol{y}_1,\boldsymbol{y}_2,\cdots,\boldsymbol{y}_n\}=\{\boldsymbol{e}_1,\boldsymbol{e}_2,\cdots,\boldsymbol{e}_n\}\begin{bmatrix} 1 & 1 & \cdots & 1 \\ 0 & 1 & \cdots & 1 \\ \vdots & \vdots & & \vdots \\ 0 & 0 & \cdots & 1 \end{bmatrix},$$

所以$\{\boldsymbol{e}_1,\boldsymbol{e}_2,\cdots,\boldsymbol{e}_n\}$到$\{\boldsymbol{y}_1,\boldsymbol{y}_2,\cdots,\boldsymbol{y}_n\}$的过渡矩阵为

$$\boldsymbol{A}=\begin{bmatrix} 1 & 1 & \cdots & 1 \\ 0 & 1 & \cdots & 1 \\ \vdots & \vdots & & \vdots \\ 0 & 0 & \cdots & 1 \end{bmatrix},$$

而$\{\boldsymbol{y}_1,\boldsymbol{y}_2,\cdots,\boldsymbol{y}_n\}$到$\{\boldsymbol{e}_1,\boldsymbol{e}_2,\cdots,\boldsymbol{e}_n\}$的过渡矩阵为$\boldsymbol{A}^{-1}$,求出其逆后为

$$\boldsymbol{A}^{-1}=\begin{bmatrix} 1 & -1 & 0 & \cdots 0 & 0 \\ 0 & 1 & -1 & \cdots 0 & 0 \\ \vdots & \vdots & & \vdots & \vdots \\ 0 & 0 & \cdots & 1 & -1 \\ 0 & 0 & \cdots & 0 & 1 \end{bmatrix}.$$

例 2.4.2　已知$\boldsymbol{B}_1=\{3,t-1,t^2+1\}$和$\boldsymbol{B}_2=\{2,t+1,t^2+t+2\}$是$P_2[t]$的两组基,求$\boldsymbol{B}_1$到$\boldsymbol{B}_2$的过渡矩阵.

解:取$P_2[t]$的一组基$\boldsymbol{B}_0=\{1,t,t^2\}$,先求$\boldsymbol{B}_0=\{1,t,t^2\}$到$\boldsymbol{B}_1=\{3,t-1,t^2+1\}$的过渡矩阵为

$$\boldsymbol{B}_1=\{3,t-1,t^2+1\}=\{1,t,t^2\}\begin{bmatrix} 3 & -1 & 1 \\ 0 & 1 & 0 \\ 0 & 0 & 1 \end{bmatrix}=\boldsymbol{B}_0\cdot\boldsymbol{A}, \tag{2.4.5}$$

再求$\boldsymbol{B}_0=\{1,t,t^2\}$到$\boldsymbol{B}_2=\{2,t+1,t^2+t+2\}$的过渡矩阵为

$$\boldsymbol{B}_2=\{2,t+1,t^2+t+2\}=\{1,t,t^2\}\begin{bmatrix} 2 & 1 & 2 \\ 0 & 1 & 1 \\ 0 & 0 & 1 \end{bmatrix}=\boldsymbol{B}_0\cdot\boldsymbol{B}, \tag{2.4.6}$$

由式(2.4.5)可得$\boldsymbol{B}_0=\boldsymbol{B}_1\cdot\boldsymbol{A}^{-1}$,将其代入式(2.4.6)得

$$\boldsymbol{B}_2=\boldsymbol{B}_1\cdot(\boldsymbol{A}^{-1}\boldsymbol{B}), \tag{2.4.7}$$

即$\boldsymbol{A}^{-1}\boldsymbol{B}$为$\boldsymbol{B}_1=\{3,t-1,t^2+1\}$到$\boldsymbol{B}_2=\{2,t+1,t^2+t+2\}$的过渡矩阵,求出

$$\boldsymbol{A}^{-1}\boldsymbol{B}=\frac{1}{3}\begin{bmatrix} 2 & 2 & 2 \\ 0 & 1 & 1 \\ 0 & 0 & 1 \end{bmatrix}.$$

例 2.4.3 求 $\mathbf{R}^3$ 中的基 $\boldsymbol{i}=[1,0,0]^{\mathrm{T}},\boldsymbol{j}=[0,1,0]^{\mathrm{T}},\boldsymbol{k}=[0,0,1]^{\mathrm{T}}$ 到另一组基

$$\boldsymbol{e}_r=[\sin\theta\cos\varphi\quad \sin\theta\sin\varphi\quad \cos\theta]^{\mathrm{T}},$$
$$\boldsymbol{e}_\theta=[\cos\theta\cos\varphi\quad \cos\theta\sin\varphi\quad -\sin\theta]^{\mathrm{T}},$$
$$\boldsymbol{e}_\varphi=[-\sin\varphi\quad \cos\varphi\quad 0]^{\mathrm{T}}$$

的过渡矩阵(注:此过渡矩阵即为高等数学中空间直角坐标系与球面坐标系之间的转换关系,其中 $0\leqslant\theta\leqslant\pi$ 称为仰角,$0\leqslant\varphi<2\pi$ 称为转角)以及$\{\boldsymbol{e}_r,\boldsymbol{e}_\theta,\boldsymbol{e}_\varphi\}$到$\{\boldsymbol{i},\boldsymbol{j},\boldsymbol{k}\}$的过渡矩阵(注:此过渡矩阵即为高等数学中球面坐标系与空间直角坐标系之间的转换关系).

解:由

$$\begin{cases}\boldsymbol{e}_r=\sin\theta\cos\varphi\boldsymbol{i}+\sin\theta\sin\varphi\boldsymbol{j}+\cos\theta\boldsymbol{k},\\ \boldsymbol{e}_\theta=\cos\theta\cos\varphi\boldsymbol{i}+\cos\theta\sin\varphi\boldsymbol{j}-\sin\theta\boldsymbol{k},\\ \boldsymbol{e}_\varphi=-\sin\varphi\boldsymbol{i}+\cos\varphi\boldsymbol{j},\end{cases}\tag{2.4.8}$$

可得

$$\{\boldsymbol{e}_r,\boldsymbol{e}_\theta,\boldsymbol{e}_\varphi\}=\{\boldsymbol{i},\boldsymbol{j},\boldsymbol{k}\}\begin{bmatrix}\sin\theta\cos\varphi & \cos\theta\cos\varphi & -\sin\varphi\\ \sin\theta\sin\varphi & \cos\theta\sin\varphi & \cos\varphi\\ \cos\theta & -\sin\theta & 0\end{bmatrix}=\{\boldsymbol{i},\boldsymbol{j},\boldsymbol{k}\}\boldsymbol{A}_{\theta,\varphi},$$

即 $\boldsymbol{A}_{\theta,\varphi}$ 为$\{\boldsymbol{i},\boldsymbol{j},\boldsymbol{k}\}$到$\{\boldsymbol{e}_r,\boldsymbol{e}_\theta,\boldsymbol{e}_\varphi\}$的过渡矩阵,此时 $\boldsymbol{A}_{\theta,\varphi}$ 为正交矩阵,所以 $\boldsymbol{A}_{\theta,\varphi}^{-1}=\boldsymbol{A}_{\theta,\varphi}^{\mathrm{T}}$,由此可得$\{\boldsymbol{e}_r,\boldsymbol{e}_\theta,\boldsymbol{e}_\varphi\}$到$\{\boldsymbol{i},\boldsymbol{j},\boldsymbol{k}\}$的过渡矩阵为

$$\boldsymbol{A}_{\theta,\varphi}^{-1}=\boldsymbol{A}_{\theta,\varphi}^{\mathrm{T}}=\begin{bmatrix}\sin\theta\cos\varphi & \sin\theta\sin\varphi & \cos\theta\\ \cos\theta\cos\varphi & \cos\theta\sin\varphi & -\sin\theta\\ -\sin\varphi & \cos\varphi & 0\end{bmatrix}.$$

2.4.2 坐标转换关系

设$\boldsymbol{B}_\alpha=\{\boldsymbol{\alpha}_1,\boldsymbol{\alpha}_2,\cdots,\boldsymbol{\alpha}_n\}$,$\boldsymbol{B}_\beta=\{\boldsymbol{\beta}_1,\boldsymbol{\beta}_2,\cdots,\boldsymbol{\beta}_n\}$是线性空间 $V^n(\boldsymbol{F})$中的两组基,$\boldsymbol{A}=[a_{ij}]\in\boldsymbol{F}^{n\times n}$称为由基$\boldsymbol{B}_\alpha=\{\boldsymbol{\alpha}_1,\boldsymbol{\alpha}_2,\cdots,\boldsymbol{\alpha}_n\}$到基$\boldsymbol{B}_\beta=\{\boldsymbol{\beta}_1,\boldsymbol{\beta}_2,\cdots,\boldsymbol{\beta}_n\}$的过渡矩阵,即 $\boldsymbol{B}_\beta=\boldsymbol{B}_\alpha\cdot\boldsymbol{A}$,任取一个元素 $\boldsymbol{\xi}\in V^n(\boldsymbol{F})$,则其分别在这两组基下对应两组坐标,即

$$\boldsymbol{\xi}=x_1\boldsymbol{\alpha}_1+x_2\boldsymbol{\alpha}_2+\cdots+x_n\boldsymbol{\alpha}_n=\{\boldsymbol{\alpha}_1,\boldsymbol{\alpha}_2,\cdots,\boldsymbol{\alpha}_n\}\begin{bmatrix}x_1\\ x_2\\ \vdots\\ x_n\end{bmatrix}=\boldsymbol{B}_\alpha\cdot\boldsymbol{x},$$

$$\boldsymbol{\xi}=y_1\boldsymbol{\beta}_1+y_2\boldsymbol{\beta}_2+\cdots+y_n\boldsymbol{\beta}_n=\{\boldsymbol{\beta}_1,\boldsymbol{\beta}_2,\cdots,\boldsymbol{\beta}_n\}\begin{bmatrix}y_1\\ y_2\\ \vdots\\ y_n\end{bmatrix}=\boldsymbol{B}_\beta\cdot\boldsymbol{y},$$

于是

$$\boldsymbol{\xi}=\boldsymbol{B}_\alpha\cdot\boldsymbol{x}=\boldsymbol{B}_\beta\cdot\boldsymbol{y},\tag{2.4.9}$$

将 $\boldsymbol{B}_\beta=\boldsymbol{B}_\alpha\cdot\boldsymbol{A}$ 代入式(2.4.9),有

$$\boldsymbol{\xi}=\boldsymbol{B}_\alpha\cdot\boldsymbol{x}=\boldsymbol{B}_\alpha\cdot(\boldsymbol{A}\boldsymbol{y}),$$

再由坐标的唯一性可得

$$\boldsymbol{x}=\boldsymbol{A}\boldsymbol{y},\tag{2.4.10}$$

或

$$\boldsymbol{y}=\boldsymbol{A}^{-1}\boldsymbol{x},\tag{2.4.11}$$

其中 $\boldsymbol{x},\boldsymbol{y}\in\boldsymbol{F}^n,\boldsymbol{A}=[a_{ij}]\in\boldsymbol{F}^{n\times n}$，这里将式(2.4.10)和式(2.4.11)称为坐标转换公式.

例 2.4.4　在例 2.4.1 中已知向量 $\boldsymbol{\xi}\in\mathbf{R}^n$ 在基$\{\boldsymbol{e}_1,\boldsymbol{e}_2,\cdots,\boldsymbol{e}_n\}$下的坐标为$[1,2,\cdots,n]^{\mathrm{T}}$，求向量 $\boldsymbol{\xi}\in\mathbf{R}^n$ 在基$\{\boldsymbol{y}_1,\boldsymbol{y}_2,\cdots,\boldsymbol{y}_n\}$下的坐标$[k_1,k_2,\cdots,k_n]^{\mathrm{T}}$.

解：由式(2.4.10)可知

$$\begin{bmatrix}k_1\\k_2\\\vdots\\k_{n-1}\\k_n\end{bmatrix}=\begin{bmatrix}1&1&\cdots&1\\0&1&\cdots&1\\\vdots&\vdots&&\vdots\\0&0&\cdots&1\end{bmatrix}^{-1}\begin{bmatrix}1\\2\\\vdots\\n\end{bmatrix}=\begin{bmatrix}1&-1&0&\cdots&0&0\\0&1&-1&\cdots&0&0\\\vdots&\vdots&&&\vdots&\vdots\\0&0&\cdots&\cdots&1&-1\\0&0&\cdots&\cdots&0&1\end{bmatrix}\begin{bmatrix}1\\2\\\vdots\\n\end{bmatrix}=\begin{bmatrix}-1\\-1\\\vdots\\-1\\n\end{bmatrix}.$$

例 2.4.5　在例 2.4.2 中给定一个多项式 $f(t)=3t^2+2t+1\in P_2[t]$，求其分别在基 $\boldsymbol{B}_1=\{3,t-1,t^2+1\}$和 $\boldsymbol{B}_2=\{2,t+1,t^2+t+2\}$下对应的坐标.

解：由于 $f(t)=3t^2+2t+1=\{1,t,t^2\}\begin{bmatrix}1\\2\\3\end{bmatrix}=\boldsymbol{B}_0\begin{bmatrix}1\\2\\3\end{bmatrix}$，由式(2.4.5)和式(2.4.6)可知 $\boldsymbol{B}_0=\boldsymbol{B}_1\cdot\boldsymbol{A}^{-1}$以及 $\boldsymbol{B}_0=\boldsymbol{B}_2\cdot\boldsymbol{B}^{-1}$，分别代入 $f(t)$可得其分别在基 $\boldsymbol{B}_1$ 和 $\boldsymbol{B}_2$ 下对应的坐标为

$$\boldsymbol{A}^{-1}\begin{bmatrix}1\\2\\3\end{bmatrix}=\begin{bmatrix}3&-1&1\\0&1&0\\0&0&1\end{bmatrix}^{-1}\begin{bmatrix}1\\2\\3\end{bmatrix}=\begin{bmatrix}0\\2\\3\end{bmatrix}\text{和}\boldsymbol{B}^{-1}\begin{bmatrix}1\\2\\3\end{bmatrix}=\begin{bmatrix}2&1&2\\0&1&1\\0&0&1\end{bmatrix}^{-1}\begin{bmatrix}1\\2\\3\end{bmatrix}=\begin{bmatrix}-2\\-1\\3\end{bmatrix}.$$

例 2.4.6　在例 2.4.3 中设向量 $\boldsymbol{v}\in\mathbf{R}^3$ 在空间直角坐标系$\{\boldsymbol{i},\boldsymbol{j},\boldsymbol{k}\}$和球面坐标系$\{\boldsymbol{e}_r,\boldsymbol{e}_\theta,\boldsymbol{e}_\varphi\}$下的坐标分别为$[v_x,v_y,v_z]^{\mathrm{T}}$ 和$[v_r,v_\theta,v_\varphi]^{\mathrm{T}}$，则由球面坐标到空间直角坐标的转换关系以及由空间直角坐标到球面坐标的转换关系分别为

$$\begin{bmatrix}v_x\\v_y\\v_z\end{bmatrix}=\boldsymbol{A}_{\theta,\varphi}\begin{bmatrix}v_r\\v_\theta\\v_\varphi\end{bmatrix}=\begin{bmatrix}\sin\theta\cos\varphi&\cos\theta\cos\varphi&-\sin\varphi\\\sin\theta\sin\varphi&\cos\theta\sin\varphi&\cos\varphi\\\cos\theta&-\sin\theta&0\end{bmatrix}\begin{bmatrix}v_r\\v_\theta\\v_\varphi\end{bmatrix},$$

$$\begin{bmatrix}v_r\\v_\theta\\v_\varphi\end{bmatrix}=\boldsymbol{A}_{\theta,\varphi}^{-1}\begin{bmatrix}v_x\\v_y\\v_z\end{bmatrix}=\begin{bmatrix}\sin\theta\cos\varphi&\sin\theta\sin\varphi&\cos\theta\\\cos\theta\cos\varphi&\cos\theta\sin\varphi&-\sin\theta\\-\sin\varphi&\cos\varphi&0\end{bmatrix}\begin{bmatrix}v_x\\v_y\\v_z\end{bmatrix}.$$

2.5　线性空间的子空间

定义 2.5.1　对于一个给定的线性空间 $V(\boldsymbol{F})$，从中选取一个非空子集$\varnothing\neq W\subset V(\boldsymbol{F})$，如果 W 对于线性空间 $V(\boldsymbol{F})$中的线性运算也构成一个线性空间，则称 W 为 $V(\boldsymbol{F})$的一个子

空间.

事实上,验证一个非空子集$\varnothing \neq W \subset V(\boldsymbol{F})$是线性空间$V(\boldsymbol{F})$的子空间,只需要验证它对$V(\boldsymbol{F})$中的加法与数乘运算封闭即可,因为在此前提下,线性律的八条运算规律是自然满足的,由此得出以下定理.

定理 2.5.1 对于一个给定的线性空间$V(\boldsymbol{F})$,从中选取一个非空子集$\varnothing \neq W \subset V(\boldsymbol{F})$,如果它对$V(\boldsymbol{F})$中的加法与数乘运算封闭,即:

(1)对于$\forall \boldsymbol{\alpha},\boldsymbol{\beta} \in W$,都有$\boldsymbol{\alpha}+\boldsymbol{\beta} \in W$;

(2)对于$\forall \boldsymbol{\alpha} \in W$,$\forall k \in \boldsymbol{F}$,都有$k \cdot \boldsymbol{\alpha} \in W$,

则W为$V(\boldsymbol{F})$的一个子空间.

很明显,$\{\boldsymbol{0}\}$与$V(\boldsymbol{F})$都是$V(\boldsymbol{F})$的子空间,将其称为$V(\boldsymbol{F})$的平凡子空间,而所有$V(\boldsymbol{F})$的其他子空间,称为非平凡子空间. 对于$V(\boldsymbol{F})$的子空间,主要研究它的非平凡子空间的性质. 除此之外,还需提供例证用以说明非平凡子空间的存在性,以及构造子空间的方法,相应地还需说明子空间的基与维数.

例 2.5.1 令$W=\{[x,y,0]^{\mathrm{T}} \mid x,y \in \mathbf{R}\}$,则$W$是$\mathbf{R}^3$的一个子空间,它的基为$\boldsymbol{e}_1=[1,0,0]^{\mathrm{T}}$,$\boldsymbol{e}_2=[0,1,0]^{\mathrm{T}}$,因而$\dim W=2$.

例 2.5.2 设$\boldsymbol{A}=[a_{ij}] \in \mathbf{R}^{m \times n}$,定义$N(\boldsymbol{A})=\{\boldsymbol{x} \mid \boldsymbol{A}\boldsymbol{x}=\boldsymbol{0}\} \subset \mathbf{R}^n$,则$N(\boldsymbol{A})$是$\mathbf{R}^n$的一个子空间,齐次方程组$\boldsymbol{A}\boldsymbol{x}=\boldsymbol{0}$的任一组基础解系均为$N(\boldsymbol{A})$的基,于是$\dim N(\boldsymbol{A})=n-\mathrm{rank}\boldsymbol{A}$,其中$\mathrm{rank}\boldsymbol{A}$为矩阵$\boldsymbol{A}$的秩.

证明:一方面$\forall \boldsymbol{x},\boldsymbol{y} \in N(\boldsymbol{A})$,$\boldsymbol{A}\boldsymbol{x}=0$且$\boldsymbol{A}\boldsymbol{y}=\boldsymbol{0}$,所以$\boldsymbol{A}(\boldsymbol{x}+\boldsymbol{y})=\boldsymbol{A}\boldsymbol{x}+\boldsymbol{A}\boldsymbol{y}=\boldsymbol{0}$,于是$\boldsymbol{x}+\boldsymbol{y} \in N(\boldsymbol{A})$;另一方面$\forall \boldsymbol{x} \in N(\boldsymbol{A})$,$\forall k \in \mathbf{R}$,因为$\boldsymbol{A}\boldsymbol{x}=\boldsymbol{0}$,所以$\boldsymbol{A}(k\boldsymbol{x})=k\boldsymbol{A}\boldsymbol{x}=\boldsymbol{0}$,即$k\boldsymbol{x} \in N(\boldsymbol{A})$,为此$N(\boldsymbol{A})$是$\mathbf{R}^n$的一个子空间. 另外,$N(\boldsymbol{A})$中的任何一个向量均可由$\boldsymbol{A}\boldsymbol{x}=\boldsymbol{0}$的基础解系线性表示,同时基础解系本身是线性无关的且包含$n-\mathrm{rank}\boldsymbol{A}$个向量,因此基础解系就是$N(\boldsymbol{A})$的基,且$\dim N(\boldsymbol{A})=n-\mathrm{rank}\boldsymbol{A}$.

现在讨论由向量组张成的空间. 设$V(\boldsymbol{F})$是一个向量空间,$\boldsymbol{\alpha}_1,\boldsymbol{\alpha}_2,\cdots,\boldsymbol{\alpha}_s \in V(\boldsymbol{F})$,令

$$\mathrm{span}(\boldsymbol{\alpha}_1,\boldsymbol{\alpha}_2,\cdots,\boldsymbol{\alpha}_s)=\{k_1\boldsymbol{\alpha}_1+k_2\boldsymbol{\alpha}_2+\cdots+k_s\boldsymbol{\alpha}_s \mid k_i \in \boldsymbol{F}, i=1,2,\cdots,s\}.$$

容易验证:该集合关于$V(\boldsymbol{F})$中加法运算以及数乘运算都是封闭的,因此它也是$V(\boldsymbol{F})$的一个子空间,将其称为由向量组$\boldsymbol{\alpha}_1,\boldsymbol{\alpha}_2,\cdots,\boldsymbol{\alpha}_s$张成的子空间. 既然$\mathrm{span}(\boldsymbol{\alpha}_1,\boldsymbol{\alpha}_2,\cdots,\boldsymbol{\alpha}_s)$是$V(\boldsymbol{F})$的子空间,自然需要知道如何选取它的基从而确定它的维数. 这一问题可由下面的定理 2.5.3 给予回答.

引理 2.5.2 若$\boldsymbol{\alpha}_1,\boldsymbol{\alpha}_2,\cdots,\boldsymbol{\alpha}_s \in V(\boldsymbol{F})$线性相关,$\boldsymbol{\alpha}_{i_1},\boldsymbol{\alpha}_{i_2},\cdots,\boldsymbol{\alpha}_{i_r}$是$\boldsymbol{\alpha}_1,\boldsymbol{\alpha}_2,\cdots,\boldsymbol{\alpha}_s$的任一极大线性无关组,则$\mathrm{span}(\boldsymbol{\alpha}_1,\boldsymbol{\alpha}_2,\cdots,\boldsymbol{\alpha}_s)=\mathrm{span}(\boldsymbol{\alpha}_{i_1},\boldsymbol{\alpha}_{i_2},\cdots,\boldsymbol{\alpha}_{i_r})$.

证明:由于$\boldsymbol{\alpha}_1,\boldsymbol{\alpha}_2,\cdots,\boldsymbol{\alpha}_s$的任一极大线性无关组$\boldsymbol{\alpha}_{i_1},\boldsymbol{\alpha}_{i_2},\cdots,\boldsymbol{\alpha}_{i_r}$均与其本身等价,即二者可以相互线性表示,为了角标表示方便,令$\boldsymbol{\beta}_j=\boldsymbol{\alpha}_{i_j}$,$j=1,2,\cdots,r$,于是有

$$\boldsymbol{\alpha}_i=\sum_{j=1}^{r} k_{ij}\boldsymbol{\beta}_j, \quad i=1,2,\cdots,s, \tag{2.5.1}$$

$$\boldsymbol{\beta}_j=\sum_{i=1}^{s} l_{ij}\boldsymbol{\alpha}_i, \quad j=1,2,\cdots,r, \tag{2.5.2}$$

对于 $\forall \boldsymbol{\alpha}\in \mathrm{span}(\boldsymbol{\alpha}_1,\boldsymbol{\alpha}_2,\cdots,\boldsymbol{\alpha}_s)$，有

$$\boldsymbol{\alpha}=\sum_{i=1}^{s}x_i\boldsymbol{\alpha}_i, \tag{2.5.3}$$

将式(2.5.1)代入式(2.5.3)得

$$\boldsymbol{\alpha}=\sum_{i=1}^{s}x_i\boldsymbol{\alpha}_i=\sum_{i=1}^{s}x_i\sum_{j=1}^{r}k_{ij}\boldsymbol{\beta}_j=\sum_{j=1}^{r}(\sum_{i=1}^{s}x_ik_{ij})\boldsymbol{\beta}_j, \tag{2.5.4}$$

式(2.5.4)说明 $\boldsymbol{\alpha}$ 可以由 $\boldsymbol{\beta}_1,\boldsymbol{\beta}_2,\cdots,\boldsymbol{\beta}_r$ 线性表示，即可以由 $\boldsymbol{\alpha}_{i_1},\boldsymbol{\alpha}_{i_2},\cdots,\boldsymbol{\alpha}_{i_r}$ 线性表示，于是 $\boldsymbol{\alpha}\in \mathrm{span}(\boldsymbol{\alpha}_{i_1},\boldsymbol{\alpha}_{i_2},\cdots,\boldsymbol{\alpha}_{i_r})$，所以 $\mathrm{span}(\boldsymbol{\alpha}_1,\boldsymbol{\alpha}_2,\cdots,\boldsymbol{\alpha}_s)\subseteq \mathrm{span}(\boldsymbol{\alpha}_{i_1},\boldsymbol{\alpha}_{i_2},\cdots,\boldsymbol{\alpha}_{i_r})$，同理可得 $\mathrm{span}(\boldsymbol{\alpha}_1,\boldsymbol{\alpha}_2,\cdots,\boldsymbol{\alpha}_s)\supseteq \mathrm{span}(\boldsymbol{\alpha}_{i_1},\boldsymbol{\alpha}_{i_2},\cdots,\boldsymbol{\alpha}_{i_r})$，此时引理得证.

定理 2.5.3　若 $\boldsymbol{\alpha}_1,\boldsymbol{\alpha}_2,\cdots,\boldsymbol{\alpha}_s\in V(\boldsymbol{F})$ 线性无关，则 $\boldsymbol{\alpha}_1,\boldsymbol{\alpha}_2,\cdots,\boldsymbol{\alpha}_s$ 就是 $\mathrm{span}(\boldsymbol{\alpha}_1,\boldsymbol{\alpha}_2,\cdots,\boldsymbol{\alpha}_s)$ 的一组基，从而有 $\mathrm{dimspan}(\boldsymbol{\alpha}_1,\boldsymbol{\alpha}_2,\cdots,\boldsymbol{\alpha}_s)=s$；若 $\boldsymbol{\alpha}_1,\boldsymbol{\alpha}_2,\cdots,\boldsymbol{\alpha}_s\in V(\boldsymbol{F})$ 线性相关，则 $\boldsymbol{\alpha}_1,\boldsymbol{\alpha}_2,\cdots,\boldsymbol{\alpha}_s$ 的任何一组极大线性无关组 $\boldsymbol{\alpha}_{i_1},\boldsymbol{\alpha}_{i_2},\cdots,\boldsymbol{\alpha}_{i_r}$ 都是 $\mathrm{span}(\boldsymbol{\alpha}_1,\boldsymbol{\alpha}_2,\cdots,\boldsymbol{\alpha}_s)$ 的一组基，从而有 $\mathrm{dimspan}(\boldsymbol{\alpha}_1,\boldsymbol{\alpha}_2,\cdots,\boldsymbol{\alpha}_s)=r$.

证明：若 $\boldsymbol{\alpha}_1,\boldsymbol{\alpha}_2,\cdots,\boldsymbol{\alpha}_s\in V(\boldsymbol{F})$ 线性无关，$\forall \boldsymbol{\alpha}\in \mathrm{span}(\boldsymbol{\alpha}_1,\boldsymbol{\alpha}_2,\cdots,\boldsymbol{\alpha}_s)$，都有

$$\boldsymbol{\alpha}=k_1\boldsymbol{\alpha}_1+k_2\boldsymbol{\alpha}_2+\cdots+k_s\boldsymbol{\alpha}_s,$$

又由于 $\boldsymbol{\alpha}_1,\boldsymbol{\alpha}_2,\cdots,\boldsymbol{\alpha}_s$ 线性无关，因此 $\boldsymbol{\alpha}_1,\boldsymbol{\alpha}_2,\cdots,\boldsymbol{\alpha}_s$ 是 $\mathrm{span}(\boldsymbol{\alpha}_1,\boldsymbol{\alpha}_2,\cdots,\boldsymbol{\alpha}_s)$ 的一组基，从而

$$\mathrm{dimspan}(\boldsymbol{\alpha}_1,\boldsymbol{\alpha}_2,\cdots,\boldsymbol{\alpha}_s)=s.$$

若 $\boldsymbol{\alpha}_1,\boldsymbol{\alpha}_2,\cdots,\boldsymbol{\alpha}_s\in V(\boldsymbol{F})$ 线性相关且 $\boldsymbol{\alpha}_{i_1},\boldsymbol{\alpha}_{i_2},\cdots,\boldsymbol{\alpha}_{i_r}$ 是 $\boldsymbol{\alpha}_1,\boldsymbol{\alpha}_2,\cdots,\boldsymbol{\alpha}_s$ 的一个极大线性无关组，由引理 2.5.2 可知 $\mathrm{span}(\boldsymbol{\alpha}_1,\boldsymbol{\alpha}_2,\cdots,\boldsymbol{\alpha}_s)=\mathrm{span}(\boldsymbol{\alpha}_{i_1},\boldsymbol{\alpha}_{i_2},\cdots,\boldsymbol{\alpha}_{i_r})$，再由证明的前一部分可得 $\boldsymbol{\alpha}_{i_1},\boldsymbol{\alpha}_{i_2},\cdots,\boldsymbol{\alpha}_{i_r}$ 是 $\mathrm{span}(\boldsymbol{\alpha}_1,\boldsymbol{\alpha}_2,\cdots,\boldsymbol{\alpha}_s)$ 的一组基，且有 $\mathrm{dimspan}(\boldsymbol{\alpha}_1,\boldsymbol{\alpha}_2,\cdots,\boldsymbol{\alpha}_s)=r$.

例 2.5.3　设 $\boldsymbol{A}=[a_{ij}]\in \mathbf{R}^{m\times n}$，定义 $R(\boldsymbol{A})=\{\boldsymbol{y}\mid \boldsymbol{y}=\boldsymbol{A}\boldsymbol{x},\boldsymbol{x}\in \mathbf{R}^n\}\subset \mathbf{R}^m$，则 $R(\boldsymbol{A})$ 是 $\mathbf{R}^m$ 的一个子空间，将 $\boldsymbol{A}=[a_{ij}]\in \mathbf{R}^{m\times n}$ 表示成 $\boldsymbol{A}=[\boldsymbol{a}_1,\boldsymbol{a}_2,\cdots,\boldsymbol{a}_n]$，即 $\boldsymbol{a}_1,\boldsymbol{a}_2,\cdots,\boldsymbol{a}_n$ 是矩阵 $\boldsymbol{A}$ 的列向量组，则 $R(\boldsymbol{A})=\mathrm{span}(\boldsymbol{a}_1,\boldsymbol{a}_2,\cdots,\boldsymbol{a}_n)$ 且有 $\dim R(\boldsymbol{A})=\mathrm{rank}\boldsymbol{A}$.

证明：本例的关键只要证明 $R(\boldsymbol{A})=\mathrm{span}(\boldsymbol{a}_1,\boldsymbol{a}_2,\cdots,\boldsymbol{a}_n)$.

首先，$\forall \boldsymbol{y}\in R(\boldsymbol{A})$，必然存在 $\boldsymbol{x}=[x_1,x_2,\cdots x_n]^{\mathrm{T}}\in \mathbf{R}^n$ 使得 $\boldsymbol{y}=\boldsymbol{A}\boldsymbol{x}=[\boldsymbol{a}_1,\boldsymbol{a}_2,\cdots,\boldsymbol{a}_n]\boldsymbol{x}=\sum_{i=1}^{n}x_i\boldsymbol{a}_i$，这说明 $\boldsymbol{y}$ 可以由 $\boldsymbol{a}_1,\boldsymbol{a}_2,\cdots,\boldsymbol{a}_n$ 线性表示，即 $\boldsymbol{y}\in \mathrm{span}(\boldsymbol{a}_1,\boldsymbol{a}_2,\cdots,\boldsymbol{a}_n)$，于是有 $R(\boldsymbol{A})\subseteq \mathrm{span}(\boldsymbol{a}_1,\boldsymbol{a}_2,\cdots,\boldsymbol{a}_n)$.

其次 $\forall \boldsymbol{y}\in \mathrm{span}(\boldsymbol{a}_1,\boldsymbol{a}_2,\cdots,\boldsymbol{a}_n)$，则存在 n 个实数 $x_1,x_2,\cdots,x_n$，使得 $\boldsymbol{y}=\sum_{i=1}^{n}x_i\boldsymbol{a}_i$，令 $\boldsymbol{x}=[x_1,x_2,\cdots x_n]^{\mathrm{T}}$，则有 $\boldsymbol{y}=\boldsymbol{A}\boldsymbol{x}$，因此 $\boldsymbol{y}\in R(\boldsymbol{A})$，即 $R(\boldsymbol{A})\supseteq \mathrm{span}(\boldsymbol{a}_1,\boldsymbol{a}_2,\cdots,\boldsymbol{a}_n)$. 由于 $R(\boldsymbol{A})$ 是由 $\boldsymbol{A}$ 的列向量组生成的，它当然是 $\mathbf{R}^m$ 的一个子空间. 再由定理 2.5.3 可知，$\boldsymbol{A}$ 的列向量组的任一极大线性无关组都是 $R(\boldsymbol{A})$ 的基，而此基所包含的向量个数为 $\mathrm{rank}\boldsymbol{A}$，因此 $\dim R(\boldsymbol{A})=\mathrm{rank}\boldsymbol{A}$.

例 2.5.2 和例 2.5.3 所给出的两个子空间 $R(\boldsymbol{A})$ 与 $N(\boldsymbol{A})$ 从另外一个角度刻画了矩阵 $\boldsymbol{A}=[a_{ij}]\in \mathbf{R}^{m\times n}$ 的本质. 事实上，除了从纯代数上认识 $\boldsymbol{A}=[a_{ij}]\in \mathbf{R}^{m\times n}$ 之外，还可以将其看成 $\mathbf{R}^n\to \mathbf{R}^m$ 的一个映射，$R(\boldsymbol{A})$ 与 $N(\boldsymbol{A})$ 分别是映射 $\boldsymbol{A}=[a_{ij}]\in \mathbf{R}^{m\times n}$ 的值域与核，同时此映射还具有线性性. 这里所说的线性性是指它满足如下性质：

(1)对于$\forall \boldsymbol{\alpha},\boldsymbol{\beta}\in \mathbf{R}^n$,$\boldsymbol{A}(\boldsymbol{\alpha}+\boldsymbol{\beta})=\boldsymbol{A}\boldsymbol{\alpha}+\boldsymbol{A}\boldsymbol{\beta}$;

(2)对于$\forall \boldsymbol{\alpha}\in \mathbf{R}^n$,$\forall k\in \mathbf{R}$,$\boldsymbol{A}(k\boldsymbol{\alpha})=k\boldsymbol{A}\boldsymbol{\alpha}$.

性质(1)说明矩阵$\boldsymbol{A}=[a_{ij}]\in \mathbf{R}^{m\times n}$保持平行四边形法则不变,即先将$\mathbf{R}^n$中的任意两个向量$\boldsymbol{\alpha},\boldsymbol{\beta}$求和后经过$\boldsymbol{A}$作用所得到的结果$\boldsymbol{A}(\boldsymbol{\alpha}+\boldsymbol{\beta})$与将这两个向量$\boldsymbol{\alpha},\boldsymbol{\beta}$分别经过$\boldsymbol{A}$作用所得到的结果$\boldsymbol{A}\boldsymbol{\alpha},\boldsymbol{A}\boldsymbol{\beta}$之和$\boldsymbol{A}\boldsymbol{\alpha}+\boldsymbol{A}\boldsymbol{\beta}$相同,简而言之,“先加后映等于先映后加”.

性质(2)说明矩阵$\boldsymbol{A}=[a_{ij}]\in \mathbf{R}^{m\times n}$保持伸缩率不变,即先将$\mathbf{R}^n$中的任意一个向量$\boldsymbol{\alpha}$与实数域$\mathbf{R}$的任意一个数$k$相乘后经过$\boldsymbol{A}$作用所得到的结果$\boldsymbol{A}(k\boldsymbol{\alpha})$与将这个向量$\boldsymbol{\alpha}$经过$\boldsymbol{A}$作用所得到的结果$\boldsymbol{A}\boldsymbol{\alpha}$与$k$相乘的结果$k\boldsymbol{A}\boldsymbol{\alpha}$相同,简而言之,“先乘后映等于先映后乘”.

两个刻画$\boldsymbol{A}=[a_{ij}]\in \mathbf{R}^{m\times n}$的子空间$R(\boldsymbol{A})$与$N(\boldsymbol{A})$分别称为值空间与核空间,其维数$\dim R(\boldsymbol{A})$与$\dim N(\boldsymbol{A})$分别称为线性映射$\boldsymbol{A}=[a_{ij}]\in \mathbf{R}^{m\times n}$的秩与零度,由例 2.5.2 和例 2.5.3 的结果可得如下定理.

定理 2.5.4 设$\boldsymbol{A}=[a_{ij}]\in \mathbf{R}^{m\times n}$,则有

$$\dim R(\boldsymbol{A})+\dim N(\boldsymbol{A})=n.$$

2.6 子空间的交与和

上一节给出了构造子空间的方法,本节说明,还可以通过给定的有限个子空间诱导新的子空间.

定理 2.6.1 若$W_1,W_2\subseteq V(\boldsymbol{F})$为两个子空间,则$W_1\cap W_2=\{\boldsymbol{w}:\boldsymbol{w}\in W_1,\boldsymbol{w}\in W_2\}$也是$V(\boldsymbol{F})$的子空间,并称其为$W_1,W_2$的交空间;另外,$W_1+W_2=\{\boldsymbol{w}_1+\boldsymbol{w}_2\mid \forall \boldsymbol{w}_1\in W_1,\forall \boldsymbol{w}_2\in W_2\}$也是$V(\boldsymbol{F})$的子空间,并称其为$W_1,W_2$的和空间.

证明:先证$W_1\cap W_2=\{\boldsymbol{w}:\boldsymbol{w}\in W_1,\boldsymbol{w}\in W_2\}$是$V(\boldsymbol{F})$的子空间.

事实上,$\forall \boldsymbol{\alpha},\boldsymbol{\beta}\in W_1\cap W_2$,则有$\boldsymbol{\alpha},\boldsymbol{\beta}\in W_1$以及$\boldsymbol{\alpha},\boldsymbol{\beta}\in W_2$,由$W_1,W_2\subseteq V(\boldsymbol{F})$为两个子空间,可知$\boldsymbol{\alpha}+\boldsymbol{\beta}\in W_1$且$\boldsymbol{\alpha}+\boldsymbol{\beta}\in W_2$,所以$\boldsymbol{\alpha}+\boldsymbol{\beta}\in W_1\cap W_2$;$\forall \lambda\in \boldsymbol{F}$,$\forall \boldsymbol{\alpha}\in W_1\cap W_2$,则有$\boldsymbol{\alpha}\in W_1$且$\boldsymbol{\alpha}\in W_2$,由$W_1,W_2\subseteq V(\boldsymbol{F})$为两个子空间,可知$\lambda\boldsymbol{\alpha}\in W_1$以及$\lambda\boldsymbol{\alpha}\in W_2$,所以$\lambda\boldsymbol{\alpha}\in W_1\cap W_2$,于是得到$W_1\cap W_2$是$V(\boldsymbol{F})$的子空间.

再证$W_1+W_2=\{\boldsymbol{w}_1+\boldsymbol{w}_2\mid \forall \boldsymbol{w}_1\in W_1,\forall \boldsymbol{w}_2\in W_2\}$也是$V(\boldsymbol{F})$的子空间.

事实上,$\forall \boldsymbol{\alpha},\boldsymbol{\beta}\in W_1+W_2$,都有$\boldsymbol{\alpha}=\boldsymbol{w}_1+\boldsymbol{w}_2,\boldsymbol{w}_1\in W_1,\boldsymbol{w}_2\in W$以及$\boldsymbol{\beta}=\boldsymbol{v}_1+\boldsymbol{v}_2,\boldsymbol{v}_1\in W_1,\boldsymbol{v}_2\in W_2$,从而$\boldsymbol{\alpha}+\boldsymbol{\beta}=(\boldsymbol{w}_1+\boldsymbol{v}_1)+(\boldsymbol{w}_2+\boldsymbol{v}_2)$,由于$\boldsymbol{w}_1+\boldsymbol{v}_1\in W_1,\boldsymbol{w}_2+\boldsymbol{v}_2\in W_2$,所以$\boldsymbol{\alpha}+\boldsymbol{\beta}\in W_1+W_2$,另外,$\forall \boldsymbol{\alpha}\in W_1+W_2$,$\forall \lambda\in \boldsymbol{F}$,则有$\boldsymbol{\alpha}=\boldsymbol{w}_1+\boldsymbol{w}_2,\boldsymbol{w}_1\in W_1,\boldsymbol{w}_2\in W_2$以及$\lambda\boldsymbol{\alpha}=\lambda\boldsymbol{w}_1+\lambda\boldsymbol{w}_2$,其中$\lambda\boldsymbol{w}_1\in W_1,\lambda\boldsymbol{w}_2\in W_2$,于是有$\lambda\boldsymbol{\alpha}\in W_1+W_2$,从而可证$W_1+W_2$也是$V(\boldsymbol{F})$的子空间.

这里需要说明的是,通常$W_1+W_2\neq W_1\cup W_2$.

例如:$W_1=\mathrm{span}(\boldsymbol{e}_1)$,$W_2=\mathrm{span}(\boldsymbol{e}_2)$,其中$\boldsymbol{e}_1=[1,0]^{\mathrm{T}}$,$\boldsymbol{e}_2=[0,1]^{\mathrm{T}}$,容易证明$W_1+W_2=\mathbf{R}^2$,而$W_1\cup W_2=\{k\boldsymbol{e}_1\}\cup\{l\boldsymbol{e}_2\}$,其中$k,l$为任意实数,显然$W_1+W_2\neq W_1\cup W_2$.

对于给定的$W_1,W_2\subseteq V(\boldsymbol{F})$两个子空间,及其派生的两个子空间$W_1\cap W_2$和$W_1+W_2$,这里不加证明地给出它们的维数关系.

定理 2.6.2　若 $W_1, W_2 \subseteq V(\boldsymbol{F})$ 是两个子空间，则

$$\dim W_1 + \dim W_2 = \dim(W_1 \cap W_2) + \dim(W_1 + W_2). \tag{2.6.1}$$

对于和空间还需要进一步说明的是其中的元素分解方式通常不是唯一的，即取 $\boldsymbol{\alpha} \in W_1 + W_2$，存在 $\boldsymbol{\alpha}_1 \in W_1, \boldsymbol{\alpha}_2 \in W_2$，使得 $\boldsymbol{\alpha} = \boldsymbol{\alpha}_1 + \boldsymbol{\alpha}_2$，但 $\boldsymbol{\alpha}_1 \in W_1, \boldsymbol{\alpha}_2 \in W_2$ 通常不是唯一的.

例 2.6.1　取 $\mathbf{R}^3$ 中的两个子空间 $W_1 = \mathrm{span}(\boldsymbol{\alpha}_1, \boldsymbol{\alpha}_2)$，$W_2 = \mathrm{span}(\boldsymbol{\beta}_1, \boldsymbol{\beta}_2)$，其中

$$\boldsymbol{\alpha}_1 = [1,0,0]^{\mathrm{T}}, \boldsymbol{\alpha}_2 = [1,1,1]^{\mathrm{T}}, \boldsymbol{\beta}_1 = [0,0,1]^{\mathrm{T}}, \boldsymbol{\beta}_2 = [3,1,2]^{\mathrm{T}},$$

对于零向量 $\mathbf{0} \in W_1 + W_2$ 有两种分解 $\mathbf{0} = \mathbf{0} + \mathbf{0}$，以及 $\mathbf{0} = (2\boldsymbol{\alpha}_1 + \boldsymbol{\alpha}_2) + (\boldsymbol{\beta}_1 - \boldsymbol{\beta}_2)$.

因此，为了分解的唯一性，引入直和的概念.

定义 2.6.1　如果 $W_1 + W_2$ 中任意一个元素，都能唯一地分解成子空间 W_1 中的一个元素与子空间 W_2 中的一个元素之和，则称 $W_1 + W_2$ 为直和，并将其表示成 $W_1 \oplus W_2$.

两个子空间的和 $W_1 + W_2$，在什么情况下是直和呢？下面的定理回答了这个问题.

定理 2.6.3　$W_1 + W_2 = W_1 \oplus W_2$ 的充分必要条件为 $W_1 \cap W_2 = \{\mathbf{0}\}$.

证明：(1)充分性，设 $W_1 \cap W_2 = \{\mathbf{0}\}$，对于 $\forall \boldsymbol{\alpha} \in W_1 + W_2$，设 $\boldsymbol{\alpha} = \boldsymbol{\alpha}_1 + \boldsymbol{\alpha}_2, \boldsymbol{\alpha}_1 \in W_1, \boldsymbol{\alpha}_2 \in W_2$，同时 $\boldsymbol{\alpha} = \boldsymbol{\beta}_1 + \boldsymbol{\beta}_2, \boldsymbol{\beta}_1 \in W_1, \boldsymbol{\beta}_2 \in W_2$，于是 $(\boldsymbol{\alpha}_1 - \boldsymbol{\beta}_1) + (\boldsymbol{\alpha}_2 - \boldsymbol{\beta}_2) = \mathbf{0}$，$\boldsymbol{\alpha}_1 - \boldsymbol{\beta}_1 \in W_1$，同时 $\boldsymbol{\alpha}_2 - \boldsymbol{\beta}_2 \in W_2$，而 $(\boldsymbol{\alpha}_1 - \boldsymbol{\beta}_1) = -(\boldsymbol{\alpha}_2 - \boldsymbol{\beta}_2) \in W_1 \cap W_2$，所以 $\boldsymbol{\alpha}_1 - \boldsymbol{\beta}_1 = \mathbf{0}, \boldsymbol{\alpha}_2 - \boldsymbol{\beta}_2 = \mathbf{0}$，即 $\boldsymbol{\alpha}_1 = \boldsymbol{\beta}_1, \boldsymbol{\alpha}_2 = \boldsymbol{\beta}_2$，这说明 $\boldsymbol{\alpha}$ 的分解式唯一.

(2)必要性，假设 $W_1 + W_2 = W_1 \oplus W_2$，而 $W_1 \cap W_2 \neq \{\mathbf{0}\}$，则存在 $\mathbf{0} \neq \boldsymbol{\omega} \in W_1 \cap W_2$，同时，$-\boldsymbol{\omega} \in W_1 \cap W_2$，于是，$W_1 + W_2$ 中的零元素就有两种分解，即 $\mathbf{0} = \mathbf{0} + \mathbf{0}$ 以及 $\mathbf{0} = \boldsymbol{\omega} + (-\boldsymbol{\omega})$，这与 $W_1 + W_2 = W_1 \oplus W_2$ 矛盾，从而说明 $W_1 \cap W_2 = \{\mathbf{0}\}$.

由定理 2.6.2 和定理 2.6.3 可以容易地得到以下两个推论.

推论 2.6.4　$W_1 + W_2 = W_1 \oplus W_2$ 的充分必要条件为 $\dim(W_1 + W_2) = \dim W_1 + \dim W_2$.

推论 2.6.5　若 $\boldsymbol{\alpha}_1, \boldsymbol{\alpha}_2, \cdots, \boldsymbol{\alpha}_s$ 是 W_1 的一组基，$\boldsymbol{\beta}_1, \boldsymbol{\beta}_2, \cdots, \boldsymbol{\beta}_t$ 是 W_2 的一组基，且 $W_1 + W_2$ 为直和，则 $\boldsymbol{\alpha}_1, \boldsymbol{\alpha}_2, \cdots, \boldsymbol{\alpha}_s, \boldsymbol{\beta}_1, \boldsymbol{\beta}_2, \cdots, \boldsymbol{\beta}_t$ 为 $W_1 + W_2$ 的一组基.

注意尽管由定理 2.5.4 可知，对任何一个矩阵 $\boldsymbol{A} = [a_{ij}] \in \mathbf{R}^{m \times n}$，都有

$$\dim R(\boldsymbol{A}) + \dim N(\boldsymbol{A}) = n = \dim \mathbf{R}^n,$$

但是 $R(\boldsymbol{A}) + N(\boldsymbol{A}) = R(\boldsymbol{A}) \oplus N(\boldsymbol{A}) = \mathbf{R}^n$ 的结论通常是错误的，其原因是 $R(\boldsymbol{A}) \subseteq \mathbf{R}^m$，$N(\boldsymbol{A}) \subseteq \mathbf{R}^n$，在 $m \neq n$ 时，这是两个向量维数不同的子空间，因而不能相加，从而也就没有该结论. 但是在一般情况下有如下结论.

定理 2.6.6　对于 $\boldsymbol{A} = [a_{ij}] \in \mathbf{R}^{m \times n}$，则

$$R(\boldsymbol{A}) + N(\boldsymbol{A}^{\mathrm{T}}) = R(\boldsymbol{A}) \oplus N(\boldsymbol{A}^{\mathrm{T}}) = \mathbf{R}^m, R(\boldsymbol{A}^{\mathrm{T}}) + N(\boldsymbol{A}) = R(\boldsymbol{A}^{\mathrm{T}}) \oplus N(\boldsymbol{A}) = \mathbf{R}^n. \tag{2.6.2}$$

证明：首先证明 $\dim R(\boldsymbol{A}) + \dim N(\boldsymbol{A}^{\mathrm{T}}) = m$. 由 $\dim R(\boldsymbol{A}) = \dim R(\boldsymbol{A}^{\mathrm{T}}) = \mathrm{rank}(\boldsymbol{A})$ 可知，$\dim N(\boldsymbol{A}^{\mathrm{T}}) = m - \mathrm{rank}(\boldsymbol{A}^{\mathrm{T}}) = m - \mathrm{rank}(\boldsymbol{A})$ 从而有 $\dim R(\boldsymbol{A}) + \dim N(\boldsymbol{A}^{\mathrm{T}}) = m$.

其次证明 $R(\boldsymbol{A}) + N(\boldsymbol{A}^{\mathrm{T}})$ 是直和，即 $R(\boldsymbol{A}) \cap N(\boldsymbol{A}^{\mathrm{T}}) = \{\mathbf{0}\}$. 任取 $\boldsymbol{x} \in R(\boldsymbol{A}) \cap N(\boldsymbol{A}^{\mathrm{T}})$，由于 $\boldsymbol{x} \in R(\boldsymbol{A})$，因此存在 $\boldsymbol{y} \in \mathbf{R}^n$ 使得 $\boldsymbol{x} = \boldsymbol{A}\boldsymbol{y}$，再由于 $\boldsymbol{x} \in N(\boldsymbol{A}^{\mathrm{T}})$，因此 $\boldsymbol{A}^{\mathrm{T}}\boldsymbol{x} = \mathbf{0}$，将 $\boldsymbol{x} = \boldsymbol{A}\boldsymbol{y}$ 代入 $\boldsymbol{A}^{\mathrm{T}}\boldsymbol{x} = \mathbf{0}$ 可得 $\boldsymbol{A}^{\mathrm{T}}\boldsymbol{A}\boldsymbol{y} = \mathbf{0}$，在该式左端乘以 $\boldsymbol{y}^{\mathrm{T}}$，则有 $\boldsymbol{y}^{\mathrm{T}}\boldsymbol{A}^{\mathrm{T}}\boldsymbol{A}\boldsymbol{y} = (\boldsymbol{A}\boldsymbol{y})^{\mathrm{T}}\boldsymbol{A}\boldsymbol{y} = \boldsymbol{x}^{\mathrm{T}}\boldsymbol{x} = 0$，由此可得 $\boldsymbol{x} = \mathbf{0}$，于是可证 $R(\boldsymbol{A}) \cap N(\boldsymbol{A}^{\mathrm{T}}) = \{\mathbf{0}\}$，即 $R(\boldsymbol{A}) + N(\boldsymbol{A}^{\mathrm{T}})$ 是直和.

再由定理 2.6.2 可知 $\dim(R(\boldsymbol{A})+N(\boldsymbol{A}^{\mathrm{T}}))=\dim R(\boldsymbol{A})+\dim N(\boldsymbol{A}^{\mathrm{T}})=m=\dim \mathbf{R}^m$，于是 $R(\boldsymbol{A})+N(\boldsymbol{A}^{\mathrm{T}})=\mathbf{R}^m$，另外由于 $R(\boldsymbol{A})+N(\boldsymbol{A}^{\mathrm{T}})$ 是直和，因此可证

$$R(\boldsymbol{A})+N(\boldsymbol{A}^{\mathrm{T}})=R(\boldsymbol{A})\oplus N(\boldsymbol{A}^{\mathrm{T}})=\mathbf{R}^m,$$

同理可证 $R(\boldsymbol{A}^{\mathrm{T}})+N(\boldsymbol{A})=R(\boldsymbol{A}^{\mathrm{T}})\oplus N(\boldsymbol{A})=\mathbf{R}^n$.

特别如果矩阵 $\boldsymbol{A}=[a_{ij}]\in\mathbf{R}^{n\times n}$，则 $R(\boldsymbol{A})$ 和 $N(\boldsymbol{A})$ 都是 $\mathbf{R}^n$ 的子空间，此时是否能将 $\mathbf{R}^n$ 分解成 $\boldsymbol{A}$ 的值空间 $R(\boldsymbol{A})$ 与核空间 $N(\boldsymbol{A})$ 的直和形式，在一般情况下，其结论是否定的. 但是在特殊情况下该结论是肯定的，具体结果叙述成如下的定理 2.6.7.

定理 2.6.7 对于 $\boldsymbol{A}=[a_{ij}]\in\mathbf{R}^{n\times n}$，则

$$R(\boldsymbol{A})+N(\boldsymbol{A})=R(\boldsymbol{A})\oplus N(\boldsymbol{A})=\mathbf{R}^n \tag{2.6.3}$$

成立的充分必要条件是 $\mathrm{rank}(\boldsymbol{A})=\mathrm{rank}(\boldsymbol{A}^2)$.

证明：(1)必要性：假设 $R(\boldsymbol{A})=\mathrm{span}(\boldsymbol{a}_1,\boldsymbol{a}_2,\cdots,\boldsymbol{a}_r)$，其中 $\boldsymbol{a}_1,\boldsymbol{a}_2,\cdots,\boldsymbol{a}_r$ 线性无关，显然有 $R(\boldsymbol{A}^2)\subseteq R(\boldsymbol{A})$，因此有 $\dim(R(\boldsymbol{A}^2))\leqslant\dim(R(\boldsymbol{A}))=r$，下面需要证明 $\boldsymbol{A}\boldsymbol{a}_1,\boldsymbol{A}\boldsymbol{a}_2,\cdots,\boldsymbol{A}\boldsymbol{a}_r$ 线性无关.

为此假设 $k_1\boldsymbol{A}\boldsymbol{a}_1+k_2\boldsymbol{A}\boldsymbol{a}_2+\cdots+k_r\boldsymbol{A}\boldsymbol{a}_r=\boldsymbol{0}$，则 $\boldsymbol{A}(k_1\boldsymbol{a}_1+k_2\boldsymbol{a}_2+\cdots+k_r\boldsymbol{a}_r)=\boldsymbol{0}$，故有 $k_1\boldsymbol{a}_1+k_2\boldsymbol{a}_2+\cdots+k_r\boldsymbol{a}_r\in R(\boldsymbol{A})\cap N(\boldsymbol{A})$，因为值空间 $R(\boldsymbol{A})$ 与核空间 $N(\boldsymbol{A})$ 为直和，所以 $k_1\boldsymbol{a}_1+k_2\boldsymbol{a}_2+\cdots+k_r\boldsymbol{a}_r=\boldsymbol{0}$，又因为 $\boldsymbol{a}_1,\boldsymbol{a}_2,\cdots,\boldsymbol{a}_r$ 线性无关，所以 $k_1,k_2,\cdots,k_r=0$，即 $\boldsymbol{A}\boldsymbol{a}_1,\boldsymbol{A}\boldsymbol{a}_2,\cdots,\boldsymbol{A}\boldsymbol{a}_r\in R(\boldsymbol{A}^2)$ 线性无关. 又由 $\dim(R(\boldsymbol{A}^2))\leqslant\dim(R(\boldsymbol{A}))=r$ 可知 $R(\boldsymbol{A}^2)=\mathrm{span}(\boldsymbol{A}\boldsymbol{a}_1,\boldsymbol{A}\boldsymbol{a}_2,\cdots,\boldsymbol{A}\boldsymbol{a}_r)$，由此可得 $\dim R(\boldsymbol{A}^2)=\mathrm{rank}(\boldsymbol{A}^2)=r=\mathrm{rank}(\boldsymbol{A})$.

充分性：假设 $\mathrm{rank}(\boldsymbol{A})=\mathrm{rank}(\boldsymbol{A}^2)=r$，由 $R(\boldsymbol{A}^2)\subseteq R(\boldsymbol{A})$ 可得 $R(\boldsymbol{A}^2)=R(\boldsymbol{A})$，于是在 $R(\boldsymbol{A}^2)$ 中选择出一组线性无关的生成元 $\boldsymbol{b}_1,\boldsymbol{b}_2,\cdots,\boldsymbol{b}_r$，则存在一组向量 $\boldsymbol{a}_1,\boldsymbol{a}_2,\cdots,\boldsymbol{a}_r\in\mathbf{R}^n$ 满足 $\boldsymbol{b}_1=\boldsymbol{A}^2\boldsymbol{a}_1,\boldsymbol{b}_2=\boldsymbol{A}^2\boldsymbol{a}_2,\cdots,\boldsymbol{b}_r=\boldsymbol{A}^2\boldsymbol{a}_r$，再令 $\boldsymbol{c}_1=\boldsymbol{A}\boldsymbol{a}_1,\boldsymbol{c}_2=\boldsymbol{A}\boldsymbol{a}_2,\cdots,\boldsymbol{c}_r=\boldsymbol{A}\boldsymbol{a}_r$，即 $\boldsymbol{c}_1,\boldsymbol{c}_2,\cdots,\boldsymbol{c}_r\in R(\boldsymbol{A})$，由 $\boldsymbol{b}_1=\boldsymbol{A}\boldsymbol{c}_1,\boldsymbol{b}_2=\boldsymbol{A}\boldsymbol{c}_2,\cdots,\boldsymbol{b}_r=\boldsymbol{A}\boldsymbol{c}_r$ 线性无关可得 $\boldsymbol{c}_1,\boldsymbol{c}_2,\cdots,\boldsymbol{c}_r$ 也线性无关，再由 $\dim R(\boldsymbol{A})=\mathrm{rank}(\boldsymbol{A})=r$ 可知 $\boldsymbol{c}_1,\boldsymbol{c}_2,\cdots,\boldsymbol{c}_r$ 是 $R(\boldsymbol{A})$ 的一组基. 任取 $\boldsymbol{\alpha}\in R(\boldsymbol{A})\cap N(\boldsymbol{A})$，则有 $\boldsymbol{\alpha}=k_1\boldsymbol{c}_1+k_2\boldsymbol{c}_2+\cdots+k_r\boldsymbol{c}_r$ 且 $\boldsymbol{A}\boldsymbol{\alpha}=\boldsymbol{0}$. 故有

$$\boldsymbol{A}(k_1\boldsymbol{c}_1+k_2\boldsymbol{c}_2+\cdots+k_r\boldsymbol{c}_r)=k_1\boldsymbol{b}_1+k_2\boldsymbol{b}_2+\cdots+k_r\boldsymbol{b}_r=\boldsymbol{0},$$

由 $\boldsymbol{b}_1,\boldsymbol{b}_2,\cdots,\boldsymbol{b}_r$ 线性无关可知 $k_1,k_2,\cdots,k_r=0$，即 $\boldsymbol{\alpha}=\boldsymbol{0}$，所以 $R(\boldsymbol{A})\cap N(\boldsymbol{A})=\{\boldsymbol{0}\}$，于是有 $R(\boldsymbol{A})+N(\boldsymbol{A})=R(\boldsymbol{A})\oplus N(\boldsymbol{A})=\mathbf{R}^n$.

有关子空间的和与直和还可以推广到多个子空间的和与直和，若 $W_i,i=1,2,\cdots,s$ 为 $V(\boldsymbol{F})$ 的 s 个子空间，定义 $W_1+W_2+\cdots+W_s=\left\{\sum_{i=1}^{s}\boldsymbol{\alpha}_i,\boldsymbol{\alpha}_i\in W_i,i=1,2,\cdots,s\right\}$，则它也是 $V(\boldsymbol{F})$ 的子空间，并称其为 $W_i,i=1,2,\cdots,s$ 的和空间. 若 $W_1+W_2+\cdots+W_s$ 中的每一个元素 $\boldsymbol{\alpha}$ 都能唯一地分解成

$$\boldsymbol{\alpha}=\sum_{i=1}^{s}\boldsymbol{\alpha}_i,\quad \boldsymbol{\alpha}_i\in W_i,\quad i=1,2,\cdots,s, \tag{2.6.4}$$

则称 $W_1+W_2+\cdots+W_s$ 为直和，并表示成 $W_1\oplus W_2\oplus\cdots\oplus W_s$.

2.7　线性映射与线性变换

线性空间是对某类客观事物集合赋予一种线性运算结构，上一节内容描述了线性空间的内部结构的特征，要想进一步研究线性空间的结构特征，还需研究其外部特征，而其外部特征也就是与其他线性空间的区别与联系，即需要研究两个线性空间之间的关系，建立两个线性空间的关系是通过元素之间的对应关系以及运算结构的对应关系来体现的，而体现元素之间以及运算结构之间的最基本的对应关系就是下面要引入的线性映射与线性变换.

定义 2.7.1　设 $V(\boldsymbol{F}), W(\boldsymbol{F})$ 是数域 $\boldsymbol{F}$ 上的两个线性空间，$T:V(\boldsymbol{F})\to W(\boldsymbol{F})$ 是 $V(\boldsymbol{F})$ 到 $W(\boldsymbol{F})$ 的映射，且满足

$$\forall \boldsymbol{\alpha},\boldsymbol{\beta} \in V(\boldsymbol{F}), T(\boldsymbol{\alpha}+\boldsymbol{\beta}) = T(\boldsymbol{\alpha}) + T(\boldsymbol{\beta}), \tag{2.7.1}$$

$$\forall \boldsymbol{\alpha} \in V(\boldsymbol{F}), \forall k \in \boldsymbol{F}, T(k\boldsymbol{\alpha}) = kT(\boldsymbol{\alpha}), \tag{2.7.2}$$

则称 $T:V(\boldsymbol{F})\to W(\boldsymbol{F})$ 是 $V(\boldsymbol{F})$ 到 $W(\boldsymbol{F})$ 的线性映射，特别地，如果 $V(\boldsymbol{F})=W(\boldsymbol{F})$，则称 $T:V(\boldsymbol{F})\to W(\boldsymbol{F})$ 是 $V(\boldsymbol{F})$ 上的线性变换.

$T:V(\boldsymbol{F})\to W(\boldsymbol{F})$ 的映射体现了 $V(\boldsymbol{F})$ 的元素到 $W(\boldsymbol{F})$ 的元素的对应关系；线性映射所满足的条件(2.7.1)说明了“先加后映等价于先映后加”，即式(2.7.1)说明线性映射保持平行四边形法则不变；同时，线性映射所满足的条件(2.7.2)说明了“先乘后映等价于先映后乘”，即式(2.7.2)说明线性映射保持伸缩率不变.

例 2.7.1　设 T_k 表示线性空间 $V(\boldsymbol{F})$ 到自身的映射，满足

$$T_k(\boldsymbol{\alpha}) = k\boldsymbol{\alpha}, \quad \forall \boldsymbol{\alpha} \in V(\boldsymbol{F}),$$

其中 k 是某一实数，则 T_k 表示 $V(\boldsymbol{F})$ 到自身的线性变换.

证明：

(1) $\forall \boldsymbol{\alpha},\boldsymbol{\beta}\in V(\boldsymbol{F}), T_k(\boldsymbol{\alpha}+\boldsymbol{\beta})=k(\boldsymbol{\alpha}+\boldsymbol{\beta})=k\boldsymbol{\alpha}+k\boldsymbol{\beta}=T_k(\boldsymbol{\alpha})+T_k(\boldsymbol{\beta})$；

(2) $\forall \boldsymbol{\alpha}\in V(\boldsymbol{F}), \forall l\in \boldsymbol{F}, T_k(l\boldsymbol{\alpha})=k(l\boldsymbol{\alpha})=l(k\boldsymbol{\alpha})=lT_k(\boldsymbol{\alpha})$，

因此说明 T_k 是 $V(\boldsymbol{F})$ 到自身的线性变换.

在上例中，若 $k=1$，则称 T_1 是 $V(\boldsymbol{F})$ 到自身的恒等变换或称为单位变换（通常用 I 表示），即单位变换 $I(\boldsymbol{\alpha})=\boldsymbol{\alpha}, \forall \boldsymbol{\alpha}\in V(\boldsymbol{F})$；若 $k=0$，T_0 是 $V(\boldsymbol{F})$ 到自身的零变换（通常用 O 表示），即零变换 $O(\boldsymbol{\alpha})=\boldsymbol{0}, \forall \boldsymbol{\alpha}\in V(\boldsymbol{F})$.

例 2.7.2　设 $T_{\boldsymbol{A}}$ 是 $\boldsymbol{F}^n\to\boldsymbol{F}^m$ 的映射，满足 $T_{\boldsymbol{A}}(\boldsymbol{x})=\boldsymbol{A}\boldsymbol{x}\in \boldsymbol{F}^m, \forall \boldsymbol{x}\in \boldsymbol{F}^n$，其中 $\boldsymbol{A}\in \boldsymbol{F}^{m\times n}$，由矩阵运算的线性性，容易验证 $T_{\boldsymbol{A}}$ 是 $\boldsymbol{F}^n\to\boldsymbol{F}^m$ 的线性映射.

例 2.7.3　在上例取 T_θ 是 $\mathbf{R}^2\to\mathbf{R}^2$ 的映射，满足 $\boldsymbol{y}=T_\theta(\boldsymbol{x})=\boldsymbol{A}\boldsymbol{x}\in\mathbf{R}^2, \forall \boldsymbol{x}\in\mathbf{R}^2$，其中 $\boldsymbol{A}=\begin{bmatrix}\cos\theta & -\sin\theta \\ \sin\theta & \cos\theta\end{bmatrix}$，则 T_θ 是 $\mathbf{R}^2$ 上的线性变换，此变换是将 $\mathbf{R}^2$ 中的任一向量逆时针旋转 θ 角，因此也将此线性变换称为平面旋转变换.

例 2.7.4 作为例 2.7.2 的一个特例,设 T 是 $\mathbf{R}^4\to\mathbf{R}^3$ 的映射,定义

$$T\left(\begin{bmatrix}x_1\\x_2\\x_3\\x_4\end{bmatrix}\right)=\begin{bmatrix}x_1-x_2+x_3\\x_2-x_3+x_4\\0\end{bmatrix}=\begin{bmatrix}1&-1&1&0\\0&1&-1&1\\0&0&0&0\end{bmatrix}\begin{bmatrix}x_1\\x_2\\x_3\\x_4\end{bmatrix}=\mathbf{A}\begin{bmatrix}x_1\\x_2\\x_3\\x_4\end{bmatrix},$$

则 T 是 $\mathbf{R}^4\to\mathbf{R}^3$ 的线性映射. 容易验证,此线性映射将线性无关的向量组 $[-1,0,1,1]^{\mathrm{T}}$, $[0,0,0,1]^{\mathrm{T}}$ 映到线性相关的向量组 $[0,0,0]^{\mathrm{T}}$, $[0,1,0]^{\mathrm{T}}$.

例 2.7.5 $D:P_n[x]\to P_{n-1}[x]$ 的一个映射,若 $Dp(x)=p'(x)$, $\forall\, p(x)\in P_n[x]$,即 $Dp(x)\in P_{n-1}[x]$,则 $D:P_n[x]\to P_{n-1}[x]$ 是一个线性映射.

证明:(1) $\forall\, p(x),q(x)\in P_n[x]$,

$$D(p(x)+q(x))=(p(x)+q(x))'=p'(x)+q'(x)=Dp(x)+Dq(x);$$

(2) $\forall\, p(x)\in P_n[x]$, $\forall\, k\in\mathbf{R}$,

$$D(kp(x))=(kp(x))'=kp'(x)=kDp(x),$$

所以 $D:P_n[x]\to P_{n-1}[x]$ 是一个线性映射.

例 2.7.6 若 $J:C[a,b]\to C[a,b]$ 是一个映射满足 $J(f(x))=\int_a^x f(\tau)\mathrm{d}\tau$, $\forall\, x\in[a,b]$,则 J 是 $C[a,b]$ 上的线性变换.

证明:

(1) $\forall\, f(x),g(x)\in C[a,b]$,则

$$J(f(x)+g(x))=\int_a^x(f(\tau)+g(\tau))\mathrm{d}\tau=\int_a^x f(\tau)\mathrm{d}\tau+\int_a^x g(\tau)\mathrm{d}\tau=J(f(x))+J(g(x));$$

(2) $\forall\, f(x)\in C[a,b]$, $\forall\, k\in\mathbf{R}$,

$$J(kf(x))=\int_a^x kf(\tau)\mathrm{d}\tau=k\int_a^x f(\tau)\mathrm{d}\tau=kJ(f(x)),$$

所以 J 是 $C[a,b]$ 上的线性变换.

下面讨论线性映射的一些简单性质,由线性映射的定义不难推出以下性质.

若 $T:V(\boldsymbol{F})\to W(\boldsymbol{F})$ 是 $V(\boldsymbol{F})$ 到 $W(\boldsymbol{F})$ 的线性映射,$\forall\,\boldsymbol{\alpha}_1,\boldsymbol{\alpha}_2,\cdots,\boldsymbol{\alpha}_s\in V(\boldsymbol{F})$, $\forall\, k_1,k_2,\cdots,k_s\in\boldsymbol{F}$,则有

$$T\left(\sum_{i=1}^s k_i\boldsymbol{\alpha}_i\right)=\sum_{i=1}^s k_iT(\boldsymbol{\alpha}_i),\tag{2.7.3}$$

特别地,(1) $T(\mathbf{0})=\mathbf{0}$;(2) $T(-\boldsymbol{\alpha})=-T(\boldsymbol{\alpha})$, $\forall\,\boldsymbol{\alpha}\in V(\boldsymbol{F})$;(3)若 $\boldsymbol{\alpha}_1,\boldsymbol{\alpha}_2,\cdots,\boldsymbol{\alpha}_s\in V(\boldsymbol{F})$ 线性相关,则 $T(\boldsymbol{\alpha}_1),T(\boldsymbol{\alpha}_2),\cdots,T(\boldsymbol{\alpha}_s)\in W(\boldsymbol{F})$ 也线性相关.

需要注意的是结论(3)的逆命题不一定成立,例 2.7.4 给出了一个反例.

为了方便,用 $L(V(\boldsymbol{F}),W(\boldsymbol{F}))$ 表示 $V(\boldsymbol{F})\to W(\boldsymbol{F})$ 上的所有线性映射,$L(V(\boldsymbol{F}))$ 表示 $V(\boldsymbol{F})$ 上的所有线性变换. 为了研究线性映射之间运算关系,首先需要说明什么是两个线性映射相等,两个线性映射相等是指对于 $T_1,T_2\in L(V(\boldsymbol{F}),W(\boldsymbol{F}))$,若满足 $T_1(\boldsymbol{\alpha})=T_2(\boldsymbol{\alpha})$, $\forall\,\boldsymbol{\alpha}\in V(\boldsymbol{F})$,则称 T_1 与 T_2 相等,并记成 $T_1=T_2$;其次在 $L(V(\boldsymbol{F}),W(\boldsymbol{F}))$ 分别引入加法与数乘运算.

(1) $\forall\, T_1,T_2\in L(V(\boldsymbol{F}),W(\boldsymbol{F}))$ 以及 $\forall\,\boldsymbol{\alpha}\in V(\boldsymbol{F})$,定义 $(T_1+T_2)(\boldsymbol{\alpha})=T_1(\boldsymbol{\alpha})+T_2(\boldsymbol{\alpha})$,容易验证 T_1+T_2 仍然是 $L(V(\boldsymbol{F}),W(\boldsymbol{F}))$ 上的线性映射,即 $L(V(\boldsymbol{F}),W(\boldsymbol{F}))$ 对引入的加法运算封闭;

(2) $\forall T\in L(V(\boldsymbol{F}),W(\boldsymbol{F}))$，$\forall k\in \boldsymbol{F}$ 以及 $\forall \boldsymbol{\alpha}\in V(\boldsymbol{F})$，定义 $(kT)(\boldsymbol{\alpha})=kT(\boldsymbol{\alpha})$，容易验证 kT 仍然是 $L(V(\boldsymbol{F}),W(\boldsymbol{F}))$ 上的线性映射，即 $L(V(\boldsymbol{F}),W(\boldsymbol{F}))$ 对引入的数乘运算封闭.

除此之外，还可以验证这两种运算满足八条线性律(证明略)，因此 $L(V(\boldsymbol{F}),W(\boldsymbol{F}))$ 也构成一个线性空间. 类似于矩阵空间 $\boldsymbol{F}^{m\times n}$，还可以引入线性映射的乘法运算.

(3) $T_1\in L(V(\boldsymbol{F}),W(\boldsymbol{F}))$，$T_2\in L(W(\boldsymbol{F}),X(\boldsymbol{F}))$ 以及 $\forall \boldsymbol{\alpha}\in V(\boldsymbol{F})$，定义 $(T_2T_1)(\boldsymbol{\alpha})=T_2(T_1(\boldsymbol{\alpha}))$，可以验证 T_2T_1 是 $V(\boldsymbol{F})\to X(\boldsymbol{F})$ 上的一个线性映射，即 $T_2T_1\in L(V(\boldsymbol{F}),X(\boldsymbol{F}))$，同时可记 $T=T_2T_1$，并称 T 为 T_1 与 T_2 的合成或乘积.

线性映射的合成或乘积同时还满足如下的运算规律.

①结合律：$T_1(T_2T_3)=(T_1T_2)T_3$；

②数乘结合律：$k(T_1T_2)=(kT_1)T_2=T_1(kT_2)$；

③左分配律：$T_1(T_2+T_3)=T_1T_2+T_1T_3$；

④右分配律：$(T_1+T_2)T_3=T_1T_3+T_2T_3$.

在(3)的合成运算中，特别取 $V(\boldsymbol{F})=W(\boldsymbol{F})=X(\boldsymbol{F})$，则 T_1,T_2,T_1T_2,T_2T_1 均是线性空间 $V(\boldsymbol{F})$ 上的线性变换. 类似于矩阵乘法不满足交换律，同样线性变换一般也不满足交换律，即通常有 $T_1T_2\neq T_2T_1$，但对于 $V(\boldsymbol{F})$ 上的单位变换 I，它可以和 $V(\boldsymbol{F})$ 上的任一线性变换 T 交换，即 $IT=TI$. 同样，类似某些方阵存在逆矩阵一样，对于某些 $V(\boldsymbol{F})$ 上的线性变换 T 也存在着逆变换.

(4)设 T 是 $V(\boldsymbol{F})$ 上的一个线性变换，如果存在另一个线性变换 S，使得 $TS=ST=I$，则称 S 是 T 的逆变换. 可以证明逆变换如果存在，那么必然是唯一的，而且仍然是 $V(\boldsymbol{F})$ 上的线性变换.

对于 $V(\boldsymbol{F})$ 上的一个线性变换 T，由线性变换的乘法运算可以派生出其幂运算以及多项式运算.

(5)如果 T 是 $V(\boldsymbol{F})$ 上的一个线性变换，规定 $T^0=I$，称 $T^n=\underbrace{TT\cdots T}_{n}$ 为 T 的 n 次方(或幂)，显然 T^n 仍是 $V(\boldsymbol{F})$ 上的一个线性变换，而若 $f(t)=a_mt^m+a_{m-1}t^{m-1}+\cdots+a_1t+a_0$ 是关于 t 的一个多项式，则 $f(T)=a_mT^m+a_{m-1}T^{m-1}+\cdots+a_1T+a_0I$ 称为关于线性变换 T 的多项式，显然它仍是 $V(\boldsymbol{F})$ 上的一个线性变换.

由本节对线性映射及线性变换运算的讨论不难发现，线性映射及线性变换运算结构与运算规律，同矩阵和方阵的运算结构与运算规律完全相同，这一点并不是偶然的，下一节将介绍它们之间的关系.

2.8　线性映射及线性变换的矩阵表示

设 $T:V^n(\boldsymbol{F})\to W^m(\boldsymbol{F})$ 是 $V^n(\boldsymbol{F})$ 到 $W^m(\boldsymbol{F})$ 的线性映射，令 $\boldsymbol{\alpha}_1,\boldsymbol{\alpha}_2,\cdots,\boldsymbol{\alpha}_n\in V^n(\boldsymbol{F})$ 为 $V^n(\boldsymbol{F})$ 的一组基，令 $\boldsymbol{\beta}_1,\boldsymbol{\beta}_2,\cdots,\boldsymbol{\beta}_m\in W^m(\boldsymbol{F})$ 为 $W^m(\boldsymbol{F})$ 的一组基，则向量组 $T\boldsymbol{\alpha}_1,T\boldsymbol{\alpha}_2,\cdots,T\boldsymbol{\alpha}_n\in W^m(\boldsymbol{F})$ 可以由 $\boldsymbol{\beta}_1,\boldsymbol{\beta}_2,\cdots,\boldsymbol{\beta}_m\in W^m(\boldsymbol{F})$ 线性表示，即

$$
\begin{cases}
T\boldsymbol{\alpha}_1 = a_{11}\boldsymbol{\beta}_1 + a_{21}\boldsymbol{\beta}_2 + \cdots + a_{m1}\boldsymbol{\beta}_m, \\
T\boldsymbol{\alpha}_2 = a_{12}\boldsymbol{\beta}_1 + a_{22}\boldsymbol{\beta}_2 + \cdots + a_{m2}\boldsymbol{\beta}_m, \\
\cdots\cdots \\
T\boldsymbol{\alpha}_n = a_{1n}\boldsymbol{\beta}_1 + a_{2n}\boldsymbol{\beta}_2 + \cdots + a_{mn}\boldsymbol{\beta}_m,
\end{cases} \tag{2.8.1}
$$

式(2.8.1)也可以用分量形式表示为

$$
T\boldsymbol{\alpha}_i = \sum_{j=1}^{m} a_{ij}\boldsymbol{\beta}_j, i = 1,2,\cdots,n, \tag{2.8.2}
$$

式(2.8.1)用矩阵形式可表示为

$$
T\{\boldsymbol{\alpha}_1, \boldsymbol{\alpha}_2, \cdots, \boldsymbol{\alpha}_n\} = \{T\boldsymbol{\alpha}_1, T\boldsymbol{\alpha}_2, \cdots, T\boldsymbol{\alpha}_n\} = \{\boldsymbol{\beta}_1, \boldsymbol{\beta}_2, \cdots, \boldsymbol{\beta}_m\}\boldsymbol{A}, \tag{2.8.3}
$$

其中

$$
\boldsymbol{A} = \begin{bmatrix} a_{11} & a_{12} & \cdots & a_{1n} \\ a_{21} & a_{22} & \cdots & a_{2n} \\ \vdots & \vdots & & \vdots \\ a_{m1} & a_{m2} & \cdots & a_{mn} \end{bmatrix} = [a_{ij}]_{m\times n} \in \boldsymbol{F}^{m\times n},
$$

令$\boldsymbol{B}_\alpha = \{\boldsymbol{\alpha}_1, \boldsymbol{\alpha}_2, \cdots, \boldsymbol{\alpha}_n\}$，$\boldsymbol{B}_\beta = \{\boldsymbol{\beta}_1, \boldsymbol{\beta}_2, \cdots, \boldsymbol{\beta}_m\}$，$(\boldsymbol{B}_\alpha, \boldsymbol{B}_\beta)$称为一对基偶，则式(2.8.3)为

$$
T\boldsymbol{B}_\alpha = \boldsymbol{B}_\beta\boldsymbol{A}, \tag{2.8.4}
$$

此时将矩阵$\boldsymbol{A}$称为线性映射T在基偶$(\boldsymbol{B}_\alpha, \boldsymbol{B}_\beta)$下对应的矩阵或称$T$在基偶$(\boldsymbol{B}_\alpha, \boldsymbol{B}_\beta)$下的矩阵表示为$\boldsymbol{A}$. 如果$T$是$V^n(\boldsymbol{F})$上的一个线性变换，在$V^n(\boldsymbol{F})$上选择同一组基$\boldsymbol{B}_\alpha = \{\boldsymbol{\alpha}_1, \boldsymbol{\alpha}_2, \cdots, \boldsymbol{\alpha}_n\} \in V^n(\boldsymbol{F})$，则有

$$
T\boldsymbol{B}_\alpha = \boldsymbol{B}_\alpha\boldsymbol{A}, \tag{2.8.5}
$$

其中

$$
\boldsymbol{A} = \begin{bmatrix} a_{11} & a_{12} & \cdots & a_{1n} \\ a_{21} & a_{22} & \cdots & a_{2n} \\ \vdots & \vdots & & \vdots \\ a_{n1} & a_{n2} & \cdots & a_{nn} \end{bmatrix} = [a_{ij}]_{n\times n} \in \boldsymbol{F}^{n\times n},
$$

此时，将方阵$\boldsymbol{A}$称为线性变换T在基$\boldsymbol{B}_\alpha$下对应的矩阵或称T在基$\boldsymbol{B}_\alpha$下的矩阵表示为$\boldsymbol{A}$.

需要说明的是，在两个有限维线性空间$V^n(\boldsymbol{F})$到$W^m(\boldsymbol{F})$之间，对于线性映射T，一旦选定了基偶$(\boldsymbol{B}_\alpha, \boldsymbol{B}_\beta)$，则它在此基偶$(\boldsymbol{B}_\alpha, \boldsymbol{B}_\beta)$下所对应的矩阵$\boldsymbol{A}$必然是唯一确定的，反之也可以证明对于给定的矩阵$\boldsymbol{A} = [a_{ij}]_{m\times n} \in \boldsymbol{F}^{n\times n}$和基偶$(\boldsymbol{B}_\alpha, \boldsymbol{B}_\beta)$，则必然存在唯一的线性映射$T: V^n(\boldsymbol{F}) \to W^m(\boldsymbol{F})$，使得$T$在基偶$(\boldsymbol{B}_\alpha, \boldsymbol{B}_\beta)$下所对应的矩阵为$\boldsymbol{A}$. 由于线性变换是线性映射的特殊情况，因此线性变换也有以上的结论.

另外，由于两个有限维线性空间$V^n(\boldsymbol{F})$到$W^m(\boldsymbol{F})$之间不同的线性映射在同一对基偶$(\boldsymbol{B}_\alpha, \boldsymbol{B}_\beta)$下对应不同的矩阵，因此自然会提出如下问题：线性映射之间经过各种运算所构造出的不同线性映射所对应矩阵是什么呢？下面的定理 2.8.1 回答了这个问题.

定理 2.8.1　设$V^n(\boldsymbol{F})$、$W^m(\boldsymbol{F})$，$X^s(\boldsymbol{F})$是三个线性空间，

(1)如果$T, S \in L(V^n(\boldsymbol{F}), W^m(\boldsymbol{F}))$在基偶$(\boldsymbol{B}_\alpha, \boldsymbol{B}_\beta)$下对应的矩阵分别为$\boldsymbol{A}, \boldsymbol{B}$，则$T+S \in L(V^n(\boldsymbol{F}), W^m(\boldsymbol{F}))$，$\forall k \in \boldsymbol{F}$，$kT \in L(V^n(\boldsymbol{F}), W^m(\boldsymbol{F}))$在基偶$(\boldsymbol{B}_\alpha, \boldsymbol{B}_\beta)$下对应的矩阵分别为$\boldsymbol{A}+\boldsymbol{B}$

与 $k\boldsymbol{A}$；

(2)如果 $T\in L(V^n(\boldsymbol{F}),W^m(\boldsymbol{F}))$ 在基偶 $(\boldsymbol{B}_\alpha,\boldsymbol{B}_\beta)$ 下对应的矩阵分别为 $\boldsymbol{A}$，$S\in L(W^m(\boldsymbol{F}),X^s(\boldsymbol{F}))$ 基偶 $(\boldsymbol{B}_\beta,\boldsymbol{B}_\gamma)$ 下对应的矩阵分别为 $\boldsymbol{B}$，则 $ST\in L(V^n(\boldsymbol{F}),X^s(\boldsymbol{F}))$ 在基偶 $(\boldsymbol{B}_\alpha,\boldsymbol{B}_\gamma)$ 下对应的矩阵为 $\boldsymbol{BA}$；

(3)如果可逆线性变换 $T\in L(V^n(\boldsymbol{F}))$ 在基 $\boldsymbol{B}_\alpha$ 下对应的方阵为 $\boldsymbol{A}$，则 $T^{-1}\in L(V^n(\boldsymbol{F}))$ 在基 $\boldsymbol{B}_\alpha$ 下对应的方阵为 $\boldsymbol{A}^{-1}$；

(4)如果线性变换 $T\in L(V^n(\boldsymbol{F}))$ 在基 $\boldsymbol{B}_\alpha$ 下对应的方阵为 $\boldsymbol{A}$，

$$f(t)=a_mt^m+a_{m-1}t^{m-1}+\cdots+a_1t+a_0$$

是数域 $\boldsymbol{F}$ 上的多项式，则线性变换多项式 $f(T)=a_mT^m+a_{m-1}T^{m-1}+\cdots+a_1T+a_0I$ 在基 $\boldsymbol{B}_\alpha$ 下对应的矩阵为矩阵多项式 $f(\boldsymbol{A})=a_m\boldsymbol{A}^m+a_{m-1}\boldsymbol{A}^{m-1}+\cdots+a_1\boldsymbol{A}+a_0\boldsymbol{E}$，其中 $\boldsymbol{E}$ 为单位矩阵(证明从略).

在上一节中列举了几个线性映射和线性变换的例子，下面给出在某一组基偶下对应的矩阵.

例 2.8.1　在例 2.7.3 中取 $\mathbf{R}^2$ 中的一组基 $\boldsymbol{e}_1=[1,0]^{\mathrm{T}}$，$\boldsymbol{e}_2=[0,1]^{\mathrm{T}}$，容易验证平面旋转变换 T_θ 在这个基下所对应的矩阵为 $\boldsymbol{A}=\begin{bmatrix}\cos\theta & -\sin\theta\\ \sin\theta & \cos\theta\end{bmatrix}$.

例 2.8.2　在例 2.7.4 中，分别取 $\mathbf{R}^4$，$\mathbf{R}^3$ 中一对基偶 $(\boldsymbol{B}_\alpha,\boldsymbol{B}_\beta)$，其中基 $\boldsymbol{B}_\alpha$ 为 $\boldsymbol{\alpha}_1=[1,0,0,0]^{\mathrm{T}}$，$\boldsymbol{\alpha}_2=[0,1,0,0]^{\mathrm{T}}$，$\boldsymbol{\alpha}_3=[0,0,1,0]^{\mathrm{T}}$，$\boldsymbol{\alpha}_4=[0,0,0,1]^{\mathrm{T}}$，而基 $\boldsymbol{B}_\beta$ 为 $\boldsymbol{\beta}_1=[1,0,0]^{\mathrm{T}}$，$\boldsymbol{\beta}_2=[0,1,0]^{\mathrm{T}}$，$\boldsymbol{\beta}_3=[0,0,1]^{\mathrm{T}}$，则线性映射 T 在这对基偶下对应的矩阵为

$$\boldsymbol{A}=\begin{bmatrix}1 & -1 & 1 & 0\\ 0 & 1 & -1 & 1\\ 0 & 0 & 0 & 0\end{bmatrix}.$$

例 2.8.3　对于例 2.7.5，在 $P_n[x]$ 中选择基 $\boldsymbol{B}_\alpha=(1,x,x^2,\cdots,x^{n-1},x^n)$，在 $P_{n-1}[x]$ 中选择基 $\boldsymbol{B}_\beta=(1,x,x^2,\cdots,x^{n-1})$，则

$$D\boldsymbol{B}_\alpha=\{D1,Dx,Dx^2,\cdots,Dx^{n-1},Dx^n\}=\{0,1,2x,\cdots,(n-1)x^{n-2},nx^{n-1}\}$$

$$=\{1,x,x^2,\cdots,x^{n-1}\}\begin{bmatrix}0 & 1 & 0 & \cdots & 0 & 0\\ 0 & 0 & 2 & \cdots & 0 & 0\\ \vdots & \vdots & \vdots & & \vdots & \vdots\\ 0 & 0 & 0 & & n-1 & 0\\ 0 & 0 & 0 & \cdots & 0 & n\end{bmatrix}_{n\times(n+1)}=\boldsymbol{B}_\beta\boldsymbol{A}_{n\times(n+1)},$$

即 $D:P_n[x]\to P_{n-1}[x]$ 在基偶 $(\boldsymbol{B}_\alpha,\boldsymbol{B}_\beta)$ 下对应的矩阵为 $\boldsymbol{A}_{n\times(n+1)}$.

但是，若在 $P_{n-1}[x]$ 中选择基 $\boldsymbol{B}_\beta^*=\{1,2x,3x^2,\cdots,nx^{n-1}\}$，则

$$D\boldsymbol{B}_\alpha=\{D1,Dx,Dx^2,\cdots,Dx^{n-1},Dx^n\}=\{0,1,2x,\cdots,(n-1)x^{n-2},nx^{n-1}\}$$

$$=\{1,2x,3x^2,\cdots,nx^{n-1}\}\begin{bmatrix}0 & 1 & 0 & \cdots & 0 & 0\\ 0 & 0 & 1 & \cdots & 0 & 0\\ \vdots & \vdots & \vdots & & \vdots & \vdots\\ 0 & 0 & 0 & \cdots & 1 & 0\\ 0 & 0 & 0 & \cdots & 0 & 1\end{bmatrix}_{n\times(n+1)}=\boldsymbol{B}_\beta^*\boldsymbol{B}_{n\times(n+1)},$$

即 $D:P_n[\boldsymbol{x}]\to P_{n-1}[\boldsymbol{x}]$在基偶$(\boldsymbol{B}_\alpha,\boldsymbol{B}_\beta^*)$下对应的矩阵为$\boldsymbol{B}_{n\times(n+1)}$.

需要注意的是:例 2.8.3 说明了同一个线性映射在不同的基偶之下对应的矩阵也不同.另外,对于例 2.7.6,由于$C[a,b]$不是有限维线性空间,所以$J(f(x))=\int_a^x f(\tau)\mathrm{d}\tau$ 作为$C[a,b]$上的线性变换没有矩阵表示.

以上讨论了两个有限维线性空间$V^n(\boldsymbol{F})$到$W^m(\boldsymbol{F})$的线性映射的矩阵表示,下面给出元素或向量之间的坐标对应关系.

定理 2.8.2 设$T\in L(V^n(\boldsymbol{F}),W^m(\boldsymbol{F}))$在基偶$(\boldsymbol{B}_\alpha,\boldsymbol{B}_\beta)$下对应的矩阵为$\boldsymbol{A}$,对于$\forall\boldsymbol{\alpha}\in V^n(\boldsymbol{F})$都有唯一的$T(\boldsymbol{\alpha})\in W^m(\boldsymbol{F})$与之对应,如果$\boldsymbol{\alpha}$在基$\boldsymbol{B}_\alpha$下的坐标为$\boldsymbol{x}$,即$\boldsymbol{\alpha}=\boldsymbol{B}_\alpha\boldsymbol{x},\boldsymbol{x}\in\boldsymbol{F}^n$,$T(\boldsymbol{\alpha})$在基$\boldsymbol{B}_\beta$下对应的坐标为$\boldsymbol{y}$,即$T(\boldsymbol{\alpha})=\boldsymbol{B}_\beta\boldsymbol{y}$,则$\boldsymbol{y}=\boldsymbol{A}\boldsymbol{x},\boldsymbol{y}\in\boldsymbol{F}^m$,用符号表示为

$$
\begin{array}{ccc}
T:V^n(\boldsymbol{F}) & \xrightarrow{(\boldsymbol{B}_\alpha,\boldsymbol{B}_\beta)} & W^m(\boldsymbol{F}):\boldsymbol{A} \\
\boldsymbol{\alpha} & \longrightarrow & T(\boldsymbol{\alpha}) \\
\downarrow\boldsymbol{B}_\alpha & & \downarrow\boldsymbol{B}_\beta \\
\boldsymbol{x} & \longrightarrow & \boldsymbol{y}=\boldsymbol{A}\boldsymbol{x}
\end{array}
$$

证明:由$T\boldsymbol{B}_\alpha=\boldsymbol{B}_\beta\boldsymbol{A},\boldsymbol{\alpha}=\boldsymbol{B}_\alpha\boldsymbol{x},\boldsymbol{x}\in\boldsymbol{F}^n$可知,

$$T(\boldsymbol{\alpha})=T(\boldsymbol{B}_\alpha\boldsymbol{x})=(T\boldsymbol{B}_\alpha)\boldsymbol{x}=(\boldsymbol{B}_\beta\boldsymbol{A})\boldsymbol{x}=\boldsymbol{B}_\beta(\boldsymbol{A}\boldsymbol{x}),$$

再由$T(\boldsymbol{\alpha})=\boldsymbol{B}_\beta\boldsymbol{y}$以及坐标的唯一性,可知$\boldsymbol{y}=\boldsymbol{A}\boldsymbol{x},\boldsymbol{y}\in\boldsymbol{F}^m$,即坐标转换公式为

$$
\begin{bmatrix} y_1 \\ y_2 \\ \vdots \\ y_m \end{bmatrix}=\begin{bmatrix} a_{11} & a_{12} & \cdots & a_{1n} \\ a_{21} & a_{22} & \cdots & a_{2n} \\ \vdots & \vdots & & \vdots \\ a_{m1} & a_{m2} & \cdots & a_{mn} \end{bmatrix}\begin{bmatrix} x_1 \\ x_2 \\ \vdots \\ x_n \end{bmatrix}. \tag{2.8.6}
$$

由例 2.8.3 可以看到同一个线性映射在不同的基偶下所对应的矩阵是不同的,那么同一个线性映射在不同的基偶下所对应的矩阵有什么关系呢?定理 2.8.3 回答了这个问题.

定理 2.8.3 设$T\in L(V^n(\boldsymbol{F}),W^m(\boldsymbol{F}))$在基偶$(\boldsymbol{B}_\alpha,\boldsymbol{B}_\beta)$下对应的矩阵为$\boldsymbol{A}$,而在基偶$(\boldsymbol{B}_\alpha^*,\boldsymbol{B}_\beta^*)$下对应的矩阵为$\boldsymbol{B}$,即$T\boldsymbol{B}_\alpha=\boldsymbol{B}_\beta\boldsymbol{A}$以及$T\boldsymbol{B}_\alpha^*=\boldsymbol{B}_\beta^*\boldsymbol{B}$,而由基$\boldsymbol{B}_\alpha$到$\boldsymbol{B}_\alpha^*$的过渡矩阵为$\boldsymbol{P}\in\boldsymbol{F}^{n\times n}$,由基$\boldsymbol{B}_\beta$到$\boldsymbol{B}_\beta^*$的过渡矩阵为$\boldsymbol{Q}\in\boldsymbol{F}^{m\times m}$,则$\boldsymbol{B}=\boldsymbol{Q}^{-1}\boldsymbol{A}\boldsymbol{P}$,用符号表示为

$$
\begin{array}{ccc}
T:V^n(\boldsymbol{F}) & \xrightarrow{(\boldsymbol{B}_\alpha,\boldsymbol{B}_\beta)} & W^m(\boldsymbol{F}):\boldsymbol{A} \\
\boldsymbol{B}_\alpha & \longrightarrow & \boldsymbol{B}_\beta \\
\downarrow\boldsymbol{P} & & \downarrow\boldsymbol{Q} \\
\boldsymbol{B}_\alpha^* & \longrightarrow & \boldsymbol{B}_\beta^* \\
T:V^n(\boldsymbol{F}) & \xrightarrow{(\boldsymbol{B}_\alpha,\boldsymbol{B}_\beta^*)} & W^m(\boldsymbol{F}):\boldsymbol{B}
\end{array}
$$

证明:由已知条件可知$T\boldsymbol{B}_\alpha=\boldsymbol{B}_\beta\boldsymbol{A}$、$T\boldsymbol{B}_\alpha^*=\boldsymbol{B}_\beta^*\boldsymbol{B}$、$\boldsymbol{B}_\alpha^*=\boldsymbol{B}_\alpha\boldsymbol{P}$及$\boldsymbol{B}_\beta^*=\boldsymbol{B}_\beta\boldsymbol{Q}$,将$\boldsymbol{B}_\alpha^*=\boldsymbol{B}_\alpha\boldsymbol{P}$及$\boldsymbol{B}_\beta^*=\boldsymbol{B}_\beta\boldsymbol{Q}$代入$T\boldsymbol{B}_\alpha^*=\boldsymbol{B}_\beta^*\boldsymbol{B}$得$T\boldsymbol{B}_\alpha\boldsymbol{P}=\boldsymbol{B}_\beta\boldsymbol{Q}\boldsymbol{B}$,再将$T\boldsymbol{B}_\alpha=\boldsymbol{B}_\beta\boldsymbol{A}$代入前式,得$\boldsymbol{B}_\beta\boldsymbol{A}\boldsymbol{P}=\boldsymbol{B}_\beta\boldsymbol{Q}\boldsymbol{B}$,于是有$\boldsymbol{A}\boldsymbol{P}=\boldsymbol{Q}\boldsymbol{B}$,另由过渡矩阵的可逆性,可得$\boldsymbol{B}=\boldsymbol{Q}^{-1}\boldsymbol{A}\boldsymbol{P}$.

定义 2.8.1　对于给定的两个矩阵 $\boldsymbol{A},\boldsymbol{B}\in\boldsymbol{F}^{m\times n}$，若存在可逆矩阵 $\boldsymbol{P}\in\boldsymbol{F}^{n\times n}$，$\boldsymbol{Q}\in\boldsymbol{F}^{m\times m}$ 使得 $\boldsymbol{B}=\boldsymbol{Q}^{-1}\boldsymbol{A}\boldsymbol{P}$，则称 $\boldsymbol{A}$ 与 $\boldsymbol{B}$ 等价.

显然，由定理 2.8.3 可知，同一个线性映射在不同的基偶下所对应的矩阵是等价关系. 又由等价的矩阵具有相同的秩，因此同一个线性映射在不同的基偶下所对应的矩阵的秩都是相同的，即线性映射的秩与基偶的选择无关，为此可以定义线性映射的秩.

定义 2.8.2　设 $T\in L(V^n(\boldsymbol{F}),W^m(\boldsymbol{F}))$ 在基偶 $(\boldsymbol{B}_\alpha,\boldsymbol{B}_\beta)$ 下对应的矩阵为 $\boldsymbol{A}$，矩阵 $\boldsymbol{A}$ 的秩称为线性映射 T 的秩，记为 $\mathrm{rank}T=\mathrm{rank}\boldsymbol{A}$.

需要强调的是，在线性代数中有如下结论：任何一个 $\boldsymbol{A}\in\boldsymbol{F}^{m\times n}$，$\mathrm{rank}\boldsymbol{A}=r$ 必然等价于标准形矩阵 $\begin{bmatrix}\boldsymbol{E}_r & \boldsymbol{0}\\ \boldsymbol{0} & \boldsymbol{0}\end{bmatrix}_{m\times n}$，即必然存在可逆矩阵 $\boldsymbol{P}\in\boldsymbol{F}^{n\times n}$，$\boldsymbol{Q}\in\boldsymbol{F}^{m\times m}$ 使得

$$\boldsymbol{Q}^{-1}\boldsymbol{A}\boldsymbol{P}=\begin{bmatrix}\boldsymbol{E}_r & \boldsymbol{0}\\ \boldsymbol{0} & \boldsymbol{0}\end{bmatrix}_{m\times n},$$

其中 $\boldsymbol{E}_r$ 为 r 阶单位矩阵. 由此结论可得如下定理 2.8.4.

定理 2.8.4　对于任何一个线性映射 $T\in L(V^n(\boldsymbol{F}),W^m(\boldsymbol{F}))$，$\mathrm{rank}T=r$，必然存在一对基偶 $(\boldsymbol{B}_\alpha,\boldsymbol{B}_\beta)$，使得线性映射 T 在这对基偶下所对应的矩阵为标准形矩阵 $\begin{bmatrix}\boldsymbol{E}_r & \boldsymbol{0}\\ \boldsymbol{0} & \boldsymbol{0}\end{bmatrix}_{m\times n}$，其中 $\boldsymbol{E}_r$ 为 r 阶单位矩阵.

以上讨论的是线性映射在不同基偶下所对应矩阵之间的关系，线性变换作为线性映射的特殊形式，它也有相应的一些特殊的结论. 由定理 2.8.3 可得定理 2.8.5.

定理 2.8.5　设 $T\in L(V^n(\boldsymbol{F}))$ 在基 $\boldsymbol{B}_\alpha$ 下对应的矩阵为 $\boldsymbol{A}$，而在基 $\boldsymbol{B}_\alpha^*$ 下对应的矩阵为 $\boldsymbol{B}$，即 $T\boldsymbol{B}_\alpha=\boldsymbol{B}_\alpha\boldsymbol{A}$ 以及 $T\boldsymbol{B}_\alpha^*=\boldsymbol{B}_\alpha^*\boldsymbol{B}$，而由基 $\boldsymbol{B}_\alpha$ 到 $\boldsymbol{B}_\alpha^*$ 的过渡矩阵为 $\boldsymbol{P}\in\boldsymbol{F}^{n\times n}$，则 $\boldsymbol{B}=\boldsymbol{P}^{-1}\boldsymbol{A}\boldsymbol{P}$，用符号表示为

$$\begin{array}{ccc}
T:V^n(\boldsymbol{F}) & \xrightarrow{\boldsymbol{B}_\alpha} & V^n(\boldsymbol{F}):\boldsymbol{A}\\
\boldsymbol{B}_\alpha & \longrightarrow & \boldsymbol{B}_\alpha\\
\downarrow\boldsymbol{P} & & \downarrow\boldsymbol{P}\\
\boldsymbol{B}_\alpha^* & \longrightarrow & \boldsymbol{B}_\alpha^*\\
T:V^n(\boldsymbol{F}) & \xrightarrow{\boldsymbol{B}_\alpha^*} & V^n(\boldsymbol{F}):\boldsymbol{B}
\end{array}$$

定义 2.8.3　对于给定的两个矩阵 $\boldsymbol{A},\boldsymbol{B}\in\boldsymbol{F}^{n\times n}$，若存在可逆矩阵 $\boldsymbol{P}\in\boldsymbol{F}^{n\times n}$，使得 $\boldsymbol{B}=\boldsymbol{P}^{-1}\boldsymbol{A}\boldsymbol{P}$，则称 $\boldsymbol{A}$ 与 $\boldsymbol{B}$ 相似.

显然，由定理 2.8.5 可知，同一线性变换在不同的基下所对应的矩阵是相似关系.

关于相似矩阵的性质，在线性代数中有充分的讨论，为了完整性，下面将相应的一些结论归结为定理 2.8.6.

定理 2.8.6　如果两个矩阵 $\boldsymbol{A},\boldsymbol{B}\in\boldsymbol{F}^{n\times n}$ 相似，那么 $\boldsymbol{A}$ 与 $\boldsymbol{B}$ 具有自身性、对称性及传递性，且有：

(1) $\text{rank}\boldsymbol{A}=\text{rank}\boldsymbol{B}$;

(2) $\det\boldsymbol{A}=\det\boldsymbol{B}$;

(3) $\text{trace}\boldsymbol{A}=\text{trace}\boldsymbol{B}$;

(4) $\lambda\boldsymbol{E}-\boldsymbol{A}$ 与 $\lambda\boldsymbol{E}-\boldsymbol{B}$ 相似;

(5) $\boldsymbol{A}^k$ 与 $\boldsymbol{B}^k$ 相似,其中 k 是任意正整数;

(6)若 $\boldsymbol{A}$ 可逆,则 $\boldsymbol{B}$ 也可逆,且 $\boldsymbol{A}^{-1}$ 与 $\boldsymbol{B}^{-1}$ 也相似;

(7) $\boldsymbol{A}^{\mathrm{T}}$ 与 $\boldsymbol{B}^{\mathrm{T}}$ 相似;

(8) $p(\boldsymbol{A})$ 与 $p(\boldsymbol{B})$ 相似,其中 $p(t)$ 是数域 $\boldsymbol{F}$ 上任一多项式.

在线性代数中引入的两个重要概念是方阵的特征值与特征向量,即对于给定的方阵 $\boldsymbol{A}\in\boldsymbol{F}^{n\times n}$ 及 $\lambda\in\boldsymbol{F}$,若存在非零向量 $\boldsymbol{0}\neq\boldsymbol{x}\in\boldsymbol{F}^n$,使得 $\boldsymbol{A}\boldsymbol{x}=\lambda\boldsymbol{x}$,则称 λ 是 $\boldsymbol{A}$ 的一个特征值,$\boldsymbol{x}$ 称为对应于特征值 λ 的一个特征向量. 除此之外,针对方阵 $\boldsymbol{A}$ 还定义了特征多项式的概念,即给定 $\boldsymbol{A}\in\boldsymbol{F}^{n\times n}$,其特征多项式为

$$f_{\boldsymbol{A}}(\lambda)=\det(\lambda\boldsymbol{E}-\boldsymbol{A})=\begin{vmatrix}\lambda-a_{11} & -a_{12} & \cdots & -a_{1n}\\ -a_{21} & \lambda-a_{22} & \cdots & -a_{2n}\\ \vdots & \vdots & & \vdots\\ -a_{n1} & -a_{n2} & \cdots & \lambda-a_{nn}\end{vmatrix}=\lambda^n+a_1\lambda^{n-1}+\cdots+a_{n-1}\lambda+a_n.$$

由线性代数知识可知 $f_{\boldsymbol{A}}(\lambda)=0$ 的根即是方阵 $\boldsymbol{A}$ 的特征值. 另外,关于特征多项式还有如下著名的 Cayley-Hamilton 定理 2.8.7.

定理 2.8.7 (Cayley-Hamilton 定理) 如果 $\boldsymbol{A}\in\boldsymbol{F}^{n\times n}$,则 $f_{\boldsymbol{A}}(\boldsymbol{A})=\boldsymbol{O}$,其中 $\boldsymbol{O}$ 为 n 阶零方阵,即

$$f_{\boldsymbol{A}}(\boldsymbol{A})=\boldsymbol{A}^n+a_1\boldsymbol{A}^{n-1}+\cdots+a_{n-1}\boldsymbol{A}+a_n\boldsymbol{E}_n=\boldsymbol{O}. \tag{2.8.7}$$

证明:假设 $\boldsymbol{B}(\lambda)$ 是 $\det(\lambda\boldsymbol{E}-\boldsymbol{A})$ 的伴随矩阵,则由 Laplace 展开定理的矩阵形式可得

$$\boldsymbol{B}(\lambda)(\lambda\boldsymbol{E}-\boldsymbol{A})=\det(\lambda\boldsymbol{E}-\boldsymbol{A})\boldsymbol{E}_n=\lambda^n\boldsymbol{E}_n+a_1\lambda^{n-1}\boldsymbol{E}_n+\cdots+a_{n-1}\lambda\boldsymbol{E}_n+a_n\boldsymbol{E}_n. \tag{2.8.8}$$

由于方阵 $\boldsymbol{B}(\lambda)$ 的元素都是 $\det(\lambda\boldsymbol{E}-\boldsymbol{A})$ 的 $n-1$ 阶代数余子式,所以其元素均是关于 λ 的次数不超过 $n-1$ 的多项式,于是由矩阵的运算性质可知,$\boldsymbol{B}(\lambda)$ 可以表示成

$$\boldsymbol{B}(\lambda)=\lambda^{n-1}\boldsymbol{B}_0+\lambda^{n-2}\boldsymbol{B}_1+\cdots+\boldsymbol{B}_{n-1}, \tag{2.8.9}$$

其中 $\boldsymbol{B}_0,\boldsymbol{B}_1,\cdots,\boldsymbol{B}_{n-1}$ 都是 n 阶方阵,于是又有

$$\begin{aligned}(\lambda\boldsymbol{E}_n-\boldsymbol{A})\boldsymbol{B}(\lambda)&=(\lambda\boldsymbol{E}_n-\boldsymbol{A})(\lambda^{n-1}\boldsymbol{B}_0+\lambda^{n-2}\boldsymbol{B}_1+\cdots+\boldsymbol{B}_{n-1})\\&=\lambda^n\boldsymbol{B}_0+\lambda^{n-1}(\boldsymbol{B}_1-\boldsymbol{A}\boldsymbol{B}_0)+\cdots+\lambda(\boldsymbol{B}_{n-1}-\boldsymbol{A}\boldsymbol{B}_{n-2})-\boldsymbol{A}\boldsymbol{B}_{n-1}=f_{\boldsymbol{A}}(\lambda)\boldsymbol{E}_n.\end{aligned} \tag{2.8.10}$$

比较式(2.8.8)与式(2.8.10)中 λ 各次幂的系数可得

$$\begin{cases}\lambda^n:\boldsymbol{B}_0=\boldsymbol{E}_n\Rightarrow\boldsymbol{A}^n\boldsymbol{B}_0=\boldsymbol{A}^n,\\ \lambda^{n-1}:\boldsymbol{B}_1-\boldsymbol{A}\boldsymbol{B}_0=a_1\boldsymbol{E}_n\Rightarrow\boldsymbol{A}^{n-1}\boldsymbol{B}_1-\boldsymbol{A}^n\boldsymbol{B}_0=a_1\boldsymbol{A}^{n-1},\\ \cdots\cdots\\ \lambda:\boldsymbol{B}_{n-1}-\boldsymbol{A}\boldsymbol{B}_{n-2}=a_{n-1}\boldsymbol{E}_n\Rightarrow\boldsymbol{A}\boldsymbol{B}_{n-1}-\boldsymbol{A}^2\boldsymbol{B}_{n-2}=a_{n-1}\boldsymbol{A},\\ \lambda^0:-\boldsymbol{A}\boldsymbol{B}_{n-1}=a_n\boldsymbol{E}_n\Rightarrow-\boldsymbol{A}\boldsymbol{B}_{n-1}=a_n\boldsymbol{E}_n.\end{cases} \tag{2.8.11}$$

将式(2.8.11)"⇒"右边的等式相加,左边为 n 阶零矩阵 $\boldsymbol{O}$,右边为 $f_{\boldsymbol{A}}(\boldsymbol{A})$,所以有 $f_{\boldsymbol{A}}(\boldsymbol{A})=\boldsymbol{O}$.

Cayley-Hamilton 定理的一个重要应用是可以将高阶矩阵多项式转变成低阶矩阵多项式进行计算,同时还提供了一种求方阵逆的方法.

例 2.8.4　已知

$$A=\begin{bmatrix}1&1&-1\\1&1&1\\0&-1&2\end{bmatrix},$$

求 $g(A)=2A^5-3A^4-A^3+2A-E$ 以及 A^{-1}.

解:先求 A 的特征多项式为

$$f_A(\lambda)=\begin{vmatrix}\lambda-1&-1&1\\-1&\lambda-1&-1\\0&1&\lambda-2\end{vmatrix}=\lambda^3-4\lambda^2+5\lambda-2=(\lambda-1)^2(\lambda-2).$$

又 $g(\lambda)=2\lambda^5-3\lambda^4-\lambda^3+2\lambda-1$,用 $f_A(\lambda)$ 除 $g(\lambda)$ 可得

$$g(\lambda)=(2\lambda^2+5\lambda+9)f_A(\lambda)+15\lambda^2-33\lambda+17.$$

由于 $f_A(A)=O$,所以 $g(A)=15A^2-33A+17E$,将 A 代入 $g(A)$ 可得

$$g(A)=\begin{bmatrix}14&12&3\\-3&-1&-3\\-15&-12&-4\end{bmatrix}.$$

另外,求解上述问题还可以用待定系数法,用 $f_A(\lambda)$ 除 $g(\lambda)$ 可得一般表达式

$$g(\lambda)=q(\lambda)f_A(\lambda)+r(\lambda),$$

其中余式 $r(\lambda)$ 是一个多项式,其次数满足 $\deg r(\lambda)<\deg f_A(\lambda)=3$,于是可设

$$r(\lambda)=a\lambda^2+b\lambda+c,$$

即

$$g(\lambda)=q(\lambda)f_A(\lambda)+a\lambda^2+b\lambda+c,$$

将矩阵 A 的特征值 $\lambda=1$,$\lambda=2$ 分别代入上式,则有

$$\begin{cases}a+b+c=g(1)=-1,\\4a+2b+c=g(2)=11,\end{cases}$$

为了得到 a,b,c 之间的第三个关系式,对 $g(\lambda)$ 两边求导,可得

$$g'(\lambda)=q'(\lambda)f_A(\lambda)+q(\lambda)f'_A(\lambda)+2a\lambda+b,$$

用 $\lambda=1$ 代入上式,可得 $f_A(1)=f'_A(1)=0$,于是

$$2a+b=g'(1)=-3,$$

解线性方程组

$$\begin{cases}a+b+c=-1,\\4a+2b+c=11,\\2a+b=-3,\end{cases}$$

得 $a=15$,$b=-33$,$c=17$,从而得到同样结果 $g(A)=15A^2-33A+17E$.

对于求 A^{-1},由于 $\det(-A)=f_A(0)=-2\neq0$,所以 A 可逆,又

$$f_A(A)=A^3-4A^2+5A-2E=O,$$

用 A^{-1} 对上式两边相乘可得

$$A^{-1}=\frac{1}{2}(A^2-4A+5E)=\frac{1}{2}\begin{bmatrix}3&-1&2\\-2&2&-2\\-1&1&0\end{bmatrix}.$$

事实上,对于任意一个方阵 $\boldsymbol{A}$,当 $\det(\boldsymbol{A})\neq 0$ 时,都可以借助 Cayley-Hamilton 定理求其逆矩阵. 设 $f_{\boldsymbol{A}}(\lambda)=\det(\lambda\boldsymbol{E}-\boldsymbol{A})=\lambda^n+a_1\lambda^{n-1}+\cdots+a_{n-1}\lambda+a_n$,则由根与系数的关系可知 $a_n=(-1)^n\det(\boldsymbol{A})\neq 0$,再对 $\boldsymbol{A}^n+a_1\boldsymbol{A}^{n-1}+\cdots+a_{n-1}\boldsymbol{A}+a_n\boldsymbol{E}=\boldsymbol{O}$ 两边同时乘以 $\boldsymbol{A}^{-1}$,可得 $\boldsymbol{A}^{n-1}+a_1\boldsymbol{A}^{n-2}+\cdots+a_{n-1}\boldsymbol{E}+a_n\boldsymbol{A}^{-1}=\boldsymbol{O}$,故有 $\boldsymbol{A}^{-1}=-\dfrac{1}{a_n}(\boldsymbol{A}^{n-1}+a_1\boldsymbol{A}^{n-2}+\cdots+a_{n-1}\boldsymbol{E})$. 另外,定义一个多项式 $\varphi(\lambda)=-\dfrac{1}{a_n}(\lambda^{n-1}+a_1\lambda^{n-2}+\cdots+a_{n-2}\lambda+a_{n-1})$,则有 $\boldsymbol{A}^{-1}=\varphi(\boldsymbol{A})$. 为此可以给出求方阵 $\boldsymbol{A}$ 逆的 Matlab 程序 2.8.1.

程序 2.8.1 利用 Cayley—Hamilton 定理求方阵的逆.

```
function Ainv=CH_inv(A)
D=det(A);
if D==0
    disp('The matrix is singular')
    Ainv=[];
else
    n=size(A,1);
    p=poly(A);%求矩阵 A 的特征多项式
    phi=-p(1:n)./p(n+1);%求多项式 phi
    Ainv=polyvalm(phi,A);%求矩阵多项式 phi(A),即 A 的逆矩阵
end
```

程序2.8.1

此时通过程序 2.8.1,输入 A=[1 1 -1;1 1 1;0 -1 2],运行程序 Ainv=CH_inv(A)可以验证上例的理论计算结果.

定理 2.8.8 (Jocobi 公式)若 $\boldsymbol{A}$ 是一个 $n\times n$ 的函数矩阵,即 $\boldsymbol{A}$ 的所有元素都是独立变量,则有

$$\mathrm{d}(\det\boldsymbol{A})=\mathrm{trace}(\mathrm{adj}(\boldsymbol{A})\mathrm{d}\boldsymbol{A}),\tag{2.8.12}$$

其中 $\mathrm{d}\boldsymbol{A}$ 是对 $\boldsymbol{A}$ 的每一个元素微分组成的矩阵,d 是对 $\boldsymbol{A}$ 的所有元素变量的全微分. 若 $\boldsymbol{A}=\boldsymbol{A}(\lambda)$,即 $\boldsymbol{A}$ 中的每一个元素 $a_{ij}(\lambda)$ 都是 λ 的可微函数,则有

$$\frac{\mathrm{d}}{\mathrm{d}\lambda}[\det\boldsymbol{A}(\lambda)]=\mathrm{trace}\left(\mathrm{adj}\boldsymbol{A}(\lambda)\frac{\mathrm{d}\boldsymbol{A}(\lambda)}{\mathrm{d}\lambda}\right),\tag{2.8.13}$$

证明:矩阵 $\boldsymbol{A}$ 行列式的 Laplace 按第 i 行展开的形式为

$$\det\boldsymbol{A}=\sum_{k=1}^{n}a_{ik}\,\mathrm{adj}^{\mathrm{T}}(\boldsymbol{A})_{ik},$$

由于 $\boldsymbol{A}$ 的行列式可以看做 $\boldsymbol{A}$ 的所有元素的函数,即

$$\det\boldsymbol{A}=F(a_{11},a_{12},\cdots,a_{21},a_{22},\cdots,a_{nn}),$$

对 $\det\boldsymbol{A}$ 求全微分,可得

$$\mathrm{d}(\det\boldsymbol{A})=\sum_{i=1}^{n}\sum_{j=1}^{n}\frac{\partial F}{\partial a_{ij}}\mathrm{d}a_{ij},$$

于是有

$$\frac{\partial F}{\partial a_{ij}} = \frac{\partial \det \boldsymbol{A}}{\partial a_{ij}} = \frac{\partial \sum_{k=1}^{n} a_{ik} \operatorname{adj}^{\mathrm{T}}(\boldsymbol{A})_{ik}}{\partial a_{ij}} = \sum_{k=1}^{n} \frac{\partial (a_{ik} \operatorname{adj}^{\mathrm{T}}(\boldsymbol{A})_{ik})}{\partial a_{ij}},$$

再根据函数乘积的求导法则可知

$$\frac{\partial F}{\partial a_{ij}} = \frac{\partial \det \boldsymbol{A}}{\partial a_{ij}} = \sum_{k=1}^{n} \frac{\partial a_{ik}}{\partial a_{ij}} \operatorname{adj}^{\mathrm{T}}(\boldsymbol{A})_{ik} + \sum_{k=1}^{n} a_{ik} \frac{\partial \operatorname{adj}^{\mathrm{T}}(\boldsymbol{A})_{ik}}{\partial a_{ij}},$$

又由于 a_{ij} 与 a_{ik} 在同一行，因此 a_{ik} 的代数余子式 $\operatorname{adj}^{\mathrm{T}}(\boldsymbol{A})_{ik}$ 与 a_{ij} 无关，因此

$$\frac{\partial \operatorname{adj}^{\mathrm{T}}(\boldsymbol{A})_{ik}}{\partial a_{ij}} = 0,$$

由此可得

$$\frac{\partial F}{\partial a_{ij}} = \frac{\partial \det \boldsymbol{A}}{\partial a_{ij}} = \sum_{k=1}^{n} \operatorname{adj}^{\mathrm{T}}(\boldsymbol{A})_{ik} \frac{\partial a_{ik}}{\partial a_{ij}},$$

另外，由于 $\boldsymbol{A}$ 的所有元素都是互相独立的，因此

$$\frac{\partial a_{ik}}{\partial a_{ij}} = \delta_{jk} = \begin{cases} 1, j = k \\ 0, j \neq k \end{cases},$$

即

$$\frac{\partial F}{\partial a_{ij}} = \frac{\partial \det \boldsymbol{A}}{\partial a_{ij}} = \sum_{k=1}^{n} \operatorname{adj}^{\mathrm{T}}(\boldsymbol{A})_{ik} \delta_{jk} = \operatorname{adj}^{\mathrm{T}}(\boldsymbol{A})_{ij},$$

将上式代入 $\det \boldsymbol{A}$ 全微分的表达式，可得

$$\mathrm{d}(\det \boldsymbol{A}) = \sum_{i=1}^{n} \sum_{j=1}^{n} \operatorname{adj}^{\mathrm{T}}(\boldsymbol{A})_{ij} \mathrm{d}a_{ij} = \operatorname{trace}(\operatorname{adj}(\boldsymbol{A}) \mathrm{d}\boldsymbol{A}).$$

同理，当 $\boldsymbol{A}=\boldsymbol{A}(\lambda)$ 时，即当 $\boldsymbol{A}$ 中的每一个元素 $a_{ij}(\lambda)$ 都是 λ 的可微函数时，则由

$$\frac{\mathrm{d}}{\mathrm{d}\lambda}[\det \boldsymbol{A}(\lambda)] = \sum_{i=1}^{n} \sum_{j=1}^{n} \frac{\partial F}{\partial a_{ij}} \frac{\mathrm{d}a_{ij}(\lambda)}{\mathrm{d}\lambda},$$

可得

$$\frac{\mathrm{d}}{\mathrm{d}\lambda}[\det \boldsymbol{A}(\lambda)] = \operatorname{trace}\left(\operatorname{adj}\boldsymbol{A}(\lambda) \frac{\mathrm{d}\boldsymbol{A}(\lambda)}{\mathrm{d}\lambda}\right).$$

定理 2.8.9 如果 $\boldsymbol{A} \in \boldsymbol{F}^{n \times n}$，$\boldsymbol{A}$ 的特征多项式为 $f_{\boldsymbol{A}}(\lambda) = \lambda^n + a_1\lambda^{n-1} + \cdots + a_{n-1}\lambda + a_n$，则

$$\frac{\mathrm{d}f_{\boldsymbol{A}}(\lambda)}{\mathrm{d}\lambda} = \operatorname{trace}(\boldsymbol{B}(\lambda)) = n\lambda^{n-1} + (n-1)a_1\lambda^{n-2} + \cdots + a_{n-1}\lambda, \tag{2.8.14}$$

其中 $\boldsymbol{B}(\lambda)$ 是 $\det(\lambda\boldsymbol{E}_n - \boldsymbol{A})$ 的伴随矩阵.

证明：由定理 2.8.8(Jocobi 公式)可知

$$\frac{\mathrm{d}}{\mathrm{d}\lambda}[\det \boldsymbol{A}(\lambda)] = \operatorname{trace}\left(\operatorname{adj}\boldsymbol{A}(\lambda) \frac{\mathrm{d}\boldsymbol{A}(\lambda)}{\mathrm{d}\lambda}\right),$$

令 $\boldsymbol{A}(\lambda) = \lambda\boldsymbol{E}_n - \boldsymbol{A}$，则有

$$\frac{\mathrm{d}[\det(\lambda\boldsymbol{E}_n - \boldsymbol{A})]}{\mathrm{d}\lambda} = \frac{\mathrm{d}f_{\boldsymbol{A}}(\lambda)}{\mathrm{d}\lambda} = \operatorname{trace}\left(\boldsymbol{B}(\lambda) \frac{\mathrm{d}(\lambda\boldsymbol{E}_n - \boldsymbol{A})}{\mathrm{d}\lambda}\right) = \operatorname{trace}(\boldsymbol{B}(\lambda)\boldsymbol{E}_n) = \operatorname{trace}(\boldsymbol{B}(\lambda)).$$

另外，特征多项式两边对 λ 求导可得

$$\frac{\mathrm{d}f_{A}(\lambda)}{\mathrm{d}\lambda}=n\lambda^{n-1}+(n-1)a_1\lambda^{n-2}+\cdots+a_{n-1}\lambda.$$

定理 2.8.10 Faddeev-LeVerrier 算法:如果 $\boldsymbol{A}\in\boldsymbol{F}^{n\times n}$,令

$$f_{A}(\lambda)=\det(\lambda\boldsymbol{E}_n-\boldsymbol{A})=\lambda^n+a_1\lambda^{n-1}+\cdots+a_{n-1}\lambda+a_n,$$

$$\boldsymbol{B}(\lambda)=\mathrm{adj}(\lambda\boldsymbol{E}_n-\boldsymbol{A})=\lambda^{n-1}\boldsymbol{E}_n+\lambda^{n-2}\boldsymbol{B}_1+\cdots+\lambda\boldsymbol{B}_{n-2}+\boldsymbol{B}_{n-1},$$

则有如下递推公式

$$\begin{cases}a_1=-\,\mathrm{trace}\boldsymbol{A},\\ a_k=-\dfrac{1}{k}\mathrm{trace}(\boldsymbol{A}\boldsymbol{B}_{k-1}),k=2,3,\cdots,n;\end{cases}\tag{2.8.15}$$

$$\begin{cases}\boldsymbol{B}_1=a_1\boldsymbol{E}_n+\boldsymbol{A},\\ \boldsymbol{B}_k=a_k\boldsymbol{E}_n+\boldsymbol{A}\boldsymbol{B}_{k-1},k=2,3,\cdots,n-1.\end{cases}\tag{2.8.16}$$

由此也可以得出

$$\begin{cases}\boldsymbol{B}_k=\displaystyle\sum_{i=0}^{k}a_{k-i}\boldsymbol{A}^i,k=1,2,\cdots,n-1,\\ a_k=-\dfrac{1}{k}\displaystyle\sum_{i=1}^{k}a_{k-i}\mathrm{trace}\boldsymbol{A}^i,k=1,2,\cdots,n,\end{cases}\tag{2.8.17}$$

其中 $a_0=1,\boldsymbol{B}_0=\boldsymbol{E}_n$,且若 $\det\boldsymbol{A}\neq0$,则有

$$\boldsymbol{A}^{-1}=-\frac{1}{a_n}\boldsymbol{B}_{n-1}=-\frac{1}{a_n}\sum_{i=0}^{n-1}a_{n-i-1}\boldsymbol{A}^i.\tag{2.8.18}$$

证明:由 Cayley-Hamilton 定理证明中的式(2.8.11)的左端等式可得

$$\begin{cases}\boldsymbol{B}_1=a_1\boldsymbol{E}_n+\boldsymbol{A},\\ \boldsymbol{B}_k=a_k\boldsymbol{E}_n+\boldsymbol{A}\boldsymbol{B}_{k-1},k=2,3,\cdots,n-1,\end{cases}$$

由定理 2.8.9 可知

$$\frac{\mathrm{d}f_{A}(\lambda)}{\mathrm{d}\lambda}=\mathrm{trace}\boldsymbol{B}(\lambda)=n\lambda^{n-1}+(n-1)a_1\lambda^{n-2}+\cdots+a_{n-1}\lambda,$$

又有

$$\begin{aligned}\mathrm{trace}\boldsymbol{B}(\lambda)&=\mathrm{trace}(\lambda^{n-1}\boldsymbol{E}_n+\lambda^{n-2}\boldsymbol{B}_1+\cdots+\lambda\boldsymbol{B}_{n-2}+\boldsymbol{B}_{n-1})\\&=\lambda^{n-1}\mathrm{trace}\boldsymbol{E}_n+\lambda^{n-2}\mathrm{trace}\boldsymbol{B}_1+\cdots+\lambda\mathrm{trace}\boldsymbol{B}_{n-2}+\mathrm{trace}\boldsymbol{B}_{n-1},\end{aligned}$$

由以上两式对应系数相等可得

$$(n-k)a_k=\mathrm{trace}\boldsymbol{B}_k,k=1,2,\cdots,n-1.$$

对 $\boldsymbol{B}_1=a_1\boldsymbol{E}_n+\boldsymbol{A}$ 两端求矩阵的迹,再代入 $(n-k)a_k=\mathrm{trace}\boldsymbol{B}_k$,可得

$$(n-1)a_1=\mathrm{trace}\boldsymbol{B}_1=a_1\mathrm{trace}\boldsymbol{E}_n+\mathrm{trace}\boldsymbol{A}=na_1+\mathrm{trace}\boldsymbol{A},$$

故 $a_1=-\mathrm{trace}\boldsymbol{A}$.

对 $\boldsymbol{B}_k=a_k\boldsymbol{E}_n+\boldsymbol{A}\boldsymbol{B}_{k-1}$ 两端求矩阵的迹,再代入 $(n-k)a_k=\mathrm{trace}\boldsymbol{B}_k$,可得

$$(n-k)a_k=\mathrm{trace}\boldsymbol{B}_k=\mathrm{trace}(a_k\boldsymbol{E}_n+\boldsymbol{A}\boldsymbol{B}_{k-1})=na_k+\mathrm{trace}(\boldsymbol{A}\boldsymbol{B}_{k-1}),k=2,3,\cdots,n-1,$$

故 $a_k=-\dfrac{1}{k}\mathrm{trace}(\boldsymbol{A}\boldsymbol{B}_{k-1}),k=2,3,\cdots,n-1$.

若 $\det\boldsymbol{A}\neq0$,由式(2.8.10)可知,当 $\lambda=0$ 时,$-\boldsymbol{A}\boldsymbol{B}_{n-1}=\det(-\boldsymbol{A})\boldsymbol{E}$,再由 $a_n=\det(-\boldsymbol{A})\neq0$

可知 $A^{-1}=-\frac{1}{a_n}B_{n-1}$.

程序 2.8.2　利用 Faddeev-LeVerrier 算法求方阵的特征多项式及其逆矩阵.

```
function [a,invA,polya]=Faddeev(A)
[m,n]=size(A);
if m~=n
    disp('Matrix must be square.');
    a=[];invA=[];polya=[];
    return;
end
a(1)=-trace(A);
B=a*eye(n)+A;
for i=2:n-1
    a(i)=-1/i*trace(A*B);
    B=a(i)*eye(n)+A*B;
end
a(n)=-1/n*trace(A*B);
if a(n)==0
    disp('The matrix is singular.');
    a=[];invA=[];polya=[];
    return;
end
invA=-1/a(n)*B;
showa=[1 a];
polya=poly2sym(showa);
```

程序2.8.2

例 2.8.5　利用 Faddeev-LeVerrier 公式计算方阵 $A=\begin{bmatrix}2&2&3\\1&-1&0\\-1&2&1\end{bmatrix}$ 的逆.

解:首先,可以判断 A 的阶数为 3,且方阵 A 可逆,所以最终要计算得到 a_3 和 B_2. 根据 Faddeev-LeVerrier 公式,可得

$$a_1=-\operatorname{trace}A=-2,$$

$$B_1=a_1E+A=\begin{bmatrix}0&2&3\\1&-3&0\\-1&2&-1\end{bmatrix},$$

$$a_2=-\frac{1}{2}\operatorname{trace}(AB_1)=0,$$

$$B_2=a_2E+AB_1=\begin{bmatrix}-1&4&3\\-1&5&3\\1&-6&-4\end{bmatrix},$$

$$a_3 = -\frac{1}{3}\text{trace}(\boldsymbol{AB}_2) = 1,$$

故方阵 $\boldsymbol{A}$ 的逆

$$\boldsymbol{A}^{-1} = -\frac{\boldsymbol{B}_2}{a_3} = \begin{bmatrix} 1 & -4 & -3 \\ 1 & -5 & -3 \\ -1 & 6 & 4 \end{bmatrix}.$$

使用程序 2.8.2,在 Matlab 中调用程序 A=[2 2 3;1 −1 0;−1 2 1];[a,invA,polya]=Faddeev(A)同样可得上述结果.

由 Cayley-Hamilton 定理,可以引入方阵的零化多项式与最小多项式的概念.

定义 2.8.4 对于给定的 $\boldsymbol{A}\in\boldsymbol{F}^{n\times n}$ 及数域 $\boldsymbol{F}$ 上的多项式 $f(\lambda)$,若满足 $f(\boldsymbol{A})=\boldsymbol{O}$,则称 $f(\lambda)$ 是 $\boldsymbol{A}$ 的零化多项式,若 $m(\lambda)$ 是满足 $m(\boldsymbol{A})=\boldsymbol{O}$ 首项系数为 1(简称首 1 多项式)且次数最低的多项式,则称 $m(\lambda)$ 为 $\boldsymbol{A}$ 的最小多项式.

定理 2.8.11 对于任意给定的 $\boldsymbol{A}\in\boldsymbol{F}^{n\times n}$,其最小多项式 $m(\lambda)$ 是唯一的,且其次数不超过 n,另外 $\boldsymbol{A}$ 的最小多项式 $m(\lambda)$ 必然整除 $\boldsymbol{A}$ 的任意一个零化多项式 $f(\lambda)$.

证明:对于给定的 $\boldsymbol{A}\in\boldsymbol{F}^{n\times n}$,由 Cayley-Hamilton 定理可知,其最小多项式次数 $m(\lambda)$ 不超过 n. 另外,假设 $\boldsymbol{A}$ 的最小多项式 $m(\lambda)$ 不能整除 $\boldsymbol{A}$ 的某一个零化多项式 $f(\lambda)$,则由带余除法可知,$f(\lambda)=m(\lambda)q(\lambda)+r(\lambda)$ 且 $\partial r(x)<\partial m(\lambda)$,于是由

$$f(\boldsymbol{A}) = m(\boldsymbol{A})q(\boldsymbol{A}) + r(\boldsymbol{A}),$$

可得 $r(\boldsymbol{A})=\boldsymbol{O}$,从而与 $m(\lambda)$ 是 $\boldsymbol{A}$ 的最小多项式矛盾. 为了证明唯一性,假设 $\boldsymbol{A}$ 有两个最小多项式 $m(\lambda)$ 及 $n(\lambda)$,则有 $m(\boldsymbol{A})=\boldsymbol{O}$ 及 $n(\boldsymbol{A})=\boldsymbol{O}$,于是由证明的第一部分可知,$m(\lambda)$ 整除 $n(\lambda)$ 且 $n(\lambda)$ 整除 $m(\lambda)$,再由最小多项式首项系数为 1,可得 $m(\lambda)=n(\lambda)$.

另外由 Cayley-Hamilton 定理可知,对于给定的 $\boldsymbol{A}\in\boldsymbol{F}^{n\times n}$,其最小多项式与其特征多项式有着内在的联系,具体关系由以下定理 2.8.12 给出.

定理 2.8.12 对于任意给定的 $\boldsymbol{A}\in\boldsymbol{F}^{n\times n}$,其最小多项式 $m(\lambda)$ 与其特征多项式 $f_{\boldsymbol{A}}(\lambda)$ 具有相同的根(不计重数),特别当特征多项式 $f_{\boldsymbol{A}}(\lambda)$ 都是单根时,$f_{\boldsymbol{A}}(\lambda)=m(\lambda)$.

证明:由定理 2.8.11 可知,$m(\lambda)$ 必然整除 $f_{\boldsymbol{A}}(\lambda)$,所以 $m(\lambda)$ 的根必然是 $f_{\boldsymbol{A}}(\lambda)$ 的根. 另外,假设 λ_0 是 $f_{\boldsymbol{A}}(\lambda)$ 的根,即其为 $\boldsymbol{A}$ 的一个特征值,为此存在非零向量 $\boldsymbol{x}\in\boldsymbol{F}^n$ 使得 $\boldsymbol{Ax}=\lambda_0\boldsymbol{x}$,由于 $m(\lambda)$ 是一个多项式,所以有 $m(\boldsymbol{A})\boldsymbol{x}=m(\lambda_0)\boldsymbol{x}$,又由于 $m(\boldsymbol{A})=\boldsymbol{O}$,于是可得 $m(\lambda_0)=0$,进而可得 $f_{\boldsymbol{A}}(\lambda)$ 的根也是 $m(\lambda)$ 的根.

当 $f_{\boldsymbol{A}}(\lambda)$ 都为单根时,说明 $m(\lambda)$ 有 n 个单根,因此 $\partial m(\lambda)\geqslant n$,另外 $\partial m(\lambda)\leqslant n$,所以 $\partial m(\lambda)=n$. 又 $f_{\boldsymbol{A}}(\lambda)$ 与 $m(\lambda)$ 的首项系数均为 1,且 $\partial f_{\boldsymbol{A}}(\lambda)=n$,所以 $f_{\boldsymbol{A}}(\lambda)=m(\lambda)$.

推论 2.8.13 对于任意给定的 $\boldsymbol{A}\in\boldsymbol{F}^{n\times n}$,假设其最小多项式 $m(\lambda)$ 的次数为 m,则对于任意的正整数 $k\geqslant m$,必然存在一个次数不超过 m 的多项式

$$\varphi(\lambda) = c_0\lambda^{m-1} + c_1\lambda^{m-2} + \cdots + c_{m-2}\lambda + c_{m-1},$$

使得

$$\boldsymbol{A}^k = \varphi(\boldsymbol{A}) = c_0\boldsymbol{A}^{m-1} + c_1\boldsymbol{A}^{m-2} + \cdots + c_{m-2}\boldsymbol{A} + c_{m-1}\boldsymbol{E}, \tag{2.8.19}$$

即 $\boldsymbol{A}^k$ 可以由 $\boldsymbol{A}^{m-1},\boldsymbol{A}^{m-2},\cdots,\boldsymbol{A},\boldsymbol{E}$ 线性表示. 另外,若 $\boldsymbol{A}$ 可逆,则 $\boldsymbol{A}^{-1}$ 也可以由 $\boldsymbol{A}^{m-1},\boldsymbol{A}^{m-2},\cdots$,

$\boldsymbol{A},\boldsymbol{E}$ 线性表示.

证明:假设 $\boldsymbol{A}$ 的最小多项式为 $m(\lambda)=\lambda^m+a_1\lambda^{m-1}+\cdots+a_{m-1}\lambda+a_m$,则有

$$m(\boldsymbol{A})=\boldsymbol{A}^m+a_1\boldsymbol{A}^{m-1}+\cdots+a_{m-1}\boldsymbol{A}+a_m\boldsymbol{E}=\boldsymbol{O},$$

于是 $\boldsymbol{A}^m=-a_1\boldsymbol{A}^{m-1}-\cdots-a_{m-1}\boldsymbol{A}-a_m\boldsymbol{E}$,即此时 $\boldsymbol{A}^m$ 可以由 $\boldsymbol{A}^{m-1},\boldsymbol{A}^{m-2},\cdots,\boldsymbol{A},\boldsymbol{E}$ 线性表示.

另外由 $\boldsymbol{A}^m=-a_1\boldsymbol{A}^{m-1}-\cdots-a_{m-1}\boldsymbol{A}-a_m\boldsymbol{E}$ 又有 $\boldsymbol{A}^{m+1}=-a_1\boldsymbol{A}^m-a_2\boldsymbol{A}^{m-1}\cdots-a_{m-1}\boldsymbol{A}^2-a_m\boldsymbol{A}$,而由于 $\boldsymbol{A}^m$ 可以用 $\boldsymbol{A}^{m-1},\boldsymbol{A}^{m-2},\cdots,\boldsymbol{A},\boldsymbol{E}$ 线性表示,所以 $\boldsymbol{A}^{m+1}$ 也可以用 $\boldsymbol{A}^{m-1},\boldsymbol{A}^{m-2},\cdots,\boldsymbol{A},\boldsymbol{E}$ 线性表示,最后由归纳法可知对于任意的正整数 $k\geqslant m$,$\boldsymbol{A}^k$ 均可以由 $\boldsymbol{A}^{m-1},\boldsymbol{A}^{m-2},\cdots,\boldsymbol{A},\boldsymbol{E}$ 线性表示,即存在一组系数 $c_0,c_1,\cdots,c_{m-1}$ 使得 $\boldsymbol{A}^k=c_0\boldsymbol{A}^{m-1}+c_1\boldsymbol{A}^{m-2}+\cdots+c_{m-2}\boldsymbol{A}+c_{m-1}\boldsymbol{E}$. 令 $\varphi(\lambda)=c_0\lambda^{m-1}+c_1\lambda^{m-2}+\cdots+c_{m-2}\lambda+c_{m-1}$,则有 $\boldsymbol{A}^k=\varphi(\boldsymbol{A})$.

另外,当 $\boldsymbol{A}$ 可逆时,若 $m(\lambda)=\lambda^m+a_1\lambda^{m-1}+\cdots+a_{m-1}\lambda+a_m$,首先证明 $a_m\neq0$,为此假设 $a_m=0$,则 $\boldsymbol{A}$ 的最小多项式 $m(\lambda)$ 必有零根,由定理 2.8.12 可知 $\boldsymbol{A}$ 的特征多项式 $f_{\boldsymbol{A}}(\lambda)$ 也必有零根,于是有 $\det\boldsymbol{A}=0$,这与 $\boldsymbol{A}$ 可逆矛盾.

另外,由 $m(\boldsymbol{A})=\boldsymbol{O}$ 可得 $\boldsymbol{A}^{-1}m(\boldsymbol{A})=\boldsymbol{O}$,即有

$$a_m\boldsymbol{A}^{-1}=-\boldsymbol{A}^{m-1}-a_1\boldsymbol{A}^{m-2}-\cdots-a_{m-1}\boldsymbol{E},$$

又由 $a_m\neq0$,从而可得

$$\boldsymbol{A}^{-1}=-\frac{1}{a_m}\boldsymbol{A}^{m-1}-\frac{a_1}{a_m}\boldsymbol{A}^{m-2}-\cdots-\frac{a_{m-1}}{a_m}\boldsymbol{E},$$

即 $\boldsymbol{A}^{-1}$ 可以由 $\boldsymbol{A}^{m-1},\boldsymbol{A}^{m-2},\cdots,\boldsymbol{A},\boldsymbol{E}$ 线性表示.

定理 2.8.4 给出了线性映射在选定适当的基偶情况下所对应矩阵的最简单形式,为此,人们自然会问如下问题,即对于一个线性变换 $T\in L(V^n(\boldsymbol{F}))$,如何选择合适的基 $\boldsymbol{B}_\alpha$,使得其对应的矩阵形式最“简单”. 为了解决这一问题,首先需要阐述线性变换的特征值与特征向量的概念.

2.9　线性变换的特征值与特征向量

定义 2.9.1　设 $T\in L(V^n(\boldsymbol{F}))$,对于 $\lambda\in\boldsymbol{F}$,存在非零向量 $\boldsymbol{0}\neq\boldsymbol{\alpha}\in V^n(\boldsymbol{F})$,使得

$$T\boldsymbol{\alpha}=\lambda\boldsymbol{\alpha} \tag{2.9.1}$$

成立,则称 λ 是线性变换 T 的一个特征值,$\boldsymbol{\alpha}$ 为线性变换 T 属于 λ 的特征向量.

从几何意义上讲,式(2.9.1)说明,特征向量是那些经过线性变换 T 作用后方位没有发生变化的向量,因此特征向量也称为特征方向. 特征值体现了线性变换在特征方向上变化的伸缩率或强度,若 $\lambda>0$,则 $T\boldsymbol{\alpha}$ 与 $\boldsymbol{\alpha}$ 同向,若 $\lambda<0$,则 $T\boldsymbol{\alpha}$ 与 $\boldsymbol{\alpha}$ 反向,同向与反向称为同方位.

下面考虑特征值和特征向量的计算问题. 取 $V^n(\boldsymbol{F})$ 上的一组基 $\boldsymbol{B}_\alpha=\{\boldsymbol{\alpha}_1,\boldsymbol{\alpha}_2,\cdots,\boldsymbol{\alpha}_n\}$,设 $V^n(\boldsymbol{F})$ 上的线性变换 T 在此基下对应的矩阵为 $\boldsymbol{A}$,假设 $\boldsymbol{\xi}$ 是属于 λ 的特征向量,则有 $\boldsymbol{0}\neq\boldsymbol{\xi}=x_1\boldsymbol{\alpha}_1+x_2\boldsymbol{\alpha}_2+\cdots+x_n\boldsymbol{\alpha}_n=\boldsymbol{B}_\alpha\boldsymbol{x}$,其中 $\boldsymbol{x}=[x_1,x_2,\cdots x_n]^{\mathrm{T}}\neq\boldsymbol{0}$. 另外由于 $T\boldsymbol{B}_\alpha=\boldsymbol{B}_\alpha\boldsymbol{A}$,同时 $T\boldsymbol{\xi}=\lambda\boldsymbol{\xi}$,从而有 $\boldsymbol{B}_\alpha\boldsymbol{A}\boldsymbol{x}=\boldsymbol{B}_\alpha\lambda\boldsymbol{x},\boldsymbol{x}\neq\boldsymbol{0}$,即 $\boldsymbol{A}\boldsymbol{x}=\lambda\boldsymbol{x},\boldsymbol{x}\neq\boldsymbol{0}$. 于是求线性变换 T 的特征值与特征向量问题转换成求其在任何一组基下所对应的矩阵的特征值与特征向量问题,为此,也可引出线性变换的特征多项式概念.

定义 2.9.2 $f_T(\lambda)=\det(\lambda\boldsymbol{E}-\boldsymbol{A})$称为线性变换 T 的特征多项式,其中 $\boldsymbol{A}$ 是线性变换 T 在任意一组基下的矩阵表示.

应当指出,由于线性变换 T 在$V^n(\boldsymbol{F})$上对于任意两组不同的基所对应的矩阵都是相似的,所以这两个矩阵所对应的特征多项式也是相同的,即线性变换 T 的特征多项式与基的选择无关,因而定义 2.9.2 是有意义的. 于是求线性变换 T 在数域 $\boldsymbol{F}$ 中的特征值问题就转换成求其对应的矩阵的特征值问题. 为此将求线性变换 $T\in L(V^n(\boldsymbol{F}))$的特征值与特征向量问题的步骤归结如下:

(1)在$V^n(\boldsymbol{F})$中任意选取一组基$\boldsymbol{B}_\alpha=\{\boldsymbol{\alpha}_1,\boldsymbol{\alpha}_2,\cdots,\boldsymbol{\alpha}_n\}$,求出线性变换 T 在该基下所对应的方阵$\boldsymbol{A}$;

(2)通过方阵 $\boldsymbol{A}$ 的特征多项式 $f_{\boldsymbol{A}}(\lambda)=\det(\lambda\boldsymbol{E}-\boldsymbol{A})$求出 $\boldsymbol{A}$ 在数域 $\boldsymbol{F}$ 上的所有特征值,即线性变换 T 的所有特征值;

(3)针对线性变换 T 的每一个特征值λ,求解方程组$(\lambda\boldsymbol{E}-\boldsymbol{A})\boldsymbol{x}=\boldsymbol{0}$ 的非零解 $\boldsymbol{x}$,即求出方阵 $\boldsymbol{A}$ 属于λ 的特征向量 $\boldsymbol{x}$,然后构造 $\boldsymbol{\xi}=x_1\boldsymbol{\alpha}_1+x_2\boldsymbol{\alpha}_2+\cdots+x_n\boldsymbol{\alpha}_n=\boldsymbol{B}_\alpha\boldsymbol{x}$,即可得到线性变换 T 属于 λ 的特征向量$\boldsymbol{\xi}$.

例 2.9.1 求平面旋转变换 T_θ 是$\mathbf{R}^2\to\mathbf{R}^2$ 的特征值与特征向量.

解:由例 2.8.1 可知,取$\mathbf{R}^2$ 中的一组基 $\boldsymbol{e}_1=[1,0]^{\mathrm{T}}$,$\boldsymbol{e}_2=[0,1]^{\mathrm{T}}$,则平面旋转变换 T_θ 在这组基下所对应的矩阵为

$$\boldsymbol{A}=\begin{bmatrix}\cos\theta & -\sin\theta\\ \sin\theta & \cos\theta\end{bmatrix},$$

于是

$$\det(\lambda\boldsymbol{E}-\boldsymbol{A})=\begin{vmatrix}\lambda-\cos\theta & \sin\theta\\ -\sin\theta & \lambda-\cos\theta\end{vmatrix}=\lambda^2-2\lambda\cos\theta+1=0,$$

该方程的根为 $\lambda_{1,2}=\cos\theta\pm\mathrm{i}\sin\theta=\exp(\pm\mathrm{i}\theta)$,很显然,若 $\theta\neq k\pi$ 则在实数域没有特征值,当然也没有特征向量,这一点通过几何直观理解是很明显的,即平面上的任何一个非零向量经过旋转 $\theta\neq k\pi$ 的角度,其方向都发生了变化,因而也就没有特征向量,从而也没有实特征值. 但是,在复数域上,可以求得对应 $\lambda_{1,2}=\exp(\pm\mathrm{i}\theta)$的两个特征向量为$[1,\pm\mathrm{i}]^{\mathrm{T}}$.

例 2.9.2 令 $D:P_n[x]\to P_n[x]$的微分变换,即 $\forall f(x)\in P_n[x]$,$Df(x)=f'(x)$,求线性变换 D 的特征值和特征向量.

解:在$P_n[x]$中选择基$\boldsymbol{B}_\alpha=\{1,x,x^2,\cdots,x^{n-1},x^n\}$,则

$$D\boldsymbol{B}_\alpha=\{D1,Dx,Dx^2,\cdots,Dx^{n-1},Dx^n\}=\{0,1,2x,\cdots,(n-1)x^{n-2},nx^{n-1}\}$$

$$=\{1,x,x^2,\cdots,x^{n-1},x^n\}\begin{bmatrix}0&1&0&\cdots&0\\0&0&2&\cdots&0\\ \vdots&\vdots&\vdots&\cdots&\vdots\\0&0&0&&n\\0&0&0&\cdots&0\end{bmatrix}_{(n+1)\times(n+1)}=\boldsymbol{B}_\alpha\boldsymbol{A}_{(n+1)\times(n+1)},$$

即 $D:P_n[x]\to P_n[x]$在基$\boldsymbol{B}_\alpha$ 下对应的矩阵为$\boldsymbol{A}_{(n+1)\times(n+1)}$,其特征多项式为 λ^{n+1},显然此特征多项式的根为 $\lambda=0$,由于对于$P_n[x]$中的任意零次多项式 a 都有 $Da=\lambda a=0a$,所以线性变换 D

的特征向量为$P_n[x]$中的所有零次多项式.

定理 2.9.1　若 $T\in L(V^n(\boldsymbol{F}))$,$\lambda\in\boldsymbol{F}$ 是其某一特征值,则对应于特征值 λ 的所有特征向量且添加上零向量构成一个子空间,即 $V_\lambda=\{\boldsymbol{\alpha}\mid T\boldsymbol{\alpha}=\lambda\boldsymbol{\alpha}\}$构成$V^n(\boldsymbol{F})$的一个子空间.

证明:设 $\boldsymbol{\xi}_1,\boldsymbol{\xi}_2\in V_\lambda$, $\forall k,l\in\boldsymbol{F}$,则

$$T(k\boldsymbol{\xi}_1+l\boldsymbol{\xi}_2)=kT(\boldsymbol{\xi}_1)+lT(\boldsymbol{\xi}_2)=k\lambda\boldsymbol{\xi}_1+l\lambda\boldsymbol{\xi}_2=\lambda(k\boldsymbol{\xi}_1+l\boldsymbol{\xi}_2),$$

即 $k\boldsymbol{\xi}_1+l\boldsymbol{\xi}_2\in V_\lambda$,为此 V_λ 是$V^n(\boldsymbol{F})$的一个子空间.

定义 2.9.3　线性变换 $T\in L(V^n(\boldsymbol{F}))$对应其特征值$\lambda\in\boldsymbol{F}$ 的所有特征向量且添加上零向量所构成的子空间 V_λ 称为属于特征值λ 的特征子空间.

下面讨论有关特征值、特征向量以及特征子空间的一些性质.

定理 2.9.2　线性变换 $T\in L(V^n(\boldsymbol{F}))$属于不同特征值的特征向量线性无关.

证明:设 $T\in L(V^n(\boldsymbol{F}))$,$\lambda_1,\lambda_2,\cdots,\lambda_t$ 是线性变换 T 两两不同的特征值,$\boldsymbol{\xi}_1,\boldsymbol{\xi}_2,\cdots,\boldsymbol{\xi}_t$ 是对应于$\lambda_1,\lambda_2,\cdots,\lambda_t$ 的特征向量,设 $k_1,k_2,\cdots,k_t\in\boldsymbol{F}$,使得 $k_1\boldsymbol{\xi}_1+k_2\boldsymbol{\xi}_2+\cdots+k_t\boldsymbol{\xi}_t=\boldsymbol{0}$,两边用 T^j 作用($j=1,2,\cdots,t-1$),于是得到方程组

$$\lambda_1^jk_1\boldsymbol{\xi}_1+\lambda_2^jk_2\boldsymbol{\xi}_2+\cdots+\lambda_t^jk_t\boldsymbol{\xi}_t=\boldsymbol{0},j=0,1,\cdots,t-1,$$

该方程组写成矩阵形式为

$$[k_1\boldsymbol{\xi}_1,k_2\boldsymbol{\xi}_2,\cdots,k_t\boldsymbol{\xi}_t]\begin{bmatrix}1&\lambda_1&\cdots&\lambda_1^{t-1}\\1&\lambda_2&\cdots&\lambda_2^{t-1}\\\vdots&\vdots&&\vdots\\1&\lambda_t&\cdots&\lambda_t^{t-1}\end{bmatrix}=[0,0,\cdots,0],$$

由于该方程组系数矩阵的行列式为范德蒙行列式,且 λ_i 两两不同,因此该行列式不为零,于是该方程组只有零解,即 $k_1\boldsymbol{\xi}_1=k_2\boldsymbol{\xi}_2=\cdots=k_t\boldsymbol{\xi}_t=\boldsymbol{0}$,又由于特征向量为非零向量,所以 $k_1=k_2=\cdots=k_t=0$,即 $\boldsymbol{\xi}_1,\boldsymbol{\xi}_2,\cdots,\boldsymbol{\xi}_t$ 线性无关.

推论 2.9.3　若 $T\in L(V^n(\boldsymbol{F}))$具有 n 个两两不同的特征值,则其在任何一组基下所对应的矩阵相似于对角矩阵.

证明:设 $T\in L(V^n(\boldsymbol{F}))$,$\lambda_1,\lambda_2,\cdots,\lambda_n$ 是线性变换 T 两两不同的特征值,$\boldsymbol{\xi}_1,\boldsymbol{\xi}_2,\cdots,\boldsymbol{\xi}_n$ 是对应于$\lambda_1,\lambda_2,\cdots,\lambda_n$ 的特征向量,由定理 2.9.2 可知,$\boldsymbol{\xi}_1,\boldsymbol{\xi}_2,\cdots,\boldsymbol{\xi}_n$ 线性无关,为此取 $\boldsymbol{B}_\xi=\{\boldsymbol{\xi}_1,\boldsymbol{\xi}_2,\cdots,\boldsymbol{\xi}_n\}$作为$V^n(\boldsymbol{F})$的一组基,则 $T\boldsymbol{B}_\xi=\boldsymbol{B}_\xi\boldsymbol{\Lambda}$,其中 $\boldsymbol{\Lambda}=\mathrm{diag}(\lambda_1,\lambda_2,\cdots,\lambda_\mathrm{n})$.

推论 2.9.4　设$\lambda_1,\lambda_2,\cdots,\lambda_t$ 为 $T\in L(V^n(\boldsymbol{F}))$的两两不同的特征值,则 $\sum\limits_{i=1}^{t}V_{\lambda_i}$ 为直和.

证明:只要证明零向量的表示法唯一即可. 设 $\boldsymbol{0}=\boldsymbol{\xi}_1+\boldsymbol{\xi}_2+\cdots+\boldsymbol{\xi}_t$,($\boldsymbol{\xi}_i\in V_{\lambda_i}$),若某个 $\boldsymbol{\xi}_i\neq\boldsymbol{0}$,则 $\boldsymbol{\xi}_1,\boldsymbol{\xi}_2,\cdots,\boldsymbol{\xi}_t$ 线性相关,与定理 2.9.2 的结论矛盾,因此 $\boldsymbol{\xi}_i=\boldsymbol{0}$,$i=1,2,\cdots,t$,即零向量的表示法唯一,从而说明 $\sum\limits_{i=1}^{t}V_{\lambda_i}$ 为直和.

定理 2.9.5　若 $T\in L(V^n(\boldsymbol{F}))$,则其在任何一组基下所对应的矩阵相似于对角矩阵的充分必要条件是$V^n(\boldsymbol{F})$等于特征子空间的直和.

证明:必要性:设$V^n(\boldsymbol{F})$上的线性变换 T 在一组基 $\boldsymbol{\eta}_1,\boldsymbol{\eta}_2,\cdots,\boldsymbol{\eta}_n$ 下所对应的矩阵为对角矩阵,即

$$T(\boldsymbol{\eta}_1,\boldsymbol{\eta}_2,\cdots,\boldsymbol{\eta}_n)=(\boldsymbol{\eta}_1,\boldsymbol{\eta}_2,\cdots,\boldsymbol{\eta}_n)\begin{pmatrix}d_1 & 0 & \cdots & 0\\ 0 & d_2 & \cdots & 0\\ \vdots & \vdots & & \vdots\\ 0 & 0 & \cdots & d_n\end{pmatrix},$$

将 $d_1,d_2,\cdots,d_n$ 中的不同的值分别记为 $\lambda_1,\lambda_2,\cdots,\lambda_t$，相应特征子空间对应的基向量记为 $\boldsymbol{\eta}_{j_{11}}$，$\boldsymbol{\eta}_{j_{12}},\cdots,\boldsymbol{\eta}_{j_{1s_1}}$；$\boldsymbol{\eta}_{j_{21}},\boldsymbol{\eta}_{j_{22}},\cdots,\boldsymbol{\eta}_{j_{2s_2}}$；$\cdots$；$\boldsymbol{\eta}_{j_{t1}},\boldsymbol{\eta}_{j_{t2}},\cdots,\boldsymbol{\eta}_{j_{ts_t}}$，记 $V_i=\mathrm{span}(\boldsymbol{\eta}_{j_{i1}},\boldsymbol{\eta}_{j_{i2}},\cdots,\boldsymbol{\eta}_{j_{is_i}})$，则有，$V^n(\boldsymbol{F})=V_1\oplus V_2\oplus\cdots\oplus V_t$，接下来只要证明 $\forall i=1,2,\cdots,t,V_{\lambda_i}=V_i$ 即可. 易见，"$\supseteq$"成立；任取 $\boldsymbol{\xi}\in V_{\lambda_i}$，

$$\boldsymbol{\xi}=l_1\boldsymbol{\eta}_1+l_2\boldsymbol{\eta}_2+\cdots+l_n\boldsymbol{\eta}_n=\boldsymbol{\xi}_1+\boldsymbol{\xi}_2+\cdots+\boldsymbol{\xi}_t, \tag{2.9.2}$$

其中 $\boldsymbol{\xi}_k=l_{j_{k1}}\boldsymbol{\xi}_{j_{k1}}+l_{j_{k2}}\boldsymbol{\xi}_{j_{k2}}+\cdots+l_{j_{ks_k}}\boldsymbol{\xi}_{j_{ks_k}}\in V_k\subseteq V_{\lambda_k}$，两边用 T 作用，得到

$$\lambda_i\boldsymbol{\xi}=\lambda_1\boldsymbol{\xi}_1+\lambda_2\boldsymbol{\xi}_2+\cdots+\lambda_t\boldsymbol{\xi}_t, \tag{2.9.3}$$

用式(2.9.2)乘以 λ_i 与式(2.9.3)相减，得到

$$(\lambda_1-\lambda_i)\boldsymbol{\xi}_1+\cdots+(\lambda_{i-1}-\lambda_i)\boldsymbol{\xi}_{i-1}+(\lambda_{i+1}-\lambda_i)\boldsymbol{\xi}_{i+1}+\cdots+(\lambda_t-\lambda_i)\boldsymbol{\xi}_t=\mathbf{0},$$

由于 λ_i 两两不同，可得 $\boldsymbol{\xi}_j=\mathbf{0}(j=1,2,\cdots,t,j\neq i)$，否则若有某些 $\boldsymbol{\xi}_j\neq\mathbf{0}$，不妨假设 $\boldsymbol{\xi}_j\neq\mathbf{0},j=1,2,\cdots,s$ 满足

$$(\lambda_1-\lambda_i)\boldsymbol{\xi}_1+\cdots+(\lambda_{i-1}-\lambda_i)\boldsymbol{\xi}_{i-1}+(\lambda_{i+1}-\lambda_i)\boldsymbol{\xi}_{i+1}+\cdots+(\lambda_s-\lambda_i)\boldsymbol{\xi}_s=\mathbf{0},$$

此式说明 $\boldsymbol{\xi}_j,j=1,2,\cdots,s$ 线性相关. 由于属于不同特征值的特征向量线性无关，因此 $\boldsymbol{\xi}_j\neq\mathbf{0}$，$j=1,2,\cdots,s$ 线性无关，由此得出矛盾，从而有 $\boldsymbol{\xi}=\boldsymbol{\xi}_i\in V_i$. "$\subseteq$"得证. 于是 $V_i=V_{\lambda_i}$，必要性得证.

充分性：若线性空间 $V^n(\boldsymbol{F})$ 可以分解成为特征子空间的直和，即

$$V^n(\boldsymbol{F})=V_{\lambda_1}\oplus V_{\lambda_2}\oplus\cdots\oplus V_{\lambda_t}, \tag{2.9.4}$$

分别取每个特征子空间的基合并为 V 的一组基，则在此组基下 T 对应的矩阵为对角形.

2.10　线性变换的不变子空间

定义 2.10.1　设 $T\in L(V^n(\boldsymbol{F}))$，$W$ 是 $V^n(\boldsymbol{F})$ 的一个子空间. 如果 W 在 T 下的像包含于 W(即 $T(W)\subseteq W$)，则称 W 为 $V^n(\boldsymbol{F})$ 的一个不变子空间. 这时 T 可以看作 W 内的一个线性变换，称为 T 在 W 内的限制，记作 $T|_W$.

定理 2.10.1　$T\in L(V^n(\boldsymbol{F}))$ 在某一组基下所对应的矩阵相似于块对角矩阵的充分必要条件是该空间能分解为不变子空间的直和.

证明：必要性：假设 $T\in L(V^n(\boldsymbol{F}))$ 在 $V^n(\boldsymbol{F})$ 某一组基

$$\boldsymbol{\varepsilon}_{11},\boldsymbol{\varepsilon}_{12},\cdots,\boldsymbol{\varepsilon}_{1r_1},\boldsymbol{\varepsilon}_{21},\boldsymbol{\varepsilon}_{22},\cdots,\boldsymbol{\varepsilon}_{2r_2},\cdots,\boldsymbol{\varepsilon}_{t1},\boldsymbol{\varepsilon}_{t2},\cdots,\boldsymbol{\varepsilon}_{tr_t},$$

下对应的矩阵为块对角形，即

$$\boldsymbol{A}=\begin{pmatrix}\boldsymbol{A}_1 & & & \\ & \boldsymbol{A}_2 & & \\ & & \ddots & \\ & & & \boldsymbol{A}_t\end{pmatrix},$$

其中 r_i 等于 $\boldsymbol{A}_i$ 的阶数，令 $V_i=\mathrm{span}(\boldsymbol{\varepsilon}_{i1},\boldsymbol{\varepsilon}_{i2},\cdots,\boldsymbol{\varepsilon}_{ir_i})$，则 V_i 是 T 的一个不变子空间，且

$$V^n(\boldsymbol{F})=V_1\oplus V_2\oplus\cdots\oplus V_t.$$

充分性：若 $V^n(\boldsymbol{F})=V_1\oplus V_2\oplus\cdots\oplus V_t$，则取 V_i 的基并为 $V^n(\boldsymbol{F})$ 的基，则在此组基下 T 所对应的矩阵为块对角形.

推论 2.10.2　$T\in L(V^n(\boldsymbol{F}))$ 在某一组基下所对应的矩阵相似于对角矩阵的充分必要条件是该空间能分解为 n 个一维不变子空间的直和.

作为不变子空间的应用，可以给出如下定理.

定理 2.10.3　对于任意给定的 $\boldsymbol{A}\in\boldsymbol{F}^{n\times n}$ 以及任意给定的向量 $\boldsymbol{c}\in\boldsymbol{F}^n$，假设其最小多项式 $m(\lambda)$ 的次数为 m，则 $K_m(\boldsymbol{A},\boldsymbol{c})=\mathrm{span}\{\boldsymbol{c},\boldsymbol{Ac},\cdots,\boldsymbol{A}^{m-1}\boldsymbol{c}\}$ 是 $\boldsymbol{A}$ 的不变子空间，为此将其称为由向量 $\boldsymbol{c}$ 所张成的 Krylov 子空间.

证明：对于 $\forall\,\boldsymbol{x}\in K_m(\boldsymbol{A},\boldsymbol{c})$，则有 $\boldsymbol{x}=k_0\boldsymbol{c}+k_1\boldsymbol{Ac}+\cdots+k_{m-1}\boldsymbol{A}^{m-1}\boldsymbol{c}$，于是

$$\boldsymbol{Ax}=k_0\boldsymbol{Ac}+k_1\boldsymbol{A}^2\boldsymbol{c}+\cdots+k_{m-2}\boldsymbol{A}^{m-1}\boldsymbol{c}+k_{m-1}\boldsymbol{A}^m\boldsymbol{c},\tag{2.10.1}$$

而又由推论 2.8.13 可知，$\boldsymbol{A}^m$ 可以由 $\boldsymbol{A}^{m-1},\boldsymbol{A}^{m-2},\cdots,\boldsymbol{A},\boldsymbol{E}$ 线性表示，从而 $\boldsymbol{A}^m\boldsymbol{c}$ 可以由 $\boldsymbol{A}^{m-1}\boldsymbol{c}$，$\boldsymbol{A}^{m-2}\boldsymbol{c},\cdots,\boldsymbol{Ac},\boldsymbol{c}$ 线性表示，于是由式(2.10.1)可知 $\boldsymbol{Ax}$ 也可以由 $\boldsymbol{A}^{m-1}\boldsymbol{c},\boldsymbol{A}^{m-2}\boldsymbol{c},\cdots,\boldsymbol{Ac},\boldsymbol{c}$ 线性表示，即 $\boldsymbol{Ax}\in K_m(\boldsymbol{A},\boldsymbol{c})$，为此可得 $K_m(\boldsymbol{A},\boldsymbol{c})$ 是 $\boldsymbol{A}$ 的不变子空间.

由以上定理，可以容易地推出如下定理 2.10.4.

定理 2.10.4　如果非奇异矩阵 $\boldsymbol{A}\in\boldsymbol{F}^{n\times n}$ 的最小多项式 $m(\lambda)$ 的次数为 m，则线性方程组 $\boldsymbol{Ax}=\boldsymbol{b}$ 的解属于 Krylov 空间 $K_m(\boldsymbol{A},\boldsymbol{b})$，即 $\boldsymbol{x}\in K_m(\boldsymbol{A},\boldsymbol{b})$.

证明：方程 $\boldsymbol{Ax}=\boldsymbol{b}$ 的解可以表示成 $\boldsymbol{x}=\boldsymbol{A}^{-1}\boldsymbol{b}$，又由推论 2.8.13 可知 $\boldsymbol{A}^{-1}$ 可以由 $\boldsymbol{A}^{m-1}$，$\boldsymbol{A}^{m-2},\cdots,\boldsymbol{A},\boldsymbol{E}$ 线性表示，所以 $\boldsymbol{A}^{-1}\boldsymbol{b}$ 可以由 $\boldsymbol{A}^{m-1}\boldsymbol{b},\boldsymbol{A}^{m-2}\boldsymbol{b},\cdots,\boldsymbol{Ab},\boldsymbol{b}$ 线性表示，即有 $\boldsymbol{x}=\boldsymbol{A}^{-1}\boldsymbol{b}\in K_m(\boldsymbol{A},\boldsymbol{b})$.

2.11　线性变换在差分方程中的应用

在数字信号(离散信号)处理中经常会涉及双向无穷序列问题，为此可构造如下空间

$$S=\{\{y_k\}_{k=-\infty}^{\infty}\mid y_k\in\mathbf{R}\},\{y_k\}_{k=-\infty}^{\infty}=(\cdots,y_{-2},y_{-1},y_0,y_1,y_2,\cdots),$$

即 S 为所有实双向无穷序列组成的集合，容易验证它是一个无穷维的线性空间. 为了方便，S 简称为信号空间，一个信号可以直观地表示成图形形式，例如运行以下 Matlab 程序 2.11.1，可以给出一个信号图形实例，参见图 2.11.1.

程序 2.11.1　信号图形实例.

```
function y=signalplot()
x=-pi/2:0.1:2*pi;
n=length(x);
y=zeros(1,n);
for i=1:n
    if x(i)>=0
      y(i)=cos(x(i));
```

程序2.11.1
(图2.11.1)

```
    else
    end
end
h=stem(x,y);
set(get(h,'BaseLine'),'LineStyle',':')
set(h,'MarkerFaceColor','red')
title('一个离散信号')
hold off
```

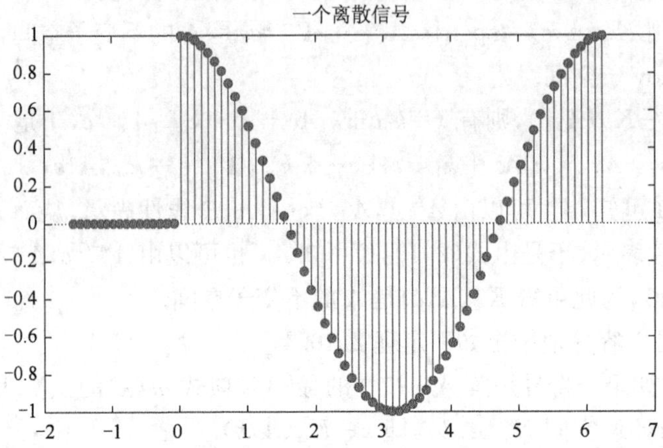

图 2.11.1　一个离散信号示意图

如果序列的指标 k 与时间有关，则 $\{y_k\}_{k=-\infty}^{\infty}=(\cdots,y_{-2},y_{-1},y_0,y_1,y_2,\cdots)$ 可看成离散时间信号，例如 $\{y_k=0.7^k\}_{k=-\infty}^{\infty}$，$\{y_k=(-1)^k\}_{k=-\infty}^{\infty}$，$\{y_k=1^k\}_{k=-\infty}^{\infty}$ 是三个典型的离散时间信号.

为了研究信号空间 S 的性质，需要了解其内部几个信号的线性相关性和无关性. 为了方便，在 S 中提取三个信号 $\{u_k\}\{v_k\}\{w_k\}$，如果方程

$$c_1u_k+c_2v_k+c_3w_k=0 \tag{2.11.1}$$

对所有的 k 都成立能够蕴涵 $c_1=c_2=c_3=0$，则称 $\{u_k\}$、$\{v_k\}$、$\{w_k\}$ 线性无关，由于式(2.11.1)对所有的 k 都成立，所以它对任意三个相邻的值 $k,k+1,k+2$ 都成立，于是有

$$\begin{cases}c_1u_k+c_2v_k+c_3w_k=0,\\ c_1u_{k+1}+c_2v_{k+1}+c_3w_{k+1}=0,\\ c_1u_{k+2}+c_2v_{k+2}+c_3w_{k+2}=0,\end{cases}$$

从而有

$$\begin{bmatrix}u_k & v_k & w_k\\ u_{k+1} & v_{k+1} & w_{k+1}\\ u_{k+2} & v_{k+2} & w_{k+2}\end{bmatrix}\begin{bmatrix}c_1\\ c_2\\ c_3\end{bmatrix}=\begin{bmatrix}0\\ 0\\ 0\end{bmatrix} \tag{2.11.2}$$

对所有 k 成立，这个方程组的系数矩阵称为信号的 Casorati 矩阵，这个矩阵的行列式称为这三个信号的 Casorati 行列式. 如果对至少一个 k 值 Casorati 矩阵可逆，则式(2.11.2)蕴涵 $c_1=c_2=c_3=0$，这就说明这三个信号是线性无关的. 例如，$\{1^k\}$，$\{(-2)^k\}$，$\{3^k\}$ 三个信号是线性无关的. 处理离

散信号问题需要借助线性差分方程的理论，为此，下面首先给出线性差分方程的定义 2.1.11.

定义 2.11.1　给定实数 $a_1,a_2,\cdots,a_n$，再给定一个信号 $\{z_k\}$，若 $\{y_k\}$ 满足方程

$$y_{k+n}+a_1y_{k+n-1}+\cdots+a_{n-1}y_{k+1}+a_ny_k=z_k \tag{2.11.3}$$

对所有 k 成立，则称其为一个 n 阶线性差分方程（或线性递归关系），若 $\{z_k\}$ 为零序列，则称此方程是齐次的，否则称为非齐次的.

在数字信号处理中，方程(2.11.3)通常被称为一个线性滤波器，$a_1,a_2,\cdots,a_n$ 称为滤波器系数. 如果引入线性平移算子 T，满足 $Ty_k=y_{k+1}$，则 T 为 $S\to S$ 线性变换，于是有 $T^jy_k=y_{k+j}$，$j=1,2,\cdots,n$ 也是 $S\to S$ 线性变换，同时再令 $T^0y_k=y_k$，即 $T^0=I$ 是一个恒等变换，下面引入平移算子 T 的多项式

$$p(T)=T^n+a_1T^{n-1}+\cdots+a_{n-1}T+a_nI, \tag{2.11.4}$$

则 $p(T)$ 也是 $S\to S$ 的线性变换（$p(T)$ 是一个线性滤波器）. 于是式(2.11.3)可写成

$$p(T)y_k=z_k. \tag{2.11.5}$$

如果 $\{y_k\}=\{w_k\}+\{v_k\}$ 且 $p(T)v_k=0$，即 $\{v_k\}$ 是式(2.11.3)对应的齐次方程的解，于是有 $z_k=p(T)y_k=p(T)(w_k+v_k)=p(T)w_k$，即信号 $\{v_k\}$ 被 $p(T)$“过滤”掉了. 式(2.11.4)所对应的多项式为

$$p(r)=r^n+a_1r^{n-1}+\cdots+a_{n-1}r+a_n. \tag{2.11.6}$$

在此，将 $p(r)=0$ 称为差分方程(2.11.3)的特征方程. 因为特征方程的系数都为实数，所以特征方程的根在复数域上要么是实数，要么呈共轭对出现. 由于 $p(r)=0$ 在复数域上有 n 个根（几重根算几个），因而齐次方程 $p(T)y_k=0$ 必有 n 个信号作为基础解系信号，即线性滤波器 $p(T)$ 的核空间为 S 的一个 n 维子空间.

对于齐次差分方程 $y_{k+n}+a_1y_{k+n-1}+\cdots+a_{n-1}y_{k+1}+a_ny_k=0$ 的求解，需求其特征方程(2.11.6)的解，为此分以下三种情况：

(1)假设 r 是式(2.11.6)实的单根，则 $y_k=r^k$ 是齐次差分方程的一个特解；

(2)假设 r 是式(2.11.6)实的 m 重根，则 $y_k=r^k,y_k=r^{k-1},\cdots,\ y_k=r^{k-m+1}$ 都是齐次差分方程的特解；

(3)假设 $r=a+b\mathrm{i}$ 与 $\bar{r}=a-b\mathrm{i}$ 是式(2.11.6)的一对共轭复根，将其写成极坐标形式为 $r=|r|\exp(\mathrm{i}\theta)$ 以及 $\bar{r}=|r|\exp(-\mathrm{i}\theta)$，其中 $|r|=\sqrt{a^2+b^2}$，$\tan\theta=\dfrac{b}{a}$，则 $y_k=|r|^k\cos(k\theta)$ 与 $y_k=|r|^k\sin(k\theta)$ 都是齐次差分方程的特解.

将以上三种情况的特解组合在一起构成齐次差分方程

$$y_{k+n}+a_1y_{k+n-1}+\cdots+a_{n-1}y_{k+1}+a_ny_k=0$$

的一组基础解系，而由这组基础解系的任意线性组合所组成的集合就是该齐次差分方程的通解. 对于式(2.11.3)所对应的非齐次差分方程，需求某一个特解，然后加上其对应的齐次差分方程的通解即可求出非齐次差分方程(2.11.3)的通解.

例 2.11.1　给定齐次差分方程

$$y_{k+2}+4y_{k+1}+3y_k=0, \tag{2.11.7}$$

其特征方程 $p(r)=r^2+4r+3=(r+1)(r+3)$ 的根为 $r=-1,-3$，于是齐次差分方程的基础

解系为 $y_k=(-1)^k$ 和 $y_k=(-3)^k$,其通解为 $y_k=c_1(-1)^k+c_2(-3)^k$,其中 c_1,c_2 为任意实数.

例 2.11.2 给定齐次差分方程

$$y_{k+2}+4y_{k+1}+4y_k=0, \tag{2.11.8}$$

其特征方程 $p(r)=r^2+4r+4=(r+2)^2$ 的根为 $r=-2$,于是齐次差分方程的基础解系为 $y_k=(-2)^k$ 和 $y_k=(-2)^{k-1}$,其通解为 $y_k=c_1(-2)^{k-1}+c_2(-2)^k$,其中 c_1,c_2 为任意实数.

例 2.11.3 给定齐次差分方程

$$y_{k+2}+y_{k+1}+y_k=0, \tag{2.11.9}$$

其特征方程 $p(r)=r^2+r+1$ 的根为 $r_{1,2}=\dfrac{-1\pm\mathrm{i}\sqrt{3}}{2}=\exp\left(\pm\dfrac{2}{3}\pi\mathrm{i}\right)$,于是齐次差分方程的基础解系为 $y_k=\cos\left(\dfrac{2}{3}\pi k\right)$和 $y_k=\sin\left(\dfrac{2}{3}\pi k\right)$,其通解为

$$y_k=c_1\cos\left(\frac{2}{3}\pi k\right)+c_2\sin\left(\frac{2}{3}\pi k\right),$$

其中 c_1,c_2 为任意实数.

例 2.11.4 给定非齐次差分方程

$$y_{k+2}+\sqrt{2}\,y_{k+1}+y_k=z_k, \tag{2.11.10}$$

已知 $y_k=\cos\dfrac{3k\pi}{4}+\cos\dfrac{k\pi}{4}$,求 z_k.

首先,求式(2.11.10)对应的线性滤波器为 $p(T)=T^2+\sqrt{2}\,T+I$,从而其对应的特征方程为 $\lambda^2+\sqrt{2}\lambda+1=0$,求其根为

$$\lambda_{1,2}=\frac{-\sqrt{2}\pm\mathrm{i}\sqrt{2}}{2}=\cos\frac{3\pi}{4}\pm\mathrm{i}\sin\frac{3\pi}{4}=\exp\left(\pm\frac{3\pi}{4}\mathrm{i}\right).$$

此时非齐次差分方程(2.11.10)对应的齐次差分方程基础解系为 $\cos\dfrac{3k\pi}{4},\sin\dfrac{3k\pi}{4}$,于是

$$\begin{aligned}
z_k&=p(T)y_k=p(T)\cos\frac{3k\pi}{4}+p(T)\cos\frac{k\pi}{4}\\
&=0+\cos\frac{(k+2)\pi}{4}+\sqrt{2}\cos\frac{(k+1)\pi}{4}+\cos\frac{k\pi}{4}\\
&=\cos\frac{(k+2)\pi}{4}+\cos\frac{k\pi}{4}+\sqrt{2}\cos\frac{(k+1)\pi}{4}\\
&=2\cos\frac{(k+1)\pi}{4}\cos\frac{\pi}{2}+\sqrt{2}\cos\frac{(k+1)\pi}{4}=\sqrt{2}\cos\left(\frac{k\pi}{4}+\frac{\pi}{4}\right).
\end{aligned}$$

在 $y_k=\cos\dfrac{3k\pi}{4}+\cos\dfrac{k\pi}{4}$中 $\cos\dfrac{3k\pi}{4}$为高频信号,$\cos\dfrac{k\pi}{4}$为低频信号,很显然 $p(T)$将高频信号 $\cos\dfrac{3k\pi}{4}$滤掉,而将低频信号 $\cos\dfrac{k\pi}{4}$的相位向前平移了$\dfrac{\pi}{4}$,且振幅放大了$\sqrt{2}$倍,为此,将此滤波器称为一个低通滤波器.另外,容易看出线性滤波器 $p(T)$的核空间为 2 维空间.

此外，为了表达方便，非齐次差分方程(2.11.5)

$$p(T)y_k = y_{k+n} + a_1 y_{k+n-1} + \cdots + a_{n-1}y_{k+1} + a_n y_k = z_k$$

还可以写成矩阵形式，为此定义

$$\boldsymbol{X}_k = \begin{bmatrix} y_k \\ y_{k+1} \\ \vdots \\ y_{n+k-1} \end{bmatrix}, \quad \boldsymbol{Z}_k = z_k \begin{bmatrix} 0 \\ 0 \\ \vdots \\ 1 \end{bmatrix}, \quad \boldsymbol{A} = \begin{bmatrix} 0 & 1 & 0 & \cdots & 0 \\ 0 & 0 & 1 & \cdots & 0 \\ \vdots & \vdots & \vdots & & \vdots \\ 0 & 0 & 0 & \cdots & 1 \\ -a_n & -a_{n-1} & -a_{n-2} & \cdots & -a_1 \end{bmatrix},$$

则非齐次差分方程(2.11.5)可写成

$$\boldsymbol{X}_{k+1} = \boldsymbol{A}\boldsymbol{X}_k + \boldsymbol{Z}_k, \tag{2.11.11}$$

而其对应的齐次差分方程为

$$\boldsymbol{X}_{k+1} = \boldsymbol{A}\boldsymbol{X}_k, \tag{2.11.12}$$

而矩阵 $\boldsymbol{A}$ 的特征多项式 $f_{\boldsymbol{A}}(r) = \det(r\boldsymbol{E}_n - \boldsymbol{A}) = r^n + a_1 r^{n-1} + \cdots + a_{n-1}r + a_n$，即为非齐次差分方程(2.11.5)的特征方程.

2.12　习题

习题 2.1　设 $S^{n\times n}(\mathbf{R})$ 是所有 n 阶实对称矩阵所组成的集合，

(1)证明 $S^{n\times n}$ 对矩阵的加法和数乘运算构成一个线性空间；

(2)求 $S^{n\times n}$ 的维数.

习题 2.2　设 $L^2(\Omega) = \left\{ f(x) \,\middle|\, \int_\Omega f^2(x)\mathrm{d}\Omega < +\infty \right\}$，其中 $\Omega \subseteq \mathbf{R}^2$ 是一个有界闭区域.

(1)证明 $\forall f(x), g(x) \in L^2(\Omega)$ 满足如下 Cauchy-Schwartz 不等式，即

$$\left[\int_\Omega f(x)g(x)\mathrm{d}\Omega\right]^2 \leqslant \int_\Omega f^2(x)\mathrm{d}\Omega \int_\Omega g^2(x)\mathrm{d}\Omega;$$

(2)证明 $L^2(\Omega)$ 是一个线性空间；

(3)证明 $L_0^2(\Omega) = \left\{ f(x) \,\middle|\, \int_\Omega f^2(x)\mathrm{d}\Omega < +\infty, f|_{\partial\Omega} = 0 \right\}$ 也是一个线性空间，其中 $\partial\Omega$ 表示有界区域 Ω 的边界.

习题 2.3　对于线性空间 $P_n[x]$，任给 $n+1$ 个两两不同的节点 $x_0, x_1, \cdots, x_n$，构造如下 $n+1$ 个 Lagrange 多项式

$$L_{n,k}(x) = \frac{\prod_{\substack{j=0\\ j\neq k}}^{n}(x - x_j)}{\prod_{\substack{j=0\\ j\neq k}}^{n}(x_k - x_j)}, k = 0,1,\cdots,n,$$

证明 Lagrange 多项式满足如下性质：

(1)$L_{n,k}(x_i)=\delta_{ki}=\begin{cases}1,i=k\\0,i\neq k\end{cases}$;

(2) $f(x)=\sum_{k=0}^{n}y_kL_{n,k}(x)$ 为过点(x_0,y_0),(x_1,y_1),$\cdots$,(x_n,y_n)的次数不超过 n 的多项式;

(3)证明多项式 $L_{n,k}(x)$,$k=0,1,\cdots,n$ 是 $P_n[x]$的一组基.

习题 2.4 给定$P_2[t]$中两组多项式

$$\boldsymbol{\alpha}=\{1,t-1,(t-2)(t-1)\},$$
$$\boldsymbol{\beta}=\{t,t+1,t^2-1\}.$$

试证明:

(1)$\boldsymbol{\alpha}$ 与 $\boldsymbol{\beta}$ 是$P_2[t]$中的两组基;

(2)求 $\boldsymbol{\alpha}$ 到 $\boldsymbol{\beta}$ 以及 $\boldsymbol{\beta}$ 到 $\boldsymbol{\alpha}$ 的过渡矩阵;

(3)求多项式 $1+t+t^2$ 分别在 $\boldsymbol{\alpha}$ 和 $\boldsymbol{\beta}$ 下所对应的坐标.

习题 2.5 已知矩阵空间$\mathbf{R}^{2\times2}$中的两组基

$$\boldsymbol{A}=\{\boldsymbol{A}_1,\boldsymbol{A}_2,\boldsymbol{A}_3,\boldsymbol{A}_4\},\quad \boldsymbol{B}=\{\boldsymbol{B}_1,\boldsymbol{B}_2,\boldsymbol{B}_3,\boldsymbol{B}_4\},$$

其中

$$\boldsymbol{A}_1=\begin{bmatrix}1&1\\1&1\end{bmatrix},\quad \boldsymbol{A}_2=\begin{bmatrix}1&1\\1&0\end{bmatrix},\quad \boldsymbol{A}_3=\begin{bmatrix}1&1\\0&0\end{bmatrix},\quad \boldsymbol{A}_4=\begin{bmatrix}1&0\\0&0\end{bmatrix},$$

$$\boldsymbol{B}_1=\begin{bmatrix}1&0\\0&1\end{bmatrix},\quad \boldsymbol{B}_2=\begin{bmatrix}1&0\\0&-1\end{bmatrix},\quad \boldsymbol{B}_3=\begin{bmatrix}0&1\\1&0\end{bmatrix},\quad \boldsymbol{B}_4=\begin{bmatrix}0&1\\-1&0\end{bmatrix}.$$

(1)试求由 $\boldsymbol{A}$ 到 $\boldsymbol{B}$ 的过渡矩阵;

(2)试求矩阵 $\boldsymbol{H}=\begin{bmatrix}2&3\\4&2\end{bmatrix}$分别在基 $\boldsymbol{A}$ 与基 $\boldsymbol{B}$ 下所对应的坐标.

习题 2.6 设线性空间 $V^4(\mathbf{R})$中有两组基

$$\boldsymbol{B}_x=\{\boldsymbol{x}_1,\boldsymbol{x}_2,\boldsymbol{x}_3,\boldsymbol{x}_4\},$$
$$\boldsymbol{B}_y=\{\boldsymbol{y}_1,\boldsymbol{y}_2,\boldsymbol{y}_3,\boldsymbol{y}_4\},$$

满足如下方程组

$$\begin{cases}\boldsymbol{x}_1+2\boldsymbol{x}_2=\boldsymbol{y}_3,\\ \boldsymbol{x}_2+2\boldsymbol{x}_3=\boldsymbol{y}_4,\\ \boldsymbol{y}_1+2\boldsymbol{y}_2=\boldsymbol{x}_3,\\ \boldsymbol{y}_2+2\boldsymbol{y}_3=\boldsymbol{x}_4.\end{cases}$$

(1)求由基 $\boldsymbol{B}_x$ 到 $\boldsymbol{B}_y$ 的过渡矩阵 $\boldsymbol{C}$;

(2)求向量 $\boldsymbol{x}=2\boldsymbol{y}_1-\boldsymbol{y}_2+\boldsymbol{y}_3+\boldsymbol{y}_4$ 在 $\boldsymbol{B}_x$ 下的坐标.

习题 2.7　设 $\boldsymbol{B}_x=\{\boldsymbol{x}_1,\boldsymbol{x}_2,\boldsymbol{x}_3\}$是$\mathbf{R}^3$ 上的一组基

$$\boldsymbol{y}_1=4\boldsymbol{x}_1+13\boldsymbol{x}_2,\quad \boldsymbol{y}_2=\boldsymbol{x}_1-2\boldsymbol{x}_2+3\boldsymbol{x}_3,\quad \boldsymbol{y}_3=2\boldsymbol{x}_1+3\boldsymbol{x}_2+2\boldsymbol{x}_3.$$

试求由 $\boldsymbol{y}_1,\boldsymbol{y}_2,\boldsymbol{y}_3$ 所张成的子空间 $\mathrm{span}\{\boldsymbol{y}_1,\boldsymbol{y}_2,\boldsymbol{y}_3\}$的一组基及维数.

习题 2.8　在$\mathbf{R}^4$ 中有两个子空间

$$\boldsymbol{V}_1=\{(x_1,x_2,x_3,x_4)^{\mathrm{T}}\mid x_1-x_2+x_3-x_4=0\},$$

$$\boldsymbol{V}_2=\{(x_1,x_2,x_3,x_4)^{\mathrm{T}}\mid x_1+x_2+x_3+x_4=0\}.$$

求$\boldsymbol{V}_1+\boldsymbol{V}_2$与$\boldsymbol{V}_1\cap\boldsymbol{V}_2$的基和维数.

习题 2.9　证明对于实对称矩阵$\boldsymbol{A}=[a_{ij}]\in\mathbf{R}^{n\times n}$,都有

$$R(\boldsymbol{A})+N(\boldsymbol{A})=R(\boldsymbol{A})\oplus N(\boldsymbol{A})=\mathbf{R}^n.$$

习题 2.10　已知 $P_n[t],t\in[-1,1]$是次数不超过 n 且定义在$[-1,1]$的实多项式组成的向量空间.

(1)假设

$$T:P_2[t]\to P_3[t],\ \forall\, p(t)\in P_2[t],\ Tp(t)=p(t)+p'(t)+\int_{-1}^{t}p(x)\mathrm{d}x,$$

证明 $T:P_2[t]\to P_3[t]$是线性变换;

(2)求 T 相对于基偶$\boldsymbol{B}_1=\{1,t,t^2\},\boldsymbol{B}_2=\{1,t,t^2,t^3\}$所对应的矩阵.

习题 2.11　利用 Faddeev-LeVerrier 公式计算方阵$\boldsymbol{A}=\begin{bmatrix}3&1&5\\3&3&1\\4&6&4\end{bmatrix}$的逆,并用程序 2.8.2 加以验证.

习题 2.12　利用 Faddeev-LeVerrier 公式计算方阵$\boldsymbol{A}=\begin{bmatrix}1&1&-1\\1&1&1\\0&-1&2\end{bmatrix}$的逆,并用程序 2.8.2 加以验证.

习题 2.13　证明定理 2.8.10 的推论

$$\boldsymbol{B}_k=\sum_{i=0}^{k}a_{k-i}\boldsymbol{A}^i,k=1,2,\cdots,n-1,$$

$$a_k=-\frac{1}{k}\sum_{i=1}^{k}a_{k-i}\mathrm{trace}\boldsymbol{A}^i,k=1,2,\cdots,n,$$

其中 $a_0=1$.

第3章 欧氏空间与酉空间

第二章讨论了线性空间的性质与特征.需要注意的是,在线性空间中只涉及线性运算结构与线性映射等代数理论,并未涉及长度与夹角等度量结构与特征,而在处理几何问题以及处理其他实际问题时,描述空间中的度量结构与特征是处理各种问题的重要基础,为此本章将在线性空间中借助内积的概念引入长度以及夹角等度量概念从而构建具有度量结构的空间,同时对具有度量结构的空间特征进行详细论述.

3.1 欧式空间的定义及性质

定义 3.1.1 给定实线性空间 $V(\mathbf{R})$,定义映射 $(\cdot,\cdot):V(\mathbf{R})\times V(\mathbf{R})\to\mathbf{R}$,若其满足以下条件:

(1)正性:$(\boldsymbol{\alpha},\boldsymbol{\alpha})\geqslant 0$ 且 $(\boldsymbol{\alpha},\boldsymbol{\alpha})=0\Leftrightarrow\boldsymbol{\alpha}=\mathbf{0}$;

(2)对称性:$\forall\boldsymbol{\alpha},\boldsymbol{\beta}\in V(\mathbf{R}),(\boldsymbol{\alpha},\boldsymbol{\beta})=(\boldsymbol{\beta},\boldsymbol{\alpha})$;

(3)可加性:$\forall\boldsymbol{\alpha},\boldsymbol{\beta},\gamma\in V(\mathbf{R}),(\boldsymbol{\alpha}+\boldsymbol{\beta},\gamma)=(\boldsymbol{\alpha},\gamma)+(\boldsymbol{\beta},\gamma)$;

(4)齐性:$\forall\boldsymbol{\alpha}\in V(\mathbf{R}),\forall k\in\mathbf{R},(k\boldsymbol{\alpha},\boldsymbol{\beta})=k(\boldsymbol{\alpha},\boldsymbol{\beta})$,

则称该映射为 $V(\mathbf{R})$ 上的内积,赋予内积的实线性空间 $V(\mathbf{R})$ 称为欧几里得空间(简称欧氏空间),记为 $[V(\mathbf{R}),(\cdot,\cdot)]$,简记为 $V(\mathbf{R})$.

需要说明的是:对任意 $\boldsymbol{\alpha}\in V(\mathbf{R})$,称 $\|\boldsymbol{\alpha}\|=\sqrt{(\boldsymbol{\alpha},\boldsymbol{\alpha})}$ 为向量 $\boldsymbol{\alpha}$ 的欧氏长度或模,当 $\|\boldsymbol{\alpha}\|=1$ 时,称 $\boldsymbol{\alpha}$ 为单位向量. 若 $V(\mathbf{R})$ 是有限维线性空间,则称 $V(\mathbf{R})$ 是有限维欧式空间;若 $V(\mathbf{R})$ 是无穷维线性空间,则称 $V(\mathbf{R})$ 是无穷维欧式空间.

由于欧氏空间的定义为公理化定义,因此必须对欧氏空间的存在性加以说明,换言之需要给出欧氏空间的例证.

例 3.1.1 在 $\mathbf{R}^n$ 中,定义 $\forall\boldsymbol{x},\boldsymbol{y}\in\mathbf{R}^n,(\boldsymbol{x},\boldsymbol{y})=\boldsymbol{y}^{\mathrm{T}}\boldsymbol{x}$,可以验证它是 $\mathbf{R}^n$ 中的一个内积,从而 $\mathbf{R}^n$ 在赋予该内积之后构成一个有限维欧氏空间.

例 3.1.2 在 $\mathbf{R}^n$ 中定义,给定一个实对称正定矩阵 $\boldsymbol{A}$,$\forall\boldsymbol{x},\boldsymbol{y}\in\mathbf{R}^n$,定义 $(\boldsymbol{x},\boldsymbol{y})_{\boldsymbol{A}}=\boldsymbol{y}^{\mathrm{T}}\boldsymbol{A}\boldsymbol{x}$,可以验证它是 $\mathbf{R}^n$ 中的一个内积,从而 $\mathbf{R}^n$ 在赋予该内积之后构成一个有限维欧氏空间.

显然例 3.1.1 是例 3.1.2 的特殊情况,即 $\boldsymbol{A}$ 取单位矩阵 $\boldsymbol{E}$ 的情况.

例 3.1.3 在线性空间 $P_n[x],x\in[a,b]$ 中,任取权函数 $0<\rho(x)\in C[a,b]$,对于 $\forall f(x),g(x)\in P_n[x]$,定义

$$(f(x),g(x))=\int_a^b\rho(x)f(x)g(x)\mathrm{d}x,$$

可以验证它是 $P_n[x], x \in [a,b]$ 中的一个内积，从而 $P_n[x], x \in [a,b]$ 在赋予该内积之后构成一个有限维欧氏空间.

例 3.1.4　在线性空间 $C[a,b]$ 中，任取权函数 $0 < \rho(x) \in C[a,b]$，对于 $\forall f(x), g(x) \in C[a,b]$，定义

$$(f(x), g(x)) = \int_a^b \rho(x) f(x) g(x) \mathrm{d}x ,$$

可以验证它是 $C[a,b]$ 中的一个内积，从而 $C[a,b]$ 在赋予该内积之后构成一个无穷维欧氏空间.

例 3.1.5　在线性空间 $\mathbf{R}^{m\times n}$ 中，任取 $\boldsymbol{A}, \boldsymbol{B} \in \mathbf{R}^{m\times n}$，定义 $(\boldsymbol{A}, \boldsymbol{B}) = \mathrm{trace}(\boldsymbol{B}^{\mathrm{T}}\boldsymbol{A}) = \mathrm{trace}(\boldsymbol{A}^{\mathrm{T}}\boldsymbol{B})$，可以验证它是 $\mathbf{R}^{m\times n}$ 中的一个内积，从而 $\mathbf{R}^{m\times n}$ 在赋予该内积后构成一个有限维欧氏空间.

定理 3.1.1　(Cauchy-Schwarz 不等式) 对欧氏空间 $V(\mathbf{R})$ 内任意两个向量 $\boldsymbol{\alpha}, \boldsymbol{\beta}$，满足

$$|(\boldsymbol{\alpha}, \boldsymbol{\beta})| \leqslant \|\boldsymbol{\alpha}\| \, \|\boldsymbol{\beta}\| , \tag{3.1.1}$$

且等号成立的充分必要条件为 $\boldsymbol{\alpha}, \boldsymbol{\beta}$ 线性相关.

证明： 当 $\boldsymbol{\beta} = \mathbf{0}$ 时，两边均为零，等式成立且 $\boldsymbol{\alpha}$ 与 $\boldsymbol{\beta}$ 线性相关，此时结论成立. 当 $\boldsymbol{\beta} \neq \mathbf{0}$ 时，$(\boldsymbol{\beta}, \boldsymbol{\beta}) > 0$. 另外由于 $(\boldsymbol{\alpha} + t\boldsymbol{\beta}, \boldsymbol{\alpha} + t\boldsymbol{\beta}) \geqslant 0$ 对任意 $t \in \mathbf{R}$ 成立，即对任意 $t \in \mathbf{R}$，满足

$$(\boldsymbol{\alpha} + t\boldsymbol{\beta}, \boldsymbol{\alpha} + t\boldsymbol{\beta}) = (\boldsymbol{\beta}, \boldsymbol{\beta})t^2 + 2(\boldsymbol{\alpha}, \boldsymbol{\beta})t + (\boldsymbol{\alpha}, \boldsymbol{\alpha}) \geqslant 0, \tag{3.1.2}$$

由此可得 $\Delta = 4(\boldsymbol{\alpha}, \boldsymbol{\beta})^2 - 4(\boldsymbol{\alpha}, \boldsymbol{\alpha})(\boldsymbol{\beta}, \boldsymbol{\beta}) \leqslant 0$，即 $|(\boldsymbol{\alpha}, \boldsymbol{\beta})| \leqslant \|\boldsymbol{\alpha}\| \, \|\boldsymbol{\beta}\|$. 而等号成立的充分必要条件是存在某一常数 $t_0 \in \mathbf{R}$ 使得 $\boldsymbol{\alpha} + t_0\boldsymbol{\beta} = \mathbf{0}$，即 $\boldsymbol{\alpha}, \boldsymbol{\beta}$ 线性相关.

由于上述定理针对任意欧氏空间都成立，因此，在例 3.1.1 中当取 $\boldsymbol{x} = [x_1, x_2, \cdots, x_n]^{\mathrm{T}}$，$\boldsymbol{y} = [y_1, y_2, \cdots, y_n]^{\mathrm{T}}$ 时，可得如下 Cauchy-Schwarz 不等式

$$\left| \sum_{i=1}^n x_i y_i \right| \leqslant \sqrt{\sum_{i=1}^n x_i^2} \sqrt{\sum_{i=1}^n y_i^2} , \tag{3.1.3}$$

对于例 3.1.4，取权函数 $\rho(x) \equiv 1$，则对应的 Cauchy-Schwarz 不等式为

$$\left| \int_a^b f(x) g(x) \mathrm{d}x \right| \leqslant \left[\int_a^b f^2(x) \mathrm{d}x \right]^{1/2} \left[\int_a^b g^2(x) \mathrm{d}x \right]^{1/2}, \tag{3.1.4}$$

对于例 3.1.5，其所对应的 Cauchy-Schwarz 不等式为

$$|\mathrm{trace}(\boldsymbol{B}^{\mathrm{T}}\boldsymbol{A})| \leqslant \mathrm{trace}^{1/2}(\boldsymbol{A}^{\mathrm{T}}\boldsymbol{A}) \mathrm{trace}^{1/2}(\boldsymbol{B}^{\mathrm{T}}\boldsymbol{B}). \tag{3.1.5}$$

另外，由定理 3.1.1 可定义两个非零向量 $\boldsymbol{\alpha}$ 与 $\boldsymbol{\beta}$ 的夹角 $\theta(\boldsymbol{\alpha}, \boldsymbol{\beta})$，即

$$\theta(\boldsymbol{\alpha}, \boldsymbol{\beta}) = \arccos \frac{(\boldsymbol{\alpha}, \boldsymbol{\beta})}{\|\boldsymbol{\alpha}\| \, \|\boldsymbol{\beta}\|}, \tag{3.1.6}$$

特别地，如果 $(\boldsymbol{\alpha}, \boldsymbol{\beta}) = 0$，则称 $\boldsymbol{\alpha}$ 与 $\boldsymbol{\beta}$ 正交或垂直.

由例 2.2.10 不难验证如下实例 3.1.6.

例 3.1.6　三角函数系 $\frac{1}{2}, \cos x, \sin x, \cdots, \cos(nx), \sin(nx), \cdots \in C[-\pi, \pi]$ 在定义如下内积

$$(f(x), g(x)) = \int_{-\pi}^{\pi} f(x) g(x) \mathrm{d}x$$

的情况下是两两正交的.

此例的一个重要应用为傅里叶级数展开，即若 $f(x) \in C[-\pi, \pi]$ 或在此区间除去有限个

第一类间断点之外连续,则它有如下傅里叶级数展开式

$$f(x)=\frac{a_0}{2}+\sum_{k=1}^{\infty}[a_k\cos(kx)+b_k\sin(kx)], \tag{3.1.7}$$

其中

$$a_0=\frac{1}{\pi}\int_{-\pi}^{\pi}f(x)\mathrm{d}x, a_k=\frac{1}{\pi}\int_{-\pi}^{\pi}f(x)\cos(kx)\mathrm{d}x, b_k=\frac{1}{\pi}\int_{-\pi}^{\pi}f(x)\sin(kx)\mathrm{d}x, k=1,2,\cdots.$$

傅里叶级数展开在信号分析中可以解释为,在 $C[-\pi,\pi]$的一个连续信号或在此区间除去有限个第一类间断点之外连续信号 $f(x)$ 可以分解成若干不同振幅的基波信号与谐波信号的叠加. 同时可以证明 Parseval 恒等式

$$\| f(x) \|^2=\frac{\pi}{2}a_0^2+\pi\sum_{k=1}^{\infty}[a_k^2+b_k^2]. \tag{3.1.8}$$

此式说明函数 $f(x)$ 的"能量"被转载到每个分解信号的"能量"上. 另外从逼近理论上还可将傅里叶级数的部分和作为函数 $f(x)$ 的逼近,至于其逼近效果可见例 3.1.7.

例 3.1.7 给定分段连续可微且有两个第一类间断点的函数(满足傅里叶级数展开条件)

$$f(x)=\begin{cases}\pi/2, & 0<x<\pi,\\ 0, & x=0,\pm\pi,\\ -\pi/2, & -\pi<x<0,\end{cases}$$

其傅里叶级数展开式为

$$f(x)=2\sum_{n=1}^{\infty}\frac{\sin(2n-1)x}{2n-1},$$

定义部分和

$$S_m(x)=2\sum_{n=1}^{m}\frac{\sin(2n-1)x}{2n-1},$$

借助 Matlab 程序 3.1.1,分别画出 $f(x)$,$S_m(x)$,$m=1,5,20,50$ 的图形,由此可以观察其逼近效果,参见图 3.1.1.

程序 3.1.1 跳跃函数的傅里叶级数逼近.

```
function [x,y]=fbijin(m)
%m 是傅里叶级数的逼近项数
x=linspace(-pi,pi,100);
l=length(x);
for i=1:l
  if x(i)>0 && x(i)<pi
      y(i)=pi/2;
  elseif x(i)>-pi && x(i)<0
      y(i)=-pi/2;
  else
      y(i)=0;
  end
end
plot(x,y)
```

程序3.1.1
(图3.1.1)

```
hold on
xx=linspace(-4,4,100);
ll=length(xx);
plot(xx,zeros(1,ll));
sum=zeros(1,l);
for n=1:m
    sum=sum+2*sin((2.*n-1).*x)./(2*n-1);
end
plot(x,sum,'r-');
title('跳跃函数的傅里叶级数逼近');
hold off;
```

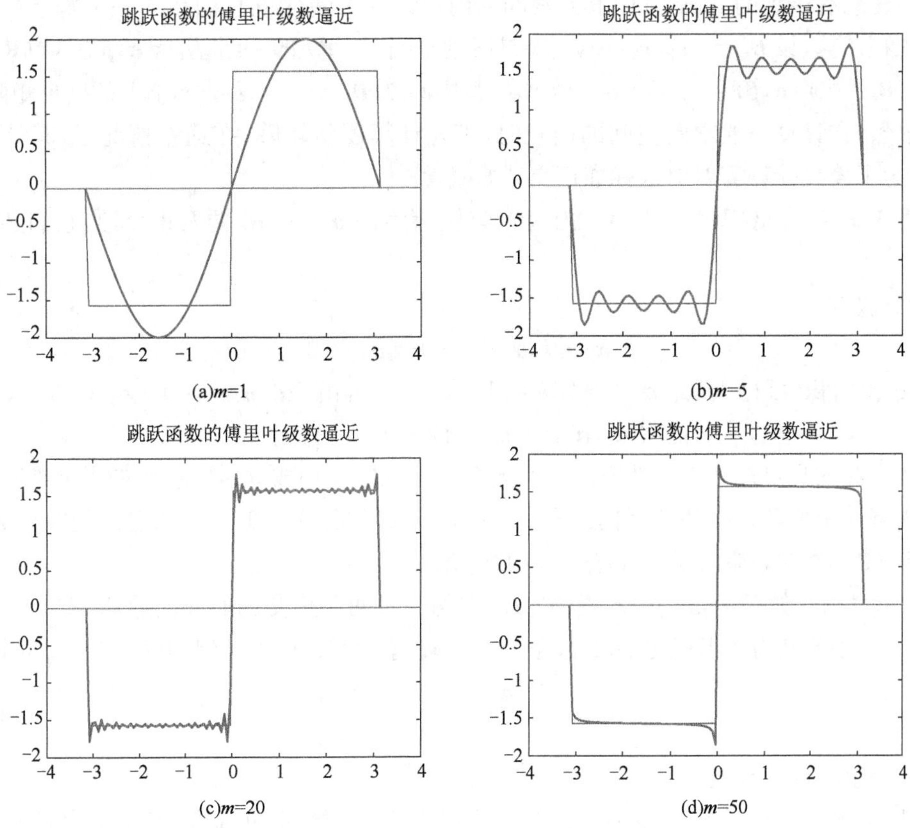

图 3.1.1　跳跃函数的傅里叶级数逼近

定理 3.1.2　(勾股定理) $\forall \boldsymbol{\alpha},\boldsymbol{\beta}\in V(\mathbf{R})$，若 $(\boldsymbol{\alpha},\boldsymbol{\beta})=0$，则 $\|\boldsymbol{\alpha}+\boldsymbol{\beta}\|^2=\|\boldsymbol{\alpha}\|^2+\|\boldsymbol{\beta}\|^2$.

证明： $\|\boldsymbol{\alpha}+\boldsymbol{\beta}\|^2=(\boldsymbol{\alpha}+\boldsymbol{\beta},\boldsymbol{\alpha}+\boldsymbol{\beta})=(\boldsymbol{\alpha},\boldsymbol{\alpha})+2(\boldsymbol{\alpha},\boldsymbol{\beta})+(\boldsymbol{\beta},\boldsymbol{\beta})=\|\boldsymbol{\alpha}\|^2+\|\boldsymbol{\beta}\|^2$.

作为勾股定理的一个应用，由例 3.1.6 可知，对于 $C[-\pi,\pi]$ 上由内积诱导的长度 $\|\cdot\|$，则有 $\|\cos(mx)+\sin(nx)\|^2=\|\cos(mx)\|^2+\|\sin(nx)\|^2$.

另外，需要提醒注意的是勾股定理在有限维和无穷维欧式空间均成立.

定理 3.1.3 若 $\boldsymbol{\varepsilon}_1,\boldsymbol{\varepsilon}_2,\cdots,\boldsymbol{\varepsilon}_n$ 是 n 维欧氏空间 $V^n(\mathbf{R})$ 的一组基,称

$$\boldsymbol{G}=\begin{bmatrix}(\boldsymbol{\varepsilon}_1,\boldsymbol{\varepsilon}_1) & (\boldsymbol{\varepsilon}_1,\boldsymbol{\varepsilon}_2) & \cdots & (\boldsymbol{\varepsilon}_1,\boldsymbol{\varepsilon}_n)\\(\boldsymbol{\varepsilon}_2,\boldsymbol{\varepsilon}_1) & (\boldsymbol{\varepsilon}_2,\boldsymbol{\varepsilon}_2) & \cdots & (\boldsymbol{\varepsilon}_2,\boldsymbol{\varepsilon}_n)\\ \vdots & \vdots & & \vdots\\(\boldsymbol{\varepsilon}_n,\boldsymbol{\varepsilon}_1) & (\boldsymbol{\varepsilon}_n,\boldsymbol{\varepsilon}_2) & \cdots & (\boldsymbol{\varepsilon}_n,\boldsymbol{\varepsilon}_n)\end{bmatrix} \tag{3.1.9}$$

是基 $\boldsymbol{\varepsilon}_1,\boldsymbol{\varepsilon}_2,\cdots,\boldsymbol{\varepsilon}_n$ 所对应的度量矩阵,则 $\boldsymbol{G}$ 为实对称正定矩阵.

证明:首先 $\boldsymbol{G}$ 的对称性是明显的,其次对于 $\forall\,\mathbf{0}\neq\boldsymbol{\alpha}\in V^n(\mathbf{R})$,则 $\boldsymbol{\alpha}$ 可以表示成 $\boldsymbol{\alpha}=x_1\boldsymbol{\varepsilon}_1+x_2\boldsymbol{\varepsilon}_2+\cdots+x_n\boldsymbol{\varepsilon}_n$,即 $\boldsymbol{\alpha}=\{\boldsymbol{\varepsilon}_1,\boldsymbol{\varepsilon}_2,\cdots,\boldsymbol{\varepsilon}_n\}\boldsymbol{x}$,其中 $\mathbf{0}\neq\boldsymbol{x}=[x_1,x_2,\cdots,x_n]^{\mathrm{T}}\in\mathbf{R}^n$,于是可得 $(\boldsymbol{\alpha},\boldsymbol{\alpha})=\boldsymbol{x}^{\mathrm{T}}\boldsymbol{G}\boldsymbol{x}$,由 $\boldsymbol{\alpha}\neq\mathbf{0}$ 可得 $(\boldsymbol{\alpha},\boldsymbol{\alpha})=\boldsymbol{x}^{\mathrm{T}}\boldsymbol{G}\boldsymbol{x}>0$,同时再由 $\boldsymbol{\alpha}$ 的任意性可知 $\boldsymbol{x}$ 的任意性,为此 $\boldsymbol{x}^{\mathrm{T}}\boldsymbol{G}\boldsymbol{x}$ 是一个正定二次型,因而度量矩阵 $\boldsymbol{G}$ 必然是对称正定的.

对于任意有限维的欧氏空间,其元素间的内积计算可转化成它们在某一组基下所对应的坐标的内积计算,设 $\boldsymbol{B}_\varepsilon=\{\boldsymbol{\varepsilon}_1,\boldsymbol{\varepsilon}_2,\cdots,\boldsymbol{\varepsilon}_n\}$ 是线性空间 $V^n(\mathbf{R})$ 的一组基,$\forall\,\boldsymbol{\alpha},\boldsymbol{\beta}\in V^n(\mathbf{R})$,$\boldsymbol{\alpha}=\boldsymbol{B}_\varepsilon\boldsymbol{x}$,$\boldsymbol{\beta}=\boldsymbol{B}_\varepsilon\boldsymbol{y}$,则 $(\boldsymbol{\alpha},\boldsymbol{\beta})=\boldsymbol{y}^{\mathrm{T}}\boldsymbol{G}\boldsymbol{x}=(\boldsymbol{x},\boldsymbol{y})_G$,其中 $\boldsymbol{G}$ 为 $\boldsymbol{B}_\varepsilon=\{\boldsymbol{\varepsilon}_1,\boldsymbol{\varepsilon}_2,\cdots,\boldsymbol{\varepsilon}_n\}$ 的度量矩阵.

很显然,在计算一般欧氏空间的内积时,需要计算度量矩阵,在通常情况下,其计算量较大,因此为了简化计算需要引入标准正交基的概念.

定理 3.1.4 若欧氏空间 $V(\mathbf{R})$ 内 s 个非零向量 $\boldsymbol{\alpha}_1,\boldsymbol{\alpha}_2,\cdots,\boldsymbol{\alpha}_s$ 两两正交,则它们必然线性无关.

证明:假设

$$k_1\boldsymbol{\alpha}_1+k_2\boldsymbol{\alpha}_2+\cdots+k_s\boldsymbol{\alpha}_s=\mathbf{0},$$

两边与 $\boldsymbol{\alpha}_i$ 作内积,可得 $k_i(\boldsymbol{\alpha}_i,\boldsymbol{\alpha}_i)=0,i=1,2,\cdots,s$,再由 $(\boldsymbol{\alpha}_i,\boldsymbol{\alpha}_i)>0,i=1,2,\cdots,s$,可得 $k_i=0,i=1,2,\cdots,s$,从而证明 $\boldsymbol{\alpha}_1,\boldsymbol{\alpha}_2,\cdots,\boldsymbol{\alpha}_s$ 线性无关.

需要注意的是定理 3.1.4 在有限维和无穷维欧式空间均成立. 特别地,如果 n 维欧氏空间 $V^n(\mathbf{R})$ 内有 n 个两两正交的非零向量 $\boldsymbol{\varepsilon}_1,\boldsymbol{\varepsilon}_2,\cdots,\boldsymbol{\varepsilon}_n$,则由定理 3.1.4 可知它们是线性无关的,从而是 $V^n(\mathbf{R})$ 的一组基,为此可以给出如下定义.

定义 3.1.2 如果 $\boldsymbol{\varepsilon}_1,\boldsymbol{\varepsilon}_2,\cdots,\boldsymbol{\varepsilon}_n$ 是 $V^n(\mathbf{R})$ 中的一组两两正交的非零向量,即 $\forall\,i\neq j$,都有 $(\boldsymbol{\varepsilon}_i,\boldsymbol{\varepsilon}_j)=0$,则称其为一组正交基,如果 $\boldsymbol{\varepsilon}_1,\boldsymbol{\varepsilon}_2,\cdots,\boldsymbol{\varepsilon}_n$ 是 $V^n(\mathbf{R})$ 中的一组两两正交的单位向量,即

$$(\boldsymbol{\varepsilon}_i,\boldsymbol{\varepsilon}_j)=\delta_{ij}=\begin{cases}1 & i=j,\\0 & i\neq j,\end{cases} \tag{3.1.10}$$

则称其为一组标准正交基.

显然,任何一组标准正交基所对应的度量矩阵都是单位矩阵 $\boldsymbol{E}$,为此若 $\boldsymbol{B}_\varepsilon=\{\boldsymbol{\varepsilon}_1,\boldsymbol{\varepsilon}_2,\cdots\boldsymbol{\varepsilon}_n\}$ 是线性空间 $V^n(\mathbf{R})$ 的一组标准正交基,$\forall\,\boldsymbol{\alpha},\boldsymbol{\beta}\in V^n(\mathbf{R})$,$\boldsymbol{\alpha}=\boldsymbol{B}_\varepsilon\boldsymbol{x}$,$\boldsymbol{\beta}=\boldsymbol{B}_\varepsilon\boldsymbol{y}$,则 $(\boldsymbol{\alpha},\boldsymbol{\beta})=(\boldsymbol{x},\boldsymbol{y})_E=(\boldsymbol{x},\boldsymbol{y})$,即此时对一般欧氏空间上两个元素的内积计算,可以转换到它们在任意一组标准正交基下所对应的坐标内积计算.

对于 $V^n(\mathbf{R})$ 上两组基所对应的度量矩阵的关系可由定理 3.1.5 加以说明.

定理 3.1.5 假设 $\boldsymbol{\varepsilon}_1,\boldsymbol{\varepsilon}_2,\cdots,\boldsymbol{\varepsilon}_n,\boldsymbol{\eta}_1,\boldsymbol{\eta}_2,\cdots,\boldsymbol{\eta}_n$ 是 $V^n(\mathbf{R})$ 上的两组基,且其对应的度量矩阵分别为 $\boldsymbol{G}$ 和 $\boldsymbol{H}$,则存在可逆矩阵 $\boldsymbol{U}$ 使得 $\boldsymbol{G}=\boldsymbol{U}^{\mathrm{T}}\boldsymbol{H}\boldsymbol{U}$(称 $\boldsymbol{G}$ 和 $\boldsymbol{H}$ 为合同关系),其中 $\boldsymbol{U}$ 是 $\boldsymbol{\eta}_1,\boldsymbol{\eta}_2,\cdots,\boldsymbol{\eta}_n$ 到 $\boldsymbol{\varepsilon}_1,\boldsymbol{\varepsilon}_2,\cdots,\boldsymbol{\varepsilon}_n$ 过渡矩阵.

证明:假设 $U=[u_{ij}]_{n\times n}$ 是 $\boldsymbol{\eta}_1,\boldsymbol{\eta}_2,\cdots,\boldsymbol{\eta}_n$ 到 $\boldsymbol{\varepsilon}_1,\boldsymbol{\varepsilon}_2,\cdots,\boldsymbol{\varepsilon}_n$ 过渡矩阵,即存在可逆矩阵 $\boldsymbol{U}$,使得

$$\{\boldsymbol{\varepsilon}_1,\boldsymbol{\varepsilon}_2,\cdots\boldsymbol{\varepsilon}_n\}=\{\boldsymbol{\eta}_1,\boldsymbol{\eta}_2,\cdots,\boldsymbol{\eta}_n\}\boldsymbol{U},$$

于是有 $\boldsymbol{\varepsilon}_i=\sum\limits_{k=1}^{n}u_{ki}\boldsymbol{\eta}_k,\boldsymbol{\varepsilon}_j=\sum\limits_{l=1}^{n}u_{lj}\boldsymbol{\eta}_l$,从而有

$$(\boldsymbol{\varepsilon}_i,\boldsymbol{\varepsilon}_j)=(\sum_{k=1}^{n}u_{ki}\boldsymbol{\eta}_k,\sum_{l=1}^{n}u_{lj}\boldsymbol{\eta}_l)=\sum_{k=1}^{n}\sum_{l=1}^{n}u_{ki}u_{lj}(\boldsymbol{\eta}_k,\boldsymbol{\eta}_l),$$

将上式写成矩阵形式,即有 $\boldsymbol{G}=\boldsymbol{U}^{\mathrm{T}}\boldsymbol{H}\boldsymbol{U}$.

定理 3.1.5 给出了 $V^n(\mathbf{R})$ 上两组基所对应的度量矩阵的关系,下面的定理 3.1.6 进一步给出了 $V^n(\mathbf{R})$ 上两组标准正交基的关系.

定理 3.1.6　假设 $\boldsymbol{\varepsilon}_1,\boldsymbol{\varepsilon}_2,\cdots\boldsymbol{\varepsilon}_n$ 是 $V^n(\mathbf{R})$ 的一组标准正交基,令

$$\{\boldsymbol{\varepsilon}_1,\boldsymbol{\varepsilon}_2,\cdots\boldsymbol{\varepsilon}_n\}=\{\boldsymbol{\eta}_1,\boldsymbol{\eta}_2,\cdots,\boldsymbol{\eta}_n\}\boldsymbol{U},\tag{3.1.11}$$

则 $\boldsymbol{\eta}_1,\boldsymbol{\eta}_2,\cdots,\boldsymbol{\eta}_n$ 是一组标准正交基的充分必要条件为 $\boldsymbol{U}$ 是正交矩阵,即 $\boldsymbol{U}^{\mathrm{T}}\boldsymbol{U}=\boldsymbol{E}$.

证明:

必要性:假设 $\boldsymbol{\varepsilon}_1,\boldsymbol{\varepsilon}_2,\cdots,\boldsymbol{\varepsilon}_n$,$\boldsymbol{\eta}_1,\boldsymbol{\eta}_2,\cdots,\boldsymbol{\eta}_n$ 是 $V^n(\mathbf{R})$ 上的两组标准正交基且其对应的度量矩阵分别为 $\boldsymbol{G}$ 和 $\boldsymbol{H}$,则有 $\boldsymbol{G}=\boldsymbol{U}^{\mathrm{T}}\boldsymbol{H}\boldsymbol{U}$,又由于标准正交基所对应的度量矩阵是单位矩阵,即 $\boldsymbol{G}=\boldsymbol{H}=\boldsymbol{E}$,因而 $\boldsymbol{U}^{\mathrm{T}}\boldsymbol{U}=\boldsymbol{E}$,所以 $\boldsymbol{U}$ 是正交矩阵.

充分性:假设 $\boldsymbol{\varepsilon}_1,\boldsymbol{\varepsilon}_2,\cdots,\boldsymbol{\varepsilon}_n$,$\boldsymbol{\eta}_1,\boldsymbol{\eta}_2,\cdots,\boldsymbol{\eta}_n$ 是 $V^n(\mathbf{R})$ 上的两组基,且其对应的度量矩阵分别为 $\boldsymbol{G}$ 和 $\boldsymbol{H}$,则有 $\boldsymbol{G}=\boldsymbol{U}^{\mathrm{T}}\boldsymbol{H}\boldsymbol{U}$,由于 $\boldsymbol{U}$ 是正交矩阵,所以 $\boldsymbol{H}=\boldsymbol{U}\boldsymbol{G}\boldsymbol{U}^{\mathrm{T}}$,又 $\boldsymbol{\varepsilon}_1,\boldsymbol{\varepsilon}_2,\cdots,\boldsymbol{\varepsilon}_n$ 是 $V^n(\mathbf{R})$ 的一组标准正交基,所以其所对应的度量矩阵 $\boldsymbol{G}$ 为单位矩阵,于是有 $\boldsymbol{H}=\boldsymbol{U}\boldsymbol{E}\boldsymbol{U}^{\mathrm{T}}=\boldsymbol{E}$,从而 $\boldsymbol{\eta}_1\boldsymbol{\eta}_2,\cdots,\boldsymbol{\eta}_n$ 也是一组标准正交基.

定理 3.1.6 实际上给出了正交矩阵的一个等价定义,即正交矩阵就是两组标准正交基间的过渡矩阵.

尽管有限维欧式空间的标准正交基是存在的,但是如何通过一组基来构造标准正交基从而实现标准正交基到这组基的过渡呢?施密特(Schmidt)标准正交化方法可以实现这一过程.将以上问题可以描述为,给定 $V^n(\mathbf{R})$ 中一个线性无关的向量组 $\boldsymbol{\alpha}_1,\boldsymbol{\alpha}_2,\cdots,\boldsymbol{\alpha}_s$,要求构造一个新向量组 $\boldsymbol{\gamma}_1,\boldsymbol{\gamma}_2,\cdots,\boldsymbol{\gamma}_s$,满足:

(1) $\mathrm{span}\{\boldsymbol{\gamma}_1,\boldsymbol{\gamma}_2,\cdots,\boldsymbol{\gamma}_i\}=\mathrm{span}\{\boldsymbol{\alpha}_1,\boldsymbol{\alpha}_2,\cdots,\boldsymbol{\alpha}_i\},i=1,2,\cdots,s$;

(2) $\boldsymbol{\gamma}_1,\boldsymbol{\gamma}_2,\cdots,\boldsymbol{\gamma}_s$ 两两正交,且 $\|\boldsymbol{\gamma}_i\|=1,i=1,2,\cdots,s$.

具体过程如下:

(1)施密特(Schmidt)正交化过程

$$\begin{cases}\boldsymbol{\beta}_1=\boldsymbol{\alpha}_1,\\[2mm] \boldsymbol{\beta}_2=\boldsymbol{\alpha}_2-\dfrac{(\boldsymbol{\alpha}_2,\boldsymbol{\beta}_1)}{(\boldsymbol{\beta}_1,\boldsymbol{\beta}_1)}\boldsymbol{\beta}_1,\\[2mm] \cdots\cdots\\[2mm] \boldsymbol{\beta}_s=\boldsymbol{\alpha}_s-\dfrac{(\boldsymbol{\alpha}_s,\boldsymbol{\beta}_1)}{(\boldsymbol{\beta}_1,\boldsymbol{\beta}_1)}\boldsymbol{\beta}_1-\cdots-\dfrac{(\boldsymbol{\alpha}_s,\boldsymbol{\beta}_{s-1})}{(\boldsymbol{\beta}_{s-1},\boldsymbol{\beta}_{s-1})}\boldsymbol{\beta}_{s-1},\end{cases}\tag{3.1.12}$$

此时，$\boldsymbol{\beta}_i, i=1,2,\cdots,s$ 是两两正交的，即为正交向量组.

(2)施密特(Schmidt)标准化过程

$$\boldsymbol{\gamma}_i=\frac{1}{\|\boldsymbol{\beta}_i\|}\boldsymbol{\beta}_i, i=1,2,\cdots,s, \tag{3.1.13}$$

此时，$\boldsymbol{\gamma}_i, i=1,2,\cdots,s$ 是一组标准正交向量组.

$V^n(\mathbf{R})$ 中施密特(Schmidt)标准正交化过程实际上体现了由一组标准正交向量组 $\boldsymbol{\gamma}_1,\boldsymbol{\gamma}_2,\cdots,\boldsymbol{\gamma}_s$ 到线性无关向量组 $\boldsymbol{\alpha}_1,\boldsymbol{\alpha}_2,\cdots,\boldsymbol{\alpha}_s$ 的过渡关系，其过渡矩阵为上三角形矩阵，即由施密特(Schmidt)标准正交化过程可得

$$\begin{cases}\boldsymbol{\alpha}_1=\boldsymbol{\beta}_1=\|\boldsymbol{\beta}_1\|\boldsymbol{\gamma}_1,\\ \boldsymbol{\alpha}_2=\dfrac{(\boldsymbol{\alpha}_2,\boldsymbol{\beta}_1)}{(\boldsymbol{\beta}_1,\boldsymbol{\beta}_1)}\boldsymbol{\beta}_1+\boldsymbol{\beta}_2=(\boldsymbol{\alpha}_2,\boldsymbol{\gamma}_1)\boldsymbol{\gamma}_1+\|\boldsymbol{\beta}_2\|\boldsymbol{\gamma}_2,\\ \cdots\cdots\\ \boldsymbol{\alpha}_s=\dfrac{(\boldsymbol{\alpha}_s,\boldsymbol{\beta}_1)}{(\boldsymbol{\beta}_1,\boldsymbol{\beta}_1)}\boldsymbol{\beta}_1+\cdots+\dfrac{(\boldsymbol{\alpha}_s,\boldsymbol{\beta}_{s-1})}{(\boldsymbol{\beta}_{s-1},\boldsymbol{\beta}_{s-1})}\boldsymbol{\beta}_{s-1}+\boldsymbol{\beta}_s=(\boldsymbol{\alpha}_s,\boldsymbol{\gamma}_1)\boldsymbol{\gamma}_1+\cdots+(\boldsymbol{\alpha}_s,\boldsymbol{\gamma}_{s-1})\boldsymbol{\gamma}_{s-1}+\|\boldsymbol{\beta}_s\|\boldsymbol{\gamma}_s,\end{cases}$$

即

$$\begin{cases}\boldsymbol{\alpha}_1=\|\boldsymbol{\beta}_1\|\boldsymbol{\gamma}_1,\\ \boldsymbol{\alpha}_2=(\boldsymbol{\alpha}_2,\boldsymbol{\gamma}_1)\boldsymbol{\gamma}_1+\|\boldsymbol{\beta}_2\|\boldsymbol{\gamma}_2,\\ \cdots\cdots\\ \boldsymbol{\alpha}_s=(\boldsymbol{\alpha}_s,\boldsymbol{\gamma}_1)\boldsymbol{\gamma}_1+\cdots+(\boldsymbol{\alpha}_s,\boldsymbol{\gamma}_{s-1})\boldsymbol{\gamma}_{s-1}+\|\boldsymbol{\beta}_s\|\boldsymbol{\gamma}_s,\end{cases} \tag{3.1.14}$$

其中

$$\begin{cases}\|\boldsymbol{\beta}_1\|=\|\boldsymbol{\alpha}_1\|,\\ \|\boldsymbol{\beta}_2\|=\|\boldsymbol{\alpha}_2-(\boldsymbol{\alpha}_2,\boldsymbol{\gamma}_1)\boldsymbol{\gamma}_1\|,\\ \cdots\cdots\\ \|\boldsymbol{\beta}_s\|=\|\boldsymbol{\alpha}_s-(\boldsymbol{\alpha}_s,\boldsymbol{\gamma}_1)\boldsymbol{\gamma}_1-\cdots-(\boldsymbol{\alpha}_s,\boldsymbol{\gamma}_{s-1})\boldsymbol{\gamma}_{s-1}\|,\end{cases}$$

将式(3.1.14)写成矩阵形式为

$$\{\boldsymbol{\alpha}_1,\boldsymbol{\alpha}_2,\cdots\boldsymbol{\alpha}_s\}=\{\boldsymbol{\gamma}_1,\boldsymbol{\gamma}_2,\cdots,\boldsymbol{\gamma}_s\}\begin{bmatrix}\|\boldsymbol{\beta}_1\| & (\boldsymbol{\alpha}_2,\boldsymbol{\gamma}_1) & \cdots & (\boldsymbol{\alpha}_s,\boldsymbol{\gamma}_1)\\ 0 & \|\boldsymbol{\beta}_2\| & \cdots & (\boldsymbol{\alpha}_s,\boldsymbol{\gamma}_2)\\ \vdots & \vdots & & \vdots\\ 0 & 0 & \cdots & \|\boldsymbol{\beta}_s\|\end{bmatrix}_{s\times s}=\{\boldsymbol{\gamma}_1,\boldsymbol{\gamma}_2,\cdots,\boldsymbol{\gamma}_s\}\boldsymbol{R}_s,$$

其中 $\boldsymbol{R}_s$ 为 s 阶的上三角形矩阵. 显然，由上式可知，如果 $s=n$，则体现了一组标准正交基 $\boldsymbol{\gamma}_1,\boldsymbol{\gamma}_2,\cdots,\boldsymbol{\gamma}_n$ 到另外一组基 $\boldsymbol{\alpha}_1,\boldsymbol{\alpha}_2,\cdots,\boldsymbol{\alpha}_n$ 的过渡关系，其过渡矩阵为上三角形矩阵 $\boldsymbol{R}_n$. 如果 $s<n$，则可将 $\boldsymbol{\gamma}_1,\boldsymbol{\gamma}_2,\cdots,\boldsymbol{\gamma}_s$ 扩充成 $V^n(\mathbf{R})$ 中一组标准正交基 $\boldsymbol{\gamma}_1,\boldsymbol{\gamma}_2,\cdots,\boldsymbol{\gamma}_s,\boldsymbol{\gamma}_{s+1},\cdots,\boldsymbol{\gamma}_n$，从而有

$$\{\boldsymbol{\alpha}_1,\boldsymbol{\alpha}_2,\cdots\boldsymbol{\alpha}_s\}=\{\boldsymbol{\gamma}_1,\boldsymbol{\gamma}_2,\cdots,\boldsymbol{\gamma}_s,\boldsymbol{\gamma}_{s+1},\cdots,\boldsymbol{\gamma}_n\}\begin{bmatrix}\|\boldsymbol{\beta}_1\| & (\boldsymbol{\alpha}_2,\boldsymbol{\gamma}_1) & \cdots & (\boldsymbol{\alpha}_s,\boldsymbol{\gamma}_1)\\ 0 & \|\boldsymbol{\beta}_2\| & \cdots & (\boldsymbol{\alpha}_s,\boldsymbol{\beta}_2)\\ \vdots & \vdots & & \vdots\\ 0 & 0 & \cdots & \|\boldsymbol{\beta}_s\|\\ 0 & 0 & \cdots & 0\\ \vdots & \vdots & & \vdots\\ 0 & 0 & \cdots & 0\end{bmatrix}_{n\times s}$$

$$=\{\boldsymbol{\gamma}_1,\boldsymbol{\gamma}_2,\cdots,\boldsymbol{\gamma}_s,\boldsymbol{\gamma}_{s+1},\cdots,\boldsymbol{\gamma}_n\}\begin{bmatrix}\boldsymbol{R}_s\\ \boldsymbol{O}\end{bmatrix}=\{\boldsymbol{\gamma}_1,\boldsymbol{\gamma}_2,\cdots,\boldsymbol{\gamma}_s,\boldsymbol{\gamma}_{s+1},\cdots,\boldsymbol{\gamma}_n\}\boldsymbol{R},$$

其中 $\boldsymbol{O}$ 是 $(n-s)\times s$ 阶的零矩阵，$\boldsymbol{R}=\begin{bmatrix}\boldsymbol{R}_s\\ \boldsymbol{O}\end{bmatrix}$ 是 $n\times s$ 阶分块矩阵(称为准上三角形矩阵). 于是由上面的结论，可以得出 QR 分解定理 3.1.7.

定理 3.1.7　(QR 分解定理) 对于任何一个 $\boldsymbol{A}\in\mathbf{R}^{n\times s}$，则必然存在 n 阶正交矩阵 $\boldsymbol{Q}$ 和一个 $n\times s$ 阶准上三角形矩阵 $\boldsymbol{R}$，使得 $\boldsymbol{A}=\boldsymbol{QR}$；特别，如果 $\boldsymbol{A}\in\mathbf{R}^{n\times n}$，则必然存在 n 阶正交矩阵 $\boldsymbol{Q}$ 和一个 n 阶上三角形矩阵 $\boldsymbol{R}$，使得 $\boldsymbol{A}=\boldsymbol{QR}$.

注: 在 Matlab 中实现这一过程所用函数为[Q,R]=qr(A).

例 3.1.8　将下列向量组标准正交化

$\boldsymbol{\alpha}_1=[1,1,0,0]^{\mathrm{T}}$，　$\boldsymbol{\alpha}_2=[1,0,1,0]^{\mathrm{T}}$，　$\boldsymbol{\alpha}_3=[-1,0,0,1]^{\mathrm{T}}$，　$\boldsymbol{\alpha}_4=[1,-1,-1,1]^{\mathrm{T}}$.

解: $\boldsymbol{\alpha}_1,\boldsymbol{\alpha}_2,\boldsymbol{\alpha}_3,\boldsymbol{\alpha}_4$ 经标准正交化后得到

$$\boldsymbol{\gamma}_1=\frac{1}{\sqrt{2}}[1,1,0,0]^{\mathrm{T}},\qquad \boldsymbol{\gamma}_2=\frac{1}{\sqrt{6}}[1,-1,2,0]^{\mathrm{T}},$$

$$\boldsymbol{\gamma}_3=\frac{1}{\sqrt{12}}[-1,1,1,3]^{\mathrm{T}},\quad \boldsymbol{\gamma}_4=\frac{1}{2}[1,-1,-1,1]^{\mathrm{T}}.$$

针对本例，在 Matlab 中，可以由 QR 分解的方式得到标准正交基及过渡矩阵，在 Matlab 中运行如下程序，可得标准正交基 $\boldsymbol{Q}$ 及过渡矩阵 $\boldsymbol{R}$.

```
a1=[1 1 0 0]';a2=[1 0 1 0]';a3=[-1 0 0 1]';a4=[1 -1 -1 1]';
A=[a1 a2 a3 a4];
[Q,R]=qr(A)
```

可得

$$\boldsymbol{Q}=\begin{bmatrix}-0.7071 & 0.4082 & 0.2887 & 0.5\\ -0.7071 & -0.4082 & -0.2887 & -0.5\\ 0 & 0.8165 & -0.2887 & -0.5\\ 0 & 0 & -0.8660 & 0.5\end{bmatrix},$$

$$\boldsymbol{R}=\begin{bmatrix}-1.414 & -0.7071 & 0.7071 & 0\\ 0 & 1.2247 & -0.4082 & 0\\ 0 & 0 & -1.1547 & 0\\ 0 & 0 & 0 & 2\end{bmatrix}.$$

例 3.1.9 在 $P_2[x], x \in [0,1]$ 中,定义内积 $(p(x),q(x)) = \int_0^1 p(x)q(x)\mathrm{d}x$,

(1)求基 $\{1,x,x^2\} \in P_2[x]$ 的度量矩阵;(2) 将这组基正交化.

解:(1) $\{1,x,x^2\}$ 的度量矩阵为

$$G = \begin{bmatrix} \int_0^1 1\mathrm{d}x & \int_0^1 x\mathrm{d}x & \int_0^1 x^2\mathrm{d}x \\ \int_0^1 x\mathrm{d}x & \int_0^1 x^2\mathrm{d}x & \int_0^1 x^3\mathrm{d}x \\ \int_0^1 x^2\mathrm{d}x & \int_0^1 x^3\mathrm{d}x & \int_0^1 x^4\mathrm{d}x \end{bmatrix} = \begin{bmatrix} 1 & 1/2 & 1/3 \\ 1/2 & 1/3 & 1/4 \\ 1/3 & 1/4 & 1/5 \end{bmatrix}.$$

(2) 将 $\{1,x,x^2\}$ 正交化可得

$$\boldsymbol{\beta}_1 = 1,$$

$$\boldsymbol{\beta}_2 = x - \frac{(x,\boldsymbol{\beta}_1)}{(\boldsymbol{\beta}_1,\boldsymbol{\beta}_1)}\boldsymbol{\beta}_1 = x - \frac{1}{2},$$

$$\boldsymbol{\beta}_3 = x^2 - \frac{(x^2,\boldsymbol{\beta}_1)}{(\boldsymbol{\beta}_1,\boldsymbol{\beta}_1)}\boldsymbol{\beta}_1 - \frac{(x^2,\boldsymbol{\beta}_2)}{(\boldsymbol{\beta}_2,\boldsymbol{\beta}_2)}\boldsymbol{\beta}_2 = x^2 - \frac{1}{3} - \left(x - \frac{1}{2}\right) = x^2 - x + \frac{1}{6}.$$

作为一些示例,将 $P_n[x]$ 中的一组基 $\boldsymbol{B} = \{1,x,\cdots,x^n\}$ 通过选取不同权函数所定义的内积可以构造不同的正交基或正交多项式.

例 3.1.10 在 $P_n[x], x \in [-1,1]$ 中定义内积 $(p(x),q(x)) = \int_{-1}^1 p(x)q(x)\mathrm{d}x$ (此处取权函数为 $\rho(x) = 1$),由此可以构造 Legendre 正交多项式

$$P_k(x) = \frac{1}{2^k k!}\frac{\mathrm{d}^k}{\mathrm{d}x^k}[(x^2-1)^k], \quad k = 0,1,2,\cdots,n. \tag{3.1.15}$$

另外 Legendre 正交多项式还有如下递推关系

$$P_0(x) = 1,$$

$$P_1(x) = x,$$

$$P_{k+1}(x) = \frac{2k+1}{k+1}xP_k(x) - \frac{k}{k+1}P_{k-1}(x), \quad k = 1,2,\cdots,n-1.$$

可以验证

$$\int_{-1}^1 P_i(x)P_j(x)\mathrm{d}x = \begin{cases} \dfrac{2}{2i+1}, i = j, \\ 0, \quad i \neq j, \end{cases} \quad i,j = 0,1,\cdots,n. \tag{3.1.16}$$

由此可知 $P_k(x), k=0,1,2,\cdots,n$ 是 $P_n[x], x \in [-1,1]$ 的一组正交基,并将其称为 Legendre 正交多项式.

注:在 Matlab 中,计算 Legendre 多项式 $P_n(x)$ 在 x 处的值,可以调用 Matlab 函数 P=legendre(n,x). 图 3.1.2 给出了 Legendre 多项式在 $n = 0,1,2,3,4,5$ 时对应的图形.

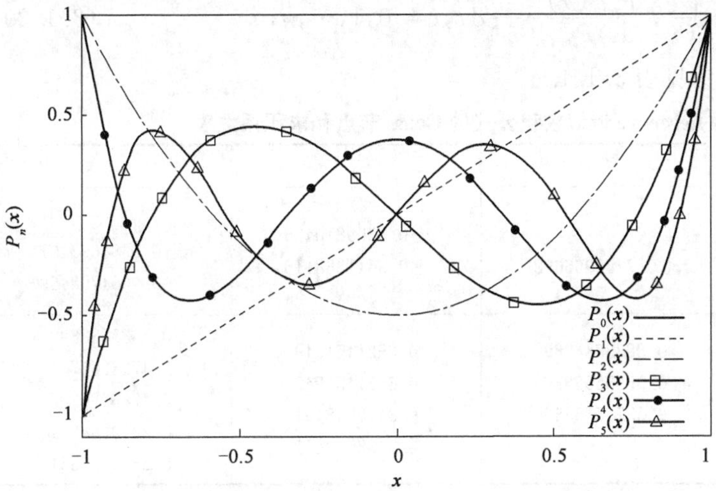

视频3.1.1

图 3.1.2　Legendre 多项式在 $n = 0,1,2,3,4,5$ 时对应的图形

在函数逼近论中，Legendre 多项式的一个重要应用就是可以用多项式逼近一个区间上的连续函数，其逼近结论可由定理 3.1.8 描述（其证明过程参见定理 3.1.14 的证明）.

定理 3.1.8　如果 $f(x) \in C[-1,1]$，则存在 $p(x) = \sum_{i=0}^{n} w_i P_i(x) \in P_n[x], x \in [-1,1]$ 作为 $f(x)$ 的最佳平方逼近，即 $\forall \varepsilon > 0$，存在 n 次多项式 $p(x)$，使得

$$\| f(x) - p(x) \| = \left(\int_{-1}^{1} (f(x) - p(x))^2 \mathrm{d}x \right)^{1/2} < \varepsilon, \tag{3.1.17}$$

其中

$$w_i = \frac{\int_{-1}^{1} f(x) P_i(x) \mathrm{d}x}{\int_{-1}^{1} P_i^2(x) \mathrm{d}x} = \frac{2i+1}{2} \int_{-1}^{1} f(x) P_i(x) \mathrm{d}x, \quad i = 0,1,\cdots,n. \tag{3.1.18}$$

事实上，如果 $f(x) \in C[a,b]$，则可做变换 $x = \frac{b-a}{2}t + \frac{b+a}{2}$，再令

$$g(t) = f(x) = f\left(\frac{b-a}{2}t + \frac{b+a}{2} \right), \quad t \in [-1,1],$$

则可以找到一个多项式 $\tilde{p}(t) = \sum_{i=0}^{n} w_i P_i(t) \in P_n[t], t \in [-1,1]$，然后再将 $t = \frac{2}{b-a}x - \frac{b+a}{b-a}$ 代入 $\tilde{p}(t) = \tilde{p}\left(\frac{2}{b-a}x - \frac{b+a}{b-a} \right) = p(x)$，即可得到 $f(x)$ 在区间 $[a,b]$ 上的逼近多项式 $p(x)$.

Legendre 正交多项式的一个很重要的应用是计算函数的数值积分，对于 $f(x) \in C[-1,1]$，求积分的 Gauss－Legendre 的近似求积公式为

$$\int_{-1}^{1} f(x) \mathrm{d}x \approx \sum_{i=0}^{n} A_i f(x_i), \tag{3.1.19}$$

其中 $x_i, i = 0,1,2,\cdots,n$ 是 $n+1$ 阶多项式 $P_{n+1}(x)$ 的零点，求积系数为

$$A_i = \int_{-1}^{1} \frac{P_{n+1}(x)}{(x-x_i)P_{n+1}{}'(x_i)} \mathrm{d}x, i=0,1,\cdots,n, \tag{3.1.20}$$

至于 x_i,A_i 的值可以查表获得,参见表 3.1.1.

表 3.1.1 Gauss-Legendre 近似求积公式的 Gauss 节点和求积系数表

n	1	2	3	4
x_i	±0.5773502692	0 ±0.7745966692	±0.3399810436 ±0.8611363116	0 ±0.5384693101 ±0.9061798459
A_i	1 1	0.8888888889 0.5555555556 0.5555555556	0.6521451549 0.6521451549 0.3478548451 0.3478548451	0.5688888889 0.4786286705 0.4786286705 0.2369268851 0.2369268851

以上公式也适用于计算对 $f(x)\in C[a,b]$ 的积分

$$\int_a^b f(x)\mathrm{d}x = \frac{b-a}{2}\int_{-1}^{1} f(\frac{b-a}{2}t+\frac{b+a}{2})\mathrm{d}t. \tag{3.1.21}$$

下面给出计算上述定积分的 Matlab 程序 3.1.2.

程序 3.1.2 Gauss-Legendre 近似求积公式.

程序3.1.2

```
function y=GaussLegendre(f,a,b)
x=[0 0.5384693101 -0.5384693101 0.9061798459 -0.9061798459];
A=[0.5688888889 0.4786286705 0.4786286705 0.2369268851
   0.2369268851];
t=(b-a)/2*x+(b+a)/2;
y=(b-a)/2*dot(feval(f,t),A);
```

例如计算定积分 $\int_1^2 \frac{\sin(x)}{x}\mathrm{d}x$,在 Matlab 命令窗口输入:

```
f=inline('sin(x)./x');
y=GaussLegendre(f,1,2)
```

计算结果为 $y=0.6593$.

程序3.1.3 [图3.1.3(a)]

为了观察 Legendre 正交多项式的逼近效果,给出 Matlab 程序3.1.3.

程序 3.1.3 Legendre 正交多项式逼近.

程序3.1.3 [图3.1.3(b)]

```
function [Y,error]=LegendreApproximation(f,n,a,b)
xx=linspace(a,b,106);
fval=feval(f,xx);
for i=1:n+1
w(i)=(2*(i-1)+1)/2*quad(@(x)f((b-a)/2*x+(b+a)/2).*legendreP(i-
1,x),-1,1);
YY(i,:)=w(i).*legendreP(i-1,2/(b-a)*xx-(b+a)/(b-a));
end
```

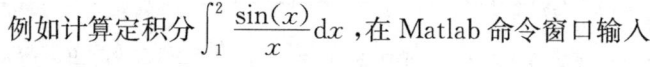

```
Y=sum(YY);
error=norm(fval-Y);
plot(xx,fval,xx,Y,'r');
title('Legendre 正交多项式的逼近效果')
```

例如用 Legendre 多项式逼近函数

$$f(x)=\sin(\pi x)+\cos(\pi x), x\in[-2,2];\quad g(x)=\exp(x^2), x\in[-2,2].$$

在 Matlab 命令窗口输入:

```
f=inline('sin(pi*x)+cos(pi*x)');
[Y1,error1]=LegendreApproximation(f,10,-2,2);
g=inline('exp(x.^2)');
[Y2,error2]=LegendreApproximation(g,10,-2,2);
```

最佳平方逼近误差为 error1 =0. 0485，error2 =0. 1709. 图 3. 1. 3 给出了 Legendre 多项式分别对 $f(x)$，$g(x)$ 的逼近.

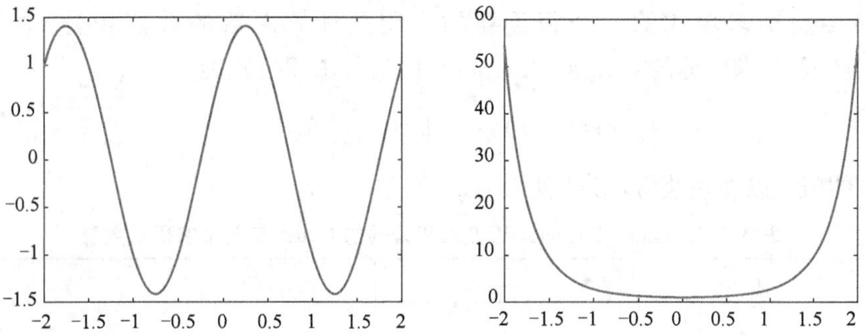

(a)Legendre正交多项式 $f(x)$的逼近效果　　(b)Legendre正交多项式 $g(x)$的逼近效果

图 3. 1. 3　Legendre 多项式分别对 $f(x)$，$g(x)$ 的逼近

例 3. 1. 11　在 $P_n[x], x\in[0,+\infty)$ 中定义内积 $(p(x),q(x))=\int_0^{+\infty}\exp(-x)p(x)q(x)\mathrm{d}x$（此处取权函数为 $\rho(x)=\exp(-x)$），由此可以构造 Laguerre 正交多项式

$$L_k(x)=\exp(x)\frac{\mathrm{d}^k}{\mathrm{d}x^k}[x^k\exp(-x)],\qquad k=0,1,2,\cdots n. \tag{3.1.22}$$

另外 Laguerre 正交多项式还有如下递推关系:

$L_0(x)=1, L_1(x)=1-x, L_{k+1}(x)=(1+2k-x)L_k(x)-k^2L_{k-1}(x), k=1,2,\cdots.$

可以验证

$$\int_0^{+\infty}\exp(-x)L_i(x)L_j(x)\mathrm{d}x=\begin{cases}(i!)2, i=j,\\ 0, \quad i\neq j.\end{cases} \tag{3.1.23}$$

注:在 Matlab 中，计算 Laguerre 多项式 $L_n(x)$ 在 x 处的值，可调用Matlab函数 P=laguerreL(n,x). 图 3. 1. 4 给出了 Laguerre 多项式在 $n=0,1,2,3,4,5$ 时对应的图形.

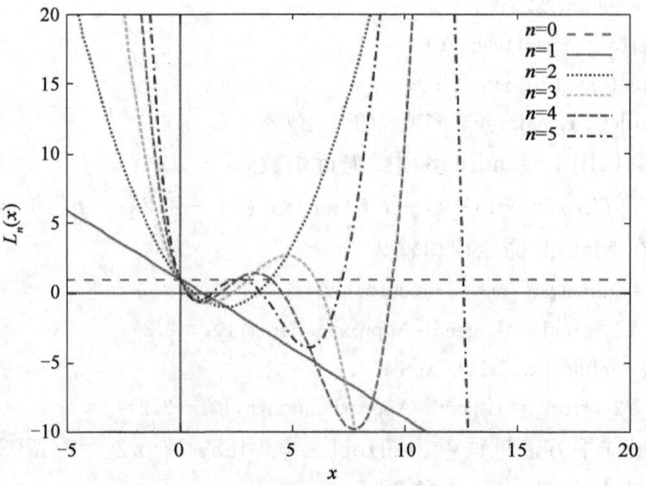

视频3.1.2

图 3.1.4　Laguerre 正交多项式 $L_n(x)$，
当 $n=0,1,2,3,4,5$ 对应的图形

Laguerre 正交多项式的一个很重要的应用是计算函数的数值积分，对于 $f(x)\in C[0,+\infty)$ 且可积，求积分的 Gauss－Laguerre 的近似求积公式为

$$\int_0^{+\infty}\exp(-x)f(x)\mathrm{d}x\approx\sum_{i=0}^{n}A_i f(x_i),\qquad(3.1.24)$$

至于 x_i，A_i 的值可以查表获得，参见表 3.1.2.

表 3.1.2　Gauss-Laguerre 近似求积公式的 Gauss 节点和求积系数表

n	1	2	3	4
x_i	0.5857864376 3.4142135624	0.4157745568 2.2942803603 6.2899450829	0.3225476896 1.7457611012 4.5366202969 9.3950709123	0.2635603197 1.4134030591 3.5964257710 7.0858100059 12.6408008143
A_i	$8.5355339059\times10^{-1}$ $1.4644660941\times10^{-1}$	$7.1109300993\times10^{-1}$ $2.7851773357\times10^{-1}$ $1.0389256502\times10^{-1}$	$6.0315410434\times10^{-1}$ $3.5741869244\times10^{-1}$ $3.8887908515\times10^{-2}$ $5.3929470556\times10^{-4}$	$5.2175561058\times10^{-1}$ $3.98666681108\times10^{-1}$ $7.5942449682\times10^{-2}$ $3.6117586799\times10^{-3}$ $2.3369972386\times10^{-5}$

该公式适用于计算对 $f(x)\in C[0,+\infty)$ 的积分

$$\int_0^{+\infty}f(x)\mathrm{d}x=\int_0^{+\infty}\exp(-x)\exp(x)f(x)\mathrm{d}x=\int_0^{+\infty}\exp(-x)F(x)\mathrm{d}x\approx\sum_{i=0}^{n}A_iF(x_i),$$

其中 $F(x)=\exp(x)f(x)$．另外如果计算积分 $\int_a^{+\infty}f(x)\mathrm{d}x$，可通过变换计算

$$\int_a^{+\infty}f(x)\mathrm{d}x=\int_0^{+\infty}f(x+a)\mathrm{d}x\approx\sum_{i=0}^{n}A_iF(x_i)\text{，其中 }F(x)=\exp(x)f(x+a).$$

下面给出计算上述定积分的 Matlab 程序 3.1.4.

程序 3.1.4　Gauss-Laguerre 近似求积公式.

```
function y=GaussLaguerre(f,a)
x=[0.26356031971.41340305913.59642577107.085810005912.6408008143];
A=[5.2175561058e-13.98666681108e-17.5942449682e-23.6117586799e-
32.3369972386e-5];
F=exp(x).*feval(f,x+a);
y=dot(F,A);
```

程序3.1.4

例如计算定积分 $\int_1^{+\infty}\exp(-x)\mathrm{d}x$. 在 Matlab 命令窗口输入

```
f=inline('exp(-x)');
y=GaussLaguerre (f,1)
```

计算结果为 $y=0.3679$.

例 3.1.12　在 $P_n[x], x\in(-\infty,+\infty)$ 中定义内积 $(p(x),q(x))=\int_{-\infty}^{+\infty}\exp(-x^2)p(x)q(x)\mathrm{d}x$（此处取权函数为 $\rho(x)=\exp(-x^2)$），由此可以构造 Hermite 正交多项式

$$H_k(x)=(-1)^k\exp(x^2)\frac{\mathrm{d}^k}{\mathrm{d}x^k}[\exp(-x^2)],\qquad k=0,1,2,\cdots n.\tag{3.1.25}$$

另外 Hermite 正交多项式还有如下递推关系

$$H_0(x)=1, H_1(x)=2x, H_{k+1}(x)=2xH_k(x)-2kH_{k-1}(x),\qquad k=1,2,\cdots.$$

可以验证

$$\int_{-\infty}^{+\infty}\exp(-x^2)H_i(x)H_j(x)\mathrm{d}x=\begin{cases}2^i i!\sqrt{\pi}, i=j,\\ 0,\quad i\neq j.\end{cases}\tag{3.1.26}$$

注: 在 Matlab 中，计算 Hermite 多项式 $H_n(x)$ 在 x 处的值，可调用 Matlab 函数 P=hermiteH(n,x). 图 3.1.5 给出了 Hermite 多项式在 $n=0,1,2,3,4,5$ 时对应的图形.

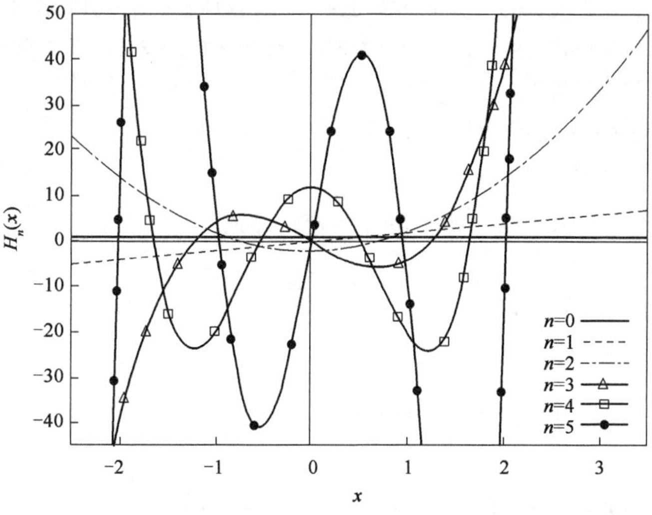

视频3.1.3

图 3.1.5　Hermite 正交多项式 $H_n(x)$，当 $n=0,1,2,3,4,5$ 对应的图形

Hermite 正交多项式的一个很重要的应用是计算函数的数值积分,对于 $f(x) \in C(-\infty, +\infty)$ 且可积,求积分的 Gauss－Hermite 的近似求积公式为

$$\int_{-\infty}^{+\infty} \exp(-x^2) f(x) \mathrm{d}x \approx \sum_{i=0}^{n} A_i f(x_i), \tag{3.1.27}$$

至于 x_i, A_i 的值可以查表获得,参见表 3.1.3.

该公式适用于计算对 $f(x) \in C(-\infty, +\infty)$ 的积分

$$\int_{-\infty}^{+\infty} f(x)\mathrm{d}x = \int_{-\infty}^{+\infty} \exp(-x^2)\exp(x^2) f(x)\mathrm{d}x = \int_{-\infty}^{+\infty} \exp(-x^2) F(x)\mathrm{d}x \approx \sum_{i=0}^{n} A_i F(x_i),$$

其中 $F(x) = \exp(x^2) f(x)$.

表 3.1.3　Gauss-Hermite 近似求积公式的 Gauss 节点和求积系数表

n	1	2	3	4
x_i	0.7071067812 −0.7071067812	0 1.2247448714 −1.2247448714	0.5246476233 −0.5246476233 1.6506801239 −1.6506801239	0 0.9585724646 −0.9585724646 2.0201828705 −2.0201828705
A_i	$8.8622692545 \times 10^{-1}$ $8.8622692545 \times 10^{-1}$	1.1816359006 $2.9540897515 \times 10^{-1}$ $2.9540897515 \times 10^{-1}$	$8.0491409001 \times 10^{-1}$ $8.0491409001 \times 10^{-1}$ $8.1312335447 \times 10^{-2}$ $8.1312335447 \times 10^{-2}$	$9.4530872048 \times 10^{-1}$ $3.9361932315 \times 10^{-1}$ $3.9361932315 \times 10^{-1}$ $1.9953242059 \times 10^{-2}$ $1.9953242059 \times 10^{-2}$

下面给出计算上述定积分的 Matlab 程序 3.1.5.

程序 3.1.5　Gauss-Hermite 近似求积公式.

程序3.1.5

```
function y=GaussHermite(f)
x=[0 0.9585724646 -0.9585724646 2.0201828705 -2.0201828705];
A=[9.4530872048e-1 3.9361932315e-1 3.9361932315e-1 1.9953242059e-
21.9953242059e-2];
F=exp(x.^2).*feval(f,x);
y=dot(F,A);
```

例如计算定积分 $\int_{-\infty}^{+\infty} \exp(-x^2)\mathrm{d}x$. 在 Matlab 命令窗口输入:

```
f=inline('exp(-x.^2)');
y=GaussHermite(f)
```

计算结果为 $y = 1.7725$.

例 3.1.13　在 $P_n[x], x \in (-1,1)$ 中定义内积 $(p(x), q(x)) = \int_{-1}^{1} \frac{p(x)q(x)}{\sqrt{1-x^2}}\mathrm{d}x$ (此处取权函数为 $\rho(x) = \frac{1}{\sqrt{1-x^2}}$),由此可以构造 Chebyshev 正交多项式

$$T_k(x) = \cos(k\arccos x), \qquad k = 0,1,2,\cdots,n. \tag{3.1.28}$$

Chebyshev 正交多项式还有如下递推关系

$$T_0(x)=1,\quad T_1(x)=x,\quad T_{k+1}(x)=2xT_k(x)-T_{k-1}(x),\quad k=1,2,\cdots.$$

可以验证

$$\int_{-1}^{1}\frac{T_i(x)T_j(x)}{\sqrt{1-x^2}}\mathrm{d}x=\begin{cases}\pi, i=j=0,\\ \pi/2, i=j\neq 0,\\ 0,\quad i\neq j.\end{cases}\tag{3.1.29}$$

注: 在 Matlab 中,计算 Chebyshev 多项式 $T_n(x)$ 在 x 处的值,可调用 Matlab 函数 P=ChebyshevT(n,x). 图 3.1.6 给出了 Chebyshev 多项式在 $n=0,1,2,3,4$ 时对应的图形.

在函数逼近论中,Chebyshev 多项式的一个重要应用是可以用多项式逼近区间 $C[-1,1]$ 上的连续函数,其逼近结论可由定理 3.1.9 描述(其证明过程参见定理 3.1.14 的证明).

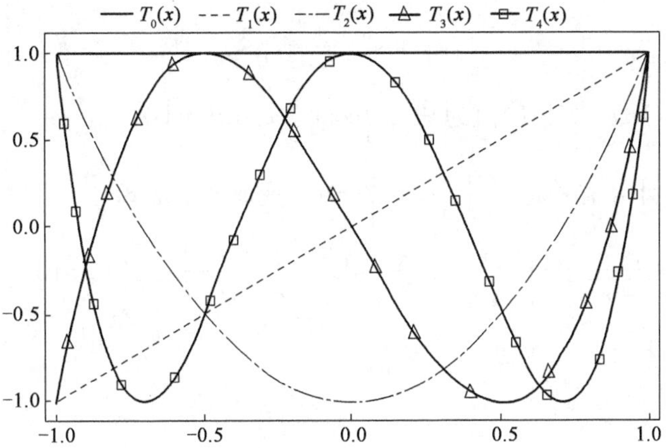

视频3.1.4

图 3.1.6　Chebyshev 正交多项式 $T_n(x)$,当 $n=0,1,2,3,4$ 对应的图形

定理 3.1.9　如果 $f(x)\in C[-1,1]$,则存在 $p(x)=\sum_{i=0}^{n}w_iT_i(x)$ 作为 $f(x)$ 的最佳平方逼近,即 $\forall\varepsilon>0$,存在 n,使得

$$\|f(x)-p(x)\|=\left[\int_{-1}^{1}\frac{(f(x)-p(x))^2}{\sqrt{1-x^2}}\mathrm{d}x\right]^{1/2}<\varepsilon,\tag{3.1.30}$$

其中

$$w_i=\frac{\displaystyle\int_{-1}^{1}\frac{f(x)T_i(x)}{\sqrt{1-x^2}}\mathrm{d}x}{\displaystyle\int_{-1}^{1}\frac{T_i^2(x)}{\sqrt{1-x^2}}\mathrm{d}x}=\begin{cases}\dfrac{1}{\pi}\displaystyle\int_{-1}^{1}\frac{f(x)T_i(x)}{\sqrt{1-x^2}}\mathrm{d}x, i=0,\\ \dfrac{2}{\pi}\displaystyle\int_{-1}^{1}\frac{f(x)T_i(x)}{\sqrt{1-x^2}}\mathrm{d}x, i=1,2,\cdots,n.\end{cases}\tag{3.1.31}$$

Chebyshev 正交多项式的一个重要的应用是计算函数的数值积分,对于 $f(x)\in C[-1,1]$,求积分的 Gauss－Chebyshev 的近似求积公式为

$$\int_{-1}^{1}\frac{f(x)}{\sqrt{1-x^2}}\mathrm{d}x\approx\sum_{i=0}^{n}A_if(x_i),\tag{3.1.32}$$

其中 $x_i, i=0,1,2,\cdots,n$ 是 $n+1$ 阶多项式 $T_{n+1}(x)$ 的零点. Chebyshev 多项式的一个优点是其

零点与求积系数有如下显示形式,即零点为

$$x_i = \cos\left[\frac{2i+1}{2(n+1)}\pi\right], i = 0,1,\cdots,n, \tag{3.1.33}$$

求积系数为

$$A_i = \frac{\pi}{n+1}, i = 0,1,\cdots,n. \tag{3.1.34}$$

下面给出计算上述定积分的 Matlab 程序 3.1.6.

程序 3.1.6 Gauss-Chebyshev 近似求积公式.

程序3.1.6

```
function yy=gaussChebyshev(f,n)
i=1:n+1;
X=cos((2.*i-1)./(2.*n).*pi);
W=pi./(n+1);
fu=feval(f,X);
yy=W*sum(fu);
```

例如计算定积分 $\frac{\pi}{4}\int_{-1}^{1}\cos(\frac{\pi}{2}x)\mathrm{d}x$ (其精确值为 $\frac{\pi}{4}\int_{-1}^{1}\cos(\frac{\pi}{2}x)\mathrm{d}x = 1$).

用 Gauss-Chebyshev 公式近似计算需要将 $\frac{\pi}{4}\int_{-1}^{1}\cos(\frac{\pi}{2}x)\mathrm{d}x$ 变成如下形式

$$\frac{\pi}{4}\int_{-1}^{1}\cos(\frac{\pi}{2}x)\mathrm{d}x = \frac{\pi}{4}\int_{-1}^{1}\frac{1}{\sqrt{1-x^2}}\sqrt{1-x^2}\cos(\frac{\pi}{2}x)\mathrm{d}x = \int_{-1}^{1}\frac{1}{\sqrt{1-x^2}}F(x)\mathrm{d}x,$$

其中 $F(x) = \frac{\pi}{4}\sqrt{1-x^2}\cos(\frac{\pi}{2}x)$.

在 Matlab 命令窗口输入:

```
f=inline('pi/4.*sqrt(1-x.^2).*cos(pi./2.*x)');
yy=gauss_chebyshev(f,1000)
```

计算结果为 yy =0.9990.

为了观察 Chebyshev 正交多项式的逼近效果,给出 Matlab 程序 3.1.7.

程序3.1.7
([图3.1.7(a)]

程序3.1.7
[图3.1.7(b)]

程序 3.1.7 Chebyshev 正交多项式逼近.

```
function [Y,error]=ChebyshevApproximation(f,n,a,b)
xx=linspace(a,b,106);
fval=feval(f,xx);
w(1)=1/pi*integral(@(x)f((b-a)/2*x+(b+a)/2).*chebyshevT(0,
x)./sqrt(1-x.^2),-1,1);
YY(1,:)=w(1).*chebyshevT(0,2/(b-a)*xx-(b+a)/(b-a));
for i=2:n+1
w(i)=2/pi*integral(@(x)f((b-a)/2*x+(b+a)/2).*chebyshevT(i-1,
x)./sqrt(1-x.^2),-1,1);
YY(i,:)=w(i).*chebyshevT(i-1,2/(b-a)*xx-(b+a)/(b-a));
end
Y=sum(YY);
```

```
error=norm(fval-Y);
plot(xx,fval,xx,Y,'r');
title('Chebyshev 正交多项式的逼近效果 ')
```

例如用 Chebyshev 多项式逼近函数

$$f(x)=\frac{\sin x}{x}, x\in[-3,3]\ ,\ g(x)=\exp(x^2), x\in[-2,2].$$

在 Matlab 命令窗口输入：

```
f=inline('sin(x)./x ');
[Y1,error1]=ChebyshevApproximation(f,5,-3,3);
g=inline('exp(x.^2)');
[Y2,error2]=ChebyshevApproximation(g,10,-2,2);
```

最佳平方逼近误差为 error1 = 0.0259，error2 =0.1685. 图 3.1.7 给出了 Chebyshev 多项式分别对 $f(x)$ ，$g(x)$ 的逼近图形.

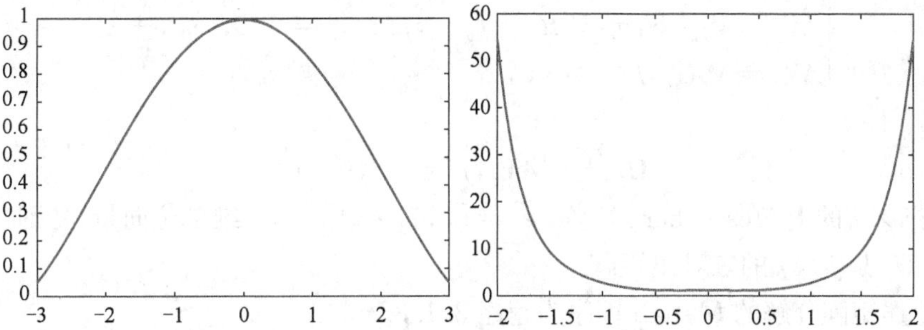

(a)Chebyshev正交多项式的逼近效果　　(b)Chebyshev正交多项式的逼近效果

图 3.1.7　Chebyshev 多项式分别对 $f(x)$ ，$g(x)$ 的逼近

利用 Krylov 空间的性质是求解大型稀疏线性方程组的快速解法之一，而对其进行施密特(Schimite)标准正交化是利用 Krylov 空间的性质求解该类线性方程组的一个重要步骤，为此，下面给出针对 Krylov 空间一组基的施密特(Schimite)标准正交化过程.

假设 $\boldsymbol{A}\in\mathbf{R}^{n\times n}$ 是可逆矩阵，$\boldsymbol{v}\in\mathbf{R}^n$ 且 $\|\boldsymbol{v}\|=1$ ，则利用施密特(Schimite)标准正交化方法还可以对 Krylov 空间 $K_n(\boldsymbol{A},\boldsymbol{v})=\mathrm{span}\{\boldsymbol{v},\boldsymbol{Av},\cdots,\boldsymbol{A}^{n-1}\boldsymbol{v}\}$ 中的基 $\{\boldsymbol{v},\boldsymbol{Av},\cdots,\boldsymbol{A}^{n-1}\boldsymbol{v}\}$ 进行施密特标准正交化，从而构造 $K_n(\boldsymbol{A},\boldsymbol{v})$ 的一组标准正交基 $\{\boldsymbol{v}_1,\boldsymbol{v}_2,\cdots,\boldsymbol{v}_n\}$ ，该过程称为阿诺得(Arnoldi)标准正交化过程，具体过程如下：

(1)第 1 步，取 $\boldsymbol{v}_1=\boldsymbol{v}$ ；

(2)第 2 步，令 $h_{11}=(\boldsymbol{Av}_1,\boldsymbol{v}_1)$ ，构造 $\hat{\boldsymbol{v}}_2=\boldsymbol{Av}_1-h_{11}\boldsymbol{v}_1$，令 $h_{21}=\|\hat{\boldsymbol{v}}_2\|$ ，构造

$$\boldsymbol{v}_2=\hat{\boldsymbol{v}}_2/h_{21}\ ;$$

(3)第 $j+1$ 步，令 $h_{1j}=(A\boldsymbol{v}_j,\boldsymbol{v}_1)$，$h_{2j}=(\boldsymbol{Av}_j,\boldsymbol{v}_2)$，$\cdots$，$h_{jj}=(\boldsymbol{Av}_j,\boldsymbol{v}_j)$ ，构造

$$\hat{\boldsymbol{v}}_{j+1}=\boldsymbol{Av}_j-h_{1j}\boldsymbol{v}_1-h_{2j}\boldsymbol{v}_2-\cdots-h_{jj}\boldsymbol{v}_j=\boldsymbol{Av}_j-\sum_{i=1}^{j}h_{ij}\boldsymbol{v}_i,$$

令 $h_{j+1j}=\|\hat{\boldsymbol{v}}_{j+1}\|$ ，构造

$$\boldsymbol{v}_{j+1}=\hat{\boldsymbol{v}}_{j+1}/h_{j+1j}\ ;$$

(4)第 n 步,令 $h_{1,n-1}=(\boldsymbol{A}\boldsymbol{v}_{n-1},\boldsymbol{v}_1)$,$h_{2,n-1}=(\boldsymbol{A}\boldsymbol{v}_{n-1},\boldsymbol{v}_2)$,$\cdots$,$h_{n-1,n-1}=(\boldsymbol{A}\boldsymbol{v}_{n-1},\boldsymbol{v}_{n-1})$,构造

$$\hat{\boldsymbol{v}}_n=\boldsymbol{A}\boldsymbol{v}_{n-1}-h_{1,n-1}\boldsymbol{v}_1-h_{2,n-1}\boldsymbol{v}_2-\cdots-h_{n-1,n-1}\boldsymbol{v}_{n-1}=\boldsymbol{A}\boldsymbol{v}_{n-1}-\sum_{i=1}^{n-1}h_{i,n-1}\boldsymbol{v}_i,$$

令 $h_{n,n-1}=\|\hat{\boldsymbol{v}}_n\|$,构造

$$\boldsymbol{v}_n=\hat{\boldsymbol{v}}_n/h_{n,n-1};$$

令 $\boldsymbol{V}_j=[\boldsymbol{v}_1,\boldsymbol{v}_2,\cdots,\boldsymbol{v}_j]$,$\boldsymbol{V}_{j+1}=[\boldsymbol{V}_j,\boldsymbol{v}_{j+1}]$,

$$\boldsymbol{H}_j=\begin{bmatrix}h_{11}&h_{12}&\cdots&h_{1,j-1}&h_{1j}\\h_{21}&h_{22}&\cdots&h_{2,j-1}&h_{2j}\\0&h_{32}&\cdots&h_{3,j-1}&h_{3j}\\\vdots&\vdots&\ddots&\vdots&\vdots\\0&0&0\ \cdots&h_{j-1,j}&h_{jj}\end{bmatrix},\ \hat{\boldsymbol{H}}_j=\begin{bmatrix}h_{11}&h_{12}&\cdots&h_{1,j-1}&h_{1j}\\h_{21}&h_{22}&\cdots&h_{2,j-1}&h_{2j}\\0&h_{32}&\cdots&h_{3,j-1}&h_{3j}\\\vdots&\vdots&\ddots&\vdots&\vdots\\0&0&0\ \cdots&h_{j-1,j}&h_{jj}\\0&0&0\ \cdots&0&h_{j+1,j}\end{bmatrix},$$

则有矩阵表示形式

$$\begin{cases}\boldsymbol{A}\boldsymbol{V}_j=\boldsymbol{V}_{j+1}\hat{\boldsymbol{H}}_j=\boldsymbol{V}_j\boldsymbol{H}_j+h_{j+1,j}\boldsymbol{v}_{j+1}\boldsymbol{e}_j^{\mathrm{T}},j=1,2,\cdots,n-1,\\\boldsymbol{A}\boldsymbol{V}_n=\boldsymbol{V}_n\boldsymbol{H}_n,h_{j+1,j}=0,\qquad j=n,\end{cases}\tag{3.1.35}$$

另有

$$\boldsymbol{H}_j=\boldsymbol{V}_j^{\mathrm{T}}\boldsymbol{A}\boldsymbol{V}_j,j=1,2,\cdots,n,\tag{3.1.36}$$

其中 $\boldsymbol{H}_j$ 是 $j\times j$ 的上 Hessenberg 矩阵,$\boldsymbol{e}_j=[0,0,\cdots,1]^{\mathrm{T}}$ 是 j 维单位向量,特别当 $\boldsymbol{A}$ 为实对称矩阵时,$\boldsymbol{H}_j$ 是 $j\times j$ 的三对角矩阵.

实现上述矩阵分解的 Matlab 程序为程序 3.1.8.

程序 3.1.8 Arnoldi 矩阵分解.

```
function [V,H]=Arnoldi(A,v)
n=size(A,1);
V=zeros(n,n);H=zeros(n,n);
V(:,1)=v/norm(v);
for j=1:n
    for i=1:j
        if j<n
        H(i,j)=dot(A*V(:,j),V(:,i));
        vj=A*V(:,j)-V(:,1:j)*H(1:j,j);
        H(j+1,j)=norm(vj);
        V(:,j+1)=vj/H(j+1,j);
        else
        H(i,n)=dot(A*V(:,n),V(:,i));
        end
    end
end
```

程序3.1.8

例取 a=magic(5);v=[1 2 3 4 5]';在 Matlab 窗口调用函数[V,H]=Arnoldi(a,v)可得相应的矩阵 $\boldsymbol{V}$ 和 $\boldsymbol{H}$,

$$\boldsymbol{V}=\begin{bmatrix}0.1348 & 0.6256 & 0.5741 & -0.3767 & 0.3449\\ 0.2697 & 0.4295 & 0.1869 & 0.7551 & -0.3710\\ 0.4045 & 0.4388 & -0.7668 & -0.0990 & 0.2143\\ 0.5394 & -0.1167 & 0.0909 & -0.4806 & -0.6755\\ 0.6742 & -0.4669 & 0.1977 & 0.2171 & 0.4912\end{bmatrix},$$

$$\boldsymbol{H}=\begin{bmatrix}53.18 & 26.74 & -1.554 & -0.02585 & -0.2746\\ 26.26 & 0.3953 & 20.24 & -1.268 & 0.2308\\ 0 & 16.71 & 10.76 & 8.086 & 1.428\\ 0 & 0 & 3.871 & -5.896 & 10.75\\ 0 & 0 & 0 & 14.40 & 6.557\end{bmatrix}.$$

设 M 是欧氏空间 $V(\mathbf{R})$ 的子空间，易知 M 关于 $V(\mathbf{R})$ 的内积也构成一个欧氏空间.

定理 3.1.10　如果 M 是 $V(\mathbf{R})$ 的一个子空间，那么

$$M^{\perp}=\{\boldsymbol{\alpha}\in V(\mathbf{R})\mid 对一切\,\boldsymbol{\beta}\in M\,有(\boldsymbol{\alpha},\boldsymbol{\beta})=0\}$$

也是 $V(\mathbf{R})$ 的子空间，为此称 $M^{\perp}$ 为 M 的正交补空间.

定理 3.1.11　设 M 是 n 维欧氏空间 $V^n(\mathbf{R})$ 的子空间，则 $V^n(\mathbf{R})=M\oplus M^{\perp}$.

证明：设 $\boldsymbol{\alpha}\in M\cap M^{\perp}$，则由正交补空间的定义得（$\boldsymbol{\alpha},\boldsymbol{\alpha}$）=0，所以 $\boldsymbol{\alpha}=\mathbf{0}$，这说明 $M+M^{\perp}$ 是直和.

然后取 M 的一组标准正交基 $\boldsymbol{\varepsilon}_1,\boldsymbol{\varepsilon}_2,\cdots,\boldsymbol{\varepsilon}_s$，先将它扩为 $V^n(\mathbf{R})$ 的一组基 $\boldsymbol{\varepsilon}_1,\boldsymbol{\varepsilon}_2,\cdots,\boldsymbol{\varepsilon}_s,\boldsymbol{\alpha}_{s+1},\cdots,\boldsymbol{\alpha}_n$，然后再将它们标准正交化，由于 $\boldsymbol{\varepsilon}_1,\boldsymbol{\varepsilon}_2,\cdots,\boldsymbol{\varepsilon}_s$ 已经是两两正交的单位向量，故标准正交化后保持不变，从而得到 $\boldsymbol{\varepsilon}_1,\boldsymbol{\varepsilon}_2,\cdots,\boldsymbol{\varepsilon}_s,\boldsymbol{\varepsilon}_{s+1},\cdots,\boldsymbol{\varepsilon}_n$. 显然 $\boldsymbol{\varepsilon}_{s+1},\cdots,\boldsymbol{\varepsilon}_n$ 与 M 中向量都正交，故 $\boldsymbol{\varepsilon}_{s+1},\cdots,\boldsymbol{\varepsilon}_n\in M^{\perp}$. 于是

$$V^n(\mathbf{R})=\mathrm{span}\{\boldsymbol{\varepsilon}_1,\boldsymbol{\varepsilon}_2,\cdots,\boldsymbol{\varepsilon}_s\}+\mathrm{span}\{\boldsymbol{\varepsilon}_{s+1},\cdots,\boldsymbol{\varepsilon}_n\}\subseteq M+M^{\perp}\subseteq V^n(\mathbf{R}),$$

从而 $V^n(\mathbf{R})=M\oplus M^{\perp}$.

定理 3.1.12　对于 $\mathbf{A}=[a_{ij}]\in\mathbf{R}^{m\times n}$，则 $R(\mathbf{A})\oplus N(\mathbf{A}^{\mathrm{T}})=\mathbf{R}^m$，$R(\mathbf{A}^{\mathrm{T}})\oplus N(\mathbf{A})=\mathbf{R}^n$，且 $R(\mathbf{A})^{\perp}=N(\mathbf{A}^{\mathrm{T}})$，$N(\mathbf{A}^{\mathrm{T}})^{\perp}=R(\mathbf{A})$，$R(\mathbf{A}^{\mathrm{T}})^{\perp}=N(\mathbf{A})$，$N(\mathbf{A})^{\perp}=R(\mathbf{A}^{\mathrm{T}})$.

证明：定理 2.6.6 已经证明了该定理的第一部分，即对于 $\mathbf{A}=[a_{ij}]\in\mathbf{R}^{m\times n}$，$R(\mathbf{A})\oplus N(\mathbf{A}^{\mathrm{T}})=\mathbf{R}^m$，$\mathbf{R}(\mathbf{A}^{\mathrm{T}})\oplus N(\mathbf{A})=\mathbf{R}^n$，为此只需证明该定理的后一部分.

首先证明 $\mathbf{R}(\mathbf{A})^{\perp}=N(\mathbf{A}^{\mathrm{T}})$，任取 $\boldsymbol{x}_1\in\mathbf{R}(\mathbf{A})$，$\boldsymbol{x}_2\in N(\mathbf{A}^{\mathrm{T}})$，则存在 $\boldsymbol{y}_1\in\mathbf{R}^n$ 使得 $\boldsymbol{x}_1=\mathbf{A}\boldsymbol{y}_1$，同时有 $\mathbf{A}^{\mathrm{T}}\boldsymbol{x}_2=\mathbf{0}$，由于 $(\boldsymbol{y}_1,\mathbf{0})=0$，因此 $(\boldsymbol{y}_1,\mathbf{A}^{\mathrm{T}}\boldsymbol{x}_2)=0$，即 $(\mathbf{A}\boldsymbol{y}_1,\boldsymbol{x}_2)=0$，从而 $(\boldsymbol{x}_1,\boldsymbol{x}_2)=0$，于是 $R(\mathbf{A})\perp N(\mathbf{A}^{\mathrm{T}})$，再由 $\mathbf{R}(\mathbf{A})\oplus N(\mathbf{A}^{\mathrm{T}})=\mathbf{R}^m$ 可知 $\mathbf{R}(\mathbf{A})^{\perp}=N(\mathbf{A}^{\mathrm{T}})$.

同理可证其余结论.

推论 3.1.13　n 维欧氏空间 $V^n(\mathbf{R})$ 中的任一两两正交的单位向量组 $\boldsymbol{\varepsilon}_1,\boldsymbol{\varepsilon}_2,\cdots,\boldsymbol{\varepsilon}_s$ 都可以扩充为 $V^n(\mathbf{R})$ 的标准正交基.

证明：设 $M=\mathrm{span}\{\boldsymbol{\varepsilon}_1,\boldsymbol{\varepsilon}_2,\cdots,\boldsymbol{\varepsilon}_s\}$，在 $M^{\perp}$ 中取出一组标准正交基 $\boldsymbol{\varepsilon}_{s+1},\cdots,\boldsymbol{\varepsilon}_n$，则 $\boldsymbol{\varepsilon}_1,\boldsymbol{\varepsilon}_2,\cdots,\boldsymbol{\varepsilon}_s,\boldsymbol{\varepsilon}_{s+1},\cdots,\boldsymbol{\varepsilon}_n$ 就是 $V^n(\mathbf{R})$ 的一组标准正交基.

另外，定理 3.1.11 还可以推广到无穷维的欧式空间，即定理 3.1.14.

定理 3.1.14 若 M 是欧氏空间 $V(\mathbf{R})$ 的有限维子空间，则 $V(\mathbf{R})=M\oplus M^{\perp}$，且 $\forall \boldsymbol{\alpha}\in V(\mathbf{R})$，都有唯一 $\boldsymbol{\beta}\in M$ 以及 $\boldsymbol{\gamma}\in M^{\perp}$ 使得 $\boldsymbol{\alpha}=\boldsymbol{\beta}+\boldsymbol{\gamma}$，同时 $\|\boldsymbol{\alpha}\|^2=\|\boldsymbol{\beta}\|^2+\|\boldsymbol{\gamma}\|^2$.

作为定理 3.1.14 的一个应用，考虑在无穷维欧氏空间中的函数最佳平方逼近问题.

设 $f(x),g(x)\in C[a,b]$，在 $C[a,b]$ 上定义内积 $(f(x),g(x))=\int_a^b\rho(x)f(x)g(x)\mathrm{d}x$，令

$$\Phi=\operatorname{span}\{\varphi_0(x),\varphi_1(x),\cdots\varphi_n(x)\},\tag{3.1.37}$$

则其为一有限维欧氏空间，其中 $\varphi_0(x),\varphi_1(x),\cdots\varphi_n(x)\in C[a,b]$ 是线性无关的函数组，即它是线性空间 Φ 的一组基. 将空间 $C[a,b]$ 进行正交分解，即 $C[a,b]=\Phi\oplus\Phi^{\perp}$，则有 $f(x)=\varphi(x)+\delta(x)$，其中 $\varphi(x)\in\Phi,\delta(x)\in\Phi^{\perp}$，于是

$$\big(\delta(x),\varphi(x)\big)=\big(f(x)-\varphi(x),\varphi(x)\big)=0,\tag{3.1.38}$$

这里将 $\varphi(x)$ 称为 $f(x)$ 的最佳平方逼近，可用待定系数法求得. 由于 $\varphi(x)=\sum\limits_{j=0}^{n}a_j\varphi_j(x)$，因此

$$\Big(f(x)-\sum_{j=0}^{n}a_j\varphi_j(x),\sum_{j=0}^{n}a_j\varphi_j(x)\Big)=0.$$

若要满足上述方程，只要满足 $(\delta(x),\varphi_i(x))=(f(x)-\varphi(x),\varphi_i(x))=0,i=0,1,\cdots,n$，即

$$\Big(f(x)-\sum_{j=0}^{n}a_j\varphi_j(x),\varphi_i(x)\Big)=0,i=0,1,\cdots,n,$$

经整理得

$$\sum_{j=0}^{n}(\varphi_i(x),\varphi_j(x))a_j=(f(x),\varphi_i(x)),i=0,1,\cdots,n,\tag{3.1.39}$$

写成矩阵形式为

$$\begin{bmatrix}(\varphi_0,\varphi_0)&(\varphi_0,\varphi_1)&\cdots&(\varphi_0,\varphi_n)\\(\varphi_1,\varphi_0)&(\varphi_1,\varphi_1)&\cdots&(\varphi_1,\varphi_n)\\\vdots&\vdots&&\vdots\\(\varphi_n,\varphi_0)&(\varphi_n,\varphi_1)&\cdots&(\varphi_n,\varphi_n)\end{bmatrix}\begin{bmatrix}a_0\\a_1\\\vdots\\a_n\end{bmatrix}=\begin{bmatrix}(\varphi_0,f)\\(\varphi_1,f)\\\vdots\\(\varphi_n,f)\end{bmatrix},\tag{3.1.40}$$

求解上述方程组，即可求出最佳平方逼近 $\varphi(x)=\sum\limits_{j=0}^{n}a_j\varphi_j(x)$，同时可得其最佳平方误差为

$$\|\delta(x)\|_2=\sqrt{(\delta(x),\delta(x))}=\sqrt{\|f(x)\|_2^2-(\varphi,f)}.\tag{3.1.41}$$

事实上，由上结论可以证明定理 3.1.8 的结果. 由 Weierstrass 定理可知，对于 $\forall f(x)\in C[-1,1]$ 及 $\forall\varepsilon>0$，都存在一个 n 次多项式 $\varphi(x)$ 使得 $\max\limits_{x\in[-1,1]}|f(x)-\varphi(x)|<\frac{\varepsilon}{\sqrt{2}}$，由此可得

$$\begin{aligned}\|f(x)-\varphi(x)\|&=\Big[\int_{-1}^{1}(f(x)-\varphi(x))^2\mathrm{d}x\Big]^{1/2}\leqslant[2\max_{x\in[-1,1]}|f(x)-\varphi(x)|^2]^{1/2}\\&\leqslant\sqrt{2}\max_{x\in[-1,1]}|f(x)-\varphi(x)|<\varepsilon.\end{aligned}\tag{3.1.42}$$

为此，对于 $C[-1,1]$，取其子空间 $P_n[x], x\in[-1,1]$，然后将其正交分解可得

$$C[-1,1]=P_n[x]\oplus P_n^{\perp}[x]. \tag{3.1.43}$$

于是 $\forall f(x)\in C[-1,1]$，则有 $f(x)=\varphi(x)+\delta(x)$，其中 $\varphi(x)\in P_n[x]$，$\delta(x)\in P_n^{\perp}[x]$，且 $(\varphi(x),\delta(x))=0$. 在 $P_n[x], x\in[-1,1]$ 中取 Legendre 正交多项式

$$P_k(x)=\frac{1}{2^k k!}\frac{\mathrm{d}^k}{\mathrm{d}x^k}[(x^2-1)^k],\quad k=0,1,2,\cdots,n.$$

作为 $P_n[x]$ 的一组正交基. 由于 $\varphi(x)\in P_n[x]$，所以 $\varphi(x)=\sum\limits_{j=0}^{n}w_jP_j(x)$. 另外将 $f(x)$ 与 $P_k(x), k=0,1,\cdots,n$ 做内积，则有

$$\begin{aligned}(f(x),P_k(x))&=(\varphi(x)+\delta(x),P_k(x))=(\varphi(x),P_k(x))\\&=\left(\sum_{j=0}^{n}w_jP_j(x),P_k(x)\right)=w_k(P_k(x),P_k(x)),\end{aligned}$$

于是

$$w_k=\frac{(f(x),P_k(x))}{(P_k(x),P_k(x))}=\frac{\int_{-1}^{1}f(x)P_k(x)\mathrm{d}x}{\int_{-1}^{1}P_k^2(x)\mathrm{d}x}=\frac{2k+1}{2}\int_{-1}^{1}f(\mathrm{x})P_k(x)\mathrm{d}x,\quad k=0,1,\cdots,n.$$

同理也可以证明定理 3.1.9.

例 3.1.14　求 $f(x)=\exp(x), x\in[0,1]$ 上的二次最佳平方逼近多项式，其中 $\rho(x)=1$.

解：选取 $\Phi=\{1,x,x^2\}$，即 $\varphi_0=1,\varphi_1=x,\varphi_2=x^2$，由方程(3.1.40)可得

$$\begin{bmatrix}1&1/2&1/3\\1/2&1/3&1/4\\1/3&1/4&1/5\end{bmatrix}\begin{bmatrix}a_0\\a_1\\a_2\end{bmatrix}=\begin{bmatrix}1.71828\\1\\0.71828\end{bmatrix},$$

解得 $a_0=1.01299, a_1=0.85112, a_2=0.83918$，即

$$\varphi(x)=1.01299+0.85112x+0.83918x^2,$$

最佳平方逼近误差为 $\|\delta(x)\|_2=\sqrt{(\delta(x),\delta(x))}=\sqrt{\|f(x)\|_2^2-(\varphi,f)}\approx0.0053$.

若 $\Phi=\{1,x-\frac{1}{2},x^2-x+\frac{1}{6}\}$，由例 3.1.9 可知它是 $P_2(x), x\in[0,1]$ 上的一组正交基，因此有

$$\begin{bmatrix}\int_0^1 1^2\mathrm{d}x&0&0\\0&\int_0^1(x-\frac{1}{2})^2\mathrm{d}x&0\\0&0&\int_0^1(x^2-x+\frac{1}{6})^2\mathrm{d}x\end{bmatrix}\begin{bmatrix}a_0\\a_1\\a_2\end{bmatrix}=\begin{bmatrix}\int_0^1 1\cdot \mathrm{e}^x\mathrm{d}x\\\int_0^1(x-\frac{1}{2})\mathrm{e}^x\mathrm{d}x\\\int_0^1(x^2-x+\frac{1}{6})\mathrm{e}^x\mathrm{d}x\end{bmatrix},$$

$$\begin{bmatrix}1&0&0\\0&0.0833&0\\0&0&0.0056\end{bmatrix}\begin{bmatrix}a_0\\a_1\\a_2\end{bmatrix}=\begin{bmatrix}1.7183\\0.1409\\0.0047\end{bmatrix},$$

解得 $a_0=1.7183, a_1=1.6915, a_2=0.8393$，即

$$\varphi(x) = 1.7183 + 1.6915(x - \frac{1}{2}) + 0.8393(x^2 - x + \frac{1}{6}) = 1.0124 + 0.8522x + 0.8393x^2 .$$

实现上述结果可以调用如下 Matlab 程序 3.1.9.

程序 3.1.9 一般区间上函数的最佳平方逼近.

```
function [poly,error]=polyappro(f,a,b)
syms x
P=[1,x,x.^2];
m=length(P);
for i=1:m
    for j=1:m
        A(i,j)=int(P(m-i+1).*P(m-j+1),a,b);
    end
    B(i)=int(f*P(m-i+1),a,b);
end
poly=A\B';
poly=double(poly);
xx=a:0.01:b;
yy=feval(f,xx);
ypoly=polyval(poly,xx);
polysym=poly2sym(poly);
delta=f-polysym;
error=sqrt(int(delta.*delta,a,b));
error=sym2poly(error);
plot(xx,yy,xx,ypoly,'r-')
```

程序3.1.9
(图3.1.8)

在 Matlab 窗口输入 f=@(x)exp(x); [P,error]=polyappro(f,0,1);回车后可得 P=0.8392,0.8511,1.0130 以及 error=0.0053.

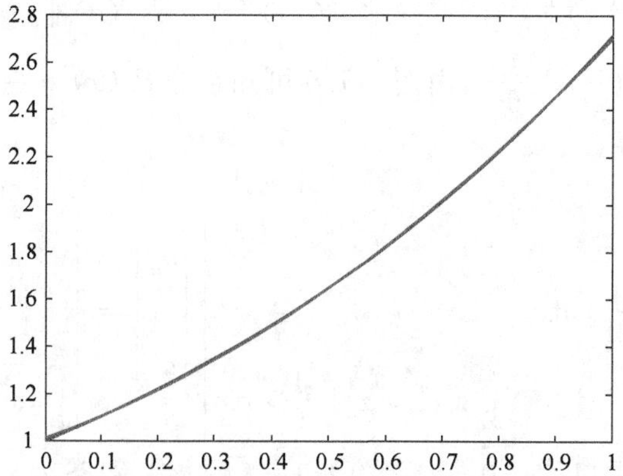

图 3.1.8 $f(x) = \exp(x), x \in [0,1]$ 上的二次最佳平方逼近

作为本节内容的一个重要应用,就是用广义余量法(GMRES)求解线性方程组.

给定一个线性方程组 $\boldsymbol{Ax} = \boldsymbol{b}$,其中 $\boldsymbol{A} \in \mathbf{R}^{n\times n}$ 可逆, $\boldsymbol{b} \in \mathbf{R}^n$. 广义余量法(GMRES)求解线

性方程组的基本思想是求解如下最小二乘问题，即

$$\min_{x\in K_n(A,b)} \| b-Ax \|, \tag{3.1.44}$$

其中 $K_n(\boldsymbol{A},\boldsymbol{b})=\mathrm{span}\{\boldsymbol{b},\boldsymbol{Ab},\cdots,\boldsymbol{A}^{n-1}\boldsymbol{b}\}$ 是由 $\boldsymbol{b},\boldsymbol{Ab},\cdots,\boldsymbol{A}^{n-1}\boldsymbol{b}$ 张成的 Krylov 空间. 由于在第一章借助 Caylay-Hamilton 定理已经证明了线性方程租 $\boldsymbol{Ax}=\boldsymbol{b}$ 的解 $\boldsymbol{x}^*=\boldsymbol{A}^{-1}\boldsymbol{b}\in K_n(\boldsymbol{A},\boldsymbol{b})$，所以 $\min\limits_{x\in K_n(\boldsymbol{A},\boldsymbol{b})}\|\boldsymbol{b}-\boldsymbol{Ax}\|=0$，且其最小值点就是 $\boldsymbol{Ax}=\boldsymbol{b}$ 的解 $\boldsymbol{x}^*$. 而广义余量法(GMRES)求解线性方程组 $\boldsymbol{Ax}=\boldsymbol{b}$ 的过程是一迭代过程，其具体步骤是借助阿诺得(Arnoldi)标准正交化过程，在 $K_j(\boldsymbol{A},\boldsymbol{b}),j=1,2,\cdots,n$ 中不断寻优，最终满足 $\|\boldsymbol{b}-\boldsymbol{Ax}\|<\varepsilon$，其中 ε 是预先给定的精度要求，其具体步骤如下：

(1)任意给定一个精度要求 $\varepsilon>0$，同时任意给定方程组 $\boldsymbol{Ax}=\boldsymbol{b}$ 的一个初始解 $\boldsymbol{x}_0$，令 $\boldsymbol{r}_0=\boldsymbol{b}-\boldsymbol{Ax}_0$，若 $\|\boldsymbol{r}_0\|<\varepsilon$，则 $\boldsymbol{x}_0$ 就是方程组 $\boldsymbol{Ax}=\boldsymbol{b}$ 的近似解；

(2)对于 $j=1,2,\cdots,k$，以 $\boldsymbol{A},\boldsymbol{r}_0$ 构造 Krylov 空间 $K_k(\boldsymbol{A},\boldsymbol{r}_0)$，然后借助阿诺得(Arnoldi)标准正交化过程构造 $\boldsymbol{V}_k=[\boldsymbol{v}_1,\boldsymbol{v}_2,\cdots,\boldsymbol{v}_k]$，此时 $K_k(\boldsymbol{A},\boldsymbol{r}_0)=\mathrm{span}(\boldsymbol{v}_1,\boldsymbol{v}_2,\cdots,\boldsymbol{v}_k)$，其中，$\boldsymbol{v}_1=\dfrac{\boldsymbol{r}_0}{\|\boldsymbol{r}_0\|}$，且 $(\boldsymbol{v}_i,\boldsymbol{v}_j)=\delta_{ij}$. 令 $\mathrm{span}\{\boldsymbol{V}_k\}=\mathrm{span}(\boldsymbol{v}_1,\boldsymbol{v}_2,\cdots,\boldsymbol{v}_k)$，同时令

$$\boldsymbol{x}_k=\boldsymbol{x}_0+\boldsymbol{z}_k,\boldsymbol{z}_k\in\mathrm{span}\{\boldsymbol{V}_k\},$$

满足

$$(\boldsymbol{b}-\boldsymbol{Ax}_k,\boldsymbol{v})=0,\forall\,\boldsymbol{v}\in\mathrm{span}\{\boldsymbol{V}_k\},$$

该问题等价于寻找 $\boldsymbol{z}_k\in\mathrm{span}\{\boldsymbol{V}_k\}$，使得$(\boldsymbol{r}_0-\boldsymbol{Az}_k,\boldsymbol{v})=0,\forall\,\boldsymbol{v}\in\mathrm{span}\{\boldsymbol{V}_k\}$.

另外，由于 $\boldsymbol{z}_k\in\mathrm{span}\{\boldsymbol{V}_k\}$，所以必然存在 $\boldsymbol{y}_k$ 使得 $\boldsymbol{z}_k=\boldsymbol{V}_k\boldsymbol{y}_k$，于是上述问题转换成寻找 $\boldsymbol{y}_k$，使得 $(\boldsymbol{r}_0-\boldsymbol{AV}_k\boldsymbol{y}_k,\boldsymbol{v}_j)=0,j=1,2,\cdots,k$，即 $\boldsymbol{y}_k$ 满足

$$\boldsymbol{V}_k^{\mathrm{T}}(\boldsymbol{r}_0-\boldsymbol{AV}_k\boldsymbol{y}_k)=\boldsymbol{0},$$

由此解得

$$\boldsymbol{y}_k=(\boldsymbol{V}_k^{\mathrm{T}}\boldsymbol{AV}_k)^{-1}\boldsymbol{V}_k^{\mathrm{T}}\boldsymbol{r}_0=(\boldsymbol{V}_k^{\mathrm{T}}\boldsymbol{AV}_k)^{-1}\|\boldsymbol{r}_0\|\boldsymbol{e}_1^{(k)}=H_k^{-1}\|\boldsymbol{r}_0\|\boldsymbol{e}_1^{(\mathrm{k})},$$

其中 $\boldsymbol{e}_1^{(k)}=[1,0,\cdots,0]^{\mathrm{T}}$ 是 k 维单位向量，于是可以构造以下迭代

$$\boldsymbol{x}_k=\boldsymbol{x}_0+\boldsymbol{V}_k\boldsymbol{y}_k,$$

由式(3.1.35)可知

$$\begin{aligned}\boldsymbol{r}_k&=\boldsymbol{b}-\boldsymbol{Ax}_k=\boldsymbol{b}-\boldsymbol{A}(\boldsymbol{x}_0+\boldsymbol{V}_k\boldsymbol{y}_k)=\boldsymbol{r}_0-\boldsymbol{AV}_k\boldsymbol{y}_k=\boldsymbol{r}_0-(\boldsymbol{V}_k\boldsymbol{H}_k+\boldsymbol{h}_{k+1,k}\boldsymbol{v}_{k+1}(\boldsymbol{e}_k^{(k)})^{\mathrm{T}})\boldsymbol{y}_k\\&=\boldsymbol{r}_0-\boldsymbol{V}_k\boldsymbol{H}_k\boldsymbol{y}_k-\boldsymbol{h}_{k+1,k}\boldsymbol{v}_{k+1}(\boldsymbol{e}_k^{(k)})^{\mathrm{T}}\boldsymbol{y}_k=\boldsymbol{r}_0-\boldsymbol{V}_k\|\boldsymbol{r}_0\|\boldsymbol{e}_1^{(k)}-\boldsymbol{h}_{k+1,k}\boldsymbol{v}_{k+1}(\boldsymbol{e}_k^{(k)})^{\mathrm{T}}\boldsymbol{y}_k\\&=-(\boldsymbol{h}_{k+1,k}(\boldsymbol{e}_k^{(k)})^{\mathrm{T}}\boldsymbol{y}_k)\boldsymbol{v}_{k+1},\end{aligned}$$

其中 $\boldsymbol{e}_k^{(k)}=[0,0,\cdots,1]^{\mathrm{T}}$ 是 k 维单位向量. 于是经过 k 次迭代，误差余量为

$\|\boldsymbol{b}-\boldsymbol{Ax}_k\|=\|\boldsymbol{r}_k\|=\|-(\boldsymbol{h}_{k+1,k}(\boldsymbol{e}_k^{(k)})^{\mathrm{T}}\boldsymbol{y}_k)\boldsymbol{v}_{k+1}\|=|\boldsymbol{h}_{k+1,k}(\boldsymbol{e}_k^{(k)})^{\mathrm{T}}\boldsymbol{y}_k|\,\|\boldsymbol{v}_{k+1}\|=|\boldsymbol{h}_{k+1,k}(\boldsymbol{e}_k^{(k)})^{\mathrm{T}}\boldsymbol{y}_k|$.

另外，为了计算的稳定性，通常将上述求解问题转换成求函数 $J(\boldsymbol{y})=\|\beta\boldsymbol{e}_1^{(k+1)}-\hat{\boldsymbol{H}}_k\boldsymbol{y}\|$ 的最小二乘问题，即

$$\boldsymbol{y}_k=\arg\min_{\boldsymbol{y}\in\mathbf{R}^k}J(\boldsymbol{y})=\arg\min_{\boldsymbol{y}\in\mathbf{R}^k}\|\beta\boldsymbol{e}_1^{(k+1)}-\hat{\boldsymbol{H}}_k\boldsymbol{y}\|, \tag{3.1.45}$$

由于

$$\|\beta e_1^{(k+1)}-\hat{\boldsymbol{H}}_k\boldsymbol{y}_k\| = \|\beta e_1^{(k)}-\boldsymbol{H}_k\boldsymbol{y}_k-\boldsymbol{h}_{k+1,k}(\boldsymbol{e}_k^{(k)})^{\mathrm{T}}\boldsymbol{y}_k\| = |\boldsymbol{h}_{k+1,k}(\boldsymbol{e}_k^{(k)})^{\mathrm{T}}\boldsymbol{y}_k| = \|\boldsymbol{r}_k\|,$$

所以

$$\|\boldsymbol{r}_k\| = \min_{\boldsymbol{y}\in\mathbf{R}^k} J(\boldsymbol{y}) = \min_{\boldsymbol{y}\in\mathbf{R}^k}\|\beta e_1^{(k+1)}-\hat{\boldsymbol{H}}_k\boldsymbol{y}\|, \tag{3.1.46}$$

其中 $\beta=\|\boldsymbol{r}_0\|$,$\boldsymbol{e}_1^{(k+1)}=[1,0,\cdots,0]^{\mathrm{T}}$ 是 $k+1$ 维单位向量. 于是当 $\|\boldsymbol{r}_k\|<\varepsilon$ 时,迭代过程停止,从而获得近似解 $\boldsymbol{x}_k$.

在 Matlab 中可以直接调用函数[x,flag]=gmres(A,b)对 $\boldsymbol{Ax}=\boldsymbol{b}$ 求解.

例如,计算如下问题:A=Pascal(7);b=ones(7,1);[x,flag]=gmres(A,b). 计算结果为 x=[1 0 0 0 0 0 0]'.

3.2 正交变换

定义 3.2.1 设 $V^n(\mathbf{R})$ 是 n 维欧氏空间,U 是 $V^n(\mathbf{R})$ 上的一个线性变换. 如果 $\forall\boldsymbol{\alpha},\boldsymbol{\beta}\in V$ 都有 $(U\boldsymbol{\alpha},U\boldsymbol{\beta})=(\boldsymbol{\alpha},\boldsymbol{\beta})$,则称 U 是 $V^n(\mathbf{R})$ 上的一个正交变换.

正交变换有如下四个等价表述.

定理 3.2.1 若 U 是欧氏空间 $V^n(\mathbf{R})$ 上的一个线性变换,则下列命题等价:

(1) U 是正交变换;

(2) U 把 $V^n(\mathbf{R})$ 的任一标准正交基变为另一组标准正交基;

(3) U 在任一标准正交基下所对应的矩阵为正交矩阵;

(4)对任意 $\boldsymbol{\alpha}\in V^n(\mathbf{R})$,$\|U\boldsymbol{\alpha}\|=\|\boldsymbol{\alpha}\|$.

证明:(1)⇒(2):设 $\boldsymbol{\varepsilon}_1,\boldsymbol{\varepsilon}_2,\cdots,\varepsilon_n$ 是 $V^n(\mathbf{R})$ 上的一组标准正交基,则由正交变换的定义可知

$$(U\boldsymbol{\varepsilon}_i,U\boldsymbol{\varepsilon}_j)=(\boldsymbol{\varepsilon}_i,\boldsymbol{\varepsilon}_j)=\delta_{ij}=\begin{cases}1,i=j,\\0,i\neq j,\end{cases} \tag{3.2.1}$$

于是,$U\boldsymbol{\varepsilon}_1,U\boldsymbol{\varepsilon}_2,\cdots,U\boldsymbol{\varepsilon}_n$ 是 $V^n(\mathbf{R})$ 上的标准正交基.

(2)⇒(3):设 U 在标准正交基 $\boldsymbol{\varepsilon}_1,\boldsymbol{\varepsilon}_2,\cdots,\boldsymbol{\varepsilon}_n$ 下所对应的矩阵为 $\boldsymbol{Q}$,则 $\boldsymbol{Q}$ 是 $\boldsymbol{\varepsilon}_1,\boldsymbol{\varepsilon}_2,\cdots,\boldsymbol{\varepsilon}_n$ 到 $U\boldsymbol{\varepsilon}_1,U\boldsymbol{\varepsilon}_2,\cdots,U\boldsymbol{\varepsilon}_n$ 的过渡矩阵,因而 $\boldsymbol{Q}$ 是正交矩阵.

(3)⇒(4):设 U 在标准正交基 $\boldsymbol{\varepsilon}_1,\boldsymbol{\varepsilon}_2,\cdots,\boldsymbol{\varepsilon}_n$ 下对应的矩阵为 $\boldsymbol{Q}$,设 $\boldsymbol{\alpha}=\sum_{i=1}^{n}a_i\boldsymbol{\varepsilon}_i$,则

$$U\boldsymbol{\alpha}=\sum_{i=1}^{n}a_iU\boldsymbol{\varepsilon}_i=\{U\boldsymbol{\varepsilon}_1,U\boldsymbol{\varepsilon}_2,\cdots,U\boldsymbol{\varepsilon}_n\}\boldsymbol{a}=\{\boldsymbol{\varepsilon}_1,\boldsymbol{\varepsilon}_2,\cdots,\boldsymbol{\varepsilon}_n\}\boldsymbol{Qa}=\{\boldsymbol{\varepsilon}_1,\boldsymbol{\varepsilon}_2,\cdots,\boldsymbol{\varepsilon}_n\}\boldsymbol{b},$$

其中 $\boldsymbol{a}=[a_1,a_2,\cdots,a_n]^{\mathrm{T}}$,$\boldsymbol{b}=\boldsymbol{Qa}=[b_1,b_2,\cdots,b_n]^{\mathrm{T}}$. 由于 $\boldsymbol{\varepsilon}_1,\boldsymbol{\varepsilon}_2,\cdots,\boldsymbol{\varepsilon}_n$ 是标准正交基,所以有 $\|\boldsymbol{\alpha}\|=\|\boldsymbol{a}\|$,同时 $\|U\boldsymbol{\alpha}\|=\|\boldsymbol{b}\|=\|\boldsymbol{Qa}\|=\sqrt{(\boldsymbol{Qa},\boldsymbol{Qa})}=\sqrt{\boldsymbol{a}^{\mathrm{T}}\boldsymbol{Q}^{\mathrm{T}}\boldsymbol{Qa}}=\sqrt{\boldsymbol{a}^{\mathrm{T}}\boldsymbol{a}}=\|\boldsymbol{a}\|$,于是有 $\|U\boldsymbol{\alpha}\|=\|\boldsymbol{\alpha}\|$.

(4)⇒(1):如果U 保持向量长度不变,则 $\forall\boldsymbol{\alpha},\boldsymbol{\beta}\in V^n(\mathbf{R})$,有

$$(U\boldsymbol{\alpha},U\boldsymbol{\alpha})=(\boldsymbol{\alpha},\boldsymbol{\alpha}),\ (U\boldsymbol{\beta},U\boldsymbol{\beta})=(\boldsymbol{\beta},\boldsymbol{\beta}),$$

$$(U(\boldsymbol{\alpha}+\boldsymbol{\beta}),U(\boldsymbol{\alpha}+\boldsymbol{\beta}))=(\boldsymbol{\alpha}+\boldsymbol{\beta},\boldsymbol{\alpha}+\boldsymbol{\beta}),$$

将 $(U(\boldsymbol{\alpha}+\boldsymbol{\beta}),U(\boldsymbol{\alpha}+\boldsymbol{\beta}))=(\boldsymbol{\alpha}+\boldsymbol{\beta},\boldsymbol{\alpha}+\boldsymbol{\beta})$ 两边展开可得

$$(U\boldsymbol{\alpha},U\boldsymbol{\alpha})+2(U\boldsymbol{\alpha},U\boldsymbol{\beta})+(U\boldsymbol{\beta},U\boldsymbol{\beta})=(\boldsymbol{\alpha},\boldsymbol{\alpha})+2(\boldsymbol{\alpha},\boldsymbol{\beta})+(\boldsymbol{\beta},\boldsymbol{\beta}),$$

利用前两个式子，可得 $(U\boldsymbol{\alpha}, U\boldsymbol{\beta}) = (\boldsymbol{\alpha}, \boldsymbol{\beta})$.

由以上定理 3.2.1 可知，正交变换既是保长的又是保角的，因此是保形的变换，即 $V^n(\mathbf{R})$ 上任一几何体经正交变换后都不改变其几何形状，同时性质(4)说明在欧氏空间中保长必然保角. 另外，由于正交矩阵的行列式只可能为 1 或 −1，为此，可对正交变换进行分类.

定义 3.2.2　如果正交变换 U 在某一组标准正交基下所对应矩阵的行列式为 1，则称 U 为第一类正交变换；如果行列式为 −1，则称 U 为第二类正交变换.

由于正交矩阵特征值的模为 1，所以正交变换特征值的模也为 1，为此正交变换的特征值可以表示为 $\lambda = \exp(\mathrm{i}\varphi)$，其中 φ 是某一角度值，i 是虚数单位.

有关正交矩阵的特征值分布可以由如下程序 3.2.1 与程序 3.2.2 的数值实验加以验证，参见图 3.2.1.

程序 3.2.1　正交矩阵特征值分布.

```
function []=eigvaldistrib(n)
a=rands(n,n);
b=orth(a); %构造一个正交矩阵
theta=0:0.01:2*pi;
e=eig(b);
plot(real(e),imag(e),'r+',cos(theta),sin(theta));
axis equal
title('正交矩阵特征值的分布');
xlabel('实轴');
ylabel('虚轴');
```

程序3.2.1
[图3.2.1(a)]

程序 3.2.2　正交矩阵特征值分布罗盘图.

```
function []=eigvalcomp(n)
a=randn(n,n);
o=orth(a);
b=eig(o);
compass(b);
title('正交矩阵特征值的分布');
```

程序3.2.2
[图3.2.1(b)]

正交变换是欧式空间上一种特殊的线性变换，为此自然会提出以下问题，即正交变换在标准正交基下所对应的矩阵的最简单形式是什么？下面不加证明给出以下定理 3.2.2 回答这个问题.

定理 3.2.2　设 U 是 n 维欧氏空间 $V^n(\mathbf{R})$ 上的正交变换，则 U 在 $V^n(\mathbf{R})$ 的某组标准正交基下所对应的矩阵呈三对角形，其主对角线由 ± 1 或如下的二阶子阵组成

$$\begin{pmatrix} \cos\theta_i & -\sin\theta_i \\ \sin\theta_i & \cos\theta_i \end{pmatrix}. \tag{3.2.2}$$

定理 3.2.2 从几何意义上给出如下解释，即 $V^n(\mathbf{R})$ 上的正交变换，在选定适当的标准正交基后，它的作用是对标准正交基的某两个基向量形成的侧面进行旋转，或沿着某一基向量所垂直的正交空间进行镜像反射. 例如正交变换

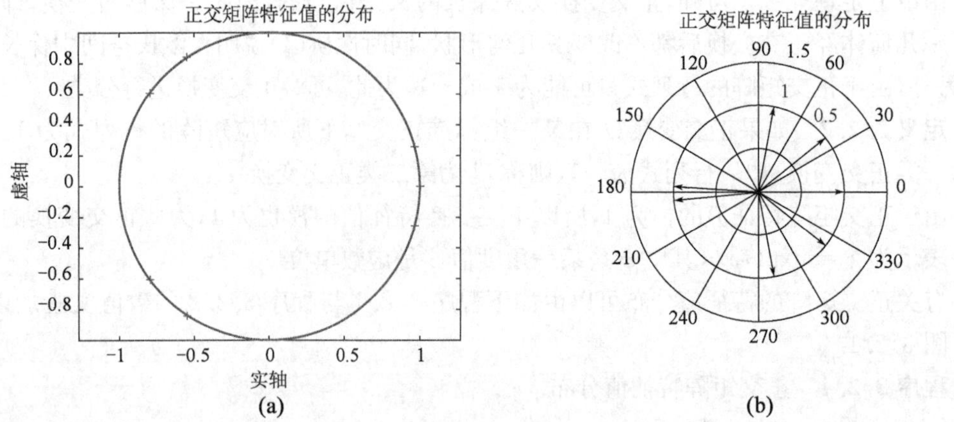

图 3.2.1　正交矩阵特征值分布图及罗盘图

$$\boldsymbol{y}=\begin{bmatrix}\cos\theta & -\sin\theta & 0\\ \sin\theta & \cos\theta & 0\\ 0 & 0 & -1\end{bmatrix}\boldsymbol{x} \tag{3.2.3}$$

所起的作用是将向量 $\boldsymbol{x}$ 在平面 $x_1 o x_2$ 上以原点为中心逆时针旋转 θ 角,然后再关于平面 $x_1 o x_2$ 镜像反射.

3.3　两个重要正交矩阵的几何应用

3.3.1　平面旋转变换(第一类正交变换)

在 $\mathbf{R}^2$ 上的平面旋转变换为 $\boldsymbol{y}=\begin{bmatrix}\cos\theta & -\sin\theta\\ \sin\theta & \cos\theta\end{bmatrix}\boldsymbol{x}=\boldsymbol{A}_\theta\boldsymbol{x}$,它是一个正交变换,因为 $\boldsymbol{A}_\theta$ 是一个正交矩阵,其几何意义是将平面上的向量 $\boldsymbol{x}$ 逆时针旋转 θ 角,除此之外还满足:

(1) $\det\boldsymbol{A}_\theta=1$,即平面旋转变换是第一类正交变换;

(2) $\boldsymbol{A}_\theta^m=\boldsymbol{A}_{m\theta}$ 或 $\begin{bmatrix}\cos\theta & -\sin\theta\\ \sin\theta & \cos\theta\end{bmatrix}^m=\begin{bmatrix}\cos m\theta & -\sin m\theta\\ \sin m\theta & \cos m\theta\end{bmatrix}$,即逆时针旋转 θ 角 m 次等价于一次性逆时针旋转 $m\theta$ 角;

(3) $\boldsymbol{A}_\theta^{-1}=\boldsymbol{A}_{-\theta}$ 或 $\begin{bmatrix}\cos\theta & -\sin\theta\\ \sin\theta & \cos\theta\end{bmatrix}^{-1}=\begin{bmatrix}\cos\theta & \sin\theta\\ -\sin\theta & \cos\theta\end{bmatrix}$,即逆时针旋转 θ 的逆过程为顺时针旋转 θ 角.

例 3.3.1　通过数值试验观察椭圆 $\frac{x_1^2}{4}+\frac{x_2^2}{9}=1$ 进行动态旋转一周的过程. 为了数值模拟的方便,将其写成参数方程形式 $\begin{cases} x_1 = 2\cos(t) \\ x_2 = 3\sin(t) \end{cases}$ $(0\leqslant t\leqslant 2\pi)$,然后运行程序 3.3.1,其结果参见图 3.3.1.

程序 3.3.1　椭圆的动态旋转.

```
function[]=xuanzhuan(n)
% pi/n 为旋转间隔角度
t=0:0.01:2*pi;
    x1=2*cos(t);
    x2=3*sin(t);
plot(x1,x2)
axis equal
hold on
x=[x1',x2']';
for theta=0:pi/n:pi
    y=[cos(theta) -sin(theta);sin(theta) cos(theta)]*x;
    plot(y(1,:),y(2,:))
    axis equal
    pause(0.5);
    hold off
end
hold off
```

程序3.3.1
(图3.3.1)

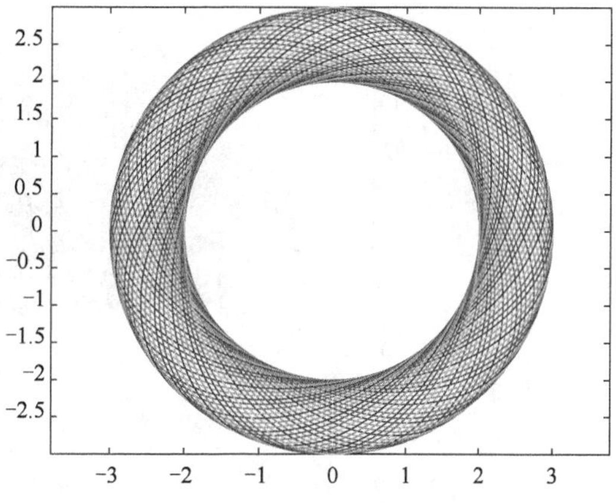

图 3.3.1　椭圆绕坐标轴原点的动态旋转

例 3.3.2　运行程序 3.3.2,即通过数值实验可以观察多项式 $f(x)=x^3+2x^2-1$ 平面旋转展现出的图形. 该图形显示出"香扇徐开,罗裙轻摆,怎不见佳人"的动态"艺术"效果.

程序 3.3.2　函数曲线动态旋转.

```
function []=polyrotate(f)
```

```
x=-2:0.01:2;
y=feval(f,x);
plot(x,y,'linewidth',3)
axis equal
hold on
z=[x',y']';
for theta=0.01:0.01:pi/2;
      s=[cos(theta) -sin(theta);sin(theta) cos(theta)]*z;
      plot(s(1,:),s(2,:),'r-')
axis equal
pause(0.05);
hold on
end
theta=pi/2;
s=[cos(theta) -sin(theta);sin(theta) cos(theta)]*z;
      plot(s(1,:),s(2,:),'b-','linewidth',3)
axis equal
title('香扇徐开,罗裙轻摆,怎不见佳人?')
   hold off
```

在 Matlab 工作空间输入以下命令,观察图形变化,参见图 3.3.2.

```
f=inline('x.^3+2*x.^2-1');
polyrotate(f)
```

程序3.3.2
(图3.3.2)

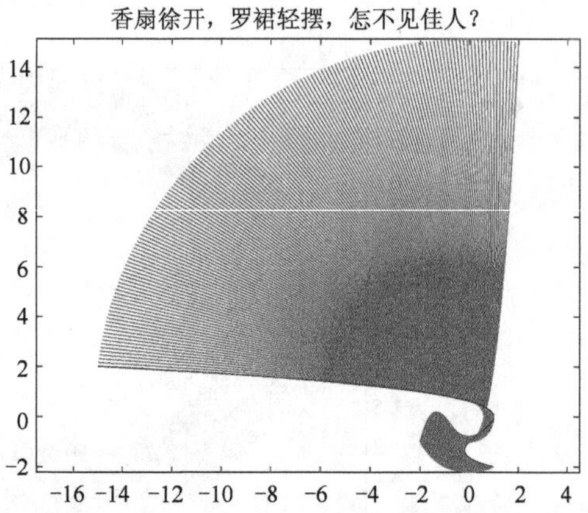

图 3.3.2　$f(x)=x^3+2x^2-1$ 绕坐标轴原点的动态旋转

例 3.3.3　求 12 小时之内时针与分针垂直的时刻与次数.

解:首先可知时针的角速度 ω_h 为每 12 小时转一圈(角度为 2π),而分针的角速度 ω_m 为每小时转一圈(角度为 2π),即 $\omega_h=\dfrac{2\pi}{12}=\dfrac{\pi}{6}$,$\omega_m=2\pi$,其次假设时针和分针的初始位置在 $[0,1]^T$ 位置(即 12 点位置),于是经过 t 小时后,时针和分针所处位置分别为

$$\boldsymbol{\alpha}_{\mathrm{h}}(t)=\begin{bmatrix}x_{\mathrm{h}}(t)\\y_{\mathrm{h}}(t)\end{bmatrix}=\begin{bmatrix}\cos(\omega_{\mathrm{h}}t) & \sin(\omega_{\mathrm{h}}t)\\-\sin(\omega_{\mathrm{h}}t) & \cos(\omega_{\mathrm{h}}t)\end{bmatrix}\begin{bmatrix}0\\1\end{bmatrix}=\begin{bmatrix}\sin(\omega_{\mathrm{h}}t)\\\cos(\omega_{\mathrm{h}}t)\end{bmatrix}, \tag{3.3.1}$$

$$\boldsymbol{\alpha}_{\mathrm{m}}(t)=\begin{bmatrix}x_{\mathrm{m}}(t)\\y_{\mathrm{m}}(t)\end{bmatrix}=\begin{bmatrix}\cos(\omega_{\mathrm{m}}t) & \sin(\omega_{\mathrm{m}}t)\\-\sin(\omega_{\mathrm{m}}t) & \cos(\omega_{\mathrm{m}}t)\end{bmatrix}\begin{bmatrix}0\\1\end{bmatrix}=\begin{bmatrix}\sin(\omega_{\mathrm{m}}t)\\\cos(\omega_{\mathrm{m}}t)\end{bmatrix}. \tag{3.3.2}$$

若在 t 时刻,时针与分针垂直,则有

$$\begin{aligned}0&=(\boldsymbol{\alpha}_{\mathrm{h}}(t),\boldsymbol{\alpha}_{\mathrm{m}}(t))=\sin(\omega_{\mathrm{h}}t)\sin(\omega_{\mathrm{m}}t)+\cos(\omega_{\mathrm{h}}t)\cos(\omega_{\mathrm{m}}t)\\&=\cos((\omega_{\mathrm{m}}-\omega_{\mathrm{h}})t)=\cos\left(\frac{11\pi}{6}t\right).\end{aligned}$$

于是 $\frac{11\pi}{6}t=\frac{\pi}{2}+k\pi$,其中 k 是任意整数,解出 t 可得,$t=\frac{3}{11}+\frac{6}{11}k$,又 $0\leqslant t<12$,即 $0\leqslant\frac{3}{11}+\frac{6}{11}k<12$,从而 $-\frac{1}{2}\leqslant k<21+\frac{1}{2}$,所以 $k=0,1,\cdots,21$,即垂直的时刻共 22 次,且垂直的时刻为 $t=\frac{3}{11}+\frac{6}{11}k,k=0,1,\cdots,21$(单位为小时).

以上结果可以借助程序 3.3.3,通过运行 tt=clock2(0.1,1)观察时针与分针垂直时刻的位置,参见图 3.3.3.

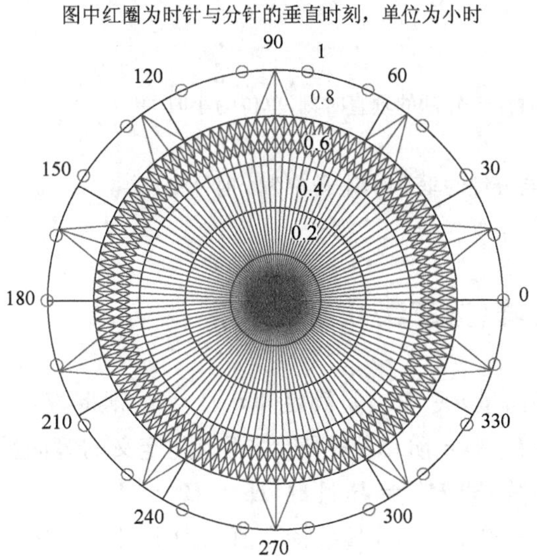

图 3.3.3　12h 之内时针与分针垂直的时刻与次数

程序 3.3.3　观察 12 小时之内时针与分针垂直的时刻和次数.

```
function tt=clock2(p,on)
%p 是时间间隔,on 取 1 时是蹦床图形,on 取其他值是垂直时刻的分布.
% tt 为时针与分针的垂直时刻,单位为小时.
w1=pi/6;w2=2*pi;
t=0:p:12;
n=length(t);
```

```
%s=zeros(1,n);
for k=1:n
z=exp(-i*(t(k)*w2-pi/2));
compass(z);
hold on
y=0.8*exp(-i*(t(k)*w1-pi/2));
compass(y);
if on==1
hold on          % 观察 hold on 的图形(*)
else
hold off
end
pause(0.001);
end
for k=1:22
    tt(k)=(3+6*(k-1))/11;
    s(k)=tt(k)*(pi/6)+pi/2;
    polar(s(k),1,'ro')
    hold on
    title('图中红圈为时针与分针的垂直时刻,单位为小时')
end
disp('计算结果为时针与分针的垂直时刻,单位为小时.')
hold off
```

3.3.2 镜面反射矩阵(第二类正交变换)

定理 3.3.1 给定列向量 $\boldsymbol{u}\in\mathbf{R}^n$,且满足 $\|\boldsymbol{u}\|=1$,则将 $\boldsymbol{H}=\boldsymbol{E}_n-2\boldsymbol{u}\boldsymbol{u}^{\mathrm{T}}$ 称为镜面反射矩阵(**Householder**),其中 $\boldsymbol{E}_n$ 为 n 阶单位矩阵.对于上述定义的镜面反射矩阵具有如下性质:

(1) $\boldsymbol{H}$ 为对称正交矩阵,即 $\boldsymbol{H}^{\mathrm{T}}=\boldsymbol{H}$ 且 $\boldsymbol{H}^{\mathrm{T}}\boldsymbol{H}=\boldsymbol{H}^2=\boldsymbol{E}_n$;

(2) $\boldsymbol{H}$ 的特征值只有一个为 -1,其余特征值均为 1,且 $\det\boldsymbol{H}=-1$(为此镜面反射矩阵是第二类正交矩阵).

证明:(1) $\boldsymbol{H}^T=(\boldsymbol{E}_n-2\boldsymbol{u}\boldsymbol{u}^{\mathrm{T}})^{\mathrm{T}}=\boldsymbol{E}_n-2(\boldsymbol{u}^{\mathrm{T}})^{\mathrm{T}}\boldsymbol{u}^{\mathrm{T}}=\boldsymbol{E}_n-2\boldsymbol{u}\boldsymbol{u}^{\mathrm{T}}=\boldsymbol{H}$,由于 $\|\boldsymbol{u}\|=1$,所以 $(\boldsymbol{u},\boldsymbol{u})=1$ 即 $\boldsymbol{u}^{\mathrm{T}}\boldsymbol{u}=1$,于是

$\boldsymbol{H}^{\mathrm{T}}\boldsymbol{H}=\boldsymbol{H}^2=(\boldsymbol{E}_n-2\boldsymbol{u}\boldsymbol{u}^{\mathrm{T}})(\boldsymbol{E}_n-2\boldsymbol{u}\boldsymbol{u}^{\mathrm{T}})=\boldsymbol{E}_n-4\boldsymbol{u}\boldsymbol{u}^{\mathrm{T}}+4\boldsymbol{u}\boldsymbol{u}^{\mathrm{T}}\boldsymbol{u}\boldsymbol{u}^{\mathrm{T}}=\boldsymbol{E}_n$.

(2)由于 $\boldsymbol{u}\in\mathbf{R}^n$,$\|\boldsymbol{u}\|=1$,所以 $\boldsymbol{u}\boldsymbol{u}^{\mathrm{T}}$ 是实对称矩阵且 $\mathrm{rank}(\boldsymbol{u}\boldsymbol{u}^{\mathrm{T}})=\mathrm{rank}(\boldsymbol{u})=1$,由线性代数可知,存在 n 阶正交矩阵 $\boldsymbol{Q}$ 使得 $\boldsymbol{u}\boldsymbol{u}^{\mathrm{T}}=\boldsymbol{Q}\mathrm{diag}(\lambda,0,\cdots,0)\boldsymbol{Q}^{\mathrm{T}}$.又由于

$$\mathrm{trace}(\boldsymbol{u}\boldsymbol{u}^{\mathrm{T}})=\mathrm{trace}(\boldsymbol{u}^{\mathrm{T}}\boldsymbol{u})=1=\mathrm{trace}(\boldsymbol{Q}\mathrm{diag}(\lambda,0,\cdots,0)\boldsymbol{Q}^{\mathrm{T}})=\lambda,$$

所以 $\boldsymbol{u}\boldsymbol{u}^{\mathrm{T}}=\boldsymbol{Q}\mathrm{diag}(1,0,\cdots,0)\boldsymbol{Q}^{\mathrm{T}}$,于是

$$\boldsymbol{H}=\boldsymbol{E}_n-2\boldsymbol{u}\boldsymbol{u}^{\mathrm{T}}=\boldsymbol{E}_n-2\boldsymbol{Q}\mathrm{diag}(1,0,\cdots,0)\boldsymbol{Q}^{\mathrm{T}}=\boldsymbol{Q}\mathrm{diag}(-1,1,\cdots,1)\boldsymbol{Q}^{\mathrm{T}},$$

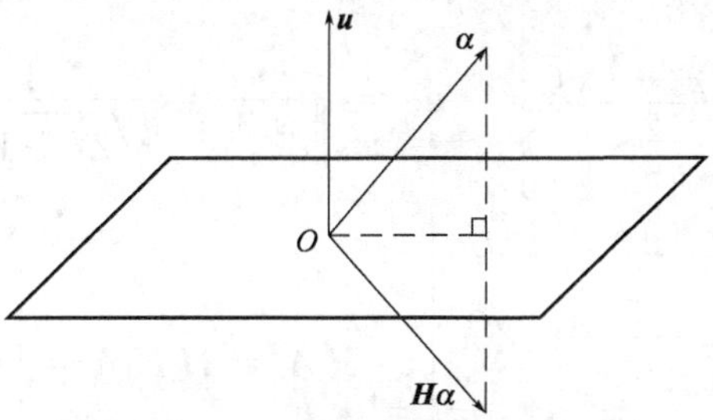

图 3.3.4　三维空间镜面反射示意图

显然 $\boldsymbol{H}$ 的特征值只有一个 -1，其余特征值均为 1，且 $\det\boldsymbol{H}=-1$.

若 $\boldsymbol{u}\in\mathbf{R}^3$，且满足 $\|\boldsymbol{u}\|=1$，则 $\boldsymbol{H}=\boldsymbol{E}_n-2\boldsymbol{u}\boldsymbol{u}^{\mathrm{T}}$ 的几何意义是将 $\mathbf{R}^3$ 中的任何向量 $\boldsymbol{\alpha}$ 映射到关于与 $\boldsymbol{u}$ 垂直且过原点的平面 W 相对称的向量 $\boldsymbol{H\alpha}$，如图 3.3.4 所示，即 $\boldsymbol{H}$ 的作用好像一面"镜子"，这也就是镜面反射矩阵名称的由来. 构造镜面反射矩阵的 Matlab 程序为程序 3.3.4.

程序 3.3.4　由确定的镜面法向向量构造镜面反射矩阵.

```
function h=house(u)
%u 必须为列向量
w=u/norm(u);%将 u 单位化
h=eye(length(w))-2*w*w';
```

程序3.3.4

镜面反射矩阵的一个重要的应用是对矩阵的元素进行消元. 其原理及构造过程为，对于给定的两个非零向量 $\boldsymbol{x}\neq\boldsymbol{y}\in\mathbf{R}^n$，令 $\boldsymbol{w}=\dfrac{\boldsymbol{x}}{\|\boldsymbol{x}\|}-\dfrac{\boldsymbol{y}}{\|\boldsymbol{y}\|}$，取其单位向量 $\boldsymbol{u}=\dfrac{\boldsymbol{w}}{\|\boldsymbol{w}\|}$ 后，可构造 $\boldsymbol{H}=\boldsymbol{E}_n-2\boldsymbol{u}\boldsymbol{u}^{\mathrm{T}}$，可以验证 $\boldsymbol{Hx}=\dfrac{\|\boldsymbol{x}\|}{\|\boldsymbol{y}\|}\boldsymbol{y}$. 特别当 $\boldsymbol{y}=\boldsymbol{e}_k$ 时，$\boldsymbol{Hx}=\|\boldsymbol{x}\|\boldsymbol{e}_k$，其中 $\boldsymbol{e}_k$ 为第 k 个分量为 1，其余分量为零的单位向量，此时 $\boldsymbol{H}$ 将 $\boldsymbol{x}$ 变换为第 k 个分量为 $\|\boldsymbol{x}\|$、其余分量都为零的向量 $\|\boldsymbol{x}\|\boldsymbol{e}_k$，即 $\boldsymbol{H}$ 起到了消元的作用.

例 3.3.4　$\boldsymbol{A}=\begin{bmatrix}1&2&0\\-1&3&1\\0&1&2\end{bmatrix}$，使用镜面反射变换将 $\boldsymbol{A}$ 化为上三角形矩阵 $\boldsymbol{R}$，由此将 $\boldsymbol{A}$ 分解成 $\boldsymbol{A}=\boldsymbol{HR}$，其中 $\boldsymbol{H}$ 是正交矩阵.

解: 令 $\boldsymbol{A}=[\boldsymbol{a}_1,\boldsymbol{a}_2,\boldsymbol{a}_3]$，$\boldsymbol{r}_1=\|\boldsymbol{a}_1\|\boldsymbol{e}_1$，其中 $\boldsymbol{e}_1=[1,0,0]^{\mathrm{T}}$，由此构造

$$\boldsymbol{w}_1=\boldsymbol{a}_1-\boldsymbol{r}_1=\begin{bmatrix}1\\-1\\0\end{bmatrix}-\sqrt{2}\begin{bmatrix}1\\0\\0\end{bmatrix}=\begin{bmatrix}1-\sqrt{2}\\-1\\0\end{bmatrix},\quad \boldsymbol{u}_1=\frac{\boldsymbol{w}_1}{\|\boldsymbol{w}_1\|}=\frac{1}{\sqrt{4-2\sqrt{2}}}\begin{bmatrix}1-\sqrt{2}\\-1\\0\end{bmatrix},$$

$$\boldsymbol{H}_1=\boldsymbol{E}_3-2\boldsymbol{u}_1\boldsymbol{u}_1^{\mathrm{T}}=\frac{1}{2}\begin{bmatrix}\sqrt{2}&-\sqrt{2}&0\\-\sqrt{2}&-\sqrt{2}&0\\0&0&2\end{bmatrix},\quad \boldsymbol{A}_1=\boldsymbol{H}_1\boldsymbol{A}=\begin{bmatrix}\sqrt{2}&-\dfrac{\sqrt{2}}{2}&-\dfrac{\sqrt{2}}{2}\\0&-\dfrac{5\sqrt{2}}{2}&-\dfrac{\sqrt{2}}{2}\\0&1&2\end{bmatrix},$$

令 $\boldsymbol{a}'_2=[0,-5\sqrt{2}/2,1]^{\mathrm{T}}$，$\boldsymbol{r}_2=\|\boldsymbol{a}'_2\|\boldsymbol{e}_2$，则

$$\boldsymbol{w}_2=\boldsymbol{a}_2'-\boldsymbol{r}_2=\begin{bmatrix}0\\-\dfrac{5\sqrt{2}+3\sqrt{6}}{2}\\1\end{bmatrix},\quad \boldsymbol{u}_2=\frac{\boldsymbol{w}_2}{\|\boldsymbol{w}_2\|}=\frac{1}{\sqrt{27+15\sqrt{3}}}\begin{bmatrix}0\\-\dfrac{5\sqrt{2}+3\sqrt{6}}{2}\\1\end{bmatrix},$$

$$\boldsymbol{H}_2=\boldsymbol{E}_3-2\boldsymbol{u}_2\boldsymbol{u}_2^{\mathrm{T}}=\begin{bmatrix}1&0&0\\0&-\dfrac{5\sqrt{3}}{9}&\dfrac{\sqrt{6}}{9}\\0&\dfrac{\sqrt{6}}{9}&\dfrac{5\sqrt{3}}{9}\end{bmatrix},\quad \boldsymbol{H}_2\boldsymbol{A}_1=\boldsymbol{H}_2\boldsymbol{H}_1\boldsymbol{A}=\begin{bmatrix}\sqrt{2}&-\sqrt{2}/2&-\sqrt{2}/2\\0&\dfrac{3\sqrt{6}}{2}&\dfrac{\sqrt{6}}{2}\\0&0&\sqrt{3}\end{bmatrix}=\mathbf{R},$$

由此可得 $\boldsymbol{A}=(\boldsymbol{H}_2\boldsymbol{H}_1)^{-1}\boldsymbol{R}=\boldsymbol{H}_1^{-1}\boldsymbol{H}_2^{-1}\boldsymbol{R}=\boldsymbol{H}_1^{\mathrm{T}}\boldsymbol{H}_2^{\mathrm{T}}\boldsymbol{R}=\boldsymbol{H}_1\boldsymbol{H}_2\boldsymbol{R}$，再令 $\boldsymbol{H}=\boldsymbol{H}_1\boldsymbol{H}_2$，即

$$\boldsymbol{H}=\frac{1}{2}\begin{bmatrix}\sqrt{2}&\dfrac{5\sqrt{6}}{9}&-\dfrac{2\sqrt{3}}{9}\\-\sqrt{2}&\dfrac{5\sqrt{6}}{9}&-\dfrac{2\sqrt{3}}{9}\\0&\dfrac{2\sqrt{6}}{9}&\dfrac{10\sqrt{3}}{9}\end{bmatrix},$$

从而可得 $\boldsymbol{A}=\boldsymbol{HR}$.

下面的 Matlab 程序 3.3.5 可实现镜面反射矩阵的构造过程.

程序 3.3.5 由反射前和反射后的两个向量构造镜面反射矩阵.

```
function H=householder(x,y)
%x,y 为两个列向量
x1=x/norm(x);
y1=y/norm(y);
u=(x1-y1)./norm(x1-y1);
H=eye(length(u))-2*u*u';
```

程序3.3.5

3.4 对称变换

定义 3.4.1 设 S 是 n 维欧氏空间 $V^n(\mathbf{R})$ 上的一个线性变换，如果对 $\forall\boldsymbol{\alpha},\boldsymbol{\beta}\in V^n(\mathbf{R})$，都有

$$(S\boldsymbol{\alpha},\boldsymbol{\beta})=(\boldsymbol{\alpha},S\boldsymbol{\beta}),\tag{3.4.1}$$

则称 S 是 $V^n(\mathbf{R})$ 上的对称变换.

定理 3.4.1 n 维欧氏空间 $V^n(\mathbf{R})$ 上的线性变换 S 是对称变换，当且仅当它在任何一组标准正交基 $\boldsymbol{\varepsilon}_1,\boldsymbol{\varepsilon}_2,\cdots,\boldsymbol{\varepsilon}_n$ 下所对应的矩阵 $\boldsymbol{A}$ 是实对称矩阵.

证明： $\forall\boldsymbol{\alpha},\boldsymbol{\beta}\in V^n(\mathbf{R})$，设 $\boldsymbol{\alpha}=\{\boldsymbol{\varepsilon}_1,\boldsymbol{\varepsilon}_2,\cdots,\boldsymbol{\varepsilon}_n\}\boldsymbol{x},\boldsymbol{\beta}=\{\boldsymbol{\varepsilon}_1,\boldsymbol{\varepsilon}_2,\cdots,\boldsymbol{\varepsilon}_n\}\boldsymbol{y}$，则由 $(S\boldsymbol{\alpha},\boldsymbol{\beta})=\boldsymbol{x}^{\mathrm{T}}\boldsymbol{A}^{\mathrm{T}}\boldsymbol{y}$，$(\boldsymbol{\alpha},S\boldsymbol{\beta})=\boldsymbol{x}^{\mathrm{T}}\boldsymbol{A}\boldsymbol{y}$ 可得，如果 $(S\boldsymbol{\alpha},\boldsymbol{\beta})=(\boldsymbol{\alpha},S\boldsymbol{\beta})$，则有 $\forall\boldsymbol{x},\boldsymbol{y}\in\mathbf{R}^n$，都有 $\boldsymbol{x}^{\mathrm{T}}\boldsymbol{A}^{\mathrm{T}}\boldsymbol{y}=\boldsymbol{x}^{\mathrm{T}}\boldsymbol{A}\boldsymbol{y}$，从而有 $\boldsymbol{A}^{\mathrm{T}}=\boldsymbol{A}$. 反之，如果 $\boldsymbol{A}^{\mathrm{T}}=\boldsymbol{A}$，则有 $\forall\boldsymbol{x},\boldsymbol{y}\in\mathbf{R}^n$，都有 $\boldsymbol{x}^{\mathrm{T}}\boldsymbol{A}^{\mathrm{T}}\boldsymbol{y}=\boldsymbol{x}^{\mathrm{T}}\boldsymbol{A}\boldsymbol{y}$，从而有 $(S\boldsymbol{\alpha},\boldsymbol{\beta})=(\boldsymbol{\alpha},S\boldsymbol{\beta})$.

在线性代数中实对称矩阵所对应的特征值都是实数，且不同的特征值对应的特征向量是正交的，为此可得如下定理 3.4.2.

定理 3.4.2　n 维欧氏空间 $V^n(\mathbf{R})$ 上的对称变换 S 的特征值都是实数，且其不同的特征值对应的特征向量是正交的.

另外在线性代数中，对于 n 阶的实对称矩阵 $\boldsymbol{A}\in\mathbf{R}^{n\times n}$，必然存在正交矩阵 $\boldsymbol{U}$ 使得 $\boldsymbol{A}=\boldsymbol{U}\mathrm{diag}(\lambda_1,\lambda_2,\cdots,\lambda_n)\boldsymbol{U}^{\mathrm{T}}$ 或 $\boldsymbol{U}^{\mathrm{T}}\boldsymbol{A}\boldsymbol{U}=\mathrm{diag}(\lambda_1,\lambda_2,\cdots,\lambda_n)$，即 $\boldsymbol{A}$ 正交相似于一个对角形矩阵. 为此可得如下定理 3.4.3.

定理 3.4.3　对于 n 维欧氏空间 $V^n(\mathbf{R})$ 上的对称变换 S，必然存在一组标准正交基，它在这组基下所对应的矩阵为对角形.

对于 n 阶实对称矩阵 $\boldsymbol{A}$，求取 n 阶正交矩阵 $\boldsymbol{U}$，使得 $\boldsymbol{U}^{-1}\boldsymbol{A}\boldsymbol{U}=\boldsymbol{U}^{\mathrm{T}}\boldsymbol{A}\boldsymbol{U}=\boldsymbol{D}$ 为对角阵的 Matlab 函数为[U,D]=schur(A).

例如在 Matlab 命令窗口输入 A=hilb(4)；[U,D]=schur(A)可实现 4 阶 Hilbert 矩阵的正交相似分解. 结果为

$$\boldsymbol{U}=\begin{bmatrix}0.0292 & 0.1792 & -0.5821 & 0.7926\\ -0.3287 & -0.7419 & 0.3705 & 0.4519\\ 0.7914 & 0.1002 & 0.5096 & 0.3224\\ -0.5146 & 0.6382 & 0.5140 & 0.2522\end{bmatrix},$$

$$\boldsymbol{D}=\mathrm{diag}(9.6702\times10^{-5},0.0067,0.1691,1.5002).$$

推论 3.4.4　n 元实二次型 $\boldsymbol{x}^{\mathrm{T}}\boldsymbol{A}\boldsymbol{x}=\sum_{i=1}^{n}\sum_{j=1}^{n}a_{ij}x_ix_j\ (a_{ij}=a_{ji})$ 经过适当的正交线性变换 $\boldsymbol{y}=\boldsymbol{U}^{\mathrm{T}}\boldsymbol{x}$ 可以化为标准形 $\boldsymbol{y}^{\mathrm{T}}\boldsymbol{D}\boldsymbol{y}=\sum_{i=1}^{n}\lambda_iy_i^2$，其中 $\boldsymbol{U}^{\mathrm{T}}\boldsymbol{A}\boldsymbol{U}=\boldsymbol{D}=\mathrm{diag}(\lambda_1,\lambda_2,\cdots,\lambda_n)$.

定义 3.4.2　对于 n 阶的实对称矩阵 $\boldsymbol{A}\in\mathbf{R}^{n\times n}$，如果其特征值 $\lambda_1,\lambda_2,\cdots,\lambda_n\geqslant0$，则称 $\boldsymbol{A}$ 是对称半正定的，对应的二次型 $\boldsymbol{x}^{\mathrm{T}}\boldsymbol{A}\boldsymbol{x}$ 称为半正定二次型，如果其特征值 $\lambda_1,\lambda_2,\cdots,\lambda_n>0$，则称 $\boldsymbol{A}$ 是对称正定的，对应的二次型 $\boldsymbol{x}^{\mathrm{T}}\boldsymbol{A}\boldsymbol{x}$ 称为正定二次型.

在线性代数中，已经知道只有方阵，才有特征值和特征向量的概念. 特征值与特征向量是揭示一个方阵特性的两个重要的量. 然而对于一般的的矩阵 $\boldsymbol{A}\in\mathbf{R}^{m\times n}$，能否也用类似的量来揭示其特征呢？

为了回答上述问题，需要研究与矩阵 $\boldsymbol{A}\in\mathbf{R}^{m\times n}$ 相伴的两个方阵 $\boldsymbol{A}^{\mathrm{T}}\boldsymbol{A}\in\mathbf{R}^{n\times n}$，$\boldsymbol{A}\boldsymbol{A}^{\mathrm{T}}\in\mathbf{R}^{m\times m}$ 的性质. 由此引出下一节内容.

3.5　矩阵的奇异值分解及其应用

在第一章定理 1.2.5 给出了如下结论，对于 $\forall\boldsymbol{A}\in\mathbf{R}^{m\times n}$，都有

$$\det(\lambda\boldsymbol{E}_n-\boldsymbol{A}^{\mathrm{T}}\boldsymbol{A})=\lambda^{n-m}\det(\lambda\boldsymbol{E}_m-\boldsymbol{A}\boldsymbol{A}^{\mathrm{T}}),\tag{3.5.1}$$

该结果说明 $\boldsymbol{A}^{\mathrm{T}}\boldsymbol{A}$，$\boldsymbol{A}\boldsymbol{A}^{\mathrm{T}}$ 具有相同的非零特征值. 另外两者还有其他性质，这些性质归结为如下定理 3.5.1.

定理 3.5.1 对于 $\forall \boldsymbol{A} \in \mathbf{R}^{m\times n}$，$\boldsymbol{A}^{\mathrm{T}}\boldsymbol{A} \in \mathbf{R}^{n\times n}$，$\boldsymbol{A}\boldsymbol{A}^{\mathrm{T}} \in \mathbf{R}^{m\times m}$ 都是对称半正定矩阵，它们的非零特征值都相同且都大于零，同时满足 $\mathrm{rank}(\boldsymbol{A}^{\mathrm{T}}\boldsymbol{A}) = \mathrm{rank}(\boldsymbol{A}\boldsymbol{A}^{\mathrm{T}}) = \mathrm{rank}(\boldsymbol{A})$.

证明：$\boldsymbol{A}^{\mathrm{T}}\boldsymbol{A}$，$\boldsymbol{A}\boldsymbol{A}^{\mathrm{T}}$ 对称性是显然的，针对 $\boldsymbol{A}^{\mathrm{T}}\boldsymbol{A}$，由于 $\forall \boldsymbol{x} \in \mathbf{R}^n$，二次型 $\boldsymbol{x}^{\mathrm{T}}\boldsymbol{A}^{\mathrm{T}}\boldsymbol{A}\boldsymbol{x} = (\boldsymbol{A}\boldsymbol{x}, \boldsymbol{A}\boldsymbol{x}) \geqslant 0$，因而 $\boldsymbol{A}^{\mathrm{T}}\boldsymbol{A}$ 是对称半正定的，另外，由此还可以得到，线性方程组 $\boldsymbol{A}\boldsymbol{x} = \boldsymbol{0}$ 与 $\boldsymbol{A}^{\mathrm{T}}\boldsymbol{A}\boldsymbol{x} = \boldsymbol{0}$ 是同解的，因而 $\mathrm{rank}(\boldsymbol{A}^{\mathrm{T}}\boldsymbol{A}) = \mathrm{rank}(\boldsymbol{A})$. 同理也可以证明 $\boldsymbol{A}\boldsymbol{A}^{\mathrm{T}}$ 是对称半正定的，且 $\mathrm{rank}(\boldsymbol{A}\boldsymbol{A}^{\mathrm{T}}) = \mathrm{rank}(\boldsymbol{A})$. 最后，由定理 1.2.5 的结果，即 $\det(\lambda\boldsymbol{E}_n - \boldsymbol{A}^{\mathrm{T}}\boldsymbol{A}) = \lambda^{n-m}\det(\lambda\boldsymbol{E}_m - \boldsymbol{A}\boldsymbol{A}^{\mathrm{T}})$，从而可证明 $\boldsymbol{A}^{\mathrm{T}}\boldsymbol{A}$，$\boldsymbol{A}\boldsymbol{A}^{\mathrm{T}}$ 具有相同的非零特征值，又由于两者都是半正定矩阵，所以它们的非零特征值都大于零.

由上述定理，可以选取 $\boldsymbol{A}^{\mathrm{T}}\boldsymbol{A}$ 或 $\boldsymbol{A}\boldsymbol{A}^{\mathrm{T}}$ 的非零特征值为 $\lambda_1, \lambda_2, \cdots, \lambda_r$，其中 $r = \mathrm{rank}(\boldsymbol{A})$，且 $\lambda_1, \lambda_2, \cdots, \lambda_r > 0$，并由此可以给出如下定义 3.5.1.

定义 3.5.1 如果 $\boldsymbol{A} \in \mathbf{R}^{m\times n}$，$\mathrm{rank}(\boldsymbol{A}) = r$，则称 $\sigma_1 = \sqrt{\lambda_1}$，$\sigma_2 = \sqrt{\lambda_2}$，$\cdots$，$\sigma_r = \sqrt{\lambda_r}$ 为矩阵 $\boldsymbol{A}$ 的非零奇异值，其中 $\lambda_1, \lambda_2, \cdots, \lambda_r$ 是 $\boldsymbol{A}^{\mathrm{T}}\boldsymbol{A}$ 或 $\boldsymbol{A}\boldsymbol{A}^{\mathrm{T}}$ 的非零特征值.

针对矩阵 $\boldsymbol{A} \in \mathbf{R}^{m\times n}$，下面的奇异值分解揭示了矩阵 $\boldsymbol{A}$ 的某些本质特性.

定理 3.5.2 (奇异值分解定理)如果 $\boldsymbol{A} \in \mathbf{R}^{m\times n}$，$\mathrm{rank}\boldsymbol{A} = r$，则存在两个正交矩阵 $\boldsymbol{U} \in \mathbf{R}^{m\times m}$，$\boldsymbol{V} \in \mathbf{R}^{n\times n}$ 和矩阵 $\boldsymbol{D} \in \mathbf{R}^{m\times n}$，使得 $\boldsymbol{A} = \boldsymbol{U}\boldsymbol{D}\boldsymbol{V}^{\mathrm{T}} = \sum_{i=1}^{r}\sigma_i\boldsymbol{u}_i\boldsymbol{v}_i^{\mathrm{T}}$，其中 $\boldsymbol{D} \in \mathbf{R}^{m\times n}$ 为分块矩阵 $\boldsymbol{D} = \begin{bmatrix} \Sigma_r & \boldsymbol{0}_{r,n-r} \\ \boldsymbol{0}_{m-r,r} & \boldsymbol{0}_{m-r,n-r} \end{bmatrix}$，$\Sigma_r = \mathrm{diag}(\sigma_1, \sigma_2, \cdots, \sigma_r)$，$\sigma_1, \sigma_2, \cdots, \sigma_r$ 为 $\boldsymbol{A} \in \mathbf{R}^{m\times n}$ 的非零奇异值，$\boldsymbol{U} = [\boldsymbol{u}_1, \boldsymbol{u}_2, \cdots, \boldsymbol{u}_m]$，$\boldsymbol{V} = [\boldsymbol{v}_1, \boldsymbol{v}_2, \cdots, \boldsymbol{v}_n]$.

证明：对于 $\boldsymbol{A} \in \mathbf{R}^{m\times n}$，$\mathrm{rank}\boldsymbol{A} = r$，由定理 3.5.1 可知 $\boldsymbol{A}^{\mathrm{T}}\boldsymbol{A} \in \mathbf{R}^{n\times n}$ 是对称半正定矩阵，同时满足 $\mathrm{rank}(\boldsymbol{A}^{\mathrm{T}}\boldsymbol{A}) = \mathrm{rank}(\boldsymbol{A}) = r$，因此存在一个正交矩阵 $\boldsymbol{V} \in \mathbf{R}^{n\times n}$，使得

$$\boldsymbol{A}^{\mathrm{T}}\boldsymbol{A} = \boldsymbol{V}\mathrm{diag}(\sigma_1^2, \sigma_2^2, \cdots, \sigma_r^2, 0, \cdots, 0)\boldsymbol{V}^{\mathrm{T}},$$

令 $\boldsymbol{\Lambda} = \mathrm{diag}(\sigma_1, \sigma_2, \cdots, \sigma_r, 1, \cdots, 1) \in \mathbf{R}^{n\times n}$，则存在正交矩阵 $\boldsymbol{V} \in \mathbf{R}^{n\times n}$，使得

$$\boldsymbol{A}^{\mathrm{T}}\boldsymbol{A} = \boldsymbol{V}\mathrm{diag}(\sigma_1^2, \sigma_2^2, \cdots, \sigma_r^2, 0, \cdots, 0)\boldsymbol{V}^{\mathrm{T}} = \boldsymbol{V}\boldsymbol{\Lambda}\mathrm{diag}(1, 1, \cdots, 1, 0, \cdots, 0)\boldsymbol{\Lambda}\boldsymbol{V}^{\mathrm{T}},$$

即

$$(\boldsymbol{A}\boldsymbol{V}\boldsymbol{\Lambda}^{-1})^{\mathrm{T}}\boldsymbol{A}\boldsymbol{V}\boldsymbol{\Lambda}^{-1} = \mathrm{diag}(1, 1, \cdots, 1, 0, \cdots, 0),$$

令 $\boldsymbol{A}\boldsymbol{V}\boldsymbol{\Lambda}^{-1} = [\boldsymbol{U}_1, \boldsymbol{U}_2]$，其中 $\boldsymbol{U}_1 \in \mathbf{R}^{m\times r}$，$\boldsymbol{U}_2 \in \mathbf{R}^{m\times(n-r)}$，由上式可知

$$[\boldsymbol{U}_1, \boldsymbol{U}_2]^{\mathrm{T}}[\boldsymbol{U}_1, \boldsymbol{U}_2] = \begin{bmatrix} \boldsymbol{U}_1^{\mathrm{T}} \\ \boldsymbol{U}_2^{\mathrm{T}} \end{bmatrix}[\boldsymbol{U}_1, \boldsymbol{U}_2] = \begin{bmatrix} \boldsymbol{U}_1^{\mathrm{T}}\boldsymbol{U}_1 & \boldsymbol{U}_1^{\mathrm{T}}\boldsymbol{U}_2 \\ \boldsymbol{U}_2^{\mathrm{T}}\boldsymbol{U}_1 & \boldsymbol{U}_2^{\mathrm{T}}\boldsymbol{U}_2 \end{bmatrix} = \begin{bmatrix} \boldsymbol{E}_r & \boldsymbol{0} \\ \boldsymbol{0} & \boldsymbol{0} \end{bmatrix},$$

所以 $\boldsymbol{U}_2^{\mathrm{T}}\boldsymbol{U}_2 = \boldsymbol{0}$，由定理 3.5.1 可知 $\mathrm{rank}(\boldsymbol{U}_2) = \mathrm{rank}(\boldsymbol{U}_2^{\mathrm{T}}\boldsymbol{U}_2) = 0$，可得 $\boldsymbol{U}_2 = \boldsymbol{0}$，因此 $\boldsymbol{A}\boldsymbol{V}\boldsymbol{\Lambda}^{-1} = [\boldsymbol{U}_1, \boldsymbol{0}] \in \mathbf{R}^{m\times n}$，其中 $\boldsymbol{U}_1 \in \mathbf{R}^{m\times r}$，同时满足 $\boldsymbol{U}_1^{\mathrm{T}}\boldsymbol{U}_1 = \boldsymbol{E}_r$，所以 $\boldsymbol{U}_1$ 是由 r 个列向量组成的标准正交向量组，将 $\boldsymbol{U}_1$ 扩充成 m 个列向量组成的正交矩阵 $\boldsymbol{U} = [\boldsymbol{U}_1, \boldsymbol{U}'_2] \in \mathbf{R}^{m\times m}$. 于是有 $\boldsymbol{A} = [\boldsymbol{U}_1, \boldsymbol{U}_2]\boldsymbol{\Lambda}\boldsymbol{V}^{\mathrm{T}}$，即

$$\begin{aligned} \boldsymbol{A} &= [\boldsymbol{U}_1, \boldsymbol{0}_{m\times(n-r)}]\begin{bmatrix} \Sigma_r & \boldsymbol{0}_{r\times(n-r)} \\ \boldsymbol{0}_{(n-r)\times r} & E_{n-r} \end{bmatrix}\boldsymbol{V}^{\mathrm{T}} = [\boldsymbol{U}_1\Sigma_r \quad \boldsymbol{0}_{m\times(n-r)}]\boldsymbol{V}^{\mathrm{T}} \\ &= \boldsymbol{U}_1[\Sigma_r \quad \boldsymbol{0}_{r\times(n-r)}]\boldsymbol{V}^{\mathrm{T}} = [\boldsymbol{U}_1, \boldsymbol{U}'_2]\begin{bmatrix} \Sigma_r & \boldsymbol{0}_{r\times(n-r)} \\ \boldsymbol{0}_{(m-r)\times r} & \boldsymbol{0}_{(m-r)\times(n-r)} \end{bmatrix}\boldsymbol{V}^{\mathrm{T}} = \boldsymbol{U}\boldsymbol{D}\boldsymbol{V}^{\mathrm{T}}, \end{aligned} \tag{3.5.2}$$

且可以得到奇异值分解的紧凑格式

$$A=U_1[\Sigma_r \quad 0_{r\times(n-r)}]V^T=U_1[\Sigma_r \quad 0_{r\times(n-r)}]\begin{bmatrix}V_1^T\\V_2^T\end{bmatrix}=U_1\Sigma_rV_1^T=\sum_{i=1}^{r}\sigma_i u_i v_i^T,\qquad(3.5.3)$$

其中 $V=[V_1,V_2]$，$V_1=[v_1,v_2,\cdots,v_r]\in\mathbf{R}^{n\times r}$，$V_2=[v_{r+1},v_{r+2},\cdots,v_n]\in\mathbf{R}^{n\times(n-r)}$.

实现奇异值分解的 Matlab 函数为[U,D,V]=svd(A).

例如在 Matlab 窗口输入：

A=[1 2 3;4 5 6;7 8 9;10 11 12;13 14 15];

[U,D,V]=svd(A);%奇异值分解

其结果为

$$U=\begin{bmatrix}-0.1013 & 0.7679 & -0.3342 & -0.3633 & -0.3953\\-0.2486 & 0.4881 & 0.7275 & 0.4128 & 0.0173\\-0.3958 & 0.2082 & -0.1723 & -0.2165 & 0.8505\\-0.5430 & -0.0717 & -0.5009 & 0.6478 & -0.1717\\-0.6902 & -0.3515 & 0.2799 & -0.4808 & -0.3008\end{bmatrix},$$

$$D=\begin{bmatrix}35.18 & 0 & 0\\0 & 1.477 & 0\\0 & 0 & 0\\0 & 0 & 0\\0 & 0 & 0\end{bmatrix},\quad V=\begin{bmatrix}-0.5193 & -0.7508 & -0.4082\\-0.5755 & -0.0459 & 0.8165\\-0.6318 & 0.6589 & -0.4082\end{bmatrix}.$$

[U1,D1,V1]=svd(A,0);%奇异值分解的紧凑格式,其结果为

$$U_1=\begin{bmatrix}-0.1013 & 0.7679 & -0.3342\\-0.2486 & 0.4881 & 0.7275\\-0.3958 & 0.2082 & -0.1723\\-0.5430 & -0.0717 & -0.5009\\-0.6902 & -0.3515 & 0.2799\end{bmatrix},$$

$$D_1=\begin{bmatrix}35.18 & 0 & 0\\0 & 1.477 & 0\\0 & 0 & 0\end{bmatrix},\quad V_1=\begin{bmatrix}-0.5193 & -0.7508 & -0.4082\\-0.5755 & -0.0459 & 0.8165\\-0.6318 & 0.6589 & -0.4082\end{bmatrix}.$$

由此可分别得到矩阵 A 奇异值分解的两种形式.

3.5.1　矩阵奇异值分解在几何中的应用

下面的定理 3.5.3 给出了矩阵奇异值的几何含义.

定理 3.5.3　若线性变换 $y=Ax$，$x,y\in\mathbf{R}^3$,$A\in\mathbf{R}^{3\times3}$，满足 $\det A\neq0$，则该线性变换将 $\mathbf{R}^3$ 上的单位球面 $\{\|x\|=1,x\in\mathbf{R}^3\}$ 映射到半轴分别为 $\sigma_1,\sigma_2,\sigma_3$ 的椭球,其中 $\sigma_1,\sigma_2,\sigma_3$ 为 A

的奇异值.

证明:首先,由 $\boldsymbol{A}$ 非奇异可知,$\boldsymbol{x}=\boldsymbol{A}^{-1}\boldsymbol{y}$,再由 $\|\boldsymbol{x}\|=1$ 可知,$\|\boldsymbol{x}\|^2=1$,即 $\boldsymbol{x}^{\mathrm{T}}\boldsymbol{x}=1$,由此可得 $(\boldsymbol{A}^{-1}\boldsymbol{y})^{\mathrm{T}}\boldsymbol{A}^{-1}\boldsymbol{y}=1$,即 $\boldsymbol{y}^{\mathrm{T}}(\boldsymbol{A}\boldsymbol{A}^{\mathrm{T}})^{-1}\boldsymbol{y}=1$,由 $\boldsymbol{A}$ 的奇异值分解可知,$\boldsymbol{A}=\boldsymbol{U}\boldsymbol{D}\boldsymbol{V}^{\mathrm{T}}$,$\boldsymbol{U},\boldsymbol{V}\in\mathbf{R}^{3\times 3}$ 为正交矩阵,$\boldsymbol{D}=\mathrm{diag}(\sigma_1,\sigma_2,\sigma_3)$,于是 $\boldsymbol{A}\boldsymbol{A}^{\mathrm{T}}=\boldsymbol{U}\boldsymbol{D}^2\boldsymbol{U}^{\mathrm{T}}$,从而有 $(\boldsymbol{A}\boldsymbol{A}^{\mathrm{T}})^{-1}=\boldsymbol{U}\boldsymbol{D}^{-2}\boldsymbol{U}^{\mathrm{T}}$,进而有 $\boldsymbol{y}^{\mathrm{T}}\boldsymbol{U}\boldsymbol{D}^{-2}\boldsymbol{U}^{\mathrm{T}}\boldsymbol{y}=1$. 令 $\boldsymbol{z}=\boldsymbol{U}^{\mathrm{T}}\boldsymbol{y}$,可得 $\boldsymbol{z}^{\mathrm{T}}\boldsymbol{D}^{-2}\boldsymbol{z}=1$,即 $\frac{z_1^2}{\sigma_1^2}+\frac{z_2^2}{\sigma_2^2}+\frac{z_3^2}{\sigma_3^2}=1$,所以线性变换 $\boldsymbol{y}=\boldsymbol{A}\boldsymbol{x}$ 将 $\mathbf{R}^3$ 上的单位球面 $\{\|\boldsymbol{x}\|=1,\boldsymbol{x}\in\mathbf{R}^3\}$ 映射成一个椭球,且椭球的三个半轴的长度分别为三个奇异值 $\sigma_1,\sigma_2,\sigma_3$.

同理,若线性变换 $\boldsymbol{y}=\boldsymbol{A}\boldsymbol{x}$,$\boldsymbol{x},\boldsymbol{y}\in\mathbf{R}^2$,$\boldsymbol{A}\in\mathbf{R}^{2\times 2}$,满足 $\det(\boldsymbol{A})\neq 0$,则 $\mathbf{R}^2$ 上的单位圆 $\{\|\boldsymbol{x}\|=1,\boldsymbol{x}\in\mathbf{R}^2\}$ 被线性变换 $\boldsymbol{y}=\boldsymbol{A}\boldsymbol{x}$ 映射成一个椭圆,且椭圆的两个半轴的长度分别为两个奇异值 σ_1,σ_2.

下面的 Matlab 程序 3.5.1 实现线性变换对平面单位圆的变换图形.

程序 3.5.1 单位圆的线性变换.

```
function T=disctrans(a)
t=0:0.1:2*pi;
x=cos(t);y=sin(t);
z=[x;y];
plot([x x(1)],[y y(1)],'r','linewidth',2),hold on
axis equal
T=a*z;
plot([T(1,:) T(1,1)],[T(2,:) T(2,1)],'b','linewidth',2);hold off
```

程序3.5.1
(图3.5.1)

例如在 Matlab 窗口输入 a=magic(2);T=disctrans(a) 可得一个单位圆的线性变换结果,参见图 3.5.1.

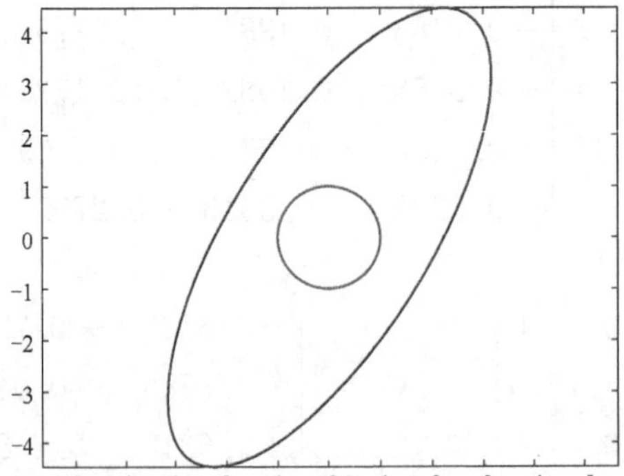

图 3.5.1 单位圆的线性变换

下面的 Matlab 程序 3.5.2 实现线性变换对空间单位球面的变换图形.

程序 3.5.2 单位球面的线性变换.

```
function x=spheretrans(a)
[x,y,z]=sphere(30);
figure(1)
mesh(x,y,z)
```

```
axis equal
[m,n]=size(x);
for i=1:m
    for j=1:n
        x1=x(i,j);y1=y(i,j);z1=z(i,j);
        b=[x1;y1;z1];
        T=a*b;
        xx(i,j)=T(1);yy(i,j)=T(2);zz(i,j)=T(3);
    end
end
figure(2)
mesh(xx,yy,zz)
axis equal
```

程序3.5.2
(图3.5.2)

例如在 Matlab 窗口输入 a=magic(3);x=spheretrans(a)可得一个单位球面的变换结果,参见图 3.5.2.

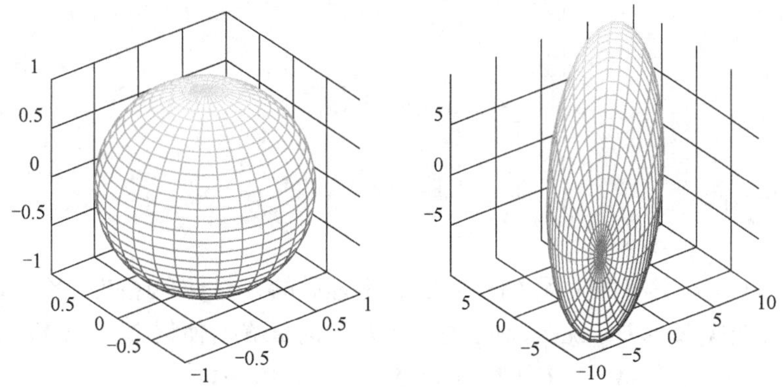

图 3.5.2　单位球面的线性变换

3.5.2　奇异值分解在统计学中的应用

假设 $\boldsymbol{A}=[\boldsymbol{X}_1,\boldsymbol{X}_2,\cdots,\boldsymbol{X}_N]\in\mathbf{R}^{p\times N}$ 为一个 $p\times N$ 的观测矩阵, $\boldsymbol{X}_1,\boldsymbol{X}_2,\cdots,\boldsymbol{X}_N$ 称为观测向量(通常由试验得到),令

$$\boldsymbol{M}=\frac{1}{N}(\boldsymbol{X}_1+\boldsymbol{X}_2+\cdots+\boldsymbol{X}_N) \tag{3.5.4}$$

称为 $\boldsymbol{X}_1,\boldsymbol{X}_2,\cdots,\boldsymbol{X}_N$ 这组观测向量(样本)的均值向量. 再令

$$\hat{\boldsymbol{X}}_k=\boldsymbol{X}_k-\boldsymbol{M},\qquad k=1,2,\cdots,N, \tag{3.5.5}$$

从而可以构造

$$B = [\hat{X}_1, \hat{X}_2, \cdots, \hat{X}_N] = A - M\mathbf{1}_N^{\mathrm{T}}, \tag{3.5.6}$$

其中 $\mathbf{1}_N$ 为 N 维全一向量，即 $\mathbf{1}_N = [1,1,\cdots,1]^{\mathrm{T}} \in \mathbf{R}^N$ ，将 B 称为平均偏差形式，由此得到样本的协方差矩阵

$$S = \frac{1}{N-1} BB^{\mathrm{T}} \in \mathbf{R}^{p \times p}, \tag{3.5.7}$$

显然 S 是一个对称半正定矩阵. 为了讨论 $S = [s_{ij}]$ 中的元素，令 X 表示在观测向量集合中变化的向量，且 $x_1, x_2, \cdots, x_p$ 表示 X 的坐标变量，则 $S = [s_{ij}]$ 中的对角元素 s_{jj} 称为变量 x_j 的方差，x_j 的方差体现 x_j 值的分散程度. 观测数据的总方差 $\sum$ 是指 $S = [s_{ij}]$ 对角元素的和，即为观测矩阵的迹 $\sum = \mathrm{trace}S$. $S = [s_{ij}]$ 中的非对角元素 $s_{ij}, i \neq j$ 称为变量 x_i, x_j 的协方差，它体现了变量 x_i, x_j 的相关程度，若 $s_{ij} = 0$ ，则称变量 x_i, x_j 是无关的. $r_{ij} = \frac{s_{ij}}{\sqrt{s_{ii}s_{jj}}}$ 称为变量 x_i，x_j 的相关系数. 统计学中重要的一个分支就是对数据进行主成分分析.

为了进行主成分分析，假设矩阵 $A = [X_1, X_2, \cdots, X_N] \in \mathbf{R}^{p \times N}$ 已是平均偏差形式，主成分分析的目标是找到一个正交矩阵 $U = [u_1, u_2, \cdots, u_p] \in \mathbf{R}^{p \times p}$ ，确定变量替换 $X = UY$ 或

$$\begin{bmatrix} x_1 \\ x_2 \\ \vdots \\ x_p \end{bmatrix} = [u_1, u_2, \cdots, u_p] \begin{bmatrix} y_1 \\ y_2 \\ \vdots \\ y_p \end{bmatrix}, \tag{3.5.8}$$

使得变量 $y_1, y_2, \cdots, y_p$ 具有两两无关的性质，且整理后的方差具有递减顺序.

变量的正交变换 $X = UY$ 说明，对于每一个观测向量 X_k ，使得 $X_k = UY_k$ ，从而可得

$$Y_k = U^{-1}X_k = U^{\mathrm{T}}X_k, k = 1, 2, \cdots, N. \tag{3.5.9}$$

由于对于任何的正交矩阵 U ，$[Y_1, Y_2, \cdots, Y_N] = U^{\mathrm{T}}[X_1, X_2, \cdots, X_N]$ ，所以 $Y_1, Y_2, \cdots, Y_N$ 的协方差矩阵为 $U^{\mathrm{T}}SU$ ，于是要使变量 $y_1, y_2, \cdots, y_p$ 具有两两无关的性质，只需找到正交矩阵 U ，使得 $U^{\mathrm{T}}SU = D$ 为一个对角形矩阵，其中 $D = \mathrm{diag}(\lambda_1, \lambda_2, \cdots, \lambda_p)$ 为 S 的特征值，同时经过适当置换可使 $\lambda_1 \geqslant \lambda_2 \geqslant \cdots \geqslant \lambda_p \geqslant 0$ ，此时 U 的列 $u_1, u_2, \cdots, u_p$ 分别为对应 $\lambda_1, \lambda_2, \cdots, \lambda_p$ 的单位特征向量. 协方差矩阵 S 的单位特征向量 $u_1, u_2, \cdots, u_p$ ，称为观测数据的主成分，u_1 称为第一主成分，u_2 称为第二主成分，依此类推. 第一主成分 u_1 ，可以确定新变量 y_1 ，假设 $c_1, c_2, \cdots, c_p$ 是 u_1 中的对应分量，则 $y_1 = u_1^{\mathrm{T}}X = c_1x_1 + c_2x_2 + \cdots + c_px_p$ 即 y_1 是原变量 $x_1, x_2, \cdots, x_p$ 的线性组合，并用单位特征向量 u_1 的分量作为权值，同样 u_2 可以确定 y_2 ，依此类推. 由于对于一个正交变换 $X = UY$ ，不改变数据的总方差，即

$$\mathrm{trace}S = \mathrm{trace}D = \lambda_1 + \lambda_2 + \cdots + \lambda_p, \tag{3.5.10}$$

其中 λ_j 是变量 y_j 的方差，且商 $\frac{\lambda_j}{\mathrm{trace}S}$ 表示在总体方差成分中，被 y_j 的方差所占的比例.

例 3.5.1　如给定 5 个男孩身高和体重的观测数据，如表 3.5.1 所示，给出其主成分分析.

表 3.5.1　观测数据表

男孩	#1	#2	#3	#4	#5
体重，kg	55	57	57	61	66
身高，m	1.55	1.52	1.63	1.73	1.83

程序 3.5.3　计算样本统计量.

```
function [M,S1,R,U,D]=mean2var(X)
M=mean(X')'  ;%计算样本的均值
[p,N]=size(X);
B=X-M*ones(1,N);%计算平均偏差矩阵
S=1./(N-1).*B*B';%计算协方差矩阵
S1=cov(X')%计算协方差矩阵的 Matlab 函数
R=corrcoef(X')%计算相关系数矩阵
[U,D,V]=svd(S1);%计算主成分 U
D=diag(D);
```

输入 X=[55 57 57 61 66;1.55 1.52 1.63 1.73 1.83];运行程序 3.5.3

计算出均值

M =

59.2000

1.6520

协方差矩阵

S =

19.2000　　0.5295

0.5295　　0.0165

相关系数矩阵

R =

1.0000　　0.9402

0.9402　　1.0000

该结果说明，这些男孩的体重与身高的相关程度达 94%.

对应的主成分为

U =

0.9996　0.0276

0.0276−0.9996

即第一主成分为

$$y_1 = 0.9996\hat{w} + 0.0276\hat{h} = 0.9996(\mathrm{w} - 59.2) + 0.0276(h - 1.6520)$$

第二主成分为

$$y_2 = 0.0276\hat{w} - 0.9996\hat{h} = 0.0276(\mathrm{w} - 59.2) - 0.9996(h - 1.6520)$$

在以上的例子中,变换后的数据协方差矩阵为

D =

```
   19.2146         0
         0    0.0019
```

该结果说明新的变量 y_1,y_2 的方差出现在D的对角线上,而第一主成分变量 y_1 的方差在数据总方差中所占的比例为99.99%,即第一个方差比第二个方差大得多,这一结果可将男孩体重与身高数据看作一维数据而不是二维数据.

3.5.3　矩阵奇异值分解在图像压缩中的应用

为了说明奇异值分解在图像压缩中的应用,首先引入矩阵的F能量数(或称矩阵的Frobenius范数),即对于 $\boldsymbol{A}=[a_{ij}]\in\mathbf{R}^{m\times n}$,称

$$\|\boldsymbol{A}\|_{\mathrm{F}}=\sqrt{\operatorname{trace}(\boldsymbol{A}^{\mathrm{T}}\boldsymbol{A})}=\sqrt{\sum_{i=1}^{m}\sum_{j=1}^{n}a_{ij}^{2}} \tag{3.5.11}$$

为矩阵 $\boldsymbol{A}$ 的F能量数(或称矩阵的Frobenius范数).

定理3.5.4　矩阵 $\boldsymbol{A}=[a_{ij}]\in\mathbf{R}^{m\times n}$ 的F能量数具有正交不变性,即对于任意两个正交矩阵 $\boldsymbol{U}\in\mathbf{R}^{m\times m}$, $\boldsymbol{V}\in\mathbf{R}^{n\times n}$,都有 $\|\boldsymbol{UAV}\|_{\mathrm{F}}=\|\boldsymbol{UA}\|_{\mathrm{F}}=\|\boldsymbol{AV}\|_{\mathrm{F}}=\|\boldsymbol{A}\|_{\mathrm{F}}$;另外,若 $\operatorname{rank}\boldsymbol{A}=r$,则有 $\|\boldsymbol{A}\|_{\mathrm{F}}=\sqrt{\sum_{i=1}^{r}\sigma_i^2}$,其中 $\sigma_1,\sigma_2,\cdots,\sigma_r$ 为 $\boldsymbol{A}\in\mathbf{R}^{m\times n}$ 的奇异值.

证明:由

$$\|\boldsymbol{UAV}\|_{\mathrm{F}}=\sqrt{\operatorname{trace}((\boldsymbol{UAV})^{\mathrm{T}}(\boldsymbol{UAV}))}=\sqrt{\operatorname{trace}(\boldsymbol{V}^{\mathrm{T}}\boldsymbol{A}^{\mathrm{T}}\boldsymbol{AV})}=\sqrt{\operatorname{trace}(\boldsymbol{A}^{\mathrm{T}}\boldsymbol{A})}=\|\boldsymbol{A}\|_{\mathrm{F}}$$

即可证明该定理的前一部分.对于定理的后一部分,由矩阵的奇异值分解可知,对于 $\boldsymbol{A}\in\mathbf{R}^{m\times n}$, $\operatorname{rank}\boldsymbol{A}=r$,存在两个正交矩阵 $\boldsymbol{U}\in\mathbf{R}^{m\times m}$, $\boldsymbol{V}\in\mathbf{R}^{n\times n}$ 和矩阵 $\boldsymbol{D}\in\mathbf{R}^{m\times n}$,使得 $\boldsymbol{A}=\boldsymbol{UDV}^{\mathrm{T}}$,其中 $\boldsymbol{D}=\begin{bmatrix}\sum_r & \boldsymbol{0}_{r,n-r}\\ \boldsymbol{0}_{m-r,r} & \boldsymbol{0}_{m-r,n-r}\end{bmatrix}$,同时 $\sum_r=\operatorname{diag}(\sigma_1,\sigma_2,\cdots,\sigma_r)$, $\sigma_1,\sigma_2,\cdots,\sigma_r$ 为 $\boldsymbol{A}\in\mathbf{R}^{m\times n}$ 的奇异值,由定理的第一部分可知 $\|\boldsymbol{A}\|_{\mathrm{F}}=\|\boldsymbol{D}\|_{\mathrm{F}}=\sqrt{\sum_{i=1}^{r}\sigma_i^2}$,定理得证.

另外,由矩阵的奇异值分解可知, $\boldsymbol{A}\in\mathbf{R}^{m\times n}$ 还可以表示成 $\boldsymbol{A}=\sum_{i=1}^{r}\sigma_i\boldsymbol{u}_i\boldsymbol{v}_i^{\mathrm{T}}$ 的形式,且有 $\|\boldsymbol{A}\|_{\mathrm{F}}=\sqrt{\sum_{i=1}^{r}\sigma_i^2}$,若令 $\boldsymbol{A}_k=\sum_{i=1}^{k}\sigma_i\boldsymbol{u}_i\boldsymbol{v}_i^{\mathrm{T}},k\leqslant r$,则有 $\|\boldsymbol{A}_k\|_{\mathrm{F}}=\sqrt{\sum_{i=1}^{k}\sigma_i^2}$, $\|\boldsymbol{A}-\boldsymbol{A}_k\|_{\mathrm{F}}=\sqrt{\sum_{i=k+1}^{r}\sigma_i^2}$ 此时将 $\boldsymbol{A}_k$ 称为 $\boldsymbol{A}$ 的最佳平方秩 k 逼近,将

$$\eta=\frac{\|\boldsymbol{A}-\boldsymbol{A}_k\|_{\mathrm{F}}}{\|\boldsymbol{A}\|_{\mathrm{F}}}=\frac{\sqrt{\sum_{i=k+1}^{r}\sigma_i^2}}{\sqrt{\sum_{i=1}^{r}\sigma_i^2}} \tag{3.5.12}$$

称为 F 能量损失比(F 能量损失相对误差).

一个 $m\times n$ 像素的图像正好是一个 $m\times n$ 的矩阵 $\boldsymbol{A}\in\mathbf{R}^{m\times n}$,其中元素 a_{ij} 被解释为像素位置 (i,j) 处的亮度,换言之,矩阵元素从 0 到 1 被解释成像素从黑色(=0)经过各种浓淡的灰色变到白色(=1)(彩色也是可能的). 由于图像占据的内存是非常大的,传输图像速度非常慢,所以通常不去存放和传输所有 $m\times n$ 的矩阵元素,而是首先经过编码压缩图像,将压缩图像传输后,然后通过解码重构原来的图像. 由于 $\boldsymbol{A}_k=\sum\limits_{i=1}^{k}\sigma_i\boldsymbol{u}_i\boldsymbol{v}_i^{\mathrm{T}},k\leqslant r$,所以在图像处理过程中,存储和传输 $\boldsymbol{U}(:,1:k)=[\boldsymbol{u}_1,\boldsymbol{u}_2,\cdots,\boldsymbol{u}_k]$ 以及 $\boldsymbol{V}(:,1:k)=[\sigma_1\boldsymbol{v}_1,\sigma_2\boldsymbol{v}_2,\cdots,\sigma_k\boldsymbol{v}_k]$ 即可重构 $\boldsymbol{A}_k$,只要 $\boldsymbol{A}_k$ 能够充分接近于 $\boldsymbol{A}$,即能量损失比足够小,由 $\boldsymbol{A}_k$ 重构的图像基本保持和原图像 $\boldsymbol{A}$ 相同. 由于 $\boldsymbol{U}(:,1:k)$, $\boldsymbol{V}(:,1:k)$ 分别为 $m\times k$, $n\times k$ 的矩阵,即总共的存储或传输的像素数为 $(m+n)k$,为了度量图像压缩的程度,引入压缩比 $\bar{\omega}=\dfrac{(m+n)k}{mn}$. 尽管在图像压缩中压缩比越小越好,但是小的压缩比可能造成较大的能量损失比,从而使重构的图像失真程度比较大,为此,对 k 的选择既不能太大又不能太小,一般选择 k ,使得能量损失比 $\eta<0.85$ 为宜. 下面用一幅小丑图像的低秩最佳平方逼近进行图像压缩来说明奇异值分解的应用. 为此,编制以下 Matlab 程序 3.5.4.

程序 3.5.4　使用低秩最佳平方逼近压缩小丑图像.

程序3.5.4
(图3.5.3)

```
function [Ak,ita,omega]=clowncompress(k)
load clown.mat;
[u,s,v]=svd(X);
colormap('gray');
uk=u(:,1:k);sk=s(1:k,1:k);vk=v(:,1:k);
Ak=uk*sk*vk';
image(Ak);
ita=norm(X-Ak,'fro')./norm(X,'fro');%求 F 能量损失比
[m,n]=size(X);
omega=(m+n).*k/(m.*n);%求压缩比
```

运行程序 3.5.4,调用函数[Ak,ita,omega]=clowncompress(40)可得 F 能量损失比 $\eta=0.1212$,压缩比 $omega=0.3250$,其结果参见图 3.5.3.

3.5.4　矩阵奇异值分解在最小二乘问题及多项式拟合中的应用

线性方程组

$$\begin{cases}a_{11}x_1+a_{12}x_2+\cdots+a_{1n}x_n-b_1=0\\a_{21}x_1+a_{22}x_2+\cdots+a_{2n}x_n-b_2=0\\\cdots\cdots\\a_{m1}x_1+a_{m2}x_2+\cdots+a_{mn}x_n-b_m=0\end{cases}\tag{3.5.13}$$

可能无解,此时方程组(3.5.13)是不相容的. 于是希望求出这样的解 $x_1,x_2,\cdots,x_n$ 使

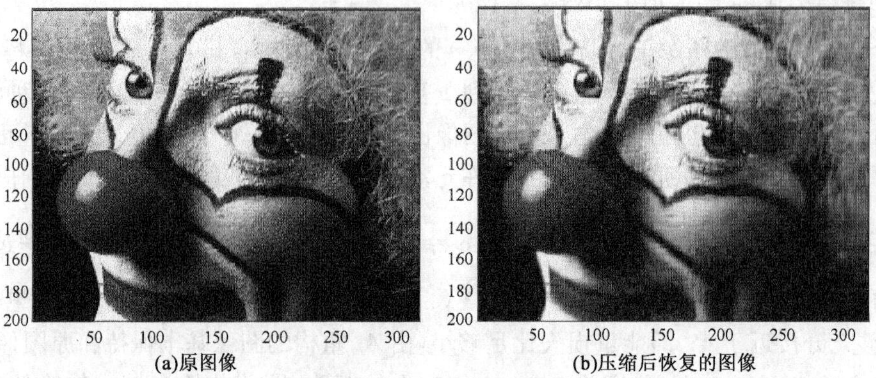

图 3.5.3　小丑图像的压缩

$$\sum_{i=1}^{m}(a_{i1}x_1+a_{i2}x_2+\cdots+a_{in}x_n-b_i)^2 \tag{3.5.14}$$

取得最小值,这就是最小二乘问题,相应的解 $x_1,x_2,\cdots,x_n$ 称为最小二乘解. 如果方程组(3.5.13)相容,则可能有无穷多个解,希望求出具有极小范数的解,即 $\boldsymbol{x}=[x_1,x_2,\cdots,x_n]^{\mathrm{T}}$ 的欧氏范数 $\|\boldsymbol{x}\|_2$ 取得最小值. 一般来说,最小二乘解也不是唯一的,故也要求在最小二乘解的集合中,得到具有极小范数的解,这样的解称为极小范数最小二乘解.

不管方程组(3.5.13)是否相容,问题都可归结为求解如下极值问题

$$\min_{x_1,x_2,\cdots,x_n}\sum_{i=1}^{m}(a_{i1}x_1+a_{i2}x_2+\cdots+a_{in}x_n-b_i)^2. \tag{3.5.15}$$

由高等数学可知,最小二乘解 $\boldsymbol{x}$ 必须满足条件

$$\sum_{i=1}^{m}a_{ij}(a_{i1}x_1+a_{i2}x_2+\cdots+a_{in}x_n-b_i)=0,\quad j=1,2,\cdots,n. \tag{3.5.16}$$

若记 $m\times n$ 矩阵 $\boldsymbol{A}=[a_{ij}]$, m 维列向量 $\boldsymbol{b}=[b_1,b_2,\cdots,b_m]^{\mathrm{T}}$,则极值问题(3.5.15)的矩阵形式为 $\min\limits_{\boldsymbol{x}}\|\boldsymbol{Ax}-\boldsymbol{b}\|_2^2$,而线性方程组(3.5.16)的矩阵形式为

$$\boldsymbol{A}^{\mathrm{T}}\boldsymbol{Ax}=\boldsymbol{A}^{\mathrm{T}}\boldsymbol{b}, \tag{3.5.17}$$

式(3.5.17)称为最小二乘问题(3.5.15)的正规方程组.

正规方程组(3.5.17)的解必然存在,因为

$$\mathrm{rank}\boldsymbol{A}^{\mathrm{T}}\boldsymbol{A}\leqslant\mathrm{rank}[\boldsymbol{A}^{\mathrm{T}}\boldsymbol{A}\,|\,\boldsymbol{A}^{\mathrm{T}}\boldsymbol{b}]=\mathrm{rank}\boldsymbol{A}^{\mathrm{T}}[\boldsymbol{A}\,|\,\boldsymbol{b}]\leqslant\mathrm{rank}\boldsymbol{A}=\mathrm{rank}\boldsymbol{A}^{\mathrm{T}}\boldsymbol{A},$$

故 $\mathrm{rank}[\boldsymbol{A}^{\mathrm{T}}\boldsymbol{A}\,|\,\boldsymbol{A}^{\mathrm{T}}\boldsymbol{b}]=\mathrm{rank}\boldsymbol{A}^{\mathrm{T}}\boldsymbol{A}$,即增广矩阵的秩等于系数矩阵的秩,因此正规方程组(3.5.17)有解.

当 n 阶方阵 $\boldsymbol{A}^{\mathrm{T}}\boldsymbol{A}$ 可逆,即 $\mathrm{rank}\boldsymbol{A}=n$ 时,正规方程组(3.5.17)有唯一的解

$$\boldsymbol{x}=(\boldsymbol{A}^{\mathrm{T}}\boldsymbol{A})^{-1}\boldsymbol{A}^{\mathrm{T}}\boldsymbol{b}, \tag{3.5.18}$$

当 $\mathrm{rank}\boldsymbol{A}<n$,即 $\boldsymbol{A}$ 不是列满秩矩阵时,则正规方程组(3.5.17)有无穷多个解. 这时如何求解极小范数最小二乘解呢? 这就与 Moore-Penrose 广义逆有关.

定义 3.5.2　假设 $\boldsymbol{A}\in\mathbf{R}^{m\times n}$,如果存在一个矩阵 $\boldsymbol{G}\in\mathbf{R}^{n\times m}$ 满足下列四个条件:

(1) $\boldsymbol{AGA}=\boldsymbol{A}$;(2) $\boldsymbol{GAG}=\boldsymbol{G}$;(3) $(\boldsymbol{AG})^{\mathrm{T}}=\boldsymbol{AG}$;(4) $(\boldsymbol{GA})^{\mathrm{T}}=\boldsymbol{GA}$,

则称 $\boldsymbol{G}$ 为 $\boldsymbol{A}$ 的 Moore-Penrose 广义逆,记为 $\boldsymbol{A}^{+}$.

定理 3.5.5　对于任意矩阵 $\boldsymbol{A}\in\mathbf{R}^{m\times n}$，$\boldsymbol{A}^{+}$ 存在且唯一.

证明：唯一性：设 $\boldsymbol{G}_1,\boldsymbol{G}_2$ 均是 $\boldsymbol{A}$ 的 Moore-Penrose 广义逆，则由定义 3.5.2 得出

$$\begin{aligned}\boldsymbol{G}_1&=\boldsymbol{G}_1(\boldsymbol{A}\boldsymbol{G}_1)=\boldsymbol{G}_1(\boldsymbol{A}\boldsymbol{G}_1)^{\mathrm{T}}=\boldsymbol{G}_1\boldsymbol{G}_1^{\mathrm{T}}\boldsymbol{A}^{\mathrm{T}}=\boldsymbol{G}_1\boldsymbol{G}_1^{\mathrm{T}}\boldsymbol{A}^{\mathrm{T}}\boldsymbol{G}_2^{\mathrm{T}}\boldsymbol{A}^{\mathrm{T}}\\&=\boldsymbol{G}_1(\boldsymbol{A}\boldsymbol{G}_1)^{\mathrm{T}}(\boldsymbol{A}\boldsymbol{G}_2)^{\mathrm{T}}=\boldsymbol{G}_1(\boldsymbol{A}\boldsymbol{G}_1\boldsymbol{A})\boldsymbol{G}_2\\&=\boldsymbol{G}_1\boldsymbol{A}\boldsymbol{G}_2=(\boldsymbol{G}_1\boldsymbol{A})^{\mathrm{T}}(\boldsymbol{G}_2\boldsymbol{A})^{\mathrm{T}}\boldsymbol{G}_2\\&=(\boldsymbol{G}_2\boldsymbol{A}\boldsymbol{G}_1\boldsymbol{A})^{\mathrm{T}}\boldsymbol{G}_2=\boldsymbol{G}_2\boldsymbol{A}\boldsymbol{G}_2=\boldsymbol{G}_2.\end{aligned}$$

存在性：不妨设 $\operatorname{rank}\boldsymbol{A}=r$，若 $r=0$，则 $\boldsymbol{A}$ 是 $m\times n$ 零矩阵，容易验证 $m\times n$ 零矩阵满足上述四个条件；若 $r>0$，则对 $\boldsymbol{A}$ 进行奇异值分解

$$\boldsymbol{A}=\boldsymbol{U}\begin{bmatrix}\sum_r & \mathbf{0}_{r\times(n-r)}\\ \mathbf{0}_{(m-r)\times r} & \mathbf{0}_{(m-r)\times(n-r)}\end{bmatrix}\boldsymbol{V}^{\mathrm{T}},$$

其中 $\sum_r=\operatorname{diag}(\sigma_1,\sigma_2,\cdots,\sigma_r)$，且 $\boldsymbol{U}\in\mathbf{R}^{m\times m}$ 和 $\boldsymbol{V}\in\mathbf{R}^{n\times n}$ 是正交矩阵.

容易验证 $\boldsymbol{A}^{+}=\boldsymbol{V}\begin{bmatrix}\sum_r^{-1} & \mathbf{0}_{r\times(n-r)}\\ \mathbf{0}_{(m-r)\times r} & \mathbf{0}_{(m-r)\times(n-r)}\end{bmatrix}\boldsymbol{U}^{\mathrm{T}}$ 满足上述四个条件，从而是 $\boldsymbol{A}$ 的 Moore-Penrose 广义逆.

也可以利用矩阵的满秩分解求其 Moore-Penrose 广义逆，满秩分解由定义 3.5.3 给出.

定义 3.5.3　设 $\boldsymbol{A}\in\mathbf{R}^{m\times n}$ 是秩为 $r>0$ 的矩阵. 如果存在列满秩矩阵 $\boldsymbol{F}\in\mathbf{R}^{m\times r}$ 和行满秩矩阵 $\boldsymbol{K}\in\mathbf{R}^{r\times n}$，使得 $\boldsymbol{A}=\boldsymbol{F}\boldsymbol{K}$，则称其为 $\boldsymbol{A}$ 的满秩分解.

定理 3.5.6　任意秩 $r>0$ 的矩阵 $\boldsymbol{A}\in\mathbf{R}^{m\times n}$ 必有满秩分解.

证明：由于 $\operatorname{rank}\boldsymbol{A}=r$，所以存在可逆矩阵 $\boldsymbol{P}\in\mathbf{R}^{m\times m}$ 和 $\boldsymbol{Q}\in\mathbf{R}^{n\times n}$，使

$$\boldsymbol{A}=\boldsymbol{P}\begin{bmatrix}\boldsymbol{E}_r & \mathbf{0}_{r\times(n-r)}\\ \mathbf{0}_{(m-r)\times r} & \mathbf{0}_{(m-r)\times(n-r)}\end{bmatrix}\boldsymbol{Q}=\boldsymbol{P}\begin{bmatrix}\boldsymbol{E}_r\\ \mathbf{0}_{(m-r)\times r}\end{bmatrix}\begin{bmatrix}\boldsymbol{E}_r & \mathbf{0}_{r\times(n-r)}\end{bmatrix}\boldsymbol{Q}=\boldsymbol{F}\boldsymbol{K},$$

其中 $\boldsymbol{F}=\boldsymbol{P}\begin{bmatrix}\boldsymbol{E}_r\\ \mathbf{0}_{(m-r)\times r}\end{bmatrix}$，它是 $\boldsymbol{P}$ 的前 r 列组成的矩阵，由于 $\boldsymbol{P}$ 可逆，所以 $\operatorname{rank}(\boldsymbol{F})=r$；$\boldsymbol{K}=\begin{bmatrix}\boldsymbol{E}_r & \mathbf{0}_{r\times(n-r)}\end{bmatrix}\boldsymbol{Q}$，它是 $\boldsymbol{Q}$ 的前 r 行组成的矩阵，由于 $\boldsymbol{Q}$ 可逆，所以 $\operatorname{rank}(\boldsymbol{K})=r$，此时 $\boldsymbol{F}\boldsymbol{K}$ 即是 $\boldsymbol{A}$ 的一个满秩分解.

需要说明的是，$\boldsymbol{A}$ 的满秩分解不是唯一的. 因为若 $\boldsymbol{D}$ 是任意一个 r 阶可逆矩阵，则有

$$\boldsymbol{A}=\boldsymbol{F}\boldsymbol{K}=\boldsymbol{F}\boldsymbol{D}\boldsymbol{D}^{-1}\boldsymbol{K}=(\boldsymbol{F}\boldsymbol{D})(\boldsymbol{D}^{-1}\boldsymbol{K})=\boldsymbol{F}_1\boldsymbol{K}_1,$$

其中 $\boldsymbol{F}_1=\boldsymbol{F}\boldsymbol{D},\boldsymbol{K}_1=\boldsymbol{D}^{-1}\boldsymbol{K}$，它也是 $\boldsymbol{A}$ 的一个满秩分解.

求矩阵 $\boldsymbol{A}$ 的满秩分解的一种方法如下，由于 $\operatorname{rank}\boldsymbol{A}=r>0$，故 $\boldsymbol{A}$ 有 r 个线性无关的列向量，不妨假设 $\boldsymbol{A}$ 的前 r 个列向量线性无关，将 $\boldsymbol{A}$ 分块表示为 $\boldsymbol{A}=[\boldsymbol{B}_{m\times r},\boldsymbol{C}_{m\times(n-r)}]$，则存在 $\boldsymbol{S}\in\mathbf{R}^{r\times(n-r)}$，使得 $\boldsymbol{A}=[\boldsymbol{B},\boldsymbol{B}\boldsymbol{S}]=\boldsymbol{B}[\boldsymbol{E},\boldsymbol{S}]$，令 $\boldsymbol{F}=\boldsymbol{B}$，$\boldsymbol{K}=[\boldsymbol{E},\boldsymbol{S}]$，则 $\boldsymbol{F},\boldsymbol{K}$ 是满秩矩阵，且 $\boldsymbol{A}=\boldsymbol{F}\boldsymbol{K}$ 是 $\boldsymbol{A}$ 的一个满秩分解.

定理 3.5.7　若 $\boldsymbol{A}=\boldsymbol{F}\boldsymbol{K}$ 是秩 $r>0$ 的矩阵 $\boldsymbol{A}\in\mathbf{R}^{m\times n}$ 的一个满秩分解，则 $\boldsymbol{A}$ 的 Moore-Penrose广义逆为

$$\boldsymbol{A}^{+}=\boldsymbol{K}^{\mathrm{T}}(\boldsymbol{K}\boldsymbol{K}^{\mathrm{T}})^{-1}(\boldsymbol{F}^{\mathrm{T}}\boldsymbol{F})^{-1}\boldsymbol{F}^{\mathrm{T}}.\tag{3.5.19}$$

证明:容易验证 $\boldsymbol{G}=\boldsymbol{K}^{\mathrm{T}}(\boldsymbol{K}\boldsymbol{K}^{\mathrm{T}})^{-1}(\boldsymbol{F}^{\mathrm{T}}\boldsymbol{F})^{-1}\boldsymbol{F}^{\mathrm{T}}$ 满足定义 3.5.2 四个条件,因此 $\boldsymbol{A}^{+}=\boldsymbol{G}$.

例 3.5.2 设

$$\boldsymbol{A}=\begin{bmatrix}1 & 0 & -1 & 1\\ 0 & 2 & 2 & 2\\ -1 & 4 & 5 & 3\end{bmatrix},$$

试求 $\boldsymbol{A}$ 的满秩分解及 $\boldsymbol{A}$ 的 Moore-Penrose 广义逆.

解:

$$\begin{bmatrix}1 & 0 & -1 & 1\\ 0 & 2 & 2 & 2\\ -1 & 4 & 5 & 3\end{bmatrix}\to\begin{bmatrix}1 & 0 & -1 & 1\\ 0 & 2 & 2 & 2\\ 0 & 4 & 4 & 4\end{bmatrix}\to\begin{bmatrix}1 & 0 & -1 & 1\\ 0 & 1 & 1 & 1\\ 0 & 0 & 0 & 0\end{bmatrix},$$

因此,取 $\boldsymbol{A}$ 的前两个列向量所组成的矩阵为 $\boldsymbol{F}$,即 $\boldsymbol{F}=\begin{bmatrix}1 & 0\\ 0 & 2\\ -1 & 4\end{bmatrix}$,取 $\boldsymbol{A}$ 行变换后得到的前两行所组成的子矩阵为 $\boldsymbol{K}$,即 $\boldsymbol{K}=\begin{bmatrix}1 & 0 & -1 & 1\\ 0 & 1 & 1 & 1\end{bmatrix}$,此时 $\boldsymbol{A}=\boldsymbol{F}\boldsymbol{K}$ 是 $\boldsymbol{A}$ 的一个满秩分解.

因此,由定理 3.5.7 可知,$\boldsymbol{A}$ 的 Moore-Penrose 广义逆

$$\boldsymbol{A}^{+}=\boldsymbol{K}^{\mathrm{T}}(\boldsymbol{K}\boldsymbol{K}^{\mathrm{T}})^{-1}(\boldsymbol{F}^{\mathrm{T}}\boldsymbol{F})^{-1}\boldsymbol{F}^{\mathrm{T}}=\begin{bmatrix}1 & 0\\ 0 & 1\\ -1 & 1\\ 1 & 1\end{bmatrix}\begin{bmatrix}3 & 0\\ 0 & 3\end{bmatrix}^{-1}\begin{bmatrix}2 & -4\\ -4 & 20\end{bmatrix}^{-1}\begin{bmatrix}1 & 0 & -1\\ 0 & 2 & 4\end{bmatrix}$$

$$=\frac{1}{18}\begin{bmatrix}5 & 2 & 1\\ 1 & 1 & 1\\ -4 & -1 & 2\\ 6 & 3 & 0\end{bmatrix}.$$

定理 3.5.8 $\hat{\boldsymbol{x}}=\boldsymbol{A}^{+}\boldsymbol{b}$ 是最小二乘问题(3.5.15)的极小范数最小二乘解.

证明:先证 $\hat{\boldsymbol{x}}=\boldsymbol{A}^{+}\boldsymbol{b}$ 是最小二乘解,即满足正规方程(3.5.17).事实上

$$\boldsymbol{A}^{\mathrm{T}}\boldsymbol{A}\hat{\boldsymbol{x}}=\boldsymbol{A}^{\mathrm{T}}\boldsymbol{A}\boldsymbol{A}^{+}\boldsymbol{b}=\boldsymbol{A}^{\mathrm{T}}(\boldsymbol{A}\boldsymbol{A}^{+})^{\mathrm{T}}\boldsymbol{b}=[(\boldsymbol{A}\boldsymbol{A}^{+})\boldsymbol{A}]^{\mathrm{T}}\boldsymbol{b}=\boldsymbol{A}^{\mathrm{T}}\boldsymbol{b},$$

再证 $\hat{\boldsymbol{x}}$ 是极小范数最小二乘解,假设 $\boldsymbol{y}$ 是任一最小二乘解,则有

$$(\boldsymbol{A}\boldsymbol{y}-\boldsymbol{b},\boldsymbol{A}\boldsymbol{y}-\boldsymbol{b})=(\boldsymbol{A}\hat{\boldsymbol{x}}-b,\boldsymbol{A}\hat{\boldsymbol{x}}-\boldsymbol{b}),$$

而

$$(\boldsymbol{Ay}-\boldsymbol{b},\boldsymbol{Ay}-\boldsymbol{b})=(\boldsymbol{A}(\boldsymbol{y}-\hat{\boldsymbol{x}})+\boldsymbol{A}\hat{\boldsymbol{x}}-\boldsymbol{b},\boldsymbol{A}(\boldsymbol{y}-\hat{\boldsymbol{x}})+\boldsymbol{A}\hat{\boldsymbol{x}}-\boldsymbol{b})$$

$$=(\boldsymbol{A}(\boldsymbol{y}-\hat{\boldsymbol{x}}),\boldsymbol{A}(\boldsymbol{y}-\hat{\boldsymbol{x}}))+2(\boldsymbol{A}(\boldsymbol{y}-\hat{\boldsymbol{x}}),\boldsymbol{A}\hat{\boldsymbol{x}}-\boldsymbol{b})+(\boldsymbol{A}\hat{\boldsymbol{x}}-\boldsymbol{b},\boldsymbol{A}\hat{\boldsymbol{x}}-\boldsymbol{b})$$

$$=(\boldsymbol{A}(\boldsymbol{y}-\hat{\boldsymbol{x}}),\boldsymbol{A}(\boldsymbol{y}-\hat{\boldsymbol{x}}))+2(\boldsymbol{y}-\hat{\boldsymbol{x}})^{\mathrm{T}}\boldsymbol{A}^{\mathrm{T}}(\boldsymbol{A}\hat{\boldsymbol{x}}-\boldsymbol{b})+(\boldsymbol{A}\hat{\boldsymbol{x}}-\boldsymbol{b},\boldsymbol{A}\hat{\boldsymbol{x}}-\boldsymbol{b})$$

$$=(\boldsymbol{A}(\boldsymbol{y}-\hat{\boldsymbol{x}}),\boldsymbol{A}(\boldsymbol{y}-\hat{\boldsymbol{x}}))+(\boldsymbol{A}\hat{\boldsymbol{x}}-\boldsymbol{b},\boldsymbol{A}\hat{\boldsymbol{x}}-\boldsymbol{b}),$$

代入 $(\boldsymbol{Ay}-\boldsymbol{b},\boldsymbol{Ay}-\boldsymbol{b})=(\boldsymbol{A}\hat{\boldsymbol{x}}-\boldsymbol{b},\boldsymbol{A}\hat{\boldsymbol{x}}-\boldsymbol{b})$ 式后得 $(\boldsymbol{A}(\boldsymbol{y}-\hat{\boldsymbol{x}}),\boldsymbol{A}(\boldsymbol{y}-\hat{\boldsymbol{x}}))=0$，故

$$\boldsymbol{A}(\boldsymbol{y}-\hat{\boldsymbol{x}})=\boldsymbol{0}, \qquad \boldsymbol{y}-\hat{\boldsymbol{x}}\in N(\boldsymbol{A}).$$

另一方面，由于

$$\hat{\boldsymbol{x}}=\boldsymbol{A}^{+}\boldsymbol{b}=\boldsymbol{A}^{+}\boldsymbol{A}\boldsymbol{A}^{+}\boldsymbol{b}=(\boldsymbol{A}^{+}\boldsymbol{A})^{\mathrm{T}}\boldsymbol{A}^{+}\boldsymbol{b}=\boldsymbol{A}^{\mathrm{T}}(\boldsymbol{A}^{+})^{\mathrm{T}}\boldsymbol{A}^{+}\boldsymbol{b},$$

故 $\hat{\boldsymbol{x}}\in R(\boldsymbol{A}^{\mathrm{T}})=[N(\boldsymbol{A})]^{\perp}$，因此 $\hat{\boldsymbol{x}}\perp \boldsymbol{y}-\hat{\boldsymbol{x}}$. 于是

$$\|\boldsymbol{y}\|_2^2=(\boldsymbol{y},\boldsymbol{y})=(\boldsymbol{y}-\hat{\boldsymbol{x}}+\hat{\boldsymbol{x}},\boldsymbol{y}-\hat{\boldsymbol{x}}+\hat{\boldsymbol{x}})=(\boldsymbol{y}-\hat{\boldsymbol{x}},\boldsymbol{y}-\hat{\boldsymbol{x}})+(\hat{\boldsymbol{x}},\hat{\boldsymbol{x}})$$

$$=\|\boldsymbol{y}-\hat{\boldsymbol{x}}\|_2^2+\|\hat{\boldsymbol{x}}\|_2^2\geqslant\|\hat{\boldsymbol{x}}\|_2^2,$$

且仅当 $\boldsymbol{y}=\hat{\boldsymbol{x}}$ 时等号才成立，这就证明了 $\hat{\boldsymbol{x}}=\boldsymbol{A}^{+}\boldsymbol{b}$ 是极小范数最小二乘解.

例 3.5.3　设

$$\boldsymbol{A}=\begin{bmatrix}1&2&0&1\\0&1&1&3\\2&5&1&5\end{bmatrix},\quad \boldsymbol{b}=\begin{bmatrix}3\\2\\3\end{bmatrix},$$

试求 $\boldsymbol{A}$ 的满秩分解及 $\boldsymbol{A}$ 的 Moore-Penrose 广义逆，以及 $\boldsymbol{Ax}=\boldsymbol{b}$ 的极小范数最小二乘解.

解：

$$\begin{bmatrix}1&2&0&1\\0&1&1&3\\2&5&1&5\end{bmatrix}\to\begin{bmatrix}1&2&0&1\\0&1&1&3\\0&1&1&3\end{bmatrix}\to\begin{bmatrix}1&2&0&1\\0&1&1&3\\0&0&0&0\end{bmatrix}\to\begin{bmatrix}1&0&-2&-5\\0&1&1&3\\0&0&0&0\end{bmatrix},$$

因此，取 $\boldsymbol{A}$ 的前两个列向量所组成的矩阵为 $\boldsymbol{F}$，即 $\boldsymbol{F}=\begin{bmatrix}1&2\\0&1\\2&5\end{bmatrix}$，取 $\boldsymbol{A}$ 行变换后得到的前两行所组成的子矩阵为 $\boldsymbol{K}$，即 $\boldsymbol{K}=\begin{bmatrix}1&0&-2&-5\\0&1&1&3\end{bmatrix}$，此时 $\boldsymbol{A}=\boldsymbol{FK}$ 是 $\boldsymbol{A}$ 的一个满秩分解.

因此，由定理 3.5.7 可知，$\boldsymbol{A}$ 的 Moore-Penrose 广义逆为

$$A^{+}=K^{\mathrm{T}}(KK^{\mathrm{T}})^{-1}(F^{\mathrm{T}}F)^{-1}F^{\mathrm{T}}=\begin{bmatrix}1&0\\0&1\\-2&1\\-5&3\end{bmatrix}\begin{bmatrix}30&-17\\-17&11\end{bmatrix}^{-1}\begin{bmatrix}5&12\\12&30\end{bmatrix}^{-1}\begin{bmatrix}1&0&2\\2&1&5\end{bmatrix}$$

$$=\frac{1}{3}\times\frac{1}{41}\begin{bmatrix}1&0\\0&1\\-2&1\\-5&3\end{bmatrix}\begin{bmatrix}11&17\\17&30\end{bmatrix}\begin{bmatrix}30&-12\\-12&5\end{bmatrix}\begin{bmatrix}1&0&2\\2&1&5\end{bmatrix}=\frac{1}{123}\begin{bmatrix}32&-47&17\\42&-54&30\\-22&40&-4\\-34&73&5\end{bmatrix},$$

再由定理 3.5.8 可知

$$\hat{x}=A^{+}b=\frac{1}{123}\begin{bmatrix}32&-47&17\\42&-54&30\\-22&40&-4\\-34&73&5\end{bmatrix}\begin{bmatrix}3\\2\\3\end{bmatrix}=\frac{1}{123}\begin{bmatrix}53\\108\\2\\59\end{bmatrix}$$

是 $Ax=b$ 的极小范数最小二乘解.

3.6 酉空间的定义及性质

定义 3.6.1 给定复线性空间 $V(\mathbf{C})$，定义映射 $(\cdot,\cdot):V(\mathbf{C})\times V(\mathbf{C})\to\mathbf{C}$，若其满足以下条件：

(1)正性：$\forall\alpha\in V(\mathbf{C})$，$(\alpha,\alpha)\geqslant 0$ 且 $(\alpha,\alpha)=0\iff\alpha=\mathbf{0}$；

(2)共轭对称性：$\forall\alpha,\beta\in V(\mathbf{C}),(\alpha,\beta)=\overline{(\beta,\alpha)}$，其中 $\overline{(\beta,\alpha)}$ 表示 (β,α) 的共轭；

(3)可加性：$\forall\alpha,\beta,\gamma\in V(\mathbf{C}),(\alpha+\beta,\gamma)=(\alpha,\gamma)+(\beta,\gamma)$；

(4)齐性：$\forall\alpha\in V(\mathbf{C}),\forall k\in\mathbf{C},(k\alpha,\beta)=k(\alpha,\beta)$，

则称该映射为向量 α 与 β 的内积；具有内积的复线性空间 $V(\mathbf{C})$ 称为酉空间，记为 $[V(\mathbf{C}),(\cdot,\cdot)]$，简记为 $V(\mathbf{C})$．对任意 $\alpha\in V(\mathbf{C})$，称 $\|\alpha\|=\sqrt{(\alpha,\alpha)}$ 为向量 α 的酉长度或模. 当 $\|\alpha\|=1$ 时，称 α 为单位向量，若 $\forall\alpha,\beta\in V(\mathbf{C}),(\alpha,\beta)=0$，则称向量 α,β 正交.

例 3.6.1 $\forall x,y\in\mathbf{C}^n$，定义 $(x,y)=y^{*}x=\sum\limits_{i=1}^{n}x_i\bar{y}_i$，可以验证 $\mathbf{C}^n$ 构成一个酉空间，其中 * 表示共轭转置.

类似于欧氏空间，有如下定理 3.6.1.

定理 3.6.1 酉空间中两两正交的非零向量组是线性无关的.

定义 3.6.2 如果 $\varepsilon_1,\varepsilon_2,\cdots,\varepsilon_n$ 是 $V^n(\mathbf{C})$ 中的一组两两正交的非零向量，即 $\forall i\neq j$，都有 $(\varepsilon_i,\varepsilon_j)=0$，则称其为 $V^n(\mathbf{C})$ 的一组正交基，如果 $\varepsilon_1,\varepsilon_2,\cdots,\varepsilon_n$ 是 $V^n(\mathbf{C})$ 中的一组两两正交的单位向量，即

$$(\varepsilon_i,\varepsilon_j)=\delta_{ij}=\begin{cases}1, & i=j,\\0, & i\neq j,\end{cases}\tag{3.6.1}$$

则称其为 $V^n(\mathbf{C})$ 的一组标准正交基.

定理 3.6.2　若 $\boldsymbol{\varepsilon}_1,\boldsymbol{\varepsilon}_2,\cdots,\boldsymbol{\varepsilon}_n$ 是 n 维酉空间 $V^n(\mathbf{C})$ 的一组基，

$$\boldsymbol{G}=\begin{pmatrix}(\boldsymbol{\varepsilon}_1,\boldsymbol{\varepsilon}_1) & (\boldsymbol{\varepsilon}_1,\boldsymbol{\varepsilon}_2) & \cdots & (\boldsymbol{\varepsilon}_1,\boldsymbol{\varepsilon}_n)\\ (\boldsymbol{\varepsilon}_2,\boldsymbol{\varepsilon}_1) & (\boldsymbol{\varepsilon}_2,\boldsymbol{\varepsilon}_2) & \cdots & (\boldsymbol{\varepsilon}_2,\boldsymbol{\varepsilon}_n)\\ \vdots & \vdots & & \vdots\\ (\boldsymbol{\varepsilon}_n,\boldsymbol{\varepsilon}_1) & (\boldsymbol{\varepsilon}_n,\boldsymbol{\varepsilon}_2) & \cdots & (\boldsymbol{\varepsilon}_n,\boldsymbol{\varepsilon}_n)\end{pmatrix} \tag{3.6.2}$$

称为基 $\boldsymbol{\varepsilon}_1,\boldsymbol{\varepsilon}_2,\cdots,\boldsymbol{\varepsilon}_n$ 所对应的度量矩阵，则 $\boldsymbol{G}$ 是 Hermite 矩阵（即 $\boldsymbol{G}^*=\boldsymbol{G}$）且为正定矩阵（即 $\boldsymbol{G}$ 的所有特征值大于零），其中 $*$ 表示共轭转置.

对于 $V^n(\mathbf{C})$ 上两组基所对应的度量矩阵的关系可由下面的定理 3.6.3 加以说明.

定理 3.6.3　假设 $\boldsymbol{\varepsilon}_1,\boldsymbol{\varepsilon}_2,\cdots\boldsymbol{\varepsilon}_n$，$\boldsymbol{\eta}_1,\boldsymbol{\eta}_2,\cdots,\boldsymbol{\eta}_n$ 是 $V^n(\mathbf{C})$ 上的两组基且其对应度量矩阵分别为 $\boldsymbol{G}$ 和 $\boldsymbol{H}$，则存在可逆矩阵 $\boldsymbol{U}$ 使得 $\boldsymbol{G}=\boldsymbol{U}^*\boldsymbol{H}\boldsymbol{U}$（称 $\boldsymbol{G}$ 和 $\boldsymbol{H}$ 为复合同关系），其中 $\boldsymbol{U}$ 是 $\boldsymbol{\eta}_1,\boldsymbol{\eta}_2,\cdots,\boldsymbol{\eta}_n$ 到 $\boldsymbol{\varepsilon}_1,\boldsymbol{\varepsilon}_2,\cdots\boldsymbol{\varepsilon}_n$ 过渡矩阵.

上面定理 3.6.3 给出了 $V^n(\mathbf{C})$ 上两组基所对应的度量矩阵的关系，下面定理 3.6.4 进一步给出了 $V^n(\mathbf{C})$ 上两组标准正交基的关系.

定理 3.6.4　假设 $\boldsymbol{\varepsilon}_1,\boldsymbol{\varepsilon}_2,\cdots\boldsymbol{\varepsilon}_n$ 是 $V^n(\mathbf{C})$ 的一组标准正交基，令

$$\{\boldsymbol{\varepsilon}_1,\boldsymbol{\varepsilon}_2,\cdots\boldsymbol{\varepsilon}_n\}=\{\boldsymbol{\eta}_1,\boldsymbol{\eta}_2,\cdots,\boldsymbol{\eta}_n\}\boldsymbol{U}, \tag{3.6.3}$$

则 $\boldsymbol{\eta}_1,\boldsymbol{\eta}_2,\cdots,\boldsymbol{\eta}_n$ 是一组标准正交基的充分必要条件为 $\boldsymbol{U}$ 是酉矩阵，即 $\boldsymbol{U}^*\boldsymbol{U}=\boldsymbol{E}$.

定理 3.6.4 实际上给出了酉矩阵的一个等价定义，即酉矩阵就是酉空间上两组标准正交基间的过渡矩阵.

尽管有限维酉空间的标准正交基是存在的，但是如何通过一组基来构造标准正交基从而实现标准正交基到这组基的过渡呢？施密特(Schmidt)标准正交化方法可以实现这一过程. 将以上问题可以描述为，给定 $V^n(\mathbf{C})$ 中一个线性无关的向量组 $\boldsymbol{\alpha}_1,\boldsymbol{\alpha}_2,\cdots,\boldsymbol{\alpha}_s$，要求构造一个新向量组 $\boldsymbol{\gamma}_1,\boldsymbol{\gamma}_2,\cdots,\boldsymbol{\gamma}_s$，满足：

(1) $\operatorname{span}\{\boldsymbol{\gamma}_1,\boldsymbol{\gamma}_2,\cdots,\boldsymbol{\gamma}_i\}=\operatorname{span}\{\boldsymbol{\alpha}_1,\boldsymbol{\alpha}_2,\cdots,\boldsymbol{\alpha}_i\}, i=1,2,\cdots,s$；

(2) $\boldsymbol{\gamma}_1,\boldsymbol{\gamma}_2,\cdots,\boldsymbol{\gamma}_s$ 两两正交，且 $\|\boldsymbol{\gamma}_i\|=1, i=1,2,\cdots,s$.

具体过程如下：

(1)施密特(Schmidt)正交化过程.

$$\begin{cases}\boldsymbol{\beta}_1=\boldsymbol{\alpha}_1,\\ \boldsymbol{\beta}_2=\boldsymbol{\alpha}_2-\dfrac{(\boldsymbol{\alpha}_2,\boldsymbol{\beta}_1)}{(\boldsymbol{\beta}_1,\boldsymbol{\beta}_1)}\boldsymbol{\beta}_1,\\ \cdots\cdots\\ \boldsymbol{\beta}_s=\boldsymbol{\alpha}_s-\dfrac{(\boldsymbol{\alpha}_s,\boldsymbol{\beta}_1)}{(\boldsymbol{\beta}_1,\boldsymbol{\beta}_1)}\boldsymbol{\beta}_1-\cdots-\dfrac{(\boldsymbol{\alpha}_s,\boldsymbol{\beta}_{s-1})}{(\boldsymbol{\beta}_{s-1},\boldsymbol{\beta}_{s-1})}\boldsymbol{\beta}_{s-1},\end{cases} \tag{3.6.4}$$

此时 $\boldsymbol{\beta}_1,\boldsymbol{\beta}_2,\cdots,\boldsymbol{\beta}_s$ 是两两正交的,即为正交向量组.

(2)施密特(Schmidt)标准化过程.

$$\boldsymbol{\gamma}_i=\frac{1}{\|\boldsymbol{\beta}_i\|}\boldsymbol{\beta}_i,i=1,2,\cdots,s, \tag{3.6.5}$$

此时 $\boldsymbol{\gamma}_1,\boldsymbol{\gamma}_2,\cdots,\boldsymbol{\gamma}_s$ 是两两正交的且是单位向量,即为标准正交向量组.

另外,类似于欧式空间,在酉空间中也存在 QR 分解.

定理 3.6.5 (QR 分解定理)对于任何一个 $\boldsymbol{A}\in\mathbf{C}^{n\times s}$,则必然存在 n 阶酉矩阵 $\boldsymbol{Q}$ 和一个 $n\times s$ 阶准三角形矩阵 $\boldsymbol{R}$,使得 $\boldsymbol{A}=\boldsymbol{QR}$. 特别当 $\boldsymbol{A}\in\mathbf{C}^{n\times n}$ 时,则必然存在 n 阶酉矩阵 $\boldsymbol{Q}$ 和一个 n 阶上三角形矩阵 $\boldsymbol{R}$,使得 $\boldsymbol{A}=\boldsymbol{QR}$.

注: 在 Matlab 中实现这一过程所用函数为[Q,R]=qr(A).

在 Matlab 命令窗口运行程序 A=magic(3)+i * hilb(3); [Q,R]=qr(A)可得 $\boldsymbol{A}$ 的 QR 分解为

$$\boldsymbol{Q}=\begin{bmatrix}-0.8416-0.1052i & 0.5212+0.0142i & -0.0920+0.0179i\\ -0.3156-0.0526i & -0.3657-0.0023i & 0.8740-0.0066i\\ -0.4208-0.0351i & -0.7709-0.0063i & -0.4765+0.0157i\end{bmatrix},$$

$$\boldsymbol{R}=\begin{bmatrix}-9.5058 & -6.2856+0.0526i & -8.1555+0.6259i\\ 0 & -8.2409 & -0.9713-0.1281i\\ 0 & 0 & 4.6206\end{bmatrix}.$$

3.7 酉 变 换

定义 3.7.1 设 $V^n(\mathbf{C})$ 是 n 维酉空间,U 是 $V^n(\mathbf{C})$ 上的一个线性变换. 如果 $\forall\boldsymbol{\alpha},\boldsymbol{\beta}\in V^n(\mathbf{C})$ 都有

$$(U\boldsymbol{\alpha},U\boldsymbol{\beta})=(\boldsymbol{\alpha},\boldsymbol{\beta}), \tag{3.7.1}$$

则称 U 是 $V^n(\mathbf{C})$ 上的一个酉变换.

类似于正交变换的等价命题,酉变换也有以下四个等价表述.

定理 3.7.1 若 U 是酉空间 $V^n(\mathbf{C})$ 上的一个线性变换,则下列命题等价:

(1) U 是酉变换;

(2) U 把 $V^n(\mathbf{C})$ 的标准正交基变为标准正交基;

(3) U 在标准正交基下的矩阵为酉矩阵;

(4)对任意 $\boldsymbol{\alpha}\in V^n(\mathbf{C})$, $\|U\boldsymbol{\alpha}\|=\|\boldsymbol{\alpha}\|$.

类似于正交矩阵特征值的性质,酉矩阵的特征值具有如下定理 3.7.2.

定理 3.7.2　若 $Q \in \mathbf{C}^{n\times n}$ 是一个酉矩阵,则其所有特征值的模为 1,即 $|\lambda(Q)| = 1$,另外,$Q \in \mathbf{C}^{n\times n}$ 列(行)向量组是 $\mathbf{C}^n$ 上的一组标准正交基.

证明:假设 $\lambda(Q)$ 是酉矩阵 $Q \in \mathbf{C}^{n\times n}$ 的任一特征值,且 $\boldsymbol{u}$ 是对应的特征向量,则有 $Q\boldsymbol{u} = \lambda(Q)\boldsymbol{u}$,从而 $(Q\boldsymbol{u}, Q\boldsymbol{u}) = (\lambda(Q)\boldsymbol{u}, \lambda(Q)\boldsymbol{u}) = |\lambda(Q)|^2(\boldsymbol{u}, \boldsymbol{u})$,另外 $(Q\boldsymbol{u}, Q\boldsymbol{u}) = (Q\boldsymbol{u})^* Q\boldsymbol{u} = \boldsymbol{u}^* Q^* Q\boldsymbol{u} = \boldsymbol{u}^* \boldsymbol{u} = (\boldsymbol{u}, \boldsymbol{u})$,于是 $|\lambda(Q)|^2(\boldsymbol{u}, \boldsymbol{u}) = (\boldsymbol{u}, \boldsymbol{u})$,又因 $(\boldsymbol{u}, \boldsymbol{u}) > 0$,于是 $|\lambda(Q)|^2 = 1$,即 $|\lambda(Q)| = 1$. 令 $Q = [\boldsymbol{q}_1, \boldsymbol{q}_2, \cdots, \boldsymbol{q}_n]$,则 $Q^* = [\boldsymbol{q}_1^*, \boldsymbol{q}_2^*, \cdots, \boldsymbol{q}_n^*]^*$,由 $Q^* Q = \boldsymbol{E}_n$ 可得 $(\boldsymbol{q}_i, \boldsymbol{q}_j) = \boldsymbol{q}_j^* \boldsymbol{q}_i = \delta_{ij}$,从而说明 $Q \in \mathbf{C}^{n\times n}$ 的列向量组是 $\mathbf{C}^n$ 上的一组标准正交基,同理可证 $Q \in \mathbf{C}^{n\times n}$ 的行向量组也是 $\mathbf{C}^n$ 上的一组标准正交基.

定理 3.7.2 可以用下面的 Matlab 程序加以验证.

利用程序 3.7.1,运行 lambda=unitary(15)可得酉矩阵的特征值分布图,参见图 3.7.1.

程序 3.7.1　计算酉矩阵的特征值.

```
function lambda=unitary(n)
re=rand(n);im=rand(n);
A=re+i*im;
U=orth(A);
lambda=eig(U);
compass(lambda)
```

程序3.7.1
(图3.7.1)

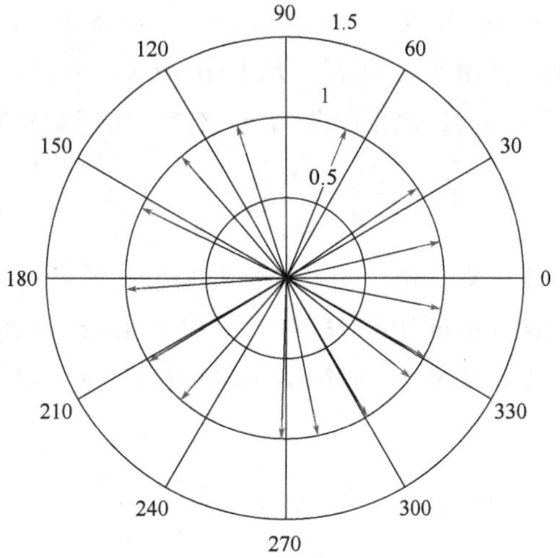

图 3.7.1　酉矩阵的特征值分布图

3.8　共轭变换与 Hermite 变换

定义 3.8.1　设 H 是 n 维酉空间 $V^n(\mathbf{C})$ 上的一个线性变换,存在 $V^n(\mathbf{C})$ 上的另一个线性变换 H^* ,使得对 $\forall \boldsymbol{\alpha}, \boldsymbol{\beta} \in V^n(\mathbf{C})$,都有

$$(H\boldsymbol{\alpha}, \boldsymbol{\beta}) = (\boldsymbol{\alpha}, H^* \boldsymbol{\beta}), \tag{3.8.1}$$

则称 H^* 是 H 的共轭变换.

定理 3.8.1 如果 H 是 n 维酉空间 $V^n(\mathbf{C})$ 上的一个线性变换,则 H^* 是 H 的共轭变换的充分必要条件为它们在任意一组标准正交基下所对应的矩阵互为共轭转置.

定义 3.8.2 设 H 是 n 维酉空间 $V^n(\mathbf{C})$ 上的一个线性变换,如果对 $\forall \boldsymbol{\alpha},\boldsymbol{\beta}\in V^n(\mathbf{C})$,都有

$$(H\boldsymbol{\alpha},\boldsymbol{\beta})=(\boldsymbol{\alpha},H\boldsymbol{\beta}), \tag{3.8.2}$$

即 $H^*=H$,则称 H 是 $V^n(\mathbf{C})$ 上的 Hermite 变换.

定义 3.8.3 若 $\boldsymbol{A}\in\mathbf{C}^{n\times n}$,满足 $\boldsymbol{A}^*=\boldsymbol{A}$,则称 $\boldsymbol{A}$ 是 Hermite 矩阵.

定理 3.8.2 n 维酉空间 $V^n(\mathbf{C})$ 上的线性变换 H 是 Hermite 变换当且仅当它在任何一组标准正交基 $\boldsymbol{\varepsilon}_1,\boldsymbol{\varepsilon}_2,\cdots,\boldsymbol{\varepsilon}_n$ 下所对应的矩阵 $\boldsymbol{A}$ 是 Hermite 矩阵.

定理 3.8.3 若 $\boldsymbol{A}\in\mathbf{C}^{n\times n}$,满足 $\boldsymbol{A}^*=\boldsymbol{A}$,即 $\boldsymbol{A}$ 是 Hermite 矩阵,则 $\boldsymbol{A}$ 的特征值都是实数,且属于不同特征值的特征向量两两正交.

证明:假设 λ 是 Hermite 矩阵 $\boldsymbol{A}\in\mathbf{C}^{n\times n}$ 的一个特征值,$\boldsymbol{x}\in\mathbf{C}^n$ 是其特征向量,即 $\boldsymbol{Ax}=\lambda\boldsymbol{x}$,于是 $\boldsymbol{x}^*\boldsymbol{Ax}=\lambda\boldsymbol{x}^*\boldsymbol{x}$,另外将 $\boldsymbol{Ax}=\lambda\boldsymbol{x}$ 两边取共轭转置可得 $\boldsymbol{x}^*\boldsymbol{A}^*=\bar{\lambda}\boldsymbol{x}^*=\boldsymbol{x}^*\boldsymbol{A}$,从而又有 $\bar{\lambda}\boldsymbol{x}^*\boldsymbol{x}=\boldsymbol{x}^*\boldsymbol{Ax}$,于是可得 $\lambda\boldsymbol{x}^*\boldsymbol{x}=\bar{\lambda}\boldsymbol{x}^*\boldsymbol{x}$,又由于 $\boldsymbol{x}^*\boldsymbol{x}=(\boldsymbol{x},\boldsymbol{x})>0$,所以 $\lambda=\bar{\lambda}$,即 $\boldsymbol{A}$ 的特征值都是实数. 设 $\lambda_1,\lambda_2,\cdots,\lambda_s$ 是 Hermite 矩阵 $\boldsymbol{A}\in\mathbf{C}^{n\times n}$ 的两两不同的特征值,$\boldsymbol{u}_1,\boldsymbol{u}_2,\cdots,\boldsymbol{u}_s$ 是对应的特征向量,$\forall i\neq j$,$(\boldsymbol{Au}_i,\boldsymbol{u}_j)=(\lambda_i\boldsymbol{u}_i,\boldsymbol{u}_j)=\lambda_i(\boldsymbol{u}_i,\boldsymbol{u}_j)$,同时

$$(\boldsymbol{Au}_i,\boldsymbol{u}_j)=(\boldsymbol{u}_i,\boldsymbol{Au}_j)=(\boldsymbol{u}_i,\lambda_j\boldsymbol{u}_j)=\overline{\lambda_j}(\boldsymbol{u}_i,\boldsymbol{u}_j)=\lambda_j(\boldsymbol{u}_i,\boldsymbol{u}_j), \tag{3.8.3}$$

于是 $\lambda_i(\boldsymbol{u}_i,\boldsymbol{u}_j)=\lambda_j(\boldsymbol{u}_i,\boldsymbol{u}_j)$,又由于 $\lambda_i\neq\lambda_j$,所以 $(\boldsymbol{u}_i,\boldsymbol{u}_j)=0$,即 $\boldsymbol{u}_1,\boldsymbol{u}_2,\cdots,\boldsymbol{u}_s$ 两两正交.

引理 3.8.4 对于任意 $n\times n$ 阶矩阵 $\boldsymbol{A}\in\mathbf{C}^{n\times n}$,必然存在一个 Householder 矩阵 $\boldsymbol{H}_1\in\mathbf{C}^{n\times n}$ 使得 $\boldsymbol{H}_1^*\boldsymbol{AH}_1=\boldsymbol{H}_1\boldsymbol{AH}_1=\begin{bmatrix}\lambda_1 & * \\ \mathbf{0} & \boldsymbol{A}_1\end{bmatrix}$,其中 λ_1 是 $\boldsymbol{A}$ 的任意一个特征值.

证明:设 $\lambda_1,\boldsymbol{x}_1$ 是矩阵 $\boldsymbol{A}\in\mathbf{C}^{n\times n}$ 的一组特征值和特征向量,即 $\boldsymbol{Ax}_1=\lambda_1\boldsymbol{x}_1$,由于 $\boldsymbol{x}_1$ 是一个非零向量,故存在一个 Householder 矩阵 $\boldsymbol{H}_1\in\mathbf{C}^{n\times n}$ 使得 $\boldsymbol{H}_1\boldsymbol{x}_1=\delta_1\boldsymbol{e}_1,\delta_1=\|\boldsymbol{x}_1\|\neq 0$.

$\boldsymbol{Ax}_1=\lambda_1\boldsymbol{x}_1$ 等价于 $\boldsymbol{H}_1\boldsymbol{AH}_1\boldsymbol{H}_1\boldsymbol{x}_1=\lambda_1\boldsymbol{H}_1\boldsymbol{x}_1$,故有 $\boldsymbol{H}_1\boldsymbol{AH}_1\boldsymbol{e}_1=\lambda_1\boldsymbol{e}_1$,于是矩阵 $\boldsymbol{H}_1\boldsymbol{AH}_1$ 必有形式

$$\boldsymbol{H}_1^*\boldsymbol{AH}_1=\boldsymbol{H}_1\boldsymbol{AH}_1=\begin{bmatrix}\lambda_1 & * \\ \mathbf{0} & \boldsymbol{A}_1\end{bmatrix}. \tag{3.8.4}$$

定理 3.8.5 (复 Schur 分解定理)若 $\boldsymbol{A}\in\mathbf{C}^{n\times n}$,则必然存在酉矩阵 $\boldsymbol{U}\in\mathbf{C}^{n\times n}$,使得 $\boldsymbol{U}^*\boldsymbol{AU}=\boldsymbol{R}$,其中 $\boldsymbol{R}$ 是上三角矩阵,且其对角元素是 $\boldsymbol{A}$ 的特征值. 特别地,当 $\boldsymbol{A}$ 是 Hermite 矩阵时,则必然存在酉矩阵 $\boldsymbol{U}\in\mathbf{C}^{n\times n}$,使得 $\boldsymbol{U}^*\boldsymbol{AU}=\boldsymbol{D}=\mathrm{diag}(\lambda_1,\lambda_2,\cdots,\lambda_n)$,即 $\boldsymbol{A}$ 酉相似于一个对角矩阵,其中 $\lambda_1,\lambda_2,\cdots,\lambda_n$ 是 $\boldsymbol{A}$ 的 n 个实特征值.

证明:对 n 进行数学归纳法. 当 $n=1$ 时,结论显然成立. 下面假设结论对 $n-1$ 阶矩阵成立,则对 n 阶矩阵 $\boldsymbol{A}\in\mathbf{C}^{n\times n}$,由引理 3.8.4 可知,存在一个 Householder 矩阵 $\boldsymbol{U}_1\in\mathbf{C}^{n\times n}$,$\boldsymbol{U}_1$ 也是一个酉矩阵,使得 $\boldsymbol{U}_1^*\boldsymbol{AU}_1=\begin{bmatrix}\lambda_1 & * \\ \mathbf{0} & \boldsymbol{A}_1\end{bmatrix}$,其中 λ_1 是 $\boldsymbol{A}$ 的某一个特征值.

由归纳假设可知存在一个酉矩阵 $U_2 \in \mathbf{C}^{(n-1)\times(n-1)}$，使得 $U_2^* A_1 U_2 = \begin{bmatrix} \lambda_2 & * & \cdots & * \\ & \lambda_3 & \cdots & * \\ & & \ddots & * \\ & & & \lambda_n \end{bmatrix}$，

令 $U = U_1 \begin{bmatrix} 1 & \mathbf{0}^{\mathrm{T}} \\ \mathbf{0} & U_2 \end{bmatrix}$，则 U 为酉矩阵

$$U^* A U = \begin{bmatrix} 1 & \mathbf{0}^{\mathrm{T}} \\ \mathbf{0} & U_2^* \end{bmatrix} U_1^* A U_1 \begin{bmatrix} 1 & \mathbf{0}^{\mathrm{T}} \\ \mathbf{0} & U_2 \end{bmatrix} = \begin{bmatrix} 1 & \mathbf{0}^{\mathrm{T}} \\ \mathbf{0} & U_2^* \end{bmatrix} \begin{bmatrix} \lambda_1 & * \\ \mathbf{0} & A_1 \end{bmatrix} \begin{bmatrix} 1 & \mathbf{0}^{\mathrm{T}} \\ \mathbf{0} & U_2 \end{bmatrix}$$

$$= \begin{bmatrix} \lambda_1 & * \\ \mathbf{0} & U_2^* A_1 U_2 \end{bmatrix} = \begin{bmatrix} \lambda_1 & * & \cdots & * \\ & \lambda_2 & \cdots & * \\ & & \ddots & * \\ & & & \lambda_n \end{bmatrix} = R, \tag{3.8.5}$$

故对 n 阶矩阵结论也成立，由数学归纳法命题得证.

特别地，当 A 是 Hermite 矩阵时 $A^* = A$，故 $(U^* A U)^* = R^* = U^* A^* U = U^* A U = R$，即 $R = R^*$，这说明 R 既是下三角矩阵又是上三角矩阵，因此 R 是对角矩阵.

引理 3.8.6　设 $A \in R^{n\times n}$，并且假定 $\lambda = \omega + \mathrm{i}\mu (\mu \neq 0)$ 是 A 的一个复特征值，其对应的特征向量为 $x = u + \mathrm{i}v$，则 u 与 v 线性无关，且有

$$A[u, v] = [u, v] \begin{bmatrix} \omega & \mu \\ -\mu & \omega \end{bmatrix}. \tag{3.8.6}$$

证明：使用反证法. 若结论不成立，则 u 与 v 线性相关，即存在不全为零的实数 α 和 β 使得 $\alpha u + \beta v = \mathbf{0}$. 不妨设 $\alpha \neq 0$，并且令 $\gamma = -\beta/\alpha$，则有

$$u = \gamma v, x = u + \mathrm{i}v = (\gamma + \mathrm{i})v,$$

$$A(\gamma + \mathrm{i})v = Ax = \lambda x = (\omega + \mathrm{i}\mu)(\gamma + \mathrm{i})v, \tag{3.8.7}$$

注意到 $\gamma + \mathrm{i} \neq 0$，且 A 和 v 均为实的，故 $(\omega + \mathrm{i}\mu)v$ 必为实的，即 $\mu v = \mathbf{0}$，由 $\mu \neq 0$ 可得 $v = \mathbf{0}$，从而有 $u = \gamma v = \mathbf{0}$，这与 $x \neq \mathbf{0}$ 矛盾. 因此 u 和 v 必然线性无关. 比较 $Ax = \lambda x$，即 $A(u + \mathrm{i}v) = (\omega + \mathrm{i}\mu)(u + \mathrm{i}v)$ 两侧的实部和虚部可得 $Au = \omega u - \mu v, Av = \omega v + \mu u$，写成矩阵形式即为

$$A[u, v] = [u, v] \begin{bmatrix} \omega & \mu \\ -\mu & \omega \end{bmatrix}.$$

定理 3.8.7　(实 Schur 分解定理)设 $A \in \mathbf{R}^{n\times n}$，则存在 $n \times n$ 实正交矩阵 Q，使得

$$Q^{\mathrm{T}} A Q = T = \begin{bmatrix} T_{11} & T_{12} & \cdots & T_{1r} \\ & T_{22} & \cdots & T_{2r} \\ & & \ddots & \vdots \\ & & & T_{rr} \end{bmatrix},$$

其中 T_{jj} 是 1×1 或 2×2 矩阵. 当 T_{jj} 是 1×1 矩阵时，其为 A 的一个实特征值；当 T_{jj} 是 2×2 矩阵时，其特征值是 A 的一对共轭复特征值.

证明：对于给定的 $A \in R^{n\times n}$，若 λ 是 A 的一个实特征值，则其特征向量可取为实的，由引理 3.8.4 可知，存在一个实 HouseHolder 矩阵 H，使得

$$HAH=\begin{bmatrix}\lambda & * \\ \mathbf{0} & \boldsymbol{A}_1\end{bmatrix}. \tag{3.8.8}$$

若$\lambda = \boldsymbol{u}+\mathrm{i}\boldsymbol{v}$是一个复特征值,由实矩阵的$QR$分解可知,存在一个$n$阶实正交矩阵$\boldsymbol{Q}$和一个2阶实上三角矩阵$\boldsymbol{R}$,使得$\boldsymbol{Q}[\boldsymbol{u},\boldsymbol{v}]=\begin{bmatrix}\boldsymbol{R}\\ \mathbf{0}\end{bmatrix}$,且由引理3.8.6可知$\boldsymbol{u}$和$\boldsymbol{v}$线性无关,故$\boldsymbol{R}$是非奇异的.

在$\boldsymbol{A}[\boldsymbol{u},\boldsymbol{v}]=[\boldsymbol{u},\boldsymbol{v}]\begin{bmatrix}\omega & \mu\\ -\mu & \omega\end{bmatrix}$两边左乘$\boldsymbol{Q}$并且整理可得$\boldsymbol{QAQ}^{\mathrm{T}}\begin{bmatrix}\boldsymbol{R}\\ \boldsymbol{O}\end{bmatrix}=\begin{bmatrix}\boldsymbol{R}\\ \boldsymbol{O}\end{bmatrix}\begin{bmatrix}\omega & \mu\\ -\mu & \omega\end{bmatrix}$. 将$\boldsymbol{QAQ}^{\mathrm{T}}$分块成$\begin{bmatrix}\boldsymbol{T} & \boldsymbol{T}_{12}\\ \boldsymbol{T}_{21} & \boldsymbol{T}_{22}\end{bmatrix}$,其中$\boldsymbol{T}$是$2\times 2$的矩阵,由对应关系可得

$$\begin{bmatrix}\boldsymbol{T} & \boldsymbol{T}_{12}\\ \boldsymbol{T}_{21} & \boldsymbol{T}_{22}\end{bmatrix}\begin{bmatrix}\boldsymbol{R}\\ \boldsymbol{O}\end{bmatrix}=\begin{bmatrix}\boldsymbol{TR}\\ \boldsymbol{T}_{21}\boldsymbol{R}\end{bmatrix}=\begin{bmatrix}\boldsymbol{R}\begin{bmatrix}\omega & \mu\\ -\mu & \omega\end{bmatrix}\\ \boldsymbol{O}\end{bmatrix},$$

即

$$\boldsymbol{TR}=\boldsymbol{R}\begin{bmatrix}\omega & \mu\\ -\mu & \omega\end{bmatrix},\ \boldsymbol{T}_{21}\boldsymbol{R}=\boldsymbol{O}.$$

由此可得$\boldsymbol{T}=\boldsymbol{R}\begin{bmatrix}\omega & \mu\\ -\mu & \omega\end{bmatrix}\boldsymbol{R}^{-1}$,$\boldsymbol{T}_{21}=\boldsymbol{O}$,从而有

$$\boldsymbol{QAQ}^{\mathrm{T}}=\begin{bmatrix}\boldsymbol{T} & \boldsymbol{T}_{12}\\ \boldsymbol{T}_{21} & \boldsymbol{T}_{22}\end{bmatrix}=\begin{bmatrix}\boldsymbol{T} & \boldsymbol{T}_{12}\\ \boldsymbol{O} & \boldsymbol{T}_{22}\end{bmatrix}, \tag{3.8.9}$$

利用式(3.8.8)和式(3.8.9),并应用数学归纳法可证明定理结论.

实现上述分解的Matlab函数为[U,D]=schur(A)(当$\boldsymbol{A}\in\mathbf{C}^{n\times n}$时,该分解为复schur分解,且当$\boldsymbol{A}$是Hermite矩阵,$\boldsymbol{A}=\boldsymbol{UDU}^{*}$,其中$\boldsymbol{U}$是酉矩阵,$\boldsymbol{D}$是对角矩阵,且$\boldsymbol{D}$的对角线是$\boldsymbol{A}$的特征值. 当$\boldsymbol{A}\in\mathbf{R}^{n\times n}$时,该分解为实schur分解,且当$\boldsymbol{A}$是实对称矩阵,$\boldsymbol{A}=\boldsymbol{UDU}^{\mathrm{T}}$,其中$\boldsymbol{U}$是正交矩阵,$\boldsymbol{D}$是对角矩阵,且$\boldsymbol{D}$的对角线是$\boldsymbol{A}$的特征值).

例如运行如下Matlab程序:

A=magic(3)+magic(3)';[U1,D1]=schur(A);B=magic(3)+i*hilb(3);[U2,D2]=schur(B).

$$\boldsymbol{U}_1=\begin{bmatrix}-0.2113 & -0.7887 & -0.5774\\ -0.5774 & 0.5774 & -0.5774\\ 0.7887 & 0.2113 & -0.5774\end{bmatrix},\boldsymbol{D}_1=\begin{bmatrix}-10.39 & 0 & 0\\ 0 & 10.39 & 0\\ 0 & 0 & 30\end{bmatrix},$$

$$\boldsymbol{U}_2=\begin{bmatrix}-0.5231-0.25181\mathrm{i} & -0.8005-0.1288\mathrm{i} & -0.0352+0.0662\mathrm{i}\\ -0.5360-0.2010\mathrm{i} & 0.4724+0.0353\mathrm{i} & -0.2213+0.6287\mathrm{i}\\ -0.5385-0.2039\mathrm{i} & 0.3426+0.0297\mathrm{i} & 0.2438-0.7005\mathrm{i}\end{bmatrix},$$

$$\boldsymbol{D}_2=\begin{bmatrix}14.9832+1.2348\mathrm{i} & 0.1333+0.7801\mathrm{i} & 0.4520+0.0058\mathrm{i}\\ 0 & 4.9120+0.2407\mathrm{i} & -0.5475+3.4197\mathrm{i}\\ 0 & 0 & -4.8952+0.0579\mathrm{i}\end{bmatrix}.$$

程序 3.8.1　Hermite 矩阵的特征值分布.

```
function [U,D]=hermitematrix(n)
A1=rand(n);A2=rand(n);
A=A1+i*A2;
B=A+A';%构造 Hermite 矩阵
[U,D]=schur(B);
DD=diag(D);
plot(real(DD),imag(DD),'r*')
```

程序 3.8.1
(图 3.8.1)

例 3.8.1　通过下列 Matlab 程序 3.8.1,调用函数[U,D]=hermitematrix(5)进行数值实验,验证 Hermite 矩阵特征值的性质,参见图 3.8.1.

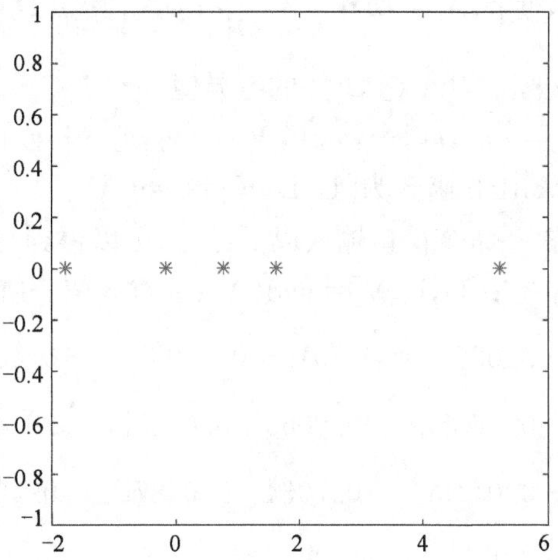

图 3.8.1　Hermite 矩阵的特征值分布示意图

推论 3.8.8　n 维酉空间上的 Hermite 变换在某组标准正交基下对应的矩阵是对角阵.

由于 Hermite 矩阵的特征值都是实数,为此,类似于实对称可以给出如下定义.

定义 3.8.4　若 Hermite 矩阵 $\boldsymbol{A} \in \mathbf{C}^{n\times n}$ 的所有特征值都不小于零,则称 $\boldsymbol{A}$ 是 Hermite 半正定的;若 $\boldsymbol{A}$ 所有特征值都大于零,则称 $\boldsymbol{A}$ 是 Hermite 正定的.

对应于 Hermite 矩阵 $\boldsymbol{A} \in \mathbf{C}^{n\times n}$,任意给定复向量 $\boldsymbol{x} = [x_1, x_2, \cdots, x_n]^{\mathrm{T}} \in \mathbf{C}^n$,称

$$f(\boldsymbol{x}) = \boldsymbol{x}^* \boldsymbol{A}\boldsymbol{x} = \sum_{i=1}^{n}\sum_{j=1}^{n} a_{ij}\, \overline{x}_i x_j \tag{3.8.10}$$

为一个 Hermite 二次型. 若 $\boldsymbol{A}$ 是 Hermite 半正定的,则称其为 Hermite 半正定二次型,若 $\boldsymbol{A}$ 是 Hermite 正定的,则称其为 Hermite 正定二次型.

由推论 3.8.8 可以得到如下推论.

推论 3.8.9　如果 $f(\boldsymbol{x}) = \boldsymbol{x}^* \boldsymbol{A}\boldsymbol{x}$ (其中 $\boldsymbol{A} \in \mathbf{C}^{n\times n}$)是一个 Hermite 二次型,则必然存在酉变换 $\boldsymbol{x} = \boldsymbol{U}\boldsymbol{y}$ 使得原 Hermite 二次型化成如下标准型

$$f(\boldsymbol{y}) = \boldsymbol{y}^* \boldsymbol{D}\boldsymbol{y} = \sum_{i=1}^{n} \lambda_i \mid y_i \mid^2, \tag{3.8.11}$$

其中 $\lambda_1, \lambda_2, \cdots, \lambda_n$ 是 $\boldsymbol{A}$ 的 n 个实特征值.

类似于实矩阵的情形,对复矩阵也有相应的奇异值理论.

定理 3.8.10 对于 $\forall A \in C^{m\times n}$,都有 $A^*A \in C^{n\times n}$,$AA^* \in C^{m\times m}$ 是 Hermite 半正定矩阵,且它们的非零特征值都是相同的,另外也有 $\mathrm{rank}(A^*A) = \mathrm{rank}(AA^*) = \mathrm{rank}(A)$.

由定理 3.8.10 可以给出复矩阵奇异值的定义.

定义 3.8.5 $\forall A \in C^{m\times n}$,且 $\mathrm{rank}(A) = r$,称 $\sigma_1 = \sqrt{\lambda_1}, \sigma_2 = \sqrt{\lambda_2}, \cdots, \sigma_r = \sqrt{\lambda_r}$ 为矩阵 A 的奇异值,其中 $\lambda_1, \lambda_2, \cdots, \lambda_r$ 是 A^*A 或 AA^* 的非零特征值.

针对矩阵 $A \in C^{m\times n}$,下面的复奇异值分解揭示了矩阵 A 的某些本质特性(其证明类似于定理 3.5.3 的证明).

定理 3.8.11 (复奇异值分解定理)如果 $A \in C^{m\times n}$,$\mathrm{rank}A = r$,则存在两个酉矩阵 $U \in C^{m\times m}$,$V \in C^{n\times n}$ 和矩阵 $D \in C^{m\times n}$,使得 $A = UDV^* = \sum_{i=1}^{r} \sigma_i u_i v_i^*$,其中 $D = \begin{bmatrix} \Sigma_r & 0_{r,n-r} \\ 0_{m-r,r} & 0_{m-r,n-r} \end{bmatrix}$,$\Sigma_r = \mathrm{diag}(\sigma_1, \sigma_2, \cdots, \sigma_r)$,$\sigma_1, \sigma_2, \cdots, \sigma_r$ 为 $A \in C^{m\times n}$ 的奇异值.

$$U = [u_1, u_2, \cdots, u_m], V = [v_1, v_2, \cdots, v_n].$$

实现复奇异值分解的 Matlab 函数为[U,D,V]=svd(A).

例 3.8.2 在 Matlab 软件命令窗口输入以下命令,可以得到复矩阵的奇异值分解.

A=magic(3)+i*hilb(3);[U,D,V]=svd(A);%奇异值分解

$$U=\begin{bmatrix} -0.5739-0.0869i & 0.7019+0.0697i & -0.4065-0.0176i \\ -0.5728-0.0635i & -0.0065+0.0335i & 0.8142+0.0614i \\ -0.5738-0.0415i & -0.7064-0.0487i & -0.4071-0.0477i \end{bmatrix},$$

$$D=\begin{bmatrix} 15.0632 & 0 & 0 \\ 0 & 6.9348 & 0 \\ 0 & 0 & 3.4650 \end{bmatrix},$$

$$V=\begin{bmatrix} -0.5800 & 0.4096 & -0.7041 \\ -0.5760-0.0104i & -0.8153-0.0539i & 0.0002-0.0228i \\ -0.5745-0.0398i & 0.4002+0.0670i & 0.7061+0.0717i \end{bmatrix}.$$

3.9 离散傅里叶变换

在信号处理中,经常用到离散傅里叶变换,为此给出如下定义 3.9.1.

定义 3.9.1 给定 N 维向量 $x \in C^N$,$\Phi \in C^{N\times N}$,线性变换

$$X = \Phi x \in C^N \tag{3.9.1}$$

称为离散傅里叶变换,其中

$$\Phi = [\varphi_{jk}]_{N\times N}, \varphi_{jk} = \omega_N^{(j-1)(k-1)}, j,k = 1,2,\cdots,N, \omega_N = \exp\left(-\frac{2\pi i}{N}\right), i = \sqrt{-1}.$$

对于上述离散傅里叶变换具有如下性质.

定理 3.9.1　$\omega_N^j, j = 1,2,\cdots,N$ 为方程 $x^N - 1 = 0$ 的 N 个根.

定理 3.9.2　$\frac{1}{\sqrt{N}}\boldsymbol{\Phi}$ 是对称的酉阵,且

$$\boldsymbol{\Phi}^{-1} = \frac{1}{N}\boldsymbol{\Phi}^* = \frac{1}{N}\overline{\boldsymbol{\Phi}}. \tag{3.9.2}$$

证明:由 $\varphi_{jk} = \varphi_{kj}$ 可以说明 $\boldsymbol{\Phi}^{\mathrm{T}} = \boldsymbol{\Phi}$,于是 $\boldsymbol{\Phi}^* = \overline{\boldsymbol{\Phi}}$. 另外,

$$\frac{1}{\sqrt{N}}\boldsymbol{\Phi}\,\frac{1}{\sqrt{N}}\boldsymbol{\Phi}^* = \frac{1}{N}\boldsymbol{\Phi}\,\overline{\boldsymbol{\Phi}},$$

而

$$(\boldsymbol{\Phi}\overline{\boldsymbol{\Phi}})_{lj} = \sum_{k=1}^{N}\boldsymbol{\varphi}_{lk}\overline{\boldsymbol{\varphi}}_{kj} = \sum_{k=1}^{N}\omega_N^{(l-1)(k-1)}\omega_N^{-(k-1)(j-1)} = \sum_{k=1}^{N}\omega_N^{(l-j)(k-1)},$$

若 $l = j$,则 $(\boldsymbol{\Phi}\overline{\boldsymbol{\Phi}})_{ll} = N$,若 $l \neq j$, $\sum_{k=1}^{N}\omega_N^{(l-j)(k-1)} = \frac{1-\omega_N^{(l-j)N}}{1-\omega_N^{(l-j)}} = \frac{1-1}{1-\omega_N^{(l-j)}} = 0$,所以 $\frac{1}{\sqrt{N}}\boldsymbol{\Phi}\,\frac{1}{\sqrt{N}}\boldsymbol{\Phi}^* = \frac{1}{N}\boldsymbol{\Phi}\overline{\boldsymbol{\Phi}} = \boldsymbol{E}_N$,从而可证.

将离散傅里叶变换以及离散傅里叶逆变换写成分量形式,见定理 3.9.3.

定理 3.9.3

$$\boldsymbol{X}(k) = \sum_{j=1}^{N}\boldsymbol{x}(j)\omega_N^{(j-1)(k-1)}, k = 1,2,\cdots,N, \tag{3.9.3}$$

$$\boldsymbol{x}(j) = \frac{1}{N}\sum_{k=1}^{N}\boldsymbol{X}(k)\omega_N^{-(j-1)(k-1)}, j = 1,2,\cdots,N. \tag{3.9.4}$$

例 3.9.1　给定具有白噪声的信号 $y = 0.7\sin(100\pi t) + \sin(240\pi t) + 2\mathrm{rand}(\mathrm{size}(t))$, t 在 $[0,1]$ 中均匀选取 1000 个点,从而获得一组离散信号 $y(t)$,通过对该离散信号的信号谱 $|Y(f)|$ 确定原始信号的主要频率. 其中 $Y(f)$ 是 $y(t)$ 的离散傅里叶变换.

解:上述问题借助程序 3.9.1,可以对给定信号进行频谱分析,其中图 3.9.1(a)为具有白噪声的离散信号 $y(t)$,图 3.9.1(b)是离散信号的信号谱 $|Y(f)|$,由该信号谱可知离散信号 $y(t)$ 中的两个主要频率分别为 50Hz 与 120Hz.

程序 3.9.1　使用快速傅里叶变换对某信号进行频谱分析.

```
function findfreq()
Fs = 1000;                    % Sampling frequency
T = 1/Fs;                     % Sample time
L = 1000;                     % Length of signal
t = (0:L-1) * T;              % Time vector
% Sum of a 50 Hz sinusoid and a 120 Hz sinusoid
x = 0.7 * sin(2 * pi * 50 * t) + sin(2 * pi * 120 * t);
y = x + 2 * randn(size(t));    % Sinusoids plus noise
figure(1)
plot(Fs * t(1:50),y(1:50))
```

程序3.9.1
(图3.9.1)

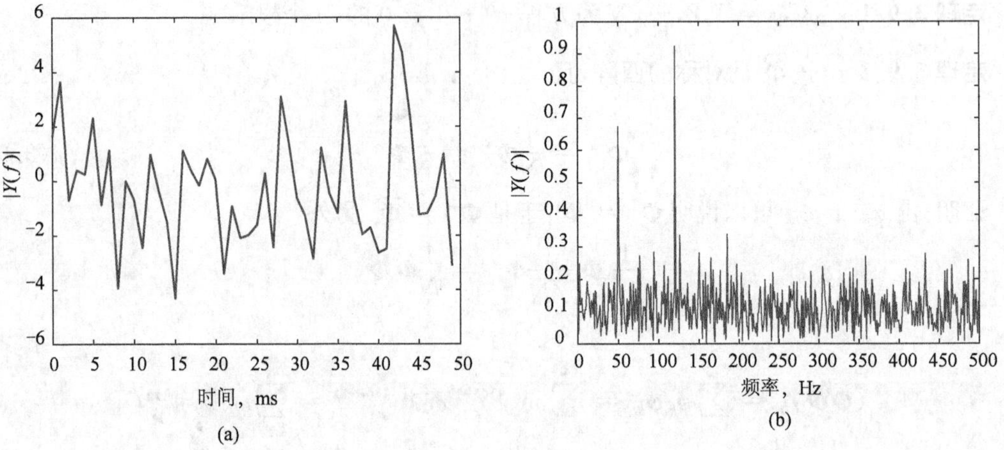

图 3.9.1 使用快速傅里叶变换对某信号进行频谱分析

```
title('Signal Corrupted with Zero-Mean Random Noise')
xlabel('time (milliseconds)')
NFFT = 2^nextpow2(L); % Next power of 2 from length of y
Y = fft(y,NFFT)/L;
f = Fs/2 * linspace(0,1,NFFT/2+1);
% Plot single-sided amplitude spectrum.
figure(2)
plot(f,2 * abs(Y(1:NFFT/2+1)))
title('Single-Sided Amplitude Spectrum of y(t)')
xlabel('Frequency (Hz)')
ylabel('|Y(f)|')
```

3.10 习　　题

习题 3.1　已知 $\boldsymbol{A}=\begin{bmatrix}1&2&0\\-1&3&1\\0&1&2\end{bmatrix}$，$\boldsymbol{v}=\begin{bmatrix}1\\-1\\1\end{bmatrix}$，使用 Arnoldi 方法求解 Krylov 空间 $K_3(\boldsymbol{A},\boldsymbol{v})=\operatorname{span}\{\boldsymbol{v},\boldsymbol{A}\boldsymbol{v},\boldsymbol{A}^2\boldsymbol{v}\}$ 中的一组标准正交基 $\{\boldsymbol{v}_1,\boldsymbol{v}_2,\boldsymbol{v}_3\}$，同时计算 $\boldsymbol{V}^{\mathrm{T}}\boldsymbol{A}\boldsymbol{V}$，其中 $\boldsymbol{V}=[\boldsymbol{v}_1,\boldsymbol{v}_2,\boldsymbol{v}_3]$.

习题 3.2　证明对于实对称矩阵 $\boldsymbol{A}=[a_{ij}]\in\mathbf{R}^{n\times n}$，都有

$$R(\boldsymbol{A})+N(\boldsymbol{A})=R(\boldsymbol{A})\oplus N(\boldsymbol{A})=\mathbf{R}^n,$$

且 $R(\boldsymbol{A})^{\perp}=N(\boldsymbol{A})$，$N(\boldsymbol{A})^{\perp}=R(\boldsymbol{A})$.

习题 3.3　利用程序 3.1.2 计算定积分 $\int_0^{\pi}\mathrm{e}^x\cos x\mathrm{d}x$（其精确值是 $-\frac{1}{2}(1+\mathrm{e}^{\pi})$）.

习题 3.4　利用程序 3.1.3 用 7 阶 Legendre 多项式逼近函数 $f(x)=x\tanh x, x\in[-2,2]$，并计算其最佳平方逼近误差，同时绘制原函数与逼近函数的图形.

习题 3.5　利用程序 3.1.4 计算定积分 $\int_1^{+\infty}\exp(-x^2)\mathrm{d}x$.

习题 3.6　利用程序 3.1.5 计算定积分 $\int_{-\infty}^{+\infty}\exp(-x^2)\cosh x\mathrm{d}x$.

习题 3.7　利用程序 3.1.6 计算定积分 $\int_0^{\pi}\mathrm{e}^x\sin x\mathrm{d}x$ (其精确值是 $\frac{1}{2}(1+\mathrm{e}^{\pi})$).

习题 3.8　利用程序 3.1.7 用 7 阶 Chebyshev 多项式逼近函数 $f(x)=x\tanh x, x\in[-2,2]$，并计算其最佳平方逼近误差，同时绘制原函数与逼近函数的图形.

习题 3.9　已知

$$\boldsymbol{\Phi}=\left\{\frac{1}{2},\cos\frac{\pi x}{T},\sin\frac{\pi x}{T},\cdots,\cos\left(\frac{n\pi x}{T}\right),\sin\left(\frac{n\pi x}{T}\right)\right\},$$

求 $f(x)=x\exp(-x), x\in[-T,T]$ 在 $\mathrm{span}\{\boldsymbol{\Phi}\}$ 上，当 $n=2$ 时最佳平方逼近，其中权函数为 $\rho(x)=1, T=3$，同时利用程序 3.1.1 观察其逼近效果，并与 Legendre 多项式逼近进行比较.

习题 3.10　已知 $\boldsymbol{A}=\begin{bmatrix}-1&2&0\\-1&1&1\\0&1&2\end{bmatrix}$，使用镜面反射变换将 $\boldsymbol{A}$ 化为上三角形矩阵 $\boldsymbol{R}$，由此将 $\boldsymbol{A}$ 分解成 $\boldsymbol{A}=\boldsymbol{HR}$，其中 $\boldsymbol{H}$ 是正交矩阵.

习题 3.11　设

$$\boldsymbol{A}=\begin{bmatrix}-1&0&1&2\\1&2&-1&1\\2&2&-2&-1\\-2&-4&2&-2\end{bmatrix},\quad \boldsymbol{b}=\begin{bmatrix}-1\\2\\3\\1\end{bmatrix},$$

试求 $\boldsymbol{A}$ 的满秩分解和 $\boldsymbol{A}$ 的 Moore-Penrose 广义逆，以及 $\boldsymbol{Ax}=\boldsymbol{b}$ 的极小范数最小二乘解.

习题 3.12　求 Householder 矩阵，把向量 $\boldsymbol{x}=[1,1,0]^{\mathrm{T}}$ 映射为 $\boldsymbol{y}=[0,0,\sqrt{2}]^{\mathrm{T}}$.

习题 3.13　设 $\boldsymbol{A}$ 是 n 阶正规矩阵(即 $\boldsymbol{A}^*\boldsymbol{A}=\boldsymbol{AA}^*$，其中 $\boldsymbol{A}^*$ 是 $\boldsymbol{A}$ 的共轭转置矩阵)，证明：

(1) $\boldsymbol{A}-\lambda\boldsymbol{E}$ 也是正规矩阵；

(2)对于任意向量 $\boldsymbol{x}$，向量 $\boldsymbol{Ax}$ 与 $\boldsymbol{A}^*\boldsymbol{x}$ 的长度相等；

(3) $\boldsymbol{A}$ 的任一特征向量都是 $\boldsymbol{A}^*$ 的特征向量.

习题 3.14　用 Schmidt 标准正交化方法求方阵

$$\boldsymbol{A}=\begin{bmatrix}0&1&1\\1&1&0\\1&0&1\end{bmatrix}$$

的 QR 分解.

习题 3.15 用满秩分解求矩阵 $\boldsymbol{A}$ 的 Moore-Penrose 广义逆 $\boldsymbol{A}^{+}$，其中

$$\boldsymbol{A}=\begin{bmatrix}1&2&0&1\\0&1&1&3\\2&5&1&5\end{bmatrix}.$$

习题 3.16 验证线性方程组

$$\begin{bmatrix}1&2&0&1\\0&1&1&3\\2&5&1&5\end{bmatrix}\begin{bmatrix}x_1\\x_2\\x_3\\x_4\end{bmatrix}=\begin{bmatrix}3\\2\\3\end{bmatrix}$$

是不相容的，求它的极小范数最小二乘解.

习题 3.17 设 $\boldsymbol{A}$ 是 $m\times n$ 实矩阵，$\boldsymbol{b}\in\mathbf{R}^{m}$，$\lambda>0$，证明极值问题

$$\min_{\boldsymbol{x}\in\mathbf{R}^{n}}\{\|\boldsymbol{A}\boldsymbol{x}-\boldsymbol{b}\|_2^2+\lambda\|\boldsymbol{x}\|_2^2\}$$

的解是唯一的，且 $\hat{\boldsymbol{x}}=(\boldsymbol{A}^{\mathrm{T}}\boldsymbol{A}+\lambda\boldsymbol{E})^{-1}\boldsymbol{A}^{\mathrm{T}}\boldsymbol{b}$.

第 4 章　矩阵分析理论及其应用

第 3 章所叙述的欧氏空间与酉空间内容主要是揭示这些空间中的几何性质与代数性质，而本章内容主要是论述在有限维赋范线性空间中，诸如向量序列的收敛性、矩阵序列与矩阵级数收敛性以及函数矩阵微积分等性质，由此在有限维赋范线性空间上建立矩阵分析的理论，而这些理论在研究动力系统性质以及其他学科的过程中具有广泛的应用.

4.1 向量范数

定义 4.1.1 如果 $V(\boldsymbol{F})$ 是数域 $\boldsymbol{F}$ 上的一个线性空间，给定一个映射：$\|\cdot\|:V(\boldsymbol{F})\to\mathbf{R}$，即 $\forall\boldsymbol{x}\in V(\boldsymbol{F})$，都对应一个实数值 $\|\boldsymbol{x}\|$，满足以下三个条件：

(1)正性：$\|\boldsymbol{x}\|\geqslant 0$，且 $\|\boldsymbol{x}\|=0$ 当且仅当 $\boldsymbol{x}=\mathbf{0}$；

(2)齐次性：$\forall k\in\boldsymbol{F}$，$\|k\boldsymbol{x}\|=|k|\,\|\boldsymbol{x}\|$（注：$|\cdot|$ 在实数域上为绝对值，在复数域上为模）；

(3)三角不等式：$\forall\boldsymbol{x},\boldsymbol{y}\in V(\boldsymbol{F})$，$\|\boldsymbol{x}+\boldsymbol{y}\|\leqslant\|\boldsymbol{x}\|+\|\boldsymbol{y}\|$，

则称该映射 $\|\cdot\|$ 为 $V(\boldsymbol{F})$ 上的向量范数，$[V(\boldsymbol{F}),\|\cdot\|]$ 称为赋范线性空间，简记为 $V(\boldsymbol{F})$，当 $\boldsymbol{F}=\mathbf{R}$ 时，称 $V(\mathbf{R})$ 为实赋范线性空间，当 $\boldsymbol{F}=\mathbf{C}$ 时，称 $V(\mathbf{C})$ 为复赋范线性空间.

由于定义 4.1.1 是公理化定义，为此需要给出满足定义 4.1.1 的实例.

例 4.1.1 对于 $\forall\boldsymbol{x}\in\mathbf{C}^n$，假设 $\boldsymbol{x}=[x_1,x_2,\cdots,x_n]^{\mathrm{T}}$，则 $\boldsymbol{x}$ 的欧氏长度

$$\|\boldsymbol{x}\|=\sqrt{(\boldsymbol{x},\boldsymbol{x})}=\sqrt{\boldsymbol{x}^*\boldsymbol{x}}=\left(\sum_{i=1}^{n}|x_i|^2\right)^{1/2}\tag{4.1.1}$$

就是 $\boldsymbol{x}$ 的一种范数，称其为由内积诱导的范数或称酉范数，并将其记为 $\|\boldsymbol{x}\|_2$ 且称其为向量 2 范数. 在 $\mathbf{C}^n$ 中引入范数 $\|\boldsymbol{x}\|_2$ 后，$[\mathbf{C}^n,\|\cdot\|_2]$ 称为一个复赋范线性空间. 如果 $\boldsymbol{x}\in\mathbf{R}^n$，类似地定义 $\boldsymbol{x}$ 的欧式长度或欧氏范数

$$\|\boldsymbol{x}\|_2=\sqrt{(\boldsymbol{x},\boldsymbol{x})}=\sqrt{\boldsymbol{x}^{\mathrm{T}}\boldsymbol{x}}=\left(\sum_{i=1}^{n}x_i^2\right)^{1/2},\tag{4.1.2}$$

从而 $[\mathbf{R}^n,\|\cdot\|_2]$ 构成一个实赋范空间.

例 4.1.2 对于 $\forall\boldsymbol{x}\in\mathbf{C}^n$，假设 $\boldsymbol{x}=[x_1,x_2,\cdots,x_n]^{\mathrm{T}}$，则可以证明 $\|\boldsymbol{x}\|_1=\sum\limits_{i=1}^{n}|x_i|$，$\|x\|_\infty=\max\limits_{1\leqslant i\leqslant n}\{|x_i|\}$ 都是 $\mathbf{C}^n$ 中的范数，分别称其为向量 1 范数和无穷大范数，从而 $[\mathbf{C}^n,\|\cdot\|_1]$，$[\mathbf{C}^n,\|\cdot\|_\infty]$ 构成两个复赋范线性空间. 如果 $\boldsymbol{x}\in\mathbf{R}^n$，则也可以证明 $\|\boldsymbol{x}\|_1=\sum\limits_{i=1}^{n}|x_i|$，$\|x\|_\infty=\max\limits_{1\leqslant i\leqslant n}\{|x_i|\}$ 都是 $\mathbf{R}^n$ 中的范数，从而 $[\mathbf{R}^n,\|\cdot\|_1]$，$[\mathbf{R}^n,\|\cdot\|_\infty]$ 构成两个实赋范空间.

由前两个例子可以看出,在 $\mathbf{C}^n$ 上或 $\mathbf{R}^n$ 上,可以引入不同的范数,从而构成不同的赋范线性空间.事实上,可以在 $\mathbf{C}^n$ 上或 $\mathbf{R}^n$ 上定义无穷多种向量范数,具体结果见如下例证.

例 4.1.3 对于 $\forall \boldsymbol{x}\in \boldsymbol{F}^n$,假设 $x=[x_1,x_2,\cdots,x_n]^{\mathrm{T}}$,则对于 $1\leqslant p<\infty$ 的任意实数

$$\|\boldsymbol{x}\|_p=\left(\sum_{i=1}^n |x_i|^p\right)^{1/p} \tag{4.1.3}$$

都是 $\boldsymbol{F}^n$ 上的范数,并称其为向量 p 范数.当 $\boldsymbol{F}=\mathbf{C}$ 时,$[\mathbf{C}^n,\|\cdot\|_p]$ 构成一个复赋范线性空间.当 $\boldsymbol{F}=\mathbf{R}$ 时 $[\mathbf{R}^n,\|\cdot\|_p]$ 构成一个实赋范空间.

由例 4.1.3 可以看出当 $p=2$ 时对应的就是例 4.1.1 中所定义的向量 2 范数,而当 $p=1$ 时对应的就是例 4.1.2 中所定义的向量 1 范数.另外由于 $\forall \boldsymbol{x}\in \boldsymbol{F}^n$

$$\lim_{p\to\infty}\|\boldsymbol{x}\|_p=\lim_{p\to\infty}\left(\sum_{i=1}^n |x_i|^p\right)^{1/p}=\max_{1\leqslant i\leqslant n}\{|x_i|\}, \tag{4.1.4}$$

即 $\lim\limits_{p\to\infty}\|\boldsymbol{x}\|_p=\|\boldsymbol{x}\|_\infty$,所以当 $p=\infty$ 时对应的就是例 4.1.2 中所定义的向量无穷大范数.

为此,只要证明 $\|\boldsymbol{x}\|_p$ 是 $\boldsymbol{F}^n$ 上的向量范数即可.而要说明其为向量范数,需要如下 Minkowski 不等式.

引理 4.1.1 如果 $\forall \boldsymbol{x},\boldsymbol{y}\in \boldsymbol{F}^n$,假设 $\boldsymbol{x}=[x_1,x_2,\cdots,x_n]^{\mathrm{T}}$,$\boldsymbol{y}=[y_1,y_2,\cdots,y_n]^{\mathrm{T}}$,则对于 $1\leqslant p<\infty$,都有如下 Minkowski 不等式

$$\left(\sum_{i=1}^n |x_i+y_i|^p\right)^{1/p}\leqslant\left(\sum_{i=1}^n |x_i|^p\right)^{1/p}+\left(\sum_{i=1}^n |y_i|^p\right)^{1/p}, \tag{4.1.5}$$

其中,当 $\boldsymbol{F}=\mathbf{R}$ 时 $|\cdot|$ 为绝对值,当 $\boldsymbol{F}=\mathbf{C}$ 时 $|\cdot|$ 为模(证明略).

引理 4.1.1 实际上证明了关于 $\|\boldsymbol{x}\|_p$ 的三角不等式 $\|\boldsymbol{x}+\boldsymbol{y}\|_p\leqslant\|\boldsymbol{x}\|_p+\|\boldsymbol{y}\|_p$,而对于 $\|\boldsymbol{x}\|_p$ 的正性与奇性的证明是显然的,从而说明 $\|\cdot\|_p$ 是 $\boldsymbol{F}^n$ 上的向量范数.

需要注意的是当 $0<p<1$ 时,$\|\boldsymbol{x}\|_p=\left(\sum\limits_{i=1}^n |x_i|^p\right)^{1/p}$ 不是向量范数,例如取 $\boldsymbol{x}=[1,0]^{\mathrm{T}}\in\mathbf{R}^2$,$\boldsymbol{y}=[0,1]^{\mathrm{T}}\in\mathbf{R}^2$,则 $\|\boldsymbol{x}\|_p=1$,$\|\boldsymbol{y}\|_p=1$,但对于 $\boldsymbol{x}+\boldsymbol{y}=[1,1]^{\mathrm{T}}\in\mathbf{R}^2$,则有 $\|\boldsymbol{x}+\boldsymbol{y}\|_p=2^{1/p}>2=\|\boldsymbol{x}\|_p+\|\boldsymbol{y}\|_p$,所以此时 $\|\cdot\|_p$ 不是向量范数.

在 Matlab 中计算向量 p 范数的函数为 n=norm(x,p),而计算向量无穷大范数的函数为 n=norm(x,inf).

例如在 Matlab 命令窗口运行如下程序求取向量范数

```
x=[1,2,i,-4,2+i];norms=[norm(x,1),norm(x,2),norm(x,1.5),norm(x,inf)]
```

经计算可得,向量 $\boldsymbol{x}$ 的 1 范数、2 范数、1.5 范数与无穷大范数分别为 10.236,5.196,6.395和 4.

前面引入了各种向量范数,为了说明不同范数的几何意义,定义如下集合

$$C_p=\{\boldsymbol{x}\in\mathbf{R}^2:\|\boldsymbol{x}\|_p=1\}, \tag{4.1.6}$$

该集合表示在平面 $\mathbf{R}^2$ 上按照 p 范数意义下的单位圆.同理定义如下集合

$$S_p=\{\boldsymbol{x}\in\mathbf{R}^3:\|\boldsymbol{x}\|_p=1\}, \tag{4.1.7}$$

该集合表示在空间 $\mathbf{R}^3$ 上按照 p 范数意义下的单位球面.

例 4.1.4　绘制平面 $\mathbf{R}^2$ 上不同范数意义下的单位圆，即绘制 $C_p=\{\boldsymbol{x}\in\mathbf{R}^2:\|\boldsymbol{x}\|_p=1\}$ 在选取不同 p 值时的图形.

调用程序 4.1.1，运行 normplot(1)；normplot(2)；normplot(4.5)； normplot(inf)可得 1 范数、2 范数、4.5 范数与无穷大范数意义下的单位圆，参见图 4.1.1. 由此可知在 $p\geq 1$ 范数意义下的单位圆都是凸的.

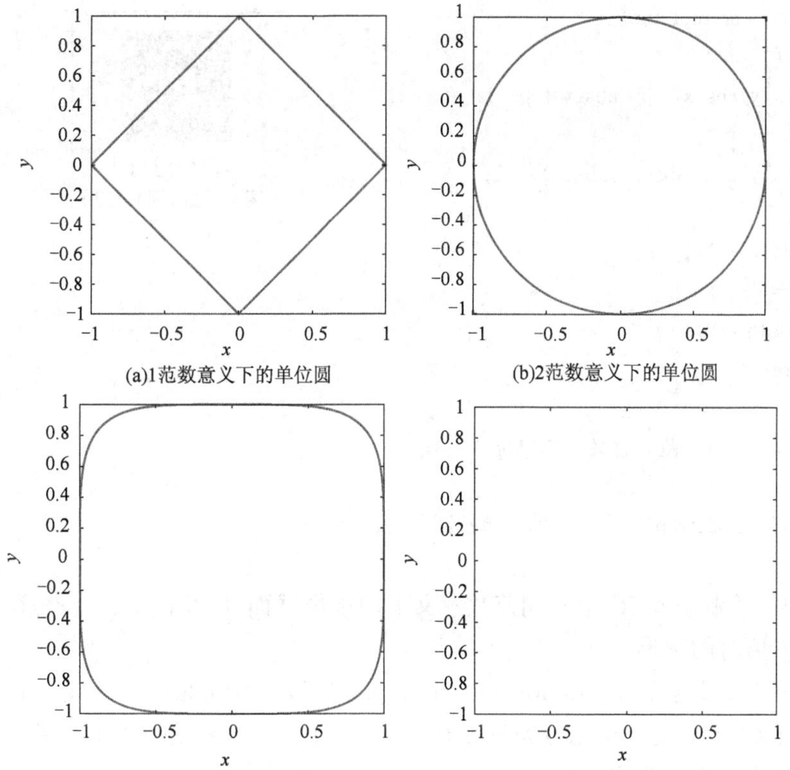

(a)1范数意义下的单位圆　(b)2范数意义下的单位圆

(c)4.5范数意义下的单位圆　(d)Inf范数意义下的单位圆

图 4.1.1　各种范数意义下的单位圆

需要注意的是，调用程序 4.1.1，运行 normplot(0.5)；normplot(0.2)也可以得出图 4.1.2.

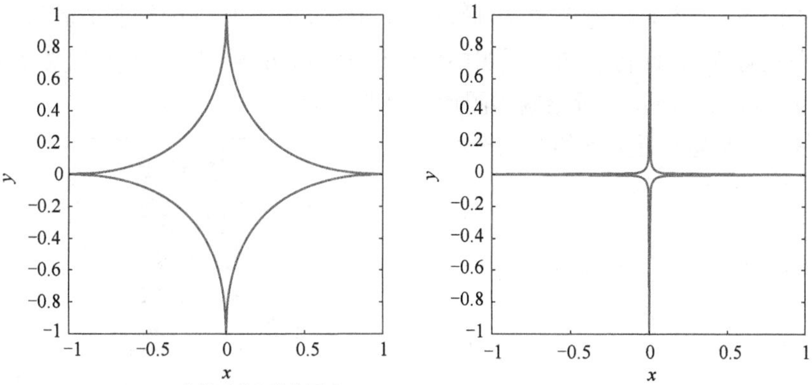

(a)p=0.5意义下的"单位圆"　(b)p=0.2意义下的"单位圆"

图 4.1.2　$p=0.5,0.2$ 意义下的"单位圆"

尽管在 $p=0.5,0.2$ 时也可以分别绘制如图 4.1.2(a)、图 4.1.2(b)所示的图形，但是由于 $p=0.5,0.2$ 时 $\|\boldsymbol{x}\|_p$ 不是向量范数，因此图 4.1.2(a)、图 4.1.2(b)绘制的图形也不是向量范数意义下的单位圆，为此将该图形说明中单位圆加上引号. 另外通过观察还可以发现，当 p 的取值范围在(0,1)区间时，所绘制的图形都是非凸的.

程序 4.1.1 p 范数意义下的单位圆.

```
function []=normplot(p)
if p~=inf
    f= @(x,y)abs(x).^p+abs(y).^p-1;
else
    f= @(x,y)max(abs(x),abs(y))-1;
end
fp=ezplot(f,[-1,1]);
fp.Color = 'r';
fp.LineWidth = 2;
axis square;
if p>=1||p==inf
title([num2str(p),' 范数意义下的单位圆 ']);
else
title(['p=',num2str(p),' 意义下的 '' 单位圆 ''']);
end
```

程序4.1.1
(图4.1.1、图4.1.2)

例 4.1.5 绘制空间 $\mathbf{R}^3$ 上不同范数意义下的单位球面，即绘制 $S_p=\{\boldsymbol{x}\in\mathbf{R}^3:\|\boldsymbol{x}\|_p=1\}$ 在选取不同 p 值时的图形.

调用程序 4.1.2，运行 normplot3(1)；normplot3(2)；normplot3(4.5)；normplot3(inf)可得 1 范数、2 范数、4.5 范数与无穷大范数意义下的单位球面，参见图 4.1.3. 由此可知在 $p\geqslant1$ 范数意义下的单位球面都是凸的.

需要注意的是，调用程序 4.1.2，运行 normplot3(0.5)；normplot3(0.2)也可以得出图 4.1.4.

尽管在 $p=0.5,0.2$ 时也可以分别绘制如图 4.1.4(a)、图 4.1.4(b)所示的图形，但是由于 $p=0.5,0.2$ 时 $\|\boldsymbol{x}\|_p$ 不是向量范数，因此图 4.1.4(a)、图 4.1.4(b)绘制的图形也不是向量范数意义下的单位球面，为此将该图形说明中单位球面加上引号. 另外通过观察还可以发现，当 p 的取值范围在(0,1)区间时，所绘制的图形都是非凸的.

程序 4.1.2 p 范数意义下的单位球面.

```
function []=normplot3(p)
if p~=inf
    f= @(x,y,z)abs(x).^p+abs(y).^p+abs(z).^p-1;
else
    f= @(x,y,z)max(max(abs(x),abs(y)),abs(z))-1;
end
[x,y,z] = meshgrid(-1.1:.1:1.1,-1.1:.1:1.1,-1.1:.1:1.1);        % 画图范围
```

程序4.1.2
(图4.1.3、图4.1.4)

```
v = f(x,y,z);
h = patch(isosurface(x,y,z,v,0));
isonormals(x,y,z,v,h);
set(h,'FaceColor','r','EdgeColor','none');
xlabel('x');ylabel('y');zlabel('z');
alpha(1);
grid on; view([1,1,1]); axis equal; camlight; lighting gouraud;
if p>=1||p==inf
title([num2str(p),' 范数意义下的单位球面 ']);
else
title(['p=',num2str(p),' 意义下的 '' 单位球面 ''']);
end
```

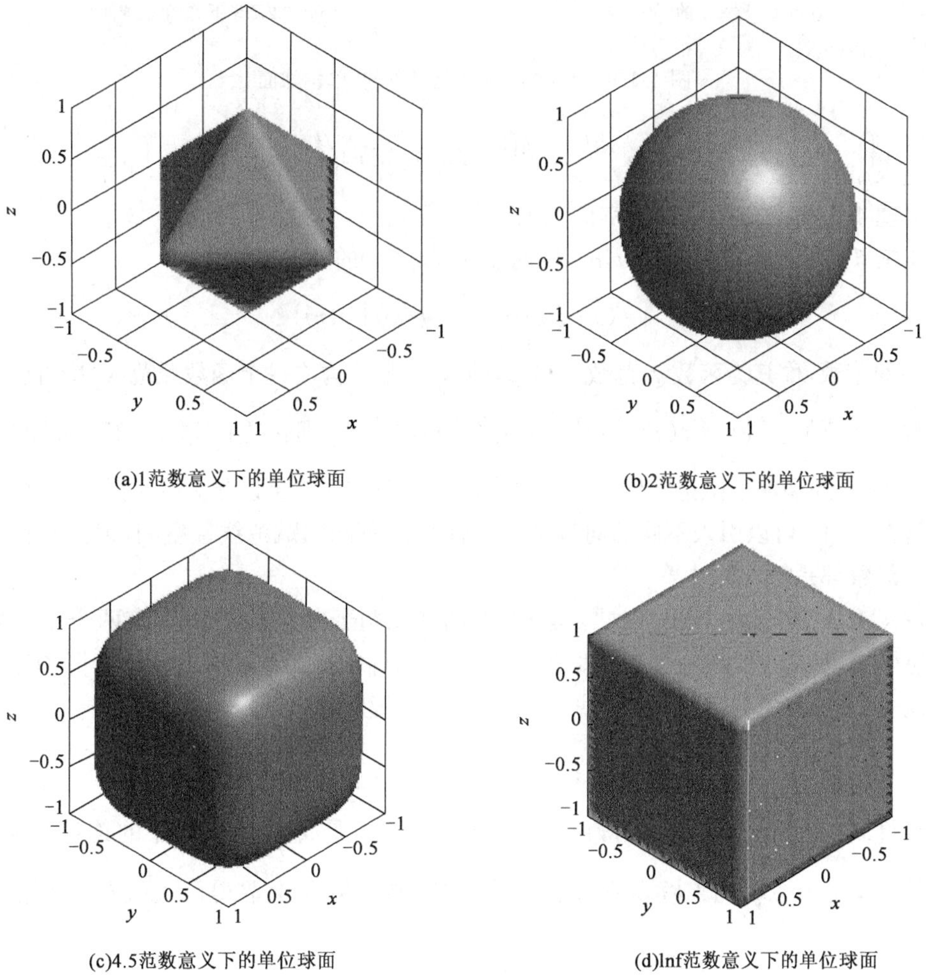

(a)1范数意义下的单位球面　(b)2范数意义下的单位球面

(c)4.5范数意义下的单位球面　(d)Inf范数意义下的单位球面

图 4.1.3　各种范数意义下的单位球面

引理 4.1.2　如果 $\forall f(x),g(x)\in C[a,b]$，则对于 $1\leqslant p<\infty$，都有如下 Minkowski 不等式（证明略）

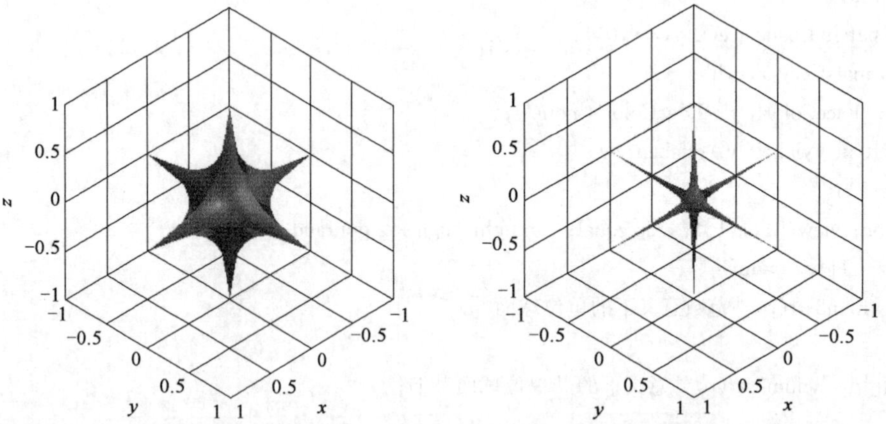

(a)p=0.5意义下的“单位球面”　　(b)p=0.2意义下的“单位球面”

图 4.1.4　$p=0.5,0.2$ 意义下的“单位球面”

$$\left(\int_a^b |f(x)+g(x)|^p \mathrm{d}x\right)^{1/p} \leqslant \left(\int_a^b |f(x)|^p \mathrm{d}x\right)^{1/p} + \left(\int_a^b |g(x)|^p \mathrm{d}x\right)^{1/p}. \quad (4.1.8)$$

由引理 4.1.2,可以验证如下实例 4.1.6.

例 4.1.6　对于 $\forall f(x)\in C[a,b]$,则对于 $1\leqslant p<\infty$ 的任意实数

$$\| f(x) \|_p = \left(\int_a^b |f(x)|^p \mathrm{d}x\right)^{1/p}$$

都是 $f(x)$ 的范数,称其为函数 p 范数. $[C[a,b], \|\cdot\|_p]$ 构成一个函数赋范线性空间. 特别当 $p=2$ 时, $\| f(x) \|_2 = \left(\int_a^b |f(x)|^2 \mathrm{d}x\right)^{1/2} = \sqrt{(f(x),f(x))}$,即它是由函数内积诱导的欧式范数.

另外,本例还说明了赋范空间既可以是有限维赋范空间也可以是无穷维赋范空间.

尽管在 F^n 上,可以引入不同的向量范数从而构成不同的赋范线性空间,但是在该空间上任意两个范数都是等价的.

定理 4.1.3　若 $\|\cdot\|_\alpha, \|\cdot\|_\beta$ 是 $\boldsymbol{F}^n$ 上的任意两个向量范数,则存在两个正常数 $k_2\geqslant k_1>0$,使得 $\forall \boldsymbol{x}\in \boldsymbol{F}^n$,都有 $k_1 \|\boldsymbol{x}\|_\beta \leqslant \|\boldsymbol{x}\|_\alpha \leqslant k_2 \|\boldsymbol{x}\|_\beta$(此时称 $\|\cdot\|_\alpha, \|\cdot\|_\beta$ 等价).

证明: 当 $\boldsymbol{x}=\boldsymbol{0}$ 时, $k_1 \|\boldsymbol{x}\|_\beta \leqslant \|\boldsymbol{x}\|_\alpha \leqslant k_2 \|\boldsymbol{x}\|_\beta$ 显然成立. 令

$$S = \{\boldsymbol{\xi} = [\xi_1,\xi_2,\cdots,\xi_n]^{\mathrm{T}} \in \boldsymbol{F}^n, \sum_{i=1}^n |\xi_i|^2 = 1\}, \quad (4.1.9)$$

当 $\boldsymbol{0}\neq \boldsymbol{x} = [x_1,x_2,\cdots,x_n]^{\mathrm{T}} \in S$ 时,由于 $\|\boldsymbol{x}\|_\alpha, \|\boldsymbol{x}\|_\beta$ 是 $x_1,x_2,\cdots,x_n$ 的连续函数,因此 $\dfrac{\|\boldsymbol{x}\|_\alpha}{\|\boldsymbol{x}\|_\beta}$ 是 $x_1,x_2,\cdots,x_n$ 的连续函数,故 $\dfrac{\|\boldsymbol{x}\|_\alpha}{\|\boldsymbol{x}\|_\beta}$ 在有界闭集 S 上取得最大值 $k_2>0$ 和最小值 $k_1>0$,即当 $\boldsymbol{x}\in S$ 时

$$k_1 \leqslant \frac{\|\boldsymbol{x}\|_\alpha}{\|\boldsymbol{x}\|_\beta} \leqslant k_2,$$

对于任意 $\boldsymbol{x}\neq\boldsymbol{0}$,令 $\boldsymbol{\xi} = \dfrac{\boldsymbol{x}}{\|\boldsymbol{x}\|_2}$,则有 $\|\boldsymbol{\xi}\|_2=1$,即 $\sum\limits_{i=1}^n |\xi_i|^2=1$,故 $\boldsymbol{\xi}\in S$,由前一步可得

$$k_1 \leqslant \frac{\|\boldsymbol{\xi}\|_\alpha}{\|\boldsymbol{\xi}\|_\beta} = \frac{\|\boldsymbol{x}\|_\alpha / \|\boldsymbol{x}\|_2}{\|\boldsymbol{x}\|_\beta / \|\boldsymbol{x}\|_2} = \frac{\|\boldsymbol{x}\|_\alpha}{\|\boldsymbol{x}\|_\beta} \leqslant k_2,$$

即 $k_1\|\boldsymbol{x}\|_\beta \leqslant \|\boldsymbol{x}\|_\alpha \leqslant k_2\|\boldsymbol{x}\|_\beta$.

事实上，对于 $\boldsymbol{F}^n$ 上的向量 1 范数、2 范数和∞范数有如下等价关系（其证明留作习题）

$$\|\boldsymbol{x}\|_\infty \leqslant \|\boldsymbol{x}\|_2 \leqslant \|\boldsymbol{x}\|_1 \leqslant \sqrt{n}\,\|\boldsymbol{x}\|_2 \leqslant n\,\|\boldsymbol{x}\|_\infty, \tag{4.1.10}$$

并且通过上述等价关系可知

(1) $\|\boldsymbol{x}\|_2 \leqslant \|\boldsymbol{x}\|_1 \leqslant \sqrt{n}\,\|\boldsymbol{x}\|_2$；

(2) $\|\boldsymbol{x}\|_\infty \leqslant \|\boldsymbol{x}\|_2 \leqslant \sqrt{n}\,\|\boldsymbol{x}\|_\infty$；

(3) $\|\boldsymbol{x}\|_\infty \leqslant \|\boldsymbol{x}\|_1 \leqslant n\,\|\boldsymbol{x}\|_\infty$.

例 4.1.7　设 $\boldsymbol{A}$ 是实对称正定矩阵，对于 $\forall \boldsymbol{x} \in \mathbf{R}^n$，定义 $\|\boldsymbol{x}\|_{\boldsymbol{A}} = \sqrt{\boldsymbol{x}^{\mathrm{T}}\boldsymbol{A}\boldsymbol{x}}$，则它是 $\mathbf{R}^n$ 上的一个向量范数（称为向量加权范数）.

证明：(1)正性：由于 $\boldsymbol{A}$ 是实对称正定矩阵，因此对于 $\forall \boldsymbol{x} \in \mathbf{R}^n$，$\|\boldsymbol{x}\|_{\boldsymbol{A}} = \sqrt{\boldsymbol{x}^{\mathrm{T}}\boldsymbol{A}\boldsymbol{x}} \geqslant 0$. 且 $\|\boldsymbol{x}\|_{\boldsymbol{A}} = \sqrt{\boldsymbol{x}^{\mathrm{T}}\boldsymbol{A}\boldsymbol{x}} = 0$ 的充分必要条件为 $\boldsymbol{x}^{\mathrm{T}}\boldsymbol{A}\boldsymbol{x} = 0$，再由 $\boldsymbol{A}$ 是实对称正定矩阵可知 $\boldsymbol{x}^{\mathrm{T}}\boldsymbol{A}\boldsymbol{x} = 0$ 的充分必要条件为 $\boldsymbol{x} = \boldsymbol{0}$，即 $\|\boldsymbol{x}\|_{\boldsymbol{A}} = 0$ 的充分必要条件为 $\boldsymbol{x} = \boldsymbol{0}$.

(2)齐性：$\forall k \in \mathbf{R}, \forall \boldsymbol{x} \in \mathbf{R}^n$，

$$\|k\boldsymbol{x}\|_{\boldsymbol{A}} = \sqrt{k\boldsymbol{x}^{\mathrm{T}}\boldsymbol{A}(k\boldsymbol{x})} = \sqrt{k^2\boldsymbol{x}^{\mathrm{T}}\boldsymbol{A}\boldsymbol{x}} = |k|\sqrt{\boldsymbol{x}^{\mathrm{T}}\boldsymbol{A}\boldsymbol{x}} = |k|\,\|\boldsymbol{x}\|_{\boldsymbol{A}}.$$

(3)三角不等式：$\forall \boldsymbol{x}, \boldsymbol{y} \in \mathbf{R}^n$，

$$\|\boldsymbol{x}+\boldsymbol{y}\|_{\boldsymbol{A}}^2 = (\boldsymbol{x}+\boldsymbol{y})^{\mathrm{T}}\boldsymbol{A}(\boldsymbol{x}+\boldsymbol{y}) = \boldsymbol{x}^{\mathrm{T}}\boldsymbol{A}\boldsymbol{x} + 2\boldsymbol{x}^{\mathrm{T}}\boldsymbol{A}\boldsymbol{y} + \boldsymbol{y}^{\mathrm{T}}\boldsymbol{A}\boldsymbol{y} = \|\boldsymbol{x}\|_{\boldsymbol{A}}^2 + 2\boldsymbol{x}^{\mathrm{T}}\boldsymbol{A}\boldsymbol{y} + \|\boldsymbol{y}\|_{\boldsymbol{A}}^2.$$

又由于 $\boldsymbol{A}$ 是实对称正定矩阵，因此存在可逆矩阵 $\boldsymbol{P}$，使得 $\boldsymbol{A} = \boldsymbol{P}^{\mathrm{T}}\boldsymbol{P}$，借助 Cauchy-Schwarz 不等式可得

$$\begin{aligned}\boldsymbol{x}^{\mathrm{T}}\boldsymbol{A}\boldsymbol{y} &= \boldsymbol{x}^{\mathrm{T}}\boldsymbol{P}^{\mathrm{T}}\boldsymbol{P}\boldsymbol{y} = (\boldsymbol{P}\boldsymbol{x}, \boldsymbol{P}\boldsymbol{y}) \leqslant \|\boldsymbol{P}\boldsymbol{x}\|_2\,\|\boldsymbol{P}\boldsymbol{y}\|_2 = \sqrt{(\boldsymbol{P}\boldsymbol{x}, \boldsymbol{P}\boldsymbol{x})}\sqrt{(\boldsymbol{P}\boldsymbol{y}, \boldsymbol{P}\boldsymbol{y})} \\ &= \sqrt{\boldsymbol{x}^{\mathrm{T}}\boldsymbol{P}^{\mathrm{T}}\boldsymbol{P}\boldsymbol{x}}\sqrt{\boldsymbol{y}^{\mathrm{T}}\boldsymbol{P}^{\mathrm{T}}\boldsymbol{P}\boldsymbol{y}} = \sqrt{\boldsymbol{x}^{\mathrm{T}}\boldsymbol{A}\boldsymbol{x}}\sqrt{\boldsymbol{y}^{\mathrm{T}}\boldsymbol{A}\boldsymbol{y}} = \|\boldsymbol{x}\|_{\boldsymbol{A}}\,\|\boldsymbol{y}\|_{\boldsymbol{A}},\end{aligned}$$

于是有

$$\|\boldsymbol{x}+\boldsymbol{y}\|_{\boldsymbol{A}}^2 \leqslant \|\boldsymbol{x}\|_{\boldsymbol{A}}^2 + 2\,\|\boldsymbol{x}\|_{\boldsymbol{A}}\,\|\boldsymbol{y}\|_{\boldsymbol{A}} + \|\boldsymbol{y}\|_{\boldsymbol{A}}^2 = (\|\boldsymbol{x}\|_{\boldsymbol{A}} + \|\boldsymbol{y}\|_{\boldsymbol{A}})^2,$$

即

$$\|\boldsymbol{x}+\boldsymbol{y}\|_{\boldsymbol{A}} \leqslant \|\boldsymbol{x}\|_{\boldsymbol{A}} + \|\boldsymbol{y}\|_{\boldsymbol{A}},$$

因此 $\|\boldsymbol{x}\|_{\boldsymbol{A}} = \sqrt{\boldsymbol{x}^{\mathrm{T}}\boldsymbol{A}\boldsymbol{x}}$ 是 $\mathbf{R}^n$ 上的一个向量范数.

例 4.1.8　设 $\boldsymbol{A} = [a_{ij}] \in \mathbf{R}^{m\times n}$，由于可以把它拉直看成一个 $\mathbf{R}^{mn}$ 中 mn 维的列向量，所以按照 $\mathbf{R}^{mn}$ 中定义的向量 2 范数定义该矩阵的范数为

$$\|\boldsymbol{A}\|_F = \Big(\sum_{i=1}^{m}\sum_{j=1}^{n}|a_{ij}|^2\Big)^{1/2} = \mathrm{trace}^{1/2}(\boldsymbol{A}^{\mathrm{T}}\boldsymbol{A}), \tag{4.1.11}$$

此时将其称为 $\boldsymbol{A}$ 的 Frobenius 范数，简称 F 范数，F 范数也称为能量范数.

需要说明的是定理 3.5.5 证明了矩阵的 F 范数具有正交不变性以及与奇异值的关系.

引入向量范数的目的之一是研究向量序列的收敛性问题. 为此下面给出向量序列的收敛性的定义.

定义 4.1.2 假设$\{\boldsymbol{x}^{(k)}\}_{k=1}^{\infty}\in\boldsymbol{F}^n$是一个无穷向量序列,如果该序列的所有分量组成的数列都收敛,即

$$\lim_{k\to\infty}x_i^{(k)}=x_i,i=1,2,\cdots,n,\tag{4.1.12}$$

则称$\{\boldsymbol{x}^{(k)}\}_{k=1}^{\infty}$收敛于$x=[x_1,x_2,\cdots,x_n]^{\mathrm{T}}$,并记成$\lim\limits_{k\to\infty}\boldsymbol{x}^{(k)}=\boldsymbol{x}$,否则称其为发散.

该定义通过定理 4.1.4 还可以给出一个等价的定义.

定理 4.1.4 向量序列$\{\boldsymbol{x}^{(k)}\}_{k=1}^{\infty}\in\boldsymbol{F}^n$收敛当且仅当对于任意$\boldsymbol{F}^n$中的向量范数$\|\cdot\|$都收敛,即存在$\boldsymbol{x}\in\boldsymbol{F}^n$使得$\lim\limits_{k\to\infty}\|\boldsymbol{x}^{(k)}-\boldsymbol{x}\|=0$.

证明:首先证明向量序列$\{\boldsymbol{x}^{(k)}\}_{k=1}^{\infty}\in\boldsymbol{F}^n$收敛当且仅当对于$\boldsymbol{F}^n$中的向量 1 范数$\|\cdot\|_1$收敛,这一结果由

$$0=\lim_{k\to\infty}\|\boldsymbol{x}^{(k)}-\boldsymbol{x}\|_1=\lim_{k\to\infty}\sum_{i=1}^{n}|x_i^{(k)}-x_i|\Leftrightarrow\forall i,\lim_{k\to\infty}|x_i^{(k)}-x_i|=0\Leftrightarrow\forall i,\lim_{k\to\infty}x_i^{(k)}=x_i$$

直接得到.

其次由定理 4.1.3 可知,存在两个正常数$k_2\geqslant k_1>0$,对于$\boldsymbol{x}^{(k)}-\boldsymbol{x}\in\boldsymbol{F}^n$,都有

$$k_1\|\boldsymbol{x}^{(k)}-\boldsymbol{x}\|_1\leqslant\|\boldsymbol{x}^{(k)}-\boldsymbol{x}\|\leqslant k_2\|\boldsymbol{x}^{(k)}-\boldsymbol{x}\|_1,$$

由此可得当$\lim\limits_{k\to\infty}\|\boldsymbol{x}^{(k)}-\boldsymbol{x}\|_1=0$时,$\lim\limits_{k\to\infty}\|\boldsymbol{x}^{(k)}-\boldsymbol{x}\|=0$;另一方面由上述不等式可得

$$\frac{1}{k_2}\|\boldsymbol{x}^{(k)}-\boldsymbol{x}\|\leqslant\|\boldsymbol{x}^{(k)}-\boldsymbol{x}\|_1\leqslant\frac{1}{k_1}\|\boldsymbol{x}^{(k)}-\boldsymbol{x}\|,$$

所以当$\lim\limits_{k\to\infty}\|\boldsymbol{x}^{(k)}-\boldsymbol{x}\|=0$时,$\lim\limits_{k\to\infty}\|\boldsymbol{x}^{(k)}-\boldsymbol{x}\|_1=0$,于是该定理得证.

由以上结果,可以给出向量序列的等价定义.

定义 4.1.3 假设$\{\boldsymbol{x}^{(k)}\}_{k=1}^{\infty}\in\boldsymbol{F}^n$是一个无穷向量序列,如果对于$\boldsymbol{F}^n$中的某一向量范数$\|\cdot\|$收敛,即存在$\boldsymbol{x}\in\boldsymbol{F}^n$使得$\lim\limits_{k\to\infty}\|\boldsymbol{x}^{(k)}-\boldsymbol{x}\|=0$,则称$\{\boldsymbol{x}^{(k)}\}_{k=1}^{\infty}$收敛于$\boldsymbol{x}$,并记成$\lim\limits_{k\to\infty}\boldsymbol{x}^{(k)}=\boldsymbol{x}$,否则称其为发散.

4.2 矩 阵 范 数

在上一节中讨论了向量空间的向量范数,尽管矩阵范数的定义可以仿照向量范数的定义,但是对于矩阵乘法运算,需要考虑$\boldsymbol{A}\in\boldsymbol{F}^{m\times s}$,$\boldsymbol{B}\in\boldsymbol{F}^{s\times n}$与$\boldsymbol{C}=\boldsymbol{AB}\in\boldsymbol{F}^{m\times n}$之间的范数关系,为此对矩阵的范数给出如下定义.

定义 4.2.1 如果$\forall\boldsymbol{C}\in\boldsymbol{F}^{m\times n}$,都有一个非负实数$\|\boldsymbol{C}\|$与之对应,且满足:

(1)正性:$\|\boldsymbol{C}\|\geqslant0$,且$\|\boldsymbol{C}\|=0$当且仅当$\boldsymbol{C}=\boldsymbol{0}$;

(2)齐次性:$\forall k\in\boldsymbol{F}$,$\|k\boldsymbol{C}\|=|k|\,\|\boldsymbol{C}\|$(注:$|\cdot|$在实数域上为绝对值,在复数域上为模);

(3)三角不等式:$\forall\boldsymbol{A},\boldsymbol{B}\in\boldsymbol{F}^{m\times n}$,$\|\boldsymbol{A}+\boldsymbol{B}\|\leqslant\|\boldsymbol{A}\|+\|\boldsymbol{B}\|$;

(4)乘法相容性:当$\boldsymbol{C}=\boldsymbol{AB}\in\boldsymbol{F}^{m\times n}$,$\boldsymbol{A}\in\boldsymbol{F}^{m\times s}$,$\boldsymbol{B}\in\boldsymbol{F}^{s\times n}$时,$\|\boldsymbol{AB}\|\leqslant\|\boldsymbol{A}\|\,\|\boldsymbol{B}\|$,则称该映射$\|\cdot\|$为$\boldsymbol{F}^{m\times n}$上的矩阵范数.

与向量范数类似,满足上述矩阵范数定义的也有很多例证.

例 4.2.1　若 $\boldsymbol{A}\in\mathbf{C}^{m\times n}$,则:

(1) $$\|\boldsymbol{A}\|_F=\left(\sum_{i=1}^{m}\sum_{j=1}^{n}|a_{ij}|^2\right)^{1/2}=\mathrm{trace}^{1/2}(\boldsymbol{A}^*\boldsymbol{A}),\tag{4.2.1}$$

(2) $$\|\boldsymbol{A}\|_{M_1}=\sum_{i=1}^{m}\sum_{j=1}^{n}|a_{ij}|,\tag{4.2.2}$$

都是矩阵范数.

证明:(1)由 $\|\boldsymbol{A}\|_F=\left(\sum_{i=1}^{m}\sum_{j=1}^{n}|a_{ij}|^2\right)^{1/2}$ 可知 $\|\boldsymbol{A}\|_F\geqslant 0$,且 $\|\boldsymbol{A}\|_F=0$ 等价于对所有的 i,j 都有 $a_{ij}=0$,所以正性成立. $\forall k\in\mathbf{C}$, $\|k\boldsymbol{A}\|_F=\mathrm{trace}^{1/2}(\bar{k}\boldsymbol{A}^*k\boldsymbol{A})=|k|\,\mathrm{trace}^{1/2}(\boldsymbol{A}^*\boldsymbol{A})=|k|\,\|\boldsymbol{A}\|_F$,齐次性成立. 三角不等式证明见习题 4.4. 当 $\boldsymbol{C}=\boldsymbol{AB}\in\mathbf{C}^{m\times n}$,$\boldsymbol{A}\in\mathbf{C}^{m\times s}$,$\boldsymbol{B}\in\mathbf{C}^{s\times n}$时,由 Cauchy-Schwarz 不等式

$$|\mathrm{trace}(\boldsymbol{B}^*\boldsymbol{A})|\leqslant\mathrm{trace}^{1/2}(\boldsymbol{A}^*\boldsymbol{A})\mathrm{trace}^{1/2}(\boldsymbol{B}^*\boldsymbol{B}),$$

可得

$$\begin{aligned}\|\boldsymbol{AB}\|_F^2&=|\mathrm{trace}(\boldsymbol{B}^*\boldsymbol{A}^*\boldsymbol{AB})|=|\mathrm{trace}(\boldsymbol{A}^*\boldsymbol{ABB}^*)|\leqslant\mathrm{trace}^{1/2}(\boldsymbol{A}^*\boldsymbol{AA}^*\boldsymbol{A})\mathrm{trace}^{1/2}(\boldsymbol{BB}^*\boldsymbol{BB}^*)\\&=\|\boldsymbol{A}^*\boldsymbol{A}\|_F\ \|\boldsymbol{BB}^{\mathrm{T}}\|_F.\end{aligned}$$

另外由不等式(其证明参见习题 4.4)

$$\|\boldsymbol{A}^*\boldsymbol{A}\|_F=\|\boldsymbol{AA}^*\|_F\leqslant\|\boldsymbol{A}\|_F^2,\ \|\boldsymbol{B}^*\boldsymbol{B}\|_F=\|\boldsymbol{BB}^*\|_F\leqslant\|\boldsymbol{B}\|_F^2$$

可知

$$\|\boldsymbol{AB}\|_F^2\leqslant\|\boldsymbol{A}\|_F^2\|\boldsymbol{B}\|_F^2,$$

即

$$\|\boldsymbol{AB}\|_F\leqslant\|\boldsymbol{A}\|_F\|\boldsymbol{B}\|_F,$$

乘法相容性成立.

(2)由 $\|\boldsymbol{A}\|_{M_1}=\sum_{i=1}^{m}\sum_{j=1}^{n}|a_{ij}|$ 可知 $\|\boldsymbol{A}\|_{M_1}\geqslant 0$,且 $\|\boldsymbol{A}\|_{M_1}=0$ 等价于对所有的 i,j 都有 $a_{ij}=0$,所以正性成立. $\forall k\in\mathbf{C}$, $\|k\boldsymbol{A}\|_{M_1}=\sum_{i=1}^{m}\sum_{j=1}^{n}|ka_{ij}|=|k|\sum_{i=1}^{m}\sum_{j=1}^{n}|a_{ij}|=|k|\,\|\boldsymbol{A}\|_{M_1}$,齐次性成立. $\forall\boldsymbol{A},\boldsymbol{B}\in\mathbf{C}^{m\times n}$,

$$\|\boldsymbol{A}+\boldsymbol{B}\|=\sum_{i=1}^{m}\sum_{j=1}^{n}|a_{ij}+b_{ij}|\leqslant\sum_{i=1}^{m}\sum_{j=1}^{n}(|a_{ij}|+|b_{ij}|)=\|\boldsymbol{A}\|+\|\boldsymbol{B}\|,$$

所以三角不等式成立.

当 $\boldsymbol{C}=\boldsymbol{AB}\in\mathbf{C}^{m\times n}$,$\boldsymbol{A}\in\mathbf{C}^{m\times s}$,$\boldsymbol{B}\in\mathbf{C}^{s\times n}$时,由初等不等式当 $a_k,b_k\geqslant 0,k=1,2,\cdots,s$ 时

$$\sum_{k=1}^{s}a_kb_k\leqslant\sum_{k=1}^{s}a_k\sum_{k=1}^{s}b_k,$$

可知

$$\begin{aligned}\|\boldsymbol{AB}\|_{M_1}&=\sum_{i=1}^{m}\sum_{j=1}^{n}|c_{ij}|=\sum_{i=1}^{m}\sum_{j=1}^{n}\left|\sum_{k=1}^{s}a_{ik}b_{kj}\right|\leqslant\sum_{i=1}^{m}\sum_{j=1}^{n}\sum_{k=1}^{s}|a_{ik}||b_{kj}|\\&=\sum_{k=1}^{s}\left[\left(\sum_{i=1}^{m}|a_{ik}|\right)\left(\sum_{j=1}^{n}|b_{kj}|\right)\right]\leqslant\sum_{k=1}^{s}\left(\sum_{i=1}^{m}|a_{ik}|\right)\sum_{k=1}^{s}\left(\sum_{j=1}^{n}|b_{kj}|\right)\\&=\|\boldsymbol{A}\|_{M_1}\ \|\boldsymbol{B}\|_{M_1},\end{aligned}$$

即乘法相容性成立.

在 Matlab 中计算 Frobenius 范数可以调用函数 nf=norm(A,'fro').

例如在 Matlab 窗口输入以下命令,可以计算矩阵的 Frobenius 范数.

A=magic(5);nf=norm(A,'fro')

经计算可得,5 阶魔方矩阵的 Frobenius 范数是 nf=74.3303.

上面讨论了矩阵范数,该范数仅仅考虑了矩阵的代数运算与矩阵范数的相容关系,但是矩阵也是一个线性映射,例如 $\boldsymbol{y}=\boldsymbol{A}\boldsymbol{x}$,此时还需要考虑两个向量范数 $\|\boldsymbol{x}\|$,$\|\boldsymbol{y}\|$ 与矩阵范数 $\|\boldsymbol{A}\|$ 的控制关系,而在实际矩阵分析中常常需要 $\|\boldsymbol{y}\|=\|\boldsymbol{A}\boldsymbol{x}\|$ 受 $\|\boldsymbol{A}\|\ \|\boldsymbol{x}\|$ 的控制,为此需要引出与向量相容的矩阵范数,即算子范数.

定义 4.2.2 给定线性映射 $\boldsymbol{y}=\boldsymbol{A}\boldsymbol{x}$,其中 $\boldsymbol{A}\in\boldsymbol{F}^{m\times n}$,$\boldsymbol{x}\in\boldsymbol{F}^{n}$,$\boldsymbol{y}\in\boldsymbol{F}^{m}$,假设 $\|\cdot\|$ 是 $\boldsymbol{F}^{n}$,$\boldsymbol{F}^{m}$ 中的向量范数,$\|\cdot\|_M$ 是 $\boldsymbol{F}^{m\times n}$ 上的矩阵范数,且满足 $\|\boldsymbol{A}\boldsymbol{x}\|\leqslant\|\boldsymbol{A}\|_M\|\boldsymbol{x}\|$,则称 $\|\cdot\|_M$ 为与向量相容的矩阵范数,或称算子范数.

在实际应用中,可以借助向量范数诱导出算子范数,为此有如下定理 4.2.1.

定理 4.2.1 给定线性映射 $\boldsymbol{y}=\boldsymbol{A}\boldsymbol{x}$,其中 $\boldsymbol{A}=[a_{ij}]\in\boldsymbol{F}^{m\times n}$,$\boldsymbol{x}\in\boldsymbol{F}^{n}$,$y\in\boldsymbol{F}^{m}$,假设 $\|\cdot\|$ 是 $\boldsymbol{F}^{n}$,$\boldsymbol{F}^{m}$ 中的向量范数,则由如下定义的非负值

$$\|\boldsymbol{A}\|=\max_{\boldsymbol{x}\neq\boldsymbol{0}}\frac{\|\boldsymbol{A}\boldsymbol{x}\|}{\|\boldsymbol{x}\|}=\max_{\|\boldsymbol{x}\|=1}\|\boldsymbol{A}\boldsymbol{x}\|,\tag{4.2.3}$$

即为 $\boldsymbol{A}$ 的算子范数.特别是当向量范数 $\|\cdot\|$ 分别取 $\|\cdot\|_1$、$\|\cdot\|_\infty$ 以及 $\|\cdot\|_2$ 时,可以分别对应算子 1 范数 $\|\boldsymbol{A}\|_1$、算子无穷大范数 $\|\boldsymbol{A}\|_\infty$ 以及算子 2 范数 $\|\boldsymbol{A}\|_2$,而且这几个算子范数有如下的具体表示:

(1) $\|\boldsymbol{A}\|_1=\max\limits_{1\leqslant j\leqslant n}\sum\limits_{i=1}^{m}|a_{ij}|$($\boldsymbol{A}$ 的按模最大列和); (4.2.4)

(2) $\|\boldsymbol{A}\|_\infty=\max\limits_{1\leqslant i\leqslant m}\sum\limits_{j=1}^{n}|a_{ij}|$($\boldsymbol{A}$ 的按模最大行和); (4.2.5)

(3) $\|\boldsymbol{A}\|_2=\sigma_{\max}(\boldsymbol{A})$,其中 $\sigma_{\max}(\boldsymbol{A})$ 是 $\boldsymbol{A}$ 的最大奇异值. (4.2.6)

特别当 $\boldsymbol{A}=\boldsymbol{E}$ 时,对任意算子范数,都有 $\|\boldsymbol{A}\|=1$.

证明:首先证明定理的第一部分.

(1) $\|\boldsymbol{A}\|\geqslant 0$,而当 $\boldsymbol{A}=\boldsymbol{0}$ 时,$\|\boldsymbol{A}\|=0$ 是显然的.反之若 $\|\boldsymbol{A}\|=0$,则 $\forall\boldsymbol{x}$,$\|\boldsymbol{A}\boldsymbol{x}\|=0$,从而 $\forall\boldsymbol{x}$,$\boldsymbol{A}\boldsymbol{x}=\boldsymbol{0}$,由此可得 $\boldsymbol{A}=\boldsymbol{0}$,即正性得证;

(2)由 $\|k\boldsymbol{A}\|=\max\limits_{\|\boldsymbol{x}\|=1}\|k\boldsymbol{A}\boldsymbol{x}\|=|k|\max\limits_{\|\boldsymbol{x}\|=1}\|\boldsymbol{A}\boldsymbol{x}\|=|k|\ \|\boldsymbol{A}\|$,齐性得证;

(3)由 $\|\boldsymbol{A}+\boldsymbol{B}\|=\max\limits_{\|\boldsymbol{x}\|=1}\|(\boldsymbol{A}+\boldsymbol{B})\boldsymbol{x}\|\leqslant\max\limits_{\|\boldsymbol{x}\|=1}\|\boldsymbol{A}\boldsymbol{x}\|+\max\limits_{\|\boldsymbol{x}\|=1}\|\boldsymbol{B}\boldsymbol{x}\|=\|\boldsymbol{A}\|+\|\boldsymbol{B}\|$,三角不等式得证;

(4)由 $\|\boldsymbol{A}\|$ 的定义可知,$\forall\boldsymbol{x}\neq\boldsymbol{0}$,$\dfrac{\|\boldsymbol{A}\boldsymbol{x}\|}{\|\boldsymbol{x}\|}\leqslant\|\boldsymbol{A}\|$,从而有 $\forall\boldsymbol{x}$ 都有 $\|\boldsymbol{A}\boldsymbol{x}\|\leqslant\|\boldsymbol{A}\|\ \|\boldsymbol{x}\|$,即算子范数是向量相容的矩阵范数;

(5)由 $\|\boldsymbol{A}\boldsymbol{B}\|=\max\limits_{\|\boldsymbol{x}\|=1}\|\boldsymbol{A}\boldsymbol{B}\boldsymbol{x}\|\leqslant\max\limits_{\|\boldsymbol{x}\|=1}(\|\boldsymbol{A}\|\ \|\boldsymbol{B}\boldsymbol{x}\|)=\|\boldsymbol{A}\|\max\limits_{\|\boldsymbol{x}\|=1}\|\boldsymbol{B}\boldsymbol{x}\|=\|\boldsymbol{A}\|\ \|\boldsymbol{B}\|$,矩阵范数与乘法的相容性得证.

其次证明定理的第二部分.

(1)设 $\|\boldsymbol{x}\|_1=1$,即 $\sum\limits_{j=1}^{n}|x_j|=1$,则

$$\|\boldsymbol{Ax}\|_1=\sum_{i=1}^{m}\left|\sum_{j=1}^{n}a_{ij}x_j\right|\leqslant\sum_{i=1}^{m}\sum_{j=1}^{n}|a_{ij}||x_j|=\sum_{j=1}^{n}\left(\sum_{i=1}^{m}|a_{ij}|\right)|x_j|$$
$$\leqslant\left(\max_{1\leqslant j\leqslant n}\sum_{i=1}^{m}|a_{ij}|\right)\cdot\sum_{j=1}^{n}|x_j|=\max_{1\leqslant j\leqslant n}\sum_{i=1}^{m}|a_{ij}|.$$

再证 $\max\limits_{\|\boldsymbol{x}\|_1=1}\|\boldsymbol{Ax}\|_1=\max\limits_{1\leqslant j\leqslant n}\sum\limits_{i=1}^{m}|a_{ij}|$. 假设当 $j=k$ 时,$\sum\limits_{i=1}^{m}|a_{ij}|$ 取得最大值,即 $\max\limits_{1\leqslant j\leqslant n}\sum\limits_{i=1}^{m}|a_{ij}|=\sum\limits_{i=1}^{m}|a_{ik}|$. 取 $\boldsymbol{x}^*=\boldsymbol{e}_k$,其中 $\boldsymbol{e}_k$ 表示第 k 个分量为 1、其他为零的单位向量,则显然有 $\|\boldsymbol{x}^*\|_1=1$,且

$$\|\boldsymbol{Ax}^*\|_1=\sum_{i=1}^{m}\left|\sum_{j=1}^{n}a_{ij}x_j^*\right|=\sum_{i=1}^{m}|a_{ik}|=\max_{1\leqslant j\leqslant n}\sum_{i=1}^{m}|a_{ij}|,$$

因此结论(1)成立.

(2)设 $\|\boldsymbol{x}\|_\infty=1$,即 $\max\limits_{1\leqslant j\leqslant n}|x_j|=1$,则

$$\|\boldsymbol{Ax}\|_\infty=\max_{1\leqslant i\leqslant m}\left|\sum_{j=1}^{n}a_{ij}x_j\right|\leqslant\max_{1\leqslant i\leqslant m}\sum_{j=1}^{n}|a_{ij}||x_j|\leqslant\max_{1\leqslant j\leqslant n}|x_j|\max_{1\leqslant i\leqslant m}\sum_{j=1}^{n}|a_{ij}|=\max_{1\leqslant i\leqslant m}\sum_{j=1}^{n}|a_{ij}|,$$

再证 $\max\limits_{\|\boldsymbol{x}\|_\infty=1}\|\boldsymbol{Ax}\|_\infty=\max\limits_{1\leqslant i\leqslant m}\sum\limits_{j=1}^{n}|a_{ij}|$,取 $\boldsymbol{x}^*=[1,1,\cdots,1,1]^{\mathrm{T}}$,则 $\|\boldsymbol{x}^*\|_\infty=1$,且

$$\|\boldsymbol{Ax}^*\|_\infty=\max_{1\leqslant i\leqslant m}\left|\sum_{j=1}^{n}a_{ij}x_j\right|=\max_{1\leqslant i\leqslant m}\left|\sum_{j=1}^{n}a_{ij}\right|,$$

因此结论(2)成立.

(3)由于 $\|\boldsymbol{Ax}\|_2^2=(\boldsymbol{Ax})^*(\boldsymbol{Ax})=\boldsymbol{x}^*\boldsymbol{A}^*\boldsymbol{Ax}\geqslant0$,所以 n 阶 Hermite 矩阵 $\boldsymbol{A}^*\boldsymbol{A}$ 的特征值是非负实数,不妨设为 $\lambda_1\geqslant\lambda_2\geqslant\cdots\geqslant\lambda_n\geqslant0$,相应的两两正交的单位特征向量分别为 $\boldsymbol{\alpha}_1,\boldsymbol{\alpha}_2,\cdots,\boldsymbol{\alpha}_n$,对于任意一个 2 范数是 1 的向量 $\boldsymbol{x}$,它可表示为

$$\boldsymbol{x}=c_1\boldsymbol{\alpha}_1+c_2\boldsymbol{\alpha}_2+\cdots+c_n\boldsymbol{\alpha}_n,$$

且有

$$|c_1|^2+|c_2|^2+\cdots+|c_n|^2=\|\boldsymbol{x}\|_2^2=1,$$

又因为

$$\boldsymbol{A}^*\boldsymbol{Ax}=\boldsymbol{A}^*\boldsymbol{A}\left(\sum_{i=1}^{n}c_i\boldsymbol{\alpha}_i\right)=\sum_{i=1}^{n}c_i\boldsymbol{A}^*\boldsymbol{A}\boldsymbol{\alpha}_i=\sum_{i=1}^{n}\lambda_ic_i\boldsymbol{\alpha}_i,$$

故有

$$\|\boldsymbol{Ax}\|_2^2=\left(\sum_{j=1}^{n}c_j\boldsymbol{\alpha}_j\right)^*\left(\sum_{i=1}^{n}\lambda_ic_i\boldsymbol{\alpha}_i\right)=\sum_{i=1}^{n}\lambda_i|c_i|^2\leqslant\lambda_1\sum_{i=1}^{n}|c_i|^2=\lambda_1,$$

从而 $\|\boldsymbol{Ax}\|_2\leqslant\sqrt{\lambda_1}=\sigma_{\max}(\boldsymbol{A})$.

另一方面,$\|\boldsymbol{\alpha}_1\|_2=1$,且 $\|\boldsymbol{A\alpha}_1\|_2^2=\boldsymbol{\alpha}_1^*\boldsymbol{A}^*\boldsymbol{A\alpha}_1=\lambda_1\boldsymbol{\alpha}_1^*\boldsymbol{\alpha}_1=\lambda_1$,故 $\|\boldsymbol{A\alpha}_1\|_2=\sigma_{\max}(\boldsymbol{A})$,因此结论(3)成立.

当 $\boldsymbol{A}=\boldsymbol{E}$ 时,由算子范数的定义可知 $\|\boldsymbol{A}\|=\max\limits_{\|\boldsymbol{x}\|=1}\|\boldsymbol{Ex}\|=\max\limits_{\|\boldsymbol{x}\|=1}\|\boldsymbol{x}\|=1$.

计算上述三个算子范数的 Matlab 函数为 n=[norm(A,1),norm(A,inf),norm(A,2)].

例如在 Matlab 窗口输入以下命令,可以计算矩阵的三种算子范数.

A=[2 4 8 −3;3 3 −5 3;9 6 −3 −2];n=[norm(A,1),norm(A,2),norm(A,inf)]

可以得到 $\boldsymbol{A}$ 的算子 1 范数、2 范数和无穷大范数分别为 16,12.5927,20.

另外,针对算子范数有如下 Von Newmann 不等式.

定理 4.2.2 设 $\boldsymbol{A}\in\boldsymbol{F}^{n\times n}$,则对任意算子范数 $\|\cdot\|$,当 $\|\boldsymbol{A}\|<1$ 时,$\boldsymbol{E}-\boldsymbol{A}$ 可逆,且有

$$\|(\boldsymbol{E}-\boldsymbol{A})^{-1}\|\leqslant\frac{1}{1-\|\boldsymbol{A}\|}. \tag{4.2.7}$$

证明:假设 $\boldsymbol{E}-\boldsymbol{A}$ 不可逆,则其对应的齐次方程 $(\boldsymbol{E}-\boldsymbol{A})\boldsymbol{x}=\boldsymbol{0}$ 有非零解,即存在 $\boldsymbol{x}\neq\boldsymbol{0}$ 使得 $\boldsymbol{Ax}=\boldsymbol{x}$,从而有 $\|\boldsymbol{x}\|=\|\boldsymbol{Ax}\|\leqslant\|\boldsymbol{A}\|\,\|\boldsymbol{x}\|<\|\boldsymbol{x}\|$,显然此式是矛盾的,因而 $\boldsymbol{E}-\boldsymbol{A}$ 可逆.

令 $\boldsymbol{B}=(\boldsymbol{E}-\boldsymbol{A})^{-1}$,则有 $\boldsymbol{B}(\boldsymbol{E}-\boldsymbol{A})=\boldsymbol{E}$,即 $\boldsymbol{B}=\boldsymbol{E}+\boldsymbol{BA}$,于是有

$$\|\boldsymbol{B}\|\leqslant\|\boldsymbol{E}\|+\|\boldsymbol{BA}\|\leqslant\|\boldsymbol{E}\|+\|\boldsymbol{B}\|\,\|\boldsymbol{A}\|=1+\|\boldsymbol{B}\|\,\|\boldsymbol{A}\|,$$

即 $(1-\|\boldsymbol{A}\|)\|\boldsymbol{B}\|\leqslant 1$,因此有

$$\|(\boldsymbol{E}-\boldsymbol{A})^{-1}\|=\|\boldsymbol{B}\|\leqslant\frac{1}{1-\|\boldsymbol{A}\|}.$$

另外,在讨论线性方程 $\boldsymbol{Ax}=\boldsymbol{b}$ 的病态程度时需要引入矩阵 $\boldsymbol{A}$ 的条件数的概念.

定义 4.2.3 设 $\boldsymbol{A}\in\boldsymbol{F}^{n\times n}$ 可逆,则对任意算子范数 $\|\cdot\|_p$,$\mathrm{cond}_p(\boldsymbol{A})=\|\boldsymbol{A}\|_p\,\|\boldsymbol{A}^{-1}\|_p$ 称为 $\boldsymbol{A}$ 的 p 条件数,特别当 $p=1,2,\infty$ 时,分别对应 $\mathrm{cond}_1(\boldsymbol{A})$,$\mathrm{cond}_2(\boldsymbol{A})$,$\mathrm{cond}_\infty(\boldsymbol{A})$.

例 4.2.2 设 $\boldsymbol{A}\in\boldsymbol{F}^{n\times n}$ 可逆,则线性方程组 $\boldsymbol{Ax}=\boldsymbol{b}$ 有唯一解 $\boldsymbol{x}=\boldsymbol{A}^{-1}\boldsymbol{b}$,若 $\boldsymbol{b}$ 有小的绝对误差 $\delta\boldsymbol{b}$,则解的相对误差 $\frac{\|\delta\boldsymbol{x}\|_p}{\|\boldsymbol{x}\|_p}$ 有如下估计

$$\frac{\|\delta\boldsymbol{x}\|_p}{\|\boldsymbol{x}\|_p}\leqslant\mathrm{cond}_p(\boldsymbol{A})\frac{\|\delta\boldsymbol{b}\|_p}{\|\boldsymbol{b}\|_p}. \tag{4.2.8}$$

证明:由方程 $\boldsymbol{A}(\boldsymbol{x}+\delta\boldsymbol{x})=\boldsymbol{b}+\delta\boldsymbol{b}$ 得 $\boldsymbol{A}\delta\boldsymbol{x}=\boldsymbol{b}-\boldsymbol{Ax}+\delta\boldsymbol{b}=\delta\boldsymbol{b}$,故 $\delta\boldsymbol{x}=\boldsymbol{A}^{-1}\delta\boldsymbol{b}$,因此有 $\|\delta\boldsymbol{x}\|_p=\|\boldsymbol{A}^{-1}\delta\boldsymbol{b}\|_p\leqslant\|\boldsymbol{A}^{-1}\|_p\,\|\delta\boldsymbol{b}\|_p$;另外,由 $\boldsymbol{Ax}=\boldsymbol{b}$ 可得 $\|\boldsymbol{b}\|_p=\|\boldsymbol{Ax}\|_p\leqslant\|\boldsymbol{A}\|_p\,\|\boldsymbol{x}\|_p$,故有 $\frac{1}{\|\boldsymbol{x}\|_p}\leqslant\frac{\|\boldsymbol{A}\|_p}{\|\boldsymbol{b}\|_p}$,于是有

$$\frac{\|\delta\boldsymbol{x}\|_p}{\|\boldsymbol{x}\|_p}\leqslant\|\boldsymbol{A}\|_p\,\|\boldsymbol{A}^{-1}\|_p\frac{\|\delta\boldsymbol{b}\|_p}{\|\boldsymbol{b}\|_p}=\mathrm{cond}_p(\boldsymbol{A})\frac{\|\delta\boldsymbol{b}\|_p}{\|\boldsymbol{b}\|_p}.$$

由定理 4.2.2 的结论与证明过程不难得到以下定理 4.2.3.

定理 4.2.3 设 $\boldsymbol{A},\boldsymbol{B}\in\boldsymbol{F}^{n\times n}$ 且 $\boldsymbol{A}$ 可逆,且对 $\boldsymbol{F}^{n\times n}$ 上的任意算子范数 $\|\cdot\|$ 满足 $\|\boldsymbol{A}^{-1}\boldsymbol{B}\|<1$,则:

(1)矩阵 $\boldsymbol{A}+\boldsymbol{B}$ 可逆;

(2)对于 $\boldsymbol{F}=\boldsymbol{E}-(\boldsymbol{E}+\boldsymbol{A}^{-1}\boldsymbol{B})^{-1}$ 有,$\|\boldsymbol{F}\|\leqslant\frac{\|\boldsymbol{A}^{-1}\boldsymbol{B}\|}{1-\|\boldsymbol{A}^{-1}\boldsymbol{B}\|}$;

(3)$\frac{\|\boldsymbol{A}^{-1}-(\boldsymbol{A}+\boldsymbol{B})^{-1}\|}{\|\boldsymbol{A}^{-1}\|}\leqslant\frac{\|\boldsymbol{A}^{-1}\boldsymbol{B}\|}{1-\|\boldsymbol{A}^{-1}\boldsymbol{B}\|}$,特别地若取 $\boldsymbol{B}=\delta\boldsymbol{A}$,则有

$$\frac{\|\boldsymbol{A}^{-1}-(\boldsymbol{A}+\delta\boldsymbol{A})^{-1}\|}{\|\boldsymbol{A}^{-1}\|}\leqslant\frac{\mathrm{cond}(\boldsymbol{A})\frac{\|\delta\boldsymbol{A}\|}{\|\boldsymbol{A}\|}}{1-\mathrm{cond}(\boldsymbol{A})\frac{\|\delta\boldsymbol{A}\|}{\|\boldsymbol{A}\|}}. \tag{4.2.9}$$

上述结果反映了矩阵逆的摄动估计.

对于方阵而言,方阵的算子范数是揭示方阵本性的一个重要的量,而方阵的特征值也是揭示方阵本性的一个重要的量,那么这两个量之间有什么关系呢？为了回答这个问题,需要首先给出谱半径的概念.

定义 4.2.4　设 $\boldsymbol{A}\in \mathbf{C}^{n\times n}$,则其在复数域上所有的不同特征值所组成的集合称为 $\boldsymbol{A}$ 的谱,并将 $\boldsymbol{A}$ 特征值的模的最大值称为 $\boldsymbol{A}$ 的谱半径,并记为 $\rho(\boldsymbol{A})$,即 $\rho(\boldsymbol{A})=\max\limits_{1\leqslant i\leqslant n}\{|\lambda_i(\boldsymbol{A})|\}$.

计算谱半径的 Matlab 函数为 pho=max(abs(eig(A))).

例如在 Matlab 窗口输入以下命令,可以计算矩阵的谱半径.

A=rand(5);pho=max(abs(eig(A)));

有了上述定义可以给出方阵的谱半径与其算子范数的关系.

定理 4.2.4　如果 $\boldsymbol{A}\in \boldsymbol{F}^{n\times n}$,则对 $\boldsymbol{F}^{n\times n}$ 上的任意一个算子范数 $\|\cdot\|$,都有 $\rho(\boldsymbol{A})\leqslant\|\boldsymbol{A}\|$.特别当 $\boldsymbol{A}\in \mathbf{C}^{n\times n}$ 是 Hermite 矩阵($\boldsymbol{A}^*=\boldsymbol{A}$)或 $\boldsymbol{A}\in \mathbf{R}^{n\times n}$ 是实对称矩阵($\boldsymbol{A}^{\mathrm{T}}=\boldsymbol{A}$)时,$\rho(\boldsymbol{A})=\|\boldsymbol{A}\|_2$.

证明: 设 λ 是 $\boldsymbol{A}\in \boldsymbol{F}^{n\times n}$ 的任一个特征值,$\boldsymbol{x}\neq\boldsymbol{0}$ 是属于 λ 的特征向量,则由 $\boldsymbol{A}\boldsymbol{x}=\lambda\boldsymbol{x}$ 可得 $|\lambda|\ \|\boldsymbol{x}\|=\|\lambda\boldsymbol{x}\|=\|\boldsymbol{A}\boldsymbol{x}\|\leqslant\|\boldsymbol{A}\|\ \|\boldsymbol{x}\|$,因 $\boldsymbol{x}\neq\boldsymbol{0}$,故 $\|\boldsymbol{x}\|\neq 0$,从而有 $|\lambda|\leqslant\|\boldsymbol{A}\|$,由 λ 任意性可得 $\rho(\boldsymbol{A})\leqslant\|\boldsymbol{A}\|$.当 $\boldsymbol{A}\in \mathbf{C}^{n\times n}$ 是 Hermite 矩阵($\boldsymbol{A}^*=\boldsymbol{A}$)时,由定理 4.2.1 可知

$$\|\boldsymbol{A}\|_2=\sigma_{\max}(\boldsymbol{A})=\sqrt{\rho(\boldsymbol{A}^*\boldsymbol{A})}=\sqrt{\rho(\boldsymbol{A}^2)}=\sqrt{\rho^2(\boldsymbol{A})}=\rho(\boldsymbol{A}),$$

其中 $\sigma_{\max}(\boldsymbol{A})$ 为 $\boldsymbol{A}$ 的最大奇异值.对于实对称情况证明类似.

此外,也可以通过 Matlab 程序验证 $\boldsymbol{A}$ 的所有特征值分布在以原点为中心半径为 $\|\boldsymbol{A}\|$ 的复圆盘内.

调用程序 4.2.1,取 a=[10 2 3 13;5 11 6 8;9 7 6 7;4 13 10 1],k 取 1,p 分别取 1,2,inf,'fro',运行[phro1,norm]=normspet(a,p,1); 可得 a 的特征值受算子范数的界定限制,参见图 4.2.1.

程序 4.2.1　矩阵特征值与算子范数关系示意图.

```
function [phro,norm]=normspet(a,p,k)
phro=max(abs(eig(a)));
norm= normp(a^k,p).^(1/k);
t=0:0.01:2*pi;
n=length(t);
y=norm*ones(1,n);
polar(t,y,'r-') ;hold on;
compass(eig(a));
title('特征值与算子范数的关系图')
hold off;
function norm=normp(a,p)
  if p==1
        norm= max(sum(abs(a)));
  elseif p==2
      norm=max(svd(a));
```

程序4.2.1
(图4.2.1)

程序4.2.1
(图4.2.2)

```
elseif p==inf
    norm= max(sum(abs(a')));
elseif p=='fro'
    norm=sqrt(sum(diag(a' * a)));
else
    disp('p 必须取 1,2,inf,fro')
end
```

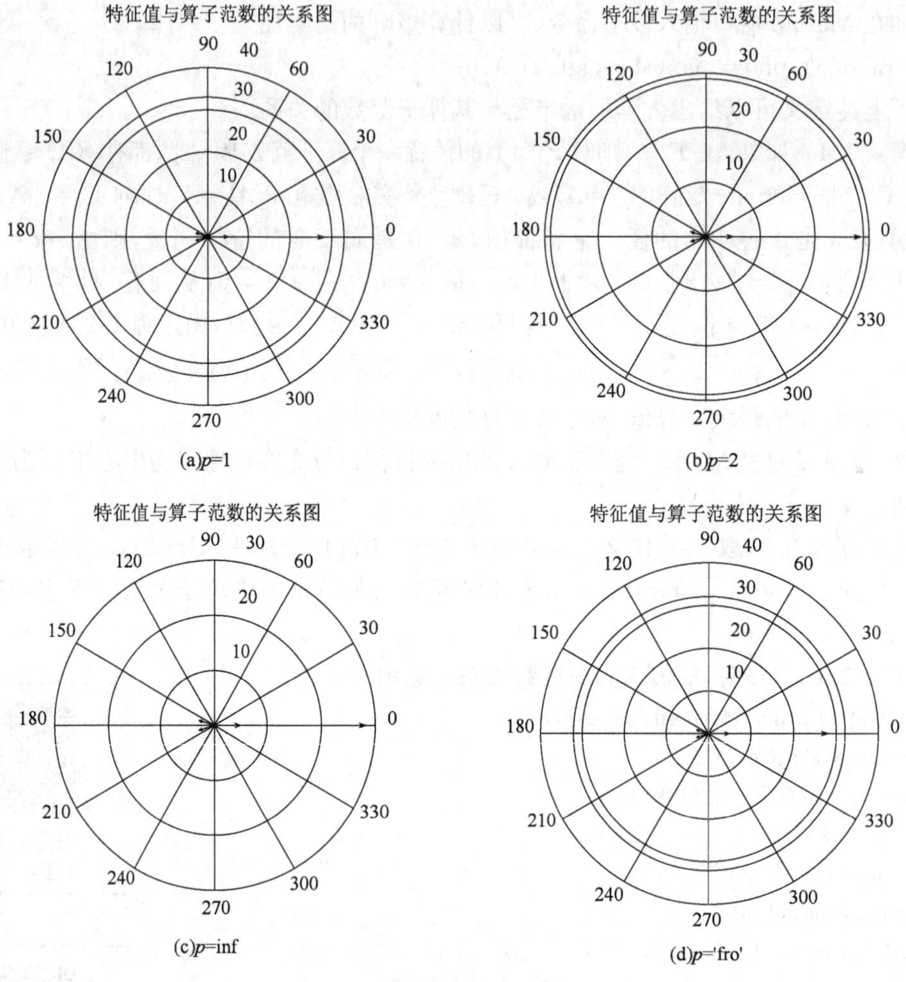

图 4.2.1　矩阵 a 的特征值与算子范数的界定关系

定理 4.2.5　给定矩阵 $\mathbf{A}\in\mathbf{C}^{n\times n}$,则对所有的算子范数,都有 $\rho(\mathbf{A})\leqslant\|\mathbf{A}^k\|^{1/k}$,其中 k 是任意正整数,且 $\rho(\mathbf{A})=\lim\limits_{k\to\infty}\|\mathbf{A}^k\|^{1/k}$.

证明:给定矩阵 $\mathbf{A}\in\mathbf{C}^{n\times n}$,则对所有算子范数都有 $\rho(\mathbf{A})\leqslant\|\mathbf{A}\|$. 首先注意到 $\rho^k(\mathbf{A})=\rho(\mathbf{A}^k)\leqslant\|\mathbf{A}^k\|$,可得 $\rho(\mathbf{A})\leqslant\|\mathbf{A}^k\|^{1/k}$,再注意到对任意 $\varepsilon>0$,$\rho\left(\dfrac{\mathbf{A}}{\rho(\mathbf{A})+\varepsilon}\right)<1$,故

$\lim\limits_{k\to\infty}\left(\dfrac{\mathbf{A}}{\rho(\mathbf{A})+\varepsilon}\right)^k=0$，由此可得$\lim\limits_{k\to\infty}\dfrac{\|\mathbf{A}^k\|}{(\rho(\mathbf{A})+\varepsilon)^k}=0$. 故存在一个正整数 K_ε 使得对所有的 $k\geqslant K_\varepsilon$，都有$\dfrac{\|\mathbf{A}^k\|}{(\rho(\mathbf{A})+\varepsilon)^k}<1$. 故对所有的 $k\geqslant K_\varepsilon$，都有 $\|\mathbf{A}^k\|<(\rho(\mathbf{A})+\varepsilon)^k$，因此 $k\geqslant K_\varepsilon$ 时，$\rho(\mathbf{A})\leqslant\|\mathbf{A}^k\|^{1/k}<\rho(\mathbf{A})+\varepsilon$. 再由 ε 选取的任意性，可得$\lim\limits_{k\to\infty}\|\mathbf{A}^k\|^{1/k}=\rho(\mathbf{A})$.

调用程序 4.2.1，取 a=[10 2 −6 12;5 11 −6 8;9 7 6 7;−4 13 10 1]，p 取 1，k 分别取 2，5，10，100，运行[phro1，norm]=normspet(a，1，k)；可以观察 $\|\mathbf{A}^k\|^{1/k}$ 相对 $\rho(\mathbf{A})$ 的渐进过程，参见图 4.2.2.

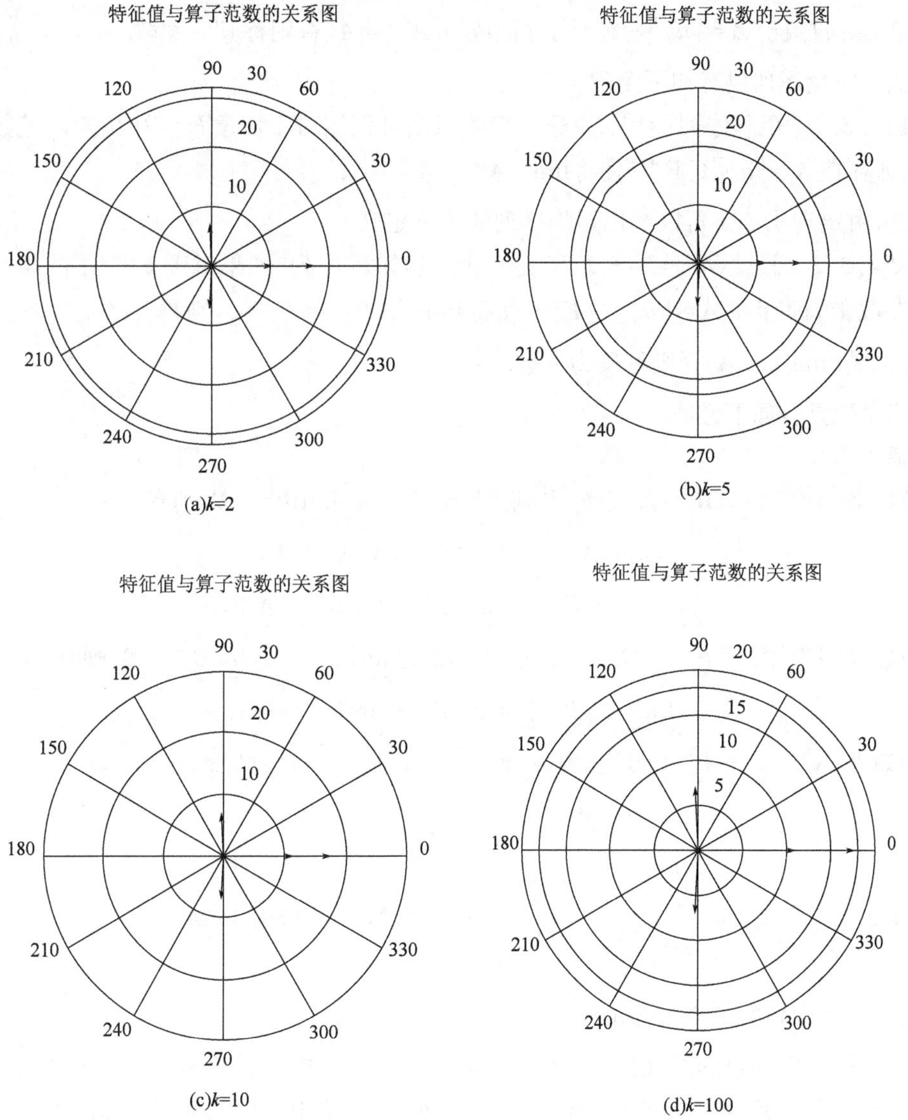

(a)k=2　(b)k=5　(c)k=10　(d)k=100

图 4.2.2　当 k 趋于无穷大时，$\|\mathbf{A}^k\|^{1/k}$ 趋于 $\rho(\mathbf{A})$ 的过程

4.3　矩阵序列与矩阵级数

引入矩阵范数的目的之一是研究矩阵序列的收敛性问题. 为此给出矩阵序列的收敛性的定义.

定义 4.3.1　假设$\{\boldsymbol{A}^{(k)}\}_{k=1}^{\infty}\in\boldsymbol{F}^{m\times n}$是一个无穷矩阵序列,如果该序列的所有分量组成的数列都收敛,即

$$\lim_{k\to\infty}a_{ij}^{(k)}=a_{ij};\qquad i=1,2,\cdots,m;\quad j=1,2,\cdots,n,\tag{4.3.1}$$

则称$\{\boldsymbol{A}^{(k)}\}_{k=1}^{\infty}$收敛于$\boldsymbol{A}=[a_{ij}]\in\boldsymbol{F}^{m\times n}$,并记成$\lim\limits_{k\to\infty}\boldsymbol{A}^{(k)}=\boldsymbol{A}$,否则称其为发散.

类似于向量序列也有如下定理 4.3.1.

定理 4.3.1　矩阵序列$\{\boldsymbol{A}^{(k)}\}_{k=1}^{\infty}\in\boldsymbol{F}^{m\times n}$收敛当且仅当对于任意$\boldsymbol{F}^{m\times n}$中的矩阵范数$\|\cdot\|$都收敛,即存在$\boldsymbol{A}=[a_{ij}]\in\boldsymbol{F}^{m\times n}$使得$\lim\limits_{k\to\infty}\|\boldsymbol{A}^{(k)}-\boldsymbol{A}\|=0$.

于是,由定理 4.3.1 可以给出矩阵序列的等价定义.

定义 4.3.2　假设$\{\boldsymbol{A}^{(k)}\}_{k=1}^{\infty}\in\boldsymbol{F}^{m\times n}$是一个无穷矩阵序列,如果对于$\boldsymbol{F}^{m\times n}$中的某一矩阵范数$\|\cdot\|$收敛,即存在$\boldsymbol{A}=[a_{ij}]\in\boldsymbol{F}^{m\times n}$使得$\lim\limits_{k\to\infty}\|\boldsymbol{A}^{(k)}-\boldsymbol{A}\|=0$,则称$\{\boldsymbol{A}^{(k)}\}_{k=1}^{\infty}$收敛于$\boldsymbol{A}=[a_{ij}]$,并记成$\lim\limits_{k\to\infty}\boldsymbol{A}^{(k)}=\boldsymbol{A}$,否则称其为发散.

矩阵序列具有如下性质.

定理 4.3.2

(1)如果$\{\boldsymbol{A}^{(k)}\}_{k=1}^{\infty},\{\boldsymbol{B}^{(k)}\}_{k=1}^{\infty}\in\boldsymbol{F}^{m\times n}$满足$\lim\limits_{k\to\infty}\boldsymbol{A}^{(k)}=\boldsymbol{A},\lim\limits_{k\to\infty}\boldsymbol{B}^{(k)}=\boldsymbol{B}$,则有

$$\lim_{k\to\infty}c\boldsymbol{A}^{(k)}=c\lim_{k\to\infty}\boldsymbol{A}^{(k)}=c\boldsymbol{A},\ \forall c\in\boldsymbol{F},\tag{4.3.2}$$

$$\lim_{k\to\infty}(\boldsymbol{A}^{(k)}+\boldsymbol{B}^{(k)})=\lim_{k\to\infty}\boldsymbol{A}^{(k)}+\lim_{k\to\infty}\boldsymbol{B}^{(k)}=\boldsymbol{A}+\boldsymbol{B};\tag{4.3.3}$$

(2)如果$\{\boldsymbol{A}^{(k)}\}_{k=1}^{\infty}\in\boldsymbol{F}^{m\times s},\{\boldsymbol{B}^{(k)}\}_{k=1}^{\infty}\in\boldsymbol{F}^{s\times n}$,满足$\lim\limits_{k\to\infty}\boldsymbol{A}^{(k)}=\boldsymbol{A},\lim\limits_{k\to\infty}\boldsymbol{B}^{(k)}=\boldsymbol{B}$,则有

$$\lim_{k\to\infty}(\boldsymbol{A}^{(k)}\boldsymbol{B}^{(k)})=\lim_{k\to\infty}\boldsymbol{A}^{(k)}\cdot\lim_{k\to\infty}\boldsymbol{B}^{(k)}=\boldsymbol{A}\boldsymbol{B};\tag{4.3.4}$$

(3)如果$\{\boldsymbol{A}^{(k)}\}_{k=1}^{\infty}\in\boldsymbol{F}^{m\times m}$可逆,满足$\lim\limits_{k\to\infty}\boldsymbol{A}^{(k)}=\boldsymbol{A}$,且$\boldsymbol{A}$可逆,则有

$$\lim_{k\to\infty}(\boldsymbol{A}^{(k)})^{-1}=(\lim_{k\to\infty}\boldsymbol{A}^{(k)})^{-1}=\boldsymbol{A}^{-1}.\tag{4.3.5}$$

例 4.3.1　求$\boldsymbol{A}^{(k)}=\begin{bmatrix}\dfrac{1}{2^k} & \dfrac{\pi}{3\cdot 4^k}\\ \dfrac{\sin(k)}{k} & \dfrac{1}{k(k+1)}\end{bmatrix}$$(k=1,2,\cdots)$的极限$\lim\limits_{k\to\infty}\boldsymbol{A}^{(k)}$.

解:由矩阵序列的定义可知$\lim\limits_{k\to\infty}\boldsymbol{A}^{(k)}=\boldsymbol{0}$.

在求解线性方程组的迭代法中,经常会用到一个重要的矩阵序列是方阵的幂序列,即对$\boldsymbol{G}\in\mathbf{C}^{n\times n}$,矩阵幂序列$\{\boldsymbol{G}^k\}_{k=1}^{\infty}$在何时收敛于零矩阵. 下面给出迭代法基本定理回答这个问题.

定理 4.3.3　(迭代法基本定理) 如果$\boldsymbol{G}\in\mathbf{C}^{n\times n}$,则$\lim\limits_{k\to\infty}\boldsymbol{G}^k=\boldsymbol{O}_{n\times n}$的充分必要条件为$\rho(\boldsymbol{G})<1$.

证明:由定理 1.5.3 可知,$\boldsymbol{G}\in\mathbf{C}^{n\times n}$必然相似于一个 Jordan 标准型,即存在可逆矩阵$\boldsymbol{P}\in$

$\mathbf{C}^{n\times n}$，使得 $\boldsymbol{G}=\boldsymbol{P}\boldsymbol{J}\boldsymbol{P}^{-1}$，其中 $\boldsymbol{J}=\mathrm{diag}(\boldsymbol{J}_{n_1}(\lambda_1),\boldsymbol{J}_{n_2}(\lambda_2),\cdots,\boldsymbol{J}_{n_s}(\lambda_s))$，$\sum_{i=1}^{s}n_i=n$，$\boldsymbol{J}_{n_i}(\lambda_i)$ 是 n_i 阶的 Jordan 块，即

$$\boldsymbol{J}_{n_i}(\lambda_i)=\begin{bmatrix}\lambda_i & 1 & 0 & 0 & 0\\ 0 & \lambda_i & 1 & 0 & 0\\ \vdots & \vdots & & \vdots & \vdots\\ 0 & 0 & \cdots & \lambda_i & 1\\ 0 & 0 & \cdots & 0 & \lambda_i\end{bmatrix}_{n_i\times n_i}\qquad(i=1,2,\cdots,s),$$

于是

$$\boldsymbol{G}^k=P\mathrm{diag}\Big(\boldsymbol{J}_{n_1}^k(\lambda_1),\boldsymbol{J}_{n_2}^k(\lambda_2),\cdots,\boldsymbol{J}_{n_s}^k(\lambda_s)\Big)\boldsymbol{P}^{-1},\tag{4.3.6}$$

显然，$\lim\limits_{k\to\infty}\boldsymbol{G}^k=\boldsymbol{O}_{n\times n}$ 的充要条件是 $\lim\limits_{k\to\infty}\boldsymbol{J}_{n_i}^k(\lambda_i)=\boldsymbol{O}_{n_i\times n_i}$，$i=1,2,\cdots,s$. 下面把 Jordan 子块 $\boldsymbol{J}_{n_i}(\lambda_i)$ 分解成两项

$$\boldsymbol{J}_{n_i}(\lambda_i)=\lambda_i\boldsymbol{E}_{n_i}+\boldsymbol{U}_{n_i},$$

其中

$$\boldsymbol{U}_{n_i}=\boldsymbol{J}_{n_i}(0)=\begin{bmatrix}0 & 1 & & & \\ & 0 & 1 & & \\ & & \ddots & \ddots & \\ & & & \ddots & 1\\ & & & & 0\end{bmatrix}_{n_i\times n_i}\qquad(i=1,2,\cdots,s),$$

该矩阵具有如下性质，即 $\boldsymbol{U}_{n_i}$ 的幂次每增加 1 次，主对角线上方这排 1 就向右上方平移一次，特别有

$$\boldsymbol{U}_{n_i}^{n_i-1}=\begin{bmatrix}0 & 0 & \cdots & 0 & 1\\ & 0 & 0 & \cdots & 0\\ & & \ddots & \ddots & \vdots\\ & & & \ddots & 0\\ & & & & 0\end{bmatrix}_{n_i\times n_i},$$

且有 $\boldsymbol{U}_{n_i}^k=\boldsymbol{O}_{n_i\times n_i}$，$k\geqslant n_i$. 于是由矩阵二项式定理有

$$\boldsymbol{J}_{n_i}^k(\lambda_i)=[\lambda_i\boldsymbol{E}_{n_i}+\boldsymbol{U}_{n_i}]^k=\begin{bmatrix}\lambda_i^k C_k^1\lambda_i^{k-1} & \cdots & \cdots & C_k^{n_i-1}\lambda_i^{k-n_i+1}\\ \lambda_i^k & C_k^1\lambda_i^{k-1} & \cdots & C_k^{n_i-2}\lambda_i^{k-n_i+2}\\ & \ddots & \ddots & \vdots\\ & & \ddots & C_k^1\lambda_i^{k-1}\\ & & & \lambda_i^k\end{bmatrix}_{n_i\times n_i}\qquad(k\geqslant n_i),\tag{4.3.7}$$

其中

$$C_k^l=\frac{k(k-1)\cdots(k-l+1)}{l!},\tag{4.3.8}$$

而 $\lim\limits_{k\to\infty}\boldsymbol{J}_{n_i}^k(\lambda_i)=\boldsymbol{O}_{n_i\times n_i}$，$i=1,2,\cdots,s$ 的充分必要条件为 $|\lambda_i|<1$，$i=1,2,\cdots,s$，即 $\rho(\boldsymbol{G})<1$，因而

定理得证.

推论 4.3.4 如果 $\boldsymbol{G}\in\mathbf{C}^{n\times n}$,则 $\lim\limits_{k\to\infty}\boldsymbol{G}^k=\boldsymbol{A}$ 的充分必要条件满足下列两个条件:

(1)$\rho(\boldsymbol{G})\leqslant 1$;(2)若 $\rho(\boldsymbol{G})=1$,则其所对应的按模最大的特征值 $\lambda(\boldsymbol{G})=1$ 且对应的 Jordan 块都是一阶的.

证明:充分性:由定理 4.3.3 可知

$$\boldsymbol{G}^k=\boldsymbol{P}\mathrm{diag}(\boldsymbol{J}_{n_1}^k(\lambda_1),\boldsymbol{J}_{n_2}^k(\lambda_2),\cdots,\boldsymbol{J}_{n_s}^k(\lambda_s))\boldsymbol{P}^{-1},$$

其中

$$\boldsymbol{J}_{n_i}^k(\lambda_i)=[\lambda_i\boldsymbol{E}_{n_i}+\boldsymbol{U}_{n_i}]^k=\begin{bmatrix}\lambda_i^k & C_k^1\lambda_i^{k-1} & \cdots & \cdots & C_k^{n_i-2}\lambda_i^{k-n_i+2}\\ & \lambda_i^k & C_k^1\lambda_i^{k-1} & \cdots & C_k^{n_i-2}\lambda_i^{k-n_i+2}\\ & & \ddots & \ddots & \vdots\\ & & & \ddots & C_k^1\lambda_i^{k-1}\\ & & & & \lambda_i^k\end{bmatrix}_{n_i\times n_i}\quad(k\geqslant n_i),$$

若 $|\lambda_i|<1$,则 $\lim\limits_{k\to\infty}\boldsymbol{J}_{n_i}^k(\lambda_i)=\boldsymbol{O}_{n_i\times n_i}$ 收敛. 若 $\lambda(\boldsymbol{G})=1$ 且对应的 Jordan 块是一阶,则 $\lim\limits_{k\to\infty}\boldsymbol{J}_{n_i}^k(\lambda_i)=1$.

必要性:若 $\rho(\boldsymbol{G})>1$,则至少有一个 $|\lambda_i|>1$,此时它所对应的 Jordan 块 $\boldsymbol{J}_{n_i}(\lambda_i)$ 的幂序列的极限 $\lim\limits_{k\to\infty}\boldsymbol{J}_{n_i}^k(\lambda_i)$ 不收敛,这与 $\lim\limits_{k\to\infty}\boldsymbol{G}^k=\boldsymbol{A}$ 矛盾,因此必有 $\rho(\boldsymbol{G})\leqslant 1$. 若 $\rho(\boldsymbol{G})<1$,由定理 4.3.3 可知,$\lim\limits_{k\to\infty}\boldsymbol{G}^k=\boldsymbol{O}$. 为此只需证明 $\rho(\boldsymbol{G})=1$ 的情况. 假设有一个 $|\lambda_i|=1$,若 $\lambda_i\neq 1$,由于 $\boldsymbol{J}_{n_i}^k(\lambda_i)$ 的对角元素 λ_i^k 不收敛,这与 $\lim\limits_{k\to\infty}\boldsymbol{G}^k=\boldsymbol{A}$ 矛盾,因此 $\lambda_i=1$,在此情况下,如果其对应的 Jordan 块 $\boldsymbol{J}_{n_i}(1)$ 不是一阶块,则 $\boldsymbol{J}_{n_i}^k(1)$ 中会出现 C_k^1 不收敛,这与 $\lim\limits_{k\to\infty}\boldsymbol{G}^k=\boldsymbol{A}$ 矛盾,因此 $\boldsymbol{J}_{n_i}(1)$ 必然是一个一阶 Jordan 块.

定理 4.3.5 证明若 $\boldsymbol{P}\in\mathbf{R}^{n\times n}$ 是一个正行随机矩阵(即 $\boldsymbol{P}$ 的所有元素都大于零且行和为 1),则 $\lim\limits_{k\to\infty}\boldsymbol{P}^k=\boldsymbol{1}_n\boldsymbol{\pi}^{\mathrm{T}}$,其中 $\boldsymbol{1}_n$ 是一个全 1 的列向量,$\boldsymbol{\pi}^{\mathrm{T}}$ 是 $\boldsymbol{P}$ 的特征值 1 所对应的左正特征向量,即 $\boldsymbol{\pi}^{\mathrm{T}}\boldsymbol{P}=\boldsymbol{\pi}^{\mathrm{T}}$ 且满足 $\sum\limits_{i=1}^{n}\pi_i=1,\pi_i>0,i=1,2,\cdots,n$.

证明:首先证明两个行随机矩阵 $\boldsymbol{P},\boldsymbol{Q}$ 的乘积 $\boldsymbol{PQ}$ 依然是行随机矩阵. 由于行随机矩阵行和为 1,所以 $\boldsymbol{P}\boldsymbol{1}_n=\boldsymbol{1}_n$,$\boldsymbol{Q}\boldsymbol{1}_n=\boldsymbol{1}_n$,所以 $\boldsymbol{PQ}\boldsymbol{1}_n=\boldsymbol{P}\boldsymbol{1}_n=\boldsymbol{1}_n$,即 $\boldsymbol{PQ}$ 的行和为 1,即 $\boldsymbol{PQ}$ 也是行随机矩阵. 由此可知对任意行随机矩阵 $\boldsymbol{P}$ 和任意正整数 k,$\boldsymbol{P}^k$ 也是行随机矩阵.

由于 $\boldsymbol{P}\in\mathbf{R}^{n\times n}$ 是一个行随机矩阵,所以由 Gerschgorin 圆盘定理可知 $\rho(\boldsymbol{P})\leqslant 1$,又由于 $\boldsymbol{1}_n$ 是 $\boldsymbol{P}$ 的一个右特征向量,即 $\boldsymbol{P}\boldsymbol{1}_n=\boldsymbol{1}_n$,且对应的特征值为 1,所以 $\rho(\boldsymbol{P})=1$. 又因为 $\boldsymbol{P}$ 是一个正矩阵,所以由 Perron-Frobenius 定理可知 $\lambda(\boldsymbol{P})=1$ 是一个单根且其他所有的特征值 λ(可能是复的)的模严格小于 1,同时对应特征值 1 存在一个左正特征向量 $\boldsymbol{\xi}^{\mathrm{T}}$,令 $\boldsymbol{\pi}^{\mathrm{T}}=\boldsymbol{\xi}^{\mathrm{T}}/\sum\limits_{i=1}^{n}\xi_i$,则 $\boldsymbol{\pi}^{\mathrm{T}}$ 也是对应于特征值 1 的左正特征向量,即 $\boldsymbol{\pi}^{\mathrm{T}}\boldsymbol{P}=\boldsymbol{\pi}^{\mathrm{T}}$,且满足 $\sum\limits_{i=1}^{n}\pi_i=1,\pi_i>0,i=1,2,\cdots,n$. 故由推论 4.3.4 可知 $\lim\limits_{k\to\infty}\boldsymbol{P}^k$ 是存在的. 不妨设 $\boldsymbol{A}=\lim\limits_{k\to\infty}\boldsymbol{P}^k$,由于 $\boldsymbol{\pi}^{\mathrm{T}}\boldsymbol{P}^k=\boldsymbol{\pi}^{\mathrm{T}}$,令 $k\to\infty$,则有 $\boldsymbol{\pi}^{\mathrm{T}}\boldsymbol{A}=\boldsymbol{\pi}^{\mathrm{T}}$,由于 $\boldsymbol{P}^k$ 是正行随机矩阵,所以 $\boldsymbol{A}$ 也是一个正行随机矩阵.

再由定理 4.3.3 可知 $\boldsymbol{P}^k=\boldsymbol{G}^{-1}\mathrm{diag}(1,\boldsymbol{J}_{n_2}^k(\lambda_2),\cdots,\boldsymbol{J}_{n_s}^k(\lambda_s))\boldsymbol{G}$,$\boldsymbol{A}=\lim\limits_{k\to\infty}\boldsymbol{P}^k=\boldsymbol{G}^{-1}\boldsymbol{J}\boldsymbol{G}$,其中

$$\boldsymbol{J}=\begin{bmatrix}1 & & & \\ & 0 & & \\ & & \ddots & \\ & & & 0\end{bmatrix}.$$

由此可得 $\boldsymbol{GA}=\boldsymbol{JG}$,再令 $\boldsymbol{G}=\begin{bmatrix}\boldsymbol{\eta}_1^{\mathrm{T}}\\ \boldsymbol{\eta}_2^{\mathrm{T}}\\ \vdots\\ \boldsymbol{\eta}_n^{\mathrm{T}}\end{bmatrix}$,则有

$$\begin{bmatrix}\boldsymbol{\eta}_1^{\mathrm{T}}\\ \boldsymbol{\eta}_2^{\mathrm{T}}\\ \vdots\\ \boldsymbol{\eta}_n^{\mathrm{T}}\end{bmatrix}\boldsymbol{A}=\begin{bmatrix}1 & & & \\ & 0 & & \\ & & \ddots & \\ & & & 0\end{bmatrix}\begin{bmatrix}\boldsymbol{\eta}_1^{\mathrm{T}}\\ \boldsymbol{\eta}_2^{\mathrm{T}}\\ \vdots\\ \boldsymbol{\eta}_n^{\mathrm{T}}\end{bmatrix}, \tag{4.3.9}$$

故 $\boldsymbol{\eta}_1^{\mathrm{T}}\boldsymbol{A}=\boldsymbol{\eta}_1^{\mathrm{T}}$,$\boldsymbol{\eta}_1^{\mathrm{T}}$ 是 $\boldsymbol{A}$ 对应于特征值 1 的一个左特征向量,另外由 $\boldsymbol{\pi}^{\mathrm{T}}\boldsymbol{A}=\boldsymbol{\pi}^{\mathrm{T}}$ 可知 $\boldsymbol{\pi}^{\mathrm{T}}$ 也是 $\boldsymbol{A}$ 对应于特征值 1 的一个左特征向量. 由于 $\boldsymbol{A}$ 是一个行随机矩阵,故特征值 1 是单根,其对应的特征向量线性相关,即 $\boldsymbol{\eta}_1^{\mathrm{T}}=k\boldsymbol{\pi}^{\mathrm{T}}$,$k\neq 0$,另外令 $\boldsymbol{G}^{-1}=[\boldsymbol{\delta}_1,\boldsymbol{\delta}_2,\cdots,\boldsymbol{\delta}_n]$,则有

$$\boldsymbol{A}=\boldsymbol{G}^{-1}\boldsymbol{J}\boldsymbol{G}=[\boldsymbol{\delta}_1,\boldsymbol{\delta}_2,\cdots,\boldsymbol{\delta}_n]\begin{bmatrix}1 & & & \\ & 0 & & \\ & & \ddots & \\ & & & 0\end{bmatrix}\begin{bmatrix}\boldsymbol{\eta}_1^{\mathrm{T}}\\ \boldsymbol{\eta}_2^{\mathrm{T}}\\ \vdots\\ \boldsymbol{\eta}_n^{\mathrm{T}}\end{bmatrix}=\boldsymbol{\delta}_1\boldsymbol{\eta}_1^{\mathrm{T}}=k\boldsymbol{\delta}_1\boldsymbol{\pi}^{\mathrm{T}}, \tag{4.3.10}$$

由于 $\boldsymbol{A}$ 是行随机矩阵,故 $\boldsymbol{A}$ 的每一行和为 1,即 $\boldsymbol{A}\boldsymbol{1}_n=\boldsymbol{1}_n$,因此 $k\boldsymbol{\delta}_1\boldsymbol{\pi}^{\mathrm{T}}\boldsymbol{1}_n=\boldsymbol{1}_n$,再由 $\sum\limits_{i=1}^{n}\pi_i=1$,即 $\boldsymbol{\pi}^{\mathrm{T}}\boldsymbol{1}_n=1$ 可知 $k\boldsymbol{\delta}_1=\boldsymbol{1}_n$,于是有 $\boldsymbol{A}=\boldsymbol{1}_n\boldsymbol{\pi}^{\mathrm{T}}$,由此证明 $\lim\limits_{k\to\infty}\boldsymbol{P}^k=\boldsymbol{A}=\boldsymbol{1}_n\boldsymbol{\pi}^{\mathrm{T}}$.

在定理 4.3.5 中,用 $\boldsymbol{P}^{\mathrm{T}}$ 代替 $\boldsymbol{P}$,可以得到如下推论 4.3.6.

推论 4.3.6　若 $\boldsymbol{P}\in\mathbf{R}^{n\times n}$ 是一个正列随机矩阵(即 $\boldsymbol{P}$ 的所有元素都大于零且列和为 1),则 $\lim\limits_{k\to\infty}\boldsymbol{P}^k=\boldsymbol{\pi}\boldsymbol{1}_n^{\mathrm{T}}$,其中 $\boldsymbol{1}_n$ 是一个全 1 的列向量,$\boldsymbol{\pi}$ 是 $\boldsymbol{P}$ 的特征值 1 所对应的正右特征向量,即 $\boldsymbol{P}\boldsymbol{\pi}=\boldsymbol{\pi}$ 且满足 $\sum\limits_{i=1}^{n}\pi_i=1,\pi_i>0,i=1,2,\cdots,n$.

例 4.3.2　借助 Matlab 程序 4.4,用迭代法求正随机矩阵

$$\boldsymbol{A}=\begin{bmatrix}0.2 & 0.3 & 0.1 & 0.3 & 0.1\\ 0.1 & 0.2 & 0.3 & 0.1 & 0.3\\ 0.4 & 0.1 & 0.1 & 0.2 & 0.2\\ 0.3 & 0.2 & 0.1 & 0.1 & 0.3\\ 0.5 & 0.1 & 0.2 & 0.1 & 0.1\end{bmatrix}$$

幂的极限$\lim\limits_{k\to\infty}\boldsymbol{A}^k$,并且验证$\lim\limits_{k\to\infty}\boldsymbol{A}^k=\boldsymbol{1}_n\boldsymbol{\pi}^{\mathrm{T}}$,其中 $\boldsymbol{\pi}^{\mathrm{T}}$ 是 $\boldsymbol{P}$ 的特征值 1 所对应的左正特征向量,即 $\boldsymbol{\pi}^{\mathrm{T}}\boldsymbol{P}=\boldsymbol{\pi}^{\mathrm{T}}$ 且满足 $\sum\limits_{i=1}^{n}\pi_i=1,\pi_i>0,i=1,2,\cdots,n$.

解:调用程序 4.3.1,运行

A=[0.2 0.3 0.1 0.3 0.1;0.1 0.2 0.3 0.1 0.3;0.4 0.1 0.1 0.2 0.2;0.3 0.2 0.1 0.1 0.3;0.5 0.1 0.2 0.1 0.1];

[limitAk] = stochasticmatrix(A,1e-10)

可得

$$\lim_{k\to\infty}\boldsymbol{A}^k=\begin{bmatrix}0.2862 & 0.1939 & 0.1577 & 0.1730 & 0.1892\\0.2862 & 0.1939 & 0.1577 & 0.1730 & 0.1892\\0.2862 & 0.1939 & 0.1577 & 0.1730 & 0.1892\\0.2862 & 0.1939 & 0.1577 & 0.1730 & 0.1892\\0.2862 & 0.1939 & 0.1577 & 0.1730 & 0.1892\end{bmatrix}.$$

在 Matlab 中输入 A=[0.2 0.3 0.1 0.3 0.1;0.1 0.2 0.3 0.1 0.3;0.4 0.1 0.1 0.2 0.2;0.3 0.2 0.1 0.1 0.3;0.5 0.1 0.2 0.1 0.1];[v,d]=eig(A')

得到 $\boldsymbol{A}$ 的单特征根 1 所对应的特征向量为

$$\boldsymbol{\xi}^{\mathrm{T}}=[-0.6244\quad -0.4231\quad -0.3441\quad -0.3774\quad -0.4126].$$

令 $\boldsymbol{\pi}^{\mathrm{T}}=\boldsymbol{\xi}^{\mathrm{T}}/\sum\limits_{i=1}^{n}\xi_i$,则有

$$\boldsymbol{\pi}^{\mathrm{T}}=[0.2862\quad 0.1939\quad 0.1577\quad 0.1730\quad 0.1892],$$

经计算可以验证 $\boldsymbol{1}_n\boldsymbol{\pi}^{\mathrm{T}}=\lim\limits_{k\to\infty}\boldsymbol{A}^k$.

程序4.3.1

程序 4.3.1 求随机矩阵幂的极限.

```
function [next_A] = stochasticmatrix(A,error)
next_A=A * A;
while(norm(next_A-A,1) > error)
A=next_A;
    next_A=A * A;
end
```

在数值分析中,对线性方程组 $\boldsymbol{Ax}=\boldsymbol{b}$(其中 $\boldsymbol{A}\in\boldsymbol{F}^{n\times n}$ 可逆,$\boldsymbol{b}\in\boldsymbol{F}^n$)的求解可用迭代方法,其核心思想是将 $\boldsymbol{A}$ 分裂为 $\boldsymbol{A}=\boldsymbol{M}-\boldsymbol{N}$,且要求 $\boldsymbol{M}$ 可逆,从而将 $\boldsymbol{Ax}=\boldsymbol{b}$ 变成等价方程组 $\boldsymbol{x}=\boldsymbol{Gx}+\boldsymbol{g}$,其中 $\boldsymbol{G}=\boldsymbol{M}^{-1}\boldsymbol{N},\boldsymbol{g}=\boldsymbol{M}^{-1}\boldsymbol{b}$,然后任意给定一个初始向量 $\boldsymbol{x}^{(1)}\in\boldsymbol{F}^n$ 构造向量序列 $\boldsymbol{x}^{(k+1)}=\boldsymbol{Gx}^{(k)}+\boldsymbol{g}$,$k=1,2,\cdots$,显然若$\lim\limits_{k\to\infty}\boldsymbol{x}^{(k)}=\boldsymbol{x}^*$,则 $\boldsymbol{x}^*$ 就是 $\boldsymbol{Ax}=\boldsymbol{b}$ 的解. 但是在什么情况下,可以保证$\{\boldsymbol{x}^{(k)}\}_{k=1}^{\infty}$ 收敛呢? 上面的迭代法基本定理 4.3.3 回答了这个问题.

定理 4.3.7 向量序列 $\boldsymbol{x}^{(k+1)}=\boldsymbol{Gx}^{(k)}+\boldsymbol{g},k=1,2,\cdots$ 收敛的充分必要条件为 $\rho(\boldsymbol{G})<1$;另外,若 $\|\boldsymbol{G}\|<1$,则该向量序列必然收敛,其中 $\|\cdot\|$ 是任一算子范数.

证明:充分性:若 $\rho(\boldsymbol{G})<1$,则$\lim\limits_{k\to\infty}\boldsymbol{G}^k=\boldsymbol{O}_{n\times n}$,同时 $\boldsymbol{E}-\boldsymbol{G}$ 可逆,再由 $\boldsymbol{x}^{(k+1)}=\boldsymbol{Gx}^{(k)}+\boldsymbol{g},k=1,2,\cdots$ 可推知 $\boldsymbol{x}^{(k)}=\boldsymbol{G}^{k-1}\boldsymbol{x}^{(1)}+(\boldsymbol{E}-\boldsymbol{G})^{-1}(\boldsymbol{E}-\boldsymbol{G}^{k-1})\boldsymbol{g}$,于是$\lim\limits_{k\to\infty}\boldsymbol{x}^{(k)}=(\boldsymbol{E}-\boldsymbol{G})^{-1}\boldsymbol{g}$.

必要性：由 $x^{(k+1)}=Gx^{(k)}+g,k=1,2,\cdots$ 可推知 $x^{(k+1)}-x^{(k)}=G^{k-1}(G-E)x^{(1)}$，又由 $\lim\limits_{k\to\infty}x^{(k)}=x^{*}$，可知 $\lim\limits_{k\to\infty}G^{k}=O_{n\times n}$，从而 $\rho(G)<1$.

定理的后一部分由定理 4.2.4 可得 $\rho(G)\leqslant\|G\|<1$，从而可以直接得证.

在数值分析中，经常将 $A\in F^{n\times n}$ 分解成 $A=D-L-U$，且假设 D 可逆，其中

$$D=\begin{bmatrix}a_{11}&0&\cdots&0\\0&a_{22}&\cdots&0\\\vdots&\vdots&&\vdots\\0&0&\cdots&a_{nn}\end{bmatrix},L=\begin{bmatrix}0&0&\cdots&0\\-a_{21}&0&\cdots&0\\\vdots&\vdots&&\vdots\\-a_{n1}&-a_{n2}&\cdots&0\end{bmatrix},U=\begin{bmatrix}0&-a_{12}&\cdots&-a_{1n}\\0&0&\cdots&-a_{2n}\\\vdots&\vdots&&\vdots\\0&0&\cdots&0\end{bmatrix}.$$

从而可由 $Ax=b$ 可构造如下常用的迭代格式：

(1)当取 $G=D^{-1}(L+U),g=D^{-1}b$ 时，称 $x^{(k+1)}=Gx^{(k)}+g$ 为 Jacobi 迭代格式；

(2)当取 $G=(D-L)^{-1}U,g=(D-L)^{-1}b$ 时，称 $x^{(k+1)}=Gx^{(k)}+g$ 为 Gauss-Seidel 迭代格式；

(3)当取 $G=(D-\omega L)^{-1}[\omega U+(1-\omega)D],g=\omega(D-\omega L)^{-1}b$ 时，称 $x^{(k+1)}=Gx^{(k)}+g$ 为超松弛迭代格式，其中 ω 称为松弛因子.

定理 4.3.8　若 $A\in F^{n\times n}$ 是严格(不可约)对角占优矩阵，则对任意初值 x_0，Jacobi 迭代收敛.

证明：因为 A 是严格(不可约)对角占优矩阵，所以 A 的对角元素不为零，故 D 可逆，$G=D^{-1}(L+U)$. 使用反证法，若 G 有特征值 $|\lambda|\geqslant1$，则由 $Gx=\lambda x$ 可知 $(\lambda E-G)x=0$ 有非零解，于是

$$\begin{aligned}0&=\det(\lambda E-G)=\det[\lambda E-D^{-1}(L+U)]\\&=\det D^{-1}\det(\lambda D-L-U)=\lambda^{n}\det D^{-1}\det\left(D-\frac{1}{\lambda}(L+U)\right),\end{aligned}$$

由于 $|\lambda|\geqslant1$ 且 $\det D^{-1}\neq0$，因此 $\det\left(D-\frac{1}{\lambda}(L+U)\right)=0$，但是由 $A=D-(L+U)$ 是严格(不可约)对角占优矩阵，$|\lambda|\geqslant1$ 可知 $D-\frac{1}{\lambda}(L+U)$ 也是严格(不可约)对角占优矩阵，由定理 1.2.7 可知 $\det\left(D-\frac{1}{\lambda}(L+U)\right)\neq0$，这与 $\det\left(D-\frac{1}{\lambda}(L+U)\right)=0$ 矛盾，为此 G 的所有特征值 $|\lambda|<1$，Jacobi 迭代收敛.

定理 4.3.9　若 $A\in F^{n\times n}$ 是严格(不可约)对角占优矩阵，且 $0<\omega\leqslant1$，则对任意初值 x_0，超松弛迭代收敛，由此也可以得到 Gauss-Seidel 迭代收敛.

证明：$G=(D-\omega L)^{-1}[\omega U+(1-\omega)D]$. 使用反证法，若 G 有特征值 $|\lambda|\geqslant1$，则由 $Gx=\lambda x$ 可知 $(\lambda E-G)x=0$ 有非零解，于是

$$\begin{aligned}0&=\det(\lambda E-G)=\det[\lambda E-(D-\omega L)^{-1}(\omega U+(1-\omega)D)]\\&=\det(D-\omega L)^{-1}\det[\lambda(D-\omega L)-(\omega U+(1-\omega)D)],\end{aligned}$$

因为 A 是严格(不可约)对角占优矩阵，所以 A 的对角元素不为零，故 $D-\omega L$ 可逆，因此

$$\det[\lambda(D-\omega L)-(\omega U+(1-\omega)D)]=0,$$

令 $M=\lambda(D-\omega L)-(\omega U+(1-\omega)D)$，则有 $\det M=0$，此时

$$\boldsymbol{M}=(\lambda+\omega-1)\left(\boldsymbol{D}-\frac{\omega\lambda}{\lambda+\omega-1}\boldsymbol{L}+\frac{\omega}{\lambda+\omega-1}U\right),\tag{4.3.11}$$

因为 $\boldsymbol{A}$ 是严格(不可约)对角占优矩阵,所以若 $\left|\frac{\omega\lambda}{\lambda+\omega-1}\right|\leqslant 1$, $\left|\frac{\omega}{\lambda+\omega-1}\right|\leqslant 1$,则 $\boldsymbol{M}$ 也是严格(不可约)对角占优矩阵,此时 $\boldsymbol{M}$ 是可逆的,故 $\det\boldsymbol{M}\neq 0$,与假设矛盾,可知 $\boldsymbol{G}$ 的所有特征值 $|\lambda|<1$,即超松弛迭代收敛,当取 $\omega=1$ 时,可得 Gauss-Seidel 迭代收敛.

由于 $|\lambda|\geqslant 1$ 时, $\left|\frac{\omega}{\lambda+\omega-1}\right|\leqslant\left|\frac{\omega\lambda}{\lambda+\omega-1}\right|$,下面只需证明 $\left|\frac{\omega\lambda}{\lambda+\omega-1}\right|\leqslant 1$.

令 $\lambda=q(\cos\theta+\mathrm{i}\sin\theta)$,则有

$$\begin{aligned}&\left|\frac{\omega\lambda}{\lambda+\omega-1}\right|\leqslant 1\Leftrightarrow|\omega\lambda|\leqslant|\lambda+\omega-1|\\&\Leftrightarrow|\omega q(\cos\theta+\mathrm{i}\sin\theta)|\leqslant|q(\cos\theta+\mathrm{i}\sin\theta)+\omega-1|\\&\Leftrightarrow|\omega q(\cos\theta+\mathrm{i}\sin\theta)|^2\leqslant|q(\cos\theta+\mathrm{i}\sin\theta)+\omega-1|^2\\&\Leftrightarrow(1-\omega^2)q^2+2(\omega-1)q+1+\omega^2\geqslant 0,\end{aligned}\tag{4.3.12}$$

当 $\omega=1$ 时, $\left|\frac{\omega\lambda}{\lambda+\omega-1}\right|=1$. 当 $0<\omega<1$ 时, $1-\omega^2>0$ 且二次函数判别式

$$\begin{aligned}\Delta&=4(\omega-1)2-4(1-\omega^2)(1+\omega^2)\\&=4(1-\omega)(1-\omega-(1+\omega)(1+\omega^2))\\&=-4(1-\omega)(2\omega+\omega^2+\omega^3)\leqslant 0,\end{aligned}\tag{4.3.13}$$

故 $0<\omega\leqslant 1$ 时, $\left|\frac{\omega\lambda}{\lambda+\omega-1}\right|\leqslant 1$ 恒成立.

定理 4.3.10 若 $\boldsymbol{A}\in\boldsymbol{F}^{n\times n}$,则超松弛迭代收敛的必要条件是 $0<\omega<2$.

证明:由 $\boldsymbol{G}=(\boldsymbol{D}-\omega\boldsymbol{L})^{-1}(\omega\boldsymbol{U}+(1-\omega)\boldsymbol{D})$,可得

$$\det\boldsymbol{G}=\det(\boldsymbol{D}-\omega\boldsymbol{L})^{-1}\det(\omega\boldsymbol{U}+(1-\omega)\boldsymbol{D})=(1-\omega)^n,\tag{4.3.14}$$

设 $\boldsymbol{G}$ 的特征值为 $\lambda_1,\lambda_2,\cdots,\lambda_n$,则有

$$\det\boldsymbol{G}=\prod_{i=1}^{n}\lambda_i,\tag{4.3.15}$$

故 $\prod_{i=1}^{n}\lambda_i=(1-\omega)^n$, $\rho(\boldsymbol{G})=\max_{1\leqslant i\leqslant n}|\lambda_i|\geqslant\left(\prod_{i=1}^{n}|\lambda_i|\right)^{1/n}=|1-\omega|$.

再由定理 4.3.7 可知超松弛迭代收敛的充分必要条件是 $\rho(\boldsymbol{G})<1$,所以超松弛迭代收敛必然满足 $|1-\omega|\leqslant\rho(\boldsymbol{G})<1$,即 $0<\omega<2$ 是超松弛迭代收敛的必要条件.

定理 4.3.11 若 $\boldsymbol{A}\in\mathbf{R}^{n\times n}$ 是对称正定矩阵,则超松弛迭代收敛的充分必要条件为 $0<\omega<2$.

证明:必要性:由定理 4.3.10 可得.

充分性: $\boldsymbol{G}=(\boldsymbol{D}-\omega\boldsymbol{L})^{-1}[\omega\boldsymbol{U}+(1-\omega)\boldsymbol{D}]$. 对 $\boldsymbol{G}$ 的任意一个特征值 λ, $\boldsymbol{G}\boldsymbol{x}=\lambda\boldsymbol{x}$,即

$$(\boldsymbol{D}-\omega\boldsymbol{L})^{-1}[\omega\boldsymbol{U}+(1-\omega)\boldsymbol{D}]\boldsymbol{x}=\lambda\boldsymbol{x},$$

$$[\omega\boldsymbol{U}+(1-\omega)\boldsymbol{D}]\boldsymbol{x}=\lambda(\boldsymbol{D}-\omega\boldsymbol{L})\boldsymbol{x},$$

两边左乘 $\boldsymbol{x}^*$ 可得

$$\boldsymbol{x}^*(\omega\boldsymbol{U}+(1-\omega)\boldsymbol{D})\boldsymbol{x}=\lambda\boldsymbol{x}^*(\boldsymbol{D}-\omega\boldsymbol{L})\boldsymbol{x},$$

$$\boldsymbol{x}^*\omega\boldsymbol{U}\boldsymbol{x}+(1-\omega)\boldsymbol{x}^*\boldsymbol{D}\boldsymbol{x}=\lambda\boldsymbol{x}^*\boldsymbol{D}\boldsymbol{x}-\omega\lambda\boldsymbol{x}^*\boldsymbol{L}\boldsymbol{x},$$

因为 $\boldsymbol{A}$ 是对称正定矩阵,故有 $\boldsymbol{U}=\boldsymbol{L}^{\mathrm{T}}$,上式可以写成

$$\omega \boldsymbol{x}^* \boldsymbol{U}\boldsymbol{x} + \omega\lambda \boldsymbol{x}^* \boldsymbol{U}^{\mathrm{T}}\boldsymbol{x} + (1-\omega-\lambda)\boldsymbol{x}^* \boldsymbol{D}\boldsymbol{x} = 0,$$

令 $\boldsymbol{x}^*\boldsymbol{D}\boldsymbol{x}=q$, $\boldsymbol{x}^*\boldsymbol{U}\boldsymbol{x}=a+b\mathrm{i}$,则 $\boldsymbol{x}^*\boldsymbol{L}\boldsymbol{x}=\boldsymbol{x}^*\boldsymbol{U}^{\mathrm{T}}\boldsymbol{x}=(\boldsymbol{x}^*\boldsymbol{U}\boldsymbol{x})^*=a-b\mathrm{i}$,由 $\boldsymbol{A}$ 正定可知 $q>0$.

$$\boldsymbol{x}^*\boldsymbol{A}\boldsymbol{x}=\boldsymbol{x}^*(\boldsymbol{D}-\boldsymbol{L}-\boldsymbol{U})\boldsymbol{x}=\boldsymbol{x}^*\boldsymbol{D}\boldsymbol{x}-\boldsymbol{x}^*\boldsymbol{L}\boldsymbol{x}-\boldsymbol{x}^*\boldsymbol{U}\boldsymbol{x}=q-2a>0$$

再由 $\omega \boldsymbol{x}^*\boldsymbol{U}\boldsymbol{x}+\omega\lambda \boldsymbol{x}^*\boldsymbol{U}^{\mathrm{T}}\boldsymbol{x}+(1-\omega-\lambda)\boldsymbol{x}^*\boldsymbol{D}\boldsymbol{x}=0$ 可得

$$\lambda = \frac{\omega a + q - \omega q + \omega b\mathrm{i}}{q - \omega a + \omega b\mathrm{i}}, \tag{4.3.16}$$

故

$$|\lambda|^2-1=\left|\frac{\omega a+q-\omega q+\omega b\mathrm{i}}{q-\omega a+\omega b\mathrm{i}}\right|^2-1=\frac{(\omega a+q-\omega q)^2+(\omega b)^2}{(q-\omega a)^2+(\omega b)^2}-1=\frac{(\omega a+q-\omega q)^2-(q-\omega a)^2}{(q-\omega a)^2+(\omega b)^2},$$

由于 $0<\omega<2$, $q-2a>0$, $q>0$,因此

$$(\omega a + q - \omega q)^2 - (q - \omega a)^2 = (2-\omega)q\omega(2a-q) < 0,$$

于是对 $\boldsymbol{G}$ 的任意特征值 λ 都有 $|\lambda|^2<1$,由此可得 $\rho(\boldsymbol{G})<1$,从而充分性得证.

例 4.3.3　给定一个线性方程组 $\boldsymbol{A}\boldsymbol{x}=\boldsymbol{b}$,其中 $\boldsymbol{A}=\begin{bmatrix}3&1&2\\0&4&1\\1&0&2\end{bmatrix}$, $\boldsymbol{b}=\begin{bmatrix}1\\-2\\4\end{bmatrix}$,试证明其对应的 Jacobi 迭代、Gauss-Seidel 迭代以及当 $0<\omega\leqslant1$ 时的超松弛迭代收敛,并利用程序 4.3.2 求解该线性方程组,并比较当误差为 10^{-6}、初始值取 $[0,0,0]^{\mathrm{T}}$、$\omega=0.9$ 时其迭代次数.

解:因为 $\boldsymbol{A}$ 是一个不可约对角占优矩阵,由定理 4.3.8 可知 Jacobi 迭代收敛,由定理 4.3.9 可知 Gauss-Seidel 迭代以及当 $0<\omega\leqslant1$ 时的超松弛迭代收敛.

借助程序 4.3.2,解出该方程组的解为 $[-0.9412,-1.1176,2.4706]^{\mathrm{T}}$,Jacobi 迭代、Gauss-Seidel 迭代以及当 $\omega=0.9$ 时的超松弛迭代收敛的迭代次数分别为 33 次、11 次以及 13 次.

程序 4.3.2　线性方程组迭代解法.

```
function [x,k]=iterationsolve(A,b,method,error)
%使用迭代法求解 Ax=b
%method 为方法,有 'jacobi','gauss_seidel','over_relaxation' 三种选择
%error 为 2 范数意义下的最大误差
D=diag(diag(A));L=-tril(A,-1);U=-triu(A,1);
if strcmp(method,'jacobi')%比较字符串
G=D\(L+U);g=D\b;
elseif strcmp(method,'gauss_seidel')
G=(D-L)\U;g=(D-L)\b;
elseif strcmp(method,'over_relaxation')
  omega=input('please input omega value,0<omega<2:');
  G=(D-omega*L)\(omega*U+(1-omega)*D);
  g=omega*((D-omega*L)\b);
end
det1=det(A);det2=det(D);
```

程序4.3.2

```
if det1==0||det2==0
    disp('the matrix is singular');
    return;
end
n=length(A);e=ones(n,1);k=0;
x0=input('please input initial value:');
while norm(e,2)>error
    k=k+1;
    x=G*x0+g;
    e=x-x0;
    x0=x;
end
```

例 4.3.4 给定一个线性方程组 $\boldsymbol{Ax}=\boldsymbol{b}$,其中 $\boldsymbol{A}=\begin{bmatrix}1&2&1\\2&6&1\\1&1&2\end{bmatrix}$,$\boldsymbol{b}=\begin{bmatrix}-1\\1\\2\end{bmatrix}$,试证明其对应的 $0<\omega<2$ 时的超松弛迭代收敛,并利用程序求解该线性方程组,并比较当误差为10^{-6},初始值取$[0,0,0]^{T}$ 时,ω 取不同值的迭代次数.

解:因为 $\boldsymbol{A}$ 是一个对称正定矩阵,由定理 4.3.11 可知当 $0<\omega<2$ 时,超松弛迭代收敛.借助程序 4.3.3 解出该方程组的解为$[-22,6,9]^{T}$,并得到 ω 取不同值的迭代次数示意图 4.3.1.

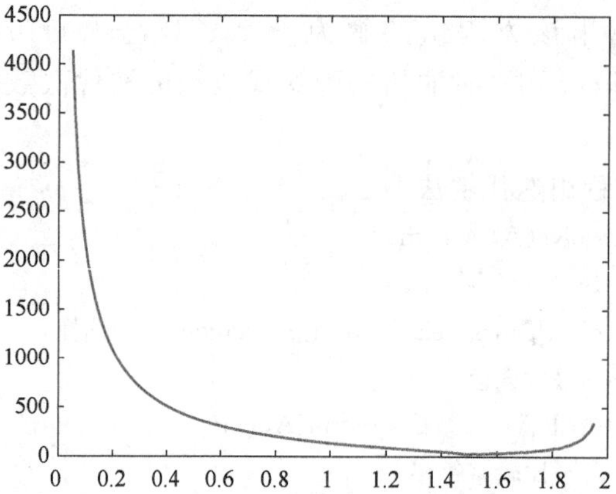

图 4.3.1 超松弛迭代 ω 取不同值的迭代次数

程序 4.3.3 超松弛迭代.

```
function x=over_relaxation_plot(A,b,error)
%使用超松弛迭代法求解 Ax=b
%error 为 2 范数意义下的最大误差
D=diag(diag(A));L=-tril(A,-1);U=-triu(A,1);
omega=[0.05:0.01:1.95];
det1=det(A);det2=det(D);
```

```
X=input('please input initial value:');
if det1==0||det2==0
    disp('the matrix is singular');
    return;
end
for i=1:size(omega,2)
G=(D-omega(i)*L)\(omega(i)*U+(1-omega(i))*D);
g=omega(i)*((D-omega(i)*L)\b);
n=length(A);e=ones(n,1);k=0;x0=X;
while norm(e,2)>error
    k=k+1;
    x=G*x0+g;
    e=x_x0;
    x0=x;
end
K(i)=k;
end
plot(omega,K,'r','linewidth',1.5);
hold off;
```

程序4.3.3
（图4.3.1）

另外，矩阵范数还可以作为矩阵级数的收敛性理论基础，下面给出矩阵级数的概念.

定义 4.3.3　设矩阵序列$\{\boldsymbol{A}^{(k)}\}_{k=1}^{\infty}\in\boldsymbol{F}^{m\times n}$，其中$\boldsymbol{A}^{(k)}=[\boldsymbol{a}_{ij}^{(k)}]_{m\times n}$，由它们形成的无穷和$\boldsymbol{A}^{(0)}+\boldsymbol{A}^{(1)}+\cdots+\boldsymbol{A}^{(k)}+\cdots$称为矩阵级数，记为$\sum\limits_{i=0}^{\infty}\boldsymbol{A}^{(k)}$；并称$\boldsymbol{S}^{(N)}=\sum\limits_{k=0}^{N}\boldsymbol{A}^{(k)}$为矩阵级数$\sum\limits_{k=0}^{\infty}\boldsymbol{A}^{(k)}$的部分和. 如果矩阵序列$\{\boldsymbol{S}^{(N)}\}_{N=0}^{\infty}$收敛，且有极限$\boldsymbol{S}$，即有$\lim\limits_{N\to\infty}\boldsymbol{S}^{(N)}=\boldsymbol{S}$，则称矩阵级数$\sum\limits_{k=0}^{\infty}\boldsymbol{A}^{(k)}$收敛，且和为$\boldsymbol{S}$，记为$\boldsymbol{S}=\sum\limits_{k=0}^{\infty}\boldsymbol{A}^{(k)}$，否则称矩阵级数发散.

由定义 4.3.3 容易看出$\sum\limits_{k=0}^{\infty}\boldsymbol{A}^{(k)}=\boldsymbol{S}$是指$\sum\limits_{k=0}^{\infty}a_{ij}^{(k)}=s_{ij}$，$\forall i,j$，即矩阵级数收敛是指它的每个分量所构成的数项级数收敛.

定义 4.3.4　若矩阵级数$\sum\limits_{k=0}^{\infty}\boldsymbol{A}^{(k)}$的每个分量$a_{ij}^{(k)}$所构成的数项级数$\sum\limits_{k=0}^{\infty}a_{ij}^{(k)}$绝对收敛，则称矩阵级数$\sum\limits_{k=0}^{\infty}\boldsymbol{A}^{(k)}$绝对收敛.

关于绝对收敛，有如下的定理 4.3.12.

定理 4.3.12　若矩阵序列$\{\boldsymbol{A}^{(k)}\}_{k=1}^{\infty}\in\boldsymbol{F}^{m\times n}$对应的矩阵级数为$\sum\limits_{k=0}^{\infty}\boldsymbol{A}^{(k)}$，则：

(1)绝对收敛的矩阵级数$\sum\limits_{k=0}^{\infty}\boldsymbol{A}^{(k)}$交换求和次序不改变其绝对收敛性和极限值；

(2)矩阵级数$\sum\limits_{k=0}^{\infty}\boldsymbol{A}^{(k)}$绝对收敛的充要条件为正项级数$\sum\limits_{k=0}^{\infty}\|\boldsymbol{A}^{(k)}\|$收敛；

(3)如果矩阵级数$\sum\limits_{k=0}^{\infty}\boldsymbol{A}^{(k)}$(绝对)收敛，那么$\sum\limits_{k=0}^{\infty}\boldsymbol{P}\boldsymbol{A}^{(k)}\boldsymbol{Q}$也是(绝对)收敛，且有

$$\sum_{k=0}^{\infty} \boldsymbol{P}\boldsymbol{A}^{(k)}\boldsymbol{Q} = \boldsymbol{P}\left(\sum_{k=0}^{\infty} \boldsymbol{A}^{(k)}\right)\boldsymbol{Q}.$$

常用的矩阵级数是矩阵幂级数,且有如下定理 4.3.13.

定理 4.3.13 若 $\boldsymbol{A}\in \boldsymbol{F}^{n\times n}$,则矩阵幂级数 $\sum\limits_{k=0}^{\infty}\boldsymbol{A}^k$ 收敛的充要条件为 $\boldsymbol{A}$ 的谱半径满足 $\rho(\boldsymbol{A})<1$,且当收敛时,其和为 $(\boldsymbol{E}-\boldsymbol{A})^{-1}$. 特别地,若 $\|\boldsymbol{A}\|\leqslant 1$,则有如下估计式

$$\|(\boldsymbol{E}-\boldsymbol{A})^{-1}-\sum_{i=0}^{k}\boldsymbol{A}^i\|\leqslant \frac{\|\boldsymbol{A}\|^{k+1}}{1-\|\boldsymbol{A}\|}. \tag{4.3.17}$$

证明:必要性:由于 $\sum\limits_{k=0}^{\infty}\boldsymbol{A}^k$ 收敛,从而其部分和 $\boldsymbol{S}^{(N)}=\sum\limits_{k=0}^{N}\boldsymbol{A}^k$ 与 $\boldsymbol{S}^{(N+1)}=\sum\limits_{k=0}^{N+1}\boldsymbol{A}^k$ 都收敛,令 $\boldsymbol{T}^{(N)}=\boldsymbol{S}^{(N+1)}-\boldsymbol{S}^{(N)}$,则 $\{\boldsymbol{T}^{(N)}\}_{N=0}^{\infty}$ 必然收敛,而 $\boldsymbol{T}^{(N)}=\boldsymbol{A}^{N+1}$,从而 $\{\boldsymbol{A}^{N+1}\}_{N=0}^{\infty}$ 必然收敛,于是由迭代法基本定理 4.3.3 可知 $\rho(\boldsymbol{A})<1$.

充分性:设 $\rho(\boldsymbol{A})<1$,则 $(\boldsymbol{E}-\boldsymbol{A})^{-1}$ 存在,由于 $(\boldsymbol{E}-\boldsymbol{A})\sum\limits_{i=0}^{k}\boldsymbol{A}^i=\boldsymbol{E}-\boldsymbol{A}^{k+1}$,则有 $\sum\limits_{i=0}^{k}\boldsymbol{A}^i=(\boldsymbol{E}-\boldsymbol{A})^{-1}-(\boldsymbol{E}-\boldsymbol{A})^{-1}\boldsymbol{A}^{k+1}$,又由于 $\rho(\boldsymbol{A})<1$ 从而 $\lim\limits_{k\to\infty}\boldsymbol{A}^{k+1}=\boldsymbol{0}$,于是有 $\sum\limits_{k=0}^{\infty}\boldsymbol{A}^k$ 收敛.

若有 $\boldsymbol{A}$ 满足 $\|\boldsymbol{A}\|\leqslant 1$,则有 $(\boldsymbol{E}-\boldsymbol{A})^{-1}-\sum\limits_{i=0}^{k}\boldsymbol{A}^i=(\boldsymbol{E}-\boldsymbol{A})^{-1}\boldsymbol{A}^{k+1}$,令 $\boldsymbol{B}=(\boldsymbol{E}-\boldsymbol{A})^{-1}\boldsymbol{A}^{k+1}$,则有 $(\boldsymbol{E}-\boldsymbol{A})\boldsymbol{B}=\boldsymbol{A}^{k+1}$,即 $\boldsymbol{B}=\boldsymbol{A}\boldsymbol{B}+\boldsymbol{A}^{k+1}$,两边取矩阵范数,可得

$$\|\boldsymbol{B}\|=\|\boldsymbol{A}\boldsymbol{B}+\boldsymbol{A}^{k+1}\|\leqslant\|\boldsymbol{A}\boldsymbol{B}\|+\|\boldsymbol{A}^{k+1}\|\leqslant\|\boldsymbol{A}\|\ \|\boldsymbol{B}\|+\|\boldsymbol{A}^{k+1}\|,$$

于是有 $\|\boldsymbol{B}\|\leqslant\dfrac{\|\boldsymbol{A}\|^{k+1}}{1-\|\boldsymbol{A}\|}$,即

$$\|(\boldsymbol{E}-\boldsymbol{A})^{-1}-\sum_{i=0}^{k}\boldsymbol{A}^i\|\leqslant\frac{\|\boldsymbol{A}\|^{k+1}}{1-\|\boldsymbol{A}\|}.$$

定理 4.3.14 设幂级数 $f(z)=\sum\limits_{k=0}^{\infty}c_kz^k$ 的收敛半径为 r,若方阵 $\boldsymbol{A}$ 满足 $\rho(\boldsymbol{A})<r$,则矩阵幂级数 $f(\boldsymbol{A})=\sum\limits_{k=0}^{\infty}c_k\boldsymbol{A}^k$ 绝对收敛;若 $\rho(\boldsymbol{A})>r$,则 $\sum\limits_{k=0}^{\infty}c_k\boldsymbol{A}^k$ 发散,其中 $c_k,z\in\mathbf{C}$. 若 $r=\lim\limits_{k\to\infty}\dfrac{|c_k|}{|c_{k+1}|}$ 或 $r=\lim\limits_{k\to\infty}\sqrt[k]{|c_k|}$ 存在或正无穷大,则此 r 即为收敛半径.

证明:$\boldsymbol{A}=\boldsymbol{P}\boldsymbol{J}\boldsymbol{P}^{-1}$,其中

$$\boldsymbol{J}=\mathrm{diag}(\boldsymbol{J}_{n_1}(\lambda_1),\boldsymbol{J}_{n_2}(\lambda_2),\cdots,\boldsymbol{J}_{n_s}(\lambda_s)),\ n_1+n_2+\cdots+n_s=n,$$

$\boldsymbol{J}_{n_i}(\lambda_i)$ 是 n_i 阶的 Jordan 块,即

$$\boldsymbol{J}_{n_i}(\lambda_i)=\begin{bmatrix}\lambda_i & 1 & 0 & 0 & 0\\ 0 & \lambda_i & 1 & 0 & 0\\ \vdots & \vdots & & \vdots & \vdots\\ 0 & 0 & \cdots & \lambda_i & 1\\ 0 & 0 & \cdots & 0 & \lambda_i\end{bmatrix}_{n_i\times n_i}\qquad(i=1,2,\cdots,s),$$

于是

$$\boldsymbol{A}^k=\boldsymbol{P}\mathrm{diag}(\boldsymbol{J}_{n_1}^k(\lambda_1),\boldsymbol{J}_{n_2}^k(\lambda_2),\cdots,\boldsymbol{J}_{n_s}^k(\lambda_s))\boldsymbol{P}^{-1},$$

由定理 4.3.3 的证明过程可知

$$J_{n_i}^k(\lambda_i)=[\lambda_i E_{n_i}+U_{n_i}]^k=\begin{bmatrix}\lambda_i^k & C_k^1\lambda_i^{k-1} & \cdots & \cdots & C_k^{n_i-1}\lambda_i^{k-n_i+1}\\ & \lambda_i^k & C_k^1\lambda_i^{k-1} & \cdots & C_k^{n_i-2}\lambda_i^{k-n_i+2}\\ & & \ddots & \ddots & \vdots\\ & & & \ddots & C_k^1\lambda_i^{k-1}\\ & & & & \lambda_i^k\end{bmatrix}_{n_i\times n_i}\quad(k\geqslant n_i),$$

于是

$$\begin{aligned}f(A)=\sum_{k=0}^{\infty}c_kA^k&=P\Big[\sum_{k=0}^{\infty}c_k\mathrm{diag}(J_{n_1}^k(\lambda_1),J_{n_2}^k(\lambda_2),\cdots,J_{n_s}^k(\lambda_s))\Big]P^{-1}\\&=P\Big[\mathrm{diag}(\sum_{k=0}^{\infty}c_kJ_{n_1}^k(\lambda_1),\sum_{k=0}^{\infty}c_kJ_{n_2}^k(\lambda_2),\cdots,\sum_{k=0}^{\infty}c_kJ_{n_s}^k(\lambda_s))\Big]P^{-1},\end{aligned}\quad(4.3.18)$$

$$\sum_{k=0}^{\infty}c_kJ_{n_i}^k(\lambda_i)=\begin{bmatrix}\sum\limits_{k=0}^{\infty}c_k\lambda_i^k & \sum\limits_{k=1}^{\infty}c_kC_k^1\lambda_i^{k-1} & \cdots & \cdots & \sum\limits_{k=n_i-1}^{\infty}c_kC_k^{n_i-1}\lambda_i^{k-n_i+1}\\ & \sum\limits_{k=0}^{\infty}c_k\lambda_i^k & \sum\limits_{k=1}^{\infty}c_kC_k^1\lambda_i^{k-1} & \cdots & \sum\limits_{k=n_i-2}^{\infty}c_kC_k^{n_i-2}\lambda_i^{k-n_i+2}\\ & & \ddots & \ddots & \vdots\\ & & & \ddots & \sum\limits_{k=1}^{\infty}c_kC_k^1\lambda_i^{k-1}\\ & & & & \sum\limits_{k=0}^{\infty}c_k\lambda_i^k\end{bmatrix}_{n_i\times n_i},$$

由于 $\rho(A)<r$，因此 $|\lambda_i|<r$，于是 $\sum\limits_{k=0}^{\infty}c_k\lambda_i^k$ 绝对收敛，为此 $\sum\limits_{k=0}^{\infty}c_k\lambda_i^k=f(\lambda_i)$，同理 $\sum\limits_{k=1}^{\infty}c_kC_k^1\lambda_i^{k-1}$ 也是绝对收敛的，且 $\sum\limits_{k=1}^{\infty}c_kC_k^1\lambda_i^{k-1}=f'(\lambda_i)$，$\sum\limits_{k=n_i-1}^{\infty}c_kC_k^{n_i-1}\lambda_i^{k-n_i+1}$ 也是绝对收敛的，且 $\sum\limits_{k=n_i-1}^{\infty}c_kC_k^{n_i-1}\lambda_i^{k-n_i+1}=\dfrac{1}{(n_i-1)!}f^{(n_i-1)}(\lambda_i)$，即

$$\sum_{k=0}^{\infty}c_kJ_{n_i}^k(\lambda_i)=\begin{bmatrix}f(\lambda_i) & f'(\lambda_i) & \cdots & \cdots & \frac{1}{(n_i-1)!}f^{(n_i-1)}(\lambda_i)\\ & f(\lambda_i) & f'(\lambda_i) & \cdots & \frac{1}{(n_i-2)!}f^{(n_i-2)}(\lambda_i)\\ & & \ddots & \ddots & \vdots\\ & & & \ddots & f'(\lambda_i)\\ & & & & f(\lambda_i)\end{bmatrix}_{n_i\times n_i}\quad(4.3.19)$$

是绝对收敛的. 从而可知 $\sum\limits_{k=0}^{\infty}c_kA^k$ 绝对收敛，为此将其结果记为 $f(A)=\sum\limits_{k=0}^{\infty}c_kA^k$. 如果 $\rho(A)>r$，那么至少存在一个特征值 $|\lambda_i|>r$，由此可知级数 $\sum\limits_{k=0}^{\infty}c_k\lambda_i^k$ 不收敛，为此矩阵级数 $\sum\limits_{k=0}^{\infty}c_kA^k$ 不收敛.

有了矩阵幂级数收敛性的结果，在此基础上可以定义矩阵函数.

4.4 矩阵函数

定义 4.4.1 设复数域上的一元函数 $f(z),z\in\mathbf{C}$ 能展开为 z 的幂级数

$$f(z)=\sum_{k=0}^{\infty}c_kz^k,|z|<r,\tag{4.4.1}$$

其中 $r>0$ 是该幂级数的收敛半径. 当 n 阶矩阵 $\mathbf{A}$ 的谱半径 $\rho(\mathbf{A})<r$ 时,把收敛的矩阵幂级数 $\sum\limits_{k=0}^{\infty}c_k\mathbf{A}^k$ 记为矩阵函数 $f(\mathbf{A})$,即 $f(\mathbf{A})=\sum\limits_{k=0}^{\infty}c_k\mathbf{A}^k$.

由定义 4.4.1 可以得到如下矩阵函数的例证.

例 4.4.1 由 $\exp(z)=\sum\limits_{k=0}^{\infty}\frac{z^k}{k!},\sin z=\sum\limits_{k=1}^{\infty}\frac{(-1)^{k-1}z^{2k-1}}{(2k-1)!},\cos z=\sum\limits_{k=0}^{\infty}\frac{(-1)^kz^{2k}}{(2k)!}$,可知它们的收敛半径都为 $r=\infty$,所以对 $\forall\mathbf{A}\in\mathbf{C}^{n\times n}$,都有

$$\exp(\mathbf{A})=\sum_{k=0}^{\infty}\frac{\mathbf{A}^k}{k!},\sin\mathbf{A}=\sum_{k=1}^{\infty}\frac{(-1)^{k-1}\mathbf{A}^{2k-1}}{(2k-1)!},\cos\mathbf{A}=\sum_{k=0}^{\infty}\frac{(-1)^k\mathbf{A}^{2k}}{(2k)!}.\tag{4.4.2}$$

例 4.4.2 由 $\frac{1}{1-z}=\sum\limits_{k=0}^{\infty}z^k,\ln(1-z)=-\sum\limits_{k=1}^{\infty}\frac{z^k}{k}$ 的收敛半径都为 $r=1$,可知 $\forall\mathbf{A}\in\mathbf{C}^{n\times n}$ 且满足 $\rho(\mathbf{A})<1$ 的矩阵,都有

$$(\boldsymbol{E}-\boldsymbol{A})^{-1}=\sum_{k=0}^{\infty}\boldsymbol{A}^k,\ln(\boldsymbol{E}-\boldsymbol{A})=-\sum_{k=1}^{\infty}\frac{\boldsymbol{A}^k}{k}.\tag{4.4.3}$$

例 4.4.3 由于 $\forall\mathbf{A}\in\mathbf{C}^{n\times n},\rho(\mathbf{A})<\infty$,所以 $\forall t\in\mathbf{R},\rho(\boldsymbol{A}t)=|t|\rho(\mathbf{A})<\infty$,再由 $\exp(z)=\sum\limits_{k=0}^{\infty}\frac{z^k}{k!}$ 可得 $\exp(\boldsymbol{A}t)=\sum\limits_{k=0}^{\infty}\frac{t^k}{k!}\boldsymbol{A}^k$.

由定义 4.4.1 可以得到如下矩阵函数的性质.

定理 4.4.1 若 $\boldsymbol{A},\boldsymbol{B}\in\mathbf{C}^{n\times n}$ 且满足 $\boldsymbol{AB}=\boldsymbol{BA}$ 时,则有

$$\exp(\boldsymbol{A}+\boldsymbol{B})=\exp(\boldsymbol{A})\exp(\boldsymbol{B})=\exp(\boldsymbol{B})\exp(\boldsymbol{A}),\tag{4.4.4}$$

由此可得

$$\exp^k(\boldsymbol{A})=\exp(k\boldsymbol{A}).\tag{4.4.5}$$

证明:由 $\boldsymbol{AB}=\boldsymbol{BA}$ 可知

$$\begin{aligned}\exp(\boldsymbol{A})\exp(\boldsymbol{B})&=\left(I+\boldsymbol{A}+\frac{1}{2!}\boldsymbol{A}^2+\cdots\right)\left(I+\boldsymbol{B}+\frac{1}{2!}\boldsymbol{B}^2+\cdots\right)\\&=I+(\boldsymbol{A}+\boldsymbol{B})+\frac{1}{2!}(\boldsymbol{A}^2+\boldsymbol{AB}+\boldsymbol{BA}+\boldsymbol{B}^2)+\frac{1}{3!}(\boldsymbol{A}^3+3\boldsymbol{A}^2\boldsymbol{B}+3\boldsymbol{AB}^2+\boldsymbol{B}^3)+\cdots\\&=I+(\boldsymbol{A}+\boldsymbol{B})+\frac{1}{2!}(\boldsymbol{A}+\boldsymbol{B})^2+\frac{1}{3!}(\boldsymbol{A}+\boldsymbol{B})^3+\cdots=\exp(\boldsymbol{A}+\boldsymbol{B}).\end{aligned}$$

同理可证 $\exp(\boldsymbol{B})\exp(\boldsymbol{A})=\exp(\boldsymbol{A}+\boldsymbol{B})$. 取 $\boldsymbol{B}=\boldsymbol{A}$ 可得 $\exp^2(\boldsymbol{A})=\exp(2\boldsymbol{A})$,再由数学归纳法可得 $\exp^k(\boldsymbol{A})=\exp(k\boldsymbol{A})$.

需要说明的是,在 $\boldsymbol{AB}\neq\boldsymbol{BA}$ 时,定理 4.4.1 的结论不一定成立,例如给定

$$\boldsymbol{A}=\begin{bmatrix}1&0\\1&0\end{bmatrix},\qquad\boldsymbol{B}=\begin{bmatrix}0&0\\1&1\end{bmatrix},$$

则有

$$A^k=\begin{bmatrix}1&0\\1&0\end{bmatrix},k=1,2,\cdots,\infty;\qquad B^k=\begin{bmatrix}0&0\\1&1\end{bmatrix},k=1,2,\cdots,\infty,$$

$$\exp(A)=\sum_{k=0}^{\infty}\frac{1}{k!}A^k=E+\sum_{k=1}^{\infty}\frac{1}{k!}A=\begin{bmatrix}1&0\\0&1\end{bmatrix}+(e-1)\begin{bmatrix}1&0\\1&0\end{bmatrix}=\begin{bmatrix}e&0\\e-1&1\end{bmatrix},$$

$$\exp(B)=\sum_{k=0}^{\infty}\frac{1}{k!}B^k=E+\sum_{k=1}^{\infty}\frac{1}{k!}B=\begin{bmatrix}1&0\\0&1\end{bmatrix}+(e-1)\begin{bmatrix}0&0\\1&1\end{bmatrix}=\begin{bmatrix}1&0\\e-1&e\end{bmatrix},$$

由数学归纳法可证

$$(A+B)^k=\begin{bmatrix}1&0\\2&1\end{bmatrix}^k=\begin{bmatrix}1&0\\2k&1\end{bmatrix},$$

由此可得

$$\exp(A+B)=\sum_{k=0}^{\infty}\frac{1}{k!}(A+B)k=E+\sum_{k=1}^{\infty}\frac{1}{k!}(A+B)k=E+\sum_{k=1}^{\infty}\frac{1}{k!}\begin{bmatrix}1&0\\2k&1\end{bmatrix}$$

$$=\begin{bmatrix}1+\sum_{k=1}^{\infty}\frac{1}{k!}&0\\\sum_{k=1}^{\infty}\frac{2}{(k-1)!}&1+\sum_{k=1}^{\infty}\frac{1}{k!}\end{bmatrix}=\begin{bmatrix}e&0\\2e&e\end{bmatrix},$$

另外还有

$$\exp(A)\exp(B)=\begin{bmatrix}e&0\\e-1&1\end{bmatrix}\begin{bmatrix}1&0\\e-1&e\end{bmatrix}=\begin{bmatrix}e&0\\2e-2&e\end{bmatrix},$$

$$\exp(B)\exp(A)=\begin{bmatrix}1&0\\e-1&e\end{bmatrix}\begin{bmatrix}e&0\\e-1&1\end{bmatrix}=\begin{bmatrix}e&0\\2e^2-2e&e\end{bmatrix},$$

由此说明在 $AB\neq BA$ 时，定理 4.4.1 的结论不一定成立.

例 4.4.4 $\forall A\in\mathbf{R}^{n\times n}$ 都有矩阵欧拉公式，$\exp(\mathrm{i}A)=\cos(A)+\mathrm{i}\sin(A)$，同时满足矩阵倍角公式 $\sin(2A)=2\sin A\cos A$，$\cos(2A)=\cos^2A-\sin^2A$，其中 $\mathrm{i}=\sqrt{-1}$.

证明： $\forall A\in\mathbf{R}^{n\times n}$，则有

$$\begin{aligned}\exp(\mathrm{i}A)&=\sum_{j=0}^{\infty}\frac{(\mathrm{i}A)^j}{j!}=\sum_{k=0}^{\infty}\frac{(\mathrm{i}A)^{2k}}{(2k)!}+\sum_{k=1}^{\infty}\frac{(\mathrm{i}A)^{2k-1}}{(2k-1)!}\\&=\sum_{k=0}^{\infty}\frac{(-1)^kA^{2k}}{(2k)!}+\mathrm{i}\sum_{k=1}^{\infty}\frac{(-1)^{k-1}A^{2k-1}}{(2k-1)!}\\&=\cos(A)+\mathrm{i}\sin(A),\end{aligned}$$

即矩阵欧拉公式得证，并由此可得 $\exp(2\mathrm{i}A)=\cos(2A)+\mathrm{i}\sin(2A)$，另外由定理 4.4.1 可知 $\exp(2\mathrm{i}A)=\exp^2(\mathrm{i}A)=[\cos A+\mathrm{i}\sin A]^2=\cos^2A-\sin^2A+2\mathrm{i}\sin A\cos A$，由实部与虚部对应相等即可证明矩阵倍角公式成立.

定理 4.4.2 若 $A\in\mathbf{C}^{n\times n}$，则

$$\det(\exp(A))=\exp(\mathrm{trace}A). \tag{4.4.6}$$

证明： 由例 4.4.1 可知，$\exp(A)$ 收敛，再由定理 4.3.14 的证明过程可得

$$\exp(\boldsymbol{A})=\sum_{k=0}^{\infty}\frac{1}{k!}\boldsymbol{A}^k=\boldsymbol{P}\Big[\sum_{k=0}^{\infty}\frac{1}{k!}\mathrm{diag}(\boldsymbol{J}_{n_1}^k(\lambda_1),\boldsymbol{J}_{n_2}^k(\lambda_2),\cdots,\boldsymbol{J}_{n_s}^k(\lambda_s))\Big]\boldsymbol{P}^{-1}$$

$$=\boldsymbol{P}\Big[\mathrm{diag}(\sum_{k=0}^{\infty}\frac{1}{k!}\boldsymbol{J}_{n_1}^k(\lambda_1),\sum_{k=0}^{\infty}\frac{1}{k!}\boldsymbol{J}_{n_2}^k(\lambda_2),\cdots,\sum_{k=0}^{\infty}\frac{1}{k!}\boldsymbol{J}_{n_s}^k(\lambda_s))\Big]\boldsymbol{P}^{-1},$$

其中 $\boldsymbol{A}=\boldsymbol{PJP}^{-1}$,$\boldsymbol{J}=\mathrm{diag}(\boldsymbol{J}_{n_1}(\lambda_1),\boldsymbol{J}_{n_2}(\lambda_2),\cdots,\boldsymbol{J}_{n_s}(\lambda_s))$,$n_1+n_2+\cdots+n_s=n$,$\boldsymbol{J}_{n_i}(\lambda_i)$是 n_i 阶的 Jordan 块,再由

$$\sum_{k=0}^{\infty}\frac{1}{k!}\boldsymbol{J}_{n_i}^k(\lambda_i)=\exp(\lambda_i)\begin{bmatrix}1 & 1 & \cdots & \cdots & \frac{1}{(n_i-1)!}\\ & 1 & 1 & \cdots & \frac{1}{(n_i-2)!}\\ & & \ddots & \ddots & \vdots\\ & & & \ddots & 1\\ & & & & 1\end{bmatrix}_{n_i\times n_i},$$

由此可得

$$\det\Big[\sum_{k=0}^{\infty}\frac{1}{k!}\boldsymbol{J}_{n_i}^k(\lambda_i)\Big]=\exp(n_i\lambda_i),$$

因此有

$$\det(\exp(\boldsymbol{A}))=\det(\sum_{k=0}^{\infty}\frac{1}{k!}\boldsymbol{J}_{n_1}^k(\lambda_1))\det(\sum_{k=0}^{\infty}\frac{1}{k!}\boldsymbol{J}_{n_2}^k(\lambda_2))\cdots\det(\sum_{k=0}^{\infty}\frac{1}{k!}\boldsymbol{J}_{n_s}^k(\lambda_s))$$

$$=\prod_{i=1}^{s}\exp(n_i\lambda_i)=\exp(\sum_{i=1}^{s}n_i\lambda_i)=\exp(\mathrm{trace}(\boldsymbol{A})).$$

定理 4.4.3 若 $\boldsymbol{A}\in\mathbf{R}^{n\times n}$,$t\in[0,+\infty)$,则有:

(1)当 $t=0$ 时,$\exp(\boldsymbol{A}t)=\exp(\boldsymbol{O})=\boldsymbol{E}$; (4.4.7)

(2)$\dfrac{\mathrm{d}\exp(\boldsymbol{A}t)}{\mathrm{d}t}=\boldsymbol{A}\exp(\boldsymbol{A}t)=\exp(\boldsymbol{A}t)\boldsymbol{A}$; (4.4.8)

(3)$\exp^{-1}(\boldsymbol{A}t)=\exp(-\boldsymbol{A}t)$. (4.4.9)

证明:(1)当 $t=0$ 时,$\exp(\boldsymbol{A}t)=\exp(\boldsymbol{O})=\dfrac{\boldsymbol{A}^0}{0!}t^0=\boldsymbol{E}$.

(2)由于 $\exp(\boldsymbol{A}t)=\sum\limits_{k=0}^{\infty}\dfrac{\boldsymbol{A}^k}{k!}t^k$,因此

$$\frac{\mathrm{d}}{\mathrm{d}t}\exp(\boldsymbol{A}t)=\frac{\mathrm{d}}{\mathrm{d}t}\sum_{k=0}^{\infty}\frac{\boldsymbol{A}^k}{k!}t^k=\sum_{k=0}^{\infty}\frac{\boldsymbol{A}^k}{k!}\frac{\mathrm{d}}{\mathrm{d}t}t^k=\boldsymbol{A}\sum_{k=1}^{\infty}\frac{\boldsymbol{A}^{k-1}}{(k-1)!}t^{k-1}=\boldsymbol{A}\sum_{i=0}^{\infty}\frac{\boldsymbol{A}^i}{i!}t^i=\boldsymbol{A}\exp(\boldsymbol{A}t),$$

同理可证

$$\frac{\mathrm{d}}{\mathrm{d}t}\exp(\boldsymbol{A}t)=\exp(\boldsymbol{A}t)\boldsymbol{A}.$$

(3)由于 $t\boldsymbol{A}$ 与 $-t\boldsymbol{A}$ 可换,所以由定理 4.4.1 可得 $\exp(\boldsymbol{A}t)\exp(-\boldsymbol{A}t)=\exp(\boldsymbol{O})=\boldsymbol{E}$,即 $\exp^{-1}(\boldsymbol{A}t)=\exp(-\boldsymbol{A}t)$.

另外,对于矩阵函数 $\exp(\boldsymbol{A}t)$还可以定义其 Laplace 变换.

定义 4.4.2 若 $\boldsymbol{A}\in\mathbf{R}^{n\times n}$,$t\in[0,+\infty)$,则矩阵函数 $\exp(\boldsymbol{A}t)$的 Laplace 变换定义为

$$\mathcal{L}(\exp(\boldsymbol{A}t))(s)=\int_0^{\infty}\exp(-st)\exp(\boldsymbol{A}t)\mathrm{d}t, \tag{4.4.10}$$

其中 $s=\sigma+\mathrm{i}\omega\in\mathbf{C},\sigma>0$.

定理 4.4.4　若 $\boldsymbol{A}\in\mathbf{R}^{n\times n},t\in[0,+\infty),s=\sigma+\mathrm{i}\omega\in\mathbf{C}$,则当 $\sigma>\max\limits_{1\leqslant i\leqslant n}\mathrm{Re}(\lambda_i)$时,矩阵函数 $\exp(\boldsymbol{A}t)$的 Laplace 变换有如下结果

$$\mathcal{L}(\exp(\boldsymbol{A}t))(s)=\int_0^{\infty}\exp(-st)\exp(\boldsymbol{A}t)\mathrm{d}t=(s\boldsymbol{E}-\boldsymbol{A})^{-1},\tag{4.4.11}$$

其中 $\lambda_i,i=1,2,\cdots,n$ 是 $\boldsymbol{A}$ 的特征值.

证明: 由定理 4.4.3 可得

$$\begin{aligned}\mathcal{L}(\exp(\boldsymbol{A}t))(s)&=\int_0^{\infty}\exp(-st)\exp(\boldsymbol{A}t)dt\\&=-\frac{1}{s}\int_0^{\infty}\exp(\boldsymbol{A}t)\mathrm{d}[\exp(-st)]\\&=-\frac{1}{s}\{[\exp(\boldsymbol{A}t)\exp(-st)]|_0^{\infty}-\boldsymbol{A}\int_0^{\infty}\exp(-st)\exp(\boldsymbol{A}t)\mathrm{d}t\}\\&=-\frac{1}{s}\{-\boldsymbol{E}-\boldsymbol{A}\mathcal{L}(\exp(\boldsymbol{A}t))(s)\}\\&=\frac{1}{s}\boldsymbol{E}+\frac{1}{s}\boldsymbol{A}\,\mathcal{L}(\exp(\boldsymbol{A}t))(s),\end{aligned}$$

因此 $\mathcal{L}(\exp(\boldsymbol{A}t))(s)=(s\boldsymbol{E}-\boldsymbol{A})^{-1}$.

利用 Laplace 变换以及反 Laplace 变换可以求 $\exp(\boldsymbol{A}t)$.

例 4.4.5　已知 $\boldsymbol{A}=\begin{bmatrix}0&1&0\\0&0&1\\2&3&0\end{bmatrix}$,利用 Laplace 变换以及反 Laplace 变换求 $\exp(\boldsymbol{A}t)$.

解: 利用 Matlab 函数 laplaceA=laplace(expm(A * t))求 Laplace 变换可得

$$\mathcal{L}(\exp(\boldsymbol{A}t))(s)=(s\boldsymbol{E}-\boldsymbol{A})^{-1}=\begin{bmatrix}s&-1&0\\0&s&-1\\-2&-3&s\end{bmatrix}^{-1}=\frac{1}{s^3-3s-2}\begin{bmatrix}s^2-3&s&1\\2&s^2&s\\2s&3s+2&s^2\end{bmatrix},$$

再利用 Matlab 函数 ilaplace(laplaceA)求反 Laplace 变换可得

$$\exp(\boldsymbol{A}t)=\frac{1}{9}\begin{bmatrix}\mathrm{e}^{2t}+(8+6t)\mathrm{e}^{-t}&2\mathrm{e}^{2t}-(2-3t)\mathrm{e}^{-t}&\mathrm{e}^{2t}-(1+3t)\mathrm{e}^{-t}\\2\mathrm{e}^{2t}-(2+6t)\mathrm{e}^{-t}&4\mathrm{e}^{2t}+(5-3t)\mathrm{e}^{-t}&2\mathrm{e}^{2t}-(2-3t)\mathrm{e}^{-t}\\4\mathrm{e}^{2t}-(4-6t)\mathrm{e}^{-t}&8\mathrm{e}^{2t}-(8-3t)\mathrm{e}^{-t}&4\mathrm{e}^{2t}+(5-3t)\mathrm{e}^{-t}\end{bmatrix}.$$

4.5　矩阵函数的求法

在第一章中通过 Caylay-Hamilton 定理引入了方阵零化多项式及最小多项式的概念,即对于给定的 $\boldsymbol{A}\in\mathbf{C}^{n\times n}$,由 Caylay-Hamilton 定理可知 $\boldsymbol{A}$ 的特征多项式就是一个 $\boldsymbol{A}$ 的零化多项式,即 $f_{\boldsymbol{A}}(\lambda)=\det(\lambda\boldsymbol{E}-\boldsymbol{A})$满足 $f_{\boldsymbol{A}}(\boldsymbol{A})=\boldsymbol{O}$. 为此,在矩阵幂级数中 $\boldsymbol{A}^k,k\geqslant n$ 均可由 $\boldsymbol{E},\boldsymbol{A},\cdots,\boldsymbol{A}^{n-1}$线性表示,于是矩阵幂级数可以转化成次数不超过 $n-1$ 的多项式进行计算.

尽管方阵 $\boldsymbol{A}$ 的最小多项式是最低阶次的零化多项式,但是在实际计算中找寻最小多项式

通常是很困难的(方阵 $\boldsymbol{A}$ 的特征值具有重根的情况),为此,通常利用矩阵 $\boldsymbol{A}$ 的特征多项式对相关方阵 $\boldsymbol{A}$ 的幂级数进行计算,其中最常用的是待定系数法,具体方法如下:

设 n 阶矩阵 $\boldsymbol{A}$ 的特征多项式为

$$f_{\boldsymbol{A}}(\lambda)=\det(\lambda\boldsymbol{E}-\boldsymbol{A})=(\lambda-\lambda_1)^{n_1}(\lambda-\lambda_2)^{n_2}\cdots(\lambda-\lambda_s)^{n_s}, \tag{4.5.1}$$

其中 $\lambda_1,\lambda_2,\cdots,\lambda_s$ 为两两互异的特征值,且 $n_1+n_2+\cdots+n_s=n$,用特征多项式去除幂级数 $f(\lambda)=\sum\limits_{k=0}^{\infty}c_k\lambda^k$,使得 $f(\lambda)=\sum\limits_{k=0}^{\infty}c_k\lambda^k=f_{\boldsymbol{A}}(\lambda)q(\lambda)+r(\lambda)$,其中 $q(\lambda)$ 是关于 λ 的商幂级数,$r(\lambda)$ 是次数小于 $f_{\boldsymbol{A}}(\lambda)$ 次数的多项式. 于是可设 $r(\lambda)=b_{n-1}\lambda^{n-1}+\cdots+b_1\lambda+b_0$,其中 $b_{n-1},\cdots,b_1,b_0$ 为待定系数. 由于 $f(\boldsymbol{A})=f_{\boldsymbol{A}}(\boldsymbol{A})q(\boldsymbol{A})+r(\boldsymbol{A})=r(\boldsymbol{A})$,所以计算矩阵幂级数 $f(\boldsymbol{A})=\sum\limits_{k=0}^{\infty}c_k\boldsymbol{A}^k$ 问题就转换成计算一个矩阵多项式 $r(\boldsymbol{A})=b_{n-1}\boldsymbol{A}^{n-1}+\cdots+b_1\boldsymbol{A}+b_0\boldsymbol{E}$ 的问题,而确定待定系数 $b_{n-1},\cdots,b_1$,b_0 可通过以下 n 个方程求得

$$\begin{cases} f^{(i_1)}(\lambda_1)=r^{(i_1)}(\lambda_1), i_1=0,1,\cdots,n_1-1,\\ f^{(i_2)}(\lambda_2)=r^{(i_2)}(\lambda_2), i_2=0,1,\cdots,n_2-1,\\ \cdots\cdots\\ f^{(i_s)}(\lambda_s)=r^{(i_s)}(\lambda_s), i_s=0,1,\cdots,n_s-1. \end{cases} \tag{4.5.2}$$

例 4.5.1 已知 $\boldsymbol{A}=\begin{bmatrix}2&0&0\\1&1&2\\1&4&3\end{bmatrix}$,求 $\exp(\boldsymbol{A}t)$.

解:首先求出 $\boldsymbol{A}t$ 的特征多项式 $f_{\boldsymbol{A}t}(\lambda)=\det(\lambda\boldsymbol{E}-\boldsymbol{A}t)=(\lambda-2t)(\lambda-5t)(\lambda+t)$,从而 $\boldsymbol{A}t$ 的特征值分别为 $\lambda_1=2t,\lambda_2=5t,\lambda_3=-t$. 其次假设 $\mathrm{e}^{\lambda}=f_A(\lambda)q(\lambda)+r(\lambda)$,其中 $r(\lambda)=b_2\lambda^2+b_1\lambda+b_0$,于是可构建方程组

$$\begin{cases} \mathrm{e}^{\lambda_1}=\mathrm{e}^{2t}=r(\lambda_1)=b_2(2t)^2+2tb_1+b_0,\\ \mathrm{e}^{\lambda_2}=\mathrm{e}^{5t}=r(\lambda_2)=b_2(5t)^2+5tb_1+b_0,\\ \mathrm{e}^{\lambda_3}=\mathrm{e}^{-t}=r(\lambda_3)=b_2(-t)^2-tb_1+b_0, \end{cases}$$

解得 $b_2=\dfrac{\mathrm{e}^{5t}-2\mathrm{e}^{2t}+\mathrm{e}^{-t}}{18t^2}$,$b_1=\dfrac{8\mathrm{e}^{2t}-\mathrm{e}^{5t}-7\mathrm{e}^{-t}}{18t}$,$b_0=\dfrac{5\mathrm{e}^{2t}-\mathrm{e}^{5t}+5\mathrm{e}^{-t}}{9}$,从而有

$$\begin{aligned}\exp(\boldsymbol{A}t)&=r(\boldsymbol{A}t)=b_2(\boldsymbol{A}t)^2+b_1\boldsymbol{A}t+b_0\boldsymbol{E}\\ &=\frac{\mathrm{e}^{5t}-2\mathrm{e}^{2t}+\mathrm{e}^{-t}}{18}\boldsymbol{A}^2+\frac{8\mathrm{e}^{2t}-\mathrm{e}^{5t}-7\mathrm{e}^{-t}}{18}\boldsymbol{A}+\frac{5\mathrm{e}^{2t}-\mathrm{e}^{5t}+5\mathrm{e}^{-t}}{9}\boldsymbol{E},\end{aligned}$$

将 A 代入上式,可得

$$\exp(\boldsymbol{A}t)=\mathrm{e}^{2t}\begin{bmatrix}1&0&0\\-1/9&0&0\\-5/9&0&0\end{bmatrix}+\mathrm{e}^{5t}\begin{bmatrix}0&0&0\\2/9&1/3&1/3\\4/9&2/3&2/3\end{bmatrix}+\mathrm{e}^{-t}\begin{bmatrix}0&0&0\\-1/9&2/3&-1/3\\1/9&-2/3&1/3\end{bmatrix}.$$

求解该问题还可以使用 Laplace 变换的方法,利用 Matlab 函数 laplaceA=laplace(expm(A*t))求 Laplace 变换可得

$$\mathcal{L}(\exp(\boldsymbol{A}t))(s)=(s\boldsymbol{E}-\boldsymbol{A})^{-1}=\begin{bmatrix}s-2&0&0\\-1&s-1&-2\\-1&-4&s-3\end{bmatrix}^{-1}$$

$$=\begin{bmatrix} 1/(s-2) & 0 & 0 \\ (s-1)/(s^3-6s^2+3s+10) & -(s-3)/(-s^2+4s+5) & -2/(-s^2+4s+5) \\ (s+3)/(s^3-6s^2+3s+10) & -4/(-s^2+4s+5) & -(s-1)/(-s^2+4s+5) \end{bmatrix}.$$

再利用 Matlab 函数 ilaplace(laplaceA)求反 Laplace 变换也可以得到同样的结果.

例 4.5.2 已知 $\boldsymbol{A}=\begin{bmatrix} 2 & 0 & 0 \\ 1 & 1 & 1 \\ 1 & -1 & 3 \end{bmatrix}$,求 $\exp(\boldsymbol{A}t)$.

解:首先求出 $\boldsymbol{A}t$ 的特征多项式 $f_{\boldsymbol{A}t}(\lambda)=\det(\lambda\boldsymbol{E}-\boldsymbol{A}t)=(\lambda-2t)^3$,从而 $\boldsymbol{A}t$ 的特征值为 $\lambda=2t$. 其次假设 $f(\lambda)=e^{\lambda}=f_{\boldsymbol{A}}(\lambda)q(\lambda)+r(\lambda)$,其中 $r(\lambda)=b_2\lambda^2+b_1\lambda+b_0$,于是可构建方程组

$$\begin{cases} e^{\lambda}=e^{2t}=r(\lambda)=b_2(2t)^2+2tb_1+b_0, \\ (e^{\lambda})'=e^{2t}=r'(\lambda)=2b_2(2t)+b_1, \\ (e^{\lambda})''=e^{2t}=r''(\lambda)=2b_2, \end{cases}$$

解得 $b_2=\frac{1}{2}e^{2t}$,$b_1=(1-2t)e^{2t}$,$b_0=(1-2t+2t^2)e^{2t}$,从而有

$$\exp(\boldsymbol{A}t)=r(\boldsymbol{A}t)=b_2(\boldsymbol{A}t)^2+b_1\boldsymbol{A}t+b_0\boldsymbol{E}=e^{2t}\left[\frac{1}{2}t^2\boldsymbol{A}^2+(t-2t^2)\boldsymbol{A}+(1-2t+2t^2)\boldsymbol{E}\right].$$

将 $\boldsymbol{A}$ 代入上式,可得

$$\exp(\boldsymbol{A}t)=e^{2t}\begin{bmatrix} 1 & 0 & 0 \\ t & 1-t & t \\ t & -t & 1+t \end{bmatrix}.$$

求解该问题还可以使用 Laplace 变换的方法,利用 Matlab 函数 laplaceA=laplace(expm(A * t))求 Laplace 变换可得

$$\mathcal{L}(\exp(\boldsymbol{A}t))(s)=(s\boldsymbol{E}-\boldsymbol{A})^{-1}=\begin{bmatrix} s-2 & 0 & 0 \\ -1 & s-1 & -1 \\ -1 & 1 & s-3 \end{bmatrix}^{-1}$$

$$=\begin{bmatrix} 1/(s-2) & 0 & 0 \\ 1/(s-2)^2 & (s-3)/(s-2)^2 & 1/(s-2)^2 \\ 1/(s-2)^2 & -1/(s-2)^2 & 1/(s-2)+1/(s-2)^2 \end{bmatrix},$$

再利用 Matlab 函数 ilaplace(laplaceA)求反 Laplace 变换也可以得到同样的结果.

例 4.5.3 $\boldsymbol{A}=\begin{bmatrix} 1 & 2 & -1 & 1 \\ 0 & 1 & 0 & 0 \\ 0 & 0 & 1 & 0 \\ 0 & -1 & -1 & -1 \end{bmatrix}$,求 $f(\boldsymbol{A})=\boldsymbol{A}^{16}-\boldsymbol{A}^{10}$.

解:首先求出 $\boldsymbol{A}$ 的特征多项式 $f_{\boldsymbol{A}}(\lambda)=\det(\lambda\boldsymbol{E}-\boldsymbol{A})=(\lambda+1)(\lambda-1)^3$,从而 $\boldsymbol{A}$ 的特征值为一个单根 $\lambda=-1$ 和一个三重根 $\lambda=1$,其次假设 $f(\lambda)=\lambda^{16}-\lambda^{10}=f_{\boldsymbol{A}}(\lambda)q(\lambda)+r(\lambda)$,其中 $r(\lambda)=b_3\lambda^3+b_2\lambda^2+b_1\lambda+b_0$,于是可构建方程组

$$\begin{cases} f(-1)=0=r(-1)=-b_3+b_2-b_1+b_0, \\ f(1)=0=r(1)=b_3+b_2+b_1+b_0, \\ f'(1)=6=r'(1)=3b_3+2b_2+b_1, \\ f''(1)=150=r''(1)=6b_3+2b_2, \end{cases}$$

解得 $b_3=36, b_2=-33, b_1=-36, b_0=33$,从而有

$$f(\boldsymbol{A})=\boldsymbol{A}^{16}-\boldsymbol{A}^{10}=r(\boldsymbol{A})=36\boldsymbol{A}^3-33\boldsymbol{A}^2-36\boldsymbol{A}+33\boldsymbol{E}=\begin{bmatrix}0&9&-9&0\\0&0&0&0\\0&0&0&0\\0&0&0&0\end{bmatrix}.$$

例 4.5.4 设 $\boldsymbol{A}=\begin{bmatrix}2&2&1\\1&3&1\\1&2&2\end{bmatrix}$,求 $f(\boldsymbol{A})$ 的多项式表示,并求 $\exp(\boldsymbol{A}t)$, $\sin\left(\frac{\pi}{4}\boldsymbol{A}\right)$.

解:首先求出 $\boldsymbol{A}$ 的特征多项式 $f_A(\lambda)=\det(\lambda\boldsymbol{E}-\boldsymbol{A})=(\lambda-1)^2(\lambda-5)$,从而 $\boldsymbol{A}$ 的特征值为一个单根 $\lambda=5$ 和一个二重根 $\lambda=1$,其次假设 $f(\lambda)=f_A(\lambda)q(\lambda)+r(\lambda)$,其中 $r(\lambda)=b_2\lambda^2+b_1\lambda+b_0$,于是可构建方程组

$$\begin{cases} f(5)=r(5)=25b_2+5b_1+b_0, \\ f(1)=r(1)=b_2+b_1+b_0, \\ f'(1)=r'(1)=2b_2+b_1, \end{cases}$$

由此解得

$$\begin{bmatrix}b_2\\b_1\\b_0\end{bmatrix}=\frac{1}{16}\begin{bmatrix}1&-1&-4\\-2&2&24\\1&15&-20\end{bmatrix}\begin{bmatrix}f(5)\\f(1)\\f'(1)\end{bmatrix}=\frac{1}{16}\begin{bmatrix}f(5)-f(1)-4f'(1)\\-2f(5)+2f(1)+24f'(1)\\f(5)+15f(1)-20f'(1)\end{bmatrix},$$

将所得 b_2, b_1, b_0 代入 $f(\boldsymbol{A})$ 可得 $f(\boldsymbol{A})=r(\boldsymbol{A})=b_2\boldsymbol{A}^2t^2+b_1\boldsymbol{A}t+b_0\boldsymbol{E}$.

当 $f(z)=\mathrm{e}^{zt}$ 时,可得 $f(5)=\mathrm{e}^{5t}$, $f(1)=\mathrm{e}^t$, $f'(1)=t\mathrm{e}^t$,于是有

$$b_2=\frac{1}{16}(\mathrm{e}^{5t}-\mathrm{e}^t-4t\mathrm{e}^t),\quad b_1=\frac{1}{16}(-2\mathrm{e}^{5t}+2\mathrm{e}^t+24t\mathrm{e}^t),\quad b_0=\frac{1}{16}(\mathrm{e}^{5t}+15\mathrm{e}^t-20t\mathrm{e}^t),$$

$$\exp(\boldsymbol{A}t)=r(\boldsymbol{A})=b_2\boldsymbol{A}^2t^2+b_1\boldsymbol{A}t+b_0\boldsymbol{E}=\frac{1}{4}\begin{bmatrix}\mathrm{e}^{5t}+3\mathrm{e}^t&2\mathrm{e}^{5t}-2\mathrm{e}^t&\mathrm{e}^{5t}-\mathrm{e}^t\\\mathrm{e}^{5t}-\mathrm{e}^t&2\mathrm{e}^{5t}+2\mathrm{e}^t&\mathrm{e}^{5t}-\mathrm{e}^t\\\mathrm{e}^{5t}-\mathrm{e}^t&2\mathrm{e}^{5t}-2\mathrm{e}^t&\mathrm{e}^{5t}+3\mathrm{e}^t\end{bmatrix}.$$

当 $f(z)=\sin\left(\frac{\pi}{4}z\right)$ 时,可得 $f(5)=-\frac{\sqrt{2}}{2}$, $f(1)=\frac{\sqrt{2}}{2}$, $f'(1)=\frac{\pi}{4}$,于是有

$$\begin{bmatrix}b_2\\b_1\\b_0\end{bmatrix}=\frac{1}{16}\begin{bmatrix}1&-1&-4\\-2&2&24\\1&15&-20\end{bmatrix}\begin{bmatrix}f(5)\\f(1)\\f'(1)\end{bmatrix}=\frac{1}{16}\begin{bmatrix}f(5)-f(1)-4f'(1)\\-2f(5)+2f(1)+24f'(1)\\f(5)+15f(1)-20f'(1)\end{bmatrix},$$

$$b_2=\frac{1}{16}(-\sqrt{2}-\pi),\quad b_1=\frac{1}{16}(2\sqrt{2}+6\pi),\quad b_0=\frac{1}{16}(7\sqrt{2}-5\pi),$$

于是

$$\sin\left(\frac{\pi}{4}\boldsymbol{A}\right)=r(\boldsymbol{A})=b_2\boldsymbol{A}^2+b_1\boldsymbol{A}+b_0\boldsymbol{E}=\frac{1}{4}\begin{bmatrix}\sqrt{2} & -2\sqrt{2} & -\sqrt{2}\\ -\sqrt{2} & 0 & -\sqrt{2}\\ -\sqrt{2} & -2\sqrt{2} & \sqrt{2}\end{bmatrix}.$$

矩阵函数的计算可以直接调用 Matlab 中的函数. 给定 n 阶方阵 $\boldsymbol{A}$，求 exp($\boldsymbol{A}$)，sqrt($\boldsymbol{A}$)，log($\boldsymbol{A}$)矩阵函数的 Matlab 函数分别为 expm(A)，sqrtm(A)，logm(A)；对于一般的函数求方阵 $\boldsymbol{A}$ 的幂级数可调用 F=funm(A,fun). 另外需要注意的是用 exp(A)，sqrt(A)，log(A)形式也能求出结果，但它们是针对 $\boldsymbol{A}$ 的每一个元素求值，与矩阵函数的意义完全不同.

例 4.5.5　已知矩阵 $\boldsymbol{A}=\begin{bmatrix}2 & 0 & 0\\ 1 & 1 & 2\\ 1 & 4 & 3\end{bmatrix}$，可以借助 Matlab 函数分别求 exp($\boldsymbol{A}$)，$\exp^{\circ}(\boldsymbol{A})$，$\boldsymbol{A}^{1/2}$，exp($\boldsymbol{A}t$)，其中 $\exp^{\circ}(\boldsymbol{A})=[\exp(a_{ij})]$.

解: 对于 exp($\boldsymbol{A}$)，可用 Matlab 函数 expm(A)求出其结果为

$$\exp(\boldsymbol{A})=\begin{bmatrix}7.3891 & 0 & 0\\ 32.1188 & 49.7163 & 49.3484\\ 61.8972 & 98.6969 & 99.0647\end{bmatrix};$$

对于 $\exp^{\circ}(\boldsymbol{A})$，可用 Matlab 函数 exp(A)求出其结果为

$$\exp^{\circ}(\boldsymbol{A})=\begin{bmatrix}7.3891 & 1 & 1\\ 2.7183 & 2.7183 & 7.3891\\ 2.7183 & 54.5982 & 20.0855\end{bmatrix};$$

对于 $\boldsymbol{A}^{1/2}$，用 Matlab 函数 sqrtm(A)求出其结果为

$$\boldsymbol{A}^{1/2}=\begin{bmatrix}1.41421 & 0 & 0\\ 0.3398-0.1111i & 0.7454+0.6667i & 0.7454-0.3333i\\ 0.2081+0.1111i & 1.4907-0.6667i & 1.4907+0.3333i\end{bmatrix}.$$

对于 exp($\boldsymbol{A}t$)，首先用 Matlab 函数 syms t 定义 t 为符号变量，再用 Matlab 函数 expm(A * t)可求出与例 4.5.1 相同的结果.

例 4.5.6　已知矩阵 $\boldsymbol{A}=\begin{bmatrix}2 & 2 & 1\\ 1 & 3 & 1\\ 1 & 2 & 2\end{bmatrix}$，借助 Matlab 函数分别求 sin($\boldsymbol{A}$)，cos($\boldsymbol{A}$)，log($\boldsymbol{A}$).

解: 对于 sin($\boldsymbol{A}$)，可用 Matlab 函数 fsin=funm(A,@sin)求出其结果为

$$\sin(\boldsymbol{A})=\begin{bmatrix}0.3914 & -0.9002 & -0.4501\\ -0.4501 & -0.0587 & -0.4501\\ -0.4501 & -0.9002 & 0.3914\end{bmatrix};$$

对于 cos($\boldsymbol{A}$)，可用 Matlab 函数 fcos=funm(A,'cos')求出其结果为

$$\cos(\boldsymbol{A})=\begin{bmatrix}0.4761 & -0.1283 & -0.0642\\ -0.0642 & 0.4120 & -0.0642\\ -0.0642 & -0.1283 & 0.4761\end{bmatrix};$$

对于 log($\boldsymbol{A}$),可用 Matlab 函数 flog=funm(A,'log')求出其结果为

$$\log(\boldsymbol{A})=\begin{bmatrix}0.4024 & 0.8047 & 0.4024\\0.4024 & 0.8047 & 0.4024\\0.4024 & 0.8047 & 0.4024\end{bmatrix}.$$

4.6 函数矩阵的微分和积分

定义 4.6.1 如果函数矩阵 $\boldsymbol{A}(t)=[a_{ij}(t)]_{m\times n}$ 的每一个元素 $a_{ij}(t)$ 是变量 t 的可微函数,则将 $\boldsymbol{A}(t)$ 关于 t 的导数(微商)定义为 $\boldsymbol{A}'(t)=[a_{ij}{}'(t)]_{m\times n}$ 或 $\frac{\mathrm{d}\boldsymbol{A}(t)}{\mathrm{d}t}=\left[\frac{\mathrm{d}a_{ij}(t)}{\mathrm{d}t}\right]_{m\times n}$.

关于函数矩阵的导数有如下性质:

性质 1 $\frac{\mathrm{d}(\boldsymbol{A}(t)+\boldsymbol{B}(t))}{\mathrm{d}t}=\frac{\mathrm{d}\boldsymbol{A}(t)}{\mathrm{d}t}+\frac{\mathrm{d}\boldsymbol{B}(t)}{\mathrm{d}t}$;

性质 2 $\frac{\mathrm{d}(\boldsymbol{A}(t)\boldsymbol{B}(t))}{\mathrm{d}t}=\frac{\mathrm{d}\boldsymbol{A}(t)}{\mathrm{d}t}\boldsymbol{B}(t)+\boldsymbol{A}(t)\frac{\mathrm{d}\boldsymbol{B}(t)}{\mathrm{d}t}$;

性质 3 $\frac{\mathrm{d}(f(t)\boldsymbol{B}(t))}{\mathrm{d}t}=f'(t)\boldsymbol{B}(t)+f(t)\frac{\mathrm{d}\boldsymbol{B}(t)}{\mathrm{d}t}$,其中 $f(t)$ 是标量函数;

性质 4 如果 $\boldsymbol{A}(t)$ 与 $\frac{\mathrm{d}\boldsymbol{A}(t)}{\mathrm{d}t}$ 可交换,$f(x)$ 是与 t 无关的函数,则有

$$\frac{\mathrm{d}f(\boldsymbol{A}(t))}{\mathrm{d}t}=f'(\boldsymbol{A}(t))\frac{\mathrm{d}\boldsymbol{A}(t)}{\mathrm{d}t}.$$

注:需要注意的是若 $\boldsymbol{A}(t)$ 和 $\frac{\mathrm{d}\boldsymbol{A}(t)}{\mathrm{d}t}$ 不可交换,则上式不一定成立.

定义 4.6.2 如果函数矩阵 $\boldsymbol{A}(t)=[a_{ij}(t)]_{m\times n}$ 的每个元素 $a_{ij}(t)$ 都是区间 $[a,b]$ 上的连续函数,则将 $\boldsymbol{A}(t)$ 在 $[a,b]$ 上的积分定义为由各分量积分构成的矩阵,即

$$\int_a^b\boldsymbol{A}(t)\mathrm{d}t=[\int_a^b a_{ij}(t)\mathrm{d}t]_{m\times n},$$

关于函数矩阵的定积分有如下性质:

性质 1 $\int_a^b k\boldsymbol{A}(t)+l\boldsymbol{B}(t)\mathrm{d}t=k\int_a^b\boldsymbol{A}(t)\mathrm{d}t+l\int_a^b\boldsymbol{B}(t)\mathrm{d}t$;

性质 2 $\int_a^b\boldsymbol{P}\boldsymbol{A}(t)\boldsymbol{Q}\mathrm{d}t=\boldsymbol{P}\int_a^b\boldsymbol{A}(t)\mathrm{d}t\boldsymbol{Q}$;

性质 3 若 $a_{ij}(t)$ 在区间 $[a,b]$ 上的连续,则称 $\boldsymbol{A}(t)$ 在 $[a,b]$ 上连续,且有

$$\frac{\mathrm{d}}{\mathrm{d}t}\int_a^t\boldsymbol{A}(t)\mathrm{d}t=\boldsymbol{A}(t);$$

性质 4 若 $a_{ij}(t)$ 在区间 $[a,b]$ 上的连续,则 $\int_a^b\boldsymbol{A}'(t)\mathrm{d}t=\boldsymbol{A}(b)-\boldsymbol{A}(a)$.

下面讨论一般函数矩阵的微分求法.

定义 4.6.3 设 $\boldsymbol{X}=[x_{ij}]_{m\times n}$ 表示 mn 个未知量,

$$f(\boldsymbol{X})=f(x_{11},\cdots,x_{1n},x_{21},\cdots,x_{2n},\cdots,x_{m1},x_{m2},\cdots,x_{mn})\qquad(4.6.1)$$

表示一个 mn 元函数，若 $f(\boldsymbol{X})$ 对每一个分量均存在一阶偏导数，则 $f(\boldsymbol{X})$ 对矩阵 $\boldsymbol{X}$ 的导数定义为

$$\frac{\mathrm{d}f(\boldsymbol{X})}{\mathrm{d}\boldsymbol{X}}=\left[\frac{\mathrm{d}f}{\mathrm{d}x_{ij}}\right]=\begin{bmatrix}\frac{\partial f}{\partial x_{11}} & \cdots & \frac{\partial f}{\partial x_{1n}}\\ \vdots & & \vdots\\ \frac{\partial f}{\partial x_{m1}} & \cdots & \frac{\partial f}{\partial x_{mn}}\end{bmatrix},\tag{4.6.2}$$

并将其称为函数 $f(\boldsymbol{X})$ 对矩阵 $\boldsymbol{X}$ 的导数. 特别如果 $\boldsymbol{X}$ 取成列向量 $\boldsymbol{x}=[x_1,x_2,\cdots x_n]^{\mathrm{T}}$，则将

$$\frac{\mathrm{d}f(\boldsymbol{x})}{\mathrm{d}\boldsymbol{x}}=\left[\frac{\partial f}{\partial x_1},\frac{\partial f}{\partial x_2},\cdots,\frac{\partial f}{\partial x_n}\right]^{\mathrm{T}}=\nabla f=\mathrm{grad}f\tag{4.6.3}$$

称为 $f(\boldsymbol{x})$ 在 $\boldsymbol{x}=[x_1,x_2,\cdots x_n]^{\mathrm{T}}$ 点的梯度，其中 $\nabla=\left[\frac{\partial}{\partial x_1},\frac{\partial}{\partial x_2},\cdots,\frac{\partial}{\partial x_n}\right]^{\mathrm{T}}$ 称为梯度算子. 另外，若 $f(\boldsymbol{x})$ 对每一个分量均存在二阶偏导数，则将

$$\boldsymbol{H}=\frac{\mathrm{d}^2 f}{\mathrm{d}x^2}=\left[\frac{\partial^2 f}{\partial x_i\partial x_j}\right]=\begin{bmatrix}\frac{\partial^2 f}{\partial x_1\partial x_1} & \cdots & \frac{\partial^2 f}{\partial x_1\partial x_n}\\ \vdots & & \vdots\\ \frac{\partial^2 f}{\partial x_n\partial x_1} & \cdots & \frac{\partial^2 f}{\partial x_n\partial x_n}\end{bmatrix}\tag{4.6.4}$$

称为 $f(\boldsymbol{x})$ 在 $\boldsymbol{x}=[x_1,x_2,\cdots,x_n]^{\mathrm{T}}$ 点的 Hessen(海森)矩阵.

有了以上定义，可以给出多元函数的泰勒二次展式.

定理 4.6.1 若多元函数 $f(\boldsymbol{x})$ 在 $\boldsymbol{x}^0=[x_1^0,x_2^0,\cdots,x_n^0]^{\mathrm{T}}$ 点的邻域内二阶连续可微，则有

$$f(\boldsymbol{x})=f(\boldsymbol{x}^0)+(\nabla f(\boldsymbol{x}^0))^{\mathrm{T}}(\boldsymbol{x}-\boldsymbol{x}^0)+\frac{1}{2!}(\boldsymbol{x}-\boldsymbol{x}^0)^{\mathrm{T}}\boldsymbol{H}(\boldsymbol{x}^0)(\boldsymbol{x}-\boldsymbol{x}^0)+o(\|\boldsymbol{x}-\boldsymbol{x}^0\|^2),\tag{4.6.5}$$

其中 $\boldsymbol{x}=[x_1,x_2,\cdots,x_n]^{\mathrm{T}}$，$\nabla f(\boldsymbol{x}^0)$ 是 $f(\boldsymbol{x})$ 在 $\boldsymbol{x}^0$ 点的梯度，$\boldsymbol{H}(\boldsymbol{x}^0)$ 是 $f(\boldsymbol{x})$ 在 $\boldsymbol{x}^0$ 点的海森矩阵，$o(\|\boldsymbol{x}-\boldsymbol{x}^0\|^2)$ 是 $\|\boldsymbol{x}-\boldsymbol{x}^0\|^2$ 的高阶无穷小.

例 4.6.1 若 $\boldsymbol{A}\in\mathbf{R}^{n\times n}$，$\forall\boldsymbol{x}\in\mathbf{R}^n$，定义一个多元函数 $f(\boldsymbol{x})=\boldsymbol{x}^{\mathrm{T}}\boldsymbol{A}\boldsymbol{x}$，则有

$$\frac{\mathrm{d}f(\boldsymbol{x})}{\mathrm{d}\boldsymbol{x}}=\nabla f=(\boldsymbol{A}+\boldsymbol{A}^{\mathrm{T}})\boldsymbol{x},$$

特别，若 $\boldsymbol{A}$ 为实对称矩阵，则有 $\frac{\mathrm{d}f(\boldsymbol{x})}{\mathrm{d}\boldsymbol{x}}=\nabla f=2\boldsymbol{A}\boldsymbol{x}$.

证明：由于 $\frac{\mathrm{d}f(\boldsymbol{x})}{\mathrm{d}\boldsymbol{x}}=\nabla f=\frac{\mathrm{d}}{\mathrm{d}\boldsymbol{x}}\sum_{i=1}^{n}\sum_{j=1}^{n}a_{ij}x_ix_j$，因此

$$\begin{aligned}\frac{\mathrm{d}f(\boldsymbol{x})}{\mathrm{d}x_k}&=[\nabla f]_k=\frac{\mathrm{d}}{\mathrm{d}x_k}\sum_{i=1}^{n}\sum_{j=1}^{n}a_{ij}x_ix_j=\sum_{i=1}^{n}\sum_{j=1}^{n}a_{ij}\frac{\mathrm{d}}{\mathrm{d}x_k}(x_ix_j)\\&=\sum_{i=1}^{n}\sum_{j=1}^{n}a_{ij}\frac{\mathrm{d}x_i}{\mathrm{d}x_k}x_j+\sum_{i=1}^{n}\sum_{j=1}^{n}a_{ij}\frac{\mathrm{d}x_j}{\mathrm{d}x_k}x_i=\sum_{j=1}^{n}a_{kj}x_j+\sum_{i=1}^{n}a_{ik}x_i\\&=[\boldsymbol{A}\boldsymbol{x}]_k+[\boldsymbol{A}^{\mathrm{T}}\boldsymbol{x}]_k=[(\boldsymbol{A}+\boldsymbol{A}^{\mathrm{T}})\boldsymbol{x}]_k,\end{aligned}$$

即

$$\frac{\mathrm{d}f(\boldsymbol{x})}{\mathrm{d}\boldsymbol{x}}=\nabla f=[[(\boldsymbol{A}+\boldsymbol{A}^{\mathrm{T}})\boldsymbol{x}]_1,[(\boldsymbol{A}+\boldsymbol{A}^{\mathrm{T}})\boldsymbol{x}]_2,\cdots,[(\boldsymbol{A}+\boldsymbol{A}^{\mathrm{T}})\boldsymbol{x}]_n]^{\mathrm{T}}=(\boldsymbol{A}+\boldsymbol{A}^{\mathrm{T}})\boldsymbol{x},$$

而当 $\boldsymbol{A}=\boldsymbol{A}^{\mathrm{T}}$ 时，显然有 $\frac{\mathrm{d}f(\boldsymbol{x})}{\mathrm{d}\boldsymbol{x}}=\nabla f=2\boldsymbol{A}\boldsymbol{x}$.

例 4.6.2 若 $\boldsymbol{A},\boldsymbol{X}\in\mathbf{R}^{m\times n}$，则有

$$\frac{\mathrm{d}(\mathrm{trace}(\boldsymbol{X}^{\mathrm{T}}\boldsymbol{A}))}{\mathrm{d}\boldsymbol{X}}=\frac{\mathrm{d}(\mathrm{trace}(\boldsymbol{A}^{\mathrm{T}}\boldsymbol{X}))}{\mathrm{d}\boldsymbol{X}}=\frac{\mathrm{d}(\mathrm{trace}(\boldsymbol{A}\boldsymbol{X}^{\mathrm{T}}))}{\mathrm{d}\boldsymbol{X}}=\boldsymbol{A}.$$

证明：由于 $\mathrm{trace}(\boldsymbol{X}^{\mathrm{T}}\boldsymbol{A})=\mathrm{trace}(\boldsymbol{A}^{\mathrm{T}}\boldsymbol{X})=\mathrm{trace}(\boldsymbol{A}\boldsymbol{X}^{\mathrm{T}})=\sum_{i=1}^{n}\sum_{j=1}^{n}x_{ij}a_{ij}$，因此

$$\frac{\mathrm{d}(\mathrm{trace}(\boldsymbol{X}^{\mathrm{T}}\boldsymbol{A}))}{\mathrm{d}x_{pq}}=\sum_{i=1}^{n}\sum_{j=1}^{n}a_{ij}\frac{\mathrm{d}}{\mathrm{d}x_{pq}}x_{ij}=a_{pq},$$

即
$$\frac{\mathrm{d}(\mathrm{trace}(\boldsymbol{X}^{\mathrm{T}}\boldsymbol{A}))}{\mathrm{d}\boldsymbol{X}}=\frac{\mathrm{d}(\mathrm{trace}(\boldsymbol{A}^{\mathrm{T}}\boldsymbol{X}))}{\mathrm{d}\boldsymbol{X}}=\frac{\mathrm{d}(\mathrm{trace}(\boldsymbol{A}\boldsymbol{X}^{\mathrm{T}}))}{\mathrm{d}\boldsymbol{X}}=\boldsymbol{A}.$$

例 4.6.3 已知二元函数 $f(x_1,x_2)=\exp(x_1^2-x_2^2)(x_1+x_2)$，分别求其在 $x^0=[0,0]^{\mathrm{T}}$ 以及 $x^0=[1,-1]^{\mathrm{T}}$ 点的二阶泰勒展式.

解：首先求 $f(x_1,x_2)$ 的梯度及海森矩阵

$$\begin{aligned}\nabla f(x_1,x_2)&=[\frac{\partial f}{\partial x_1},\frac{\partial f}{\partial x_2}]^{\mathrm{T}}\\&=[\exp(x_1^2-x_2^2)(2x_1^2+2x_1x_2+1),\exp(x_1^2-x_2^2)(1-2x_2^2-2x_1x_2)]^{\mathrm{T}},\end{aligned}$$

$$\begin{aligned}\boldsymbol{H}(x_1,x_2)&=\begin{bmatrix}\frac{\partial^2 f}{\partial x_1\partial x_1}&\frac{\partial^2 f}{\partial x_1\partial x_2}\\\frac{\partial^2 f}{\partial x_2\partial x_1}&\frac{\partial^2 f}{\partial_2\partial x_2}\end{bmatrix}\\&=\exp(x_1^2-x_2^2)\begin{bmatrix}4x_1^3+4x_1^2x_2+6x_1+2x_2&2x_1-4x_1^2x_2-4x_1x_2^2-2x_2\\2x_1-4x_1^2x_2-4x_1x_2^2-2x_2&4x_2^3+4x_1x_2^2-2x_1-6x_2\end{bmatrix},\end{aligned}$$

其次可得

$$\nabla f(0,0)=[1,1]^{\mathrm{T}},\quad\nabla f\,(1,-1)^{\mathrm{T}}=[1,1]^{\mathrm{T}},$$

$$\boldsymbol{H}(0,0)=\begin{bmatrix}0&0\\0&0\end{bmatrix},\quad\boldsymbol{H}(1,-1)=\begin{bmatrix}4&4\\4&4\end{bmatrix},$$

于是

$$f(x_1,x_2)=f(0,0)+(\nabla f(0,0))^{\mathrm{T}}\begin{bmatrix}x_1\\x_2\end{bmatrix}+o(\|\boldsymbol{x}\|^2)=x_1+x_2+o(x_1^2+x_2^2),$$

另外，在 $\boldsymbol{x}^0=[1,-1]^{\mathrm{T}}$ 点的二阶泰勒展式为

$$\begin{aligned}f(x_1,x_2)&=f(1,-1)+(\nabla f(1,-1))^{\mathrm{T}}\begin{bmatrix}x_1-1\\x_2+1\end{bmatrix}\\&\quad+\frac{1}{2}[x_1-1\quad x_2+1]\boldsymbol{H}(1,-1)\begin{bmatrix}x_1-1\\x_2+1\end{bmatrix}+o((x_1-1)^2+(x_2+1)^2)\\&=(x_1-1)+(x_2+1)+2(x_1-1)2+4(x_1-1)(x_2+1)\\&\quad+2(x_2+1)2+o((x_1-1)^2+(x_2+1)^2).\end{aligned}$$

运行程序 4.6.1 可得，在 $\boldsymbol{x}^0=[0,0]^{\mathrm{T}}$ 和 $\boldsymbol{x}^0=[1,-1]^{\mathrm{T}}$ 点处函数 $f(x_1,x_2)$的图形以及二阶泰勒展式逼近图形分别如图 4.6.1 所示.

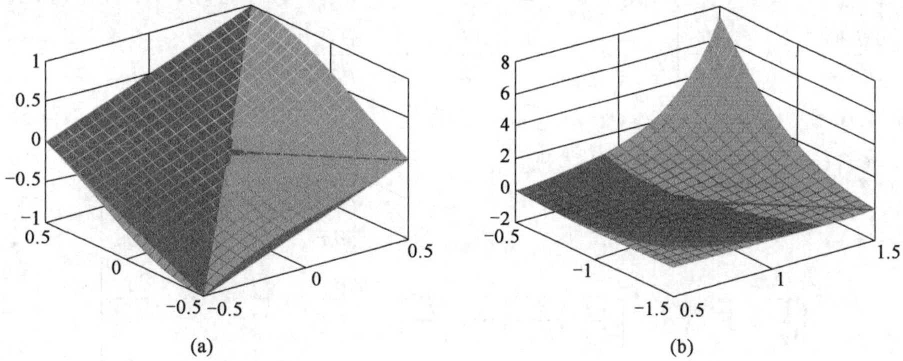

图 4.6.1　$f(x_1,x_2)$分别在$[0,0]^{\mathrm{T}}$，$[1,-1]^{\mathrm{T}}$ 点的二阶泰勒展式逼近图形

浅灰色为原函数图形，深灰色为逼近的图形

程序 4.6.1　二元函数的二阶泰勒展式.

程序4.6.1
（图4.6.1）

```
function []=taylor_ex
[x1,x2]=meshgrid(-0.5:0.05:0.5,-0.5:0.05:0.5);
fx1=exp(x1.^2-x2.^2).*(x1+x2);
f1=x1+x2;
figure(1);
mesh(x1,x2,fx1,'FaceColor','r');
hold on;
mesh(x1,x2,f1,'FaceColor','b');
[X1,X2]=meshgrid(0.5:0.05:1.5,-1.5:0.05:-0.5);
fx2=exp(X1.^2-X2.^2).*(X1+X2);
f2=(X1-1)+(X2+1)+2*(X1-1).^2+4*(X1-1).*(X2+1)+2*(X2+1).^2;
figure(2);
mesh(X1,X2,fx2,'FaceColor','r');
hold on;
mesh(X1,X2,f2,'FaceColor','b');
```

另外还可以借助 Matlab 函数 taylor 进行泰勒展开，输入 syms x1 x2；

```
t1=taylor(exp(x1^2-x2^2)*(x1+x2), [x1, x2], [0, 0], 'Order', 3);
t2=taylor(exp(x1^2-x2^2)*(x1+x2), [x1, x2], [1, -1], 'Order', 3);
```

即可得到 $\boldsymbol{f}(x_1,x_2)$分别在$[0,0]^{\mathrm{T}}$，$[1,-1]^{\mathrm{T}}$ 点的二阶泰勒展式.

下面介绍矩阵函数对矩阵的导数以及向量值函数对向量的导数.

定义 4.6.4　设 $\boldsymbol{X}=[x_{ij}]_{m\times n}$表示 mn 个未知量，$\boldsymbol{F}=[f_{kl}]_{r\times s}$，其中

$$f_{kl}(\boldsymbol{X}) = f_{kl}(x_{11},\cdots,x_{1n},x_{21},\cdots,x_{2n},\cdots,x_{m1},x_{m2},\cdots,x_{mn}), \tag{4.6.6}$$

则称矩阵 $\boldsymbol{F}=[f_{kl}]_{r\times s}$对矩阵 $\boldsymbol{X}=[x_{ij}]_{m\times n}$的导数如下：

$$\frac{\mathrm{d}\boldsymbol{F}}{\mathrm{d}\boldsymbol{X}}=\begin{bmatrix}\frac{\partial \boldsymbol{F}}{\partial x_{11}} & \cdots & \frac{\partial \boldsymbol{F}}{\partial x_{1n}}\\ \vdots & & \vdots\\ \frac{\partial \boldsymbol{F}}{\partial x_{m1}} & \cdots & \frac{\partial \boldsymbol{F}}{\partial x_{mn}}\end{bmatrix},\text{其中}\frac{\partial \boldsymbol{F}}{\partial x_{ij}}=\begin{bmatrix}\frac{\partial f_{11}}{\partial x_{ij}} & \cdots & \frac{\partial f_{1s}}{\partial x_{ij}}\\ \vdots & & \vdots\\ \frac{\partial f_{r1}}{\partial x_{ij}} & \cdots & \frac{\partial f_{rs}}{\partial x_{ij}}\end{bmatrix},i=1,2,\cdots m,j=1,2,\cdots,n.$$

定义 4.6.5 设 $\boldsymbol{x}=[x_1,x_2,\cdots,x_n]^{\mathrm{T}}$，$n$ 元函数 $f_i(x_1,x_2,\cdots,x_n)=f_i(x)$，$i=1,2,\cdots,n$，令 $\boldsymbol{F}(x)=(f_1(\boldsymbol{x}),f_2(\boldsymbol{x}),\cdots,f_n(\boldsymbol{x}))^{\mathrm{T}}$，则

$$\frac{\mathrm{d}\boldsymbol{F}}{\mathrm{d}\boldsymbol{x}}=\boldsymbol{F}'(\boldsymbol{x})=\left[\frac{\partial \boldsymbol{F}}{\partial x_1},\frac{\partial \boldsymbol{F}}{\partial x_2},\cdots,\frac{\partial \boldsymbol{F}}{\partial x_n}\right]=\begin{bmatrix}\frac{\partial f_1}{\partial x_1} & \frac{\partial f_1}{\partial x_2} & \cdots & \frac{\partial f_1}{\partial x_n}\\ \frac{\partial f_2}{\partial x_1} & \frac{\partial f_2}{\partial x_2} & \cdots & \frac{\partial f_2}{\partial x_n}\\ \vdots & \vdots & & \vdots\\ \frac{\partial f_n}{\partial x_1} & \frac{\partial f_n}{\partial x_2} & \cdots & \frac{\partial f_n}{\partial x_n}\end{bmatrix}\tag{4.6.7}$$

称为 $\boldsymbol{F}(\boldsymbol{x})=(f_1(\boldsymbol{x}),f_2(\boldsymbol{x}),\cdots,f_n(\boldsymbol{x}))^{\mathrm{T}}$ 的 Jacobi 矩阵.

Jacobi 矩阵的一个重要应用是求解非线性方程组，一个非线性方程组可以表示为

$$\boldsymbol{F}(\boldsymbol{x})=(f_1(\boldsymbol{x}),f_2(\boldsymbol{x}),\cdots,f_n(\boldsymbol{x}))^{\mathrm{T}}=\boldsymbol{0},$$

即 $f_i(x_1,x_2,\cdots,x_n)=f_i(\boldsymbol{x})=0$，$i=1,2,\cdots,n$. 为了求解该非线性方程组，通常选用 Newton 迭代法，为此首先给定一个初始向量 $\boldsymbol{x}^{(0)}$，若 $\boldsymbol{F}(\boldsymbol{x})$ 在 $\boldsymbol{x}^{(0)}$ 处可微，则将其各个分量 $f_i(\boldsymbol{x})$，$i=1,2,\cdots,n$ 在 $\boldsymbol{x}^{(0)}$ 进行一阶泰勒展开近似，即

$$f_i(\boldsymbol{x})\approx f_i(\boldsymbol{x}^{(0)})+\nabla^{\mathrm{T}}f_i(\boldsymbol{x}^{(0)})\cdot(\boldsymbol{x}-\boldsymbol{x}^{(0)})=f_i(\boldsymbol{x}^{(0)})+\sum_{k=1}^{n}\frac{\partial f_i(x^{(0)})}{\partial x_k}(x_k-x_k^{(0)})(i=1,2,\cdots,n),$$

再令

$$f_i(\boldsymbol{x}^{(0)})+\sum_{k=1}^{n}\frac{\partial f_i(\boldsymbol{x}^{(0)})}{\partial x_k}(x_k-x_k^{(0)})=0(i=1,2,\cdots,n),$$

由此得到关于 $\boldsymbol{x}$ 的线性方程组，写成矩阵形式为

$$\boldsymbol{F}(\boldsymbol{x}^{(0)})+\boldsymbol{F}'(\boldsymbol{x}^{(0)})(\boldsymbol{x}-\boldsymbol{x}^{(0)})=\boldsymbol{0},$$

其中 $\boldsymbol{F}'(\boldsymbol{x}^{(0)})$ 是 $\boldsymbol{F}(\boldsymbol{x})$ 在 $\boldsymbol{x}^{(0)}$ 处的 Jacobi 矩阵，当 $\boldsymbol{F}'(\boldsymbol{x}^{(0)})$ 可逆时，则上述方程组的解为

$$\boldsymbol{x}=\boldsymbol{x}^{(0)}-[\boldsymbol{F}'(\boldsymbol{x}^{(0)})]^{-1}\boldsymbol{F}(\boldsymbol{x}^{(0)}),$$

因此若 $\boldsymbol{x}^{(0)}$ 是非线性方程组的解 $\boldsymbol{x}^*$ 的一个近似值，那么在一定条件下

$$\boldsymbol{x}^{(1)}=\boldsymbol{x}^{(0)}-[\boldsymbol{F}'(\boldsymbol{x}^{(0)})]^{-1}\boldsymbol{F}(\boldsymbol{x}^{(0)})$$

是更接近于 $\boldsymbol{x}^*$ 的一个近似值，由此可以构造一个迭代格式

$$\boldsymbol{x}^{(k+1)}=\boldsymbol{x}^{(k)}-[\boldsymbol{F}'(\boldsymbol{x}^{(k)})]^{-1}\boldsymbol{F}(\boldsymbol{x}^{(k)})\qquad(k=0,1,2,\cdots),\tag{4.6.8}$$

该迭代格式称为 Newton 迭代格式. 可以证明若向量序列 $\{\boldsymbol{x}^{(k)}\}_{k=1}^{\infty}$ 收敛于 $\boldsymbol{x}^*$，则 $\boldsymbol{x}^*$ 即是原非线性方程组的一个解. 但是上述迭代格式需要每一步求解 Jacobi 矩阵的逆，因此通常将该迭代格式转换为解下列线性方程组的形式

$$[\boldsymbol{F}'(\boldsymbol{x}^{(k)})]\Delta\boldsymbol{x}^{(k)}=-\boldsymbol{F}(\boldsymbol{x}^{(k)})\qquad(k=0,1,2,\cdots),\tag{4.6.9}$$

解出该方程组以后再计算 $\boldsymbol{x}^{(k+1)}=\boldsymbol{x}^{(k)}+\Delta\boldsymbol{x}^{(k)}(k=0,1,2,\cdots)$，当 $\Delta\boldsymbol{x}^{(k)}$ 满足一定的误差条件

$\| \Delta x^{(k)} \| < \varepsilon$ 时，迭代终止，即可求得近似解.

例 4.6.4　用 Newton 迭代法解如下非线性方程组

$$\begin{cases} f_1(x_1,x_2) = 4x_1^2 + 9x_2^2 - 16x_1 - 54x_2 - 61 = 0, \\ f_2(x_1,x_2) = x_1x_2 - 2x_1 + 1 = 0, \end{cases}$$

取初始值为 $\boldsymbol{x}^{(0)} = [x_1^{(0)}, x_2^{(0)}]^{\mathrm{T}} = 0$，绝对误差限为 $\varepsilon = 10^{-6}$.

解：首先求出该非线性方程组的 Jacobi 矩阵为

$$\frac{\mathrm{d}\boldsymbol{F}}{\mathrm{d}\boldsymbol{x}} = \boldsymbol{F}'(\boldsymbol{x}) = \begin{bmatrix} \dfrac{\partial f_1}{\partial x_1} & \dfrac{\partial f_1}{\partial x_2} \\ \dfrac{\partial f_2}{\partial x_1} & \dfrac{\partial f_2}{\partial x_2} \end{bmatrix} = \begin{bmatrix} 8x_1 - 16 & 18x_2 - 54 \\ x_2 - 2 & x_1 \end{bmatrix},$$

其次构造 Newton 迭代格式为

$$\begin{bmatrix} 8x_1^{(k)} - 16 & 18x_2^{(k)} - 54 \\ x_2^{(k)} - 2 & x_1^{(k)} \end{bmatrix} \Delta \boldsymbol{x}^{(k)} = -\begin{bmatrix} 4(x_1^{(k)})^2 + 9(x_2^{(k)})^2 - 16x_1^{(k)} - 54x_2^{(k)} - 61 \\ x_1^{(k)}x_2^{(k)} - 2x_1^{(k)} + 1 \end{bmatrix}$$

$$\boldsymbol{x}^{(k+1)} = \boldsymbol{x}^{(k)} + \Delta \boldsymbol{x}^{(k)} \qquad (k = 0,1,2,\cdots),$$

给定初始值 $\boldsymbol{x}^{(0)} = [x_1^{(0)}, x_2^{(0)}]^{\mathrm{T}} = \boldsymbol{0}$，调用程序 4.6.2，运行[x,k]=newton([0;0],1e−6)可得到近似解 $\boldsymbol{x} = [0.3290, -1.0391]^{\mathrm{T}}$.

需要说明的是，对于该非线性方程组，给定不同的初始值，可能会不收敛或得到不同的近似解，因为该方程组有四个不同的解，这四个解可以通过图 4.6.2 直观地观察到. 如果给定初始值为 $\boldsymbol{x}^{(0)} = [8,0]^{\mathrm{T}}$，那么调用程序 4.6.2，运行[x,k]=newton([8;0],1e−6)可得到近似解 $\boldsymbol{x} = [8.0545, 1.8758]^{\mathrm{T}}$；如果给定初始值为 $\boldsymbol{x}^{(0)} = [-4,2]^{\mathrm{T}}$，那么调用程序 4.6.2，运行[x,k]=newton([−4;2],1e−6)可得到近似解 $\boldsymbol{x} = [-4.1804, 2.2392]^{\mathrm{T}}$；如果给定初始值为 $\boldsymbol{x}^{(0)} = [0,8]^{\mathrm{T}}$，那么调用程序 4.6.2，运行[x, k] = newton([0; 8], 1e − 6) 可得到近似解 $\boldsymbol{x} = [-0.2031, 6.9241]^{\mathrm{T}}$.

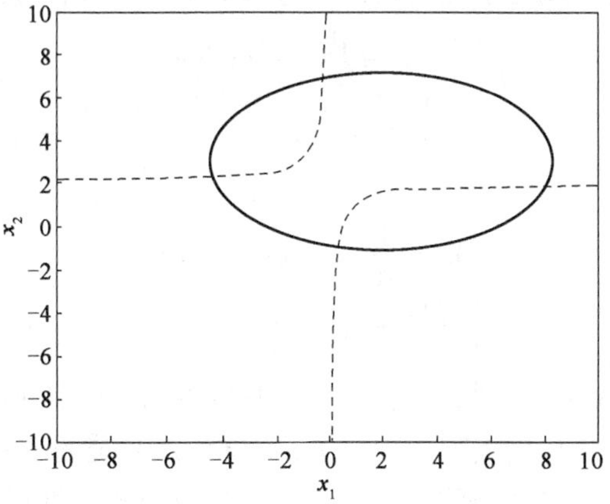

图 4.6.2　两个非线性方程所对应的图形

实线表示 $f_1(x_1,x_2)=0$ 的图形，虚线表示 $f_2(x_1,x_2)=0$ 的图形

程序 4.6.2 非线性方程组 Newton 迭代法.

```
function [x,k]=newton(X,error)
axis equal;
f1=ezplot('4 * x1.^2+9 * x2.^2-16 * x1-54 * x2-61',[-10,10,-10,10]);
set(f1,'linewidth',2,'color','b');
hold on
f2=ezplot(' x1. * x2-2 * x1+1',[-10,10,-10,10]);
set(f2,'linewidth',2,'color','r');
title '';
axis([-10,10,-10,10]);
hold off
delta_x=ones(2,1);x=X;k=0;
F=@(x)[4 * x(1)^2+9 * x(2)^2-16 * x(1)-54 * x(2)-61;...
    x(1) * x(2)-2 * x(1)+1];
Fjocobi=@(x)[8 * x(1)-16 18 * x(2)-54;x(2)-2 x(1)];
while norm(delta_x,2)>error
    delta_x=-(Fjocobi(x)\F(x));
    x=x+delta_x;
    k=k+1;
end
```

程序4.6.2
(图4.6.2)

4.7 齐次和非齐次连续线性系统

4.7.1 一阶齐次与非齐次连续线性系统

一阶齐次与非齐次连续线性系统可以描述为如下常微分方程形式:

$$\begin{cases} \dot{x} = \dfrac{\mathrm{d}x}{\mathrm{d}t} = p(t)x \\ x(0) = c \end{cases} \tag{4.7.1}$$

和

$$\begin{cases} \dot{x} = \dfrac{\mathrm{d}x}{\mathrm{d}t} = p(t)x + q(t) \\ x(0) = c, \end{cases} \tag{4.7.2}$$

系统(4.7.1)说明状态变化率 $\dot{x}$ 与状态变量 x 是时变的线性关系,其比例强度为 $p(t)$,若其为常数(即时不变系统)$p(t)=p$,则表现为增益关系,显然该系统的变化率(或状态变化过程)仅与系统内部的状态有关,而不受外部因素干扰,因此系统的齐次性说明该系统是封闭系统;在方程(4.7.2)中,该系统的变化率(或状态变化过程)不仅与系统内部的状态有关,而且还与外部的强迫项 $q(t)$(或称干扰项)有关,因此系统的非齐次性说明该系统是开放系统.此外,还需说明,确定一个一阶连续线性系统还需要给定系统的初始状态 $x(0)$.

例 4.7.1　求解如下一阶非齐次连续线性系统:

$$\begin{cases}\dot{x}=\dfrac{\mathrm{d}x}{\mathrm{d}t}=\dfrac{2x}{t+1}+\ln(t+1),\\ x(0)=0.\end{cases}$$

解:众所周知求解该一阶非齐次连续线性系统可以使用常数变异法,可得其解为

$$x(t)=(t+1)[t-\ln(t+1)].$$

对于二阶齐次与非齐次连续线性系统,可以描述为如下常微分方程形式:

$$\begin{cases}\ddot{x}=\dfrac{\mathrm{d}^2x}{\mathrm{d}t^2}=p(t)\dot{x}+q(t)x,\\ x(0)=c_1,\dot{x}(0)=c_2,\end{cases}\tag{4.7.3}$$

和

$$\begin{cases}\ddot{x}=\dfrac{\mathrm{d}^2x}{\mathrm{d}t^2}=p(t)\dot{x}+q(t)x+f(t),\\ x(0)=c_1,\dot{x}(0)=c_2.\end{cases}\tag{4.7.4}$$

系统(4.7.3)说明状态二阶变化率 $\ddot{x}$ 与状态变化率 $\dot{x}$ 和状态变量 x 是时变的线性关系,其比例强度分别为 $p(t)$ 和 $q(t)$,若其为常数(即时不变系统)$p(t)\equiv p,q(t)\equiv q$,则表现为与两者的增益关系,显然该系统的二阶变化率(包括状态变化率)仅与系统内部的状态及状态变化率有关,而不受外部因素干扰,因此系统的齐次性说明该系统是封闭系统;但在方程(4.7.4)中,该系统的二阶变化率(包括状态变化率)不仅与系统内部的状态及状态变化率有关,而且还与外部的强迫项(或称干扰项)$f(t)$ 有关,因此系统的非齐次性说明该系统是开放系统.此外,还需说明,确定一个二阶连续线性系统还需要给定系统和系统变化率的初始状态 $x(0)$ 与 $\dot{x}(0)$.

例 4.7.2　求解如下二阶齐次连续线性系统:

$$\begin{cases}\ddot{x}=\dfrac{\mathrm{d}^2x}{\mathrm{d}t^2}=\dfrac{2t}{1+t^2}\dot{x},\\ x(0)=1,\dot{x}(0)=3.\end{cases}$$

解:众所周知求解该二阶齐次连续线性系统可以使用两次分离变量法,可得其解为

$$x(t)=t^3+3t+1.$$

对于二阶非齐次连续线性系统(4.7.4),若将变量 x 和其变化率 $\dot{x}$ 都看成状态变量,且定义 $x_1(t)=x(t)$,$x_2(t)=\dot{x}_1(t)$,则有 $x_2(t)=\dot{x}_1(t)=\dot{x}(t)$,引入状态向量 $\boldsymbol{x}(t)=[x_1(t),x_2(t)]^{\mathrm{T}}$,初始状态向量为 $\boldsymbol{c}=\boldsymbol{x}(0)=[c_1,c_2]^{\mathrm{T}}$,状态矩阵

$$\boldsymbol{A}(t)=\begin{bmatrix}0 & 1\\ q(t) & p(t)\end{bmatrix}$$

以及干扰向量、强迫向量或者控制向量 $\boldsymbol{f}(t)=[0,f(t)]^{\mathrm{T}}$,则此时有状态方程

$$\begin{cases}\dot{\boldsymbol{x}}=\dfrac{\mathrm{d}\boldsymbol{x}(t)}{\mathrm{d}t}=\begin{bmatrix}0 & 1\\ q(t) & p(t)\end{bmatrix}\boldsymbol{x}(\mathrm{t})+\boldsymbol{f}(t),\\ \boldsymbol{x}(0)=\boldsymbol{c}.\end{cases}\tag{4.7.5}$$

系统(4.7.5)说明一个二阶非齐次连续线性系统可以转换成一个一阶非齐次线性状态方程组的形式,若 $\boldsymbol{A}(t)$ 与时间有关,则称为非定常或时变连续线性系统,若 $\boldsymbol{A}(t)$ 与时间无关,即 $\boldsymbol{A}(t)=\boldsymbol{A}$,则称为定常连续线性系统.

同样,对于一个 n 阶的非齐次连续线性系统

$$\begin{cases} x^{(n)}+a_1(t)x^{(n-1)}+\cdots+a_{n-1}(t)x'+a_n(t)x=f(t), \\ x(0)=c_1,x'(0)=c_2,\cdots,x^{(n-1)}(0)=c_n, \end{cases} \tag{4.7.6}$$

若将变量 $x(t),x'(t),\cdots,x^{(n-1)}(t)$ 都看成状态变量,且定义

$$x_1(t)=x(t),x_2(t)=x'(t),\cdots,x_n(t)=x^{(n-1)}(t),$$

则有

$$x'_i(t)=x_{i+1}(t),i=1,2,\cdots,n-1,$$
$$x'_n(t)=-a_1(t)x_n(t)-\cdots-a_{n-1}(t)x_2(t)-a_n(t)x_1(t)+f(t),$$

引入状态向量 $\boldsymbol{x}(t)=[x_1(t),x_2(t),\cdots,x_n(t)]^{\mathrm{T}}$,初始状态向量为 $\boldsymbol{c}=\boldsymbol{x}(0)=[c_1,c_2,\cdots,c_n]^{\mathrm{T}}$,状态矩阵

$$\boldsymbol{A}(t)=\begin{bmatrix} 0 & 1 & 0 & \cdots & 0 \\ 0 & 0 & 1 & \cdots & 0 \\ \vdots & \vdots & \vdots & & \vdots \\ 0 & 0 & 0 & \cdots & 1 \\ -a_n(t) & -a_{n-1}(t) & -a_{n-2}(t) & \cdots & -a_1(t) \end{bmatrix}$$

以及干扰向量、强迫向量或者控制向量 $\boldsymbol{f}(t)=[0,\cdots,0,f(t)]^{\mathrm{T}}$,则此时状态方程也可以写成如下矩阵形式

$$\begin{cases} \dot{\boldsymbol{x}}=\dfrac{\mathrm{d}\boldsymbol{x}(t)}{\mathrm{d}t}=\begin{bmatrix} 0 & 1 & 0 & \cdots & 0 \\ 0 & 0 & 1 & \cdots & 0 \\ \vdots & \vdots & \vdots & & \vdots \\ 0 & 0 & 0 & \cdots & 1 \\ -a_n(t) & -a_{n-1}(t) & -a_{n-2}(t) & \cdots & -a_1(t) \end{bmatrix}\boldsymbol{x}(t)+\boldsymbol{f}(t). \\ \boldsymbol{x}(0)=\boldsymbol{c}. \end{cases} \tag{4.7.7}$$

系统(4.7.7)说明一个 n 阶非齐次连续线性系统也可以转换成一个一阶非齐次线性状态方程组的形式,若 $\boldsymbol{A}(t)$ 与时间有关,则称为非定常或时变连续线性系统,若 $\boldsymbol{A}(t)$ 与时间无关,即 $\boldsymbol{A}(t)=\boldsymbol{A}$,则称为定常连续线性系统,此时将 $\lambda^n+a_1\lambda^{n-1}+\cdots+a_{n-1}\lambda+a_n=0$ 称为 n 阶非齐次定常连续线性系统的特征方程,$\boldsymbol{A}$ 称为该特征方程的友矩阵.

在一般情况下,对于一个具有 n 个状态变量 $x_1(t),x_2(t),\cdots,x_n(t)$ 的系统,若每一个状态变量的变化率仅受这 n 个状态变量 $x_1(t),x_2(t),\cdots,x_n(t)$ 的增益迭加影响(即线性影响),且其初始状态为 $x_1(0)=c_1,x_2(0)=c_2,\cdots,x_n(0)=c_n$,则其形成一个封闭的连续线性定常系统,即

$$\begin{cases}\dot{x}_1 = a_{11}x_1 + a_{12}x_2 + \cdots + a_{1n}x_n, \\ \dot{x}_2 = a_{21}x_1 + a_{22}x_2 + \cdots + a_{2n}x_n, \\ \cdots\cdots \\ \dot{x}_n = a_{n1}x_1 + a_{n2}x_2 + \cdots + a_{nn}x_n, \\ x_1(0) = c_1, x_2(0) = c_2, \cdots, x_n(0) = c_n.\end{cases} \tag{4.7.8}$$

引入状态向量 $\boldsymbol{x}(t)=[x_1(t),x_2(t),\cdots,x_n(t)]^{\mathrm{T}}$，初始状态向量 $\boldsymbol{c}=\boldsymbol{x}(0)=[c_1,c_2,\cdots,c_n]^{\mathrm{T}}$ 以及状态矩阵

$$\boldsymbol{A} = \begin{bmatrix} a_{11} & a_{12} & \cdots & a_{1n} \\ a_{21} & a_{22} & \cdots & a_{2n} \\ \vdots & \vdots & & \vdots \\ a_{n1} & a_{n2} & \cdots & a_{n,n} \end{bmatrix},$$

则系统(4.7.8)可以写成矩阵形式

$$\begin{cases}\dot{\boldsymbol{x}} = \boldsymbol{A}\boldsymbol{x}(t), \\ \boldsymbol{x}(0) = \boldsymbol{c}.\end{cases} \tag{4.7.9}$$

并将方程(4.7.9)称为该定常连续线性系统的状态方程. 由于系统的状态变化率仅与系统内部的状态有关，而不受外部因素干扰，因此该系统是一个封闭系统，在数学上说明该状态方程是一个齐次方程.

另外，若系统的每个状态变化率还分别受外界干扰项 $f_1(t),f_2(t),\cdots,f_n(t)$ 影响(线性影响)，则该系统可表示为

$$\begin{cases}\dot{x}_1 = a_{11}x_1 + a_{12}x_2 + \cdots + a_{1n}x_n + f_1(t), \\ \dot{x}_2 = a_{21}x_1 + a_{22}x_2 + \cdots + a_{2n}x_n + f_2(t), \\ \cdots\cdots \\ \dot{x}_n = a_{n1}x_1 + a_{n2}x_2 + \cdots + a_{nn}x_n + f_n(t), \\ x_1(0) = c_1, x_2(0) = c_2, \cdots, x_n(0) = c_n.\end{cases} \tag{4.7.10}$$

再引入干扰向量 $\boldsymbol{f}(t)=[f_1(t),f_2(t),\cdots,f_n(t)]^{\mathrm{T}}$，则方程(4.7.10)可以写成矩阵形式

$$\begin{cases}\dot{\boldsymbol{x}} = \dfrac{\mathrm{d}x(t)}{\mathrm{d}t} = \boldsymbol{A}\boldsymbol{x}(t) + \boldsymbol{f}(t), \\ \boldsymbol{x}(0) = \boldsymbol{c},\end{cases} \tag{4.7.11}$$

由于系统(4.7.11)的状态变化率不仅与系统内部的状态有关，而且还受外部因素影响，因此该系统是一个开放系统，在数学上说明该状态方程是一个非齐次方程.

为了描述齐次和非齐次定常连续线性系统的状态变化规律，需要对系统(4.7.9)与系统(4.7.11)进行求解.

4.7.2 齐次和非齐次定常连续线性系统的解法

类似于一阶齐次(非齐次)连续线性系统的求解方法,系统(4.7.9)与系统(4.7.11)通常采用常数变异法求解.

定理 4.7.1 系统(4.7.9)及系统(4.7.11)解存在且唯一,且其解的形式分别为

$$\boldsymbol{x}(t)=\exp(\boldsymbol{A}t)\boldsymbol{c} \tag{4.7.12}$$

$$\boldsymbol{x}(t)=\exp(\boldsymbol{A}t)\boldsymbol{c}+\exp(\boldsymbol{A}t)\int_0^t \exp(-\boldsymbol{A}s)\boldsymbol{f}(s)\mathrm{d}s. \tag{4.7.13}$$

证明:由常微分方程理论可知系统(4.7.9)与系统(4.7.11)的解存在且唯一,为此只需验证式(4.7.12)是系统(4.7.9)的解,同时只需验证式(4.7.13)是系统(4.7.11)的解. 对于系统(4.7.9),由于

$$\frac{\mathrm{d}\boldsymbol{x}(t)}{\mathrm{d}t}=\frac{\mathrm{d}\exp(\boldsymbol{A}t)\boldsymbol{c}}{\mathrm{d}t}=\boldsymbol{A}\exp(\boldsymbol{A}t)\boldsymbol{c}=\boldsymbol{A}\boldsymbol{x}(t).$$

且 $\boldsymbol{x}(0)=\exp(\boldsymbol{O})\boldsymbol{c}=\boldsymbol{E}\boldsymbol{c}=\boldsymbol{c}$,因此 $\boldsymbol{x}(t)=\exp(\boldsymbol{A}t)\boldsymbol{c}$ 是系统(4.7.9)的解;对于系统(4.7.11),由于

$$\begin{aligned}\frac{\mathrm{d}\boldsymbol{x}(t)}{\mathrm{d}t}&=\frac{\mathrm{d}\exp(\boldsymbol{A}t)\boldsymbol{c}}{\mathrm{d}t}+\frac{\mathrm{d}}{\mathrm{d}t}\left[\exp(\boldsymbol{A}t)\int_0^t \exp(-\boldsymbol{A}s)\boldsymbol{f}(s)\mathrm{d}s\right]\\&=\boldsymbol{A}\exp(\boldsymbol{A}t)\boldsymbol{c}+\boldsymbol{A}\exp(\boldsymbol{A}t)\int_0^t \exp(-\boldsymbol{A}s)\boldsymbol{f}(s)\mathrm{d}s+\exp(\boldsymbol{A}t)\exp(-\boldsymbol{A}t)\boldsymbol{f}(t)\\&=\boldsymbol{A}\left[\exp(\boldsymbol{A}t)\boldsymbol{c}+\exp(\boldsymbol{A}t)\int_0^t \exp(-\boldsymbol{A}s)\boldsymbol{f}(s)\mathrm{d}s\right]+\boldsymbol{f}(t)=\boldsymbol{A}\boldsymbol{x}(t)+\boldsymbol{f}(t),\end{aligned}$$

且 $\boldsymbol{x}(0)=\boldsymbol{c}$,所以 $\boldsymbol{x}(t)=\exp(\boldsymbol{A}t)\boldsymbol{c}+\exp(\boldsymbol{A}t)\int_0^t \exp(-\boldsymbol{A}s)\boldsymbol{f}(s)\mathrm{d}s$ 是系统(4.7.11)的解.

该定理的证明也可以通过 Laplace 变换的方法加以实现,对于系统(4.7.9),将其两端取 Laplace 变换,则有

$$\begin{gathered}s\,\mathcal{L}(\boldsymbol{x}(t))-\boldsymbol{x}(0)=\boldsymbol{A}\,\mathcal{L}(\boldsymbol{x}(t)),\\(s\boldsymbol{E}-\boldsymbol{A})\,\mathcal{L}(\boldsymbol{x}(t))=\boldsymbol{x}(0)=\boldsymbol{c},\\\mathcal{L}(\boldsymbol{x}(t))=(s\boldsymbol{E}-\boldsymbol{A})^{-1}\boldsymbol{c},\\\boldsymbol{x}(t)=\mathcal{L}^{-1}[(s\boldsymbol{E}-\boldsymbol{A})^{-1}]\boldsymbol{c}.\end{gathered}$$

再由定理 4.4.4 可知 $\boldsymbol{x}(t)=\exp(\boldsymbol{A}t)\boldsymbol{c}$;对于系统(4.7.11),将其两端取 Laplace 变换,则有

$$\begin{gathered}s\,\mathcal{L}(\boldsymbol{x}(t))-\boldsymbol{x}(0)=\boldsymbol{A}\,\mathcal{L}(\boldsymbol{x}(t))+\mathcal{L}(\boldsymbol{f}(t)),\\(s\boldsymbol{E}-\boldsymbol{A})\,\mathcal{L}(\boldsymbol{x}(t))=\boldsymbol{x}(0)+\mathcal{L}(\boldsymbol{f}(t)),\\\mathcal{L}(\boldsymbol{x}(t))=(s\boldsymbol{E}-\boldsymbol{A})^{-1}(\boldsymbol{c}+\mathcal{L}(\boldsymbol{f}(t))),\\\boldsymbol{x}(t)=\mathcal{L}^{-1}[(s\boldsymbol{E}-\boldsymbol{A})^{-1}(\boldsymbol{c}+\mathcal{L}(\boldsymbol{f}(t)))].\end{gathered}$$

再由定理 4.4.4 以及 Laplace 变换的卷积定理可知

$$\boldsymbol{x}(t)=\exp(\boldsymbol{A}t)\boldsymbol{c}+\exp(\boldsymbol{A}t)\int_0^t \exp(-\boldsymbol{A}s)\boldsymbol{f}(s)\mathrm{d}s.$$

事实上,定理 4.7.1 的证明过程给出了两种求解系统(4.7.9)与系统(4.7.11)的方法.

例 4.7.3　已知 $\boldsymbol{A}=\begin{bmatrix}2 & 0 & 0\\ 1 & 1 & 1\\ 1 & -1 & 3\end{bmatrix}$, $\boldsymbol{x}(0)=[1,1,-2]^{\mathrm{T}}$,求系统(4.7.9)的解.

解:由例 4.5.2 及定理 4.7.1 可知,系统(4.7.9)的解为

$$\boldsymbol{x}(t)=\exp(\boldsymbol{A}t)\boldsymbol{c}=\mathrm{e}^{2t}\begin{bmatrix}1 & 0 & 0\\ t & 1-t & t\\ t & -t & 1+t\end{bmatrix}\begin{bmatrix}1\\ 1\\ -2\end{bmatrix}=\mathrm{e}^{2t}\begin{bmatrix}1\\ 1-2t\\ -2(1+t)\end{bmatrix}.$$

另外可用 Laplace 变换的方法求解,由 $\mathcal{L}(\boldsymbol{x}(t))=(s\boldsymbol{E}-\boldsymbol{A})^{-1}\boldsymbol{c}$ 可知

$$\mathcal{L}(\boldsymbol{x}(t))=(s\boldsymbol{E}-\boldsymbol{A})^{-1}\boldsymbol{c}=\begin{bmatrix}s-2 & 0 & 0\\ -1 & s-1 & -1\\ -1 & 1 & s-3\end{bmatrix}^{-1}\begin{bmatrix}1\\ 1\\ -2\end{bmatrix}$$

$$=\frac{1}{(s-2)^2}\begin{bmatrix}s-2 & 0 & 0\\ 1 & s-3 & 1\\ 1 & -1 & s-1\end{bmatrix}\begin{bmatrix}1\\ 1\\ -2\end{bmatrix}=\frac{1}{(s-2)^2}\begin{bmatrix}s-2\\ s-4\\ -2s+2\end{bmatrix},$$

然后对其取反 Laplace 变换可得

$$\boldsymbol{x}(t)=\mathrm{e}^{2t}\begin{bmatrix}1\\ 1-2t\\ -2(1+t)\end{bmatrix}.$$

在 Matlab 中可以使用 Laplace 变换的方法求解,在 Matlab 函数命令窗口输入

```
A=[2 0 0;1 1 1;1 -1 3];
syms s;c=[1;1;-2];tt=ilaplace(inv(s*eye(3)-A)*c)
```

可以得到相同的结果.

另外,还可以借助 Matlab 函数 lsim 求解该问题的仿真数值解,运行程序 4.7.1 可得三个状态变量的数值解,参见图 4.7.1.

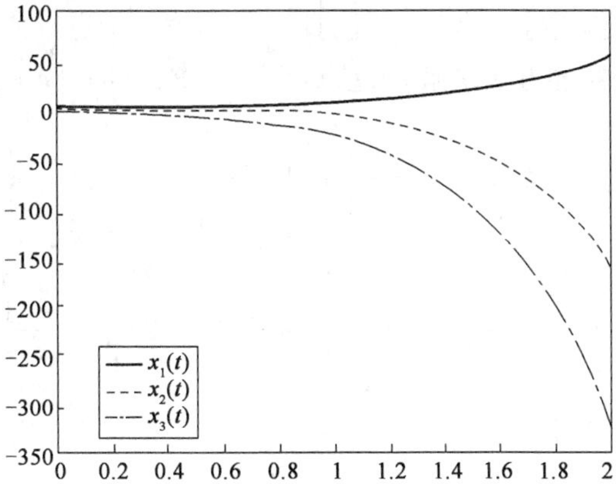

图 4.7.1　例 4.7.1 的仿真数值解

程序 4.7.1 例 4.7.1 的仿真数值解.

```
t=0:0.01:2;
A=[2 0 0;1 1 1;1 -1 3];
B=[0;0;0];
C=[1 0 0];
D=[0];
u=zeros(1,length(t));
x0=[1;1;-2];
[y,x]=lsim(A,B,C,D,u,t,x0);
plot(t,x(:,1),'r',t,x(:,2),'b',t,x(:,3),'k','linewidth',2);
legend('x1(t)','x2(t)','x3(t)');
```

程序4.7.1
(图4.7.1)

例 4.7.4 已知 $\boldsymbol{A}=\begin{bmatrix}2&0&0\\1&1&1\\1&-1&3\end{bmatrix}$, $\boldsymbol{x}(0)=[1,1,-2]^{\mathrm{T}}$, $\boldsymbol{f}(t)=[\mathrm{e}^{2t},\mathrm{e}^{2t},0]^{\mathrm{T}}$,求系统(4.7.11)的解.

解:由例 4.5.2 及定理 4.7.1 可知,方程(4.7.11)的解为

$$\boldsymbol{x}(t)=\exp(\boldsymbol{A}t)\boldsymbol{c}+\exp(\boldsymbol{A}t)\int_0^t\exp(-\boldsymbol{A}s)\boldsymbol{f}(s)\mathrm{d}s,$$

其中 $\exp(-\boldsymbol{A}s)\boldsymbol{f}(s)=\mathrm{e}^{-2s}\begin{bmatrix}1&0&0\\-s&1+s&-s\\-s&s&1-s\end{bmatrix}\begin{bmatrix}\mathrm{e}^{2s}\\\mathrm{e}^{2s}\\0\end{bmatrix}=\begin{bmatrix}1\\1\\0\end{bmatrix}$, $\int_0^t\exp(-\boldsymbol{A}s)\boldsymbol{f}(s)\mathrm{d}s=\begin{bmatrix}t\\t\\0\end{bmatrix}$,

$$\begin{aligned}\boldsymbol{x}(t)&=\exp(\boldsymbol{A}t)\boldsymbol{c}+\exp(\boldsymbol{A}t)\int_0^t\exp(-\boldsymbol{A}s)\boldsymbol{f}(s)\mathrm{d}s\\&=\mathrm{e}^{2t}\begin{bmatrix}1\\1-2t\\-2(1+t)\end{bmatrix}+\mathrm{e}^{2t}\begin{bmatrix}1&0&0\\t&1-t&1\\t&-t&1+t\end{bmatrix}\begin{bmatrix}t\\t\\0\end{bmatrix}\\&=\mathrm{e}^{2t}\begin{bmatrix}1\\1-2t\\-2(1+t)\end{bmatrix}+\mathrm{e}^{2t}\begin{bmatrix}t\\t\\0\end{bmatrix}=\mathrm{e}^{2t}\begin{bmatrix}t+1\\1-t\\-2(1+t)\end{bmatrix}.\end{aligned}$$

另外可用 Laplace 变换的方法求解,由 $\mathcal{L}(\boldsymbol{x}(t))=(s\boldsymbol{E}-\boldsymbol{A})^{-1}[\boldsymbol{c}+\mathcal{L}(\boldsymbol{f}(t))]$ 可知

$$\mathcal{L}(\boldsymbol{x}(t))=(s\boldsymbol{E}-\boldsymbol{A})^{-1}[\boldsymbol{c}+\mathcal{L}(\boldsymbol{f}(t))]=\begin{bmatrix}s-2&0&0\\-1&s-1&-1\\-1&1&s-3\end{bmatrix}^{-1}\left\{\begin{bmatrix}1\\1\\-2\end{bmatrix}+\begin{bmatrix}1/(s-2)\\1/(s-2)\\0\end{bmatrix}\right\}$$

$$=\frac{1}{(s-2)^2}\begin{bmatrix}s-2&0&0\\1&s-3&1\\1&-1&s-1\end{bmatrix}\begin{bmatrix}1+1/(s-2)\\1+1/(s-2)\\-2\end{bmatrix}=\frac{1}{(s-2)^2}\begin{bmatrix}s-1\\s-3\\-2s+2\end{bmatrix},$$

然后对其取反 Laplace 变换可得

$$\boldsymbol{x}(t)=\mathrm{e}^{2t}\begin{bmatrix}t+1\\1-t\\-2(1+t)\end{bmatrix}.$$

在 Matlab 中可以使用 Laplace 变换的方法求解，在 Matlab 命令窗口输入

```
A=[20 0;11 1;1 -1 3];
syms s;syms t;f=[exp(2*t);exp(2*t);0];c=[1;1;-2];
tt=ilaplace(inv(s*eye(3)-A)*(c+laplace(f)))
```

可以得到相同的结果.

另外，还可以借助 Matlab 函数 lsim 求解该问题的仿真数值解，运行程序 4.7.2 可得三个状态变量的仿真数值解，参见图 4.7.2.

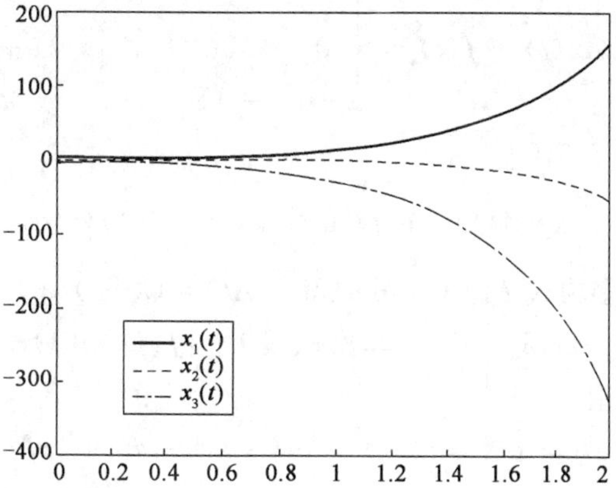

图 4.7.2　例 4.7.2 的仿真数值解

程序 4.7.2　例 4.7.2 的仿真数值解.

```
t=0:0.01:2;
A=[2 0 0;1 1 1;1 -1 3];
B=[1;1;0];
C=[1 0 0];
D=[0];
u=exp(2*t);
x0=[1;1;-2];
[y,x]=lsim(A,B,C,D,u,t,x0);
plot(t,x(:,1),'r',t,x(:,2),'b',t,x(:,3),'k','linewidth',2);
legend('x1(t)','x2(t)','x3(t)');
```

程序4.7.2
(图4.7.2)

例 4.7.5　求如下三阶非齐次线性定常连续系统

$$\begin{cases}\dfrac{d^3x}{dt^3}+6\dfrac{d^2x}{dt^2}+11\dfrac{dx}{dt}+6x=\exp(-2t),\\ x(0)=1,\quad \dfrac{dx}{dt}(0)=0,\quad \dfrac{d^2x}{dt^2}(0)=0\end{cases}$$

的解.

解：首先将其写成矩阵形式，为此需要引入状态向量，将变量 $x(t)$，$x'(t)$，$x''(t)$ 都看成状态变量，且定义

$$x_1(t)=x(t),x_2(t)=x'(t),x_3(t)=x''(t),$$

则有

$$x'_3(t) = -6x_1(t) - 11x_2(t) - 6x_3(t) + \exp(-2t),$$

引入状态向量 $\boldsymbol{x}(t)=[x_1(t),x_2(t),x_3(t)]^{\mathrm{T}}$,初始状态向量 $\boldsymbol{c}=\boldsymbol{x}(0)=[1,0,0]^{\mathrm{T}}$,状态矩阵

$$\boldsymbol{A} = \begin{bmatrix} 0 & 1 & 0 \\ 0 & 0 & 1 \\ -6 & -11 & -6 \end{bmatrix}$$

以及控制向量 $\boldsymbol{f}(t)=[0,0,\exp(-2t)]^{\mathrm{T}}$,则此时状态方程也可以写成如下形式

$$\begin{cases} \dot{\boldsymbol{x}} = \dfrac{\mathrm{d}\boldsymbol{x}(t)}{\mathrm{d}t} = \boldsymbol{Ax}(t) + \boldsymbol{f}(t) = \begin{bmatrix} 0 & 1 & 0 \\ 0 & 0 & 1 \\ -6 & -11 & -6 \end{bmatrix}\boldsymbol{x}(t) + \begin{bmatrix} 0 \\ 0 \\ \exp(-2t) \end{bmatrix}, \\ \boldsymbol{c} = \boldsymbol{x}(0) = [1,0,0]^{\mathrm{T}}, \end{cases}$$

由定理 4.7.1 可知 $\boldsymbol{x}(t) = \exp(\boldsymbol{A}t)\boldsymbol{c} + \exp(\boldsymbol{A}t)\int_0^t \exp(-\boldsymbol{A}s)\boldsymbol{f}(s)\mathrm{d}s$.

首先求出 $\boldsymbol{A}t$ 的特征多项式 $\boldsymbol{f}_{\boldsymbol{A}t}(\lambda)=\det(\lambda\boldsymbol{E}-\boldsymbol{A}t)=(\lambda+t)(\lambda+2t)(\lambda+3t)$,从而 $\boldsymbol{A}t$ 的特征值分别为 $\lambda_1=-t,\lambda_2=-2t,\lambda_3=-3t$. 其次假设 $\mathrm{e}^{\lambda}=\boldsymbol{f}_{\boldsymbol{A}}(\lambda)q(\lambda)+r(\lambda)$,其中 $r(\lambda)=b_2\lambda^2+b_1\lambda+b_0$,于是可构建方程组

$$\begin{cases} \mathrm{e}^{\lambda_1} = \mathrm{e}^{-t} = r(\lambda_1) = b_2(-t)^2 - tb_1 + b_0, \\ \mathrm{e}^{\lambda_2} = \mathrm{e}^{-2t} = r(\lambda_2) = b_2(-2t)^2 - 2tb_1 + b_0, \\ \mathrm{e}^{\lambda_3} = e^{-3t} = r(\lambda_3) = b_2(-3t)^2 - 3tb_1 + b_0, \end{cases}$$

解得 $b_2=\dfrac{\mathrm{e}^{-t}-2\mathrm{e}^{-2t}+\mathrm{e}^{-3t}}{2t^2}$, $b_1=\dfrac{5\mathrm{e}^{-t}-8\mathrm{e}^{-2t}+3\mathrm{e}^{-3t}}{2t}$, $b_0=3\mathrm{e}^{-t}-3\mathrm{e}^{-2t}+\mathrm{e}^{-3t}$,从而有

$$\begin{aligned} \exp(\boldsymbol{A}t) &= r(\boldsymbol{A}t) = b_2(\boldsymbol{A}t)^2 + b_1\boldsymbol{A}t + b_0\boldsymbol{E} \\ &= \frac{\mathrm{e}^{-t} - 2\mathrm{e}^{-2t} + \mathrm{e}^{-3t}}{2t^2}\boldsymbol{A}^2t^2 + \frac{5\mathrm{e}^{-t} - 8\mathrm{e}^{-2t} + 3\mathrm{e}^{-3t}}{2t}\boldsymbol{A}t + (3\mathrm{e}^{-t} - 3\mathrm{e}^{-2t} + \mathrm{e}^{-3t})\boldsymbol{E}, \end{aligned}$$

将 $\boldsymbol{A}$ 代入上式,可得

$$\exp(\boldsymbol{A}t) = \frac{1}{2}\mathrm{e}^{-t}\begin{bmatrix} 6 & 5 & 1 \\ -6 & -5 & -1 \\ 6 & 5 & 1 \end{bmatrix} + \frac{1}{2}\mathrm{e}^{-2t}\begin{bmatrix} -6 & -8 & -2 \\ 12 & 16 & 4 \\ -24 & -32 & -8 \end{bmatrix} + \frac{1}{2}\mathrm{e}^{-3t}\begin{bmatrix} 2 & 3 & 1 \\ -6 & -9 & -3 \\ 18 & 27 & 9 \end{bmatrix},$$

$$\exp(-\boldsymbol{A}s)\boldsymbol{f}(s) = \begin{bmatrix} \frac{1}{2}\mathrm{e}^{s} - 1 + \frac{1}{2}\mathrm{e}^{-s} \\ -\frac{3}{2}\mathrm{e}^{s} + 2 - \frac{1}{2}\mathrm{e}^{-s} \\ \frac{9}{2}\mathrm{e}^{s} - 4 + \frac{1}{2}\mathrm{e}^{-s} \end{bmatrix}, \quad \int_0^t \exp(-\boldsymbol{A}s)\boldsymbol{f}(s)\mathrm{d}s = \begin{bmatrix} \frac{1}{2}\mathrm{e}^{s} - s - \frac{1}{2}\mathrm{e}^{-s} \\ -\frac{3}{2}\mathrm{e}^{s} + 2s + \frac{1}{2}\mathrm{e}^{-s} + 1 \\ \frac{9}{2}\mathrm{e}^{s} - 4s - \frac{1}{2}\mathrm{e}^{-s} + 4 \end{bmatrix},$$

$$\begin{aligned} \boldsymbol{x}(t) &= \exp(\boldsymbol{A}t)\boldsymbol{c} + \exp(\boldsymbol{A}t)\int_0^t \exp(-\boldsymbol{A}s)\boldsymbol{f}(s)\mathrm{d}s \\ &= \frac{1}{2}\begin{bmatrix} 7\mathrm{e}^{-t} - (6+2t)\mathrm{e}^{-2t} + \mathrm{e}^{-3t} \\ -7\mathrm{e}^{-t} + (10+4t)\mathrm{e}^{-2t} - 3\mathrm{e}^{-3t} \\ 7\mathrm{e}^{-t} - (16+8t)\mathrm{e}^{-2t} + 9\mathrm{e}^{-3t} \end{bmatrix}. \end{aligned}$$

求解该问题还可以使用 Laplace 变换的方法，在 Matlab 函数命令窗口输入

```
A=[0 1 0;0 0 1;-6 -11 -6];
syms t;syms s;c=[1;0;0];f=[0;0;exp(-2*t)];
tt=ilaplace(inv(s*eye(3)-A)*(c+laplace(f)))
```

可以得到相同的结果.

另外，还可以借助 Matlab 函数 lsim 求解该问题的仿真数值解，运行程序 4.7.3 可得三个状态变量的仿真数值解，参见图 4.7.3.

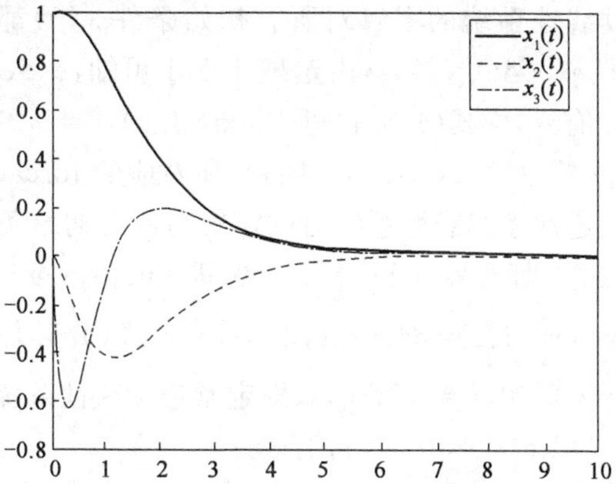

图 4.7.3　例 4.7.3 的仿真数值解

程序 4.7.3　例 4.7.3 的仿真数值解.

```
t=0:0.01:10;
A=[0 1 0;0 0 1;-6 -11 -6];
B=[0 0 1];
C=[1 0 0];
D=[0];
u=exp(-2*t);
x0=[1;0;0];
[y,x]=lsim(A,B,C,D,u,t,x0);
plot(t,x(:,1),'r',t,x(:,2),'b',t,x(:,3),'k','linewidth',2);
legend('x1(t)','x2(t)','x3(t)');
```

程序4.7.3
（图4.7.3）

4.7.3　定常连续线性系统的稳定性分析

在实际应用中，通常需要对定常连续线性系统进行稳定性分析，为此首先需要给出定常连续线性系统稳定性的数学描述.

定义 4.7.1　对于齐次定常连续线性系统 $\dot{\boldsymbol{x}}(t)=\boldsymbol{A}\boldsymbol{x}(t)$，如果对于任意给定的 $\varepsilon>0$，存在 $\delta>0$，使得当任意 $\boldsymbol{x}(0)$ 满足 $\|\boldsymbol{x}(0)\|<\delta$ 时，$\dot{\boldsymbol{x}}(t)=\boldsymbol{A}\boldsymbol{x}(t)$ 由初始条件 $\boldsymbol{x}(0)$ 确定的解 $\boldsymbol{x}(t)$ 均有 $\|\boldsymbol{x}(t)\|<\delta, t\geqslant 0$，则称齐次定常连续线性系统 $\dot{\boldsymbol{x}}(t)=\boldsymbol{A}\boldsymbol{x}(t)$ 的零解是稳定的. 如果齐次定常连续线性系统的零解是稳定的，且存在 $\delta_0>0$ 使当 $\|\boldsymbol{x}(0)\|<\delta_0$ 时，$\dot{\boldsymbol{x}}(t)=\boldsymbol{A}\boldsymbol{x}(t)$ 由初始条件 $\boldsymbol{x}(0)$ 确

定的解 $\boldsymbol{x}(t)$ 均有 $\lim\limits_{t\to+\infty}\boldsymbol{x}(t)=0$，则称齐次定常连续线性系统 $\dot{\boldsymbol{x}}(t)=\boldsymbol{A}\boldsymbol{x}(t)$ 的零解是渐进稳定的.

定理 4.7.2 若给定定常连续线性系统 $\dot{\boldsymbol{x}}(t)=\boldsymbol{A}\boldsymbol{x}(t)$，其中 $\boldsymbol{A}\in\mathbf{R}^{n\times n}$，则 $\dot{\boldsymbol{x}}(t)=\boldsymbol{A}\boldsymbol{x}(t)$ 的零解对所有初始条件 $\boldsymbol{x}(0)$ 都稳定的充分必要条件是：$\boldsymbol{A}$ 的所有特征值 λ 满足 $\mathrm{Re}(\lambda)\leqslant 0$ 且当 $\mathrm{Re}(\lambda)=0$ 时，λ 所对应的 Jordan 块是一阶块. $\dot{\boldsymbol{x}}(t)=\boldsymbol{A}\boldsymbol{x}(t)$ 的零解对所有初始条件 $\boldsymbol{x}(0)$ 都渐进稳定的充分必要条件是 $\boldsymbol{A}$ 的所有特征值 λ 满足 $\mathrm{Re}(\lambda)<0$.

证明：由定理 4.7.1 可知，定常连续线性系统 $\dot{\boldsymbol{x}}(t)=\boldsymbol{A}\boldsymbol{x}(t)$ 的解为 $\boldsymbol{x}(t)=\exp(\boldsymbol{A}t)\boldsymbol{x}(0)$，由定义 4.7.1 可知定常连续线性系统的零解对所有初始条件 $\boldsymbol{x}(0)$ 都稳定的充分必要条件是 $\boldsymbol{x}(t)$ 对任意的 t 都有界，即 $\exp(\boldsymbol{A}t)$ 有界，再由定理 4.5.1 可知，$\exp(\boldsymbol{A}t)$ 有界的充分必要条件是 $\exp(\boldsymbol{J}_{n_i}t)$，$i=1,2,\cdots,s$ 有界，由式(4.5.1)可知 $\exp(\boldsymbol{J}_{n_i}t)$，$i=1,2,\cdots,s$ 有界的充分必要条件是特征值 λ_i 满足 $\mathrm{Re}(\lambda_i)\leqslant 0$ 且当 $\mathrm{Re}(\lambda_i)=0$ 时，λ_i 所对应的 Jordan 块是一阶块.

再由定义 4.7.1 可知定常连续线性系统对的零解对所有初始条件 $\boldsymbol{x}(0)$ 都渐进稳定的充分必要条件是 $\boldsymbol{x}(t)$ 对任意的 t 都有界且 $\lim\limits_{t\to+\infty}\boldsymbol{x}(t)=\boldsymbol{0}$，即 $\lim\limits_{t\to+\infty}\exp(\boldsymbol{A}t)=\boldsymbol{O}$，再由定理 4.5.1 可知 $\lim\limits_{t\to+\infty}\exp(\boldsymbol{A}t)=\boldsymbol{O}$ 等价于 $\lim\limits_{t\to+\infty}\exp(\boldsymbol{J}_{n_i}t)=\boldsymbol{O}$，$i=1,2,\cdots,s$. 由式(4.5.1)可知 $\lim\limits_{t\to+\infty}\exp(\boldsymbol{J}_{n_i}t)=\boldsymbol{O}$，$i=1,2,\cdots,s$ 当且仅当 $\mathrm{Re}(\lambda_i)<0$，$i=1,2,\cdots,s$，即定常连续线性系统对所有初始条件 $\boldsymbol{x}(\boldsymbol{0})$ 都渐进稳定的充分必要条件为 $\mathrm{Re}(\lambda_i)<0$，$i=1,2,\cdots,s$.

由定理 4.7.2 可以给出稳定矩阵的概念.

定义 4.7.2 对于 $\boldsymbol{A}\in\mathbf{R}^{n\times n}$，如果 $\boldsymbol{A}$ 的所有特征值 λ 满足 $\mathrm{Re}(\lambda)<0$，则称 $\boldsymbol{A}$ 是稳定矩阵.

定理 4.7.3 矩阵 $\boldsymbol{A}\in\mathbf{R}^{n\times n}$ 的任意特征值 λ 均具有负实部，即 $\mathrm{Re}(\lambda)<0$，等价于对于任意给定的实对称正定矩阵 $\boldsymbol{Q}$，存在实对称正定矩阵 $\boldsymbol{P}$，使得 $\boldsymbol{A}^{\mathrm{T}}\boldsymbol{P}+\boldsymbol{P}\boldsymbol{A}=-\boldsymbol{Q}$ 是实对称负定矩阵.

证明：必要性：对任意给定的实对称正定矩阵 $\boldsymbol{Q}$，令 $\boldsymbol{P}=\int_0^{+\infty}\mathrm{e}^{\boldsymbol{A}^{\mathrm{T}}t}\boldsymbol{Q}\mathrm{e}^{\boldsymbol{A}t}\,\mathrm{d}t$，则 $\boldsymbol{P}$ 也是实对称正定矩阵，且

$$
\begin{aligned}
\boldsymbol{A}^{\mathrm{T}}\boldsymbol{P}+\boldsymbol{P}\boldsymbol{A} &= \boldsymbol{A}^{\mathrm{T}}\int_0^{+\infty}\mathrm{e}^{\boldsymbol{A}^{\mathrm{T}}t}\boldsymbol{Q}\mathrm{e}^{\boldsymbol{A}t}\,\mathrm{d}t+\int_0^{+\infty}\mathrm{e}^{\boldsymbol{A}^{\mathrm{T}}t}\boldsymbol{Q}\mathrm{e}^{\boldsymbol{A}t}\,\mathrm{d}t\cdot\boldsymbol{A}\\
&=\int_0^{+\infty}(\boldsymbol{A}^{\mathrm{T}}\mathrm{e}^{\boldsymbol{A}^{\mathrm{T}}t}\boldsymbol{Q}\mathrm{e}^{\boldsymbol{A}t}+\mathrm{e}^{\boldsymbol{A}^{\mathrm{T}}t}\boldsymbol{Q}\mathrm{e}^{\boldsymbol{A}t}\boldsymbol{A})\,\mathrm{d}t\\
&=\int_0^{+\infty}\mathrm{d}(\mathrm{e}^{\boldsymbol{A}^{\mathrm{T}}t}\boldsymbol{Q}\mathrm{e}^{\boldsymbol{A}t})=\mathrm{e}^{\boldsymbol{A}^{\mathrm{T}}t}\boldsymbol{Q}\mathrm{e}^{\boldsymbol{A}t}\Big|_0^{+\infty},
\end{aligned}
$$

因为矩阵 $\boldsymbol{A}$ 的任意特征值 λ 均具有负实部，所以 $\lim\limits_{t\to+\infty}\mathrm{e}^{\boldsymbol{A}t}=\lim\limits_{t\to+\infty}\mathrm{e}^{\boldsymbol{A}^{\mathrm{T}}t}=0$，故 $\boldsymbol{A}^{\mathrm{T}}\boldsymbol{P}+\boldsymbol{X}\boldsymbol{P}=-\boldsymbol{Q}$ 是实对称负定矩阵.

充分性：因为 $\boldsymbol{A}$ 的特征值可能有复数，为此需要在复数域讨论. 在 $\mathbf{C}^n$ 中定义广义内积 $(\boldsymbol{x},\boldsymbol{y})_{\boldsymbol{P}}=\boldsymbol{x}^*\boldsymbol{P}\boldsymbol{y}$，其中 $*$ 表示共轭转置. 假设 λ 是矩阵 $\boldsymbol{A}$ 的某一特征值，$\boldsymbol{x}\neq\boldsymbol{0}$ 为 $\boldsymbol{A}$ 对应于 λ 的特征向量，即 $\boldsymbol{A}\boldsymbol{x}=\lambda\boldsymbol{x}$，则有

$$
(\boldsymbol{A}\boldsymbol{x},\boldsymbol{x})_{\boldsymbol{P}}+(\boldsymbol{x},\boldsymbol{A}\boldsymbol{x})_{\boldsymbol{P}}=\boldsymbol{x}^*\boldsymbol{A}^*\boldsymbol{P}\boldsymbol{x}+\boldsymbol{x}^*\boldsymbol{P}\boldsymbol{A}\boldsymbol{x}=\boldsymbol{x}^*(\boldsymbol{A}^{\mathrm{T}}\boldsymbol{P}+\boldsymbol{P}\boldsymbol{A})\boldsymbol{x}=-\boldsymbol{x}^*\boldsymbol{Q}\boldsymbol{x}<0,
$$

又

$$
\begin{aligned}
(\boldsymbol{A}\boldsymbol{x},\boldsymbol{x})_{\boldsymbol{P}}+(\boldsymbol{x},\boldsymbol{A}\boldsymbol{x})_{\boldsymbol{P}} &= (\lambda\boldsymbol{x},\boldsymbol{x})_{\boldsymbol{P}}+(\boldsymbol{x},\lambda\boldsymbol{x})_{\boldsymbol{P}}=\bar{\lambda}\boldsymbol{x}^*\boldsymbol{P}\boldsymbol{x}+\boldsymbol{x}^*\boldsymbol{P}\lambda\boldsymbol{x}\\
&=(\lambda+\bar{\lambda})\boldsymbol{x}^*\boldsymbol{P}\boldsymbol{x}=2\mathrm{Re}(\lambda)\boldsymbol{x}^*\boldsymbol{P}\boldsymbol{x},
\end{aligned}
$$

所以 $2\mathrm{Re}(\lambda)\boldsymbol{x}^*\boldsymbol{P}\boldsymbol{x}=-\boldsymbol{x}^*\boldsymbol{Q}\boldsymbol{x}<0$，由于 $\boldsymbol{P}$ 是实对称正定矩阵，所以 $\boldsymbol{x}^*\boldsymbol{P}\boldsymbol{x}>0$，故 $\mathrm{Re}(\lambda)<0$.

在定理 4.7.3 中，由于 $\boldsymbol{Q}$ 是任意给定实对称矩阵，所以通常选取为单位矩阵 $\boldsymbol{E}$. 为此需要求解连续 Lyapunov 方程 $\boldsymbol{A}^{\mathrm{T}}\boldsymbol{X}+\boldsymbol{X}\boldsymbol{A}=-\boldsymbol{E}$，如果所求出的解 $\boldsymbol{X}$ 是实对称正定矩阵，那么线性定常连续系统 $\dot{\boldsymbol{x}}=\boldsymbol{A}\boldsymbol{x}$ 渐进稳定. Lyapunov 方程 $\boldsymbol{A}^{\mathrm{T}}\boldsymbol{X}+\boldsymbol{X}\boldsymbol{A}=-\boldsymbol{E}$ 可以借助 1.2 节克罗内克积的性质写成一般线性方程组形式，即

$$(\boldsymbol{E}\otimes\boldsymbol{A}^{\mathrm{T}}+\boldsymbol{A}^{\mathrm{T}}\otimes\boldsymbol{E})\mathrm{vec}(\boldsymbol{X})=-\mathrm{vec}(\boldsymbol{E}),$$

由此可以解出 $\mathrm{vec}(\boldsymbol{X})$，再经反堆栈变换可以求出 $\boldsymbol{X}$.

例 4.7.6　给定定常连续线性系统 $\dot{\boldsymbol{x}}=\boldsymbol{A}\boldsymbol{x}$，其中 $\boldsymbol{A}=\begin{bmatrix}0 & 1\\-2 & -3\end{bmatrix}$，试分析系统的稳定性.

解：求解连续 Lyapunov 方程 $\boldsymbol{A}^{\mathrm{T}}\boldsymbol{X}+\boldsymbol{X}\boldsymbol{A}=-\boldsymbol{E}$，即

$$(\boldsymbol{E}\otimes\boldsymbol{A}^{\mathrm{T}}+\boldsymbol{A}^{\mathrm{T}}\otimes\boldsymbol{E})\mathrm{vec}(\boldsymbol{X})=-\mathrm{vec}(\boldsymbol{E}),$$

将 $\boldsymbol{A}$ 代入上述方程可得

$$\left(\begin{bmatrix}0 & -2 & 0 & 0\\1 & -3 & 0 & 0\\0 & 0 & 0 & -2\\0 & 0 & 1 & -3\end{bmatrix}+\begin{bmatrix}0 & 0 & -2 & 0\\0 & 0 & 0 & -2\\1 & 0 & -3 & 0\\0 & 1 & 0 & -3\end{bmatrix}\right)\begin{bmatrix}x_{11}\\x_{21}\\x_{12}\\x_{22}\end{bmatrix}=-\begin{bmatrix}1\\0\\0\\1\end{bmatrix},$$

$$\begin{bmatrix}0 & -2 & -2 & 0\\1 & -3 & 0 & -2\\1 & 0 & -3 & -2\\0 & 1 & 1 & -6\end{bmatrix}\begin{bmatrix}x_{11}\\x_{21}\\x_{12}\\x_{22}\end{bmatrix}=-\begin{bmatrix}1\\0\\0\\1\end{bmatrix},$$

解出 $x_{11}=1.25$，$x_{21}=0.25$，$x_{12}=0.25$，$x_{22}=0.25$，经过反堆栈变换可得 $\boldsymbol{X}=\begin{bmatrix}1.25 & 0.25\\0.25 & 0.25\end{bmatrix}$，经检验可知它是实对称正定矩阵，故原定常连续线性系统 $\dot{\boldsymbol{x}}=\boldsymbol{A}\boldsymbol{x}$ 是渐进稳定的.

另外还可以借助 Matlab 函数直接求解该矩阵方程，A=[0 −2;1 −3];Q=eye(2);x=lyap(A,Q)，其所求结果也是 $\mathrm{X}=\begin{bmatrix}1.25 & 0.25\\0.25 & 0.25\end{bmatrix}$.

4.7.4　定常连续线性控制系统

在系统(4.7.10)中，如果 $f_i(t)(i=1,2,\cdots,n)$ 可以表示成 m 个外界控制项 $u_1(t)$，$u_2(t)$，$\cdots$，$u_m(t)$ 的线性组合形式，即

$$\begin{cases}\dot{x}_1=a_{11}x_1+a_{12}x_2+\cdots+a_{1n}x_n+b_{11}u_1+b_{12}u_2+\cdots+b_{1m}u_m,\\\dot{x}_2=a_{21}x_1+a_{22}x_2+\cdots+a_{2n}x_n+b_{21}u_1+b_{22}u_2+\cdots+b_{2m}u_m,\\\cdots\cdots\\\dot{x}_n=a_{n1}x_1+a_{n2}x_2+\cdots+a_{nn}x_n+b_{n1}u_1+b_{n2}u_2+\cdots+b_{nm}u_m,\\x_1(0)=c_1,x_2(0)=c_2,\cdots,x_n(0)=c_n.\end{cases}$$

引入控制向量 $\boldsymbol{u}(t)=[u_1(t),u_2(t),\cdots,u_m(t)]^{\mathrm{T}}$ 以及下面的矩阵

$$\boldsymbol{B}=\begin{bmatrix} b_{11} & b_{12} & \cdots & b_{1m} \\ b_{21} & b_{22} & \cdots & b_{2m} \\ \vdots & \vdots & & \vdots \\ b_{n1} & b_{n2} & \cdots & b_{nm} \end{bmatrix},$$

则有

$$\begin{cases} \dot{\boldsymbol{x}}(t)=\boldsymbol{A}\boldsymbol{x}(t)+\boldsymbol{B}\boldsymbol{u}(t), \\ \boldsymbol{x}(0)=\boldsymbol{c}, \end{cases} \tag{4.7.14}$$

对于式(4.7.14)的状态控制系统,通常需要观察某些特定的输出结果,假设这些输出结果分别为 $y_1(t),y_2(t),\cdots,y_p(t)$,且它们可以分别表示成状态变量 $x_1(t),x_2(t),\cdots,x_n(t)$和控制变量 $u_1(t),u_2(t),\cdots,u_m(t)$的增益迭加形式,即

$$\begin{cases} y_1=c_{11}x_1+c_{12}x_2+\cdots+c_{1n}x_n+d_{11}u_1+d_{12}u_2+\cdots+d_{1m}u_m, \\ y_2=c_{21}x_1+c_{22}x_2+\cdots+c_{2n}x_n+d_{21}u_1+d_{22}u_2+\cdots+d_{2m}u_m, \\ \cdots\cdots \\ y_p=c_{p1}x_1+c_{p2}x_2+\cdots+c_{pn}x_n+d_{p1}u_1+d_{p2}u_2+\cdots+d_{pm}u_m, \end{cases}$$

分别引入输出向量 $\boldsymbol{y}(t)=[y_1(t),y_2(t),\cdots,y_p(t)]^{\mathrm{T}}$ 以及矩阵

$$\boldsymbol{C}=\begin{bmatrix} c_{11} & c_{12} & \cdots & c_{1n} \\ c_{21} & c_{22} & \cdots & c_{2n} \\ \vdots & \vdots & & \vdots \\ c_{p1} & c_{p2} & \cdots & c_{pn} \end{bmatrix},\boldsymbol{D}=\begin{bmatrix} d_{11} & d_{12} & \cdots & d_{1m} \\ d_{21} & d_{22} & \cdots & d_{2m} \\ \vdots & \vdots & & \vdots \\ d_{p1} & d_{p2} & \cdots & d_{pm} \end{bmatrix},$$

则输出方程可以表示成

$$\boldsymbol{y}(t)=\boldsymbol{C}\boldsymbol{x}(t)+\boldsymbol{D}\boldsymbol{u}(t), \tag{4.7.15}$$

于是,式(4.7.14)与式(4.7.15)共同构成线性时不变系统(4.7.16),该系统简称 LTI 系统.

$$\begin{cases} \dot{\boldsymbol{x}}=\boldsymbol{A}x(t)+\boldsymbol{B}u(t), \\ \boldsymbol{y}(t)=\boldsymbol{C}\boldsymbol{x}(t)+\boldsymbol{D}\boldsymbol{u}(t), \\ \boldsymbol{x}(0)=\boldsymbol{c}. \end{cases} \tag{4.7.16}$$

例 4.7.7 求解如下线性时不变系统

$$\begin{cases} \dot{\boldsymbol{x}}=\begin{bmatrix} 0 & 1 \\ -2 & -3 \end{bmatrix}\boldsymbol{x}(t)+\begin{bmatrix} 0 \\ 2 \end{bmatrix}\boldsymbol{u}(t), \\ \boldsymbol{y}(t)=\begin{bmatrix} 0 & 1 \end{bmatrix}\boldsymbol{x}(t), \\ \boldsymbol{x}(0)=\begin{bmatrix} 4 \\ -5 \end{bmatrix},\boldsymbol{u}(t)=3\exp(-4t). \end{cases}$$

解:由定理 4.7.1 可知 $\boldsymbol{x}(t)=\exp(\boldsymbol{A}t)\boldsymbol{c}+\exp(\boldsymbol{A}t)\int_0^t\exp(-\boldsymbol{A}s)\boldsymbol{f}(s)\mathrm{d}s$,其中

$$\boldsymbol{A}=\begin{bmatrix} 0 & 1 \\ -2 & -3 \end{bmatrix},\boldsymbol{f}(s)=\begin{bmatrix} 0 \\ 2 \end{bmatrix}u(t)=3\exp(-4t)\begin{bmatrix} 0 \\ 2 \end{bmatrix},\boldsymbol{c}=\boldsymbol{x}(0)=\begin{bmatrix} 4 \\ -5 \end{bmatrix}.$$

首先求出 $\boldsymbol{A}t$ 的特征多项式 $\boldsymbol{f}_{\boldsymbol{A}t}(\lambda)=\det(\lambda\boldsymbol{E}-\boldsymbol{A}t)=(\lambda+t)(\lambda+2t)$,从而 $\boldsymbol{A}t$ 的特征值分别

为 $\lambda_1=-t,\lambda_1=-2t$. 其次假设 $e^{\lambda}=f_A(\lambda)q(\lambda)+r(\lambda)$,其中 $r(\lambda)=b_1\lambda+b_0$,于是可构建方程组

$$\begin{cases} e^{\lambda_1}=e^{-t}=r(\lambda_1)=-tb_1+b_0, \\ e^{\lambda_2}=e^{-2t}=r'(\lambda_1)=-2tb_1+b_0, \end{cases}$$

解得 $b_1=\frac{1}{t}(e^{-t}-e^{-2t}),b_0=2e^{-t}-e^{-2t}$,从而有

$$\exp(\boldsymbol{A}t)=r(\boldsymbol{A}t)=b_1\boldsymbol{A}t+b_0\boldsymbol{E}=\frac{1}{t}(e^{-t}-e^{-2t})\boldsymbol{A}t+(2e^{-t}-e^{-2t})\boldsymbol{E},$$

将 $\boldsymbol{A}$ 代入上式,可得

$$\exp(\boldsymbol{A}t)=\begin{bmatrix} 2e^{-t}-e^{-2t} & e^{-t}-e^{-2t} \\ -2e^{-t}+2e^{-2t} & -e^{-t}+2e^{-2t} \end{bmatrix},$$

$$\exp(-\boldsymbol{A}s)\boldsymbol{f}(s)=3e^{-4s}\begin{bmatrix} 2e^{s}-e^{2s} & e^{s}-e^{2s} \\ -2e^{s}+2e^{2s} & -e^{s}+2e^{2s} \end{bmatrix}\begin{bmatrix} 0 \\ 2 \end{bmatrix}=6\begin{bmatrix} e^{-3s}-e^{-2s} \\ -e^{-3s}+2e^{-2s} \end{bmatrix},$$

$$\int_0^t \exp(-\boldsymbol{A}s)\boldsymbol{f}(s)\mathrm{d}s=\begin{bmatrix} -2e^{-3t}+3e^{-2t}-1 \\ 2e^{-3t}-6e^{-2t}+4 \end{bmatrix},$$

$$\boldsymbol{x}(t)=\exp(\boldsymbol{A}t)\boldsymbol{c}+\exp(\boldsymbol{A}t)\int_0^t \exp(-\boldsymbol{A}s)\boldsymbol{f}(s)\mathrm{d}s=\begin{bmatrix} 5e^{-t}-2e^{-2t}+e^{-4t} \\ -5e^{-t}+4e^{-2t}-4e^{-4t} \end{bmatrix},$$

$$\boldsymbol{y}(t)=[0\quad 1]\boldsymbol{x}(t)=-5e^{-t}+4e^{-2t}-4e^{-4t}.$$

另外,还可以借助 Matlab 函数 lsim 求解该问题的仿真数值解,运行程序 4.7.4 可得输出变量 $\boldsymbol{y}(t)$的仿真数值解,参见图 4.7.4.

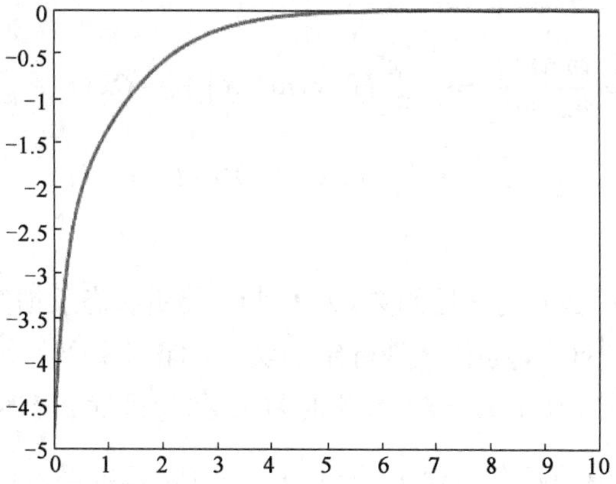

图 4.7.4　例 4.7.5 输出变量 $\boldsymbol{y}(t)$的仿真数值解

程序 4.7.4　例 4.7.5 的仿真数值解.

```
t=0:0.01:10;
A=[0,1;-2 -3];
B=[0,2]';
C=[0 1];
D=[0];
u=3.*exp(-4.*t);
x0=[4,-5]';
```

程序4.7.4
(图4.7.4)

```
[y,x]=lsim(A,B,C,D,u,t,x0);
plot(t,y,'r','linewidth',2);
```

在控制论中,针对控制系统(4.7.16)需要设计控制输入向量 $\boldsymbol{u}(t)$ 使得系统的状态是渐进稳定的,在实际应用中通常使用状态反馈的方法,即设计合适的状态反馈矩阵 $\boldsymbol{K}$,以及状态反馈控制 $\boldsymbol{u}(t)=-\boldsymbol{K}\boldsymbol{x}(t)$ 使得 $\dot{\boldsymbol{x}}(t)=\boldsymbol{A}\boldsymbol{x}(t)+\boldsymbol{B}\boldsymbol{u}(t)=(\boldsymbol{A}-\boldsymbol{B}\boldsymbol{K})\boldsymbol{x}(t)$ 对任意的初始条件 $\boldsymbol{x}(0)=\boldsymbol{c}$ 渐进稳定,这等价于求解矩阵 $\boldsymbol{K}$ 使得 $\boldsymbol{A}-\boldsymbol{B}\boldsymbol{K}$ 是稳定矩阵,由于在一定条件下满足 $\boldsymbol{A}-\boldsymbol{B}\boldsymbol{K}$ 是稳定矩阵的 $\boldsymbol{K}$ 有无穷多,为此通常选择 $\boldsymbol{K}$ 达到某种最优控制,在实际应用中通常采取线性二次型最优控制方法,即求解矩阵 $\boldsymbol{K}$,使得如下能量泛函

$$J=\frac{1}{2}\int_0^{+\infty}[\boldsymbol{x}^{\mathrm{T}}\boldsymbol{Q}\boldsymbol{x}+\boldsymbol{u}^{\mathrm{T}}\boldsymbol{u}]\mathrm{d}t \tag{4.7.17}$$

达到最小,其中 $\boldsymbol{Q}$ 是半正定矩阵. 根据极小值原理,构建哈密尔顿函数

$$H[\boldsymbol{x},\boldsymbol{u},\boldsymbol{\lambda}]=\frac{1}{2}[\boldsymbol{x}^{\mathrm{T}}\boldsymbol{Q}\boldsymbol{x}+\boldsymbol{u}^{\mathrm{T}}\boldsymbol{u}]+\boldsymbol{\lambda}^{\mathrm{T}}[\boldsymbol{A}\boldsymbol{x}(t)+\boldsymbol{B}\boldsymbol{u}(t)], \tag{4.7.18}$$

其中 $\boldsymbol{\lambda}=\dfrac{\partial J^*}{\partial \boldsymbol{x}}, -\dfrac{\partial J^*[\boldsymbol{x}]}{\partial t}=\min\limits_{u} H[\boldsymbol{x},\boldsymbol{u},\boldsymbol{\lambda}]$.

最优控制应使 $H[\boldsymbol{x},\boldsymbol{u},\boldsymbol{\lambda}]$ 取极值,故有

$$\frac{\partial H}{\partial \boldsymbol{u}}=\boldsymbol{u}+\boldsymbol{B}^{\mathrm{T}}\boldsymbol{\lambda}=\boldsymbol{0},$$

由此可得 $\boldsymbol{u}^*=-\boldsymbol{B}^{\mathrm{T}}\boldsymbol{\lambda}$,又因 $\dfrac{\partial^2 H}{\partial \boldsymbol{u}^2}=\boldsymbol{E}$ 正定,因此 $\boldsymbol{u}^*=-\boldsymbol{B}^{\mathrm{T}}\boldsymbol{\lambda}$ 对于 J 取最小值既是充分又是必要的. 由式(4.7.18)可得

$$\frac{\partial \boldsymbol{\lambda}(t)}{\partial t}=\frac{\partial}{\partial \boldsymbol{x}}\frac{\partial J^*}{\partial t}=-\frac{\partial}{\partial \boldsymbol{x}}H[\boldsymbol{x},\boldsymbol{u}^*,\boldsymbol{\lambda}]=-\boldsymbol{Q}\boldsymbol{x}(t)-\boldsymbol{A}^{\mathrm{T}}\boldsymbol{\lambda}(t), \tag{4.7.19}$$

$$\frac{\partial H[\boldsymbol{x},\boldsymbol{u},\boldsymbol{\lambda}]}{\partial \boldsymbol{\lambda}}=\boldsymbol{A}\boldsymbol{x}(t)+\boldsymbol{B}\boldsymbol{u}(t)=\dot{\boldsymbol{x}}(t), \tag{4.7.20}$$

初始条件 $\boldsymbol{x}(0)=\boldsymbol{c}$.

由 $\boldsymbol{u}^*=-\boldsymbol{B}^{\mathrm{T}}\boldsymbol{\lambda}$ 可知 $\boldsymbol{u}^*$ 是 $\boldsymbol{\lambda}$ 的线性函数,为了使 $\boldsymbol{u}^*$ 能由状态反馈实现,应求出 $\boldsymbol{\lambda}(t)$ 与 $\boldsymbol{x}(t)$ 的变换矩阵 $\boldsymbol{P}$,设 $\boldsymbol{\lambda}(t)=\boldsymbol{P}\boldsymbol{x}(t)$,其中 $\boldsymbol{P}$ 是待定的实对称正定矩阵. 将其代入 $\boldsymbol{u}^*=-\boldsymbol{B}^{\mathrm{T}}\boldsymbol{\lambda}$ 可得 $\boldsymbol{u}^*=-\boldsymbol{B}^{\mathrm{T}}\boldsymbol{P}\boldsymbol{x}(t)=-\boldsymbol{K}\boldsymbol{x}(t)$,其中 $\boldsymbol{K}=\boldsymbol{B}^{\mathrm{T}}\boldsymbol{P}$,此时将 $\boldsymbol{K}$ 称为最优状态反馈增益矩阵. 再将 $\boldsymbol{u}^*=-\boldsymbol{K}\boldsymbol{x}(t)$ 代入式(4.7.16)中的状态方程 $\dot{\boldsymbol{x}}(t)=\boldsymbol{A}\boldsymbol{x}(t)+\boldsymbol{B}\boldsymbol{u}(t)$ 可得闭环控制系统方程

$$\dot{\boldsymbol{x}}(t)=\boldsymbol{A}\boldsymbol{x}(t)+\boldsymbol{B}\boldsymbol{u}(t)=(\boldsymbol{A}-\boldsymbol{B}\boldsymbol{B}^{\mathrm{T}}\boldsymbol{P})\boldsymbol{x}(t), \tag{4.7.21}$$

将 $\boldsymbol{\lambda}(t)=\boldsymbol{P}\boldsymbol{x}(t)$ 两边求导可得 $\dot{\boldsymbol{\lambda}}(t)=\boldsymbol{P}\dot{\boldsymbol{x}}(t)$,然后将其代入式(4.7.19)可得

$$\boldsymbol{P}\dot{\boldsymbol{x}}(t)=-\boldsymbol{Q}\boldsymbol{x}(t)-\boldsymbol{A}^{\mathrm{T}}\boldsymbol{P}\boldsymbol{x}(t),$$

再将式 (4.7.20)代入上式可得

$$(\boldsymbol{P}\boldsymbol{A}+\boldsymbol{A}^{\mathrm{T}}\boldsymbol{P}-\boldsymbol{P}\boldsymbol{B}\boldsymbol{B}^{\mathrm{T}}\boldsymbol{P}+\boldsymbol{Q})\boldsymbol{x}(t)=\boldsymbol{0},$$

由于上式对任意的 $\boldsymbol{x}(t)$ 都成立,因此

$$\boldsymbol{P}\boldsymbol{A}+\boldsymbol{A}^{\mathrm{T}}\boldsymbol{P}-\boldsymbol{P}\boldsymbol{B}\boldsymbol{B}^{\mathrm{T}}\boldsymbol{P}+\boldsymbol{Q}=\boldsymbol{0}, \tag{4.7.22}$$

方程(4.7.22)称为代数 Riccati 方程，该方程可以借助 Matlab 函数 P = care(A,B,Q)求解，由此可得最优状态反馈增益矩阵 $\boldsymbol{K}=\boldsymbol{B}^{\mathrm{T}}\boldsymbol{P}$ 以及最优状态反馈控制 $\boldsymbol{u}^* = -\boldsymbol{K}\boldsymbol{x}(t)$.

例 4.7.8　设定常连续线性系统的状态方程为

$$\begin{cases}\dot{\boldsymbol{x}} = \begin{bmatrix}0 & 1\\0 & 0\end{bmatrix}\boldsymbol{x}(t) + \begin{bmatrix}0\\1\end{bmatrix}u(t),\\ \boldsymbol{x}(0) = [0,1]^{\mathrm{T}},\end{cases}$$

试确定最优控制 $u^*(t)$，使得能量泛函 $J = \dfrac{1}{2}\displaystyle\int_0^{+\infty}[\boldsymbol{x}^{\mathrm{T}}\boldsymbol{x} + u^2]\mathrm{d}t$ 最小.

解：由于 $\begin{bmatrix}0 & 1\\0 & 0\end{bmatrix}$ 的特征值都为零，因此系统 $\dot{\boldsymbol{x}} = \begin{bmatrix}0 & 1\\0 & 0\end{bmatrix}\boldsymbol{x}(t)$ 是不稳定的，为此需要施加状态反馈 $u(t) = -\boldsymbol{K}\boldsymbol{x}(t)$ 使不稳定的系统变成稳定，为了求解状态反馈矩阵 $\boldsymbol{K}$，需要首先求解线性系统的代数 Riccati 方程

$$\boldsymbol{PA} + \boldsymbol{A}^{\mathrm{T}}\boldsymbol{P} - \boldsymbol{PBB}^{\mathrm{T}}\boldsymbol{P} + \boldsymbol{Q} = \boldsymbol{0},$$

其中

$$\boldsymbol{A} = \begin{bmatrix}0 & 1\\0 & 0\end{bmatrix}\quad \boldsymbol{Q} = \begin{bmatrix}1 & 0\\0 & 1\end{bmatrix}\quad \boldsymbol{B} = \begin{bmatrix}0\\1\end{bmatrix}.$$

利用待定系数法可得

$$\begin{bmatrix}p_{11} & p_{12}\\p_{21} & p_{22}\end{bmatrix}\begin{bmatrix}0 & 1\\0 & 0\end{bmatrix} + \begin{bmatrix}0 & 0\\1 & 0\end{bmatrix}\begin{bmatrix}p_{11} & p_{12}\\p_{21} & p_{22}\end{bmatrix} - \begin{bmatrix}p_{11} & p_{12}\\p_{21} & p_{22}\end{bmatrix}\begin{bmatrix}0\\1\end{bmatrix}\begin{bmatrix}0 & 1\end{bmatrix}\begin{bmatrix}p_{11} & p_{12}\\p_{21} & p_{22}\end{bmatrix} + \begin{bmatrix}1 & 0\\0 & 1\end{bmatrix} = \boldsymbol{0},$$

即

$$\begin{bmatrix}1 - p_{12}p_{21} & p_{11} - p_{12}p_{22}\\ p_{11} - p_{22}p_{21} & 1 + p_{12} + p_{21} - p_{22}p_{22}\end{bmatrix} = \boldsymbol{0},$$

由 $\boldsymbol{P}$ 的对称正定性，可解得 $p_{12} = p_{21} = 1, p_{11} = p_{22} = \sqrt{3}$，即 $\boldsymbol{P} = \begin{bmatrix}\sqrt{3} & 1\\1 & \sqrt{3}\end{bmatrix}$.

再由最优状态反馈增益矩阵 $\boldsymbol{K} = \boldsymbol{B}^{\mathrm{T}}\boldsymbol{P} = [1,\sqrt{3}]$ 得到最优状态反馈控制 $u^* = -[1,\sqrt{3}]\boldsymbol{x}(t)$.

将其代入原状态方程，可得新的控制系统

$$\begin{cases}\dot{\boldsymbol{x}} = \begin{bmatrix}0 & 1\\-1 & -\sqrt{3}\end{bmatrix}\boldsymbol{x}(t),\\ \boldsymbol{x}(0) = [0,1]^{\mathrm{T}}.\end{cases}$$

另外，还可以借助 Matlab 函数 Isim 求解该问题的仿真数值解，运行程序 4.7.5 可得两个状态变量的数值解，参见图 4.7.5. 由图 4.7.5(a)可知未经控制的系统

$$\dot{\boldsymbol{x}} = \begin{bmatrix}0 & 1\\0 & 0\end{bmatrix}\boldsymbol{x}(t),\boldsymbol{x}(0) = [0,1]^{\mathrm{T}}$$

不是渐进稳定的. 由图 4.7.5(b)可知经过最优状态反馈控制后的系统

$$\dot{\boldsymbol{x}} = \begin{bmatrix}0 & 1\\-1 & -\sqrt{3}\end{bmatrix}\boldsymbol{x}(t),\qquad \boldsymbol{x}(0) = [0,1]^{\mathrm{T}}$$

是渐进稳定的.

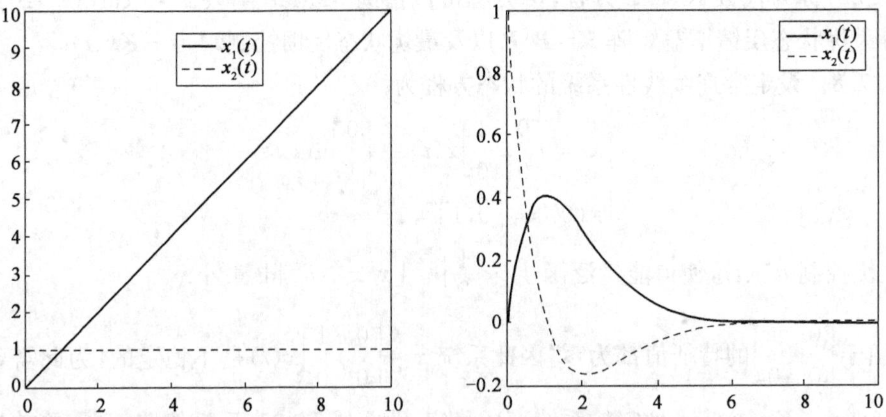

(a)未控制系统的状态变量　　(b)经最优状态反馈控制后系统的状态变量

图 4.7.5　例 4.7.6 状态变量 $\boldsymbol{x}(t)$ 的仿真数值解

程序 4.7.5　例 4.7.6 的仿真数值解.

```
t=0:0.01:10;
A=[0 1;0 0];
Ak=[0  1;-1  -sqrt(3)];
B=[0;0];
C=[1 0];
D=[0];
u=zeros(1,length(t));
x0=[0;1];
[y,x]=lsim(A,B,C,D,u,t,x0);
[yk,xk]=lsim(Ak,B,C,D,u,t,x0);
subplot(1,2,1)
plot(t,x(:,1),'r',t,x(:,2),'b','linewidth',2);
axis square;
legend('x1(t)','x2(t)');
subplot(1,2,2)
plot(t,xk(:,1),'r',t,xk(:,2),'b','linewidth',2);
axis square;
legend('x1(t)','x2(t)');
```

程序4.7.5
(图4.7.5)

4.8　Google 搜索引擎 PageRank 的原理与算法

PageRank(PR)是 Google 公司通过搜索引擎结果对网页排序设计的一种算法. 其命名源于 Google 的奠基者之一 Larry Page. PageRank 是一种度量网页重要性的方法. 根据 Google 公司的描述,PageRank 通过计算连接某一个网页的数量与质量从而粗略地确定该网页的重要性.其潜在的假设是一个网页接受其他网页的链接数量越多,说明该网页重要性越大.尽管该算法并不是Google对搜索引擎结果排序的唯一算法,但是该算法是Google公司最先使用的算法,而且也是最著名的算法.

PageRank是一种连接分析算法,为了"度量"文件(例如互联网中的文件)的超链接集中每一个元素的相对重要性,因此该算法为每一个元素分配一个数值权重.

这种算法还可以应用到任何具有相互引用和参考的实体集合 G.为了定量描述实体集合 G 中的每一个元素 e 的重要性,需要分配给元素 e 数值权重,并将其称为 e 的PageRank值,且用 $PR(e)$ 表示.需要注意的是,在分配数值权重的过程中作者排名等一些其他因素也可能占有一定的比重.

从图论的角度,互联网可以看成一幅有向图 G,为此也可以将互联网称为互联网图(web-graph).所谓互联网图,描述了互联网网页之间的一种有向连接关系.互联网图的顶点对应于互联网的网页,由顶点 x 到顶点 y 的有向边对应于由网页 x 到 y 的链接.

PageRank是基于互联网图得到的一种数学算法.一个特定网页的PageRank值用于表示该网页的重要性.对一个网页的超链接的数量体现了对网页的支持程度.一个网页的PageRank值是以递归的方式定义的,即依赖于链接该网页的所有其他网页(这些网页称为入链网页)的数量及其他网页的PageRank值.如果一个网页被许多具有较高PageRank值的网页所链接,那么该网页本身也具有较高的PageRank值.由统计学的角度看,PageRank算法给出一种概率分布用于表示一个人随机点击一个链接到达任意特定网页的可能性.PageRank可以计算任意大小的网页集合.在计算过程的初始时刻,假设在一个网页集合 G 中的所有文件被搜索的概率(该文件的PageRank值)是均匀分布的,在接下来的每一个时刻,PageRank经过不断地迭代将所有文件的PageRank初始近似值逐渐逼近于理论真实值.由于概率是介于0到1之间的一个数值,0.5的概率通常表示为某种事件发生的概率为50%,因此如果一个网页的PageRank取值为0.5,意味着一个人随机点击一个链接到达该网页的可能性是50%.尽管该算法给出了一个计算PageRank的定性描述算法,但是从实用的角度还需给出计算PageRank明确的定量数学算法.为了便于理解,假设一个网站拥有四个网页 a,b,c,d,参见图4.8.1,在网页链接过程中忽略网页到自身的链接,从一个网页到另一个网页多重出链被看作一个链接,同时假设在初始时刻所有网页的PageRank值具有相同的概率,为此在本例中,每个网页的初始PageRank值为0.25.

在下一次迭代中,从一个网页传递到其目标网页的PageRank值等于原网页的PageRank值除以所有出链的个数.

如果系统只有 b,c,d 到 a 的出链,在下一个迭代中,每个链接传递0.25PageRank值到 a,总数为0.75,即

$$PR(a)=PR(b)+PR(c)+PR(d).$$

由图4.8.1可以看出,b 有到 c 和 a 的出链,c 有到 a 的出链,d 有到 a,b,c 的出链,则经过第一步迭代后,网页 b 传递它一半的PageRank值0.125到 a,网页 c 传递它全部的PageRank值0.25到 a,网页 d 传递它三分之一的PageRank值0.083到 a.第一步迭代后,网页 a 的PageRank值大约为0.458,即

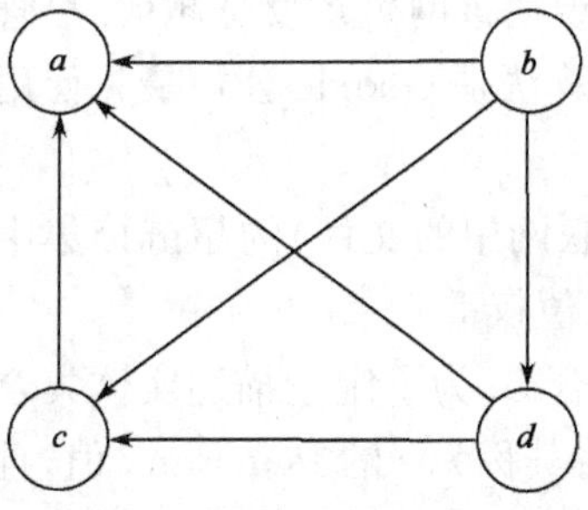

图 4.8.1　四个网页的有向连接关系

$$PR(a)=\frac{PR(b)}{2}+\frac{PR(c)}{1}+\frac{PR(d)}{3}.$$

换句话说,任意一个网页 a 通过所有出链 b,c,d 所接收的 PageRank 值 $PR(a)$ 等于每一个出链网页自身的 PageRank 值 $PR(b)$, $PR(c)$, $PR(d)$ 分别除以其出链数量 $L(b)$, $L(c)$, $L(d)$ 的累和,即

$$PR(a)=\frac{PR(b)}{L(b)}+\frac{PR(c)}{L(c)}+\frac{PR(d)}{L(d)}.$$

在一般情况下,经过一次迭代后,任意网页 u 的 PageRank 值可以表示为

$$PR(u)=\sum_{v\in B_u}\frac{PR(v)}{L(v)},$$

其中 B_u 为出链到 u 的所有网页的集合,即经过一步迭代后,网页 u 的 PageRank 值依赖于每个包含在集合 B_u 中的前一步网页 v 的 PageRank 值 $PR(v)$ 以及网页 v 的出链个数 $L(v)$.

PageRank 理论假设一个人随机点击链接并最终停止点击. 每一步继续进行的概率为阻尼因子 γ. 许多研究者尝试了其他的阻尼因子,但是人们普遍认为阻尼因子应设置为 0.85 左右.

从 1 中减去阻尼因子,其结果再除以集合中文档的数量 n,然后将这一项添加到阻尼因子与入链的 PageRank 值分数和的乘积上,即

$$PR(a)=\frac{1-\gamma}{n}+\gamma\left(\frac{PR(b)}{L(b)}+\frac{PR(c)}{L(c)}+\frac{PR(d)}{L(d)}+\cdots\right).$$

Google 每次抓取网页并重新构建索引时,都会重新计算 PageRank 值. 随着 Google 中文档数量的增加,所有文档的 PageRank 值的初始估计不断减小.

这个公式使用的是一个随机浏览者的模型,他在点击几次之后会感到无聊,然后切换到一个随机网页. 网页的 PageRank 值反映了随机浏览者通过点击链接登录该网页的可能性. 它可以被理解为一个马尔可夫链,其中状态是网页,而所有的状态转移,即网页之间的链接,都是等可能的.

如果一个网页没有到其他网页的链接,它就会变成一个汇点,从而终止随机浏览过程. 如果随机浏览者到达一个汇点,他会随机选择另外一个网页并继续浏览. 计算 PageRank 时,假设没有出链的网页与集合中所有其他的网页是链接的. 因此,它们的 PageRank 值被所有其他的网页均分. 换句话说,为了公平起见,将汇点随机平均地转移到所有其他的网页,其剩余概率(即不进行随机切换的概率)通常设置为 $\gamma=0.85$,这是从一个浏览者使用其浏览器书签功能的平均频率估算出来的.

因此有如下迭代式:

$$PR(p_i,k+1)=\frac{1-\gamma}{n}+\gamma\sum_{p_j\in M(p_i)}\frac{PR(p_j,k)}{L(p_j)},\tag{4.8.1}$$

其中 $p_1,p_2,\cdots,p_n$ 为所涉及的网页,$M(p_i)$ 是链接到 p_i 的网页集合,$L(p_j)$ 是 p_j 的出链数量,n 是网页的总数量. 令 PageRank 值在第 k 时刻的概率分布向量为

$$
\boldsymbol{r}(k)=\begin{bmatrix} PR(p_1,k) \\ PR(p_2,k) \\ \vdots \\ PR(p_n,k) \end{bmatrix},
$$

此时迭代式(4.8.1)可以写成矩阵形式

$$
\boldsymbol{r}(k+1)=\frac{1-\gamma}{n}\boldsymbol{1}_n+\gamma\boldsymbol{M}\boldsymbol{r}(k), \tag{4.8.2}
$$

且满足对任意的时刻 k，$\sum_{i=1}^{n}r_i(k)=\sum_{i=1}^{n}PR(p_i,k)=1$. 其中$\boldsymbol{1}_n$ 是 n 维全 1 列向量，链接矩阵

$$
\boldsymbol{M}=\begin{bmatrix} l(p_1,p_1) & l(p_1,p_2) & \cdots & l(p_1,p_n) \\ l(p_2,p_1) & \ddots & & \vdots \\ \vdots & & l(p_i,p_j) & \\ l(p_n,p_1) & \cdots & \cdots & l(p_n,p_n) \end{bmatrix},
$$

其中

$$
l(p_i,p_j)=\begin{cases} \dfrac{1}{L(p_j)}, & \text{若 } p_j \text{ 有到 } p_i \text{ 的出链}, \\ 0, & \text{其他}, \end{cases}
$$

由此可知对每个 j 都有

$$
\sum_{i=1}^{n}l(p_i,p_j)=1, \tag{4.8.3}
$$

即 $\boldsymbol{M}$ 每一列的元素和为 1，故链接矩阵 $\boldsymbol{M}$ 是一个列随机矩阵.

假定 PageRank 值在初始时刻的概率分布向量为 $\boldsymbol{r}(0)$，即满足$\sum_{i=1}^{n}r_i(0)=1$，$r_i(0)\geqslant 0$，$i=1,2,\cdots,n$，于是式(4.8.2)加上初始条件可以构建成一个 PageRank 动态离散线性系统：

$$
\begin{cases} \boldsymbol{r}(k+1)=\left(\dfrac{1-\gamma}{n}\boldsymbol{1}_{n\times n}+\gamma\boldsymbol{M}\right)\boldsymbol{r}(k)=\hat{\boldsymbol{M}}\boldsymbol{r}(k), k\in N, \\ \displaystyle\sum_{i=1}^{n}r_i(0)=1, \qquad r_i(0)\geqslant 0, i=1,2,\cdots,n, \end{cases} \tag{4.8.4}
$$

其中 $\hat{\boldsymbol{M}}=\dfrac{1-\gamma}{n}\boldsymbol{1}_{n\times n}+\gamma\boldsymbol{M}$ 称为 PageRank 矩阵，或称为 Google 矩阵，$\boldsymbol{1}_{n\times n}$ 为 n 阶全 1 方阵. 式(4.8.4)作为一个 Markov 过程描述了网页的搜索过程，其稳定状态即为网页的搜索结果，从数学的角度，网页的搜索结果即是$\lim\limits_{k\to\infty}\boldsymbol{r}(k)$，为此需要讨论该极限的存在性以及对极限结果进行解释.

4.8.1 Google 矩阵的性质

定理 4.8.1　当 $0\leqslant\gamma<1$ 时，Google 矩阵 $\hat{\boldsymbol{M}}$ 是一个正列随机矩阵，且其特征值 λ 满足 $|\lambda|\leqslant 1$.

证明:由于 $\boldsymbol{M}$ 是一个正列随机矩阵,再由 $\hat{\boldsymbol{M}}=\frac{1-\gamma}{n}\mathbf{1}_{n\times n}+\gamma\boldsymbol{M}$ 可知

$$\sum_{i=1}^{n}\hat{\boldsymbol{M}}_{ij}=\sum_{i=1}^{n}\left(\frac{1-\gamma}{n}\mathbf{1}_{n\times n}+\gamma\boldsymbol{M}\right)_{ij}=\sum_{i=1}^{n}\frac{1-\gamma}{n}+\gamma\sum_{i=1}^{n}\boldsymbol{M}_{ij}$$
$$=1-\gamma+\gamma=1,\qquad j=1,2,\cdots,n.$$

因此 Google 矩阵 $\hat{\boldsymbol{M}}$ 也是列随机矩阵. 再由 $0\leqslant\gamma<1$ 可知 $\hat{\boldsymbol{M}}_{ij}=\frac{1-\gamma}{n}+\gamma\boldsymbol{M}_{ij}\geqslant\frac{1-\gamma}{n}>0$,故 $\hat{\boldsymbol{M}}$ 是一个正列随机矩阵.

由 Gershgorin 圆盘定理可知,$\hat{\boldsymbol{M}}$ 的特征值 $\lambda_j,j=1,2,\cdots,n$ 满足

$$|\lambda_j-\hat{\boldsymbol{M}}_{jj}|\leqslant\sum_{i=1,i\neq j}^{n}|\hat{\boldsymbol{M}}_{ij}|=\sum_{i=1,i\neq j}^{n}\hat{\boldsymbol{M}}_{ij},j=1,2,\cdots,n,\tag{4.8.5}$$

由三角不等式可知 $|\lambda_j|-\hat{\boldsymbol{M}}_{jj}\leqslant|\lambda_j-\hat{\boldsymbol{M}}_{jj}|$,再联立式(4.8.5)可得 $|\lambda_j|\leqslant\sum_{i=1}^{n}\hat{\boldsymbol{M}}_{ij}$. 因为 Google 矩阵 $\hat{\boldsymbol{M}}$ 是列随机矩阵,故有 $|\lambda_j|\leqslant\sum_{i=1}^{n}\hat{\boldsymbol{M}}_{ij}=1,j=1,2,\cdots,n.$

定理 4.8.2 当 $0\leqslant\gamma<1$ 时,Google 矩阵 $\hat{\boldsymbol{M}}$ 的按模最大特征值 λ_1 为 **1** 且是单根,同时存在一个所有元素为正且列和为 **1** 的特征向量(将该特征向量称为概率分布特征向量).

证明:由 $\hat{\boldsymbol{M}}$ 的列和为 1 可知 $\hat{\boldsymbol{M}}^{\mathrm{T}}$ 的行和为 1,易知全 1 列向量 $\mathbf{1}_n$ 是 $\hat{\boldsymbol{M}}^{\mathrm{T}}$ 的特征向量,即 $\hat{\boldsymbol{M}}^{\mathrm{T}}\mathbf{1}_n=\mathbf{1}_n$,因此 $\lambda_1=1$ 是 $\hat{\boldsymbol{M}}^{\mathrm{T}}$ 的特征值. 由于 Google 矩阵 $\hat{\boldsymbol{M}}$ 和 $\hat{\boldsymbol{M}}^{\mathrm{T}}$ 的特征值相同,故 $\lambda_1=1$ 也是 $\hat{\boldsymbol{M}}$ 的特征值,再由定理 4.8.1 可知 $|\lambda|\leqslant1$,因此 $\lambda_1=1$ 是 Google 矩阵的按模最大特征值. 又因为当 $0\leqslant\gamma<1$ 时 Google 矩阵 $\hat{\boldsymbol{M}}$ 是正矩阵,于是由 Perron-Frobenius 定理可知,$\lambda_1=1$ 是单根,同时存在一个所有元素为正且列和为 1 的特征向量,将该特征向量记为 $\boldsymbol{v}=(v_1,v_2,\cdots,v_n)$,其中 $v_i>0,\sum_{i=1}^{n}v_i=1$ 且满足 $\hat{\boldsymbol{M}}\boldsymbol{v}=\boldsymbol{v}$,即 $\boldsymbol{v}$ 是 $\hat{\boldsymbol{M}}$ 的一个概率分布特征向量.

定理 4.8.3 当 $0\leqslant\gamma<1$ 时,若 λ_2 是 Google 矩阵 $\hat{\boldsymbol{M}}$ 的按模第二大的特征值,即 $1=\lambda_1>|\lambda_2|\geqslant|\lambda_3|\geqslant\cdots\geqslant|\lambda_n|$,则有 $|\lambda_2|\leqslant\gamma$.

证明:首先证明 $\hat{\boldsymbol{M}}$ 的非主特征值的特征向量正交于全 1 列向量 $\mathbf{1}_n$. 设 $\hat{\boldsymbol{M}}$ 的非主特征值 λ(即 λ 分别取 $\lambda_j,j=2,3,\cdots,n$)对应的特征向量为 $\boldsymbol{\alpha}$,即 $\hat{\boldsymbol{M}}\boldsymbol{\alpha}=\lambda\boldsymbol{\alpha}$ 且 $|\lambda|<1$,于是

$$\bar{\lambda}\boldsymbol{\alpha}^*\mathbf{1}_n=(\lambda\boldsymbol{\alpha})^*\mathbf{1}_n=(\hat{\boldsymbol{M}}\boldsymbol{\alpha})^*\mathbf{1}_n=\boldsymbol{\alpha}^*\hat{\boldsymbol{M}}^{\mathrm{T}}\mathbf{1}_n,$$

其中 $\boldsymbol{\alpha}^*$ 是 $\boldsymbol{\alpha}$ 的共轭转置. 因为 $\hat{\boldsymbol{M}}$ 是列和为 1 的矩阵,故 $\hat{\boldsymbol{M}}^{\mathrm{T}}$ 是行和为 1 的矩阵,所以 $\hat{\boldsymbol{M}}^{\mathrm{T}}\mathbf{1}_n=\mathbf{1}_n$,于是有 $\bar{\lambda}\boldsymbol{\alpha}^*\mathbf{1}_n=\boldsymbol{\alpha}^*\hat{\boldsymbol{M}}^{\mathrm{T}}\mathbf{1}_n=\boldsymbol{\alpha}^*\mathbf{1}_n$,即 $(\bar{\lambda}-1)\boldsymbol{\alpha}^*\mathbf{1}_n=0$,再由定理 4.8.2 可知 $|\lambda|<1$,从而 $\bar{\lambda}-1\neq0$,故 $\boldsymbol{\alpha}^*\mathbf{1}_n=(\mathbf{1}_n,\boldsymbol{\alpha})=0$,其中 $(\mathbf{1}_n,\boldsymbol{\alpha})$ 表示 $\mathbf{1}_n$ 与 $\boldsymbol{\alpha}$ 在 $\boldsymbol{C}^n$ 中的内积,由此可知 $\boldsymbol{\alpha}$ 与 $\mathbf{1}_n$ 在 $\boldsymbol{C}^n$ 中内正交.

设 $\hat{\boldsymbol{M}}$ 的第二特征值 λ_2 对应的特征向量为 $\boldsymbol{\alpha}_2$,将 $\hat{\boldsymbol{M}}=\frac{1-\gamma}{n}\mathbf{1}_{n\times n}+\gamma\boldsymbol{M}$ 代入 $\hat{\boldsymbol{M}}\boldsymbol{\alpha}_2=\lambda_2\boldsymbol{\alpha}_2$ 可得

$$\lambda_2\boldsymbol{\alpha}_2=\frac{1-\gamma}{n}\mathbf{1}_{n\times n}\boldsymbol{\alpha}_2+\gamma\boldsymbol{M}\boldsymbol{\alpha}_2=\frac{1-\gamma}{n}\mathbf{1}_n\mathbf{1}_n^*\boldsymbol{\alpha}_2+\gamma\boldsymbol{M}\boldsymbol{\alpha}_2$$
$$=\frac{1-\gamma}{n}\mathbf{1}_n(\boldsymbol{\alpha}_2,\mathbf{1}_n)+\gamma\boldsymbol{M}\boldsymbol{\alpha}_2=\frac{1-\gamma}{n}\mathbf{1}_n\overline{(\mathbf{1}_n,\boldsymbol{\alpha}_2)}+\gamma\boldsymbol{M}\boldsymbol{\alpha}_2=\gamma\boldsymbol{M}\boldsymbol{\alpha}_2,$$

即$\frac{\lambda_2}{\gamma}\boldsymbol{\alpha}_2=\boldsymbol{M}\boldsymbol{\alpha}_2$，因而$\frac{\lambda_2}{\gamma}$是$\boldsymbol{M}$的特征值. 类似于定理 4.8.1 的证明，借助 Gershgorin 圆盘定理可证，$\boldsymbol{M}$的特征值$\lambda(\boldsymbol{M})$满足$|\lambda(\boldsymbol{M})|\leqslant 1$，因此$\left|\frac{\lambda_2}{\gamma}\right|\leqslant 1$，从而有$|\lambda_2|\leqslant\gamma$.

例 4.8.1　给定如图 4.8.1 所示由 a,b,c,d 四个网页构成的有向链接网络，当 $\gamma=0.85$ 时，求该网络的 Google 矩阵 $\hat{\boldsymbol{M}}=\frac{1-\gamma}{n}\mathbf{1}_{n\times n}+\gamma\boldsymbol{M}$，并验证定理 4.8.1、定理 4.8.2 与定理 4.8.3 的结论.

解：首先由链接关系图构建链接矩阵 $\boldsymbol{M}$，由链接函数 $l(p_i,p_j)$ 的定义可知 $\boldsymbol{M}_{ii}=0,i=1,2,3,4$（因为每一个网页都不存在自身到自身的链接），$\boldsymbol{M}_{12}=l(p_1,p_2)=1/3$ 表示由网页 b 到 a 的出链数量 1 与网页 b 的总出链数量 3 的比值，同理 $\boldsymbol{M}_{13}=1,\boldsymbol{M}_{14}=1/2,\boldsymbol{M}_{21}=1/3,\boldsymbol{M}_{23}=\boldsymbol{M}_{24}=0,\boldsymbol{M}_{31}=\boldsymbol{M}_{32}=1/3,\boldsymbol{M}_{34}=1/2,\boldsymbol{M}_{41}=\boldsymbol{M}_{42}=1/3,\boldsymbol{M}_{43}=0$. 故链接矩阵为

$$\boldsymbol{M}=\begin{bmatrix}0&1/3&1&1/2\\1/3&0&0&0\\1/3&1/3&0&1/2\\1/3&1/3&0&0\end{bmatrix}.$$

当 $\gamma=0.85$ 时，Google 矩阵为

$$\hat{\boldsymbol{M}}=\frac{1-\gamma}{n}\mathbf{1}_{n\times n}+\gamma\boldsymbol{M}=\frac{0.15}{4}\times\begin{bmatrix}1&1&1&1\\1&1&1&1\\1&1&1&1\\1&1&1&1\end{bmatrix}+0.85\times\begin{bmatrix}0&1/3&1&1/2\\1/3&0&0&0\\1/3&1/3&0&1/2\\1/3&1/3&0&0\end{bmatrix}$$
$$=\begin{bmatrix}0.0375&0.3208&0.8875&0.4625\\0.3208&0.0375&0.0375&0.0375\\0.3208&0.3208&0.0375&0.4625\\0.3208&0.3208&0.0375&0.0375\end{bmatrix}.$$

求得 $\hat{\boldsymbol{M}}$ 的特征值

$$\lambda_1=1,\lambda_2=-0.2833+0.2003i,\lambda_3=-0.2833-0.2003i,\lambda_4=-0.2833,$$

可见 $\hat{\boldsymbol{M}}$ 的按模最大特征值 λ_1 为 1 且是单根，按模第二大的特征值 λ_2 满足 $|\lambda^2|\leqslant\gamma=0.85$. 再求 $\lambda_1=1$ 所对应的一个特征向量 $\tilde{\boldsymbol{\pi}}=[-0.7328,-0.2780,-0.5084,-0.3567]^{\mathrm{T}}$，将 $\tilde{\boldsymbol{\pi}}$ 除以其分量和可得 $\boldsymbol{\pi}=[0.3907,0.1482,0.2710,0.1902]^{\mathrm{T}}$ 是 $\hat{\boldsymbol{M}}$ 特征值 1 的一个所有元素为正且列和为 1 的特征向量，即 $\boldsymbol{\pi}$ 是 $\hat{\boldsymbol{M}}$ 的一个概率分布特征向量.

4.8.2 PageRank 值的收敛性及计算方法

由方程(4.8.4)的迭代关系可得 $\boldsymbol{r}(k)=\hat{\boldsymbol{M}}^k\boldsymbol{r}(0), k\in\boldsymbol{N}$. 再由定理 4.8.1 可知当 $0\leqslant\gamma<1$ 时,*Google* 矩阵 $\hat{\boldsymbol{M}}$ 是正列随机矩阵,借助推论 4.3.6 可得 $\lim\limits_{k\to\infty}\hat{\boldsymbol{M}}^k=\boldsymbol{\pi}\cdot\boldsymbol{1}_n^{\mathrm{T}}$,其中 $\boldsymbol{\pi}$ 是 $\hat{\boldsymbol{M}}$ 特征值 1 所对应的概率分布特征向量. 由此可知对于任意一个初始概率分布 $\boldsymbol{r}(0)$, $\lim\limits_{k\to\infty}\boldsymbol{r}(k)=\lim\limits_{k\to\infty}\hat{\boldsymbol{M}}^k\boldsymbol{r}(\boldsymbol{0})=\boldsymbol{\pi}\boldsymbol{1}_n^{\mathrm{T}}\boldsymbol{r}(\boldsymbol{0})=\boldsymbol{\pi}$. 由此可知网页的搜索结果即 $\lim\limits_{k\to\infty}\boldsymbol{r}(k)$ 是稳定的且其收敛结果为 Google 矩阵 $\hat{\boldsymbol{M}}$ 特征值 1 所对应的概率分布特征向量. 于是网页的搜索结果即求 $\lim\limits_{k\to\infty}\boldsymbol{r}(k)$ 的问题转化为求解 Google 矩阵 $\hat{\boldsymbol{M}}$ 特征值 1 所对应的概率分布特征向量的问题. 在求解 $\hat{\boldsymbol{M}}$ 特征值 1 所对应的概率分布特征向量的问题通常有两种方法,一种是代数法,另一种是迭代法.

1. 代数法

借助 $\lim\limits_{k\to\infty}\boldsymbol{r}(k)=\boldsymbol{\pi}$,将式(4.8.4)中递归等式 $\boldsymbol{r}(k+1)=\left(\dfrac{1-\gamma}{n}\boldsymbol{1}_{n\times n}+\gamma\boldsymbol{M}\right)\boldsymbol{r}(k)$ 两边取极限,则有 $\boldsymbol{\pi}=\left(\dfrac{1-\gamma}{n}\boldsymbol{1}_{n\times n}+\gamma\boldsymbol{M}\right)\boldsymbol{\pi}$,且 $\sum\limits_{i=1}^{n}\pi_i=1, \pi_i\geqslant 0, i=1,2,\cdots,n$,将上式改写成

$$(\boldsymbol{E}-\gamma\boldsymbol{M})\boldsymbol{\pi}=\frac{1-\gamma}{n}\boldsymbol{1}_n. \tag{4.8.6}$$

易知当 $0\leqslant\gamma<1$ 时,$\boldsymbol{E}-\gamma\boldsymbol{M}$ 是严格对角占优矩阵,故 $\boldsymbol{E}-\gamma\boldsymbol{M}$ 可逆,求解该线性方程组可得 Google 矩阵 $\hat{\boldsymbol{M}}$ 特征值 1 所对应的概率分布特征向量

$$\boldsymbol{\pi}=(\boldsymbol{E}-\gamma\boldsymbol{M})^{-1}\frac{1-\gamma}{n}\boldsymbol{1}_n, \tag{4.8.7}$$

针对例 4.8.1,使用代数法解线性方程组(4.8.6)可得 $\boldsymbol{\pi}=[0.3907, 0.1482, 0.2710, 0.1902]^{\mathrm{T}}$ 是 $\hat{\boldsymbol{M}}$ 特征值 1 的一个所有元素为正且列和为 1 的特征向量,即 $\boldsymbol{\pi}$ 是 $\hat{\boldsymbol{M}}$ 的一个概率分布特征向量. 故搜索网页 a,b,c,d 的概率分别为 0.3907,0.1482,0.2710,0.1902.

2. 迭代法

首先假设在初始状态,即 $k=0$ 时,网页 PageRank 值的初始概率分布为均匀分布,即

$$PR(p_i;0)=\frac{1}{n},$$

其中 n 是网页的总数,$PR(p_i;0)$ 表示第 i 个网页 p_i 在初始时刻 PageRank 值的概率分布.

由第 k 个时刻到第 $k+1$ 个时刻网页的 PageRank 值按照如下方式更新

$$PR(p_i,k+1)=\frac{1-\gamma}{n}+\gamma\sum_{p_j\in\boldsymbol{M}(p_i)}\frac{PR(p_j,k)}{L(p_j)}, i=1,2,\cdots,n,$$

将其表达成矩阵形式为

$$r(k+1)=\gamma \boldsymbol{M}\boldsymbol{r}(k)+\frac{1-\gamma}{n}\boldsymbol{1}_n \tag{4.8.8}$$

其中，$r_i(k)=PR(p_i,k), i=1,2,\cdots,n$.

若给定收敛误差限为 $\varepsilon>0$，则式(4.8.7)的迭代过程满足 $\|\boldsymbol{r}(k+1)-\boldsymbol{r}(k)\|<\varepsilon$ 条件时，迭代过程终止，此时即可将 $\boldsymbol{r}(k+1)$ 作为网页 PageRank 值近似的收敛结果.

调用程序 4.8.1，运行 M=[0 1/3 1 1/2;1/3 0 0 0;1/3 1/3 0 1/2;1/3 1/3 0 0];gamma=0.85; epsilon=1e−6; [rnew,k]=iter_simple(M,gamma,epsilon) 经过 13 次迭代也可得搜索网页 a,b,c,d 的概率分别为 0.3907,0.1482,0.2710,0.1902.

程序 4.8.1　求解网页 PageRank 值的迭代法.

```
function [rnew,k]=iter_simple(M,gamma,epsilon)
n=size(M,1);
r=ones(n,1)*inf;
rnew=ones(n,1)/n;
k=0;
while norm(rnew-r)>epsilon
    r=rnew;
    rnew=gamma*M*r+(1-gamma)/n*ones(n,1);
    k=k+1;
end
```

程序4.8.1

需要说明的是，使用代数法就是直接求线性方程组(4.8.6)的解，但是在实际应用中，由于 $\hat{\boldsymbol{M}}$ 通常具有上万或上亿的阶次，因此直接求解线性方程组(4.8.6)运算量很大，其求解速度较慢，难以达到快速搜索所需网页的要求. 由定理 4.8.3 可知迭代法的收敛速率为 $\left|\frac{\lambda_2(\hat{\boldsymbol{M}})}{\lambda_1(\hat{\boldsymbol{M}})}\right|=\lambda_2(\hat{\boldsymbol{M}})\leqslant\gamma$，因此当 γ 较小时，Google 矩阵 $\hat{\boldsymbol{M}}$ 特征值之间差距较大，迭代法的收敛稳定性较高，而且当 γ 较小时，由数值分析可知迭代法收敛速度较快，$\hat{\boldsymbol{M}}$ 的特征向量仅需几次迭代就可以达到较高精度的收敛结果，从而实现快速搜索所需网页的目的. 按照 Google 创始人原始论文所提供的研究结果，在 γ 给定的情况下，网络的 PageRank 算法收敛的迭代次数与 $\lg n$ 近似呈线性关系，其中 n 是网络中网页的数量.

4.9　习　　题

习题 4.1　证明对于 $\boldsymbol{F}^n$ 上的向量 1 范数、2 范数和 ∞ 范数有如下等价关系：

(1) $\|\boldsymbol{x}\|_2\leqslant\|\boldsymbol{x}\|_1\leqslant\sqrt{n}\,\|\boldsymbol{x}\|_2$;

(2) $\|\boldsymbol{x}\|_\infty\leqslant\|\boldsymbol{x}\|_2\leqslant\sqrt{n}\,\|\boldsymbol{x}\|_\infty$;

(3) $\|\boldsymbol{x}\|_\infty\leqslant\|\boldsymbol{x}\|_1\leqslant n\,\|\boldsymbol{x}\|_\infty$.

并且通过上述三个等价关系证明

$$\|x\|_\infty \leqslant \|x\|_2 \leqslant \|x\|_1 \leqslant \sqrt{n}\ \|x\|_2 \leqslant n\ \|x\|_\infty.$$

习题 4.2 给定函数 $a\ |x|^p + b\ |y|^p = 1$,试编制该函数图形的 Matlab 函数,并分别绘制:

(1)当 $a=1,b=2$ 时,绘制 p 分别取 0.5,1,1.5,2,20 的图形;

(2)当 $a=1,b=-2$ 时,绘制 p 分别取 0.5,1,1.5,2,20 的图形.

习题 4.3 给定函数 $a\ |x|^p + b\ |y|^p + c\ |z|^p = 1$,试编制该函数图形的 Matlab 函数,并分别绘制:

(1)当 $a=1,b=1,c=2$ 时,绘制 p 分别取 0.5,1,1.5,2,20 的图形;

(2)当 $a=1,b=1,c=-2$ 时,绘制 p 分别取 0.5,1,1.5,2,20 的图形.

习题 4.4 证明若 $\boldsymbol{A},\boldsymbol{B}\in \mathbf{C}^{m\times n}$,则有:

(1) $\|\boldsymbol{A}^*\boldsymbol{A}\|_F = \|\boldsymbol{A}\boldsymbol{A}^*\|_F \leqslant \|\boldsymbol{A}\|_F^2 \leqslant \sqrt{r}\ \|\boldsymbol{A}\boldsymbol{A}^*\|_F$;

(2) $\|\boldsymbol{A}+\boldsymbol{B}\|_F \leqslant \|\boldsymbol{A}\|_F + \|\boldsymbol{B}\|_F$.

提示:证明(1)需要用到初等不等式

$$\sqrt{\sum_{i=1}^{r} a_i^2} \leqslant \sum_{i=1}^{r} a_i \leqslant \sqrt{r}\sqrt{\sum_{i=1}^{r} a_i^2},$$

其中 $a_i \geqslant 0, i = 1,2,\cdots,r$.

证明(2)需要用到第三章的 Cauchy-Schwarz 不等式

$$|\operatorname{trace}(\boldsymbol{B}^*\boldsymbol{A})| \leqslant \operatorname{trace}^{1/2}(\boldsymbol{A}^*\boldsymbol{A})\operatorname{trace}^{1/2}(\boldsymbol{B}^*\boldsymbol{B}).$$

习题 4.5 对任意矩阵 $\boldsymbol{A}\in \mathbf{C}^{n\times n}$,用 $|\boldsymbol{A}|$ 表示矩阵 $[|a_{ij}|]$. 证明若 $|\boldsymbol{A}| \leqslant \boldsymbol{B}$,则有

$$\rho(\boldsymbol{A}) \leqslant \rho(|\boldsymbol{A}|) \leqslant \rho(\boldsymbol{B}).$$

习题 4.6 假设 $\boldsymbol{A}$ 是一个 n 阶魔方矩阵,试证明 $\boldsymbol{P}=\dfrac{1}{\|\boldsymbol{A}\|_1}\boldsymbol{A}$ 是 n 阶双随机矩阵,$\lim\limits_{k\to\infty}\boldsymbol{P}^k = \dfrac{1}{n}\mathbf{1}_{n\times n}$,其中 $\mathbf{1}_{n\times n}$ 是 $n\times n$ 的全一矩阵,并编制 Matlab 程序验证该结果.

习题 4.7 证明若 $\boldsymbol{A}\in \mathbf{R}^{n\times n}$ 是一个 M 矩阵,则方程组 $\boldsymbol{Ax}=\boldsymbol{b}$ 的 Jacobi 迭代收敛.

习题 4.8 给定一个线性方程组 $\boldsymbol{Ax}=\boldsymbol{b}$,其中 $\boldsymbol{A}=\begin{bmatrix} 3 & -1 & -2 \\ 0 & 4 & -1 \\ -1 & 0 & 2 \end{bmatrix}$,$\boldsymbol{b}=\begin{bmatrix} 1 \\ -2 \\ -1 \end{bmatrix}$,试证明其对应的 Jacobi 迭代、Gauss-Seidel 迭代以及当 $0<\omega\leqslant 1$ 时的超松弛迭代收敛,并利用程序 4.3.2 求解该线性方程组,并比较当误差为 10^{-6}、初始值取 $[0,0,0]^{\mathrm{T}}$、$\omega=0.9$ 时其迭代次数.

习题 4.9 给定一个线性方程组 $\boldsymbol{Ax}=\boldsymbol{b}$,其中 $\boldsymbol{A}=\begin{bmatrix} 2 & -1 & 2 \\ -1 & 4 & -2 \\ 2 & -2 & 3 \end{bmatrix}$,$\boldsymbol{b}=\begin{bmatrix} 2 \\ 1 \\ 1 \end{bmatrix}$,试证明其对应的 $0<\omega<2$ 时的超松弛迭代收敛,并利用程序 4.3.3 求解该线性方程组,并比较当误差为 10^{-6}、初始值取 $[0,0,0]^{\mathrm{T}}$ 时,ω 取不同值的迭代次数.

习题 4.10 证明:(1)若 $\boldsymbol{A}$ 是一个 n 阶实对称矩阵,则 $\exp(\boldsymbol{A})$ 也是一个 n 阶实对称矩阵;

(2)若 $\boldsymbol{A}$ 是一个 n 阶实反对称矩阵,即 $\boldsymbol{A}^{\mathrm{T}}=-\boldsymbol{A}$,则 $\exp(\boldsymbol{A})$ 是一个 n 阶正交矩阵;

(3)若 $\boldsymbol{A}$ 是一个 n 阶 Hermite 矩阵,即 $\boldsymbol{A}^*=\boldsymbol{A}$,则 $\exp(\boldsymbol{A})$ 也是一个 n 阶 Hermite 矩阵;

(4)若 $\boldsymbol{A}$ 是一个 n 阶反 Hermite 矩阵,即 $\boldsymbol{A}^*=-\boldsymbol{A}$,则 $\exp(\boldsymbol{A})$是一个 n 阶酉矩阵.

习题 4.11　证明对所有的算子范数 $\|\cdot\|$,$\|\exp(\boldsymbol{A})\|\leqslant\exp(\|\boldsymbol{A}\|)$.

习题 4.12　已知矩阵 $\boldsymbol{A}=\begin{bmatrix}2&1&4\\0&2&0\\0&3&1\end{bmatrix}$,求矩阵函数 $\exp(\boldsymbol{A}t)$,并由此求出 $\exp(\boldsymbol{A})$,并借助 Matlab 函数分别计算 $\exp(\boldsymbol{A}t)$和 $\exp(\boldsymbol{A})$.

习题 4.13　已知矩阵 $\boldsymbol{A}=\begin{bmatrix}3&1&1\\-1&1&0\\0&0&1\end{bmatrix}$,求矩阵函数 $\sin(\boldsymbol{A}t)$,$\cos(\boldsymbol{A}t)$与 $\ln(\boldsymbol{A}t)$,并借助 Matlab 函数分别计算 $\sin(\boldsymbol{A}t)$、$\cos(\boldsymbol{A}t)$与 $\ln(\boldsymbol{A}t)$.

习题 4.14　已知二元函数 $f(x_1,x_2)=\exp(-x_1^2-x_2^2)$,分别求其在 $\boldsymbol{x}^0=[0,0]^{\mathrm{T}}$ 以及$\boldsymbol{x}^0=[1,-1]^{\mathrm{T}}$ 点的二阶泰勒展式,并绘制原图形与二阶泰勒展式分别在$[0,0]^{\mathrm{T}}$ 以及$[1,-1]^{\mathrm{T}}$ 的逼近图形.

习题 4.15　用 Newton 迭代法解如下非线性方程组

$$\begin{cases}f_1(x_1,x_2)=x_1-2x_2+5x_2^2-x_2^3-13=0,\\f_2(x_1,x_2)=x_1-14x_2+x_2^2+x_2^3-29=0,\end{cases}$$

取初始值为$\boldsymbol{x}^{(0)}=[x_1^{(0)},x_2^{(0)}]^{\mathrm{T}}=\boldsymbol{0}$,绝对误差限为 $\varepsilon=10^{-6}$,并编制 Newton 迭代格式的 Matlab 程序以及绘制非线性方程组两个函数的图形.

习题 4.16 求如下三阶系统

$$\begin{cases}\dot{x}_1(t)=3x_1(t)-x_2(t)+x_3(t)+e^t,\\\dot{x}_2(t)=2x_1(t)+x_3(t),\\\dot{x}_3(t)=x_1(t)-x_2(t)+2x_3(t),\\x_1(0)=0,x_2(0)=0,x_3(0)=1\end{cases}$$

的解.

习题 4.17　求如下二阶系统

$$\begin{cases}x''-6x'+9x=\mathrm{e}^t,\\x(0)=1,x'(0)=0\end{cases}$$

的解.

习题 4.18　求解如下二阶系统

$$\begin{cases}x''+5y'-7x+6y=\mathrm{e}^t,\\y''+13y'-2y-15x=\cos t,\\x(0)=1,x'(0)=0,y(0)=0,y'(0)=1\end{cases}$$

的解.

习题 4.19 求如下定常连续线性系统

$$\begin{cases} \dot{\boldsymbol{x}} = \begin{bmatrix} 0 & 1 \\ -2 & -3 \end{bmatrix} \boldsymbol{x}(t) + \begin{bmatrix} 2 \\ 0 \end{bmatrix} u(t), \\ \boldsymbol{y}(t) = \begin{bmatrix} 0 & 1 \end{bmatrix} \boldsymbol{x}(t), \\ \boldsymbol{x}(0) = \begin{bmatrix} 0 \\ 1 \end{bmatrix}, u(t) = \exp(-t) \end{cases}$$

的解.

习题 4.20 设定常连续线性系统的状态方程为

$$\begin{cases} \dot{\boldsymbol{x}} = \begin{bmatrix} 0 & 1 \\ 0 & 2 \end{bmatrix} \boldsymbol{x}(t) + \begin{bmatrix} 0 \\ 2 \end{bmatrix} u(t), \\ \boldsymbol{x}(0) = [1,0]^{\mathrm{T}}, \end{cases}$$

试确定最优控制 $u^*(t)$,使得性能泛函 $J = \frac{1}{2}\int_0^{+\infty} [4\,\boldsymbol{x}^{\mathrm{T}}\boldsymbol{x} + u^2]\mathrm{d}t$ 最小.

习题 4.21 给定如下图由 a,b,c,d,e 五个网页构成的有向链接网络,当 $\gamma=0.85$ 时,求该网络的 Google 矩阵 $\hat{\boldsymbol{M}}=\frac{1-\gamma}{n}\boldsymbol{1}_{n\times n}+\gamma\boldsymbol{M}$,并验证定理 4.8.1、定理 4.8.2 与定理 4.8.3 的结论,并使用代数法和迭代法求出搜索网页 a,b,c,d,e 的概率.

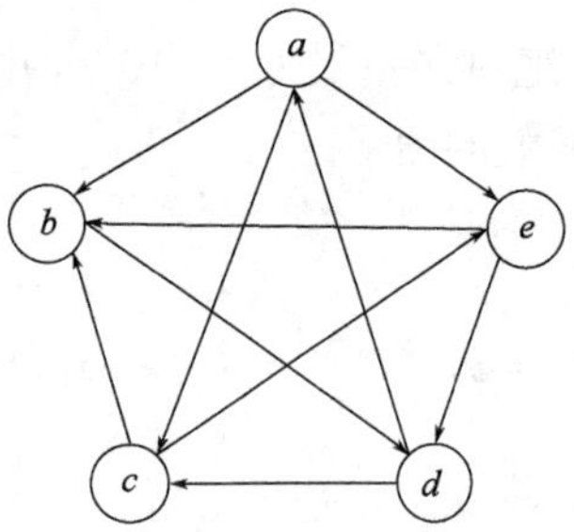

参考文献

[1] Lay D C. Linear Algebra and Its Applications. 3rd ed. Addison Wesley, 2005.

[2] Meyer C D. Matrix Analysis and Applied Linear Algebra. Society for Industrial and Applied Mathematics (SIAM), 2001.

[3] Nemes, Gergö. On the coefficients of the asymptotic expansion of n!. Journal of Integer Sequences. 2010, 13 (6): 5.

[4] Choi Man-Duen. Tricks or treats with the Hilbert matrix. The American Mathematical Monthly, 1983, 90 (5): 301—312.

[5] Böttcher A, Grudsky S M. Toeplitz Matrices, Asymptotic Linear Algebra, and Functional Analysis. Birkhäuser, 2012.

[6] Henderson H V, Searle S R. The vec-permutation matrix, the vec operator and Kronecker products: A review. Linear and Multilinear Algebra, 1980, 9 (4): 271—288.

[7] Smith S W. The Scientist and Engineer′s Guide to Digital Signal Processing. California Technical Publishing, 1997.

[8] Varga R S. Geršgorin and His Circles. Berlin: Springer-Verlag, 2004.

[9] Berman A, Plemmons R J. Nonnegative Matrices in the Mathematical Sciences. Academic Press, 1979.

[10] Plemmons R J. M-matrix characterizations. I-nonsingular M-matrices. Linear Algebra and its Applications, 1977, 18 (2): 175—188.

[11] Khan S A. Quadratic surfaces in science and engineering. Bulletin of the IAPT, 2010, 2(11), 327—330.

[12] Hazewinkel M. Encyclopedia of Mathematics. Springer, 1997.

[13] Beutelspacher A, Rosenbaum U. Projective Geometry: From Foundations to Applications. Cambridge University Press, 1998.

[14] Carlbom I, Paciorek J. Planar geometric projections and viewing transformations. ACM Computing Surveys, 1978, 10 (4): 465—502.

[15] Brown W A. Matrices and vector spaces. New York: M. Dekker, 1991.

[16] Serge L. Linear Algebra. Berlin, New York: Springer-Verlag, 1987.

[17] Roman S. Advanced Linear Algebra, Graduate Texts in Mathematics. 2nd ed. Berlin, New York: Springer-Verlag, 2005.

[18] Gasquet C, Witomski P. Fourier Analysis and Applications: Filtering, Numerical Computation, Wavelets, Texts in Applied Mathematics. New York: Springer-Verlag, 1999.

[19] Atkinson K A. An Introduction to Numerical Analysis. 2nd ed. John Wiley and Sons, 1988.

[20] Moon P, Spencer D E. Field Theory Handbook, Including Coordinate Systems, Differential Equations, and Their Solutions. New York: Springer-Verlag, 1971.

[21] Hou S H. A simple proof of the Leverrier-Faddeev characteristic polynomial Algorithm. SIAM Review, 1998, 40 (3): 706—709.

[22] Saad Y. Iterative Methods for Sparse Linear Systems. 2nd ed. SIAM, 2003.

[23] Batchelder P M. An Introduction to Linear Difference Equations. Dover Publications, 1967.

[24] Jain P K, Ahmad K. Functional Analysis. 2nd ed. New Age International, 1995.

[25] Golub G H, Loan Van C F. Matrix Computations. 3rd ed. Johns Hopkins, 1996.
[26] Arnoldi W E. The principle of minimized iterations in the solution of the matrix eigenvalue problem. Quarterly of Applied Mathematics, 1951, 9: 17—29.
[27] Gaul A. Recycling Krylov subspace methods for sequences of linear systems. Prof. dr. jörg Liesen, 2014.
[28] LaBudde C D. Mathematics of computation. American Mathematical Society, 1963, 17 (84): 433—437.
[29] Berrar D P, Dubitzky W, Granzow M. A Practical Approach to Microarray Data Analysis. Kluwer: Norwell, MA, 2003.
[30] Luenberger D G. Optimization by Vector Space Methods. New York: John Wiley & Sons, 1970.
[31] Brigham E O. The Fast Fourier Transform and Its Applications. Prentice Hall, 1988.
[32] Higham N J. Functions of matrices theory and computation. Philadelphia: Society for Industrial and Applied Mathematics, 2008.
[33] Arnold W F III, Laub A J. Generalized eigenproblem algorithms and software for algebraic riccati Equations. Proceeding of the IEEE, 1984: 1746—1754.
[34] Bartels R H, Stewart G W. Solution of the matrix equation AX + XB = C. Comm. of the ACM, 1972, 15 (9).
[35] Page L, Brin S, Motwani R, et al. The PageRank Citation Ranking: Bringing Order to the Web. Stanford Digital Libraries Working Paper, 1998, 9(1): 1—14.
[36] Langville A N, Meyer C. Google's PageRank and Beyond. Princeton University Press, 2006.
[37] Georgeot B, Giraud O, Shepelyansky D. Spectral properties of the Google matrix of the World Wide Web and other directed networks. Physical Review E, 2010, 81 (5): 056109.
[38] Sangers A. The second eigenvector of the Google matrix and its relation to link spamming. Electrical Engineering Mathematics & Computer Science, 2012.
[39] Frahm K M, Georgeot B, Shepelyansky D L. Universal emergence of PageRank. Journal of Physics A, 2011, 44 (46).
[40] Nussbaum R. Notes on the Second Eigenvalue of the Google Matrix. Mathematics, 2003.
[41] Haveliwala T H, Kamvar S D. The Second Eigenvalue of the Google Matrix. Stanford University, 2003.
[42] Sangers A, Gijzen Van M B. The eigenvectors corresponding to the second eigenvalue of the Google matrix and their relation to link spamming. Journal of Computational and Applied Mathematics, 2015, 277: 192—201.
[43] Ermann L, Frahm K M, Shepelyansky D L. Spectral properties of Google matrix of Wikipedia and other networks. The European Physical Journal B, 2013, 86(5): 193.